数学物理

（第2版）

杨师杰　编著

清華大学出版社
北京

内容简介

本书主要介绍了数学物理方法的基本原理，注重阐述知识的渊源、内在逻辑和思想性，尽力做到知其然且知其所以然．书中许多例证、讨论、图画和注记都是非传统的，并不拘泥于逻辑措辞的严密性，请阅读者谨记．

使用对象主要为综合类高校的物理系学生，作为教材或自我学习参考书均可．对于教师和科研人员来说，本书也是一本不错的参考书．

版权所有，侵权必究．举报：010-62782989，beiqinquan@tup.tsinghua.edu.cn.

图书在版编目(CIP)数据

数学物理/杨师杰编著．—2 版．—北京：清华大学出版社，2023.3
ISBN 978-7-302-62618-3

Ⅰ．①数…　Ⅱ．①杨…　Ⅲ．①数学物理方法　Ⅳ．①O411.1

中国国家版本馆 CIP 数据核字(2023)第 022843 号

责任编辑：鲁永芳
封面设计：常雪影
责任校对：王淑云
责任印制：杨　艳

出版发行：清华大学出版社
　网　　址：http://www.tup.com.cn，http://www.wqbook.com
　地　　址：北京清华大学学研大厦 A 座　　**邮　　编**：100084
　社 总 机：010-83470000　　**邮　　购**：010-62786544
　投稿与读者服务：010-62776969，c-service@tup.tsinghua.edu.cn
　质量反馈：010-62772015，zhiliang@tup.tsinghua.edu.cn
印 装 者：三河市铭诚印务有限公司
经　　销：全国新华书店
开　　本：185mm×260mm　　**印　　张**：26.25　　**字　　数**：634 千字
版　　次：2020 年 6 月第 1 版　2023 年 3 月第 2 版　　**印　　次**：2023 年 3 月第 1 次印刷
定　　价：89.00 元

产品编号：099576-01

符　号　表

$\mathbb{Z}$	整数集
$\mathbb{N}$	自然数集
$\mathbb{Q}$	有理数集
$\mathbb{R}$	实数集
$\mathbb{C}$	复数集
$\mathbb{H}$	四元数集
$\mathbb{O}$	八元数集
$\overline{\mathbb{C}}$	闭复平面$\mathbb{C}\cup\{\infty\}$
$\mathbb{S}$	黎曼球
$\mathcal{D}$	开单位圆$\{\lvert z\rvert<1\}$
$\mathfrak{F}$	傅里叶变换
$\mathcal{L}$	拉普拉斯变换
$\mathcal{Z}$	z 变换
$\mathcal{J}$	茹利亚集
$\mathcal{M}$	曼德布罗集
$\mathcal{H}$	希尔伯特空间
$\mathbb{V}$	线性向量空间

目　录

第1章

复变函数

1.1 复数

1. 复数及运算法则

在求解实系数一元二次方程时，常常会遇到负实数开平方，最初人们只是简单地认为这是无意义的，判定为方程无解. 后来在实践中发现，负实数开平方是一个普遍且不可回避的问题，于是引入了“虚数”单位 $\mathrm{i} \equiv \sqrt{-1}$，满足 $\mathrm{i}^2=-1$，这样实数就推广到由两个实数组成的数对：

$$z=(x,y) \stackrel{\text{def}}{=} x+\mathrm{i}y,$$

这个数对称作复数. x 和 y 分别称作复数的实部和虚部，记作 $x=\operatorname{Re}z$，$y=\operatorname{Im}z$. 如果两个复数 z_1、z_2 相等，即 $z_1=z_2$，则要求

$$\operatorname{Re}z_1=\operatorname{Re}z_2,\quad \operatorname{Im}z_1=\operatorname{Im}z_2.$$

全部实数对 $(x,y)\in\mathbb{R}^2$ 的集合称作复数集$\mathbb{C}$. 另外，定义复数 z 的复共轭为 $\bar{z}=x-\mathrm{i}y$，本书中有时也用 z^* 表示复共轭.

定义复数的四则运算法则如下：

加减法：

$$z_1 \pm z_2=(x_1 \pm x_2)+\mathrm{i}(y_1 \pm y_2).$$

即实部和虚部分别相加减；复数的加法运算满足交换律、结合律和分配律.

乘法：

$$z_1 \cdot z_2=(x_1x_2-y_1y_2)+\mathrm{i}(x_1y_2+x_2y_1).$$

乘法运算按照实数的分配律进行，其结果仍然是一个复数. 容易验证，复数的乘法运算满足交换律、结合律和分配律. 对于复共轭，有 $\overline{z_1 \cdot z_2}=\overline{z_1}\cdot\overline{z_2}$.

除法：

$$\frac{z_1}{z_2}=\frac{x_1x_2+y_1y_2}{x_2^2+y_2^2}+\mathrm{i}\,\frac{x_2y_1-x_1y_2}{x_2^2+y_2^2}.$$

其中,$z_2 \neq 0$,可见复数除法运算的结果仍然是复数.

对于由某类数构成的集合,如果其元素之间按加、减、乘、除做算术运算,得到的数仍然属于该集合,则称该集合构成数域(field). 比如,全体有理数集$\mathbb{Q}$构成有理数域,全体实数集$\mathbb{R}$构成实数域.

复数按照加、减、乘、除运算,仍然得到一个复数,所以复数集$\mathbb{C}$构成复数域. 与实数不同的是,复数之间不可比较大小,因此复数域不是有序数域.

思考 如果采用下面的复数乘积定义,有什么不妥?

(a) $z_1 \cdot z_2 = x_1 x_2 + \mathrm{i} y_1 y_2$; (b) $z_1 \cdot z_2 = (x_1 x_2 + y_1 y_2) + \mathrm{i}(x_1 y_2 + x_2 y_1)$.

2. 几何表示

用二维笛卡儿坐标系的横轴和纵轴分别表示一对有序实数(x, y),任意复数可以用平面上的一个点表示,这个平面称作复平面$\mathbb{C}$,横轴和纵轴分别称作实轴和虚轴,如图1.1所示. 采用极坐标系,有

$$z = x + \mathrm{i}y = r(\cos\theta + \mathrm{i}\sin\theta).$$

复数的模

$$|z| \overset{\text{def}}{=} (z \cdot \bar{z})^{1/2} = r = \sqrt{x^2 + y^2}.$$

复数的辐角

$$\arg z \overset{\text{def}}{=} \theta + 2k\pi \quad (k \in \mathbb{Z}),$$

其中,$\mathbb{Z}$表示整数集. 通常将$k=0$时的辐角称为主辐角,记作

$$\arg z \overset{\text{def}}{=} \theta \quad (0 \leqslant \theta < 2\pi).$$

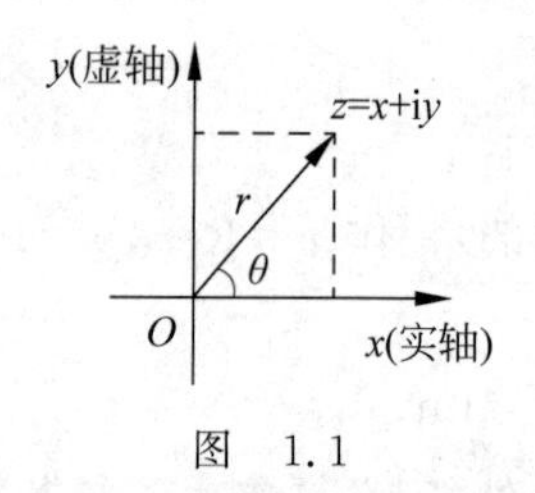

图 1.1

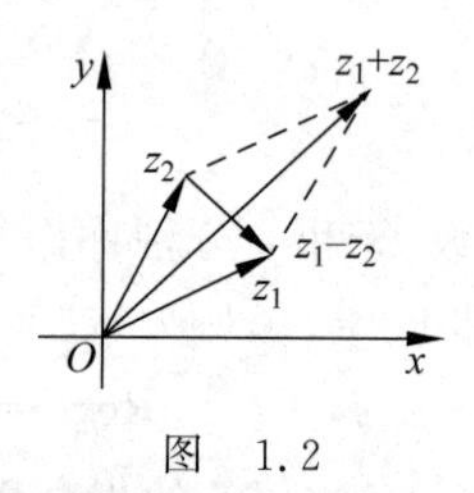

图 1.2

如图1.2所示,两个复数的加法和减法分别满足平行四边形法则和三角形法则. 由三角函数的积化和差公式,复数的乘法可表示为

$$z_1 \cdot z_2 = r_1 r_2 [\cos(\theta_1 + \theta_2) + \mathrm{i}\sin(\theta_1 + \theta_2)]. \tag{1.1.1}$$

式(1.1.1)显示复数乘法存在映射关系:

$$f(\theta_1) \cdot f(\theta_2) \mapsto f(\theta_1 + \theta_2),$$

它意味着复数与辐角具有指数函数关系. 事实上,复数z确实可以表示为

$$z = r(\cos\theta + \mathrm{i}\sin\theta) = r\mathrm{e}^{\mathrm{i}\theta}. \tag{1.1.2}$$

这个重要的关系式称为欧拉公式,它在复数域内将指数函数与三角函数联系起来. 由此得出两个复数相乘(除)等于两复数的模相乘(除),辐角相加(减):

$$z_1 \cdot z_2 = r_1 r_2 \mathrm{e}^{\mathrm{i}(\theta_1 + \theta_2)}, \quad \frac{z_1}{z_2} = \frac{r_1}{r_2} \mathrm{e}^{\mathrm{i}(\theta_1 - \theta_2)}.$$

取模$r=1$,由欧拉公式可以得到棣莫弗公式(De Moivre formula):

$$(\cos\theta+\mathrm{i}\sin\theta)^n=\cos n\theta+\mathrm{i}\sin n\theta, \tag{1.1.3}$$

以及传说中最完美的数学公式：

$$\mathrm{e}^{\mathrm{i}\pi}+1=0.$$

例 1.1　写出复数值：

(a) $(1+\mathrm{i})^{100}$；　(b) $\sqrt[4]{1-\mathrm{i}}$.

解

(a) $(1+\mathrm{i})^{100}=(\sqrt{2}\,\mathrm{e}^{\frac{\pi\mathrm{i}}{4}})^{100}=2^{50}\mathrm{e}^{25\pi\mathrm{i}}=-2^{50}$；

(b) $\sqrt[4]{1-\mathrm{i}}=(\sqrt{2}\,\mathrm{e}^{-\frac{\pi\mathrm{i}}{4}+2k\pi\mathrm{i}})^{\frac{1}{4}}=\sqrt[8]{2}\,\mathrm{e}^{-\frac{\pi\mathrm{i}}{16}+\frac{k\pi\mathrm{i}}{2}}=\sqrt[8]{2}\,\mathrm{e}^{-\frac{\pi\mathrm{i}}{16}},\sqrt[8]{2}\,\mathrm{e}^{\frac{7\pi\mathrm{i}}{16}},\sqrt[8]{2}\,\mathrm{e}^{\frac{15\pi\mathrm{i}}{16}},\sqrt[8]{2}\,\mathrm{e}^{\frac{23\pi\mathrm{i}}{16}}$.

需要强调的是，开根式会出现多个不同的复数值. 在例 1.1 中，四个复数值构成复平面上半径为$\sqrt[8]{2}$的圆内接正四边形的顶点，它们的四次方都等于 $1-\mathrm{i}$.

例 1.2　求复数值：

(a) i^{i}；　(b) $\mathrm{i}^{-\mathrm{i}}$.

解

(a) $\mathrm{i}^{\mathrm{i}}=\mathrm{e}^{\left(\frac{\pi\mathrm{i}}{2}+2k\pi\mathrm{i}\right)\mathrm{i}}=\mathrm{e}^{-\frac{\pi}{2}}\mathrm{e}^{-2k\pi}\quad(k\in\mathbb{Z})$；

(b) $\mathrm{i}^{-\mathrm{i}}=\mathrm{e}^{-\left(\frac{\pi\mathrm{i}}{2}+2k\pi\mathrm{i}\right)\mathrm{i}}=\mathrm{e}^{\frac{\pi}{2}}\mathrm{e}^{2k\pi}\quad(k\in\mathbb{Z})$.

说明　如果将两个多值复数做乘积，如

$$(\mathrm{i}^{\mathrm{i}})\cdot(\mathrm{i}^{-\mathrm{i}})=\mathrm{e}^{2n\pi}\quad(n\in\mathbb{Z}).$$

可见

$$(\mathrm{i}^{\mathrm{i}})\cdot(\mathrm{i}^{-\mathrm{i}})\neq\mathrm{i}^0=1.$$

这就是说，通常的乘积运算不适用于具有多值的复数运算. 复数的多值性构成复变函数的丰富内容，后文将逐步展开讨论.

例 1.3　用复数表示以 z_1 和 z_2 为焦点的椭圆方程.

解　椭圆为平面上到两个固定点的距离之和为常数的点集，用复数表示十分方便，即

$$|z-z_1|+|z-z_2|=2a,$$

其中，$2a$ 为椭圆的长轴.

3. 球极投影

将复数开集$\mathbb{C}$加上一个理想数 $z=\infty$，构成紧致的闭集合$\overline{\mathbb{C}}=\mathbb{C}\cup\{\infty\}$，理想数 $z=\infty$ 不参与代数运算. 这样，闭复平面$\overline{\mathbb{C}}$ 上任一点都和单位球面$\mathbb{S}$上的点一一对应，构成如图 1.3 所示的球极投影(stereographic projection)：$z\mapsto P$.

闭复平面$\overline{\mathbb{C}}$ 的无穷远点对应于球面的北极点 N，球面$\mathbb{S}$称作黎曼球.

设黎曼球面$\mathbb{S}$上 P 点的笛卡儿坐标为(X,Y,Z)，有 $X^2+Y^2+Z^2=1$，它与闭复平面$\overline{\mathbb{C}}$ 上的投影点 $z(x,y)$有如下关系：

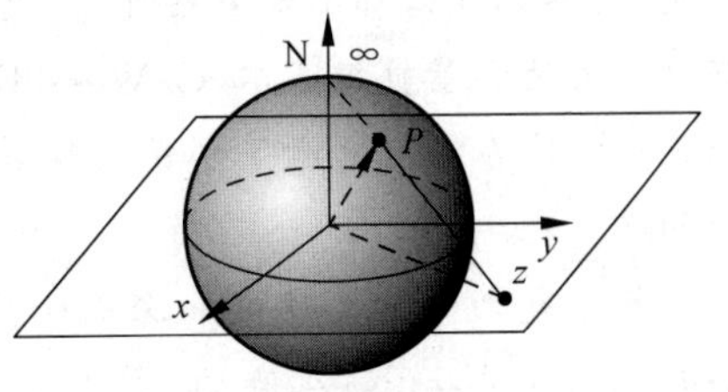

图　1.3

$$X=\frac{2x}{1+|z|^2},\quad Y=\frac{2y}{1+|z|^2},\quad Z=\frac{|z|^2-1}{1+|z|^2}. \tag{1.1.4}$$

4. 代数基本定理

代数基本定理　任何多项式方程 $p(z)=0$ 都至少有一个复数根.

如果多项式 $p(z)$ 有一个根 z_1，便可以从 $p(z)$ 中分解出一个乘积因子 $(z-z_1)$，设 $p(z)$ 的最高次幂为 n，则可以将 $p(z)$ 分解为 n 个乘积因子，因此得到：

推论　任何 n 次多项式方程有且只有 n 个复数根.

在后面的章节中将会给出代数基本定理的多种证明.

注记

16世纪的意大利数学家卡尔达诺(G. Cardano)也许是最早提出虚数作为负数平方根的人，虽然他并不认为虚数有什么实际用处，是"虚幻的数". 对于一元二次代数方程，并不要求一定有解，因此虚数并无存在的必要. 但对于一元三次方程，虚数的出现就有其必然性了，比如方程 $x^3+px+q=0$，其解称作卡尔达诺公式：

$$x=\sqrt[3]{-\frac{q}{2}+\sqrt{\left(\frac{q}{2}\right)^2+\left(\frac{p}{3}\right)^3}}+\sqrt[3]{-\frac{q}{2}-\sqrt{\left(\frac{q}{2}\right)^2+\left(\frac{p}{3}\right)^3}}.$$

当 $(q/2)^2+(p/3)^3<0$ 时，公式里就会出现负数开平方根！然而，现在不能再以方程无解为理由而忽视它，事实上该式确实表示方程的一个实数根，尽管它的表示形式上含有虚数. 例如按照卡尔达诺公式，方程 $x^3-15x-4=0$ 的一个根是

$$x=\sqrt[3]{2+11\sqrt{-1}}+\sqrt[3]{2-11\sqrt{-1}},$$

它看上去含有虚数. 1572年，邦贝利(R. Bombelli)猜测公式中的两部分可能分别具有 $2+n\sqrt{-1}$ 和 $2-n\sqrt{-1}$ 的形式，将其分别取三次方，并利用 $(\sqrt{-1})^2=-1$，果然有

$$\sqrt[3]{2+11\sqrt{-1}}=2+\sqrt{-1},\quad \sqrt[3]{2-11\sqrt{-1}}=2-\sqrt{-1}.$$

因此卡尔达诺公式表示的是实数解 $x=4$，尽管构成它的两部分都含有"虚幻的数". 这个事实促使人们不得不认真思考虚数的必要性和客观性.

卡尔达诺还曾设计了一个智力挑战：能否将10分成两部分，使其乘积等于40？他的答案是，如果将10写成 $5+\sqrt{-15}$ 和 $5-\sqrt{-15}$，就可以达到此目的.

复数的广泛应用主要是从欧拉开始的，但在其1770年的代数著作中，欧拉仍然写下了如下拗口的评语："一切形如 $\sqrt{-1}$ 的数学式都是不可能有的、想象的数，它们既不是什么都不是，也不比什么都不是多些什么，更不比什么都不是少些什么."复数的几何表示首先出现在丹麦大地测量员维塞尔(C. Wessel)于1797年的论文中，其给出了复数运算的直观图像. 高斯第一次系统地阐述了复数及其运算规则，代数基本定理的第一个完整证明也是高斯做出的.

鉴于复数的巨大成功和深刻含义，人们开始寻求更一般意义的数. 早在公元3世纪，丢番都(Diophantus)在他的《算数》中指出："65有两种方式表示成两个平方数之和，即 $65=7^2+4^2=8^2+1^2$，这是由于 $65=13\times5$，而 $13=2^2+3^2$ 和 $5=1^2+2^2$ 都是两个平方

数之和.”它更一般地表述成一个定理,即两个自然数平方和的乘积可以表示为两个自然数的平方和:

$$(a^2+b^2)(c^2+d^2)=(ac-bd)^2+(bc+ad)^2,$$

其中,$a,b,c,d\in\mathbb{N}$.将数组(a,b)表示成$a+\mathrm{i}b$,则上述公式正是复数的乘法法则,即将下列等式两边取模

$$(a+\mathrm{i}b)(c+\mathrm{i}d)=(ac-bd)+\mathrm{i}(ac+bd).$$

哈密顿(W. Hamilton)认识到有序实数组对乘法的重要性,他开始研究更大的数组——三元数和四元数的乘法.但是他在三元数的乘法中遭遇了很大的挫折,耗费了大量的时间,因为无论他怎样定义乘法,都无法进行除法操作.更深刻的原因却是,并不存在“三自然数平方和的乘积定理”,比如

$$3=1^2+1^2+1^2,\quad 21=1^2+2^2+4^2,$$

但3×21却无法表示成三个自然数的平方和.

另一方面,巴歇(C. Bachet)和拉格朗日(J.-L. Lagrange)曾证明四平方数之和的乘积可以表示为四个平方数之和:

$$\begin{aligned}&(a^2+b^2+c^2+d^2)(\alpha^2+\beta^2+\gamma^2+\delta^2)\\=&(a\alpha-b\beta-c\gamma-d\delta)^2+(a\beta+b\alpha+c\delta-d\gamma)^2+(a\gamma-b\delta+c\alpha+d\beta)^2+\\&(a\delta+b\gamma-c\beta+d\alpha)^2.\end{aligned}$$

但其中的意义并没有被人们充分认识到.当哈密顿由三元数组转而考虑四元数组的乘法时,一切就豁然开朗了!他引入三个虚数符号$(\boldsymbol{i},\boldsymbol{j},\boldsymbol{k})$,令其满足

$$\boldsymbol{i}^2=\boldsymbol{j}^2=\boldsymbol{k}^2=\boldsymbol{ijk}=-1,$$

它们构成一个非对易的循环关系:

$$\begin{aligned}\boldsymbol{ij}&=-\boldsymbol{ji}=\boldsymbol{k},\\\boldsymbol{jk}&=-\boldsymbol{kj}=\boldsymbol{i},\\\boldsymbol{ki}&=-\boldsymbol{ik}=\boldsymbol{j}.\end{aligned}$$

以此代表的四元数(quaternion)表示为

$$(a,b,c,d)=a+b\boldsymbol{i}+c\boldsymbol{j}+d\boldsymbol{k},$$

其一般乘积为

$$\begin{aligned}&(a+b\boldsymbol{i}+c\boldsymbol{j}+d\boldsymbol{k})(\alpha+\beta\boldsymbol{i}+\gamma\boldsymbol{j}+\delta\boldsymbol{k})\\=&(a\alpha-b\beta-c\gamma-d\delta)+(a\beta+b\alpha+c\delta-d\gamma)\boldsymbol{i}+(a\gamma-b\delta+c\alpha+d\beta)\boldsymbol{j}+\\&(a\delta+b\gamma-c\beta+d\alpha)\boldsymbol{k}.\end{aligned}$$

四平方数之和定理表明四元数存在模的乘积法则,由此可以定义四元数的乘法.不久,约翰·格雷夫斯(J. Graves)以及稍后的阿瑟·凯莱(A. Cayley),在四元数的基础上进一步发现了八元数(octonions),有时称为凯莱数或凯莱-格雷夫斯数:

$$\alpha+\beta\boldsymbol{i}+\gamma\boldsymbol{j}+\delta\boldsymbol{k}+\varepsilon\boldsymbol{l}+\zeta\boldsymbol{m}+\eta\boldsymbol{n}+\theta\boldsymbol{o},$$

其基向量分别称为$(\boldsymbol{1},\boldsymbol{i},\boldsymbol{j},\boldsymbol{k},\boldsymbol{l},\boldsymbol{m},\boldsymbol{n},\boldsymbol{o})$,它对应于“八平方数之和定理”.八元数看上去相当怪异,它不仅不满足乘法的交换律,甚至不满足结合律,比如

$$(\boldsymbol{m}\times\boldsymbol{j})\times\boldsymbol{i}\neq\boldsymbol{m}\times(\boldsymbol{j}\times\boldsymbol{i}).$$

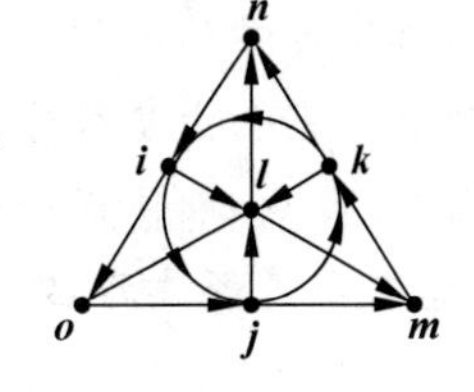

图　1.4

具体关系可由图1.4表示,沿箭头方向规定乘积顺序:$\boldsymbol{j}\times\boldsymbol{l}=\boldsymbol{n}$,$\boldsymbol{i}\times$

$\boldsymbol{j}=\boldsymbol{k}$,等等,事实上直到这时人们才意识到结合律是乘法的一个基本性质,这一术语是哈密顿专门杜撰的.四元数和八元数,以及由它们构成的多元数组,统称为超复数.

尽管哈密顿信心满满地宣称,四元数是自然界最完美的数,但四元数并没有获得像二元复数一样的巨大成功.人们本来期望利用四元数来描述物理中常见的三维向量场,结果却不太成功,尽管其对麦克斯韦(J. C. Maxwell)当年建立电磁场理论功不可没.由吉布斯(J. W. Jibbs)和赫维赛德(O. Heaviside)创立的向量分析,实质上是将完整统一的四元数肢解为几个独立的分量,尽管它在物理学的应用中大行其道,并且硕果累累——现代形式的麦克斯韦方程组就是赫维赛德首先给出的——却令许多追求完美的数学家深感愤懑.事实上,四元数乘法代表某种空间转动,当嘉当(E. Cartan)将四元数等同于旋量后,它恰如其分地描述了微观粒子的量子化自旋.

图1.5展示了实数、复数与四元数、八元数的相互关系.图1.6是一幅各种数系在运算法则演进中的联络图,揭示从自然数、实数扩展为复数、四元数,直到超复数的逻辑过程.从数域角度看,逆运算等同于在原来的数系中增加逆元,减法运算其实也是加法运算,只是在原来的数系中引进加法逆元(负数)$\alpha \longleftrightarrow -\alpha$;同样,除法运算也是乘法运算,相当于在数系中引进乘法逆元(倒数)$\alpha \longleftrightarrow 1/\alpha$.

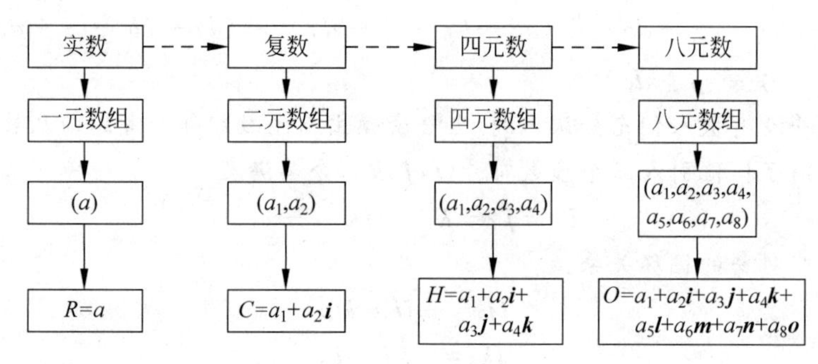

图 1.5

那么,数系的疆域扩张是不是没有止境呢?非也!赫尔维茨(A. Hurwitz)证明除了$n=2,4,8$,不再有其他的n平方数和定理,亦即基本数系在八元数之外,不可能再有更高维数的推广.

每当维度增加一倍,扩充的数系就会牺牲掉原有的一部分性质:从一维到二维,牺牲了有序性;从二维到四维,牺牲了交换律;从四维到八维,牺牲了结合律.如果从八维数强行推至十六维,人们将不得不牺牲掉除法.然而观念的堤坝既然已经冲开,数学家开疆拓土的脚步就一发不可收——在更一般意义上,他们构建了只有加法和乘法的封闭代数结构,称为"环";再丢掉加法,称为"群";或者仅保留加法运算,称为"幺半群"……

复数拥有实数不能替代的功能和性质,它虽然是代数学的杰作,却没有任何理由期望它与真实世界的运作有关联.然而当20世纪的帷幕开启,新物理学传来的消息竟然是——微观世界完全由复数体系支配!对于闭门造车的数学家来说,除了大受鼓舞,不免还会有些暗自得意……顺便提一句,近年来在探索相互作用的基础物理中,出现了八元数的一些活跃迹象,它会是那片开启新世界的钥匙吗?

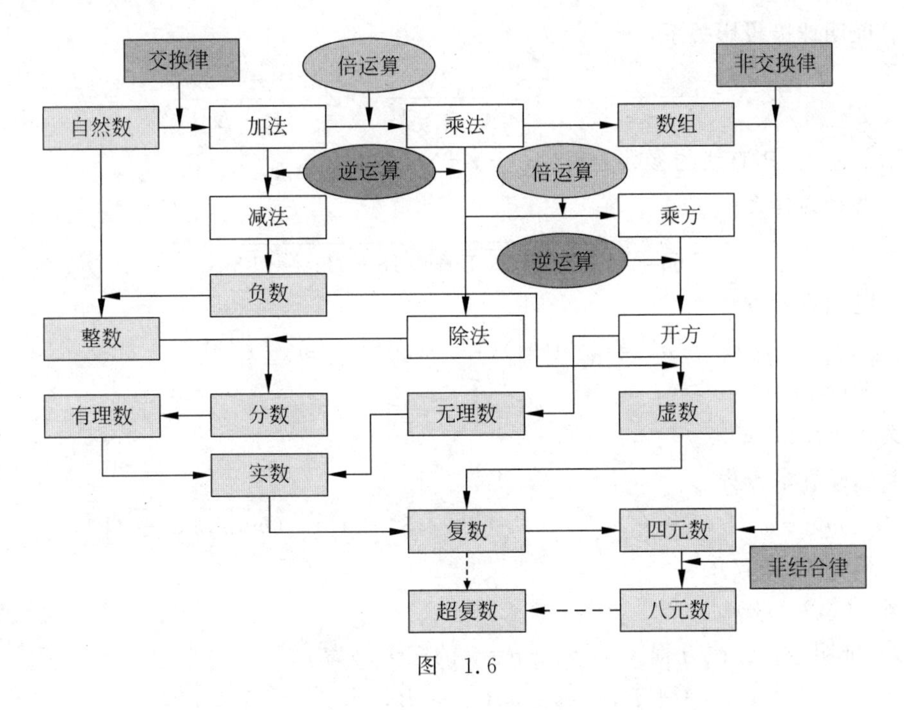

图　1.6

习　　题

[1] 写出复数的多个值：

(a) $(-1)^{\mathrm{i}}$；　(b) $\sqrt[\mathrm{i}]{2+\mathrm{i}}$；　(c) $(1+\mathrm{i}\sqrt{3})^{1-\mathrm{i}}$；　(d) $\sqrt{\sqrt[\mathrm{i}]{3}}$.

[2] 设 $\omega_0,\omega_1,\omega_2,\cdots,\omega_{n-1}(n>1)$是方程 $z^n-1=0$ 的 n 个根，证明：

(a) $\omega_0+\omega_1+\omega_2+\cdots+\omega_{n-1}=0$；

(b) $\omega_0^k+\omega_1^k+\omega_2^k+\cdots+\omega_{n-1}^k=\begin{cases}0 & (1\leqslant k\leqslant n-1)\\ n & (k=n)\end{cases}$；

(c) $\omega_0\omega_1\omega_2\cdots\omega_{n-1}=(-1)^{n-1}$.

[3] 证明：

(a) $\cos\varphi+\cos2\varphi+\cos3\varphi+\cdots+\cos n\varphi=\dfrac{\sin\dfrac{n\varphi}{2}\cos\dfrac{(n+1)\varphi}{2}}{\sin\dfrac{\varphi}{2}}$；

(b) $\sin\dfrac{\pi}{n}\sin\dfrac{2\pi}{n}\sin\dfrac{3\pi}{n}\cdots\sin\dfrac{(n-1)\pi}{n}=\dfrac{n}{2^{n-1}}$.

提示：将方程 $z^n-1=0$ 的根表示成乘积因子形式.

[4] 证明三角形的内角和等于 π.

[5] 设 $A,B\in\mathbb{R}$，$a\in\mathbb{C}$，证明当$|a|^2>AB$ 时，方程 $Az\bar{z}+\bar{a}z+a\bar{z}+B=0$ 表示圆周或者直线，并求出圆心位置和半径.

提示：将方程化为

$$\left|z+\frac{a}{A}\right|^2=\frac{|a|^2}{A^2}-\frac{B}{A}.$$

[6] 证明球极投影关系：

$$X=\frac{2x}{1+|z|^2},\quad Y=\frac{2y}{1+|z|^2},\quad Z=\frac{|z|^2-1}{1+|z|^2}.$$

提示：过 N、P 直线的参数方程为 $Q(t)=N+t(P-N)$.

[7] 解释为什么

$$6=\sqrt[3]{18+26\sqrt{-1}}+\sqrt[3]{18-26\sqrt{-1}}.$$

[8] 已知算术方程

$$m^2+n^2=(7^2+9^2)(13^2+20^2)\quad (m,n\in\mathbb{N}),$$

试求整数解 (m,n).

答案：(89,257).

[9] 已知算术方程

$$m^2+n^2+k^2+l^2=3\times(1^2+2^2+3^2+4^2)\quad (m,n,k,l\in\mathbb{N}),$$

试求整数解 (m,n,k,l).

答案：(2,9,1,2).

[10] 证明一元三次方程 $x^3+px+q=0$ 的三个解为

$$x_1=A+B,\quad x_2=\omega A+\omega^2 B,\quad x_3=\omega^2 A+\omega B,$$

其中，

$$A=\sqrt[3]{-\frac{q}{2}+\sqrt{\left(\frac{q}{2}\right)^2+\left(\frac{p}{3}\right)^3}},\quad B=\sqrt[3]{-\frac{q}{2}-\sqrt{\left(\frac{q}{2}\right)^2+\left(\frac{p}{3}\right)^3}},$$

$$\omega=\frac{-1+\mathrm{i}\sqrt{3}}{2},\quad \omega^3=1.$$

提示：令 $x=z-\dfrac{p}{3z}$.

1.2 复变函数定义

1. 映射与区域

设 E 是复数 $z=x+\mathrm{i}y$ 的集合，如果 E 中的每一个元素 z，都映射到另一个复数集合 B 中的一个或多个元素 w，那么称 w 是复变数 z 的函数，记为 $w=f(z)$，$z\in E$. 如果每个 z 对应着 B 中唯一的一个 w，则称函数 $f(z)$ 是单值的. 如果一个 z 对应多个 w，则称 $f(z)$ 为多值函数，如图 1.7 所示，其中 $B=B_1\cup B_2$.

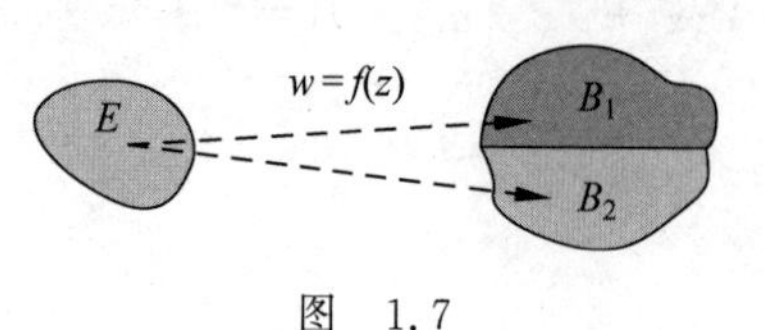

图 1.7

下面介绍几个基本概念.

(1) 邻域 复平面上以 z_0 为中心，以任意小的正数 ε 为半径的圆，其内部的点所组成的集合，称为 z_0 的邻域.

(2) 内点　如果 z_0 及其邻域内的点都属于集合 E,那么称 z_0 为 E 的内点.

(3) 外点　如果 z_0 及其邻域内的点都不属于 E,那么称 z_0 为 E 的外点.

(4) 开集　如果 E 内的每一点都是内点,那么称 E 为开集.

(5) 边界点　如果在 z_0 的邻域内,既有属于 E 的点,也有不属于 E 的点,则称 z_0 为集合 E 的边界点;边界点的全体构成集合 E 的边界线.

(6) 连通性　如果集合 E 中的任意两点,都可以用属于该集合的一条连续曲线连接起来,则称集合 E 是连通的.如果找不到这样一条线,则称集合 E 是非连通的(图 1.8(a)).

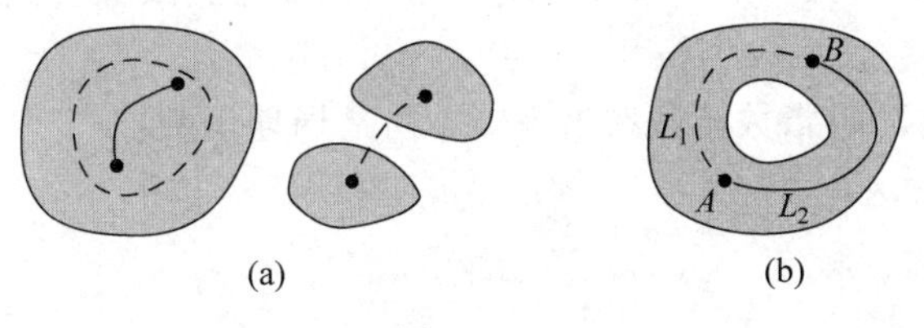

图　1.8

(7) 区域　如果集合 B 全部由内点组成,且整个集合是互相连通的,则称该集合构成一个区域.

(8) 闭区域　区域 B 及其边界线所组成的集合,称作闭区域,以 $\bar{B}$ 表示.

(9) 单连通区域　如果区域中的任意一条闭合曲线可以连续收缩到一点,如图 1.8(a)所示,则称该区域为单连通区域;在单连通区域中,连接任意两点之间的所有路径都可以连续地互相转化,它们在拓扑上都是互相等价的,称作路径同伦.

(10) 多连通区域　区域中的两点,可以用属于该点集的两条或多条拓扑不等价的连续曲线连接起来,如图 1.8(b)所示.L_1 不能连续地形变到 L_2,或者说图中由 L_1 和 L_2 构成的闭合回路不能连续收缩到一点.

用汉字示例,图 1.9(a)是单连通的,图(b)是非连通的,图(c)～(e)是多连通的.图(c)和(d)都含有两个"亏格"(genus),它们在拓扑上互相等价,即从一个图通过连续变形(不做割裂)可以变为另一个图,在数学中称二者为同胚(homeomorphism).

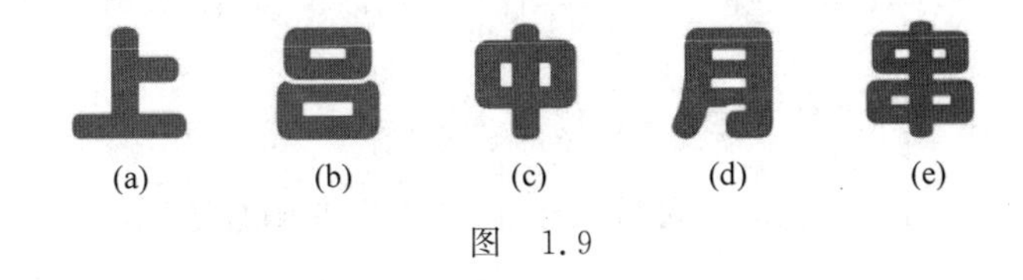

图　1.9

2. 初等复变函数

以复数 $z=x+\mathrm{i}y$ 为自变量,定义以下几种常见的初等复变函数.

1) 指数函数

$$\mathrm{e}^z \stackrel{\text{def}}{=} \lim_{n\to\infty}\left(1+\frac{z}{n}\right)^n. \tag{1.2.1}$$

对于任意 $z\in\mathbb{C}$,有

$$\left|\left(1+\frac{z}{n}\right)^n\right|=\left|1+\frac{z}{n}\right|^n=\left(1+\frac{2x}{n}+\frac{x^2+y^2}{n^2}\right)^{n/2},$$

$$\arg\left(1+\frac{z}{n}\right)^n=n\arg\left(1+\frac{z}{n}\right)=n\arctan\frac{y/n}{1+x/n},$$

所以

$$\lim_{n\to\infty}\left|\left(1+\frac{z}{n}\right)^n\right|=\mathrm{e}^x,$$

$$\lim_{n\to\infty}\arg\left(1+\frac{z}{n}\right)^n=y.$$

指数函数的模和辐角分别为$|\mathrm{e}^z|=\mathrm{e}^x$ 和 $\arg\mathrm{e}^z=y$,由此得到欧拉公式:

$$\mathrm{e}^z=\mathrm{e}^{x+\mathrm{i}y}=\mathrm{e}^x(\cos y+\mathrm{i}\sin y).$$

由欧拉公式可以推知,指数函数在沿虚轴方向是周期函数:$\mathrm{e}^{z+2\pi\mathrm{i}}=\mathrm{e}^z$,并且容易证明,指数函数满足关系:

$$\mathrm{e}^{z_1+z_2}=\mathrm{e}^{z_1}\cdot\mathrm{e}^{z_2}.$$

2)三角函数

$$\sin z\overset{\text{def}}{=}\frac{\mathrm{e}^{\mathrm{i}z}-\mathrm{e}^{-\mathrm{i}z}}{2\mathrm{i}},\quad \cos z\overset{\text{def}}{=}\frac{\mathrm{e}^{\mathrm{i}z}+\mathrm{e}^{-\mathrm{i}z}}{2}. \tag{1.2.2}$$

可以验证,复变量三角函数有类似于实变量三角函数的性质,满足:

$$\sin^2 z+\cos^2 z=1,$$
$$\sin(z_1\pm z_2)=\sin z_1\cos z_2\pm\cos z_1\sin z_2,$$
$$\cos(z_1\pm z_2)=\cos z_1\cos z_2\mp\sin z_1\sin z_2.$$

类似地,还可定义复正切函数和余切函数等.

说明 只有在复数域中,三角函数才与指数函数发生联系.

例 1.4 令 $z=x+\mathrm{i}y$,证明:

(a) $|\sin z|^2=\sin^2 x+\sinh^2 y$; (b) $|\cos z|^2=\cos^2 x+\sinh^2 y$.

证明

(a) 根据定义,有

$$|\sin z|^2=\frac{1}{4}|\mathrm{e}^{\mathrm{i}z}-\mathrm{e}^{-\mathrm{i}z}|^2=\frac{1}{4}(\mathrm{e}^{\mathrm{i}x-y}-\mathrm{e}^{-\mathrm{i}x+y})(\mathrm{e}^{-\mathrm{i}x-y}-\mathrm{e}^{\mathrm{i}x+y})$$
$$=\frac{1}{4}(\mathrm{e}^{-2y}+\mathrm{e}^{2y}-\mathrm{e}^{-2\mathrm{i}x}-\mathrm{e}^{2\mathrm{i}x})=\sin^2 x+\sinh^2 y.$$

同样可证明(b). 可见$|\sin z|$和$|\cos z|$可以大于1,这与实变函数不同.

3)双曲函数

$$\sinh z\overset{\text{def}}{=}\frac{\mathrm{e}^z-\mathrm{e}^{-z}}{2},\quad \cosh z\overset{\text{def}}{=}\frac{\mathrm{e}^z+\mathrm{e}^{-z}}{2}.$$

双曲函数在沿虚轴方向也是周期函数,且有

$$\sinh z=-\mathrm{i}\sin(\mathrm{i}z),\quad \cosh z=\cos(\mathrm{i}z).$$

4)对数函数

$$\ln z=\ln|z|+\mathrm{i}(\arg z+2k\pi)\quad(k\in\mathbb{Z}). \tag{1.2.3}$$

对数函数是指数函数的反函数,由于指数函数是周期函数,所以对数函数是多值函数. 称 $k=0$ 为对数的主值,记作

$$\ln z=\ln|z|+\mathrm{i}\arg z\quad(0\leqslant\arg z<2\pi).$$

例 1.5 计算对数值：

(a) $\ln(-1)$； (b) $\ln(1+\mathrm{i})$.

解 根据定义，有

(a) $\ln(-1)=\ln \mathrm{e}^{\pi \mathrm{i}+2k\pi \mathrm{i}}=\pi \mathrm{i}+2k\pi \mathrm{i}\quad (k\in \mathbb{Z})$；

(b) $\ln(1+\mathrm{i})=\ln\left(\sqrt{2}\,\mathrm{e}^{\frac{\pi \mathrm{i}}{4}+2k\pi \mathrm{i}}\right)=\ln\sqrt{2}+\dfrac{\pi \mathrm{i}}{4}+2k\pi \mathrm{i}\quad (k\in \mathbb{Z})$.

5）反三角/双曲函数

$$\arcsin z=-\mathrm{i}\ln\left(\mathrm{i}z+\sqrt{1-z^2}\right),\quad \arccos z=-\mathrm{i}\ln\left(z+\sqrt{z^2-1}\right),$$

以及

$$\operatorname{arcsinh} z=\ln\left(z+\sqrt{1+z^2}\right),\quad \operatorname{arccosh} z=\ln\left(z+\sqrt{z^2-1}\right).$$

由于三角函数是周期函数，所以反三角函数是多值函数，它们都可由对数函数表示.

6）一般幂函数

$$z^{\alpha}\overset{\text{def}}{=\!=}\mathrm{e}^{\alpha \ln z}.$$

当 α 为整数时，幂函数是单值函数；当 α 为有理数时，分数幂函数是多值函数，比如 $\alpha=1/2$ 时称为根式函数，

$$\sqrt{z}=\sqrt{r}\left(\cos\frac{\theta+2k\pi}{2}+\mathrm{i}\sin\frac{\theta+2k\pi}{2}\right)\quad (k=0,1).$$

对应于每一个 z，有两个不同的函数值：$\sqrt{z}=\pm\sqrt{r}\,\mathrm{e}^{\mathrm{i}\theta/2}$.

当 α 为实数或复数时，幂函数是无穷重多值函数.

7）一般指数函数

$$w=a^{z}\overset{\text{def}}{=\!=}\mathrm{e}^{z\ln a},$$

其中，$a\neq 0,\infty$，函数 $w=a^z$ 不是通常语义下的函数，因为

$$\ln a=\ln|a|+\mathrm{i}\arg a+2k\pi \mathrm{i}\quad (k\in \mathbb{Z})$$

取无穷多值，从而 a^z 有多重值，但它不是多值函数，它的多值性不是来自自变量 z 的辐角增加，所以它应视作不同函数的集合：

$$\{\mathrm{e}^{z(\ln|a|+\mathrm{i}\arg a)}\mathrm{e}^{2\mathrm{i}k\pi z}\quad (k\in \mathbb{Z})\}.$$

通常只取对数 $\ln a$ 的主值，即 $k=0$ 来表示一般指数函数.

例 1.6 求方程的根：

(a) $\sin z=0$； (b) $\sin z=2$.

解

(a) 根据定义

$$\sin z=\frac{1}{2\mathrm{i}}(\mathrm{e}^{\mathrm{i}z}-\mathrm{e}^{-\mathrm{i}z})=0,$$

所以

$$\mathrm{e}^{2\mathrm{i}z}=1\rightarrow z=k\pi\quad (k\in \mathbb{Z});$$

(b) 根据

$$\sin z=\frac{1}{2\mathrm{i}}(\mathrm{e}^{\mathrm{i}z}-\mathrm{e}^{-\mathrm{i}z})=2,$$

有

$$e^{2iz}-4ie^{iz}-1=0\to e^{iz}=(2\pm\sqrt{3})i,$$

于是有

$$z=-i\ln(2\pm\sqrt{3})+\frac{\pi}{2}+2k\pi\quad(k\in\mathbb{Z}).$$

思考 三角函数沿实轴方向是周期函数,指数函数沿虚轴方向是周期函数,是否存在一种函数,同时沿实轴和虚轴方向均为周期函数?

注记

复对数函数在数学历史上曾引发很大的骚乱.约翰·伯努利(J. Bernoulli)根据如下观察:

$$\frac{dz}{1+z^2}=\frac{dz}{2(1+z\sqrt{-1})}+\frac{dz}{2(1-z\sqrt{-1})},$$

得出虚对数表示圆扇形的结论,即

$$\arctan z=\frac{1}{2\sqrt{-1}}\ln\frac{\sqrt{-1}-z}{\sqrt{-1}+z}.$$

但伯努利关于复对数的理解颇有局限,在与莱布尼兹(G. W. Leibniz)关于负数对数的争论中,伯努利断言它们是实数,并坚持认为 $\ln x=\ln(-x)$,他的理由是

$$(-x)^2=x^2\to 2\ln x=2\ln(-x)$$

以及

$$\frac{d}{dx}\ln(-x)=\frac{1}{x}=\frac{d}{dx}\ln x.$$

莱布尼兹则认为负数的对数是虚数,并且 $\ln(-x)\neq\ln x$,理由是

$$\ln(1+x)=x-\frac{x^2}{2}+\frac{x^3}{3}-\frac{x^4}{4}+\cdots,$$

将 $x=-2$ 代入,有

$$\ln(-1)=-2-\frac{4}{2}-\frac{8}{3}-\cdots,$$

右边所有项均为负数,所以 $\ln(-1)$ 必定与某个虚数有关.在这场争论中,达朗贝尔(J. le R. d'Alembert)站在伯努利一边.欧拉则认为,按照伯努利的办法,必有

$$(x\sqrt{-1})^4=x^4\to\ln x+\ln\sqrt{-1}=\ln x,$$

必然得到 $\ln\sqrt{-1}=0$,但伯努利自己就曾发现

$$\frac{\ln\sqrt{-1}}{\sqrt{-1}}=\frac{\pi}{2}.$$

欧拉给出了争论的正确答案:负数的对数是一个无穷多值的集合.根据欧拉公式,$ix=\ln(\cos x+i\sin x)$,任何给定复数都有无穷多的对数值:

$$\ln 1=2k\pi i,\quad \ln(-1)=(2k+1)\pi i\quad(k\in\mathbb{Z}).$$

不过欧拉给出的理由颇为怪异.高斯最终从对数函数是一个积分函数的事实,解释了其多值性.

常见的初等函数如指数函数、三角函数等都是单周期函数,我们还可进一步尝试定义一

种螺旋函数：

$$\mathrm{sinp}(z) \stackrel{\mathrm{def}}{=} \frac{\varphi^z - \psi^z}{2}, \quad \mathrm{cosp}(z) \stackrel{\mathrm{def}}{=} \frac{\varphi^z + \psi^z}{2},$$

其中，

$$\varphi = \frac{\alpha+\beta}{2}, \quad \psi = \frac{\alpha-\beta}{2} \quad (\alpha, \beta \in \mathbb{R}).$$

当 $\alpha>\beta>0$ 时，它就是普通的指数函数，取

$$\alpha^2 - \beta^2 = 4 \rightarrow \varphi \cdot \psi = 1,$$

螺旋函数退化为双曲函数；当 $\alpha<\beta<0$ 时，其退化为三角函数. 如果 $0<\alpha<\beta$，函数将 z 平面上的直线映射为螺旋线，令

$$\beta^2 - \alpha^2 = 4 \rightarrow \varphi \cdot \psi = -1,$$

函数具有性质：

$$\mathrm{sinp}(z+1) = \alpha\,\mathrm{sinp}(z) + \mathrm{sinp}(z-1),$$
$$\mathrm{sinp}(2z) = 2\mathrm{sinp}(z) \cdot \mathrm{cosp}(z).$$

取 $\alpha=1$ 时，$\beta=\sqrt{5}$，它反映的就是斐波那契(Fibonacci)数列，其比例极限 $\varphi=\frac{1+\sqrt{5}}{2}$ 称作黄金分割数(golden ratio)，参见8.4节注记. 取 $\alpha=2$ 时，$\beta=2\sqrt{2}$，它对应于佩尔数列(Pell numbers)，其比例极限 $\delta_s=1+\sqrt{2}$ 即所谓白银分割数(silver ratio). 取 $\alpha=n$ 时，$\beta=\sqrt{n^2+4}$，得到一般金属分割数

$$\delta_n = \frac{n+\sqrt{n^2+4}}{2} \quad (n \in \mathbb{N}),$$

它是方程 $x^2-nx-1=0$ 的根. 从这个意义讲，螺旋函数也可称作金属函数.

有人将 $\alpha=2\sqrt{3}$，$\beta=4$ 时的取值 $\varphi=\sqrt{3}+2$ 称作白金分割数，它是方程 $x^2-4x+1=0$ 的根.

习　题

[1] 写出复数的值：

(a) $\ln(1+i)^{2\mathrm{i}}$；　(b) $\sin(a+\mathrm{i}b)$　$(a, b \in \mathbb{R})$.

[2] 计算：$\mathrm{i}^{\mathrm{i}^{\mathrm{i}}}$，并证明它不等于 $\mathrm{i}^{\mathrm{i}\cdot\mathrm{i}}=\mathrm{i}^{-1}$.

[3] 证明：

(a) $\sin(x+\mathrm{i}y) = \sin x\cosh y + \mathrm{i}\cos x\sinh y$；

(b) $\cos(x+\mathrm{i}y) = \cos x\cosh y - \mathrm{i}\sin x\sinh y$；

(c) $\tanh\left(\frac{z}{2}\right) = \frac{\sinh x + \mathrm{i}\sin y}{\cosh x + \cos y}$；

(d) $\coth\left(\frac{z}{2}\right) = \frac{\sinh x - \mathrm{i}\sin y}{\cosh x - \cos y}$.

[4] 证明反三角函数的表达式：

(a) $\arcsin z = -\mathrm{i}\ln(\mathrm{i}z + \sqrt{1-z^2})$；

(b) $\arctan z = \frac{1}{2\mathrm{i}}\ln\frac{1+\mathrm{i}z}{1-\mathrm{i}z}$.

[5] 求方程的根：

(a) $\tan z=\mathrm{i}$; (b) $z^2+2z\cos\lambda+1=0$ $(0<\lambda<\pi)$.

答案：(a) 无解；(b) $-\mathrm{e}^{\pm\mathrm{i}\lambda}$.

[6] 证明螺旋函数满足：

$$\mathrm{sinp}(z+1)=\alpha\,\mathrm{sinp}(z)+\mathrm{sinp}(z-1).$$

1.3 复变函数导数

1. 极限与导数

1) 函数极限

设复变函数 $w=f(z)$ 定义在 z_0 的去心邻域，如果对于任意小的正数 ε，存在一个正数 δ，使得在 $0<|z-z_0|<\delta$ 内，$|f(z)-A|<\varepsilon$，则称 A 为 $f(z)$ 在 z 趋近 z_0 时的极限，记作 $\lim\limits_{z\to z_0}f(z)=A$.

由于 z 是复数，所以可以从复平面的不同方向趋于 z_0，函数存在极限表明，它们必须使函数值 w 趋于同一个极限值 A. 反之，如果不同趋近方式的极限值不同，则函数在该点就不存在极限. 回顾实变函数的极限定义，也是从左、右两边趋近该点时的极限必须相同，因此它们从逻辑上是一脉相承的.

例 1.7 求函数的极限：

$$\lim_{z\to 1}\frac{z\bar{z}+2z-\bar{z}-2}{z^2-1}.$$

解 先计算从水平方向 $z\to 1$，令 $z=x$，所以

$$\lim_{z\to 1}\frac{z\bar{z}+2z-\bar{z}-2}{z^2-1}=\lim_{x\to 1}\frac{x^2+2x-x-2}{x^2-1}=\frac{3}{2},$$

再计算沿竖直方向 $z\to 1$，此时直线方程为 $z=1+\mathrm{i}y$，所以

$$\lim_{z\to 1}\frac{z\bar{z}+2z-\bar{z}-2}{z^2-1}=\lim_{y\to 0}\frac{(1+y^2)+2(1+\mathrm{i}y)-(1-\mathrm{i}y)-2}{(1+\mathrm{i}y)^2-1}=\frac{3}{2},$$

所以函数的极限为

$$\lim_{z\to 1}\frac{z\bar{z}+2z-\bar{z}-2}{z^2-1}=\frac{3}{2}.$$

练习 当沿任意方向 $z\to 1$ 时，取 $z=1+\delta\mathrm{e}^{\mathrm{i}\theta}\,(\delta\to 0)$，求函数的极限.

2) 函数连续性

称函数 $w=f(z)$ 在 $z=z_0$ 点连续，如果它满足条件：函数值 $f(z_0)$ 存在，函数的极限 $\lim\limits_{z\to z_0}f(z)$ 存在，且极限值

$$\lim_{z\to z_0}f(z)=f(z_0).$$

设复变函数 $f(z)=u(x,y)+\mathrm{i}v(x,y)$，那么 $f(z)$ 在 $z_0=x_0+\mathrm{i}y_0$ 点连续的充分必要条件是，实变函数 $u(x,y)$ 和 $v(x,y)$ 均在 (x_0,y_0) 点连续.

3) 复变函数导数

设 $w=f(z)$ 是定义在区域 B 上的单值函数，在 B 内某点 z_0，若极限

$$\lim_{\Delta z\to 0}\frac{\Delta w}{\Delta z}=\lim_{z\to z_0}\frac{f(z)-f(z_0)}{z-z_0}$$

存在，则称函数 $f(z)$ 在 z_0 点可导，并称该极限值为函数 $f(z)$ 在 z_0 点的导数或微商，记作

$$f'(z_0)\overset{\text{def}}{=}\frac{\mathrm{d}f(z)}{\mathrm{d}z}\bigg|_{z=z_0}.$$

函数的导数存在，意味着极限与 $z\to z_0$ 的方式无关. 其实在一维的实变函数中，也需要从左边和从右边趋近该点时的导数都相同，函数在该点才可导，因此复变函数导数是实变函数导数的自然推广. 但复变函数导数规则对函数给出了更严格的限制，以后将看到，这一限制使得复变函数比实变函数有更缜密的局域结构.

例 1.8　证明 $f(z)=\bar{z}$ 在 z 平面上处处连续，但处处不可导.

证明　由于 $f(z)=x-\mathrm{i}y$，其实部和虚部均为连续函数，所以 $f(z)$ 在 z 平面上处处连续. 取复平面上任意点 $z_0=x_0+\mathrm{i}y_0$，根据导数的定义，沿水平方向趋近 z_0 时的极限为

$$\lim_{\Delta z\to 0}\frac{\Delta f(z)}{\Delta z}=\lim_{x\to x_0}\frac{x-x_0}{x-x_0}=1,$$

沿竖直方向趋近 z_0 时的极限为

$$\lim_{\Delta z\to 0}\frac{\Delta f(z)}{\Delta z}=\lim_{x\to x_0}\frac{-\mathrm{i}y+\mathrm{i}y_0}{\mathrm{i}y-\mathrm{i}y_0}=-1,$$

两者不等，所以在 z_0 点不可导. 由于 z_0 是复平面上的任意点，所以函数 $f(z)=\bar{z}$ 在整个 z 平面上任何点均不可导.

2. 柯西-黎曼条件

设 $f(z)=u(x,y)+\mathrm{i}v(x,y)$，函数 $f(z)$ 可导的充分必要条件是：实函数 $u(x,y)$ 和 $v(x,y)$ 在 (x,y) 点均连续且可导，函数的偏导数满足柯西-黎曼条件（Cauchy-Riemann conditions）：

$$\frac{\partial u}{\partial x}=\frac{\partial v}{\partial y},\quad \frac{\partial v}{\partial x}=-\frac{\partial u}{\partial y}. \tag{1.3.1}$$

证明　$f(z)$ 沿平行于实轴方向的导数为

$$\frac{\partial f(z)}{\partial x}=\frac{\partial u}{\partial x}+\mathrm{i}\frac{\partial v}{\partial x},$$

沿平行于虚轴方向的导数为

$$\frac{\partial f(z)}{\mathrm{i}\partial y}=\frac{\partial u}{\mathrm{i}\partial y}+\frac{\partial v}{\partial y},$$

根据复变函数导数的定义，导数值与趋近某点的方式无关，所以二者必相等，即实部和虚部应分别相等：

$$\frac{\partial u}{\partial x}=\frac{\partial v}{\partial y},\quad \frac{\partial v}{\partial x}=-\frac{\partial u}{\partial y}.$$

柯西-黎曼条件表明，一个可导的复变函数，其实部和虚部是密切相关的，或者说，不是任意复函数都可导，复变函数的实部和虚部分别可导，也不意味着该复变函数可导.

还可以写出极坐标系的柯西-黎曼条件：

$$\frac{\partial u}{\partial \rho}=\frac{1}{\rho}\frac{\partial v}{\partial \phi},\quad \frac{1}{\rho}\frac{\partial u}{\partial \phi}=-\frac{\partial v}{\partial \rho}. \tag{1.3.2}$$

证明留作练习.

3. 求导法则

根据导数的定义容易证明,复变函数具有和实变函数相同的求导法则,列举如下:

$$\frac{\mathrm{d}}{\mathrm{d}z}(w_1 \pm w_2)=\frac{\mathrm{d}w_1}{\mathrm{d}z}\pm\frac{\mathrm{d}w_2}{\mathrm{d}z},$$

$$\frac{\mathrm{d}}{\mathrm{d}z}(w_1 \cdot w_2)=w_1\frac{\mathrm{d}w_2}{\mathrm{d}z}+w_2\frac{\mathrm{d}w_1}{\mathrm{d}z},$$

$$\frac{\mathrm{d}}{\mathrm{d}z}\left(\frac{w_1}{w_2}\right)=\frac{w_1' w_2-w_1 w_2'}{w_2^2},$$

$$\frac{\mathrm{d}w}{\mathrm{d}z}=1/\frac{\mathrm{d}z}{\mathrm{d}w},\quad \frac{\mathrm{d}F(w)}{\mathrm{d}z}=\frac{\mathrm{d}F}{\mathrm{d}w}\cdot\frac{\mathrm{d}w}{\mathrm{d}z}.$$

设 $f(z)=u(x,y)+\mathrm{i}v(x,y)$ 在点 $z=x+\mathrm{i}y$ 可导,那么

$$\frac{\mathrm{d}f(z)}{\mathrm{d}z}=\frac{\partial u}{\partial x}+\mathrm{i}\frac{\partial v}{\partial x}=\frac{\partial v}{\partial y}-\mathrm{i}\frac{\partial u}{\partial y}.$$

从定义出发,可以直接证明以下初等复变函数的导数公式,它们与相应的实函数导数具有完全一样的形式:

$$\frac{\mathrm{d}\mathrm{e}^z}{\mathrm{d}z}=\mathrm{e}^z,\quad \frac{\mathrm{d}\ln z}{\mathrm{d}z}=\frac{1}{z},$$

$$\frac{\mathrm{d}\sin z}{\mathrm{d}z}=\cos z,\quad \frac{\mathrm{d}\cos z}{\mathrm{d}z}=-\sin z,$$

$$\frac{\mathrm{d}\sinh z}{\mathrm{d}z}=\cosh z,\quad \frac{\mathrm{d}\cosh z}{\mathrm{d}z}=\sinh z.$$

习　题

[1] 设 α 为实数,对于 $z\neq 0$,证明:

$$\frac{\mathrm{d}z^\alpha}{\mathrm{d}z}=\alpha z^{\alpha-1}.$$

提示:根据导数定义,可沿 x 方向求导.

[2] 研究复函数 $f(z)=(3x^2y-x^3)+\mathrm{i}xy$ 的可导性.

[3] 证明导数公式:

$$\frac{\mathrm{d}\sin z}{\mathrm{d}z}=\cos z.$$

[4] 根据导数定义,推导极坐标系的柯西-黎曼条件:

$$\frac{\partial u}{\partial \rho}=\frac{1}{\rho}\frac{\partial v}{\partial \phi},\quad \frac{1}{\rho}\frac{\partial u}{\partial \phi}=-\frac{\partial v}{\partial \rho}.$$

[5] 证明求导公式:

(a) $\dfrac{\mathrm{d}}{\mathrm{d}z}\left(\dfrac{w_1}{w_2}\right)=\dfrac{w_1' w_2-w_1 w_2'}{w_2^2}$; (b) $\dfrac{\mathrm{d}F(w)}{\mathrm{d}z}=\dfrac{\mathrm{d}F}{\mathrm{d}w}\cdot\dfrac{\mathrm{d}w}{\mathrm{d}z}$.

1.4　解析函数

1. 解析函数定义

设函数 $w=f(z)$在点 z_0 的邻域内处处可导，则称函数 $f(z)$在 z_0 处解析；若 $f(z)$在区域 B 内的每一点都解析，则称 $f(z)$为在区域 B 内的解析函数.

复变函数不可导的点称作函数的奇点. 复变函数在某点解析，则必在该点可导；反之则不然. 比如函数 $f(z)=|z|^2$ 仅在 $z=0$ 点可导，在其邻域任何点均不可导，所以函数在 $z=0$ 点不解析.

函数解析的充分必要条件：函数 $f(z)$在区域 B 内解析，当且仅当实部和虚部在 B 内可导，且在 B 内每一点都满足柯西-黎曼条件.

2. 基本性质

1）正交曲线族

设函数 $f(z)=u(x,y)+\mathrm{i}v(x,y)$在区域 B 内解析，则 $u(x,y)=C_1$，$v(x,y)=C_2$ 是 B 内的两组正交曲线族.

证明　利用柯西-黎曼条件，有

$$\nabla u\cdot\nabla v=\frac{\partial u}{\partial x}\frac{\partial v}{\partial x}+\frac{\partial u}{\partial y}\frac{\partial v}{\partial y}=-\frac{\partial u}{\partial x}\frac{\partial u}{\partial y}+\frac{\partial u}{\partial y}\frac{\partial u}{\partial x}=0.$$

由于梯度方向代表平面曲线的法向，所以两条曲线在交点的法向互相垂直.

图 1.10 展示了解析函数(a)$f(z)=z^3$ 和(b)$f(z)=\mathrm{e}^z$ 的实部(实线)和虚部(虚线)的等值线分布，这些曲线构成正交的网格线.

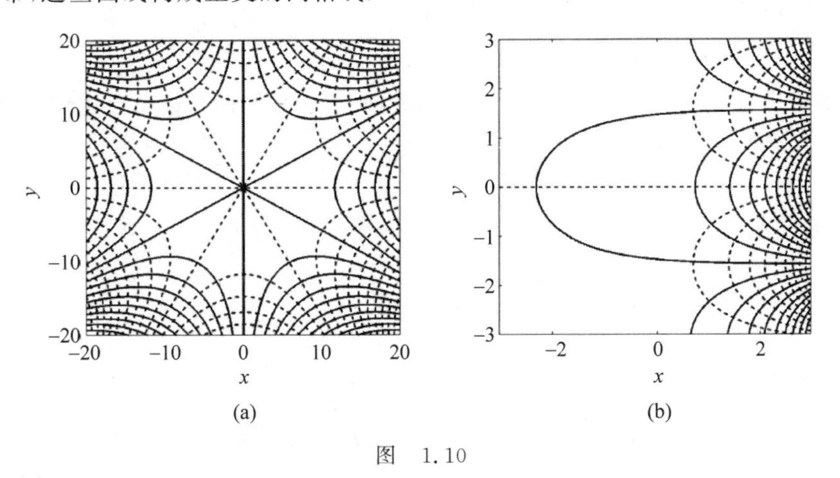

图　1.10

2）调和性

若函数 $f(z)=u(x,y)+\mathrm{i}v(x,y)$是区域 B 内的解析函数，则 $u(x,y)$和 $v(x,y)$均为 B 内的调和函数，即满足拉普拉斯方程

$$\Delta u\equiv\nabla^2 u=0,\quad \Delta v\equiv\nabla^2 v=0.$$

证明　由柯西-黎曼条件，将两边对 x 或 y 分别求导后再相加，即可得

$$\nabla^2 u = 0, \quad \nabla^2 v = 0,$$

将 $u(x,y)$ 和 $v(x,y)$ 称作共轭调和函数.

解析函数的实部和虚部是相关的,图1.11直观地展示了解析函数 $f(z)=\sin z$ 的(a)实部与(b)虚部纹理图.如果已知实部或虚部,可以求出解析函数.

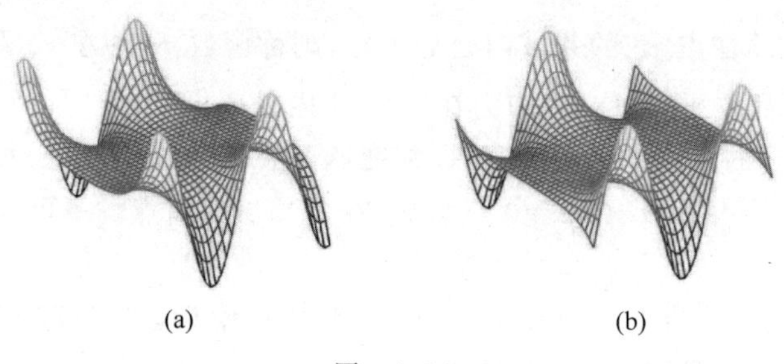

(a) (b)

图 1.11

思考 仔细观察图1.11,总结解析函数有什么基本特征?

例 1.9 已知某解析函数的实部为 $u(x,y)=x^2-y^2$,求该解析函数.

解 首先验证 $u(x,y)$ 确实满足拉普拉斯方程: $\Delta u(x,y)=0$.再利用柯西-黎曼条件,有

$$\frac{\partial u}{\partial x}=\frac{\partial v}{\partial y}=2x, \quad \frac{\partial u}{\partial y}=-\frac{\partial v}{\partial x}=-2y,$$

$$\mathrm{d}v=\frac{\partial v}{\partial x}\mathrm{d}x+\frac{\partial v}{\partial y}\mathrm{d}y=2y\,\mathrm{d}x+2x\,\mathrm{d}y=\mathrm{d}(2xy)\rightarrow v=2xy+c.$$

于是解析函数为

$$f(z)=(x^2-y^2)+2\mathrm{i}xy+c=z^2+c.$$

例 1.10 求解析函数,已知其虚部为

$$v(x,y)=\sqrt{-x+\sqrt{x^2+y^2}}.$$

解 首先验证 $v(x,y)$ 确实满足拉普拉斯方程.本题采用极坐标系会比较方便,即

$$v(\rho,\varphi)=\sqrt{\rho(1-\cos\phi)}=\sqrt{2\rho}\sin\frac{\phi}{2}.$$

根据柯西-黎曼条件

$$\frac{\partial u}{\partial \rho}=\frac{\partial v}{\rho\partial \phi}=\frac{1}{\sqrt{2\rho}}\cos\frac{\phi}{2},$$

以及

$$\frac{\partial u}{\rho\partial \phi}=-\frac{\partial v}{\partial \rho}=-\frac{1}{\sqrt{2\rho}}\sin\frac{\phi}{2},$$

因此 $u=\sqrt{2\rho}\cos\frac{\phi}{2}+c$,最后得

$$f(z)=\sqrt{2\rho}\cos\frac{\phi}{2}+\mathrm{i}\sqrt{2\rho}\sin\frac{\phi}{2}+c=\sqrt{2z}+c.$$

3) 区域映射

解析函数将 z 平面上的某个区域,映射为 w 平面上的相应区域.图1.12(a)显示了函数

$f(z)=z^3$ 将 z 平面上一个角度为 $\pi/3$ 的扇形区域映射为上半平面. 图 1.12(b)展示了分式线性函数

$$f(z)=\frac{z-\mathrm{i}a}{z+\mathrm{i}a}.$$

将上半 z 平面映射为单位圆内部.

关于区域映射的话题暂且打住,第 6 章将专门研究区域映射的性质及其应用.

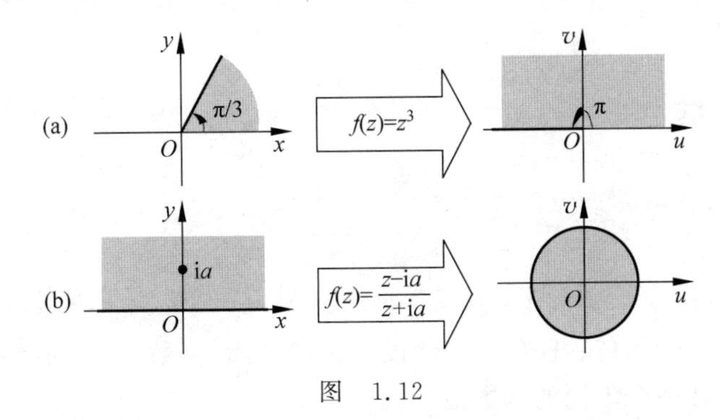

图　1.12

习　题

[1] 求解析函数,已知其实部为

(a) $u(x,y)=\mathrm{e}^x\sin y$;

(b) $u(x,y)=x^2-y^2+xy$,　$f(0)=0$;

(c) $u(x,y)=\dfrac{2\sin(2x)}{\mathrm{e}^{2y}+\mathrm{e}^{-2y}-2\cos(2x)}$,　$f\left(\dfrac{\pi}{2}\right)=0$;

(d) $x^4-6x^2y^2+y^4$,　$f(0)=0$.

答案: (a) $-\mathrm{i}\mathrm{e}^z+c$;　(b) $z^2\left(1-\dfrac{\mathrm{i}}{2}\right)$;　(c) $\cot z$;　(d) z^4.

[2] 能否构造一个解析函数,其虚部为 $v(x,y)=x^3-3xy$?

[3] 证明: 如果函数 $f(z)=u+\mathrm{i}v$ 在某一区域解析,则其雅可比行列式为

$$\det J=\frac{\partial u}{\partial x}\frac{\partial v}{\partial y}-\frac{\partial u}{\partial y}\frac{\partial v}{\partial x}=|f'(z)|^2.$$

[4] 画出下列曲线经过 $f(z)=z^2$ 的映像:

(a) $|z-1|=1$;　(b) $y=\dfrac{1}{x}$.

提示: (a) 采用极坐标系; (b) 取 $z=x+\dfrac{\mathrm{i}}{x}$.

答案:

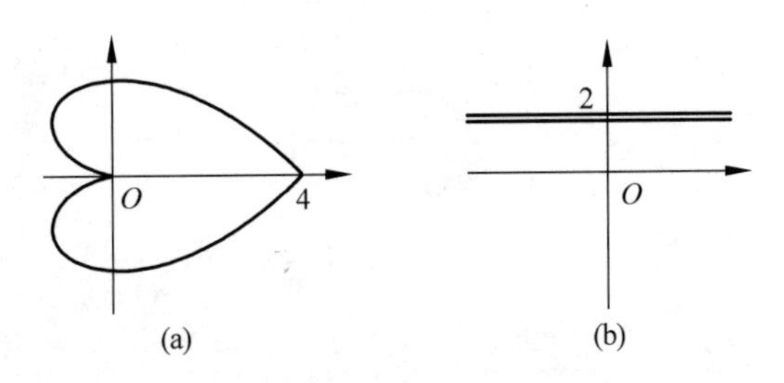

[5] 函数 $f(z)=\sin z$ 将下列区域映射为什么区域?

$$-\frac{\pi}{2}\leqslant \mathrm{Re}z\leqslant \frac{\pi}{2},\quad \mathrm{Im}z\geqslant 0.$$

答案:上半平面.

[6] 寻找一个解析函数,将单位圆映射为右半平面.

答案:$\zeta=\dfrac{1-z}{1+z}$.

1.5 多值函数

1. 支点和割线

考虑根式函数 $w=\sqrt{z-1}$,当 z 在复平面上沿图1.13的 L_1 回路绕 $z=1$ 点一周时,函数 w 的值并不能回到初始值;只有当 z 绕该点再转一周,函数 w 才回到初始值.因此对应同一个自变量 z,存在两个不同的函数值:

$$\begin{cases} w_1=\sqrt{|z-1|}\,\mathrm{e}^{\frac{\mathrm{i}}{2}\arg(z-1)} \\ w_2=\sqrt{|z-1|}\,\mathrm{e}^{\frac{\mathrm{i}}{2}\arg(z-1)+\mathrm{i}\pi} \end{cases}.$$

w_1 和 w_2 分别称作多值函数的两个分支.而当 z 绕不包含 $z=1$ 的任何闭合回路一周时,如图1.13中的 L_2 回路,函数将回到出发时的值,将 $z=1$ 这个特殊点称作多值函数的支点(branch point).如果 z 需要绕某点 $n+1$ 周,函数值 w 才回到初始值,则该点称作 n 阶支点.

事实上,除了 $z=1$ 点,$z=\infty$ 也是函数 $w=\sqrt{z-1}$ 的支点,这可以从令 $z-1=1/\zeta$ 看出,此时 $\zeta=0$ 是函数的一阶支点.

为了在复平面上将多值函数形象地表示出来,在两个支点 $z=1$ 和 $z=\infty$ 之间沿正实轴切一条割线(branch cut),如图1.14所示,规定割线上沿的辐角 $\arg(z-1)=0$,下沿 $\arg(z-1)=2\pi$,与之对应的函数分支为 w_1,辐角为 $0\leqslant \arg w_1\leqslant \pi$,因此为 w 平面的上半部.只有当 z 穿过割线再次进入上半平面时,其在割线上沿的辐角变为 $\arg(z-1)=2\pi$,割线下沿辐角变为 $\arg(z-1)=4\pi$,相应的函数分支变成 w_2,辐角为 $\pi\leqslant \arg w_2\leqslant 2\pi$,构成 w 平面的下半部.

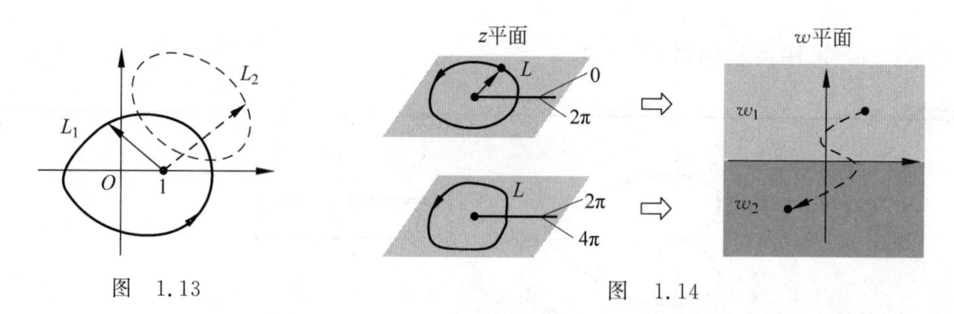

图 1.13　　　　图 1.14

2. 黎曼面

1）根式函数

每当 z 穿过一次割线，函数值将进入另外一个分支，以割线为连接纽带，将不同 z 平面交错粘合起来，形成所谓黎曼面(Riemann surface). 图 1.15 即多值函数 $w=\sqrt{z-1}$ 的双层黎曼面，如果 z 在复平面上移动而不穿过割线，函数将永远保持在同一个分支里，因此具有单值性. 只有当 z 穿过割线时，函数才进入另一个分支.

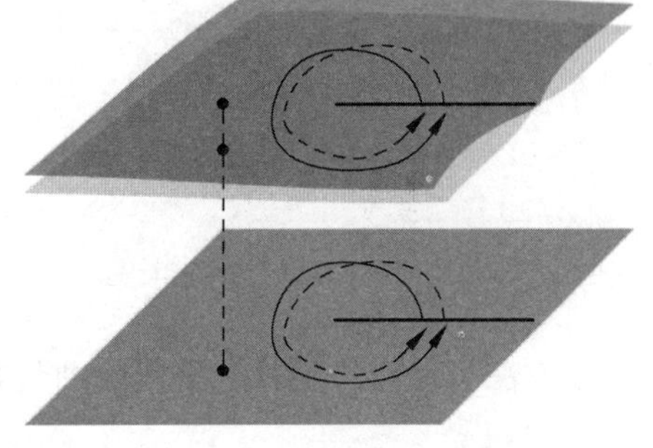

图 1.15

2）对数函数

$$w=\ln z=\ln|z|+\mathrm{i}(\arg z+2k\pi)\quad(k\in\mathbb{Z}).$$

对数函数具有无穷重多值性，其两个支点为 0 和∞，在 0 到∞之间切一条割线. 辐角为 $0\leqslant\arg z\leqslant 2\pi$ 的 z 平面对应于 w 平面上平行于实轴、宽度为 2π 的带状区域. 每当 z 绕支点 $z=0$ 一周并穿过割线时，函数值便进入另外一个分支，在 w 平面即进入相邻的一个带状区域，图 1.16 描绘了对数函数的平移周期性映射关系.

图 1.17 是对数函数的无穷层黎曼面，在割线处将不同分支面交错粘合起来，每当 z 穿过一次割线时，函数值便进入下一个分支.

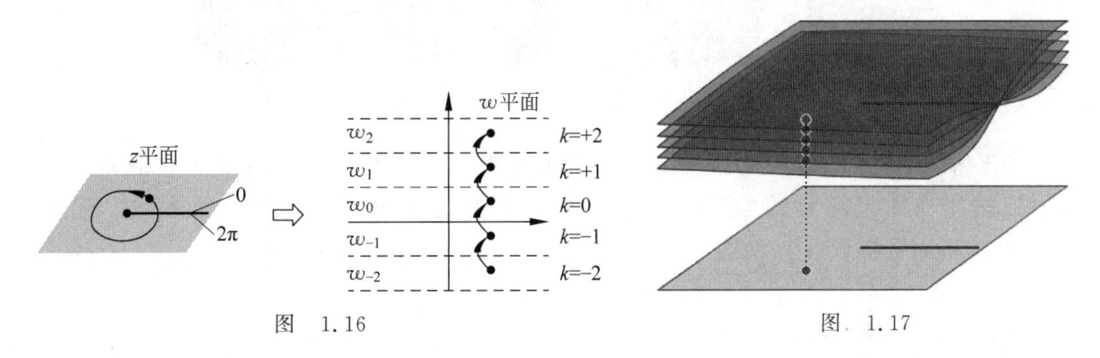

图 1.16　　　　图 1.17

例 1.11 画出多值函数的黎曼面：$w=\sqrt{z(z-1)}$.

解 函数是双重值的，支点为 $z=0,1$，这时 $z=\infty$ 不是支点. 在两支点之间切一条割线，再将两个分支面交错粘合起来，则黎曼面如图 1.18 所示.

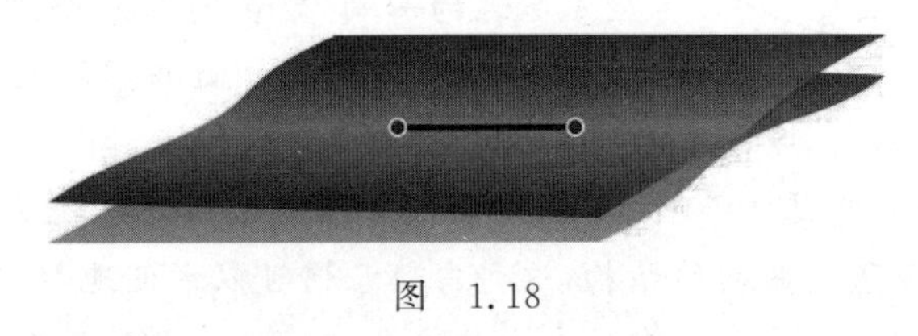

图 1.18

思考 如何判断 $z=\infty$ 是否为函数的支点？

3. 复射影曲线

复曲线在拓扑上是一个曲面,即所谓黎曼面,其关键就是函数的分支点.考虑多值函数:$w=\sqrt{z}$,在它的两个支点 $z=0$ 和 $z=\infty$ 之间切一条割线.从黎曼球的观点看,一个单位球面被两层黎曼面所覆盖,两层球面在割线处交错粘合,如图 1.19(b)所示,拓扑上等价于图 1.19(c)的闭合球面,虚线表示割线.这样,根式函数便可视作定义在拓扑球面上的单值函数.

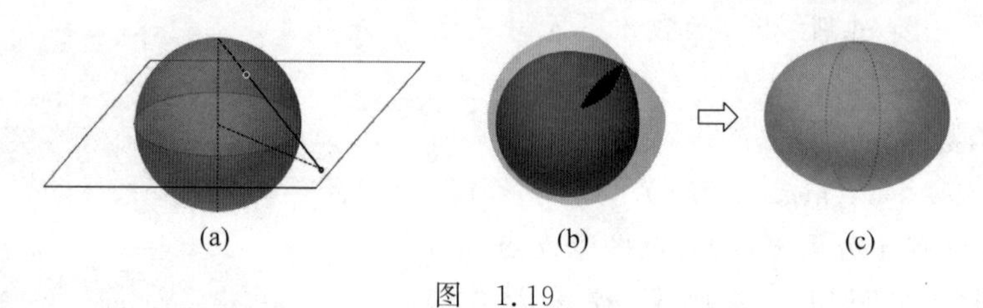

图 1.19

该方法可以应用到其他复代数曲线,如三次曲线方程

$$w^2=z(z-\alpha)(z-\beta),$$

它定义了单位球面的一个二层覆盖球面,两条分支割线为$[0,\alpha]$和$[\beta,\infty]$,经过适当的连续变形,可发现拓扑曲面是一个轮胎状的环面(图 1.20),所以三次曲线可视作定义在环面上的单值函数.

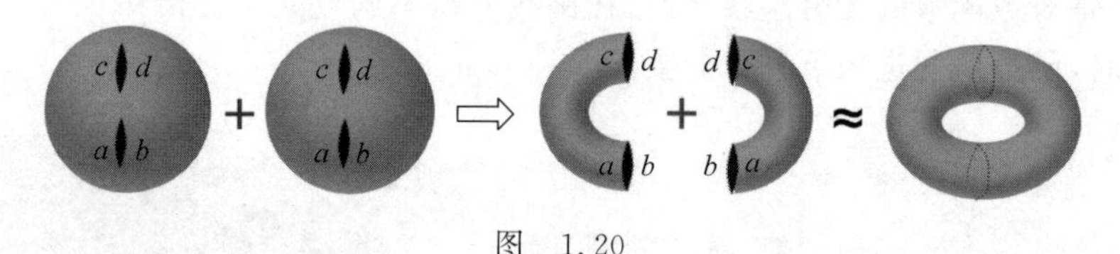

图 1.20

莫比乌斯证明了空间中的任意闭曲面,都拓扑等价于如图 1.21 所示的亏格曲面.于是可以根据闭曲面上窟窿的数目对其进行拓扑分类,拓扑不变量就是"亏格"数.例如,图 1.20 的环面亏格数为 1,而图 1.19 的球面亏格数为零.一般地,形如

$$w^2=z(z-\alpha_1)(z-\alpha_2)\cdots(z-\alpha_{2n})$$

的代数曲线,其亏格数为 n.

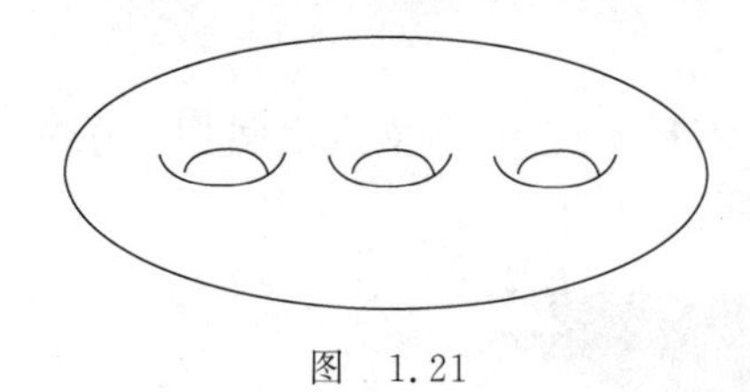

图 1.21

注记

从 19 世纪中期开始,几何学发生了三次革命性进化,其中有两次与黎曼有关,它们对 20 世纪的代数学产生了深远的影响.黎曼的第一个思想是 1851 年在他的博士论文中提出黎曼面并阐释黎曼映射定理,在函数论和几何学之间架起了一座桥梁,标志着拓扑学的真正开始.黎曼的第二个思想是 1854 年在他的哥廷根特许任教资格论文"关于几何基础的假设"中,提出从曲面内部研究曲面的结构,这种内蕴几何可以方便地推广到高维空间,促成了现代微分几何、张量分析的建立,并在后来成为广义相对论的数学基础.

割线不一定要是直线,连接两个支点的任意光滑曲线均可.虽然说在支点之间画出割线后,可以构造出黎曼面,然而割线是虚拟出来的,复平面上并不存在那么一条明确的线.从拓扑角度看，割线对于构造黎曼面并不是必需的，可以将黎曼面视作以支点为轴心的螺旋面，再想象将最后一层和第一层平滑地连接起来. 原则上支点的相对位置和顺序都不重要，只需要确定各个支点的阶数，以及函数值在不同分支之间的变化关系，就可以把黎曼面表示出来.

下面来研究多值函数

$$f(z)=\sqrt{1+\sqrt{z}}$$

的支点性质. 函数的支点为 $z=0,1,\infty$，其中 $z=0$ 是一阶支点，它有双重性，即它是双重一阶支点. $z=1$ 是单重的一阶支点，它是在 $z=1$ 时取 $\sqrt{z}=-1$ 分支的支点. 最后 $z=\infty$ 是一个三阶支点，各个支点的性状可用如图 1.22 所示的黎曼面表示出来.

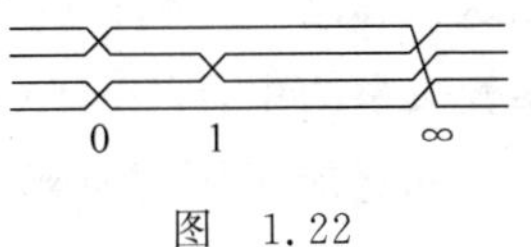

图 1.22

对于组合多值函数，每个部分的函数值互相交错，黎曼面通常比较复杂. 思考一下，如何表示函数 $f(z)=\sqrt{z}+\sqrt{z-1}$ 的黎曼面?

习　题

[1] 判断下列函数是单值的还是多值的：

(a) $\sqrt{z}\sin\sqrt{z}$；　(b) $\sqrt{z}\cos\sqrt{z}$.

[2] 找出函数的支点：

(a) $\sqrt[3]{z^2+1}$；　(b) $\ln(\cos z)$.

[3] 画出函数的映射关系：$w=\sqrt[3]{1-z}$.

[4] 画出多值函数的割线：

(a) $w=\sqrt{z(z-\mathrm{i})(z+\mathrm{i})}$；　(b) $\sqrt{z^2-\dfrac{1}{z}}$.

[5] 规定割线上沿的辐角为 $\arg(z-2)=0$，求函数 $z\sqrt[3]{z-2}$ 沿着不穿过割线的路径，到达割线下沿 $z=3$ 处的值.

答案：$3\mathrm{e}^{2\pi\mathrm{i}/3}$.

[6] 对于函数 $w=z+\sqrt{z-1}$，画割线[1，$-\infty$]，规定 $w(2)=1$，求割线上、下沿 $w(-3)$ 的值.

答案：$w(-3)=-3-2\mathrm{i}$；　$-3+2\mathrm{i}$.

[7] 画出函数的黎曼面：$w=\sqrt{z^3-1}$.

[8] 画出多值函数的黎曼面：

(a) $f(z)=\sqrt[3]{z^2(z-1)}$；　(b) $f(z)=\sqrt{1+\sqrt{z^2-1}}$.

答案：

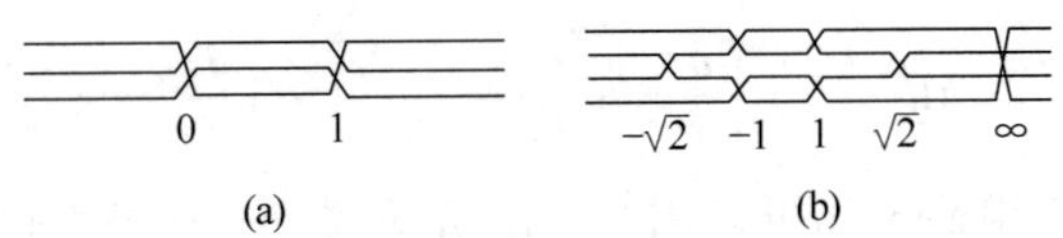

1.6 复势

在物理及工程中常常要研究各种各样的场,若所研究的场在空间的某个方向上是均匀的,从而只需要研究垂直于该方向的平面分布,称为二维平面场.对于二维向量场,取垂直于某方向的平面为 XOY 平面,其上的点用 $z=x+\mathrm{i}y$ 来表示.初看起来,具有分量 A_x、A_y 的平面向量场可表示为

$$\boldsymbol{A}=A(z)=A_x(x,y)+\mathrm{i}A_y(x,y),$$

但这种思路不正确! 因为要使 $A(z)$ 具有解析函数的性质,意味着实部和虚部之间有柯西-黎曼关系约束,即 $A_x(x,y)$ 和 $A_y(x,y)$ 不是独立的.

究竟能否用解析函数来表示平面向量场呢? 我们知道,如果向量场是无旋的,比如静电场,可以引进一个标量场即静电势来描述它,称为平面标量场.如果将静电势函数作为复变函数的实部,由于解析函数的实部和虚部是密切相关的,那么它的虚部会是什么呢?

1. 平面静电场

设二维静电场 $\boldsymbol{E}=E_x(x,y)\boldsymbol{i}+E_y(x,y)\boldsymbol{j}$,其中静电场分量 $E_x(x,y)$ 和 $E_y(x,y)$ 具有连续的偏导数.如果该静电场是无旋场,$\nabla\times\boldsymbol{E}=\boldsymbol{0}$,则存在静电势函数 $u(x,y)$,满足 $\boldsymbol{E}=-\nabla u$,所以

$$E_x=-\frac{\partial u}{\partial x},\quad E_y=-\frac{\partial u}{\partial y}. \tag{1.6.1}$$

如果该静电场同时是无源场,$\nabla\cdot\boldsymbol{E}=0$,则存在电通量函数 $v(x,y)$,有

$$\frac{\partial E_x}{\partial x}+\frac{\partial E_y}{\partial y}=0\rightarrow E_x=-\frac{\partial v}{\partial y},\quad E_y=\frac{\partial v}{\partial x},$$

于是可以引入复势函数

$$f(z)=u(x,y)+\mathrm{i}v(x,y). \tag{1.6.2}$$

该复势函数是解析函数,一方面它满足柯西-黎曼条件

$$\frac{\partial u}{\partial x}=\frac{\partial v}{\partial y},\quad \frac{\partial v}{\partial x}=-\frac{\partial u}{\partial y},$$

另外由于是无源场,$\nabla\cdot\boldsymbol{E}=0\rightarrow\nabla^2u=0$,且

$$\frac{\partial u}{\partial x}=\frac{\partial v}{\partial y},\quad \frac{\partial u}{\partial y}=-\frac{\partial v}{\partial x}\rightarrow\nabla^2v=0,$$

所以 $u(x,y)$ 和 $v(x,y)$ 为共轭调和函数.

平面静电场的场强用复势表示为

$$E=E_x+\mathrm{i}E_y=-\frac{\partial u}{\partial x}-\mathrm{i}\frac{\partial u}{\partial y}=-\frac{\partial u}{\partial x}+\mathrm{i}\frac{\partial v}{\partial x}=-\overline{f'(z)}. \tag{1.6.3}$$

至此证明,没有电荷的二维静电场可以用一个解析函数——复势来描述,复势的实部和虚部分别为静电势和电通量函数.

等值线 $u(x,y)=D$ 描述的是等势线分布，等值线 $v(x,y)=C$ 描述的是电力线分布，即每给定一个常数可在平面内画出一条电力线；$v(x,y)$ 称作通量函数，其物理意义是，两条电力线常数之差为穿过这两条线之间的电通量(图 1.23)，

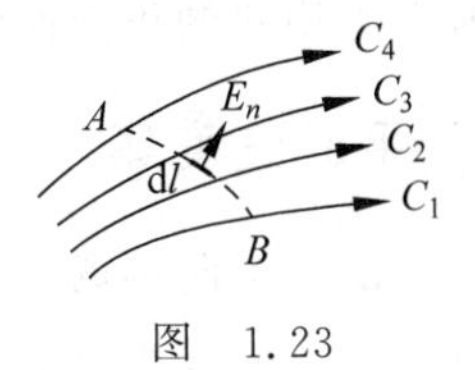

图 1.23

$$\Phi_{AB}=\int_A^B \boldsymbol{E}\cdot\boldsymbol{n}\,\mathrm{d}l=C_1-C_4.$$

例 1.12 已知平面静电场的电场线为参数抛物线 $y^2=c^2+2cx\ (c>0)$，求等势线方程.

解 从电力线方程解出参数 c，有

$$c=-x\pm\sqrt{x^2+y^2}.$$

由于 $c>0$，故

$$-x+\sqrt{x^2+y^2}=c.$$

电力线方程为 $v(x,y)=c$，是否意味着就可以取复势的虚部为 $v(x,y)=-x+\sqrt{x^2+y^2}$ 呢？然而经过验证，这个 $v(x,y)$ 不满足拉普拉斯方程，即不是调和函数，所以需要另外考虑别的函数. 令

$$t=-x+\sqrt{x^2+y^2},$$

而 $v=F(t)$，因为这样的 $v(x,y)$ 同样可以取为常数，从而得到电力线方程. 根据调和函数要求，有

$$\frac{\partial v}{\partial x}=F'(t)\left[\frac{x}{\sqrt{x^2+y^2}}-1\right],$$

$$\begin{aligned}\frac{\partial^2 v}{\partial x^2}&=F''(t)\left[\frac{x}{\sqrt{x^2+y^2}}-1\right]^2+F'(t)\left[\frac{1}{\sqrt{x^2+y^2}}-\frac{x^2}{(x^2+y^2)^{3/2}}\right]\\&=F''(t)\left[\frac{x}{\sqrt{x^2+y^2}}-1\right]^2+F'(t)\frac{y^2}{(x^2+y^2)^{3/2}}.\end{aligned}$$

同理可求得

$$\frac{\partial^2 v}{\partial y^2}=F''(t)\left[\frac{y}{\sqrt{x^2+y^2}}\right]^2+F'(t)\frac{x^2}{(x^2+y^2)^{3/2}}.$$

代入拉普拉斯方程，有

$$2F''(t)\left[1-\frac{x}{\sqrt{x^2+y^2}}\right]+F'(t)\frac{1}{\sqrt{x^2+y^2}}=0\rightarrow F(t)=C_1\sqrt{t}+C_2,$$

于是

$$v=F(t)=C_1\sqrt{t}+C_2=C_1\sqrt{-x+\sqrt{x^2+y^2}}+C_2.$$

引用 1.4 节例 1.10 的结果，有 $u=C_1\sqrt{2\rho}\cos\dfrac{\phi}{2}+C_3$，回到直角坐标系，得到等势线满足的方程为

$$y^2=c^2-2cx,$$

所以抛物线的正交曲线也是抛物线.

2. 平面速度场

设二维向量场是不可压缩理想流体的稳定流速场$\boldsymbol{v}$,如果速度场没有涡旋,$\nabla\times\boldsymbol{v}=\boldsymbol{0}$,则可以引入速度势函数$\phi(x,y)$,有$\boldsymbol{v}=\nabla\phi$,即

$$v_x=\frac{\partial\phi}{\partial x},\quad v_y=\frac{\partial\phi}{\partial y}.$$

如果速度场没有源或者漏,即散度为零,

$$\nabla\cdot\boldsymbol{v}=\frac{\partial v_x}{\partial x}+\frac{\partial v_y}{\partial y}=0,$$

则可以引入流量函数$\psi(x,y)$,有

$$v_x=\frac{\partial\psi}{\partial y},\quad v_y=-\frac{\partial\psi}{\partial x}.$$

因此有等式

$$\frac{\partial\phi}{\partial x}=\frac{\partial\psi}{\partial y},\quad \frac{\partial\phi}{\partial y}=-\frac{\partial\psi}{\partial x},$$

这就是柯西-黎曼条件.同时可以证明$\phi(x,y)$和$\psi(x,y)$为共轭调和函数,所以定义复势为

$$f(z)=\phi(x,y)+\mathrm{i}\psi(x,y),$$

它也是解析函数.二维速度场用复势表示为

$$\boldsymbol{v}=\nabla\phi=\frac{\partial\phi}{\partial x}+\mathrm{i}\frac{\partial\phi}{\partial y}=\frac{\partial\phi}{\partial x}-\mathrm{i}\frac{\partial\psi}{\partial x}=\overline{f'(z)}.\tag{1.6.4}$$

3. 平面热流场

同样可以用一个复势来描述没有热源的温度场,设实部$u(x,y)$描述温度分布,那么虚部$v(x,y)$将描述物体中的热流量函数,就此从略.

习 题

[1] 已知等势线方程为$x^2+y^2=c$,求复势.

答案:$a\ln z+b$.

[2] 已知电场线为与实轴相切于原点的圆族,求复势.

答案:$\frac{a}{z}+b$.

[3] 证明图1.23中穿过A、B之间的电通量为

$$\Phi_{AB}=\int_A^B\boldsymbol{E}\cdot\boldsymbol{n}\,\mathrm{d}l=C_1-C_4.$$

提示:$\int_A^B\boldsymbol{E}\cdot\boldsymbol{n}\,\mathrm{d}l=-\int_A^B\mathrm{d}v$.

第2章

路 径 积 分

2.1 复变函数积分

1. 积分定义

设 L 是二维复平面上一条分段光滑的曲线，在曲线上从起点到终点取一系列的点 z_1，z_2，…，z_{n-1}，曲线被分割成 n 小段，如图 2.1 所示. 在每一小段$[z_{k-1},z_k]$上任取一点 ζ_k，求和$\sum_{k=1}^{n} f(\zeta_j)(z_k - z_{k-1})$，再取极限 $n\to\infty$，有 $\Delta z_k = z_k - z_{k-1}\to 0$，复变函数的积分定义为

$$\int_L f(z)\mathrm{d}z \stackrel{\text{def}}{=} \lim_{n\to\infty}\sum_{k=1}^{n} f(\zeta_j)(z_k - z_{k-1}). \tag{2.1.1}$$

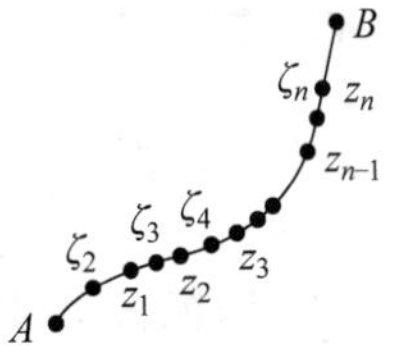

图 2.1

由于复变函数的积分与路径 L 有关，也称作路径积分(complex line integrals). 在计算积分时，一般需要指明在复平面上沿什么样的路径，用 L^- 表示 L 的逆向路径. 如果单值函数积分路径的首尾相连，则称作沿闭合回路积分，通常约定回路以沿逆时针方向为正方向.

说明 $z_k - z_{k-1}$ 不是线段的长度$|z_k - z_{k-1}|$，它是“有方向”的线段，携带一个辐角因子.

2. 基本性质

复变函数的路径积分具有如下性质：

(1) $\int_L [Af(z)+Bg(z)]\mathrm{d}z = A\int_L f(z)\mathrm{d}z + B\int_L g(z)\mathrm{d}z$；

(2) $\int_{L_1+L_2} f(z)\mathrm{d}z = \int_{L_1} f(z)\mathrm{d}z + \int_{L_2} f(z)\mathrm{d}z$；

(3) $\int_{L^-} f(z)\mathrm{d}z = -\int_L f(z)\mathrm{d}z$；

(4) $\left|\int_L f(z)\mathrm{d}z\right| \leqslant \int_L |f(z)||\mathrm{d}z|$;

(5) $\left|\int_L f(z)\mathrm{d}z\right| \leqslant Ml$.

其中,M 是$|f(z)|$在积分路径上的最大值,$M=\max|f(z)|$;l 为路径 L 的长度.上述性质与实变函数的积分性质在形式上是一致的,可以从积分定义出发直接予以证明.

3. 计算路径积分

1) 化为二元实函数的积分

设 $f(z)=u(x,y)+\mathrm{i}v(x,y)$,$u(x,y)$和 $v(x,y)$均为二元实函数,又 $\mathrm{d}z=\mathrm{d}x+\mathrm{i}\mathrm{d}y$,则

$$\int_L f(z)\mathrm{d}z=\int_L[u(x,y)\mathrm{d}x-v(x,y)\mathrm{d}y]+\mathrm{i}\int_L[v(x,y)\mathrm{d}x+u(x,y)]\mathrm{d}y. \tag{2.1.2}$$

例 2.1 计算积分:

(a) $\int_{L_1}\mathrm{Re}z\mathrm{d}z$; (b) $\int_{L_2}\mathrm{Re}z\mathrm{d}z$.

其中,积分路径 L_1、L_2 分别如图 2.2 所示.

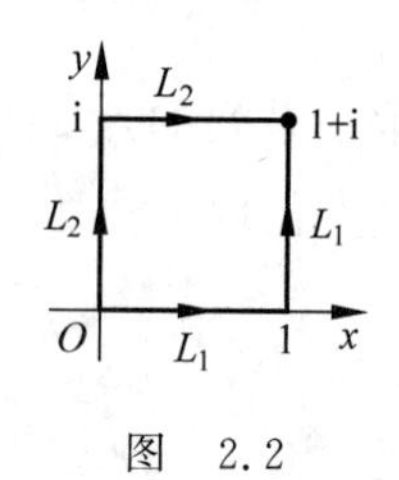

图 2.2

解 先沿路径 L_1 计算积分:

$$\int_{L_1}\mathrm{Re}z\mathrm{d}z=\int_0^1 x\mathrm{d}x+\int_0^1 1\cdot\mathrm{i}\mathrm{d}y=\frac{1}{2}+\mathrm{i},$$

再沿路径 L_2 计算积分:

$$\int_{L_2}\mathrm{Re}z\mathrm{d}z=\int_0^1 0\cdot\mathrm{i}\mathrm{d}y+\int_0^1 x\mathrm{d}x=\frac{1}{2}.$$

可见两者不相等,表明积分结果与路径的选取有关.

2) 路径 L 用参数方程 $z=z(t)$ 表示

$$\int_L f(z)\mathrm{d}z=\int_A^B f(z(t))z'(t)\mathrm{d}t. \tag{2.1.3}$$

问题 复变函数的积分一般会与路径有关,那么在什么情况下积分只与起始和终点位置有关,而与路径无关呢?

习 题

[1] 证明:

$$\left|\int_L f(z)\mathrm{d}z\right| \leqslant \int_L |f(z)||\mathrm{d}z|.$$

[2] 令回路 Γ 为正方形,其四个顶点为 $z_1=0$,$z_2=1$,$z_3=1+\mathrm{i}$,$z_4=\mathrm{i}$,分别计算以下积分:

(a) $\oint_\Gamma(z^2+1)\mathrm{d}z$; (b) $\oint_\Gamma(|z|^2+1)\mathrm{d}z$;

(c) $\oint_\Gamma \mathrm{e}^{\pi\bar{z}}\mathrm{d}z$; (d) $\oint_\Gamma \dfrac{1}{z^2-\frac{1}{2}(1+\mathrm{i})}\mathrm{d}z$.

2.2　柯西定理

1. 单连通域

单连通域柯西定理　如果函数 $f(z)$在单连通区域 B 内解析，则沿 B 内任意一条光滑的闭合路径 C，有

$$\oint_C f(z)\mathrm{d}z = 0. \tag{2.2.1}$$

证明　令 $f(z)=u(x,y)+\mathrm{i}v(x,y)$，考虑沿回路积分

$$\oint_C f(z)\mathrm{d}z = \oint_C [u(x,y)\mathrm{d}x - v(x,y)\mathrm{d}y] + \mathrm{i}\oint_C [v(x,y)\mathrm{d}x + u(x,y)\mathrm{d}y].$$

由于 $f(z)$在单连通区域 B 内解析，故实部和虚部均可导，应用格林公式

$$\oint_C P\mathrm{d}x + Q\mathrm{d}y = \iint_\sigma \left(\frac{\partial Q}{\partial x} - \frac{\partial P}{\partial y}\right)\mathrm{d}x\mathrm{d}y$$

将回路积分化成面积分，有

$$\oint_C f(z)\mathrm{d}z = \iint_\sigma \left(-\frac{\partial v}{\partial x} - \frac{\partial u}{\partial y}\right)\mathrm{d}x\mathrm{d}y + \mathrm{i}\iint_\sigma \left(\frac{\partial u}{\partial x} - \frac{\partial v}{\partial y}\right)\mathrm{d}x\mathrm{d}y,$$

再利用柯西-黎曼条件即可证明积分为零.

复变函数对任意闭合回路积分都为零，等价于闭合回路可以连续收缩到一点.

例 2.2　证明：

$$\oint_{|z|=1} \frac{1}{z^2+2z+2}\mathrm{d}z = 0.$$

证明　被积函数的奇点位置为 $z^2+2z+2=0$，即 $z=-1\pm\mathrm{i}$. 由于这两个奇点都位于积分回路(单位圆)之外，如图 2.3 所示，所以被积函数在单位圆 $|z|=1$ 中为解析函数，根据柯西定理，该回路积分必为零.

从柯西定理可知，对于单连通区域上的解析函数，只要起点和终点固定不变，则当积分路径连续变形时，函数的积分值保持不变，与路径无关.

$$\oint_C f(z)\mathrm{d}z = 0 \rightarrow \int_{L_1} f(z)\mathrm{d}z + \int_{L_2} f(z)\mathrm{d}z = 0,$$

所以

$$\int_{L_1} f(z)\mathrm{d}z = \int_{L_2^-} f(z)\mathrm{d}z.$$

如图 2.4 所示，路径 L_1 可以通过连续变形变为 L_2，称路径 L_1 与 L_2 同伦(homotopy).

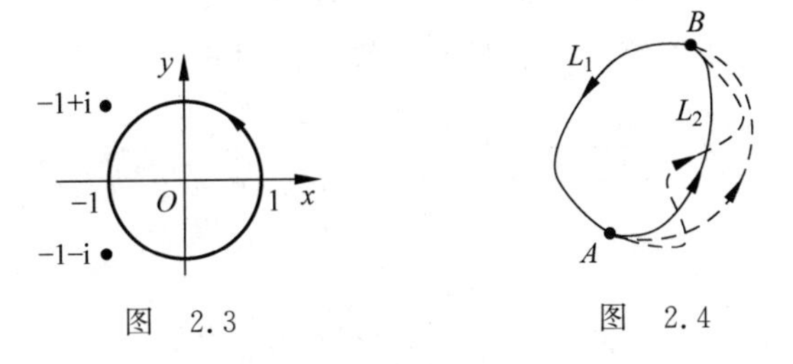

图　2.3　　　图　2.4

2. 多连通域

多连通域柯西定理 设 B 是由 $C_0, C_1, C_2, \cdots, C_n$ 围成的多连通区域,函数 $f(z)$ 在 B 内解析,则有

$$\oint_{C_0} f(z)\mathrm{d}z = \sum_{k=1}^{n}\oint_{C_k} f(z)\mathrm{d}z. \tag{2.2.2}$$

证明 如图 2.5(a)所示,在大回路 C_0 与所有挖空的回路 $C_1, C_2, \cdots, C_n$ 之间建立来回的桥路,如图 2.5(b)所示,这些路径构成一个单连通区域的边界. 由于沿着这些来回桥路积分的总效果为零,对回路积分没有贡献,按照单连通域的柯西定理,下述积分为零:

$$\oint_{C_0+C_1^-+C_2^-+\cdots} f(z)\mathrm{d}z = \oint_{C_0} f(z)\mathrm{d}z + \oint_{C_1^-} f(z)\mathrm{d}z + \oint_{C_2^-} f(z)\mathrm{d}z + \cdots + \oint_{C_n^-} f(z)\mathrm{d}z = 0,$$

所以

$$\oint_{C_0} f(z)\mathrm{d}z = \sum_{k=1}^{n}\oint_{C_k} f(z)\mathrm{d}z.$$

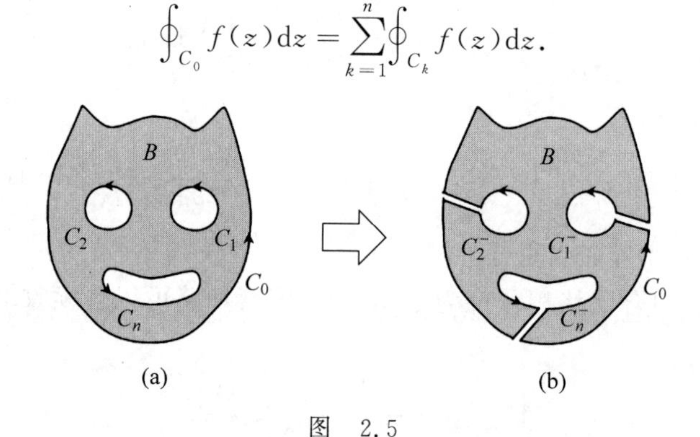

图 2.5

例 2.3 计算积分:

$$\oint_{|z|=2} \frac{3z-1}{z(z-1)}\mathrm{d}z.$$

解 被积函数有两个奇点 $z=0,1$,都位于圆形积分回路 $|z|=2$ 的内部. 以奇点为圆心,分别作半径为 ε 的两个小圆周 C_1 和 C_2,如图 2.6 所示,根据多连通域的柯西定理,沿回路 $|z|=2$ 的积分,就等于沿两个小圆周积分之和,即

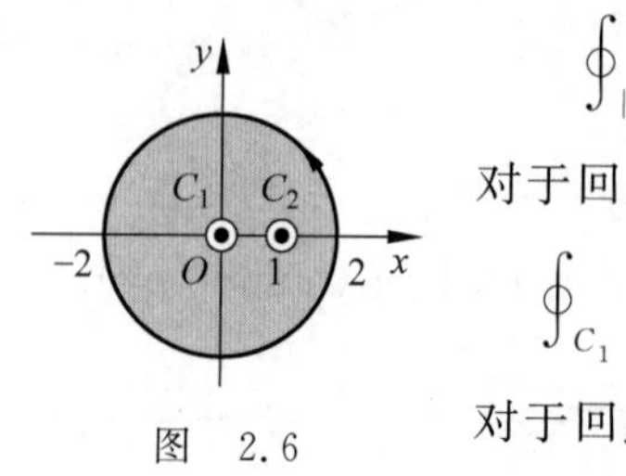

图 2.6

$$\oint_{|z|=2} \frac{3z-1}{z(z-1)}\mathrm{d}z = \oint_{C_1} \frac{3z-1}{z(z-1)}\mathrm{d}z + \oint_{C_2} \frac{3z-1}{z(z-1)}\mathrm{d}z.$$

对于回路 C_1,取圆的参数方程为 $z=\varepsilon e^{i\theta}$. 令 $\varepsilon\to 0$,则

$$\oint_{C_1} \frac{3z-1}{z(z-1)}\mathrm{d}z = \int_0^{2\pi} \frac{3\varepsilon e^{i\theta}-1}{\varepsilon e^{i\theta}(\varepsilon e^{i\theta}-1)} i\varepsilon e^{i\theta}\mathrm{d}\theta \xrightarrow{\varepsilon\to 0} \int_0^{2\pi} i\mathrm{d}\theta = 2\pi i;$$

对于回路 C_2,取圆的参数方程为 $z-1=\varepsilon e^{i\theta}$. 同样令 $\varepsilon\to 0$,可得

$$\oint_{C_2} \frac{3z-1}{z(z-1)}\mathrm{d}z = \int_0^{2\pi} \frac{3\varepsilon e^{i\theta}+2}{(1+\varepsilon e^{i\theta})\varepsilon e^{i\theta}} i\varepsilon e^{i\theta}\mathrm{d}\theta \xrightarrow{\varepsilon\to 0} \int_0^{2\pi} 2i\mathrm{d}\theta = 4\pi i.$$

于是积分结果为

$$\oint_{|z|=2} \frac{3z-1}{z(z-1)}\mathrm{d}z = 6\pi i.$$

3. 原函数

若 $f(z)=\dfrac{\mathrm{d}}{\mathrm{d}z}F(z)$，则称 $F(z)$ 是 $f(z)$ 的原函数. 由柯西定理可知，如果 $f(z)$ 在单连通区域 B 内解析，则沿 B 内任一条路径的积分 $\int f(z)\mathrm{d}z$，只与起点和终点有关，而与积分路径无关. 当起点 $z_0\in B$ 固定时，该积分就定义一个关于终点 z 的单值函数，在物理学中称作态函数，记作

$$F(z)=\int_{z_0}^{z} f(\zeta)\mathrm{d}\zeta.$$

函数 $f(z)$ 的原函数一般可表示为 $F(z)+c$，其中 c 是任意常数，称为函数 $f(z)$ 的不定积分，记作

$$\int f(z)\mathrm{d}z=F(z)+c$$

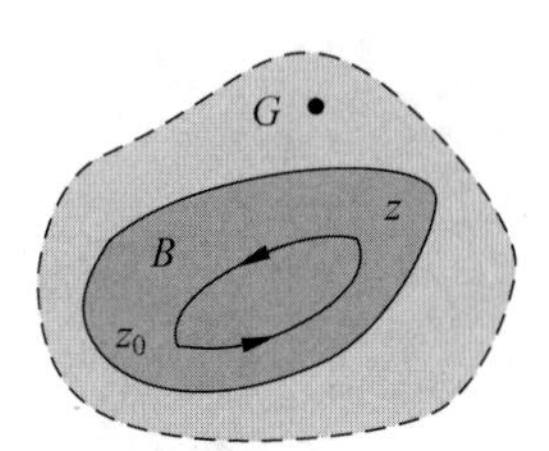

图　2.7

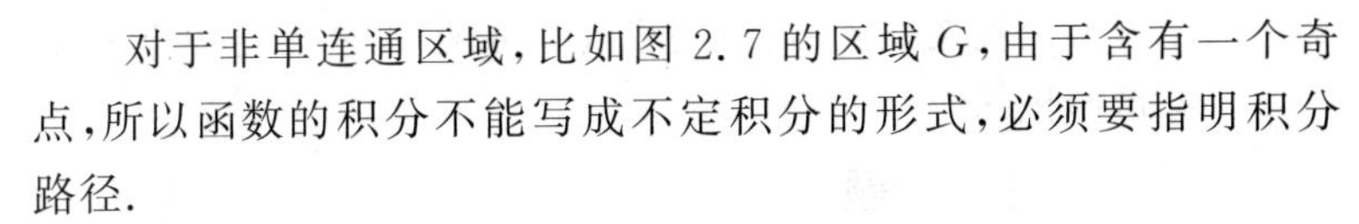
对于非单连通区域，比如图 2.7 的区域 G，由于含有一个奇点，所以函数的积分不能写成不定积分的形式，必须要指明积分路径.

例 2.4　计算积分：

$$\int_0^1 z\cos z\,\mathrm{d}z.$$

解　本例没有指明积分路径，意味着被积函数在全平面解析，因此可以任意选择一条光滑的积分路径，比如沿实轴[0,1]段进行积分，于是

$$\int_0^1 z\cos z\,\mathrm{d}z=\int_0^1 x\cos x\,\mathrm{d}x=\sin 1+\cos 1-1$$

说明　如果选择其他光滑路径，从技术上有可能无法计算出积分值，但是结果必定是一样的.

例 2.5　证明积分：

$$\oint_\Gamma \frac{\mathrm{d}z}{(z-a)^n}=\begin{cases}2\pi\mathrm{i} & (n=1)\\ 0 & (n\neq 1)\end{cases}, \tag{2.2.3}$$

其中，Γ 是包围 a 点的任意闭合回路，$n\in\mathbb{Z}$.

证明　被积函数只有一个奇点 $z=a$，如图 2.8 所示，以 a 点为圆心、半径为 r 画一个圆周 C. 根据多连通域柯西定理，沿回路 Γ 的积分就等于沿圆周 C 的积分：

$$\oint_\Gamma \frac{\mathrm{d}z}{(z-a)^n}=\oint_C \frac{\mathrm{d}z}{(z-a)^n}=\int_0^{2\pi}\frac{\mathrm{i}r\mathrm{e}^{\mathrm{i}\theta}}{r^n\mathrm{e}^{\mathrm{i}n\theta}}\mathrm{d}\theta.$$

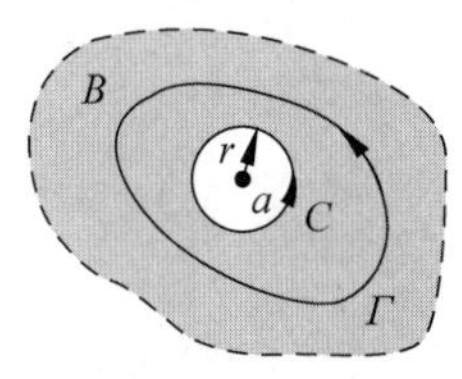

图　2.8

当 $n=1$ 时，有

$$\int_0^{2\pi}\frac{\mathrm{i}r\mathrm{e}^{\mathrm{i}\theta}}{r^n\mathrm{e}^{\mathrm{i}n\theta}}\mathrm{d}\theta=\mathrm{i}\int_0^{2\pi}1\mathrm{d}\theta=2\pi\mathrm{i},$$

当 $n\neq 1$ 时，有

$$\int_0^{2\pi}\frac{\mathrm{i}r\mathrm{e}^{\mathrm{i}\theta}}{r^n\mathrm{e}^{\mathrm{i}n\theta}}\mathrm{d}\theta=\frac{\mathrm{i}}{r^{n-1}}\int_0^{2\pi}\mathrm{e}^{\mathrm{i}(1-n)\theta}\mathrm{d}\theta=0,$$

证毕.

讨论 为什么 $n=1$ 比较特殊？因为被积函数的原函数是多值的对数函数. 当复变数 z 绕 a 一周时它的辐角正好增加 2π；而对于其他 $n\neq1$ 的整数，被积函数的原函数为单值的幂函数，因此回路积分为零.

注记

如果向量场是无旋的，则可以引入一个标量势函数，这是在静电场或重力场中看到的. 对于磁场，虽然由于不存在磁荷，可以引入矢势，但由于安培环路定理，$\oint_\Gamma \boldsymbol{B}\cdot\mathrm{d}\boldsymbol{l}=\mu_0 I$，磁力线是闭合的，所以不能引入标量势函数. 然而凡事也不是绝对的，如果划定一个范围，如图 2.9 所示的区域 B，在该区域里没有电流穿过，则这时磁场强度沿任意环路积分均为零，因此可以引入磁标量势 φ_{m}：$\boldsymbol{H}=\nabla\varphi_{\mathrm{m}}$，进而引入平面标量场和复势. 后面还会讲到，复势是更一般的概念，即使对于环量不为零的涡旋场也能适用.

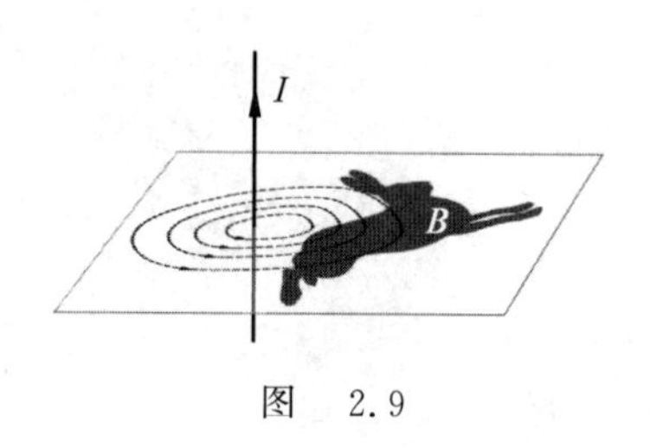

图 2.9

顺便提及一点，磁标量势 φ_{m} 在电工学里是一个非常有用的概念.

习 题

[1] 计算积分：

$$\oint_{|z|=2}\frac{z^2}{(z^2+1)(z-3)}\mathrm{d}z.$$

[2] 计算沿如图 2.10(a)所示回路 Γ 的积分：

$$\oint_\Gamma\frac{\sin z}{z^2-z}\mathrm{d}z.$$

[3] 计算沿如图 2.10(b)所示回路 Γ 的积分：

$$\oint_\Gamma\frac{\mathrm{e}^z-\mathrm{e}^{-z}}{z^4}\mathrm{d}z.$$

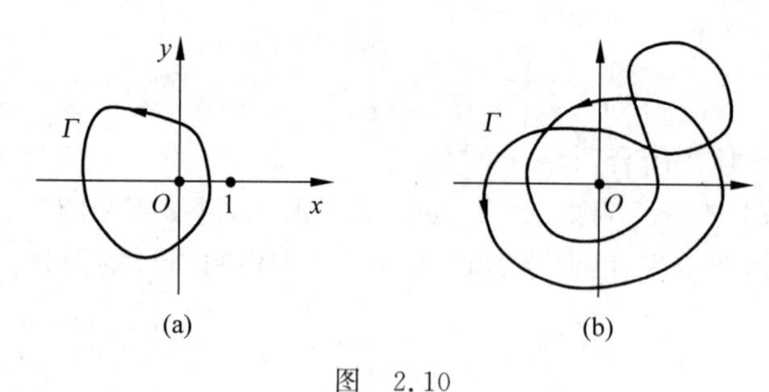

图 2.10

2.3 柯西积分公式

1. 单连通域

设 $f(z)$ 在单连通区域 B 内解析，在 $\overline{B}$ 上连续，则对 B 内任一点 ζ，取包含 ζ 点的任意闭合回路 Γ，有

$$f(\zeta)=\frac{1}{2\pi\mathrm{i}}\oint_{\Gamma}\frac{f(z)}{z-\zeta}\mathrm{d}z. \tag{2.3.1}$$

证明 以 ζ 为圆心，ε 为半径作一个圆周 C_ε，如图 2.11 所示. 考虑到解析函数 $f(z)$ 在 ζ 点的连续性，令 $\varepsilon\to 0$，则有 $f(z)\to f(\zeta)$，所以

$$\frac{1}{2\pi\mathrm{i}}\oint_{\Gamma}\frac{f(z)}{z-\zeta}\mathrm{d}z=\frac{1}{2\pi\mathrm{i}}\oint_{C_\varepsilon}\frac{f(z)}{z-\zeta}\mathrm{d}z\xrightarrow{\varepsilon\to 0}\frac{1}{2\pi\mathrm{i}}\oint_{C_\varepsilon}\frac{f(\zeta)}{z-\zeta}\mathrm{d}z=\frac{f(\zeta)}{2\pi\mathrm{i}}\oint_{C_\varepsilon}\frac{1}{z-\zeta}\mathrm{d}z=f(\zeta).$$

该公式也可写成

$$f(z)=\frac{1}{2\pi\mathrm{i}}\oint_{\Gamma}\frac{f(\zeta)}{\zeta-z}\mathrm{d}\zeta. \tag{2.3.2}$$

它相当于在闭合回路 Γ 内人为地为解析函数置入一个奇点，绕该奇点的积分值就是 $2\pi\mathrm{i}$.

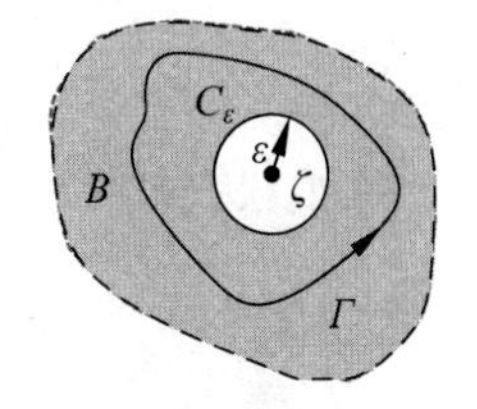

图 2.11

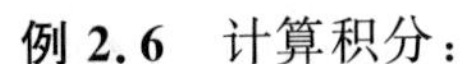

例 2.6 计算积分：

$$\oint_{|z|=3}\frac{\mathrm{e}^z}{z(z^2+1)}\mathrm{d}z.$$

解 被积函数的奇点为 $z=0,\pm\mathrm{i}$，以每个奇点为圆心作小圆周 C_1、C_2、C_3，根据多连通域柯西定理，外回路积分可化为沿各小圆积分之和，

$$\oint_{|z|=3}\frac{\mathrm{e}^z}{z(z^2+1)}\mathrm{d}z=\oint_{C_1}\frac{\left[\frac{\mathrm{e}^z}{z^2+1}\right]}{z}\mathrm{d}z+\oint_{C_2}\frac{\left[\frac{\mathrm{e}^z}{z(z+\mathrm{i})}\right]}{z-\mathrm{i}}\mathrm{d}z+\oint_{C_3}\frac{\left[\frac{\mathrm{e}^z}{z(z-\mathrm{i})}\right]}{z+\mathrm{i}}\mathrm{d}z,$$

再利用柯西积分公式计算每个小圆周积分，有

$$\begin{aligned}\oint_{|z|=3}\frac{\mathrm{e}^z}{z(z^2+1)}\mathrm{d}z&=2\pi\mathrm{i}\left[\frac{\mathrm{e}^z}{z^2+1}\Big|_{z=0}+\frac{\mathrm{e}^z}{z(z+\mathrm{i})}\Big|_{z=\mathrm{i}}+\frac{\mathrm{e}^z}{z(z-\mathrm{i})}\Big|_{z=-\mathrm{i}}\right]\\&=2\pi\mathrm{i}(1-\cos 1).\end{aligned}$$

柯西积分公式表明，解析函数在单连通区域内任意点的值，完全由其边界值决定. 从物理上，解析函数对应于一个无源无旋的平面向量场，比如静电场，其电势满足拉普拉斯方程，其在区域内的分布完全由边界上的值决定. 由柯西积分公式可导出半平面和圆域的两种泊松公式，它们是在特殊边界状况的具体应用，下面以半平面的泊松公式为例.

例 2.7 设 $f(z)$ 在上半平面内解析，且当 $z\to\infty$，$|f(z)|\to 0$，考虑如图 2.12 所示半圆回路，证明泊松公式：

$$f(z)=\frac{y}{\pi}\int_{-\infty}^{\infty}\frac{f(\xi,0)}{(\xi-x)^2+y^2}\mathrm{d}\xi.$$

图 2.12

证明 根据柯西积分公式

$$f(z)=\frac{1}{2\pi\mathrm{i}}\oint_{C}\frac{f(\zeta)}{\zeta-z}\mathrm{d}\zeta=\frac{1}{2\pi\mathrm{i}}\int_{-R}^{R}\frac{f(\xi)}{\xi-z}\mathrm{d}\xi+\frac{1}{2\pi\mathrm{i}}\int_{C_R}\frac{f(\zeta)}{\zeta-z}\mathrm{d}\zeta,$$

由于 $|\zeta-z|\sim R$，上式第二项的模满足

$$\left|\frac{1}{2\pi\mathrm{i}}\int_{C_R}\frac{f(\zeta)}{\zeta-z}\mathrm{d}\zeta\right|\leqslant\frac{1}{2\pi}\int_{C_R}\left|\frac{f(\zeta)}{\zeta-z}\right||\mathrm{d}\zeta|\leqslant\max_{\xi\in C_R}|f(\xi)|\xrightarrow{R\to\infty}0,$$

所以

$$f(z)=\frac{1}{2\pi\mathrm{i}}\int_{-\infty}^{\infty}\frac{f(\xi)}{\xi-z}\mathrm{d}\xi\quad(\xi\in\mathbb{R}),$$

即上半复平面内任意点的函数值,完全由 $f(z)$ 在实轴上的值决定.另外,由于 z 的复共轭 $\bar{z}$ 在积分回路之外,由柯西定理知

$$\frac{1}{2\pi i}\oint_C \frac{f(\zeta)}{\zeta-\bar{z}}d\zeta=\frac{1}{2\pi i}\int_{-\infty}^{\infty}\frac{f(\xi)}{\xi-\bar{z}}d\xi=0.$$

两式相减得到泊松公式:

$$f(z)=\frac{1}{2\pi i}\int_{-\infty}^{\infty}\frac{f(\xi)}{\xi-z}d\xi-\frac{1}{2\pi i}\int_{-\infty}^{\infty}\frac{f(\xi)}{\xi-\bar{z}}d\xi=\frac{y}{\pi}\int_{-\infty}^{\infty}\frac{f(\xi,0)}{(\xi-x)^2+y^2}d\xi.$$

证毕.

在泊松公式中,令 $f(z)=u(x,y)+iv(x,y)$,取其实部有

$$u(x,y)=\frac{y}{\pi}\int_{-\infty}^{\infty}\frac{u(\xi,0)}{(\xi-x)^2+y^2}d\xi,$$

其中,函数 $u(x,y)$ 满足调和条件 $\Delta u=0$,即上半平面的调和函数完全由实轴上的值确定.

2. 导数的积分表示

设 $f(z)$ 在单连通区域 B 内解析,在 $\bar{B}$ 上连续,则 $f(z)$ 在 B 内任一点 ζ 有高阶导数,且

$$f^{(n)}(\zeta)=\frac{n!}{2\pi i}\oint_\Gamma \frac{f(z)}{(z-\zeta)^{n+1}}dz. \tag{2.3.3}$$

证明 将方程两边同时对 ζ 求 n 次导数即可.该式也可表示为

$$f^{(n)}(z)=\frac{n!}{2\pi i}\oint_\Gamma \frac{f(\zeta)}{(\zeta-z)^{n+1}}d\zeta, \tag{2.3.4}$$

即单连通区域内解析函数在任意点的导数值也完全由函数在边界上的值决定.该公式表明,如果一个单值函数在某区域内解析,则其必无穷阶可导.

例 2.8 计算积分:

$$\oint_{|z-i|=1}\frac{1}{(z^2+1)^2}dz.$$

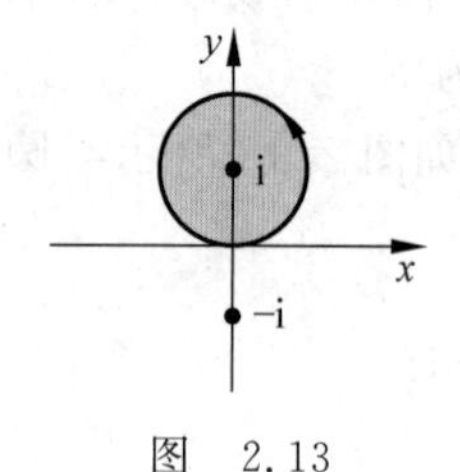

图 2.13

解 如图 2.13 所示,只有奇点 $z=i$ 位于积分回路以内,所以应用高阶导数公式有

$$\oint_{|z-i|=1}\frac{1}{(z^2+1)^2}dz=\oint_{|z-i|=1}\frac{[1/(z+i)^2]}{(z-i)^2}dz$$

$$=2\pi i\frac{d}{dz}\left[\frac{1}{(z+i)^2}\right]\Big|_{z=i}=\frac{\pi}{2}.$$

练习 试用圆的参数方程方法计算本例.

3. 多连通域

设 B 是由 $C_0,C_1,C_2,\cdots,C_n$ 围成的多连通区域(图 2.14(a)),函数 $f(z)$ 在 B 内解析,在 $\bar{B}$ 上连续,则对 B 内任一点 ζ,有

$$f(\zeta)=\frac{1}{2\pi i}\oint_{C_0}\frac{f(z)}{z-\zeta}dz+\frac{1}{2\pi i}\sum_{k=1}^{n}\oint_{C_k^-}\frac{f(z)}{z-\zeta}dz. \tag{2.3.5}$$

证明 类似于多连通域柯西定理的证明,构建如图 2.14(b)所示的桥路,将多连通区域

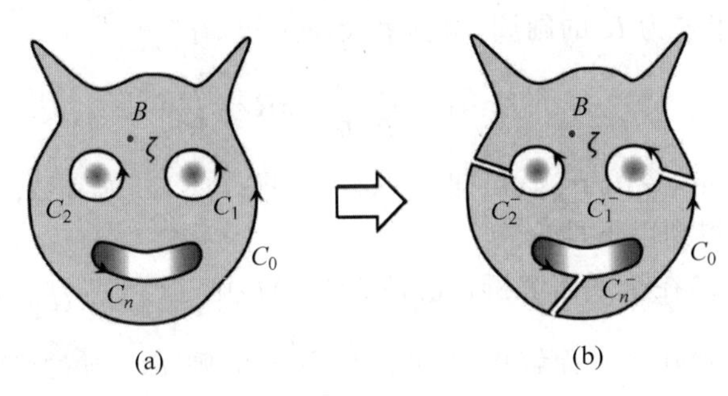

图　2.14

变为单连通区域，然后利用柯西积分公式即可得证.

该公式也可表示为

$$f(z)=\frac{1}{2\pi i}\oint_{C_0}\frac{f(\zeta)}{\zeta-z}d\zeta-\frac{1}{2\pi i}\sum_{k=1}^{n}\oint_{C_k}\frac{f(\zeta)}{\zeta-z}d\zeta. \tag{2.3.6}$$

4. 模定理

应用柯西积分公式，可以证明关于解析函数的一系列定理.

(1) 最大模定理　设 $f(z)$ 在某个区域 B 上解析，在 $\overline{B}$ 上连续，则 $|f(z)|$ 只能在边界线 Γ 上取最大值.

证明　考虑解析函数 $[f(z)]^n$，如果在边界线上 $\max|f(\zeta)|=M$，$|\zeta-z|\geqslant\delta$，设边界线总长为 l，应用柯西积分公式，有

$$|[f(z)]^n|=\left|\frac{1}{2\pi i}\oint_{\Gamma}\frac{[f(\zeta)]^n}{\zeta-z}d\zeta\right|\leqslant\frac{1}{2\pi}\oint_{\Gamma}\left|\frac{[f(\zeta)]^n}{\zeta-z}\right||d\zeta|\leqslant\frac{1}{2\pi}\frac{M^n}{\delta}l.$$

令 $n\to\infty$，即得

$$|f(z)|\leqslant M\left(\frac{l}{2\pi\delta}\right)^{1/n}\leqslant M.$$

等号仅当 $f(z)$ 为常数时成立.

讨论　关于最小模的类似论断并不成立，比如在闭圆域 $|z|\leqslant 1$ 内，$f(z)=z^2$ 的最小模不在圆周上；但做一定的约束后，下述定理成立.

(2) 最小模定理　设 $f(z)$ 在某个区域 B 上解析，且在区域内没有零点，则 $|f(z)|$ 的最小值只能在边界线 Γ 上，除非 $f(z)$ 为常数.

证明　令

$$g(z)=\frac{1}{f(z)},$$

由于 $f(z)$ 没有零点，$g(z)$ 是区域 B 内的解析函数，由最大模定理可知 $|g(z)|$ 的最大值出现在边界线上，所以 $|f(z)|$ 的最小值在边界上.

(3) 刘维尔定理　如果 $f(z)$ 在全平面解析，并且是有界的，即 $|f(z)|\leqslant M$，则 $f(z)$ 必为常数.

证明　应用柯西积分公式，有

$$f'(z)=\frac{1}{2\pi i}\oint_{\Gamma}\frac{f(\zeta)}{(\zeta-z)^2}d\zeta.$$

取 Γ 为以 z 为圆心，半径为 R 的圆周，根据最大模定理，有

$$|f'(z)| \leqslant \frac{1}{2\pi}\frac{M}{R^2}2\pi R = \frac{M}{R}.$$

由于半径 R 可以任意取，令 $R\to\infty$，可知 $f'(z)=0$，即 $f(z)$ 必为常数.

由刘维尔定理可得到以下推论.

推论 1 如果 $f(z)$ 在全平面解析，且 $|f(z)|\geqslant M$，则 $f(z)$ 必为常数.

推论 2 如果 $f(z)$ 在全平面解析，且 $\lim\limits_{z\to\infty}\dfrac{f(z)}{z}=0$，则 $f(z)$ 必为常数.

推论 3 全平面解析的函数，如果不为常数，则必以 $z=\infty$ 为奇点.

读者可以自己练习证明这些推论. 在第 1 章中陈述了代数基本定理，现在可以给出一个证明.

(4) 代数基本定理 任何多项式方程

$$P(z)=a_n z^n + a_{n-1}z^{n-1}+\cdots+a_1 z + a_0 = 0$$

必有一个复数根.

证明 首先 $P(z)$ 是复平面上的解析函数，且当 $z\to\infty$ 时，$|P(z)|\to\infty$. 采用反证法：如果 $P(z)$ 没有复数根，即 $P(z)\neq 0$，那么 $g(z)=\dfrac{1}{P(z)}$ 必是全平面上的解析函数. 以原点为圆心，取一个半径为 R 的圆周，根据最大模定理，$|g(z)|$ 的最大值一定在圆周上. 由于

$$|g(z)| = \frac{1}{|P(z)|}\xrightarrow{R\to\infty} 0,$$

根据刘维尔定理，必有 $g(z)\equiv 0$，这与假设相矛盾，证毕.

习　题

[1] 试用参数积分的方法计算：

(a) $\oint_{|z-\mathrm{i}|=1}\dfrac{1}{(z^2+1)^2}\mathrm{d}z$；　(b) $\oint_{|z-1|+|z-\mathrm{i}|=4}\dfrac{1}{z(z^2+4)}\mathrm{d}z$.

答案：(a) $\dfrac{\pi}{2}$；　(b) $\dfrac{\pi \mathrm{i}}{4}$.

[2] 计算积分：

$$\oint_{|z|=1}\frac{\sin z}{z^3}\mathrm{d}z.$$

[3] 设 $f(z)$ 在半径为 a 的圆内解析，证明圆域的泊松公式：

$$f(z)=\frac{a^2-r^2}{2\pi}\int_0^{2\pi}\frac{f(a\mathrm{e}^{\mathrm{i}\theta})}{a^2+r^2-2ra\cos(\varphi-\theta)}\mathrm{d}\theta.$$

提示：考虑圆内任意点 z 及其共轭点 $z_1=a^2/\bar{z}$.

[4] 设 $f(z)$ 在单连通区域 B 内解析，证明均值定理：z 点的函数值等于以 z 为圆心、任意小半径 ε 的圆周上函数值的算数平均，

$$f(z)=\frac{1}{2\pi}\int_0^{2\pi}f(z+\varepsilon\mathrm{e}^{\mathrm{i}\theta})\mathrm{d}\theta.$$

[5] 对于上半平面内解析函数 $f(z)=u(x,y)+\mathrm{i}v(x,y)$，设 $|f(z)|\xrightarrow{z\to\infty}0$，证明其实部和虚部满足关系：

$$\begin{cases} u(x,y)=\dfrac{x}{\pi}\displaystyle\int_{-\infty}^{\infty}\frac{v(\xi,0)}{(\xi-x)^2+y^2}\mathrm{d}\xi \\ v(x,y)=-\dfrac{x}{\pi}\displaystyle\int_{-\infty}^{\infty}\frac{u(\xi,0)}{(\xi-x)^2+y^2}\mathrm{d}\xi \end{cases}.$$

提示：

$$f(z)=\frac{1}{2\pi\mathrm{i}}\int_{-\infty}^{\infty}\frac{f(\xi)}{\xi-z}\mathrm{d}\xi+\frac{1}{2\pi\mathrm{i}}\int_{-\infty}^{\infty}\frac{f(\xi)}{\xi-\bar{z}}\mathrm{d}\xi=\frac{x}{\pi\mathrm{i}}\int_{-\infty}^{\infty}\frac{f(\xi,0)}{(\xi-x)^2+y^2}\mathrm{d}\xi.$$

[6] 已知函数 $\psi(t,x)=\mathrm{e}^{2tx-t^2}$，令 t 为复变量，利用柯西积分公式证明：

$$\frac{\partial^n}{\partial t^n}\psi(t,x)\Big|_{t=0}=(-1)^n\mathrm{e}^{x^2}\frac{\mathrm{d}^n}{\mathrm{d}x^n}\mathrm{e}^{-x^2}.$$

提示：

$$\frac{n!}{2\pi\mathrm{i}}\oint_C\frac{\mathrm{e}^{2zx-z^2}}{z^{n+1}}\mathrm{d}z=\mathrm{e}^{x^2}\frac{n!}{2\pi\mathrm{i}}\oint_C\frac{\mathrm{e}^{-(z-x)^2}}{z^{n+1}}\mathrm{d}z=(-1)^n\mathrm{e}^{x^2}\frac{\mathrm{d}^n}{\mathrm{d}x^n}\mathrm{e}^{-x^2}.$$

[7] 证明刘维尔定理的推论 1 和推论 2.

提示：推论 1 中令 $g(z)=\dfrac{1}{f(z)}$；推论 2 可仿照刘维尔定理的证明过程.

2.4　多值函数积分

对于多值函数，只有在给定单叶分支上积分才有明确定义，即积分路径上只能选取函数的一个确定分支，下面用一个例子说明.

例 2.9　沿如图 2.15 所示的 L_1 和 L_2 路径积分，规定 $z=1$ 时，$\sqrt{z}=1$，计算多值函数积分：

(a) $I_1=\displaystyle\int_{L_1}\frac{\mathrm{d}z}{\sqrt{z}}$；　(b) $I_2=\displaystyle\int_{L_2}\frac{\mathrm{d}z}{\sqrt{z}}$.

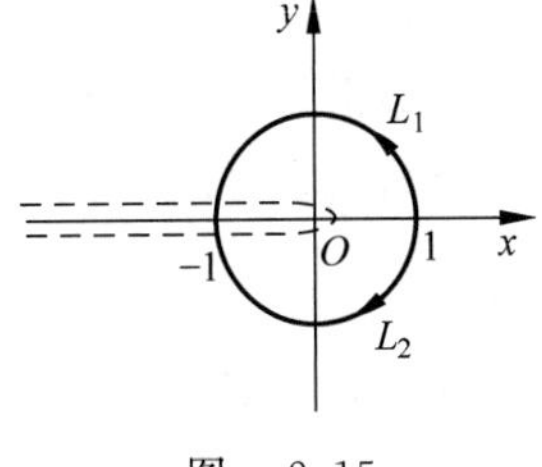

图　2.15

解　当 $z=1$ 时，$\sqrt{z}=1$，所以 $\arg z|_{z=1}=0$.

(a) 沿 L_1 路径到达 $z=-1$ 时，$\arg z|_{z=-1}=\pi$，有

$$\int_{L_1}\frac{\mathrm{d}z}{\sqrt{z}}=2\sqrt{z}\,\Big|_{z=+1}^{z=-1}=2(\sqrt{\mathrm{e}^{\pi\mathrm{i}}}-1)=2(\mathrm{i}-1);$$

(b) 沿 L_2 路径到达 $z=-1$ 时，$\arg z|_{z=-1}=-\pi$，有

$$\int_{L_2}\frac{\mathrm{d}z}{\sqrt{z}}=2\sqrt{z}\,\Big|_{z=+1}^{z=-1}=2(\sqrt{\mathrm{e}^{-\pi\mathrm{i}}}-1)=-2(\mathrm{i}+1),$$

沿单叶上的圆周 $L=L_1+L_2^-$ 的积分为

$$\int_L\frac{\mathrm{d}z}{\sqrt{z}}=4\mathrm{i}.$$

积分结果不满足柯西定理，因为这个圆周积分回路不是闭合的.

例 2.10 计算沿如图2.16(a)所示回路 C 的积分,取割线上沿的 $\arg z=0$:

(a) $\oint_C \sqrt{z(z-1)}\,\mathrm{d}z$; (b) $\oint_C \dfrac{1}{\sqrt{z(z-1)}}\mathrm{d}z$.

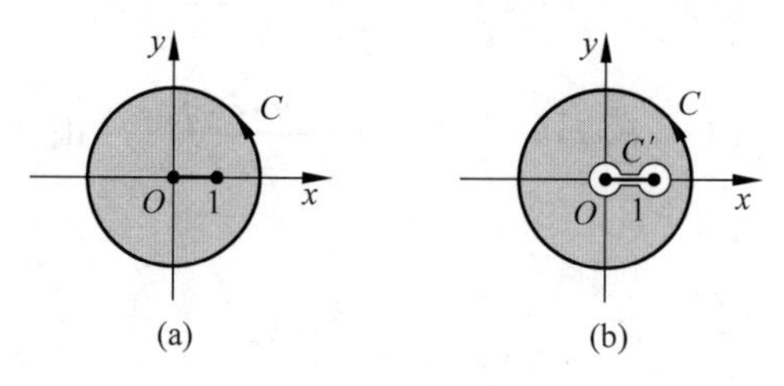

图 2.16

解 (a)函数有两个支点 $z=0,1$,在它们之间画一条割线.根据多连通域的柯西定理,沿回路 C 的积分可化为如图2.16(b)所示的 C' 回路积分,容易证明沿两个小圆周的积分为零,于是

$$\begin{aligned}\oint_C \sqrt{z(z-1)}\,\mathrm{d}z &= \int_1^0 \sqrt{x\,|x-1|\,\mathrm{e}^{\pi\mathrm{i}}}\,\mathrm{d}x + \int_0^1 \sqrt{x\mathrm{e}^{2\pi\mathrm{i}}\,|x-1|\,\mathrm{e}^{\pi\mathrm{i}}}\,\mathrm{d}x \\ &= -2\mathrm{i}\int_0^1 \sqrt{x(1-x)}\,\mathrm{d}x = -2\mathrm{i}\mathrm{B}\left(\frac{3}{2},\frac{3}{2}\right) \\ &= -2\mathrm{i}\,\frac{\Gamma(3/2)\,\Gamma(3/2)}{\Gamma(3)} = -\frac{\pi\mathrm{i}}{4};\end{aligned}$$

(b) 根据同样道理,可以计算积分

$$\begin{aligned}\oint_C \frac{1}{\sqrt{z(z-1)}}\mathrm{d}z &= \int_1^0 \frac{1}{\sqrt{x(1-x)\mathrm{e}^{\pi\mathrm{i}}}}\mathrm{d}x + \int_0^1 \frac{1}{\sqrt{x\mathrm{e}^{2\pi\mathrm{i}}(1-x)\mathrm{e}^{\pi\mathrm{i}}}}\mathrm{d}x \\ &= 2\mathrm{i}\int_0^1 \frac{1}{\sqrt{x(1-x)}}\mathrm{d}x = 2\mathrm{i}\mathrm{B}\left(\frac{1}{2},\frac{1}{2}\right) = 2\mathrm{i}\,\frac{\Gamma(1/2)\Gamma(1/2)}{\Gamma(1)} = 2\pi\mathrm{i}.\end{aligned}$$

这里用到了B函数和Γ函数,以后会专门讲到.可以看到,在确定割线之后,可以在单叶上定义回路积分.割线相当于被挖掉的一个区域,割线上下沿的函数值不一样,原来的积分区域 C 变为一个单值函数的多连通区域.本例也可以这样看:取圆周 C 的半径很大时,相当于从很远的地方看,两个单支点合并为一个单极点,等效于一个双连通区域的单值函数沿闭合回路积分.

习 题

[1] 对于如图2.15所示的 L_1 和 L_2 路径,规定 $z=1$ 时,$\sqrt{z}=-1$,分别计算积分:

$$I=\int_L \frac{\mathrm{d}z}{\sqrt{z}}.$$

答案:2(1−i); 2(1+i).

[2] 取[0,1]割线上沿的 $\arg z=2\pi$,计算如图2.16(a)所示回路的积分:

$$\oint_C \sqrt{z(z-1)}\,\mathrm{d}z.$$

2.5　椭圆积分

1. 根式函数积分

形如 $\int R(u, \sqrt{p(u)})\, du$ 的积分称为椭圆积分，其中 R 是有理函数，$p(u)$ 是三次或四次多项式，取名为椭圆积分是因为它首次出现在计算椭圆的弧长公式里. 考察积分

$$w(z)=\int_0^z \frac{du}{\sqrt{u(u-\alpha)(u-\beta)}}, \tag{2.5.1}$$

它的被积函数是双值函数，有四个分支点：$0, \alpha, \beta, \infty$，作如图 2.17 所示的割线，在每个单值分支里，积分都有很好的定义. 当路径穿过割线时，积分定义是有歧义的——积分路径上的函数值会从一个分支进入另一分支. 但是当路径沿着图 2.17 中的 C_1 和 C_2（虚线表示函数值取另一分支）行进时，回路积分仍然有好的定义，并且积分值可能不为零.

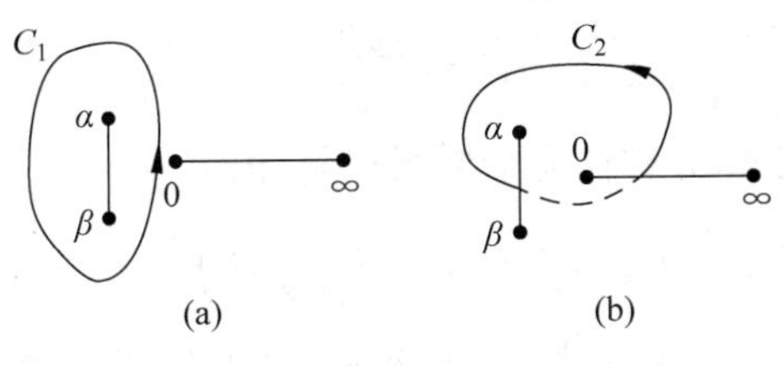

图　2.17

从黎曼面来看这个积分路径更有启示意义. 根据 1.5 节可知，积分中的双值函数可以表示为 u 球面的双层覆盖，它在拓扑上等价于亏格数为 1 的轮胎形环面. 从 0 到 z 的积分路径可以视为环面上的一条光滑曲线，注意到环面上存在两类不等价的闭合曲线，它们并不构成环面上一块面积的边界，如图 2.18 中的 C_1 和 C_2，因此格林公式不再适用. 事实上，沿着这些闭合曲线的回路积分不为零：

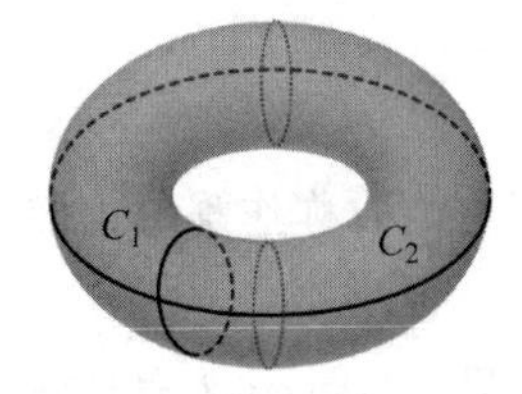

图　2.18

$$\omega_1=\oint_{C_1} \frac{du}{\sqrt{u(u-\alpha)(u-\beta)}}, \quad \omega_2=\oint_{C_2} \frac{du}{\sqrt{u(u-\alpha)(u-\beta)}},$$

其中，ω_1、ω_2 为复数.

2. 椭圆函数

将椭圆积分取逆而得到的函数称为椭圆函数（elliptic function），这个逆函数不能用初等函数来表示. 对于沿 0 到 z 之间某条路径 L 的积分值 $\Phi^{-1}=w$，还可以给图 2.18 的路径添加沿 C_1 绕 m 圈及沿 C_2 绕 n 圈，即

$$\Phi^{-1}=w+m\omega_1+n\omega_2 \quad (m, n \in \mathbb{Z}).$$

它表明 w 的逆函数是在两个不同方向具有平移周期性：

$$\Phi(w)=\Phi(w+m\omega_1+n\omega_2),$$

即椭圆函数是一个双周期函数，其中复数 ω_1、ω_2 在 w 平面上非共线.

一般的椭圆积分可以化为如下三种形式之一：

(1) $F(z,k)=\int_0^z \frac{\mathrm{d}u}{\sqrt{(1-u^2)(1-k^2u^2)}}$；

(2) $E(z,k)=\int_0^z \sqrt{\frac{1-k^2u^2}{1-u^2}}\,\mathrm{d}u$；

(3) $\Pi(z,k,l)=\int_0^z \frac{\mathrm{d}u}{(1+lu^2)\sqrt{(1-u^2)(1-k^2u^2)}}$.

它们分别称作第一、第二和第三类勒让德椭圆积分，其中 k 和 l 为常数，k 称作椭圆积分的模. 作自变量替换 $u=\sin\theta$，三类积分相应地变为

(1) $F(\phi,k)=\int_0^\phi \frac{\mathrm{d}\theta}{\sqrt{1-k^2\sin^2\theta}}$；

(2) $E(\phi,k)=\int_0^\phi \sqrt{1-k^2\sin^2\theta}\,\mathrm{d}\theta$；

(3) $\Pi(\phi,k,l)=\int_0^\phi \frac{\mathrm{d}\theta}{(1+l\sin^2\theta)\sqrt{1-k^2\sin^2\theta}}$.

取上限为 $\phi=\pi/2$ 的定积分称作完全椭圆积分，记作

$$F\left(\frac{\pi}{2},k\right)\equiv K(k),\quad E\left(\frac{\pi}{2},k\right)\equiv E(k).$$

从几何上看，$4E(k)$有点类似于圆周率，等于椭圆的周长除以长轴.

3. 雅可比椭圆函数

第一类椭圆积分

$$w=\int_0^z \frac{\mathrm{d}u}{\sqrt{(1-u^2)(1-k^2u^2)}}=\int_0^\phi \frac{\mathrm{d}\theta}{\sqrt{1-k^2\sin^2\theta}} \tag{2.5.2}$$

其逆函数称作雅可比椭圆正弦函数，用专门的符号 sn 表示，有

$$z=\mathrm{sn}(w,k)=\sin\phi.$$

如果令 $u=\cos\theta$，便引入雅可比椭圆余弦函数，

$$w=\int_0^\phi \frac{\mathrm{d}\theta}{\sqrt{1-k^2\cos^2\theta}}\rightarrow \mathrm{cn}(w,k)=\cos\phi.$$

椭圆正弦函数和椭圆余弦函数满足

$$\mathrm{sn}^2 w+\mathrm{cn}^2 w=1.$$

另外还定义椭圆函数：

$$\mathrm{dn}(w,k)\overset{\mathrm{def}}{=}\sqrt{1-k^2\mathrm{sn}^2 w}.$$

习惯上将自变量改为 z，使用符号 $\mathrm{sn}z$，$\mathrm{cn}z$ 等表示雅可比椭圆函数，它具有以下基本性质.

1）双周期性

$$\mathrm{sn}(z+4K)=\mathrm{sn}z,\quad \mathrm{sn}(z+2\mathrm{i}K')=\mathrm{sn}z. \tag{2.5.3}$$

两个周期分别是完全椭圆积分，

$$\omega_1=4K(k),\quad \omega_2=2\mathrm{i}K'(k'), \tag{2.5.4}$$

其中,定义补模

$$k' \stackrel{\text{def}}{=} \sqrt{1-k^2}, \quad K' \stackrel{\text{def}}{=} F\left(\frac{\pi}{2}, k'\right).$$

关于雅可比椭圆函数的周期,我们以后还会再回到这个话题.

2）极限行为

当 $k \to 0$ 时,由于

$$\int_0^z \frac{\mathrm{d}u}{\sqrt{(1-u^2)(1-k^2u^2)}} \xrightarrow{k \to 0} \int_0^z \frac{\mathrm{d}u}{\sqrt{(1-u^2)}},$$

雅可比椭圆函数退化为三角函数:

$$\mathrm{sn}(z,k) \to \sin z, \quad \mathrm{cn}(z,k) \to \cos z, \quad \mathrm{dn}(z,k) \to 1.$$

当 $k \to 1$ 时,由于

$$\int_0^z \frac{\mathrm{d}u}{\sqrt{(1-u^2)(1-k^2u^2)}} \xrightarrow{k \to 1} \int_0^z \frac{\mathrm{d}u}{1-u^2},$$

雅可比椭圆函数退化为双曲函数:

$$\mathrm{sn}(z,k) \to \tanh z, \quad \mathrm{cn}(z,k) \to \mathrm{dn}(z,k) \to \mathrm{sech} z.$$

3）导数关系

对第一类椭圆积分求导,

$$\frac{\mathrm{d}z}{\mathrm{d}w} = \sqrt{(1-z^2)(1-k^2z^2)}$$

$$\to \frac{\mathrm{d}}{\mathrm{d}w}\mathrm{sn}w = \sqrt{(1-\mathrm{sn}^2 w)(1-k^2\mathrm{sn}^2 w)} = \mathrm{cn}w\,\mathrm{dn}w,$$

同样可证

$$\frac{\mathrm{d}}{\mathrm{d}w}\mathrm{cn}w = -\mathrm{sn}w\,\mathrm{dn}w, \quad \frac{\mathrm{d}}{\mathrm{d}w}\mathrm{dn}w = -k^2\mathrm{sn}w\,\mathrm{cn}w.$$

图 2.19 描绘了 z 取实变量时各种曲线的特征,其中取 $k=0.7$.

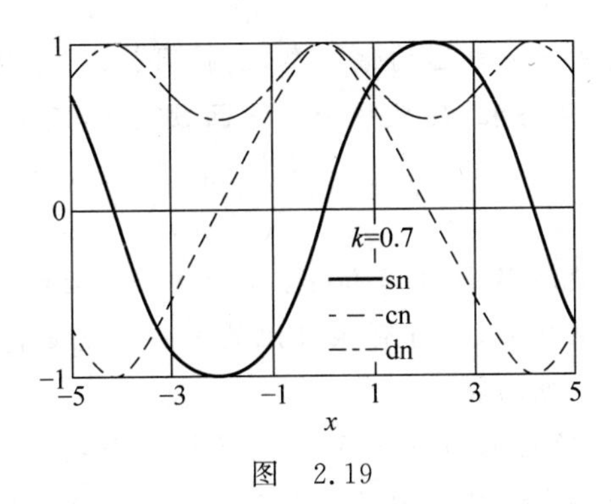

图　2.19

4）加法公式

对于三角函数,有熟悉的加法公式,比如

$$\sin(u+v) = \sin u\cos v + \cos u\sin v.$$

雅可比椭圆函数也有类似的加法公式:

$$\mathrm{sn}(u+v)=\frac{\mathrm{sn}u\,\mathrm{cn}v\,\mathrm{dn}v+\mathrm{sn}v\,\mathrm{cn}u\,\mathrm{dn}u}{1-k^2\mathrm{sn}^2u\,\mathrm{sn}^2v},$$

$$\mathrm{cn}(u+v)=\frac{\mathrm{cn}u\,\mathrm{cn}v-\mathrm{sn}u\,\mathrm{sn}v\,\mathrm{dn}u\,\mathrm{dn}v}{1-k^2\mathrm{sn}^2u\,\mathrm{sn}^2v},$$

$$\mathrm{dn}(u+v)=\frac{\mathrm{dn}u\,\mathrm{dn}v-k^2\mathrm{sn}u\,\mathrm{sn}v\,\mathrm{cn}u\,\mathrm{cn}v}{1-k^2\mathrm{sn}^2u\,\mathrm{sn}^2v}.$$

加法公式的证明可参考王竹溪、郭敦仁的《特殊函数概论》,此处从略.

注记

将几何级数

$$\frac{1}{1+x}=1-x+x^2-x^3-\cdots$$

逐项积分便得到对数函数:

$$\ln(1+x)=x-\frac{x^2}{2}+\frac{x^3}{3}-\frac{x^4}{4}+\cdots=\int_0^x\frac{\mathrm{d}t}{1+t}.$$

事实上,绝大多数的超越函数,包括对数函数、指数函数及三角函数和双曲函数等,都可以经由有理函数积分并求逆而得到.比如圆方程 $x^2+y^2=1$,它的一段弧长 $\theta(x)$ 由积分给出

$$\theta(x)=\int_0^x\frac{\mathrm{d}t}{\sqrt{1-t^2}},$$

称作反正弦函数,其逆函数 $x=\theta^{-1}(x)\equiv\sin\theta$ 便是正弦函数,三角函数因此被称作圆周函数.经过适当的参数变换,它的被积函数可以化为有理函数.又如椭圆的参数方程 $x=a\sin\theta, y=b\cos\theta(a>b)$,弧长微元为

$$\mathrm{d}s=\sqrt{\mathrm{d}x^2+\mathrm{d}y^2}=\sqrt{a^2\cos^2\theta+b^2\sin^2\theta}\,\mathrm{d}\theta,$$

于是椭圆的一段弧长为

$$\int\mathrm{d}s=a\int_0^\phi\sqrt{1-k^2\sin^2\theta}\,\mathrm{d}\theta,\quad k^2=\frac{a^2-b^2}{a^2}=\varepsilon^2.$$

这就是第二类椭圆积分,其中 ε 为椭圆的偏心率,椭圆周长为 $4aE(k)$.

对形如 $y'^2=p(x)$ 的函数方程,定义积分的逆函数关系(三次椭圆曲线的弧长)

$$f^{-1}(x)=\int_0^x\frac{\mathrm{d}u}{\sqrt{p(x)}}.$$

这个积分的困难之处在于被积函数的多值性.虽然从17世纪开始,人们就开始试图对 $p(x)$ 为三次或四次多项式求积分,但直到雅可比的工作出现之前,一直没有人想到要对它们取逆,而其逆函数是单值周期函数.

椭圆积分来自很多重要的几何和力学问题,它的被积函数不可能化为有理函数,因此它的逆函数是一类全新的超越函数.数学中将需要经由椭圆函数参数化的曲线称为椭圆曲线,颇为奇特的是,椭圆可以用有理函数参数化,所以椭圆本身并不属于椭圆曲线.当 $p(x)$ 为高于四次多项式时,称作超椭圆积分.

雅各布·伯努利最先研究双纽线方程(lemniscate equation),

$$(x^2+y^2)^2=2a^2(x^2-y^2),$$

如图 2.20 所示，它的弧长可以用椭圆积分来表示：

$$\int_0^x \frac{\mathrm{d}t}{\sqrt{1-t^4}}.$$

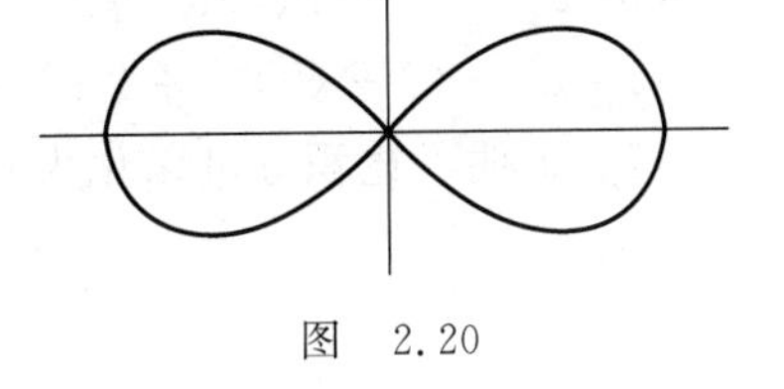

图　2.20

高斯研究了该积分的逆函数，称为“双纽正弦函数”：$x=\mathrm{sl}(u)$，其中

$$u=\int_0^x \frac{\mathrm{d}t}{\sqrt{1-t^4}}.$$

高斯发现这个函数像正弦函数一样具有周期性，周期为

$$2\tilde{\omega}=4\int_0^1 \frac{\mathrm{d}t}{\sqrt{1-t^4}}.$$

推广到复变量情形，由于

$$\frac{\mathrm{d}(\mathrm{i}t)}{\sqrt{1-(\mathrm{i}t)^4}}=\frac{\mathrm{i}\mathrm{d}t}{\sqrt{1-t^4}},$$

因此 $\mathrm{sl}(\mathrm{i}t)=\mathrm{i}\,\mathrm{sl}(t)$，即双纽正弦函数在复数域里还具有第二个周期 $2\mathrm{i}\tilde{\omega}$，于是发现椭圆函数最重要的性质——双周期性.

欧拉曾得到三角函数的级数展开式(5.2 节)：

$$\cot x=\sum_{n=-\infty}^{\infty}\frac{1}{x+n\pi},$$

表明它具有周期 π. 爱森斯坦(M. Eisenstein)进一步证明所有双周期函数都有类似下面的级数表达式，

$$\sum_{m,n=-\infty}^{\infty}\frac{1}{(z+m\omega_1+n\omega_2)^2}\quad(m,n\in\mathbb{Z};\ \omega_1,\omega_2\in\mathbb{C}).$$

事实上，这个级数等同于魏尔斯特拉斯(K. Weierstrass)$\mathcal{P}$函数(差一个常数)，它是下述椭圆积分的逆函数：

$$\int_0^z \frac{\mathrm{d}u}{\sqrt{4u^3-g_2u-g_3}}.$$

阿贝尔(N. Abel)证明了亚纯函数(只含有极点的解析函数)最多只有两个独立的周期. 雅可比椭圆函数的几何意义在第 6 章还会讨论.

根据代数基本定理，五次多项式方程必有五个根. 在卡尔达诺得到三次和四次方程根式解之后，数学家们经过三百年的艰苦奋斗，直到两位命运同样悲催的少年天才阿贝尔和伽罗瓦(É. Galois)出现，才最终证明五次多项式方程的根一般不能用基本代数运算，即加减乘除以及根式表示. 这一历史难题的攻克，导致了群论和现代代数学的诞生.

1858 年，厄米(C. Hermite)证明任何五次多项式方程的解都可以用椭圆函数表示.

习　题

[1] 导出雅可比椭圆函数所满足的微分方程：

(a) $w=\mathrm{sn}(z,k)$；　(b) $w=\mathrm{cn}(z,k)$；　(c) $w=\mathrm{dn}(z,k)$.

答案：

(a) $w''+(1+k^2)w-2k^2w^3=0$；

(b) $w'' + (1-2k^2)w + 2k^2 w^3 = 0$;

(c) $w'' - (2-k^2)w + 2w^3 = 0$.

[2] 证明下述积分可以化为有理函数积分：

$$\int \frac{\mathrm{d}t}{\sqrt{1-t^2}}.$$

提示：作变量替换 $t=\dfrac{2v}{1+v^2}$.

[3] 作变量替换 $t=1/u$，将函数变换为

$$\frac{\mathrm{d}t}{\sqrt{(t-a)(t-b)(t-c)}} \rightarrow \frac{\mathrm{d}u}{\sqrt{u(1-au)(1-bu)(1-cu)}}.$$

[4] 求椭圆的周长：$4x^2+9y^2=36$.

答案：$12\mathrm{E}\left(\dfrac{\sqrt{5}}{3}\right) \approx 15.86$.

[5] 求函数 $y=\sin x$ 在$[0,\pi]$区间的弧长.

答案：$2\mathrm{E}\left(\dfrac{1}{\sqrt{2}}\right) \approx 3.82$.

第3章

级 数 展 开

3.1 级数收敛性

1. 级数

由复数序列$\{a_k\}_{k=1}^{\infty}$的部分和构成一个新序列$\left\{s_n=\sum\limits_{k=1}^{n}a_k\right\}$，称无穷和

$$\sum_{k=1}^{\infty}a_k=a_1+a_2+a_3+\cdots+a_k+\cdots$$

为级数(series). 如果部分序列和具有有限的极限s，

$$s_n=\sum_{k=1}^{n}a_k\xrightarrow{n\to\infty}s,$$

则称级数$\sum\limits_{k=1}^{\infty}a_k$收敛(convergent)，记作

$$\lim_{n\to\infty}\sum_{k=1}^{n}a_k=s.$$

序列$\{a_k\}_{k=1}^{\infty}$的极限$\lim\limits_{k\to\infty}a_k\to 0$是级数$\sum\limits_{k=1}^{\infty}a_k$收敛的必要条件，但不是充分条件，例如调和级数

$$\sum_{k=1}^{\infty}\frac{1}{k}=1+\frac{1}{2}+\frac{1}{3}+\frac{1}{4}+\cdots+\frac{1}{k}+\cdots$$

是发散的. 部分和在两个值之间振荡的级数也不收敛，例如

$$\sum_{k=0}^{\infty}a_k=1-1+1-1+\cdots+(-1)^k+\cdots$$

柯西收敛判据 级数$\sum\limits_{k=1}^{\infty}a_k$收敛的充分必要条件是$\lim\limits_{m,n\to\infty}|s_m-s_n|\to 0$，即对于任意

的正数$\varepsilon>0$,存在正整数 N,使得当 $k>N$ 时,$\left|\sum_{k=N+1}^{N+p} a_k\right|<\varepsilon$,其中 p 为任意正整数.

由于复数由实部和虚部构成,故复级数收敛的充分必要条件是其实部和虚部构成的级数均收敛.

2. 函数项级数

如果序列的每一项是复变函数$\{w_k(z)\}$,则称无穷求和表达式

$$\sum_{k=1}^{\infty} w_k(z)=w_1(z)+w_2(z)+\cdots+w_k(z)+\cdots$$

为函数项级数. 函数项级数的收敛性同样由柯西判据确定,即对于任意小的正数 $\varepsilon>0$,必存在正整数 N,使得当 $k>N$ 时,有$\left|\sum_{k=N+1}^{N+p} w_k(z)\right|<\varepsilon$,其中 p 为任意正整数.

由于每一项都是函数,函数项级数在不同 z 的收敛性可能会不一样,这就有收敛域问题. 另外,级数在各点收敛的快慢也可能不一样,它们会影响级数的解析性质,必须进一步加以澄清. 下面是几个相关概念.

(1) 绝对收敛(absolute convergence).

在函数项级数中,如果由各项的模构成的级数

$$\sum_{k=1}^{\infty}|w_k(z)|=|w_1(z)|+|w_2(z)|+\cdots+|w_k(z)|+\cdots$$

在 z 点收敛,则称该函数项级数在 z 点绝对收敛.

(2) 一致收敛(uniform convergence).

函数项级数的各项是 z 的函数,如果级数在闭区域 $\bar{B}$ 的任意点都收敛,则称级数在区域 B 内收敛. 如果上述柯西判据中的正整数 N 与 z 无关,则该复函数项级数在 B 域上一致收敛.

(3) 绝对一致收敛.

如果对于某个区域 B 上的所有各点,由各函数项的模构成的级数都一致收敛,则称函数项级数绝对一致收敛.

一致收敛是指可以找到一个与 z 无关正整数 N,使得无穷级数的尾巴可以忽略不计,即$\left|\sum_{k=N+1}^{\infty} w_k(z)\right|<\varepsilon$. 关于函数项级数的一致收敛性,有以下判别法.

魏尔斯特拉斯 M-Test 判别法 令$\{M_k\}$为正实数序列,且级数$\sum_{k=1}^{\infty} M_k$ 收敛,如果对于区域 $\bar{B}$ 内所有 z 均满足$|w_k(z)|\leqslant M_k$,则函数项级数$\sum_{k=1}^{\infty} w_k(z)$在区域 B 一致收敛.

例 3.1 设 $x\in\mathbb{R}$,证明下列级数绝对收敛,但不一致收敛:

$$f(x)=\sum_{k=1}^{\infty}\frac{x^2}{(1+x^2)^k}.$$

证明 当 $x=0$ 时,$f(0)=0$; 当 $x\neq 0$ 时,这是一个几何级数,直接计算得

$$f(x)=\sum_{k=1}^{\infty}\frac{x^2}{(1+x^2)^k}=1,$$

所以级数在$-\infty<x<\infty$收敛且绝对收敛. 再考虑从第 $N+1$ 项开始的级数和，

$$\left|\sum_{k=N+1}^{\infty}\frac{x^2}{(1+x^2)^k}\right|=\left|\frac{1}{(1+x^2)^N}\right|<\varepsilon,$$

可知对于小的正数 ε，整数 N 必依赖于 x 的值，所以级数非一致收敛.

值得注意的是，本例中的函数项是连续函数，但级数 $f(x)$ 不是连续函数.

3. 解析性

设函数序列$\{w_k(z)\}$的每一项在区域 B 内解析，则有以下定理.

(1) 导数定理　如果函数级数 $f(z)=\sum\limits_{k=1}^{\infty}w_k(z)$ 在区域 B 一致收敛，则 $f(z)$在 B 内解析，且 $f(z)$的导数等于级数项函数导数之和，即

$$f^{(n)}(z)=\sum_{k=1}^{\infty}w_k^{(n)}(z).$$

(2) 积分定理　设 Γ 为区域 B 内分段光滑的路径，如果函数级数 $f(z)=\sum\limits_{k=1}^{\infty}w_k(z)$ 在 B 内一致收敛，则 $f(z)$的路径积分等于级数项函数的路径积分之和，即

$$\int_\Gamma f(z)\mathrm{d}z=\sum_{k=1}^{\infty}\int_\Gamma w_k(z)\mathrm{d}z.$$

这两个定理表明，如果级数在某个区域内一致收敛，则在该区域内级数的导数或积分可以与求和交换次序.

4. 幂级数

形如 $\sum\limits_{k=0}^{\infty}a_k(z-z_0)^k$ 的级数称为以 z_0 为中心的幂级数，其中 a_k 是复常数. 若存在正数 R，使得当$|z-z_0|<R$ 时幂级数收敛，而当$|z-z_0|>R$ 时级数发散，则称$|z-z_0|<R$ 为收敛圆，称 R 为级数的收敛半径. 可以根据以下几种方法判定幂级数的收敛圆及收敛半径.

(1) 比值判别法.

如果幂级数的相邻两项之比满足

$$\lim_{k\to\infty}\frac{|a_{k+1}||z-z_0|^{k+1}}{|a_k||z-z_0|^k}=\lim_{k\to\infty}\frac{|a_{k+1}|}{|a_k|}|z-z_0|<1,$$

则级数收敛，收敛半径为

$$R=\lim_{k\to\infty}\left|\frac{a_k}{a_{k+1}}\right|.$$

比值判别法也称作达朗贝尔判别法.

(2) 根式判别法.

如果幂级数项满足

$$\lim_{k\to\infty}\sqrt[k]{|a_k||z-z_0|^k}<1,$$

则级数收敛，收敛半径为

$$R=\lim_{k\to\infty}\frac{1}{\sqrt[k]{|a_k|}}.$$

根式判别法也称作柯西判别法.

例 3.2 求级数的收敛半径：

$$\sum_{k=0}^{\infty}(-1)^k z^{2k}.$$

解 由比值判别法,有

$$\frac{|(-1)^{k+1}z^{2(k+1)}|}{|(-1)^k z^{2k}|}<1,$$

所以收敛半径 $R=1$.

本题的级数是几何级数,其和可以直接求出来,即

$$\sum_{k=0}^{\infty}(-1)^k z^{2k}=1-z^2+z^4-\cdots=\frac{1}{1+z^2}.$$

该解析表达式表明,函数除了在 $z=\pm\mathrm{i}$ 处有奇异性,在全平面上解析.级数的收敛半径恰好是从原点开始扩张的圆,当圆周达到奇点时的圆半径.

问题 当 $|z-z_0|<R$ 时,级数在圆周内收敛；那么在圆周 $|z-z_0|=R$ 上级数是否收敛呢？这由下述高斯判别法确定.

(3) 高斯判别法.

如果幂级数相邻两项之比的极限为 $\lim\limits_{k\to\infty}\left|\frac{w_{k+1}}{w_k}\right|=1$,将前后项之比表示为

$$\left|\frac{w_k}{w_{k+1}}\right|=1+\frac{\lambda}{k}+\frac{\omega_k}{k^p},$$

当 $k\to\infty$ 时,如果 $\lambda>1$ 则级数收敛；如果 $\lambda\leqslant 1$ 则级数发散.具体证明可参考梁昆淼《数学物理方法》第四版附录,此处略.

例 3.3 研究勒让德级数的收敛性：

$$y(x)=\sum_{k=0}^{\infty}a_{2k}x^{2k},$$

其中,系数满足递推关系

$$a_{2k+2}=\frac{(2k-l)(2k+l+1)}{(2k+2)(2k+1)}a_{2k},\quad a_0=1.$$

解 由比值判别法,级数的收敛半径为

$$R=\lim_{k\to\infty}\left|\frac{a_{2k}}{a_{2k+2}}\right|^{1/2}=\lim_{k\to\infty}\left|\frac{(2k+2)(2k+1)}{(2k-l)(2k+l+1)}\right|^{1/2}=1,$$

即级数 $|x|<1$ 时收敛.现在考察级数在 $|x|=1$ 是否收敛,由于

$$\lim_{k\to\infty}\left|\frac{a_{2k}}{a_{2k+2}}\right|=\lim_{k\to\infty}\left|\frac{(2k+2)(2k+1)}{(2k-l)(2k+l+1)}\right|=\frac{4k^2+6k+2}{4k^2+2k-l(l+1)}$$

$$=1+\frac{1}{k}+\frac{1}{k^2}\frac{l(l+1)(l+1/k)}{4+2/k-l(l+1)/k^2},$$

可见 $\lambda=1$,由高斯判别法知,勒让德级数在 $x=\pm 1$ 发散,于是勒让德级数的收敛域为

$x\in(-1,+1)$.

幂级数的解析性也与级数的一致收敛性相关，其判别依据如下所述.

阿贝尔定理　如果幂级数 $\sum_{k=0}^{\infty}a_k(z-z_0)^k$ 在 $z=z_1$ 点收敛，则必在 $|z-z_0|<|z_1-z_0|$ 的圆内收敛，且在 $|z-z_0|\leqslant\delta\quad(\delta<|z_1-z_0|)$ 的闭圆内一致收敛.

证明　由于幂级数在 $z=z_1$ 点收敛，所以

$$\lim_{k\to\infty}\frac{|a_{k+1}||z_1-z_0|^{k+1}}{|a_k||z_1-z_0|^k}=\lim_{k\to\infty}\frac{|a_{k+1}|}{|a_k|}|z_1-z_0|<1$$

$$\to\lim_{k\to\infty}\frac{|a_{k+1}|}{|a_k|}<\frac{1}{|z_1-z_0|}.$$

根据比值判别法

$$\lim_{k\to\infty}\frac{|a_{k+1}||z-z_0|^{k+1}}{|a_k||z-z_0|^k}=\lim_{k\to\infty}\frac{|a_{k+1}|}{|a_k|}|z-z_0|<\frac{|z-z_0|}{|z_1-z_0|}<1,$$

所以幂级数在区域 $|z-z_0|<|z_1-z_0|$ 内收敛. 另外，对于收敛域 $|z-z_0|\leqslant\delta$ 内的任意点 z，由于 $|a_k(z-z_0)^k|\leqslant a_kR^k=M_k$，级数 $\sum_{k=0}^{\infty}M_k$ 收敛且与 z 无关，由魏尔斯特拉斯 M-Test 判别法可知，幂级数在闭区域 $|z-z_0|\leqslant\delta$ 内一致收敛.

推论　如果幂级数 $\sum_{k=0}^{\infty}a_k(z-z_0)^k$ 在 $z=z_1$ 点发散，则必在 $|z-z_0|>|z_1-z_0|$ 处处发散.

由阿贝尔定理可知，幂级数在收敛圆 $|z-z_0|<R$ 的内部是解析函数，在收敛圆内不可能出现奇点，即收敛圆是单连通域. 在收敛圆以外的任意点，幂级数都是发散的.

注记

牛顿和莱布尼兹创立的微积分是建立在直觉之上的，要为它找到一个坚实的基础，需要对实数、函数与极限等基本概念给出明确的定义，这一过程导致了长达200年的数学分析演化史.

从牛顿时代以来人们就谈论极限的思想，到18世纪末，拉克鲁瓦(S. F. Lacroix)摒弃传统的几何切线法，最早采用极限来定义导数. 柯西是第一个将函数逼近某个特殊值的模糊观念转化为严格数学术语的人，他采用 δ-ε 不等式的语言表述极限概念，定义了函数的连续性和无穷级数的收敛性，并给出当今数学教科书里通行的导数定义——在此之前拉格朗日的导数定义是基于一个颇有疑问的假设：所有函数都可以表示为幂级数形式.

关于积分，早期流行的做法是将其视作求导的逆运算，柯西率先将积分定义为无穷求和的极限，由此开辟一片广阔的天地. 1840年，柯西将他的积分定义推广到复变函数，引入路径积分并得到一系列重要结果，包括柯西定理和留数概念等. 然而柯西的结论之一“连续函数的无穷序列极限必定是连续函数”却是错误的，14.2节将给出一个反例. 魏尔斯特拉斯研究了如何保证函数项级数在某个区域的解析性问题，强调函数项级数的一致收敛性. 这个思想最早被斯托克斯(Stokes)和赛德尔(Seidel)注意到，但一度被柯西曲解，比如柯西认为由连续函数构成的收敛级数必定是连续函数，本节例3.1即一个反例，阿贝尔也曾举出一个反例：

$$\sum_{k=1}^{\infty}\frac{(-1)^{k+1}}{k}\sin kx=\sin x-\frac{1}{2}\sin 2x+\frac{1}{3}\sin 3x-\cdots$$

该级数的每一项都是连续可导函数,但级数函数在 $x=(2n+1)\pi(n\in\mathbb{Z})$ 处不连续,因而也不可导.

解析性定理表明,对于一致收敛的级数,其导数或积分与级数求和可以交换次序.非一致收敛的级数在相应区域 B 内可能会出现奇异性,导数或积分与级数求和不能交换次序.例如泰勒级数展开

$$\mathrm{e}^{-x}=\sum_{k=1}^{\infty}\frac{(-1)^k}{k!}x^k=1-\frac{1}{1!}x+\frac{1}{2!}x^2-\frac{1}{3!}x^3+\cdots$$

等式右边的级数绝对收敛,收敛半径为 $R=\infty$,但这并不意味着下式成立:

$$\int_0^a \mathrm{e}^{-x}\,\mathrm{d}x=\sum_{k=1}^{\infty}\int_0^a\frac{(-1)^k}{k!}x^k\,\mathrm{d}x.$$

当积分限 a 为有限值时等式是成立的;但由于 $z=\infty$ 是函数 $f(z)=\mathrm{e}^{-z}$ 的奇点,当 $a\to\infty$ 时,求和号里的每一项积分均发散.事实上,柯西判据中的正整数 N 与 x 有关,

$$\left|\sum_{k=N+1}^{N+p}\frac{(-1)^k}{k!}x^k\right|<\varepsilon,$$

级数 $\sum\limits_{k=1}^{\infty}\frac{(-1)^k}{k!}x^k$ 在 $[0,\infty)$ 不一致收敛,所以积分与求和不能交换次序.

习 题

[1] 证明调和级数发散:

$$\sum_{k=1}^{\infty}\frac{1}{k}=1+\frac{1}{2}+\frac{1}{3}+\frac{1}{4}+\cdots$$

提示:考虑 $\frac{1}{k}\geqslant\int_k^{k+1}\frac{1}{x}\mathrm{d}x$.

[2] 在什么区域内下列幂级数一致收敛:

(a) $\sum\limits_{k=0}^{\infty}z^k$; (b) $\sum\limits_{k=0}^{\infty}\frac{z^k}{k}$; (c) $\sum\limits_{k=0}^{\infty}\frac{z^k}{k^2}$.

提示:如果级数在 $|z|<1$ 一致收敛,则它在 $|z|=1$ 收敛.

答案:(a) $|z|\leqslant\delta<1$; (b) $|z|\leqslant\delta<1$; (c) $|z|<1$.

[3] 如果级数 $\sum\limits_{k=1}^{\infty}a_k$ 和 $\sum\limits_{k=1}^{\infty}b_k$ 均绝对收敛,证明在实数域 $-\infty<x<\infty$ 内下列级数一致收敛:

$$\sum_{k=1}^{\infty}(a_k\cos kx+b_k\sin kx).$$

[4] 求幂级数的收敛域:

(a) $\sum\limits_{k=1}^{\infty}\frac{k!}{k^k}z^k$; (b) $\sum\limits_{k=1}^{\infty}k^{\ln k}z^k$; (c) $\sum\limits_{k=1}^{\infty}(-1)^k(z^2+2z+2)^k$; (d) $\sum\limits_{k=1}^{\infty}2^k\sin\frac{z}{3^k}$.

答案:(a) $R=\mathrm{e}$; (b) $R=1$; (c) $|z^2+2z+2|<1$; (d) $R=\infty$.

[5] 证明:

$$\ln(1-z)=-z-\frac{z^2}{2}-\frac{z^3}{3}-\frac{z^4}{4}-\cdots\quad(|z|<1).$$

［6］求级数和：

(a) $\sum\limits_{k=1}^{\infty} kz^k \quad (|z|<1)$； (b) $\sum\limits_{k=1}^{\infty} k^2 z^k \quad (|z|<1)$.

答案：

(a) $\dfrac{z}{(1-z)^2}$； (b) $\dfrac{z(1+z)}{(1-z)^3}$.

3.2 泰勒展开

1. 泰勒定理

设函数 $f(z)$在以 z_0 为圆心、半径为 R 的区域内解析，则对于圆内任一点 z，函数 $f(z)$可展开成幂级数形式：

$$f(z)=\sum_{k=0}^{\infty} a_k (z-z_0)^k, \tag{3.2.1}$$

其中，系数

$$a_k=\frac{1}{2\pi \mathrm{i}}\oint_C \frac{f(\zeta)}{(\zeta-z_0)^{k+1}}\mathrm{d}\zeta=\frac{1}{k!}f^{(k)}(z_0). \tag{3.2.2}$$

证明　如图3.1所示，取半径 $R'<R$ 的圆 $C_{R'}$. 根据柯西积分公式，$C_{R'}$ 内任一点 z 的函数值为

$$f(z)=\frac{1}{2\pi \mathrm{i}}\oint_{C_{R'}} \frac{f(\zeta)}{\zeta-z}\mathrm{d}\zeta.$$

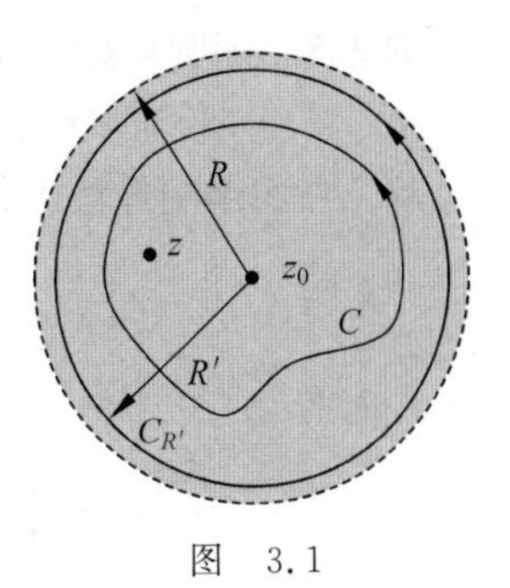

图　3.1

由于在 $C_{R'}$ 圆内 $|z-z_0|<|\zeta-z_0|$，按照几何级数展开有

$$\frac{1}{\zeta-z}=\frac{1}{(\zeta-z_0)-(z-z_0)}=\frac{1}{\zeta-z_0}\cdot\frac{1}{1-\dfrac{z-z_0}{\zeta-z_0}}$$

$$=\frac{1}{\zeta-z_0}\sum_{k=0}^{\infty}\left(\frac{z-z_0}{\zeta-z_0}\right)^k=\sum_{k=0}^{\infty}\frac{(z-z_0)^k}{(\zeta-z_0)^{k+1}}.$$

根据阿贝尔定理，该几何级数在闭区域 $C_{R'}$ 内一致收敛，于是

$$f(z)=\sum_{k=0}^{\infty}(z-z_0)^k\cdot\frac{1}{2\pi \mathrm{i}}\oint_{C_{R'}}\frac{f(\zeta)}{(\zeta-z_0)^{k+1}}\mathrm{d}\zeta=\sum_{k=0}^{\infty}a_k(z-z_0)^k.$$

由于被积函数在闭区域 $C_{R'}$ 内解析，积分回路 $C_{R'}$ 可连续变形为区域内的任意回路 C，所以展开系数为

$$a_k=\frac{1}{2\pi \mathrm{i}}\oint_C \frac{f(\zeta)}{(\zeta-z_0)^{k+1}}\mathrm{d}\zeta=\frac{1}{k!}f^{(k)}(z_0).$$

将解析函数表示成正幂级数的形式称为函数的泰勒级数展开.

2. 唯一性定理

函数 $f(z)$在 B 内解析的充分必要条件是，$f(z)$在 B 内任一点的邻域内可展开成唯一

的泰勒级数.

证明 假设解析函数 $f(z)$在 z_0 还可以展开成另一种不同的泰勒级数

$$f(z)=\sum_{k=0}^{\infty}b_k(z-z_0)^k,$$

则有

$$\begin{aligned}&b_0+b_1(z-z_0)^1+b_2(z-z_0)^2+\cdots+b_k(z-z_0)^k+\cdots\\&=f(z_0)+\frac{f'(z_0)}{1!}(z-z_0)^1+\frac{f''(z_0)}{2!}(z-z_0)^2+\cdots+\frac{f^{(k)}(z_0)}{k!}(z-z_0)^k+\cdots\end{aligned}$$

由于级数的每一项在 B 内解析,且在$|z-z_0|<R$ 内一致收敛,可将上式逐项求导,然后取 $z=z_0$,必有

$$b_0=f(z_0),\quad b_1=\frac{f'(z_0)}{1!},\quad b_2=\frac{f''(z_0)}{2!},\quad \cdots,\quad b_k=\frac{f^{(k)}(z_0)}{k!},\quad \cdots$$

例 3.4 求函数 $f(z)=\sin z$ 在 $z_0=0$ 点的泰勒展开.

解 根据泰勒展开公式,

$$f(z)=\sum_{k=0}^{\infty}\frac{f^{(k)}(z_0)}{k!}(z-z_0)^k=z-\frac{1}{3!}z^3+\frac{1}{5!}z^5-\cdots+\frac{(-1)^k}{(2k+1)!}z^{2k+1}+\cdots$$

可见它具有与实变函数完全一样的形式.

例 3.5 证明欧拉公式:

$$e^{i\theta}=\cos\theta+i\sin\theta.$$

解 考虑泰勒级数展开

$$e^z=1+\frac{1}{1!}z+\frac{1}{2!}z^2+\frac{1}{3!}z^3+\cdots$$

令 $z=i\theta$,有

$$\begin{aligned}e^{i\theta}&=\left[1-\frac{1}{2!}\theta^2+\frac{1}{4!}\theta^4-\cdots\right]+i\left[\frac{1}{1!}\theta-\frac{1}{3!}\theta^3+\frac{1}{5!}\theta^5-\cdots\right]\\&=\cos\theta+i\sin\theta.\end{aligned}$$

例 3.6 求函数 $f(z)=\ln z$ 在 $z=1$ 点的泰勒级数展开.

解 $f(z)=\ln z$ 是多值函数,需选取其中一个分支进行泰勒展开,由于

$$\begin{aligned}&f(1)=2k\pi i,\qquad f'(1)=1,\qquad f''(1)=-1!,\\&f^{(3)}(1)=2!,\qquad f^{(4)}(1)=-3!,\quad \cdots\end{aligned}$$

所以

$$\ln z=2k\pi i+(z-1)-\frac{1}{2}(z-1)^2+\frac{1}{3}(z-1)^3-\frac{1}{4}(z-1)^4+\cdots$$

其中,$|z-1|<1,k\in\mathbb{Z}$.

3. 解析函数的零点

如果函数 $f(z)$在 z_0 的邻域内解析,且 $f(z_0)=0$,则称 $z=z_0$ 为 $f(z)$的零点.由于泰勒展开

$$f(z)=\sum_{n=0}^{\infty}a_n(z-z_0)^n,$$

若 $z=z_0$ 为零点，且

$$a_0=a_1=\cdots=a_{n-1}=0,$$

则称 z_0 为 $f(z)$的 n 阶零点.

零点孤立性定理　设 $f(z)$在包含 $z=z_0$ 的区域内解析且不恒为零，若 $f(z_0)=0$，则必能找到有限圆域$|z-z_0|<\rho$，在其内 $f(z)$没有其他零点.

证明　设 $z=z_0$ 是 $f(z)$的 n 阶零点，必有

$$f(z)=(z-z_0)^n g(z),$$

其中，$g(z)$在 $z=z_0$ 的邻域内解析，且 $g(z_0)\neq 0$. 由于 $g(z)$在 $z=z_0$ 连续，故存在圆域$|z-z_0|<\rho$，其中 $g(z)$恒不为零，即 $f(z)$在 z_0 的邻域内没有其他零点.

由零点孤立性定理可得到如下推论.

推论1　如果解析函数的零点是非孤立的，则此函数恒为零.

推论2　设 $f_1(z)$和 $f_2(z)$都在区域 B 内解析，且在 B 内的某一段连续弧线或者某个子区域$D\subset B$ 内相等，则在 B 内必有 $f_1(z)=f_2(z)$.

解析函数的零点是其实部和虚部同时为零的点，其实部和虚部为零时分别画出一条曲线，它们的交点即复变函数的零点. 图 3.2(a)描绘了函数

$$f(z)=(z^2+1)(z-3-\mathrm{i})^3$$

的实部和虚部零线，其中 $z=\pm\mathrm{i}$ 和 $z=3+\mathrm{i}$ 分别为一阶和三阶零点. 零点同时是其相位或辐角的奇异点(无定义)，当 z 绕零点一周时，函数的相位增加 $2n\pi(n\in\mathbb{Z})$，如图 3.2(b)所示，其中 n 为零点的阶数，称作绕数(winding number). 在超导或超流体中，宏观波函数的零点对应于一个量子化的涡旋.

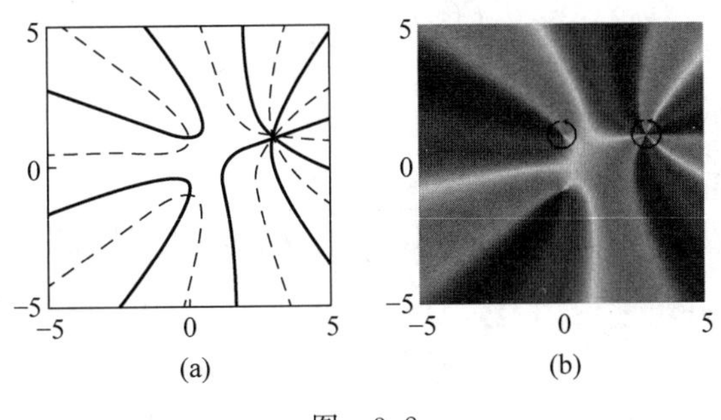

图　3.2

注记

如果函数 $f(z)$在 z_0 的邻域内解析，且 $f'(z_0)=0$，$f''(z_0)\neq 0$，将其作泰勒级数展开并保留至二阶项：

$$f(z)\approx f(z_0)+\frac{1}{2}f''(z_0)(z-z_0)^2.$$

当 $z\to z_0$ 时，令 $z-z_0=r\mathrm{e}^{\mathrm{i}\theta}$，$f''(z_0)=r_0\mathrm{e}^{2\mathrm{i}\alpha}$. 为简明起见，略去常数 $f(z_0)$，有

$$f(z)\sim\frac{1}{2}r_0r^2\mathrm{e}^{\mathrm{i}(2\theta+2\alpha)}=\frac{1}{2}r_0r^2\left[\cos 2(\theta+\alpha)+\mathrm{i}\sin 2(\theta+\alpha)\right],$$

其实部和虚部分别为

$$u(r,\theta)\sim\frac{1}{2}r_0r^2\cos2(\theta+\alpha),\quad v(r,\theta)\sim\frac{1}{2}r_0r^2\sin2(\theta+\alpha).$$

当 $\theta=-\alpha$ 时,$u(r,\theta)$为开口向上的抛物线;而当 $\theta=\frac{\pi}{2}-\alpha$ 时,$u(r,\theta)$为开口向下的抛物线,因此,$z=z_0$ 是实部函数 $u(r,\theta)$的鞍点.同理,它也是虚部函数 $v(r,\theta)$的鞍点.区别在于,马鞍型的 $u(r,\theta)$曲面与 $v(r,\theta)$曲面相对旋转了 $\pi/4$.

所以实变函数一阶导数的零点对应于函数的极值点,而复变函数一阶导数的零点对应于其实部和虚部二元函数的共同鞍点.

习 题

[1] 在 $z=0$ 点将函数展开为泰勒级数:

(a) $\tan z$; (b) $\dfrac{1}{1-3z+2z^2}$.

[2] 在 $z=\mathrm{i}$ 点将函数展开为泰勒级数:

(a) $\sqrt[3]{z}$; (b) $\ln z$.

[3] 求多值函数在 $z=0$ 点的泰勒级数展开:

$$f(z)=(1+z)^m\quad(m\notin\mathbb{Z}).$$

[4] 如果解析函数 $f(z)$和 $g(z)$在 $z=z_0$ 皆为一阶零点,即比值

$$\left.\frac{f(z)}{g(z)}\right|_{z=z_0}=\frac{0}{0},$$

证明洛必达法则(L' Hopital rule):

$$\lim_{z\to z_0}\frac{f(z)}{g(z)}=\lim_{z\to z_0}\frac{f'(z)}{g'(z)}.$$

[5] 运用泰勒定理证明刘维尔定理.

[6] 运用泰勒定理证明最大模定理.

提示:用反证法,假设$|f(z_0)|$最大,对以 z_0 为圆心的圆周积分.

3.3 洛朗展开

当 $f(z)$在圆$|z-z_0|<R$ 内解析,泰勒定理表明,$f(z)$必可展开成正幂级数,那么是否可以有收敛的负幂项级数?其收敛性又如何呢?这就是下面要讨论的双边幂级数.

1. 双边幂级数

形如

$$\sum_{k=-\infty}^{\infty}a_k(z-z_0)^k=\cdots+a_{-k}(z-z_0)^{-k}+\cdots+a_{-1}(z-z_0)^{-1}+a_0+$$

$$a_1(z-z_0)+a_2(z-z_0)^2+\cdots a_k(z-z_0)^k+\cdots$$

的级数称为双边幂级数，其中，

$$S_{+}(z)=\sum_{k=0}^{\infty}a_k(z-z_0)^k$$

称为双边幂级数的正幂或解析部分，而

$$S_{-}(z)=\sum_{k=-1}^{-\infty}a_k(z-z_0)^k$$

称为双边幂级数的负幂或主要部分.

现在要求级数的正幂部分和负幂部分必须同时收敛. 设正幂部分的收敛半径为 R_1，即在圆域 $|z-z_0|<R_1$ 内收敛，很明显，为了保证负幂级数收敛，必须限制 z 不能无限接近 z_0，不然负幂部分将发散. 可以取新变量 $\zeta=1/(z-z_0)$，它对于 ζ 是正幂级数，因此存在收敛半径 $|\zeta|<h\equiv 1/R_2$，即负幂部分在圆 $|z-z_0|>R_2$ 以外的区域收敛. 这样如果 $R_2<R_1$，那么双边幂级数就只能在环形区域

$$R_2<|z-z_0|<R_1$$

内收敛，称为双边幂级数的收敛环. 如果 $R_2>R_1$，则双边幂级数的收敛域为空集.

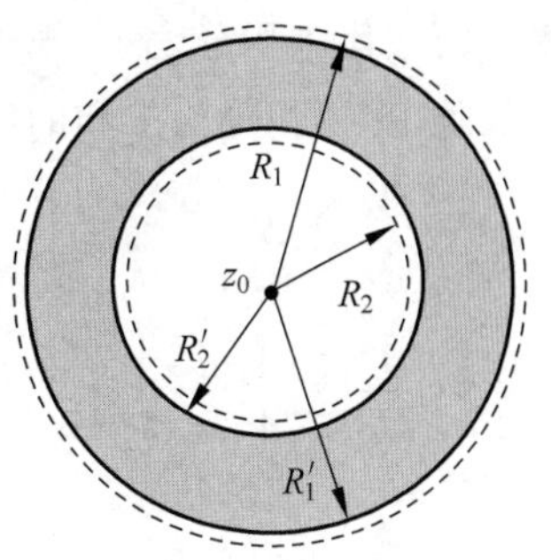

图　3.3

如果双边幂级数在 $R_2<|z-z_0|<R_1$ 的环形区域 B 内收敛，由阿贝尔定理判断其在闭区域 $R_2'<|z-z_0|<R_1'$ 内一致收敛，如图 3.3 所示，解析性定理表明它有如下性质：

(1) 在 B 内连续；

(2) 在 B 内解析，且可逐项可导；

(3) 在 B 内可逐项积分.

2. 洛朗定理

当复变函数 $f(z)$在区域 $|z-z_0|<R_1$ 内有奇异性时，能否在 z_0 点展开成类似于幂级数的形式呢？这是可以的，有以下洛朗定理.

洛朗定理　如果函数 $f(z)$在环形区域 $R_2<|z-z_0|<R_1$ 的内部单值解析，则对于环内任一点 z，函数 $f(z)$可展开成双边幂级数

$$f(z)=\sum_{k=-\infty}^{\infty}a_k(z-z_0)^k, \tag{3.3.1}$$

其中，

$$a_k=\frac{1}{2\pi i}\oint_C\frac{f(\zeta)}{(\zeta-z_0)^{k+1}}d\zeta. \tag{3.3.2}$$

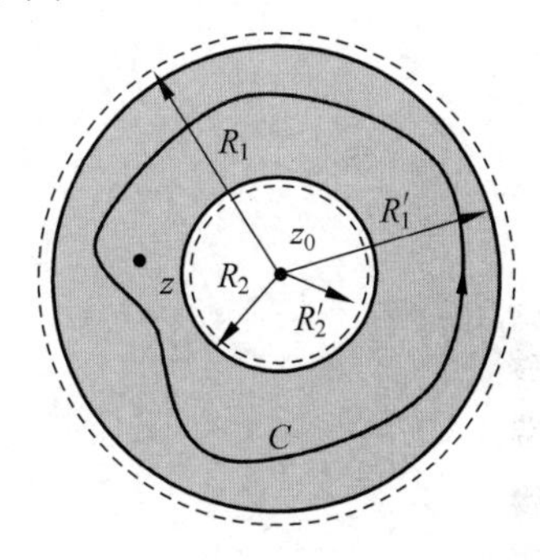

图　3.4

积分回路 C 处于环形区域内.

证明　如图 3.4 所示，取实线表示的圆 $C_{R_1'}$ 和 $C_{R_2'}$，应用复连通区域上的柯西积分公式，环内一点 z 可表示为

$$f(z)=\frac{1}{2\pi i}\oint_{C_{R_1'}}\frac{f(\zeta)}{\zeta-z}d\zeta-\frac{1}{2\pi i}\oint_{C_{R_2'}}\frac{f(\zeta)}{\zeta-z}d\zeta.$$

对于沿 $C_{R_1'}$ 的积分，由于 $|z-z_0|<|\zeta-z_0|$，有

$$\frac{1}{\zeta-z}=\frac{1}{(\zeta-z_0)-(z-z_0)}=\frac{1}{\zeta-z_0}\cdot\frac{1}{1-\dfrac{z-z_0}{\zeta-z_0}}$$

$$=\frac{1}{\zeta-z_0}\sum_{k=0}^{\infty}\left(\frac{z-z_0}{\zeta-z_0}\right)^k=\sum_{k=0}^{\infty}\frac{(z-z_0)^k}{(\zeta-z_0)^{k+1}};$$

对于沿 $C_{R_2'}$ 的积分,由于 $|z-z_0|>|\zeta-z_0|$,有

$$\frac{1}{\zeta-z}=\frac{1}{(\zeta-z_0)-(z-z_0)}=-\frac{1}{z-z_0}\cdot\frac{1}{1-\dfrac{\zeta-z_0}{z-z_0}}$$

$$=-\frac{1}{z-z_0}\sum_{k=0}^{\infty}\left(\frac{\zeta-z_0}{z-z_0}\right)^k=-\sum_{k=0}^{\infty}\frac{(\zeta-z_0)^k}{(z-z_0)^{k+1}}.$$

将上两式代入积分表示,根据阿贝尔定理,几何级数在 $C_{R_1'}$ 和 $C_{R_2'}$ 围成的环形闭区域内一致收敛,交换积分与求和的次序得

$$f(z)=\frac{1}{2\pi i}\sum_{k=0}^{\infty}(z-z_0)^k\oint_{C_{R_1'}}\frac{f(\zeta)}{(\zeta-z_0)^{k+1}}d\zeta+\frac{1}{2\pi i}\sum_{k=0}^{\infty}(z-z_0)^{-k-1}\oint_{C_{R_2'}}(\zeta-z_0)^k f(\zeta)\,d\zeta$$

$$=\frac{1}{2\pi i}\sum_{k=0}^{\infty}\left[\oint_C\frac{f(\zeta)}{(\zeta-z_0)^{k+1}}d\zeta\right](z-z_0)^k+\frac{1}{2\pi i}\sum_{k=-1}^{-\infty}\left[\oint_C\frac{f(\zeta)}{(\zeta-z_0)^{k+1}}d\zeta\right](z-z_0)^k$$

$$=\sum_{k=-\infty}^{\infty}a_k(z-z_0)^k,$$

其中,被积函数在环形区域的解析性可使积分路径变形为 $C_{R_1'}\to C$,$C_{R_2'}\to C$,于是展开系数为

$$a_k=\frac{1}{2\pi i}\oint_C\frac{f(\zeta)}{(\zeta-z_0)^{k+1}}d\zeta.$$

环形区域内解析函数的双边幂级数表示称作洛朗级数展开(Laurent series expansions).可以证明,洛朗级数展开也是唯一的.

说明 展开级数中虽然含有 $z-z_0$ 的负幂项,但 z_0 可能是,也可能不是函数 $f(z)$的奇点,因此不能像泰勒级数一样表示成 z_0 点的 k 阶导数,即 $a_k\neq\frac{1}{k!}f^{(k)}(z_0)$.

例 3.7 在 $z_0=0$ 的邻域将 $f(z)=e^{1/z}$ 展开.

解 先将函数 e^ζ 在 $\zeta=0$ 作泰勒级数展开,

$$e^\zeta=1+\frac{1}{1!}\zeta+\frac{1}{2!}\zeta^2+\frac{1}{3!}\zeta^3+\cdots$$

再令 $\zeta=\frac{1}{z}$,得

$$e^{\frac{1}{z}}=1+\frac{1}{1!}\frac{1}{z}+\frac{1}{2!}\frac{1}{z^2}+\frac{1}{3!}\frac{1}{z^3}+\cdots$$

例 3.8 将函数 $f(z)=\frac{1}{z^2-1}$在下列区域作洛朗级数展开:

(a) $1<|z|<\infty$; (b) $0<|z-1|<2$.

解　展开区域如图3.5所示.

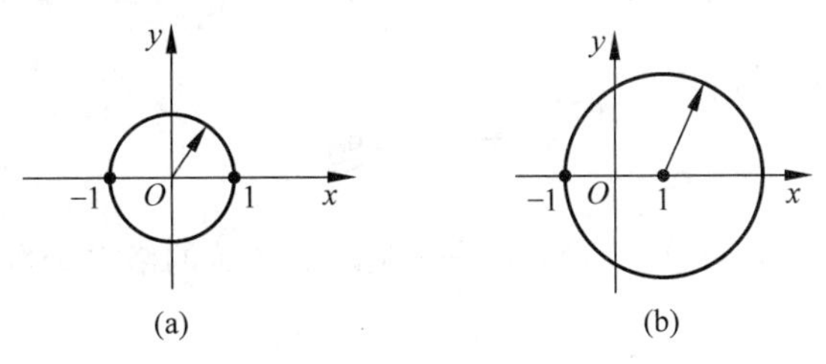

图　3.5

(a) 在区域 $1<|z|<\infty$，按照几何级数展开，有

$$f(z)=\frac{1}{z^2}\frac{1}{1-\frac{1}{z^2}}=\frac{1}{z^2}\sum_{k=0}^{\infty}\frac{1}{z^{2k}}=\sum_{k=1}^{\infty}\frac{1}{z^{2k}};$$

(b) 在 $0<|z-1|<2$ 区域，有

$$f(z)=\frac{1}{z^2-1}=\frac{1}{2}\frac{1}{z-1}-\frac{1}{2}\frac{1}{z+1}=\frac{1}{2}\frac{1}{z-1}-\frac{1}{4}\frac{1}{1+\frac{z-1}{2}}$$

$$=\frac{1}{2}\frac{1}{z-1}-\frac{1}{4}\sum_{k=0}^{\infty}\frac{(-1)^k}{2^k}(z-1)^k.$$

由此可见，虽然洛朗级数有无穷多负幂项，但 $z_0=0$ 并不是函数的奇点. 泰勒级数展开只需说明在某点的邻域展开. 洛朗级数展开则需指明在哪个区域内展开，其展开的具体形式随指定的展开区域不同而不同. 如果只有环心 z_0 是 $f(z)$ 的奇点，则内收敛半径可以任意小，这时称为 $f(z)$ 在孤立奇点 z_0 的去心邻域内作洛朗级数展开.

注记

人们可以通过分析幂级数的普遍性特征来理解函数，然而不是所有函数都可以展开成幂级数，比如函数 $f(x)=\sqrt{x}$ 在 $x=0$ 点有多值性，不是严格意义上的函数，幂级数无法反映这种性态，因为它只能是单值的. 如果二元代数函数满足一个多项式方程 $p(x,y)=0$，牛顿发现 y 可以表示为 x 的分数幂级数：

$$y=a_0+a_1x^{r_1}+a_2x^{r_2}+a_3x^{r_3}+\cdots$$

其中，$r_1,r_2,r_3,\cdots$ 是有理数，该式也可表示成幂级数乘以 x 的分数幂.

实数域里的分数幂是难以被理解的，复函数的分数幂级数展开称为皮瑟展开(Puiseux expansions). 它的意思是，当在支点 $z=z_0$ 对 n 阶多值函数作级数展开时，须先取定一个分支，引入新的复变量，比如令

$$\zeta=\sqrt[n]{z-z_0},$$

解析函数可以展开为

$$f(z)=\sum_{k=-\infty}^{\infty}c_k\zeta^k=\sum_{k=-\infty}^{\infty}c_k(z-z_0)^{k/n}.$$

皮瑟已经把柯西在函数论方面的工作推进到了第一阶段的尽头，多值函数积分遇到的困难尚待克服，代数函数及其积分理论的下一阶段发展要等待黎曼来开拓.

有时候复平面上的某点在多值函数的主分支是奇点，但在其他分支不是奇点，因此在不

同分支作级数展开会有不一样的结果.例如函数 $f(z)=\dfrac{1}{\ln z}$,在主值分支中,$z=1$ 是函数的极点,但在其他分支却不是.

习　题

[1] 令 $z_0=1+\mathrm{i}/2$,求函数 $f(z)=\dfrac{1}{z^2-1}$ 在以下区域的洛朗级数展开:

(a) $|z-z_0|<\dfrac{1}{2}$;　(b) $\dfrac{1}{2}<|z-z_0|<\dfrac{\sqrt{17}}{2}$;　(c) $|z-z_0|>\dfrac{\sqrt{17}}{2}$.

[2] 在 $|z|>1$ 区域内将函数 $f(z)$ 作洛朗级数展开:

$$f(z)=\frac{1}{(z-1)^2(z+1)^2}.$$

答案:

$$\frac{1}{(z-1)^2(z+1)^2}=\sum_{k=0}^{\infty}\frac{k+1}{z^{2k+4}}.$$

[3] 比较下列函数在 $z=0$ 邻域作洛朗级数展开的收敛半径:

(a) $f(z)=\dfrac{z^2-\pi^2}{\sin z}$;　(b) $f(z)=\dfrac{z^2-\pi^2}{\sin^2 z}$.

[4] 证明洛朗级数展开的唯一性.

提示:级数 $f(z)=\sum\limits_{k=-\infty}^{\infty}a_k(z-z_0)^k$ 两边同时乘以 $\dfrac{1}{2\pi\mathrm{i}(z-z_0)^{k+1}}$ 并作回路积分.

[5] 将复变函数在 $z_0=0$ 的去心邻域内作洛朗级数展开:

(a) $f(z)=\sin\dfrac{1}{z}$;　(b) $f(z)=\cot z$.

答案:

(a) $\sum\limits_{k=0}^{\infty}(-1)^k\dfrac{1}{(2k+1)!z^{2k+1}}$;　(b) $\dfrac{1}{z}-\dfrac{1}{3}z-\dfrac{1}{45}z^3-\cdots$

[6] 证明 $f(z)=\sqrt{z}$ 在 $z=0$ 不可能有通常的幂级数展开.

提示:采用反证法.

[7] 研究多值函数的奇异性:

$$f(z)=\frac{1}{\sqrt{z}+1}.$$

3.4 奇点类型

1. 奇点

数学中函数未定义的点称作奇点(singular point).在实分析中,奇点就是函数或者函数的导数不连续的点.在复分析中,奇点具有更丰富的内容,它定义为函数不可导的点,复变函数的奇点可分为孤立奇点和非孤立奇点.

(1) 孤立奇点.

若单值函数 $f(z)$在某点 z_0 不可导,而在 z_0 的去心邻域内处处可导,则称 z_0 为 $f(z)$ 的孤立奇点.例如 $z=0$ 或 $z=\pm i$ 是以下函数的孤立奇点:

$$f(z)=\frac{1}{z},\quad f(z)=e^{1/z},\quad f(z)=\frac{1}{1+z^2}.$$

(2) 非孤立奇点.

若在 z_0 的任意小邻域内,总可以找到 z_0 以外的不可导点,则称 z_0 为 $f(z)$的非孤立奇点.下述函数的 $z=0$ 是非孤立奇点:

$$f(z)=\frac{1}{\sin(1/z)}.$$

因为在 $z=0$ 的任意邻域内,总存在其他奇点,如图 3.6 所示.

下面欣赏一个非孤立奇点的案例.对于由无穷级数定义的函数

$$f(z)=\sum_{k=0}^{\infty}z^{2^k}=z+z^2+z^4+z^8+z^{16}+\cdots$$

该级数在 $|z|<1$ 的圆域内收敛,所以 $f(z)$在圆内解析,当沿实轴 $z\to1$ 时级数发散,所以 $z=1$ 是它的奇点.另外,

$$f(z^2)=z^2+z^4+z^8+z^{16}+\cdots=f(z)-z,$$

当沿半径方向 $z\to-1$ 时,$f(z)$也发散,所以 $z=-1$ 也是函数的奇点.同理,

$$f(z^4)=z^4+z^8+z^{16}+\cdots=f(z)-z-z^2,$$

或者更一般地,对任意自然数 n,有

$$f(z^{2^n})=f(z)-(z+z^2+z^4+z^8+z^{16}+\cdots+z^{2^{n-1}}),$$

当沿半径方向 $z^{2^n}\to1$ 时,级数均发散,所以 $z=e^{2k\pi i/2^n}\ (k\in\mathbb{Z})$都是 $f(z)$的奇点.当 $n\to\infty$ 时,奇点之间的间隔无限靠近,这样 $f(z)$便有一整条由非孤立奇点构成的奇异圆环.这样一条密集奇点构成的栅栏,如图 3.7 所示,它将单位圆内外区域完全隔绝.

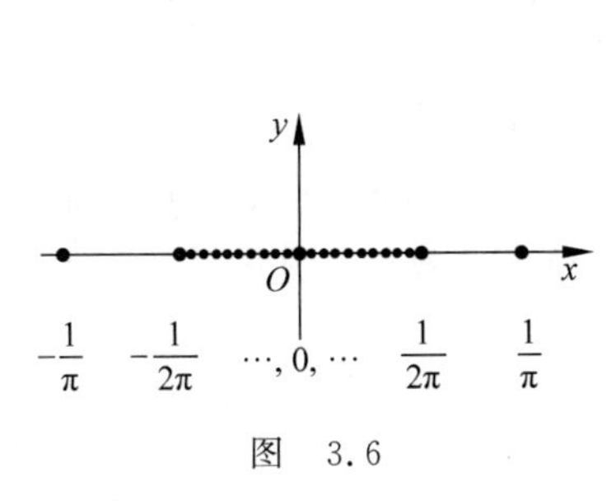

图 3.6

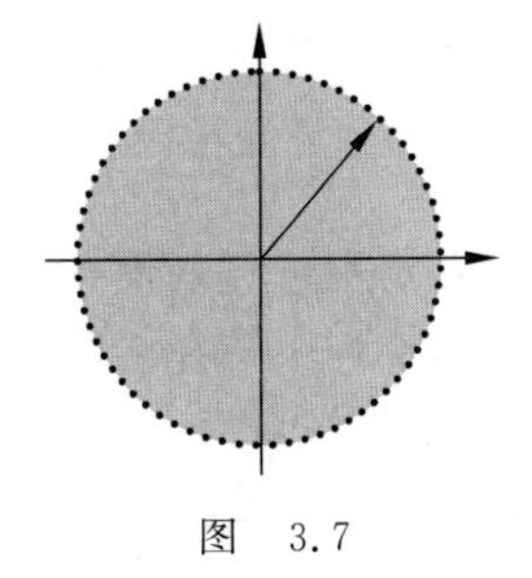

图 3.7

说明 非孤立奇点并不稀罕,诸如 $f(z)=|z^2|$之类的函数,它在复平面上除了 $z=0$ 点,处处不可导,因此整个复平面都是非孤立奇点!如果随意写出的一个复函数,尽管其实部和虚部都分别连续可导,但由于不满足柯西-黎曼条件,或者不是调和函数,那就意味着在所有区域内它都是处处奇异的,比如函数 $f(x,y)=(x^3y+2x)+i(y^4+x^2)$.由于不具备解析性,以后将不考虑这类具有连片非孤立奇点的函数.

2. 孤立奇点分类

利用洛朗级数展开可以对单值函数的孤立奇点进行分类. 在孤立奇点的去心邻域,解析函数展开为

$$f(z)=\sum_{k=-\infty}^{\infty} a_k (z-z_0)^k, \tag{3.4.1}$$

其中,

$$a_k=\frac{1}{2\pi \mathrm{i}}\oint_C \frac{f(\zeta)}{(\zeta-z_0)^{k+1}}\mathrm{d}\zeta. \tag{3.4.2}$$

可以根据最高负幂项将孤立奇点分为三类.

1) 可去奇点

如果函数在 z_0 点的洛朗级数展开中没有负幂项,则 z_0 称为可去奇点(removable singularity). 根据展开式可推断函数在可去奇点 z_0 存在有限极限:

$$\lim_{z\to z_0} f(z)=a_0.$$

比如,$z=0$ 是函数 $f(z)=\sin z/z$ 的可去奇点.

2) 极点

如果函数在 z_0 点的洛朗级数展开中只有有限的负幂项,则 z_0 称为极点(pole). 由于

$$f(z)=a_{-m}(z-z_0)^{-m}+\cdots+a_{-2}(z-z_0)^{-2}+a_{-1}(z-z_0)^{-1}+ \\ a_0+a_1(z-z_0)+a_2(z-z_0)^2+\cdots+a_k(z-z_0)^k+\cdots$$

设最高负幂项为 m 次,则称作 m 阶极点,将 $m=1$ 称作单极点. 显然在极点处函数的极限为无穷大:

$$\lim_{z\to z_0} f(z)=\infty.$$

如果 z_0 是解析函数 $\varphi(z)$ 的零点,则它是函数 $f(z)=1/\varphi(z)$ 的极点,且 $f(z)$ 在 z_0 的极点阶数,即 $\varphi(z)$ 在 z_0 的零点阶数.

3) 本性奇点

如果函数在 z_0 点的洛朗级数展开中有无穷多负幂项,则 z_0 称为本性奇点(essential singularity). 比如,$z=0$ 是 $f(z)=\mathrm{e}^{1/z}$ 的本性奇点,有

$$\mathrm{e}^{\frac{1}{z}}=\sum_{n=0}^{\infty}\frac{1}{n!}\frac{1}{z^n}.$$

可以证明,函数在本性奇点既没有有限极限,也没有无穷极限. 函数的极限值随着 $z\to z_0$ 的不同方式而不同,亦即函数在本性奇点没有极限. 单值函数中但凡不属于可去奇点和极点的孤立奇点都归类于本性奇点.

3. 支点分类

多值函数在支点没有定义,因此支点也是函数的奇点. 由于多值性,在支点的去心邻域不能连续地定义函数,所以支点不属于孤立奇点,不能在支点作洛朗级数展开. 类比孤立奇点的分类法,可将支点也分为两类.

1) 代数支点

当 $z\to a$ 时所有分支都趋于一个有限的或者无限的极限,例如根式函数 $f(z)=\sqrt[n]{z}$ 的支

点 $z=0$ 和 $z=\infty$.

2）超越支点

当 $z\to a$ 时各分支的极限不存在，例如函数 $f(z)=\mathrm{e}^{1/\sqrt{z}}$，其支点 $z=0$ 就是超越支点，但是 $z=\infty$是该函数的代数支点. 对数函数的支点也属于超越支点.

4. 解析函数分类

某区域内的单值函数按照孤立奇点的特性，可以区分为两类.

1）全纯函数（holomorphic function）

全纯函数定义为在区域 B 内处处解析的函数，又称解析函数. 如果函数在全复平面上解析，则称作整函数（integral function/entire function），其必以 $z=\infty$点为唯一的孤立奇点，否则的话，函数必为常数（刘维尔定理）. 根据泰勒定理，任何整函数都可以用一个在全平面收敛的幂级数表示.

2）亚纯函数（meromorphic function）

亚纯函数是在区域 B 内除若干个极点外，处处解析的函数. 可以证明，亚纯函数能够表示为两个全纯函数之比，函数的极点即分母函数的零点. 根据定义可以推断，在一个有界的区域内，亚纯函数只能有有限的极点，否则无穷多极点必然聚集成非孤立奇点. 但在全平面上，亚纯函数可以有无限多的极点.

注记

下面演示一下本性奇点究竟有多奇葩. 令 $\alpha>0$ 为任意实数，取

$$z=\frac{1}{\ln\alpha+2n\pi\mathrm{i}}\quad(n\in\mathbb{N}),$$

可见当 $n\to\infty$ 时，$z\to 0$，而

$$\mathrm{e}^{1/z}=\mathrm{e}^{\ln\alpha+2n\pi\mathrm{i}}=\alpha\mathrm{e}^{2n\pi\mathrm{i}}=\alpha,$$

表明在奇点 $z=0$ 的任意小邻域内，函数 $f(z)=\mathrm{e}^{1/z}$ 可以取任何实数值. 更一般地，当 $z\to 0$ 时函数可以取任意复数值. 事实上所有本性奇点都具有这一特性，它由卡索拉蒂-魏尔斯特拉斯（Casorati-Weierstrass theorem）描述：如果 z_0 是函数 $f(z)$的本性奇点，则对于任意复数 $A\in\overline{\mathbb{C}}$，总可以找到无穷点序列 $z_n\to z_0$，使得 $\lim\limits_{n\to\infty}f(z_n)=A$.

为了对本性奇点有一个更直观的认识，图 3.8 描绘了含有本性奇点 $z=0$ 的函数 $f(z)=\mathrm{e}^{1/z}$，图 3.8(a)的实线和虚线分别表示实部和虚部的零值分布，图 3.8(b)表示辐角分布.

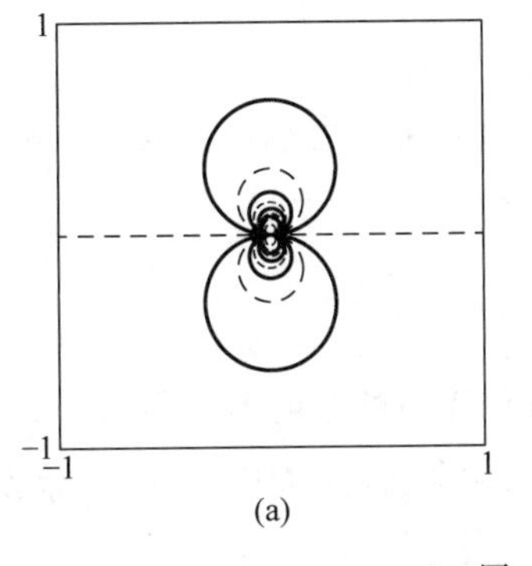

(a)

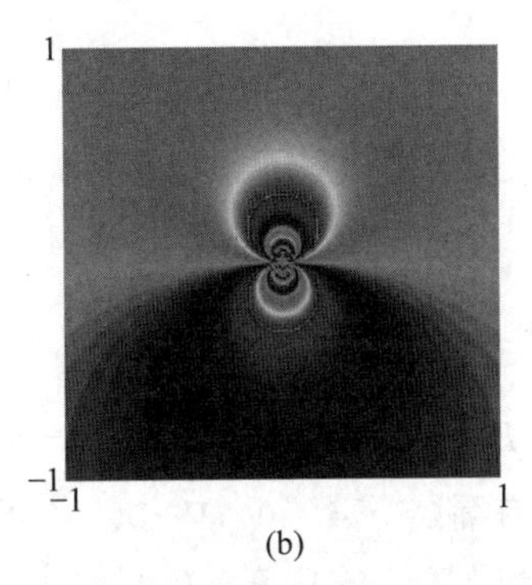

(b)

图 3.8

习 题

[1] 证明 $z=0$ 是函数的非孤立奇点：

$$f(z)=\frac{1}{e^{1/z^2}+1}.$$

[2] 证明：如果 z_0 是解析函数 $\varphi(z)$ 的零点，则它是函数 $f(z)=1/\varphi(z)$ 的极点，且 $f(z)$ 在 z_0 的极点阶数即 $\varphi(z)$ 在 z_0 的零点阶数.

[3] 确定下列函数的孤立奇点及其类型：

(a) $\dfrac{\cos z}{z^2-\pi^2/4}$； (b) $\dfrac{\ln(z+1)}{(z^2-1)^2}$； (c) $\sqrt{z}\sin\dfrac{1}{z}$； (d) $\dfrac{\ln z}{(z-1)^3}$.

答案：(a) $z=\pm\pi/2$，可去奇点，$z=\infty$，本性奇点；(b) $z=+1$，二阶极点；(c) 没有孤立奇点；(d) $z=1$，二阶极点.

[4] 确定下列函数在 $z=\infty$ 是否孤立奇点及其类型：

(a) $\dfrac{z}{(z^2-2)^2}$； (b) e^z； (c) $z^2\sin\dfrac{1}{z}$； (d) $\dfrac{\ln z}{(z-1)^3}$.

答案：(a) 可去奇点；(b) 本性奇点；(c) 单极点；(d) 非孤立奇点.

[5] 证明：如果整函数 $f(z)$ 不是常数，则 $z=\infty$ 必为函数 $e^{f(z)}$ 的本性奇点.

提示：$e^{f(z)}$ 和 $e^{-f(z)}$ 都是整函数.

[6] 设函数 $f(z)$ 在除 $z=z_0$ 之外的区域 B 内解析，z_0 是其本性奇点，证明卡索拉蒂-魏尔斯特拉斯定理.

提示：采用反证法，假设给定任意复数 A 和正实数 δ，始终有 $\lim\limits_{z\to 0}|f(z)-A|>\delta$，则 $z=z_0$ 必为 $g(z)=\dfrac{1}{f(z)-A}$ 的可去奇点，即 z_0 为 $f(z)=A+\dfrac{1}{g(z)}$ 的可去奇点或极点，与题设矛盾.

3.5 奇性平面场

在1.6节中已经讨论了在无源和无旋的条件下，平面向量场 $\boldsymbol{A}=(A_x,A_y)$ 可以用一个复势来描述，$f(z)=u(x,y)+\mathrm{i}v(x,y)$. 复势 $f(z)$ 的实部和虚部互为共轭调和函数，平面场可表示为

$$\boldsymbol{A}\equiv A_x+\mathrm{i}A_y=\frac{\partial u}{\partial x}+\mathrm{i}\frac{\partial u}{\partial y}=\frac{\partial u}{\partial x}-\mathrm{i}\frac{\partial v}{\partial x}=\overline{f'(z)}.$$

现在的问题是，当平面场有奇异性，即有外源或者有涡旋的时候，是否还能用一个复势来描述呢？

1. 源点与涡点

在一个区域 B 中，如果二维向量场 $\boldsymbol{A}=(A_x,A_y)$ 的散度不为零，$\nabla\cdot\boldsymbol{A}\neq 0$，称这个场有源($\nabla\cdot\boldsymbol{A}>0$)或有漏($\nabla\cdot\boldsymbol{A}<0$)，$\nabla\cdot\boldsymbol{A}\neq 0$ 的点称作源点，如图3.9(a)所示. 由斯托克斯公式，穿过一个闭合回路 C 的总流量(通量)为

$$N = \oint_C \boldsymbol{A} \cdot \hat{\boldsymbol{n}} \mathrm{d}l = \oint_C A_x \mathrm{d}y - A_y \mathrm{d}x, \tag{3.5.1}$$

其中，$\hat{\boldsymbol{n}}$ 为曲线C 的法向方向的单位向量，假设定向外流出为正，S 是回路C 所包围的区域.

另外，如果二维向量场的旋度不为零，则称这个场有涡旋，$\nabla \times \boldsymbol{A} \neq 0$ 的点称为涡点，如图 3.9(b)所示，沿回路 C 的涡旋环量为

$$\Gamma = \oint_C \boldsymbol{A} \cdot \mathrm{d}\boldsymbol{l} = \oint_C A_x \mathrm{d}x + A_y \mathrm{d}y. \tag{3.5.2}$$

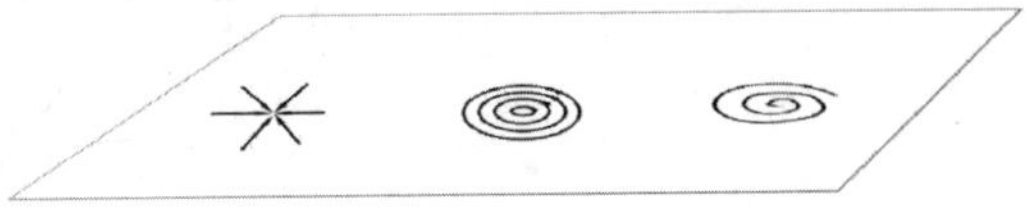

(a) (b) (c)

图 3.9

由于在无源无旋的情况下，$A(z) = \overline{f'(z)} = A_x + \mathrm{i}A_y$，所以

$$f'(z)\mathrm{d}z = (A_x \mathrm{d}x + A_y \mathrm{d}y) + \mathrm{i}(A_x \mathrm{d}y - A_y \mathrm{d}x).$$

于是沿环线 C 积分的流量和环量分别为

$$N = \mathrm{Im}\oint_C f'(z)\mathrm{d}z, \quad \Gamma = \mathrm{Re}\oint_C f'(z)\mathrm{d}z. \tag{3.5.3}$$

因此，如果平面向量场 $\boldsymbol{A}$ 如图 3.9(c)所示既有源又有旋，意味着复势是具有某种奇异性的解析函数，其奇异性可统一表示为

$$\Gamma + \mathrm{i}N = \oint_C f'(z)\mathrm{d}z. \tag{3.5.4}$$

2. 复势

1）有源场

为简明起见，假设向量场 $\boldsymbol{A}$ 在全平面内只有一个点源，没有涡旋. 将点源取作坐标原点，由于轴对称性，向量场具有径向形式 $\boldsymbol{A} = \varphi(r)\hat{\boldsymbol{r}}$，通过圆心在原点的圆周边界的总通量为

$$N = \oint_\Gamma A_x \mathrm{d}y - A_y \mathrm{d}x = \varphi(r) \cdot 2\pi r.$$

由于流量守恒，这个通量应该与半径无关，所以 $\varphi(r) = \frac{N}{2\pi r}$. 根据

$$\boldsymbol{A} \equiv A_x + \mathrm{i}A_y = \varphi(r)\hat{\boldsymbol{r}} = \frac{N}{2\pi}\frac{1}{\bar{z}},$$

可知 $f'(z) = \frac{N}{2\pi}\frac{1}{z}$，于是得到复势

$$f(z) = \frac{N}{2\pi}\ln z + C. \tag{3.5.5}$$

它是一个对数函数，场的源点就是对数函数的支点. 由于 $z = \infty$ 也是支点，意味着无穷远处存在一个漏，这在物理上可理解为流入/流出的源/漏必须成对出现，以保证平面场的恒稳性.

2）涡旋场

如果向量场 $\boldsymbol{A}$ 只有一个涡点，旋度为 Γ，根据同样的推理可以得出 $\boldsymbol{A} = \frac{\Gamma}{2\pi}\frac{\mathrm{i}}{\bar{z}}$，于是复

势为

$$f(z)=\frac{\Gamma}{2\pi\mathrm{i}}\ln z+C. \tag{3.5.6}$$

所以对于有源有旋场,有 $\boldsymbol{A}=\frac{N+\mathrm{i}\Gamma}{2\pi}\frac{1}{\bar{z}}$,复势可以表示为

$$f(z)=\frac{N-\mathrm{i}\Gamma}{2\pi}\ln z. \tag{3.5.7}$$

可见,具有源点或涡点的奇性平面向量场,其复势都可以表示为对数函数,源点或涡点即对数函数的支点,原点的涡旋在无穷远处表现为一个反涡旋.流量或环量与复势的实部或虚部有关.

考虑垂直于平面的多组电流线,由安培环路定理,电流线产生的磁场为

$$H=\sum_{n=1}^{N}\frac{2\mathrm{i}I_n}{\bar{z}-\bar{\alpha}_n},$$

相应的复势为

$$f(z)=\sum_{n=1}^{N}2I_n\ln(z-\alpha_n).$$

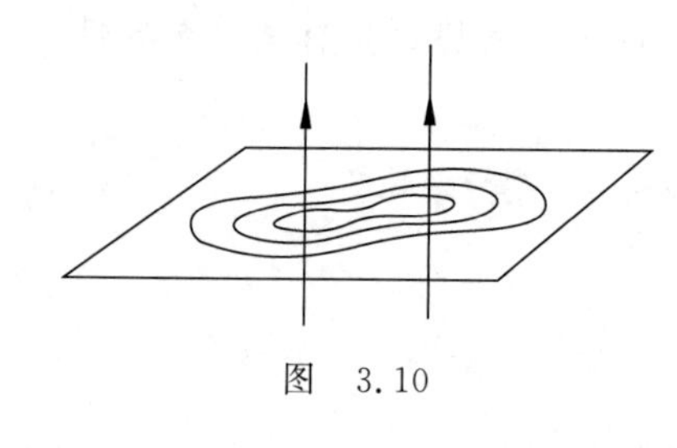

图 3.10

对于由两条相同电流线产生的磁场,复势为

$$f(z)=2I\ln(z^2-\alpha^2),$$

因此描述磁力线的方程是

$$|z-\alpha|\cdot|z+\alpha|=\text{const}.$$

这类方程曲线称作受压卵形线(图 3.10).

思考 设 $I_1=\gamma I_2$,其对应的曲线方程如何?

注记

对于连续分布的场源,比如金属表面的静电荷分布,其表面构成的线路 C 上的电荷密度为 $\rho(z)$,在导体外产生的电势分布为

$$u(z)=\frac{1}{2\pi}\int_C\rho(\zeta)\ln|\zeta-z|\,\mathrm{d}\zeta.$$

将它视作复势的实部,由此看到,复势中含有一条由金属表面构成的奇异边界线,边界线上的点都是非孤立奇点.

如果平面向量场只含有一个源点和一个漏点,强度为 $\pm N$,相距为 h,称这一对正负场源为偶极子,$p=Nh$ 称作偶极矩,其平面场的复势为

$$f(z)=\frac{N}{2\pi}\ln(z+h)-\frac{N}{2\pi}\ln z.$$

令 $h\to0$,有

$$f(z)=\lim_{h\to0}\frac{Nh}{2\pi}\frac{\ln(z+h)-\ln z}{h}=\frac{p}{2\pi}\frac{\mathrm{d}}{\mathrm{d}z}\ln z=\frac{p}{2\pi z},$$

可见偶极子源构成复势的单极点.

如果在 α 点和 $\alpha-h$ 点的各有一对偶极子,合在一起构成一个四极子,其平面向量场的复势为

$$f(z)=\lim_{h\to 0}\frac{ph}{2\pi}\frac{1}{h}\left[\frac{1}{z-\alpha+h}-\frac{1}{z-\alpha}\right]=-\frac{ph}{2\pi}\frac{1}{(z-\alpha)^2},$$

所以四极子源构成复势的二阶极点.反之,具有二阶极点的亚纯函数可以解释为一个四极子产生的平面向量场.推而广之,具有 n 阶极点的亚纯函数被视作 $2n$ 极子产生的平面向量场.

习　　题

[1] 有两根平行、相距为 $2d$ 的均匀带电导线,单位长度电量分别为 $\pm q$,求垂直于导线平面内静电场的复势.

答案:$f(z)=2q\ln\dfrac{z+d}{z-d}$.

[2] 如果平面里有距离很近的正反两个涡点,写出其复势.

[3] 设流体速度场 $v=\nabla\phi$,其中速度势为

$$\phi(z)=\ln\left|\frac{z-1}{z+1}\right|,$$

求流线方程并计算从奇点 $z=\pm 1$ 发出的流量.

答案:$\arg(z-1)-\arg(z-1)=C$;　$q=\pm\dfrac{1}{2}$.

[4] 分析复势的多极子结构:

$$f(z)=\frac{1}{(z+1)^2(z-1)}.$$

第4章

留数积分

4.1 留数定理

1. 留数定义

设 z_0 是单值解析函数 $f(z)$ 的孤立奇点，在 $z=z_0$ 的去心邻域内，$f(z)$ 可展开成洛朗级数

$$f(z)=\sum_{n=-\infty}^{\infty}a_n(z-z_0)^n.$$

利用积分公式

$$I=\oint_C(z-z_0)^n\mathrm{d}z=\begin{cases}0 & (n\neq -1)\\ 2\pi\mathrm{i} & (n=-1)\end{cases}$$

对洛朗级数展开的两边沿包围 z_0 任意闭合回路 C 进行积分.由于幂级数的一致收敛性，积分和求和可交换次序，有

$$\oint_C f(z)\mathrm{d}z=\sum_{n=-\infty}^{\infty}\oint_C a_n(z-z_0)^n\mathrm{d}z=2\pi\mathrm{i}a_{-1},\tag{4.1.1}$$

可见回路积分的结果只与洛朗级数展开中的 $(z-z_0)^{-1}$ 项系数 a_{-1} 有关，称为 $f(z)$ 在 z_0 点的留数，记作

$$a_{-1}\equiv\mathrm{Res}[f(z)]\big|_{z=z_0}\equiv\underset{z=z_0}{\mathrm{Res}}[f(z)]\equiv\mathrm{Res}[f(z_0)].$$

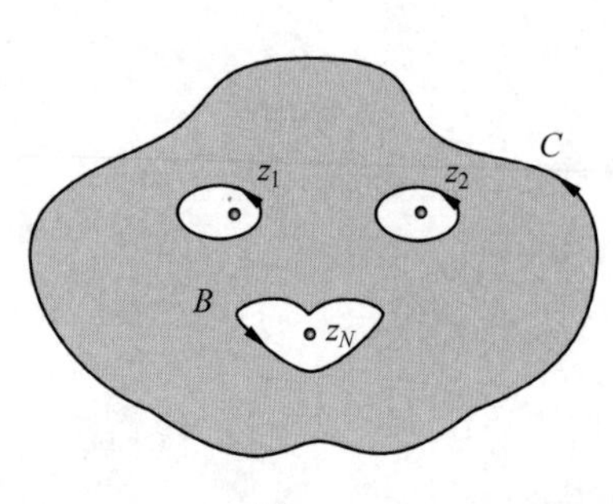

图 4.1

留数定理 设函数 $f(z)$ 在闭合回路 C 所围成的区域 B 内除有限的孤立奇点 $z_1,z_2,\cdots,z_N$ 外解析，则有

$$\oint_C f(z)\mathrm{d}z=2\pi\mathrm{i}\sum_{k=1}^{N}\mathrm{Res}[f(z_k)].\tag{4.1.2}$$

证明 取如图 4.1 所示的积分回路，利用多连通域的柯西定理及式(4.1.1)，即可证明该定理.

2. 留数计算

由于沿闭合回路积分的结果只与孤立奇点的留数有关,只需求出留数就可以得到回路积分值,通常有以下几种计算留数的方法.

1）洛朗级数展开法

根据留数的定义,将函数 $f(z)$展开为洛朗级数,取负一次幂项的系数即可.

2）一阶极点

如果 z_0 是单值解析函数 $f(z)$的一阶极点,则

$$\underset{z=z_0}{\mathrm{Res}}[f(z)]=\lim_{z\to z_0}(z-z_0)f(z). \tag{4.1.3}$$

如果 $f(z)=P(z)/Q(z)$,$P(z)$与 $Q(z)$均为解析函数,则

$$\underset{z=z_0}{\mathrm{Res}}[f(z)]=\lim_{z\to z_0}\frac{P(z)}{Q'(z)}. \tag{4.1.4}$$

3）*m* 阶极点

如果 z_0 是单值解析函数 $f(z)$的 m 阶极点,由于

$$f(z)=\frac{a_{-m}}{(z-z_0)^m}+\frac{a_{-m+1}}{(z-z_0)^{m-1}}+\cdots+\frac{a_{-1}}{(z-z_0)}+a_0+a_1(z-z_0)+\cdots$$

所以留数为

$$\underset{z=z_0}{\mathrm{Res}}f(z)=a_{-1}=\frac{1}{(m-1)!}\lim_{z\to z_0}\frac{\mathrm{d}^{m-1}}{\mathrm{d}z^{m-1}}[(z-z_0)^m f(z)]. \tag{4.1.5}$$

例 4.1　求函数在 $z=1$ 处的留数:

$$f(z)=\frac{1}{z^n-1}\quad(n\in\mathbb{N}).$$

解　$z=1$ 是函数的一阶极点,所以

$$\mathrm{Res}[f(z)]\big|_{z=1}=\frac{1}{nz^{n-1}}\bigg|_{z=1}=\frac{1}{n}.$$

例 4.2　试确定函数 $f(z)$的极点,并求其在这些极点处的留数:

$$f(z)=\frac{z+2\mathrm{i}}{z^5+4z^3}.$$

解　将函数化简为

$$f(z)=\frac{z+2\mathrm{i}}{z^5+4z^3}=\frac{1}{z^3(z-2\mathrm{i})},$$

可见孤立奇点为 $z=0$(三阶极点)和 $z=2\mathrm{i}$(一阶极点),其留数分别为

$$\mathrm{Res}[f(z)]\big|_{z=2\mathrm{i}}=\frac{z+2\mathrm{i}}{5z^4+12z^2}\bigg|_{z=2\mathrm{i}}=\frac{\mathrm{i}}{8},$$

$$\mathrm{Res}[f(z)]\big|_{z=0}=\frac{1}{2}\frac{\mathrm{d}^2}{\mathrm{d}z^2}\left(\frac{1}{z-2\mathrm{i}}\right)\bigg|_{z=0}=-\frac{\mathrm{i}}{8}.$$

例 4.3　计算积分:

$$\oint_{|z-\mathrm{i}|=1}\frac{1}{(z^2+1)^2}\mathrm{d}z.$$

解 积分回路内 $z=\mathrm{i}$ 是函数的二阶极点,其留数为

$$\operatorname{Res}\left[\frac{1}{(z^2+1)^2}\right]\bigg|_{z=\mathrm{i}}=\frac{1}{1!}\lim_{z\to\mathrm{i}}\frac{\mathrm{d}}{\mathrm{d}z}\left[(z-\mathrm{i})^2\frac{1}{(z^2+1)^2}\right]=-\frac{\mathrm{i}}{4},$$

所以积分为

$$\oint_{|z-\mathrm{i}|=1}\frac{1}{(z^2+1)^2}\mathrm{d}z=2\pi\mathrm{i}\times\left(-\frac{\mathrm{i}}{4}\right)=\frac{\pi}{2}.$$

3. 无穷远点留数

定义无穷远点的留数为

$$\operatorname{Res}[f(\infty)]\overset{\text{def}}{=}\frac{1}{2\pi\mathrm{i}}\oint_{C^-}f(z)\mathrm{d}z,\tag{4.1.6}$$

其中,C^- 为顺时针方向绕∞点一周,回路内除了∞点,没有其他奇点.复平面上所有有限远奇点的留数之和,加上无穷远点的留数等于零,即

$$\sum_{z_k}\operatorname*{Res}_{有限远z_k}[f(z_k)]+\operatorname{Res}[f(\infty)]=0,\tag{4.1.7}$$

C 为 C^- 的逆时针回路.这一结论从黎曼球的观点看很容易理解,围绕全部有限远奇点与围绕北极点是同一条回路.

作变量替换 $\zeta=\dfrac{1}{z}$,有

$$\operatorname{Res}[f(\infty)]=\frac{1}{2\pi\mathrm{i}}\oint_{C^-}f(z)\mathrm{d}z=-\frac{1}{2\pi\mathrm{i}}\oint_{C}\frac{f(\zeta)}{\zeta^2}\mathrm{d}\zeta.$$

值得注意的是,无穷远点虽然可能不是函数的奇点,但其留数并不为零,比如函数 $f(z)=\dfrac{1}{z}$,$z=\infty$不是它的奇点,但其留数为 $\operatorname{Res}[f(\infty)]=-1$.一般地,如果 $f(z)$在$|z|>R$ 解析,其洛朗级数展开为

$$f(z)=\sum_{k=-\infty}^{\infty}a_kz^k\quad(|z|>R),$$

则其在 $z=\infty$的留数为 $\operatorname{Res}[f(\infty)]=-a_{-1}$.

例 4.4 求函数在无穷远点的留数:

$$f(z)=\frac{\mathrm{e}^z}{z^3}.$$

解 将指数函数 e^z 按照泰勒级数展开,有

$$f(z)=\frac{1}{z^3}+\frac{1}{1!}\frac{1}{z^2}+\frac{1}{2!}\frac{1}{z}+\frac{1}{3!}z+\cdots$$

所以

$$\operatorname{Res}[f(\infty)]=-\frac{1}{2}.$$

讨论 留数定理与柯西定理、柯西公式、柯西公式的高阶导数以及与泰勒级数展开之间的关系?

习　题

[1] 计算函数在有限远奇点的留数：

(a) $f(z)=\dfrac{1}{z}\left[1+\dfrac{1}{z+1}+\dfrac{1}{(z+1)^2}+\cdots+\dfrac{1}{(z+1)^n}\right]$；　(b) $\dfrac{\sqrt{z}}{\sinh\sqrt{z}}$；

(c) $f(z)=\dfrac{e^z-1}{\sin^3 z}$；　(d) $f(z)=z^3\cos\dfrac{1}{z-2}$.

提示：(a)$z=-1$为n阶极点；(b)奇点为$z=-n^2\pi^2\quad(n\in\mathbb{Z})$；(c)奇点为$z=n\pi$ $(n\in\mathbb{Z})$，其中$n=0$是二阶极点，其他是三阶极点；(d)$z=2$是函数的本性奇点，在该处作洛朗级数展开并取负一次幂的系数.

答案：

(a) $\text{Res}[f(0)]=n+1$，$\text{Res}[f(-1)]=-n$；

(b) $\text{Res}[f(-n^2\pi^2)]=2(-1)^{n+1}n^2\pi^2\quad(n\in\mathbb{Z})$；

(c) $\text{Res}[f(n\pi)]=\dfrac{1}{2}(-1)^{3n}e^{n\pi}\quad(n\in\mathbb{Z})$；

(d) $\text{Res}[f(2)]=-\dfrac{143}{24}$.

[2] 计算回路积分：

(a) $\oint_{|z|=2}\dfrac{z}{z^4-1}dz$；　(b) $\oint_{|z|=2}\dfrac{e^z}{z(z-1)^2}dz$；

(c) $\oint_{|z|=1}\cot z\,dz$；　(d) $\oint_{|z-1|=1/2}\dfrac{\sin z}{\ln z}dz$.

[3] 找出函数$f(z)=\cot z^2$的所有奇点，并求出其留数.

[4] 计算函数在$z=\infty$的留数：

(a) $f(z)=e^{\frac{1}{1-z}}$；　(b) $f(z)=\dfrac{e^z}{(z-1)^n}\quad(n\in\mathbb{N})$；

(c) $f(z)=\sqrt{(z-1)(2-z)}$；　(d) $e^{1/z}\sin z$.

提示：(a)计算$z=1$的留数，$\text{Res}f(1)=-1$；(b)计算$z=1$的留数；(c)$z=1,2$是多值函数的两个支点，在一个分支面上以$z=0$将函数作泰勒级数展开；(d)$z=\infty$是$\sin z$的本性奇点.

答案：

(a) 1；　(b) $-\dfrac{e}{(n-1)!}$；　(c) $\pm\dfrac{i}{8}$；　(d) $\displaystyle\sum_{n=1}^{\infty}\dfrac{(-1)^n}{(2n-1)!(2n)!}$.

[5] 计算回路积分：

$$\oint_{|z|=2}\frac{1}{(z^8+1)^2}dz.$$

提示：计算$z=\infty$的留数为$\text{Res}f(\infty)=0$.

答案：0.

4.2 实函数积分

1. 基本积分类型

利用留数定理可以很方便地计算许多实变函数的积分,最常见的是以下三种基本积分类型.

1) 类型Ⅰ

$$\int_0^{2\pi} R(\cos\theta,\sin\theta)\,\mathrm{d}\theta,$$

其中,被积函数 $R(\cos\theta,\sin\theta)$ 是三角函数的有理式. 作自变量替换 $z=\mathrm{e}^{\mathrm{i}\theta}$,实变数 θ 从 0 增至 2π,则参数积分变为复变数 z 沿圆周 $|z|=1$ 的回路积分,有

$$I=\int_0^{2\pi} R(\cos\theta,\sin\theta)\,\mathrm{d}\theta=\oint_{|z|=1} R\left(\frac{z+z^{-1}}{2},\frac{z-z^{-1}}{2\mathrm{i}}\right)\frac{\mathrm{d}z}{\mathrm{i}z}. \tag{4.2.1}$$

例 4.5 计算积分:

$$\int_0^{2\pi}\frac{1}{1+\varepsilon\cos\theta}\mathrm{d}\theta \quad (0<\varepsilon<1).$$

解 令 $z=\mathrm{e}^{\mathrm{i}\theta}$,有

$$\int_0^{2\pi}\frac{1}{1+\varepsilon\cos\theta}\mathrm{d}\theta=\oint_{|z|=1}\frac{1}{1+\varepsilon(z+z^{-1})/2}\frac{\mathrm{d}z}{\mathrm{i}z}=\oint_{|z|=1}\frac{-2\mathrm{i}}{\varepsilon z^2+2z+\varepsilon}\mathrm{d}z,$$

被积函数的极点为

$$z_1=\frac{-1+\sqrt{1-\varepsilon^2}}{\varepsilon},\quad z_2=\frac{-1-\sqrt{1-\varepsilon^2}}{\varepsilon}.$$

这是两个单极点,容易判断其中 z_1 位于积分回路 $|z|=1$ 内部,z_2 位于回路以外,所以留数为

$$\mathrm{Res}[f(z_1)]=\frac{-2\mathrm{i}}{2\varepsilon z_1+2}=\frac{-\mathrm{i}}{\sqrt{1-\varepsilon^2}}.$$

根据留数定理可得

$$\int_0^{2\pi}\frac{1}{1+\varepsilon\cos\theta}\mathrm{d}\theta=2\pi\mathrm{i}\,\mathrm{Res}[f(z_1)]=\frac{2\pi}{\sqrt{1-\varepsilon^2}}.$$

思考 类型Ⅰ通常是指对一个完整圆周积分,如果只对一段圆弧进行积分(不定积分),应当如何着手呢? 比如计算积分:

$$\int_0^{\varphi}\frac{1}{1+\varepsilon\cos\theta}\mathrm{d}\theta \quad (\varphi<2\pi).$$

2) 类型Ⅱ

$$\int_{-\infty}^{\infty} f(x)\,\mathrm{d}x,$$

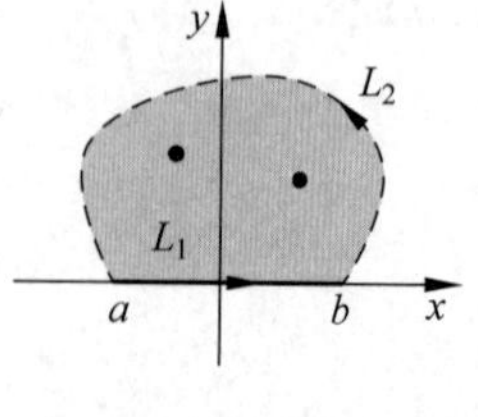

图 4.2

其中,假定被积函数 $f(x)$ 在实轴上无奇点. 计算此类积分的基本思想是:将实变函数的定积分与复变函数的回路积分联系起来,原来沿实轴 $(-\infty,\infty)$ 积分视作路径 L_1. 将实变函数作解析延拓至复平面 $f(x)\to f(z)$,然后增加路径 L_2 以构成如图 4.2 所示的闭合回

路，$L=L_1+L_2$.

$$\int_a^b f(x)\mathrm{d}x \to \int_{L_1} f(z)\mathrm{d}z + \int_{L_2} f(z)\mathrm{d}z \to \oint_{L_1+L_2} f(z)\mathrm{d}z.$$

如果能够将路径 L_2 的积分计算出来，再利用留数定理计算出闭合环路 L 的积分，就可以得到左边实变函数的积分.

具体来说，对于无穷积分 $\int_{-\infty}^{\infty} f(x)\mathrm{d}x$，将被积函数 $f(x)$ 解析延拓为复变函数 $f(z)$后，如果 $f(z)$在复平面上的孤立奇点数目有限，可以作一个半圆周路径 C_R $(R\to\infty)$以构成如图 4.3 所示的积分回路 Γ，有

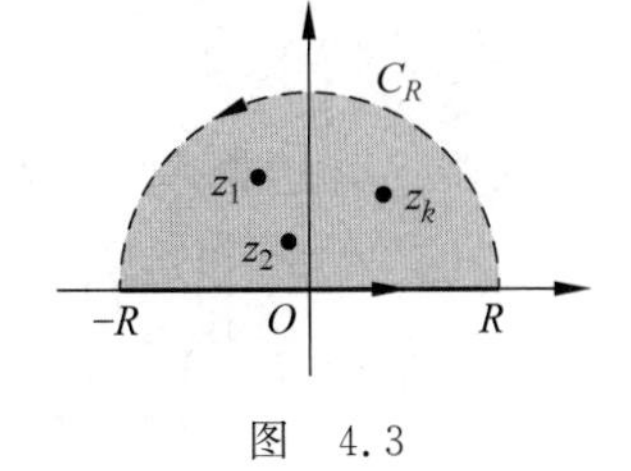

图　4.3

$$\oint_{\Gamma} f(z)\mathrm{d}z = \int_{-R}^{R} f(x)\mathrm{d}x + \int_{C_R} f(z)\mathrm{d}z.$$

我们希望积分

$$\int_{C_R} f(z)\mathrm{d}z \to 0,$$

由此可得到

$$\int_{-\infty}^{\infty} f(x)\mathrm{d}x = 2\pi\mathrm{i} \sum_{\text{上半平面}z_k} \mathrm{Res}[f(z_k)]. \tag{4.2.2}$$

可以证明，当 $R\to\infty$时，只要$|zf(z)|$一致趋于零，这一条件便能够得到满足.

证明　根据复变函数积分的性质，对于图 4.3 的路径 C_R，有

$$\left|\int_{C_R} f(z)\mathrm{d}z\right| = \left|\int_{C_R} zf(z)\frac{\mathrm{d}z}{z}\right| \leqslant \int_{C_R} |zf(z)| \frac{|\mathrm{d}z|}{|z|} \leqslant \max|zf(z)|\frac{\pi R}{R}$$
$$= \pi\max|zf(z)| \xrightarrow{|z|\to\infty} 0.$$

例 4.6　计算积分：

$$\int_{-\infty}^{\infty} \frac{\mathrm{d}x}{(1+x^2)^2}.$$

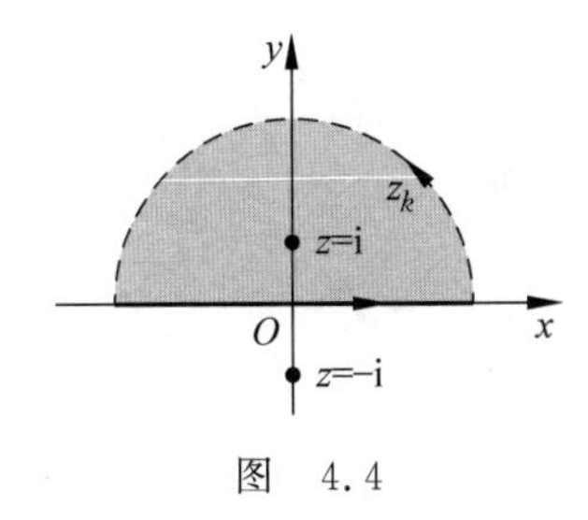

图　4.4

解　将被积函数解析延拓至复平面 $f(z)=\dfrac{1}{(1+z^2)^2}$，由于

$$zf(z) = \frac{z}{(1+z^2)^2} \xrightarrow{|z|\to\infty} 0 \to \int_{C_R} \frac{1}{(1+z^2)^2}\mathrm{d}z = 0,$$

$f(z)$在 $z=\pm\mathrm{i}$ 有两个二阶极点，其中 $z=\mathrm{i}$ 位于上半平面内，如图 4.4 所示，所以

$$\int_{-\infty}^{\infty} \frac{\mathrm{d}x}{(1+x^2)^2} = 2\pi\mathrm{i}\mathrm{Res}\left[\frac{1}{(1+z^2)^2}\right]\Bigg|_{z=\mathrm{i}} = 2\pi\mathrm{i}\frac{\mathrm{d}}{\mathrm{d}z}\frac{1}{(z+\mathrm{i})^2}\Bigg|_{z=\mathrm{i}} = \frac{\pi}{2}.$$

3）类型Ⅲ

$$\int_{-\infty}^{\infty} f(x)\cos(mx)\mathrm{d}x,\quad \int_{-\infty}^{\infty} f(x)\sin(mx)\mathrm{d}x,$$

这是含有普通代数函数和三角函数的积分，假设被积函数 $f(z)$在实轴上没有奇点. 不妨先令 $m>0$，作解析延拓

$$f(x)\mathrm{e}^{\mathrm{i}mx}\rightarrow f(z)\mathrm{e}^{\mathrm{i}mz},$$

并构建如图4.3所示的闭合回路,我们仍然希望沿 C_R 的积分为零,这就要求被积函数满足一定的条件,这就是若尔当引理(Jordan's Lemma):

若尔当引理 如果 $m>0$,C_R 是以原点为圆心而位于上半平面的半圆周,当 z 在上半平面或实轴上趋于无穷时 $f(z)$ 一致趋于零,则

$$\lim_{R\to\infty}\int_{C_R} f(z)\mathrm{e}^{\mathrm{i}mz}\mathrm{d}z=0.$$

证明 取上半平面半圆 C_R,写出圆的参数方程 $z=R\mathrm{e}^{\mathrm{i}\varphi}$,有

$$\left|\int_{C_R} f(z)\mathrm{e}^{\mathrm{i}mz}\mathrm{d}z\right|=\left|\int_0^{\pi} f(R\mathrm{e}^{\mathrm{i}\varphi})\mathrm{e}^{-mR\sin\varphi}\mathrm{e}^{\mathrm{i}mR\cos\varphi}R\mathrm{e}^{\mathrm{i}\varphi}\mathrm{i}\mathrm{d}\varphi\right|$$

$$\leqslant \max|f(z)|\int_0^{\pi}\mathrm{e}^{-mR\sin\varphi}R\,\mathrm{d}\varphi.$$

由于当 $R\to\infty$ 时,$\max|f(z)|\to 0$,所以只需证明积分 $\int_0^{\pi}\mathrm{e}^{-mR\sin\varphi}R\,\mathrm{d}\varphi$ 是有限的即可.注意到在 $0\leqslant\varphi\leqslant\pi/2$ 区间内,$0\leqslant 2\varphi/\pi\leqslant\sin\varphi$,如图4.5所示,有

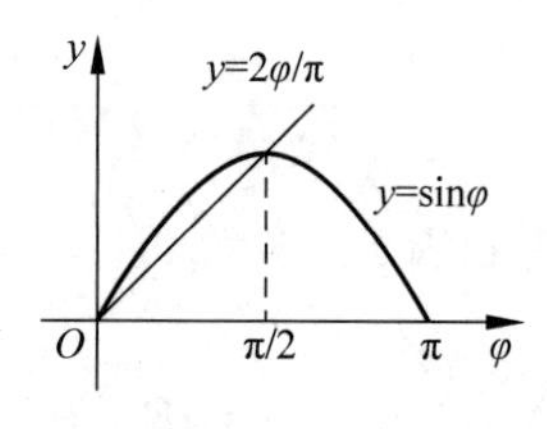

图 4.5

$$\int_0^{\pi}\mathrm{e}^{-mR\sin\varphi}R\,\mathrm{d}\varphi=2\int_0^{\frac{\pi}{2}}\mathrm{e}^{-mR\sin\varphi}R\,\mathrm{d}\varphi$$

$$<2\int_0^{\frac{\pi}{2}}\mathrm{e}^{-\frac{2mR\varphi}{\pi}}R\,\mathrm{d}\varphi=\frac{\pi}{m}(1-\mathrm{e}^{-mR})\xrightarrow{R\to\infty}\frac{\pi}{m}.$$

证毕.

根据若尔当引理,类型Ⅲ积分可用留数表示为

$$\int_{-\infty}^{\infty} f(x)\mathrm{e}^{\mathrm{i}mx}\mathrm{d}x=2\pi\mathrm{i}\sum_{\text{上半平面}z_k}\mathrm{Res}\left[f(z_k)\mathrm{e}^{\mathrm{i}mz_k}\right].\tag{4.2.3}$$

当被积函数含有三角函数时,利用

$$\int_{-\infty}^{\infty} f(x)\mathrm{e}^{-\mathrm{i}mx}\mathrm{d}x\xrightarrow{x\to -x}\int_{-\infty}^{\infty} f(-x)\mathrm{e}^{\mathrm{i}mx}\mathrm{d}x\quad(m>0),$$

当 $f(x)$ 为偶函数时,

$$\int_0^{\infty} f(x)\cos mx\,\mathrm{d}x=\pi\mathrm{i}\sum_{\text{上半平面}z_k}\mathrm{Res}\left[f(z_k)\mathrm{e}^{\mathrm{i}mz_k}\right];$$

当 $f(x)$ 为奇函数时,

$$\int_0^{\infty} f(x)\sin mx\,\mathrm{d}x=\pi\sum_{\text{上半平面}z_k}\mathrm{Res}\left[f(z_k)\mathrm{e}^{\mathrm{i}mz_k}\right].$$

例4.7 计算积分:

$$\int_0^{\infty}\frac{x\sin mx}{1+x^2}\mathrm{d}x\quad(m>0).$$

解 利用被积函数为偶函数,先将三角函数化为指数函数形式,再解析延拓成复变函数,有

$$\int_0^{\infty}\frac{x\sin mx}{1+x^2}\mathrm{d}x=\frac{1}{2}\int_{-\infty}^{\infty}\frac{x\sin mx}{1+x^2}\mathrm{d}x=\frac{1}{2\mathrm{i}}\int_{-\infty}^{\infty}\frac{x\mathrm{e}^{\mathrm{i}mx}}{1+x^2}\mathrm{d}x$$

$$=2\pi\mathrm{i}\times\frac{1}{2\mathrm{i}}\underset{z=i}{\mathrm{Res}}\left[f(z)\mathrm{e}^{\mathrm{i}mz}\right]=\frac{\pi}{2}\mathrm{e}^{-m}.$$

2. 实轴上有单极点

考虑满足类型Ⅱ或类型Ⅲ的积分，假设 $f(x)$ 在实轴上 $z=z_0$ 处有一阶极点或单极点，定义主值积分为

$$\mathcal{P}\int_{-\infty}^{\infty} f(x)\mathrm{d}x = \lim_{\varepsilon\to 0}\left[\int_{-\infty}^{z_0-\varepsilon} f(x)\mathrm{d}x + \int_{z_0+\varepsilon}^{\infty} f(x)\mathrm{d}x\right].$$

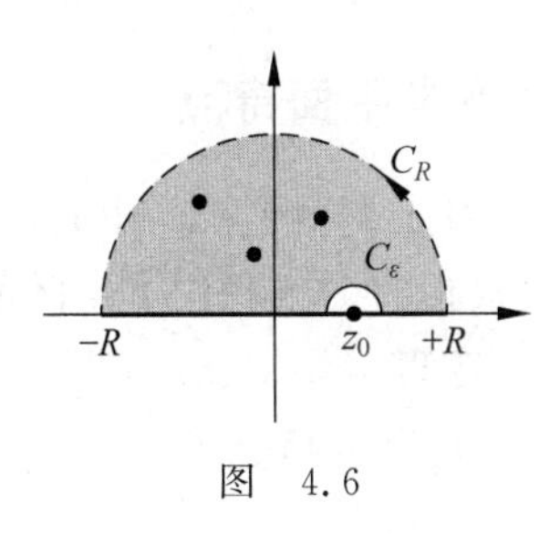

图　4.6

构造如图4.6所示的闭合回路 Γ，其积分为

$$\begin{aligned}\oint_{\Gamma} f(z)\mathrm{d}z &= \int_{-R}^{z_0-\varepsilon} f(x)\mathrm{d}x + \int_{z_0+\varepsilon}^{R} f(x)\mathrm{d}x + \\ &\quad \int_{C_R} f(z)\mathrm{d}z + \int_{C_\varepsilon} f(z)\mathrm{d}z \\ &= 2\pi\mathrm{i}\sum_{\text{上半平面}z_k}\mathrm{Res}[f(z_k)].\end{aligned}$$

由于 $z=z_0$ 是单极点，有 $f(x)=\dfrac{a_{-1}}{z-z_0}+g(z)$，其中 $g(z)$ 在 $z=z_0$ 解析. 令 $R\to\infty$，$\varepsilon\to 0$，有

$$\int_{C_R} f(z)\mathrm{d}z \to 0,\quad \int_{C_\varepsilon} f(z)\mathrm{d}z = -\pi\mathrm{i}a_{-1} = -\pi\mathrm{i}\mathrm{Res}[f(z_0)],$$

所以

$$\mathcal{P}\int_{-\infty}^{\infty} f(x)\mathrm{d}x = 2\pi\mathrm{i}\sum_{\text{上半平面}z_k}\mathrm{Res}[f(z_k)] + \pi\mathrm{i}\sum_{\text{实轴上}z_0}\mathrm{Res}[f(z_0)]. \tag{4.2.4}$$

这相当于实轴上的单极点仅贡献一半留数.

例 4.8　计算积分：

$$\int_0^{\infty}\frac{\sin x}{x}\mathrm{d}x.$$

解　利用被积函数式偶函数，首先将积分化为

$$\int_0^{\infty}\frac{\sin x}{x}\mathrm{d}x = \frac{1}{2}\int_{-\infty}^{\infty}\frac{\sin x}{x}\mathrm{d}x = \frac{1}{2}\int_{-\infty}^{\infty}\frac{\mathrm{e}^{\mathrm{i}x}-\mathrm{e}^{-\mathrm{i}x}}{2\mathrm{i}x}\mathrm{d}x = \frac{1}{2\mathrm{i}}\int_{-\infty}^{\infty}\frac{\mathrm{e}^{\mathrm{i}x}}{x}\mathrm{d}x,$$

函数 $f(z)=\dfrac{\mathrm{e}^{\mathrm{i}z}}{z}$ 在实轴上有单极点 $z=0$，在复平面上没有其他奇点，所以

$$\int_0^{\infty}\frac{\sin x}{x}\mathrm{d}x = \pi\mathrm{i}\times\frac{1}{2\mathrm{i}}\mathop{\mathrm{Res}}_{z=0}\left[\frac{\mathrm{e}^{\mathrm{i}z}}{z}\right] = \frac{\pi}{2}.$$

例 4.9　计算积分：

$$\int_0^{\infty}\frac{\sin x}{x(x^2-1)}\mathrm{d}x.$$

解　将被积函数作解析延拓后，在实轴上有三个单极点：$z_j=0,\pm 1$，作如图4.7所示积分回路，分别计算出每个单极点的留数，由此解得

$$\begin{aligned}\mathcal{P}\int_0^{\infty}\frac{\sin x}{x(x^2-1)}\mathrm{d}x &= \pi\mathrm{i}\times\frac{1}{2\mathrm{i}}\sum_{\text{实轴上}z_j}\mathrm{Res}\left[\frac{\mathrm{e}^{\mathrm{i}z_j}}{z_j(z_j^2-1)}\right] \\ &= \frac{\pi}{2}(\cos 1 - 1).\end{aligned}$$

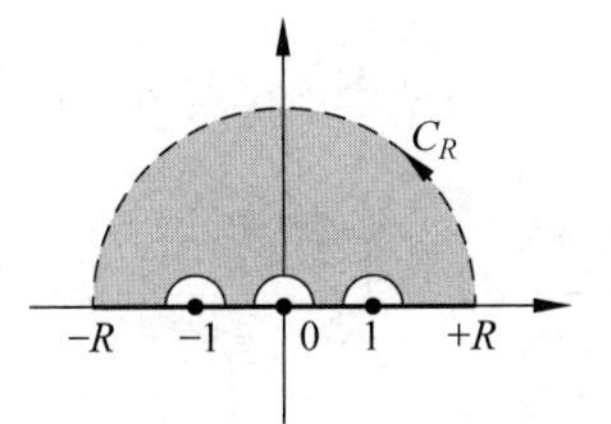

图　4.7

讨论

(1) 实轴上的奇点只能是单极点,不能是二阶或更高阶的极点.

(2) C_ε 是否可以取下半圆弧?

(3) 在积分的任意直线路径上如果遇到单极点,它也贡献一半留数.

3. 下半平面奇点

对于类型Ⅲ积分中 $m<0$,可以先对实变函数作变量替换 $x\to -x$,再按前述方法进行计算.但有时候利用下半圆路径积分更加方便,取 $m'=|m|$,有如下结论:

定理 设 $f(z)$ 在复平面除了有限数目的孤立奇点 z_k 外单值解析,且当 $|z|\to\infty$ 时 $|f(z)|$ 一致趋于零,$|f(z)|\to\infty$,则有

$$\int_{-\infty}^{\infty} f(x)\,\mathrm{e}^{-\mathrm{i}m'x}\,\mathrm{d}x = -2\pi\mathrm{i}\sum_{\text{下半平面}z_k}\mathrm{Res}[f(z_k)\mathrm{e}^{-\mathrm{i}m'z_k}]. \tag{4.2.5}$$

证明 令 C_R 和 C'_R 分别为上、下半平面的半圆周,由于 $|f(z)|$ 在下半平面当 $|z|\to\infty$ 时一致趋于零,表明约旦引理对于半径无穷大的下半圆周 C'_R 成立,即

$$\lim_{R\to\infty}\int_{C_{R'}} f(z)\mathrm{e}^{-\mathrm{i}m'z}\,\mathrm{d}z = 0 \quad (m'>0),$$

而沿上半圆周 C_R 的积分不为零.考虑沿实轴和下半圆周 C'_R 构成的闭合回路,根据留数定理

$$\int_{-\infty}^{\infty} f(x)\,\mathrm{e}^{-\mathrm{i}m'x}\,\mathrm{d}x - \int_{C_{R'}} f(z)\,\mathrm{e}^{-\mathrm{i}m'z}\,\mathrm{d}z = -2\pi\mathrm{i}\sum_{\text{下半平面}z_k}\mathrm{Res}[f(z_k)\mathrm{e}^{-\mathrm{i}m'z_k}],$$

其中负号源自沿下半圆周顺时针方向积分,所以

$$\int_{-\infty}^{\infty} f(x)\,\mathrm{e}^{-\mathrm{i}m'x}\,\mathrm{d}x = -2\pi\mathrm{i}\sum_{\text{下半平面}z_k}\mathrm{Res}[f(z_k)\mathrm{e}^{-\mathrm{i}m'z_k}].$$

证毕.

由此还可求出沿上半圆周 C_R 的积分为

$$\lim_{R\to\infty}\int_{C_R} f(z)\mathrm{e}^{-\mathrm{i}m'z}\,\mathrm{d}z = \lim_{R\to\infty}\int_{C_R+C_{R'}} f(z)\mathrm{e}^{-\mathrm{i}m'z}\,\mathrm{d}z = 2\pi\mathrm{i}\sum_{\text{全平面}z_k}\mathrm{Res}[f(z_k)\mathrm{e}^{-\mathrm{i}m'z_k}],$$

即沿上半圆周 C_R 积分的结果与全平面上孤立奇点的留数有关.

例 4.10 计算积分:

$$\int_0^{\infty}\frac{\sin^3 x}{x^3}\mathrm{d}x.$$

解 直接考虑积分

$$\oint_\Gamma \frac{\sin^3 z}{z^3}\mathrm{d}z,$$

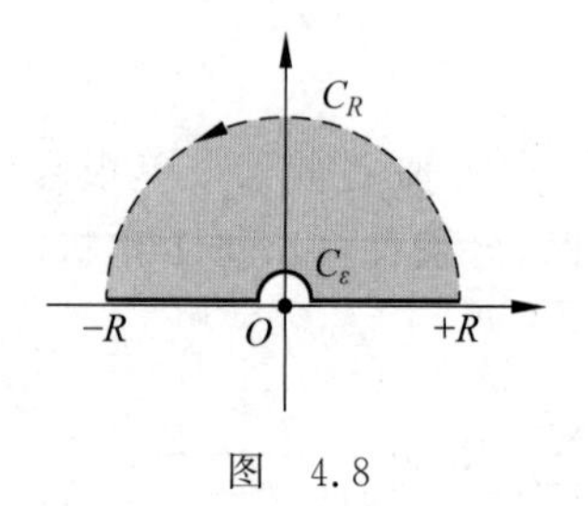

图 4.8

其中,回路 Γ 仍为上半圆并绕过极点 $z=0$,如图 4.8 所示.上半平面内没有奇点,所以

$$\oint_\Gamma \frac{\sin^3 z}{z^3}\mathrm{d}z = \int_{-R}^{R}\frac{\sin^3 x}{x^3}\mathrm{d}x + \int_{C_R}\frac{\sin^3 z}{z^3}\mathrm{d}z + \int_{C_\varepsilon}\frac{\sin^3 z}{z^3}\mathrm{d}z = 0.$$

由于 $z=0$ 是可去奇点,则容易证明当 $\varepsilon\to 0$ 时,$\int_{C_\varepsilon}\frac{\sin^3 z}{z^3}\mathrm{d}z\to 0$.令 $R\to\infty$,有

$$\int_{-\infty}^{\infty} \frac{\sin^3 x}{x^3}\mathrm{d}x = -\lim_{R\to\infty}\int_{C_R} \frac{\sin^3 z}{z^3}\mathrm{d}z = \frac{1}{8\mathrm{i}}\lim_{R\to\infty}\int_{C_R} \frac{\mathrm{e}^{3\mathrm{i}z} - 3\mathrm{e}^{\mathrm{i}z} + 3\mathrm{e}^{-\mathrm{i}z} - \mathrm{e}^{-3\mathrm{i}z}}{z^3}\mathrm{d}z.$$

根据若尔当引理

$$\lim_{R\to\infty}\int_{C_R} \frac{\mathrm{e}^{3\mathrm{i}z}}{z^3}\mathrm{d}z = \lim_{R\to\infty}\int_{C_R} \frac{\mathrm{e}^{\mathrm{i}z}}{z^3}\mathrm{d}z = 0,$$

另有

$$\lim_{R\to\infty}\int_{C_R} \frac{\mathrm{e}^{-\mathrm{i}z}}{z^3}\mathrm{d}z = 2\pi\mathrm{i}\operatorname*{Res}_{z=0}\left[\frac{\mathrm{e}^{-\mathrm{i}z}}{z^3}\right] = -\pi\mathrm{i},$$

$$\lim_{R\to\infty}\int_{C_R} \frac{\mathrm{e}^{-3\mathrm{i}z}}{z^3}\mathrm{d}z = 2\pi\mathrm{i}\operatorname*{Res}_{z=0}\left[\frac{\mathrm{e}^{-3\mathrm{i}z}}{z^3}\right] = -9\pi\mathrm{i}.$$

于是

$$\int_0^{\infty} \frac{\sin^3 x}{x^3}\mathrm{d}x = \frac{1}{2}\int_{-\infty}^{\infty} \frac{\sin^3 x}{x^3}\mathrm{d}x = \frac{1}{2}\times\frac{1}{8\mathrm{i}}\times 6\pi\mathrm{i} = \frac{3\pi}{8}.$$

注记

通常有理函数的积分与圆周率 π 有关，这并不意外，因为直线等价于圆，沿圆周积分应该与 π 有关. 但是有理函数混合三角函数的无穷积分与另一个自然常数 e 有关，如例 4.7 所示，初看起来则有些令人吃惊. 事实上，在实变函数范围内这是完全不可理解的. 但从复变函数的角度看，就能体会出其中三昧，由于三角函数与指数函数有密切联系，所以积分结果同时与 π 和 e 有关.

习　　题

[1] 计算积分：

(a) $\int_0^{2\pi} \frac{\sin^2\theta}{a + b\cos\theta}\mathrm{d}\theta \quad (a > b > 0)$；　(b) $\int_0^{2\pi} \frac{1}{(1+\varepsilon\cos\theta)^2}\mathrm{d}\theta \quad (1 > \varepsilon > 0)$；

(c) $\int_0^{2\pi} \frac{1}{1+\sin^2\theta}\mathrm{d}\theta$；　(d) $\int_0^{\frac{\pi}{2}} \frac{1}{(a+\sin^2\theta)^2}\mathrm{d}\theta \quad (a > 0)$；　(e) $\int_0^{2\pi} \sin^{2n}\theta\mathrm{d}\theta$；

(f) $\int_0^{2\pi} \cos^{2n}\theta\mathrm{d}\theta \quad (n \geqslant 0)$.

答案：

(a) $\frac{2\pi(a - \sqrt{a^2 - b^2})}{b^2}$；　(b) $\frac{2\pi}{(1-\varepsilon^2)^{\frac{3}{2}}}$；　(c) $\frac{\pi}{\sqrt{2}}$；　(d) $\frac{\pi(2a+1)}{4(a^2+a)^{\frac{3}{2}}}$；

(e) $\frac{(2n)!\pi}{2^{2n-1}(n!)^2}$；　(f) $\frac{(2n)!\pi}{2^{2n-1}(n!)^2}$.

[2] 证明积分：

(a) $\int_{-\infty}^{\infty} \frac{x^2}{(1+x^2)^2}\mathrm{d}x = \frac{\pi}{2}$；　(b) $\int_{-\infty}^{\infty} \frac{x}{(x^2+2x+2)(x^2+4)}\mathrm{d}x = -\frac{\pi}{10}$；

(c) $\int_{-\infty}^{\infty} \frac{x-1}{x^5-1}\mathrm{d}x = \frac{4\pi}{5}\sin\frac{2\pi}{5}$.

[3] 计算积分($t\in\mathbb{R}$):

(a) $\displaystyle\int_{-\infty}^{\infty}\frac{1}{x^2+2tx+1}\mathrm{d}x$; (b) $\displaystyle\int_{-\infty}^{\infty}\frac{1}{(x^2+2tx+1)^2}\mathrm{d}x$.

答案:

(a) $\begin{cases}\dfrac{\pi}{\sqrt{1-t^2}} & t^2<1\\ 0 & t^2>1\\ \text{NAN} & t^2=1\end{cases}$; (b) $\begin{cases}\dfrac{\pi}{(1-t^2)^{3/2}} & t^2<1\\ \text{NAN} & t^2\geqslant 1\end{cases}$.

[4] 设 $z=z_0$ 是函数 $f(z)$ 的单极点,如果绕过单极点 z_0 的路径 C_ε 不是半圆,而是以 z_0 为圆心,夹角为 α 的一段圆弧,证明:

$$\lim_{\varepsilon\to 0}\int_{C_\varepsilon} f(z)\mathrm{d}z=\alpha\mathrm{i}\mathrm{Res}[f(z_0)].$$

[5] 证明积分:

(a) $\displaystyle\int_{-\infty}^{\infty}\frac{\sin^2 x}{x^2+1}\mathrm{d}x=\frac{\pi}{2}\left[1-\frac{1}{\mathrm{e}^2}\right]$; (b) $\displaystyle\int_{-\infty}^{\infty}\frac{\cos x}{(1+x^2)^2}\mathrm{d}x=\frac{\pi}{\mathrm{e}}$.

[6] 利用积分公式

$$\int_0^{2\pi}\frac{1}{1+\varepsilon\cos\theta}\mathrm{d}\theta=\frac{2\pi}{\sqrt{1-\varepsilon^2}}\quad(\varepsilon<1).$$

证明:

$$\int_0^{2\pi}\cos^{2n}\theta\mathrm{d}\theta=\frac{(2n)!\pi}{2^{2n-1}(n!)^2}\quad(n\geqslant 0).$$

提示:将两边按 ε 作幂级数展开.

[7] 设 $f(z)=u(x,y)+\mathrm{i}v(x,y)$ 在上半平面解析,且满足类型Ⅱ的条件,x_0 为实轴上一点,试证明在实轴上有如下色散关系(希尔伯特变换):

$$\begin{cases}u(x_0)=\dfrac{1}{\pi}\mathcal{P}\displaystyle\int_{-\infty}^{\infty}\frac{v(x)}{x-x_0}\mathrm{d}x\\ v(x_0)=-\dfrac{1}{\pi}\mathcal{P}\displaystyle\int_{-\infty}^{\infty}\frac{u(x)}{x-x_0}\mathrm{d}x\end{cases}.$$

4.3 特殊积分

1. 多值函数积分

在涉及积分时,函数的多值性通常被视作麻烦之源,在讨论椭圆积分时就遇到过类似情形. 但是对于许多复杂的实变函数积分,多值函数有时反而会带来意想不到的便利.

例 4.11 计算积分:

$$\int_0^{\infty}\frac{x^{\alpha-1}}{1+x}\mathrm{d}x\quad(0<\alpha<1).$$

解 将被积实函数作解析延拓至复平面

$$f(z)=\frac{z^{\alpha-1}}{z+1},$$

这是一个多值函数,支点为 $z=0,\infty$,沿着正实轴切一条割线,取割线上沿 z 的辐角为零,下沿辐角为 2π,可取如图 4.9 所示的“钥匙孔”回路 Γ,回路内只有一个孤立奇点 $z=-1$,所以

$$\oint_\Gamma \frac{z^{\alpha-1}}{1+z}\mathrm{d}z=\int_\varepsilon^R \frac{x^{\alpha-1}}{1+x}\mathrm{d}x+\int_{C_R}\frac{z^{\alpha-1}}{1+z}\mathrm{d}z+\int_R^\varepsilon \frac{x^{\alpha-1}\mathrm{e}^{2\pi\mathrm{i}(\alpha-1)}}{1+x}\mathrm{d}x+\int_{C_\varepsilon}\frac{z^{\alpha-1}}{1+z}\mathrm{d}z=2\pi\mathrm{i}\operatorname*{Res}_{z=-1}[f(z)].$$

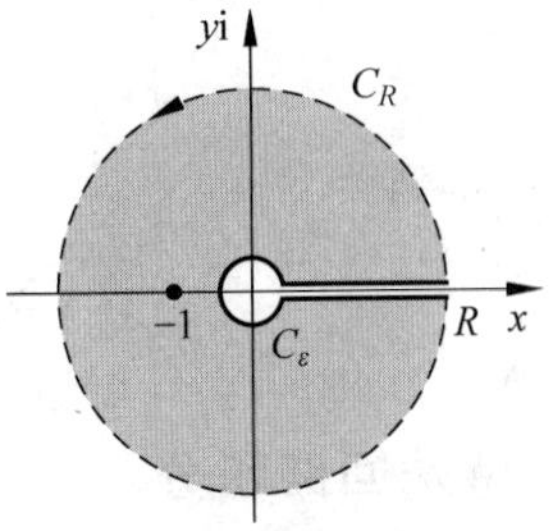

图 4.9

当 $|z|\to\infty$ 时满足 $|zf(z)|\to 0$,所以沿圆周 C_R 的积分为零. 另外采用参数法容易证明,当 $\varepsilon\to 0$ 时有

$$\int_{C_\varepsilon}\frac{z^{\alpha-1}}{1+z}\mathrm{d}z\to 0,$$

于是

$$(1-\mathrm{e}^{2\pi\mathrm{i}\alpha})\int_0^\infty \frac{x^{\alpha-1}}{1+x}\mathrm{d}x=2\pi\mathrm{i}\mathrm{e}^{\pi\mathrm{i}(\alpha-1)},$$

最后得到积分结果为

$$\int_0^\infty \frac{x^{\alpha-1}}{1+x}\mathrm{d}x=-\frac{2\pi\mathrm{i}\mathrm{e}^{\pi\mathrm{i}\alpha}}{1-\mathrm{e}^{2\pi\mathrm{i}\alpha}}=\frac{\pi}{\sin\pi\alpha}.$$

说明 此题作变量替换 $x+1=\dfrac{1}{y}$ 后,也可利用 B 函数进行计算.

例 4.12 计算积分:

$$\int_0^\infty \frac{x^{\alpha-1}}{1-x}\mathrm{d}x \quad (0<\alpha<1).$$

解 复变函数

$$f(z)=\frac{z^{\alpha-1}}{1-z}$$

是多值函数,除实轴上 $z=1$ 之外,在复平面上没有奇点. 可作如图 4.10 所示的闭合回路 Γ,回路内没有奇点,因此

$$\int_0^R \frac{x^{\alpha-1}}{1-x}\mathrm{d}x+\int_{K_1}\frac{z^{\alpha-1}}{1-z}\mathrm{d}z+\int_{C_R}\frac{z^{\alpha-1}}{1-z}\mathrm{d}z+\int_R^0 \frac{(x\mathrm{e}^{2\pi\mathrm{i}})^{\alpha-1}}{1-x}\mathrm{d}x+\int_{K_2}\frac{z^{\alpha-1}}{1-z}\mathrm{d}z+\int_{C_\varepsilon}\frac{z^{\alpha-1}}{1-z}\mathrm{d}z=0.$$

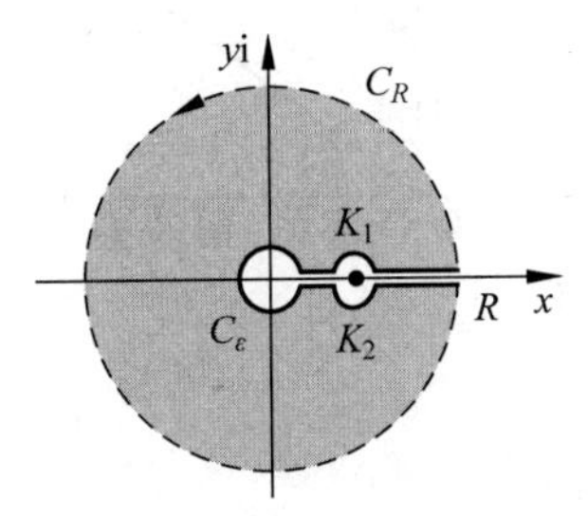

图 4.10

由于

$$|zf(z)|=\left|\frac{z^\alpha}{1-z}\right|\xrightarrow{z\to\infty}0,$$

所以沿圆周 C_R 的积分为零,同样可以证明沿 C_ε 的积分也为零. 现在的关键是要求出沿半圆弧 K_1 和 K_2 的积分,对于无穷小上半圆 K_1,其参数方程为 $z-1=\varepsilon\mathrm{e}^{\mathrm{i}\theta}$,所以

$$\int_{K_1}\frac{z^{\alpha-1}}{1-z}\mathrm{d}z=\int_{\pi}^{0}\frac{(1+\varepsilon\mathrm{e}^{\mathrm{i}\theta})^{\alpha-1}}{-\varepsilon\mathrm{e}^{\mathrm{i}\theta}}\mathrm{i}\varepsilon\mathrm{e}^{\mathrm{i}\theta}\mathrm{d}\theta\xrightarrow{\varepsilon\to 0}\pi\mathrm{i}.$$

需要注意的是,对于无穷小下半圆 K_2,其参数方程应该写成 $z-\mathrm{e}^{2\pi\mathrm{i}}=\varepsilon\mathrm{e}^{\mathrm{i}\theta}$,于是有

$$\int_{K_2}\frac{z^{\alpha-1}}{1-z}\mathrm{d}z=\int_{2\pi}^{\pi}\frac{(\mathrm{e}^{2\pi\mathrm{i}}+\varepsilon\mathrm{e}^{\mathrm{i}\theta})^{\alpha-1}}{-\varepsilon\mathrm{e}^{\mathrm{i}\theta}}\mathrm{i}\varepsilon\mathrm{e}^{\mathrm{i}\theta}\mathrm{d}\theta\xrightarrow{\varepsilon\to 0}\pi\mathrm{i}\mathrm{e}^{2\pi\alpha\mathrm{i}},$$

最终得到

$$\mathcal{P}\int_0^{\infty}\frac{x^{\alpha-1}}{1-x}\mathrm{d}x=\frac{-\pi\mathrm{i}(1+\mathrm{e}^{2\pi\alpha\mathrm{i}})}{1-\mathrm{e}^{2\pi\alpha\mathrm{i}}}=\pi\cot\pi\alpha.$$

2. 特殊回路积分

例 4.13　计算积分:

$$\int_{-\infty}^{\infty}\frac{\mathrm{e}^{\alpha x}}{1+\mathrm{e}^{x}}\mathrm{d}x\quad(0<\alpha<1).$$

解　被积函数 $f(z)=\dfrac{\mathrm{e}^{\alpha z}}{1+\mathrm{e}^{z}}$ 的奇点为 $z=(2k+1)\pi\mathrm{i}(k\in\mathbb{Z})$,奇点沿虚轴等间距分布,因此不适于取半圆形回路.选用如图 4.11 所示的矩形闭合回路 Γ,回路内只包含一个奇点 $z=\pi\mathrm{i}$,有

$$\oint_{\Gamma}f(z)\mathrm{d}z=\int_{-R}^{R}\frac{\mathrm{e}^{\alpha x}}{1+\mathrm{e}^{x}}\mathrm{d}x+\int_{0}^{2\pi}\frac{\mathrm{e}^{\alpha(R+\mathrm{i}y)}}{1+\mathrm{e}^{R+\mathrm{i}y}}\mathrm{i}\mathrm{d}y+\int_{R}^{-R}\frac{\mathrm{e}^{\alpha(x+2\pi\mathrm{i})}}{1+\mathrm{e}^{x+2\pi\mathrm{i}}}\mathrm{d}x+\int_{2\pi}^{0}\frac{\mathrm{e}^{\alpha(-R+\mathrm{i}y)}}{1+\mathrm{e}^{-R+\mathrm{i}y}}\mathrm{i}\mathrm{d}y.$$

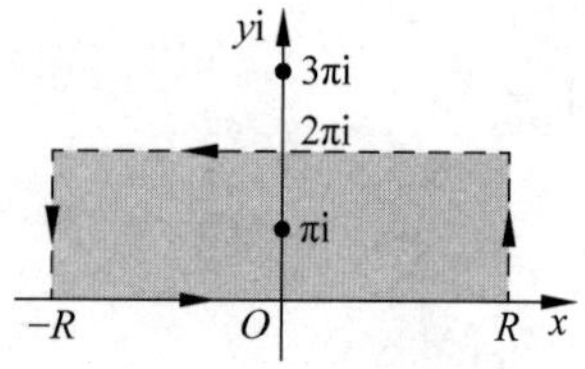

容易证明,当 $R\to\infty$ 时上式中的第二和第四项积分为零,于是

$$\int_{-\infty}^{\infty}\frac{\mathrm{e}^{\alpha x}}{1+\mathrm{e}^{x}}\mathrm{d}x+\mathrm{e}^{2\pi\alpha\mathrm{i}}\int_{\infty}^{-\infty}\frac{\mathrm{e}^{\alpha x}}{1+\mathrm{e}^{x}}\mathrm{d}x=2\pi\mathrm{i}\operatorname*{Res}_{z=\pi\mathrm{i}}\left[\frac{\mathrm{e}^{\alpha z}}{1+\mathrm{e}^{z}}\right],$$

$$\int_{-\infty}^{\infty}\frac{\mathrm{e}^{\alpha x}}{1+\mathrm{e}^{x}}\mathrm{d}x=2\pi\mathrm{i}\frac{\mathrm{e}^{\pi(\alpha-1)\mathrm{i}}}{1-\mathrm{e}^{2\pi\alpha\mathrm{i}}}=\frac{\pi}{\sin\alpha\pi}.$$

图　4.11

说明　将例题 4.11 作变量替换 $x=\mathrm{e}^{y}$ 后即化为本题,但不再涉及多值函数积分.

练习　试将例题 4.12 作变量替换 $x=\mathrm{e}^{y}$,再计算积分.

例 4.14　计算菲涅耳积分:

(a) $I_1=\int_0^{\infty}\sin x^2\mathrm{d}x$;　(b) $I_2=\int_0^{\infty}\cos x^2\mathrm{d}x$.

解　考虑积分

$$I_2+\mathrm{i}I_1=\int_0^{\infty}\mathrm{e}^{\mathrm{i}x^2}\mathrm{d}x.$$

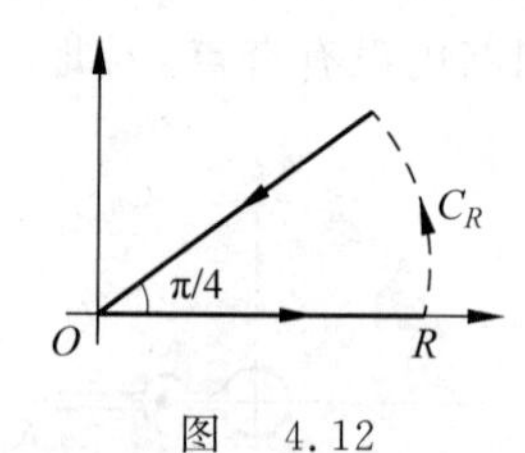

图　4.12

函数 $f(z)=\mathrm{e}^{\mathrm{i}z^2}$ 在全平面没有奇点,取如图 4.12 所示积分回路 Γ,有

$$\oint_{\Gamma}\mathrm{e}^{\mathrm{i}z^2}\mathrm{d}z=\int_0^{R}\mathrm{e}^{\mathrm{i}x^2}\mathrm{d}x+\int_{C_R}\mathrm{e}^{\mathrm{i}z^2}\mathrm{d}z+\int_R^0\mathrm{e}^{\mathrm{i}(\rho\mathrm{e}^{\pi\mathrm{i}/4})^2}\mathrm{d}(\rho\mathrm{e}^{\pi\mathrm{i}/4})=0.$$

下面研究沿圆弧 C_R 的积分,令 $\zeta=z^2$,$\mathrm{d}z=\dfrac{\mathrm{d}\zeta}{2\sqrt{\zeta}}$,所以

$$\int_{C_R} e^{iz^2} dz = \int_{C_{R'}} \frac{e^{i\zeta}}{2\sqrt{\zeta}} d\zeta.$$

应用若尔当引理可知当 $R \to \infty$ 时该积分为零，于是有

$$I_2 + iI_1 = \int_0^{\infty} e^{ix^2} dx = e^{\pi i/4} \int_0^{\infty} e^{-\rho^2} d\rho = \frac{\sqrt{\pi}}{2} e^{\pi i/4} = \sqrt{\frac{\pi}{8}}(1+i),$$

分别比较实部和虚部，得到

$$\int_0^{\infty} \sin x^2 dx = \int_0^{\infty} \cos x^2 dx = \sqrt{\frac{\pi}{8}}.$$

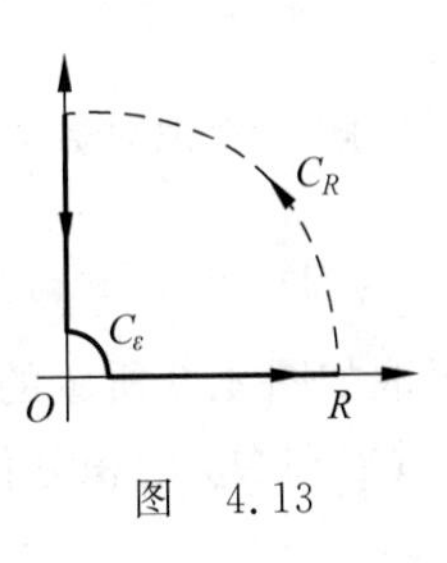

图　4.13

练习　令 $y = x^2$，按如图 4.13 所示的回路重新计算例 4.14.

3. 半无穷积分

对于半无穷积分 $\int_0^{\infty} f(x) dx$，如果被积函数 $f(z)$ 既不是奇函数，也不是偶函数，怎么办？

可以通过引入对数函数，将单值函数的积分变为多值函数的积分，然后取如图 4.9 所示的“钥匙孔”回路积分，有如下结论.

定理 1　设 $P(x)$ 和 $Q(x)$ 分别为 m 阶和 n 阶多项式，其中 $m \leqslant n-2$，设 $Q(x)$ 没有非负的实根，则有

$$\int_0^{\infty} \frac{P(x)}{Q(x)} dx = -\sum_{\text{全平面} z_k} \text{Res}\left[\frac{P(z_k)}{Q(z_k)} \ln z_k\right]. \tag{4.3.1}$$

定理 2　设 $f(z)$ 满足 $|z| \to \infty$ 时，$|zf(z)\ln z| \to 0$，则有

$$\int_0^{\infty} f(x) \ln x dx = -\frac{1}{2} \text{Re} \sum_{\text{全平面} z_k} \text{Res}[f(z_k)(\ln z_k)^2]. \tag{4.3.2}$$

读者可参考以下示例来完成证明.

例 4.15　计算积分：

$$\int_0^{\infty} \frac{1}{1+x+x^2} dx.$$

解　考虑对数多值函数

$$f(z) = \frac{\ln z}{1+z+z^2},$$

在支点 $z=0, \infty$ 之间沿实轴切一条割线，取割线上沿 z 的辐角为零，画出如图 4.9 所示的“钥匙孔”闭合回路 Γ，$f(z)$ 的奇点位置为 $z_1 = e^{2\pi i/3}$，$z_2 = e^{4\pi i/3}$，所以

$$\oint_{\Gamma} f(z) dz = \int_0^{\infty} \frac{\ln x}{1+x+x^2} dx + \int_{\infty}^{0} \frac{\ln x + 2\pi i}{1+x+x^2} dx + \int_{C_\varepsilon} f(z) dz + \int_{C_R} f(z) dz$$
$$= 2\pi i \sum_{z=z_{1,2}} \text{Res}[f(z)].$$

依照前面的办法，可证明沿 C_ε 和 C_R 的积分均为零，所以有

$$\int_0^{\infty} \frac{1}{1+x+x^2} dx = -\sum_{z=z_{1,2}} \text{Res}\left[\frac{\ln z}{1+z+z^2}\right] = \frac{2\pi}{3\sqrt{3}}.$$

例 4.16 计算积分：

$$\int_0^{\infty}\frac{\ln x}{1+x+x^2}\mathrm{d}x.$$

解 考虑对数多值函数

$$f(z)=\frac{(\ln z)^2}{1+z+z^2},$$

仍取如图4.9所示的"钥匙孔"闭合回路 Γ，$f(z)$的奇点位置为 $z_1=\mathrm{e}^{2\pi\mathrm{i}/3}$，$z_2=\mathrm{e}^{4\pi\mathrm{i}/3}$，由于沿 C_ε 和 C_R 的积分仍为零，所以有

$$\begin{aligned}\oint_\Gamma f(z)\mathrm{d}z&=\int_0^{\infty}\frac{(\ln x)^2}{1+x+x^2}\mathrm{d}x+\int_{\infty}^{0}\frac{(\ln x+2\pi\mathrm{i})^2}{1+x+x^2}\mathrm{d}x\\&=-4\pi\mathrm{i}\int_0^{\infty}\frac{\ln x}{1+x+x^2}\mathrm{d}x+4\pi^2\int_0^{\infty}\frac{1}{1+x+x^2}\mathrm{d}x\\&=2\pi\mathrm{i}\sum_{z=z_{1,2}}\mathrm{Res}\left[\frac{(\ln z)^2}{1+z+z^2}\right]=\frac{8\pi^3}{3\sqrt{3}}.\end{aligned}$$

比较实部和虚部可得

$$\int_0^{\infty}\frac{\ln x}{1+x+x^2}\mathrm{d}x=0.$$

作为红利，再一次收获积分结果

$$\int_0^{\infty}\frac{1}{1+x+x^2}\mathrm{d}x=\frac{2\pi}{3\sqrt{3}}.$$

4. "狗骨头"积分

有些积分不属于前述三种基本类型中的任一种，沿大圆周的积分并不等于零，这时需要利用无穷远点的留数来计算积分.

例 4.17 计算积分：

$$\int_{-1}^{1}\frac{1}{\sqrt[3]{(1-x)(1+x)^2}}\mathrm{d}x.$$

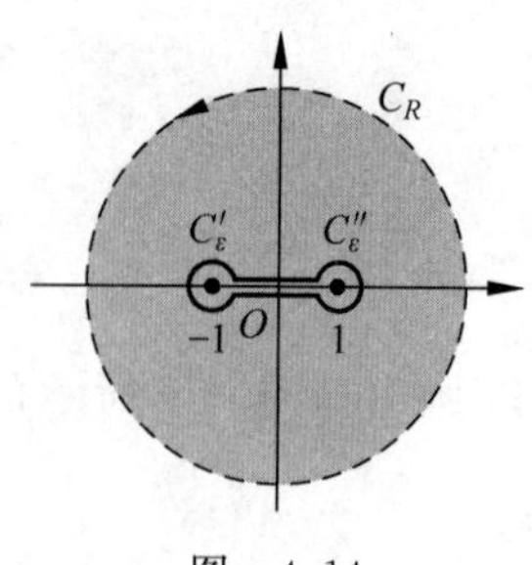

图 4.14

解 被积函数是多值函数

$$f(z)=\frac{1}{\sqrt[3]{(1-z)(1+z)^2}},$$

它有两个支点 $z=\pm1$，在两支点之间切一条割线，取割线上沿函数值为正实数的分支来计算积分，即 $\arg f(z)=0$. 画出如图4.14所示的"狗骨头"积分回路 Γ，当 z 绕到割线下沿时，函数 $f(z)$的辐角增加了 $-4\pi/3$，由于回路包围的区域内没有奇点，有

$$\begin{aligned}\oint_\Gamma f(z)\mathrm{d}z=&\int_{-1}^{1}\frac{1}{\sqrt[3]{(1-x)(1+x)^2}}\mathrm{d}x+\mathrm{e}^{-4\pi\mathrm{i}/3}\int_{+1}^{-1}\frac{1}{\sqrt[3]{(1-x)(1+x)^2}}\mathrm{d}x-\\&\int_{C'_\varepsilon}\frac{1}{\sqrt[3]{(1-z)(1+z)^2}}\mathrm{d}z-\int_{C''_\varepsilon}\frac{1}{\sqrt[3]{(1-z)(1+z)^2}}\mathrm{d}z+\end{aligned}$$

$$\int_{C_R} \frac{1}{\sqrt[3]{(1-z)(1+z)^2}} dz = 0.$$

容易证明绕两个小圆周 C'_ε 和 C''_ε 的积分均为零，所以

$$(1-e^{2\pi i/3}) \int_{-1}^{1} \frac{1}{\sqrt[3]{(1-x)(1+x)^2}} dx = -\int_{C_R} \frac{1}{\sqrt[3]{(1-z)(1+z)^2}} dz,$$

等式右边沿圆周 C_R 的积分等于 $2\pi i$ 乘以 $z=\infty$ 的留数. 注意到沿实轴 $z\to\infty$ 时函数 $f(z)$ 的辐角增加 $e^{\pi i/3}$，有

$$f(z) = \frac{1}{\sqrt[3]{(1-z)(1+z)^2}} = \frac{1}{z e^{-\pi i/3}} \left(1-\frac{1}{z}\right)^{-1/3} \left(1+\frac{1}{z}\right)^{-2/3},$$

将上式右边按 $1/z$ 作洛朗级数展开，可得到 $z=\infty$ 的留数为

$$\text{Res}[f(\infty)] = -e^{\pi i/3},$$

所以

$$\int_{-1}^{1} \frac{1}{\sqrt[3]{(1-x)(1+x)^2}} dx = 2\pi i \times \frac{-e^{\pi i/3}}{1-e^{2\pi i/3}} = \frac{2\pi}{\sqrt{3}}.$$

本例题也可以化为 B 函数积分求解，读者不妨尝试一下.

注记

通过将被积函数乘以对数函数，将半无穷积分 $\int_0^\infty f(x)\,dx$ 化为多值函数积分，我们也可以采用不同的策略，比如计算积分

$$\int_0^\infty \frac{x^\alpha}{x^3+1} dx \quad (\alpha < 2),$$

可以考虑复变函数 $f(z)=\dfrac{z^\alpha}{z^3+1}$，取如图 4.15 所示的 $2\pi/3$ 扇形闭合回路，回路内 $f(z)$ 只有一个单极点 $z_1 = e^{\pi i/3}$，于是

$$\oint_\Gamma f(z)dz = \int_0^\infty \frac{x^\alpha}{x^3+1} dx + \int_\infty^0 \frac{\rho^\alpha}{\rho^3+1} e^{2\pi(\alpha+1)i/3} d\rho + \int_{C_\varepsilon} f(z)dz + \int_{C_R} f(z)dz$$
$$= 2\pi i \sum_{z=z_1} \text{Res}[f(z)].$$

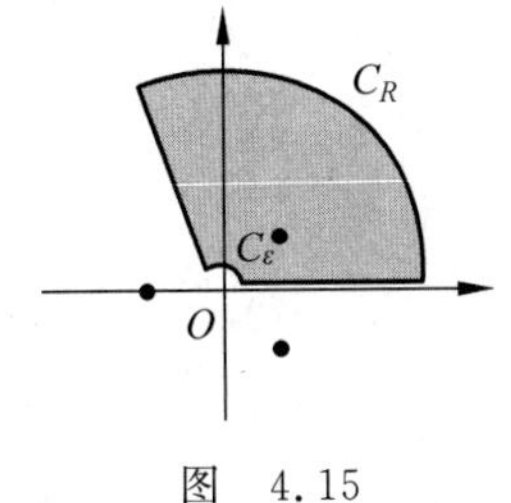

图 4.15

沿 C_ε 和 C_R 的积分仍然为零，所以

$$(1-e^{2\pi(\alpha+1)i/3}) \int_0^\infty \frac{x^\alpha}{x^3+1} dx = 2\pi i \times \frac{e^{\pi(\alpha-2)i/3}}{3}$$

$$\to \int_0^\infty \frac{x^\alpha}{x^3+1} dx = \frac{\pi}{3\sin\dfrac{\pi(\alpha+1)}{3}}.$$

当 $\alpha \to 0$ 时，有

$$\int_0^\infty \frac{1}{x^3+1} dx = \frac{\pi}{3\sin\dfrac{\pi}{3}} = \frac{2\pi}{3\sqrt{3}},$$

当 $\alpha\to 1$ 时,有

$$\int_0^\infty \frac{x}{x^3+1}\mathrm{d}x=\frac{\pi}{3\sin\frac{2\pi}{3}}=\frac{2\pi}{3\sqrt{3}}.$$

至此,我们计算的所有定积分似乎都涉及无穷或半无穷积分.对于有限区间的积分,只需作自变量替换,将有限积分线段变为无穷积分,比如作替换 $y=\frac{x-a}{x-b}$,将积分化为

$$\int_a^b f(x)\,\mathrm{d}x\to\int_0^\infty \tilde{f}(y)\,\mathrm{d}y.$$

习　题

[1] 证明积分:

(a) $\int_0^\infty \frac{1}{x^n+1}\mathrm{d}x=\frac{\pi/n}{\sin(\pi/n)}\quad(n\geqslant 2)$;

(b) $\int_0^\infty \frac{\cosh bx}{\cosh x}\mathrm{d}x=\frac{\pi}{2\cos(b\pi/2)}\quad(|b|<1)$.

提示:(a) 取 $\theta=2\pi/n$ 的扇形回路;(b) 取矩形回路只包含 $\cosh z$ 的一个奇点.

[2] 计算积分($0<\alpha<1$):

(a) $\int_0^\infty x^{\alpha-1}\sin x\,\mathrm{d}x$;　(b) $\int_0^\infty x^{\alpha-1}\cos x\,\mathrm{d}x$.

提示:取第一象限的扇形回路,将两题合并计算.

答案:

(a) $\Gamma(\alpha)\sin\frac{\pi\alpha}{2}$;　(b) $\Gamma(\alpha)\cos\frac{\pi\alpha}{2}$.

[3] 计算积分($0<a<b$):

(a) $\int_0^\infty \frac{x^{a-1}}{x^b+1}\mathrm{d}x$;　(b) $\int_0^\infty \frac{x^{a-1}}{x^b-1}\mathrm{d}x$.

提示:取如图 4.15 所示 $0\leqslant\theta\leqslant 2\pi/b$ 的扇形回路,或者直接令 $y=x^b$.

答案:

(a) $\frac{\pi}{b\sin\frac{\pi a}{b}}$;　(b) $-\frac{\pi}{b}\cot\frac{\pi a}{b}$.

[4] 设 $P(x)$ 和 $Q(x)$ 分别为 m 阶和 n 阶多项式,其中 $m\leqslant n-2$,设 $Q(x)$ 没有非负的实根,取如图 4.9 所示的回路,证明:

$$\int_0^\infty \frac{P(x)}{Q(x)}\mathrm{d}x=-\sum_{\text{全平面}z_k}\mathrm{Res}\left[\frac{P(z_k)}{Q(z_k)}\ln z_k\right].$$

[5] 计算积分:

(a) $\int_0^\infty \frac{\ln x}{(x+a)(x+b)}\mathrm{d}x\quad(b>a>0)$;　(b) $\int_0^\infty \frac{\ln x}{x^a(x+1)}\mathrm{d}x\quad(1>a>0)$;

(c) $\int_0^\infty \frac{x^a\ln x}{x^2+1}\mathrm{d}x\quad(1>a>0)$;　(d) $\int_0^\infty \frac{(\ln x)^2}{x^3+1}\mathrm{d}x$.

答案：

(a) $\dfrac{(\ln a)^2-(\ln b)^2}{2(a-b)}$；　(b) $\dfrac{\pi^2\cos\pi a}{\sin^2\pi a}$；　(c) $\dfrac{\pi^2\sin\dfrac{a\pi}{2}}{4\cos^2\dfrac{a\pi}{2}}$；　(d) $\dfrac{10\pi^3}{81\sqrt{3}}$.

[6] 计算积分：

(a) $\displaystyle\int_0^1\frac{1}{\sqrt{x(1-x)}}\mathrm{d}x$；　(b) $\displaystyle\int_0^1\frac{x^4}{\sqrt{x(1-x)}}\mathrm{d}x$；　(c) $\displaystyle\int_0^1\frac{\sqrt[4]{x(1-x)^3}}{(1+x)^3}\mathrm{d}x$.

答案：(a) π；　(b) $\dfrac{35\pi}{128}$；　(c) $\dfrac{3\sqrt[4]{2}}{64}\pi$.

[7] 证明积分：

$$\int_0^1\frac{1}{x^3+1}\mathrm{d}x=\frac{\pi}{3\sqrt{3}}+\frac{1}{3}\ln 2.$$

提示：取 $x=\dfrac{1}{y+1}$，将积分化为半无穷积分.

[8] 证明积分：

$$\int_0^1\frac{x^\alpha(1-x)^{-\alpha}}{x^3+1}\mathrm{d}x=-\frac{\pi}{3}\frac{\{2^{-\alpha}+2\cos[(\alpha+2)\pi/3]\}}{\sin\pi\alpha}.$$

并证明当 $\alpha\to 0$ 时，有

$$\int_0^1\frac{1}{x^3+1}\mathrm{d}x=\frac{\pi}{3\sqrt{3}}+\frac{1}{3}\ln 2.$$

提示：两个支点为 $z_{1,2}=0,1$，采用“狗骨头积分”.

[9] 计算积分：

$$\int_0^\infty\frac{x\cos mx}{1+x^2}\mathrm{d}x\quad(m>0).$$

提示：取第一象限四分之一扇形回路，路径上单极点贡献一半留数.

答案：$-\dfrac{1}{2}[\mathrm{e}^{-m}\mathrm{Ei}(m)+\mathrm{e}^{m}\mathrm{Ei}(-m)]$，其中 $\mathrm{Ei}(x)$ 是指数积分函数，其定义参见附录Ⅱ.

[10] 证明积分($a\notin\mathbb{Z}$)：

(a) $\displaystyle\int_0^\infty\frac{x}{\mathrm{e}^x-1}\mathrm{d}x=\frac{\pi^2}{6}$；　(b) $\displaystyle\int_0^\infty\frac{\sinh ax}{\mathrm{e}^x-1}\mathrm{d}x=\frac{1}{2a}-\frac{\pi}{2}\cot\pi a$.

提示：分别考虑如图 4.16 所示回路的积分.

(a) $\displaystyle\oint_\Gamma\frac{z^2}{\mathrm{e}^z-1}\mathrm{d}z$；　(b) $\displaystyle\oint_\Gamma\frac{\mathrm{e}^{\pm az}}{\mathrm{e}^z-1}\mathrm{d}z$.

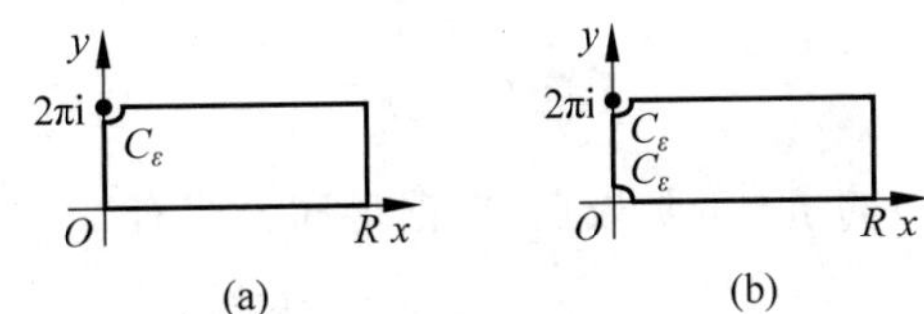

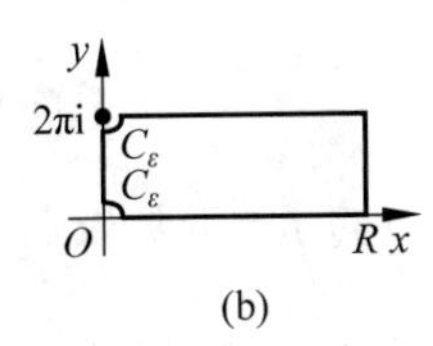

图　4.16

4.4 级数求和

考虑量子统计中的玻色分布函数:

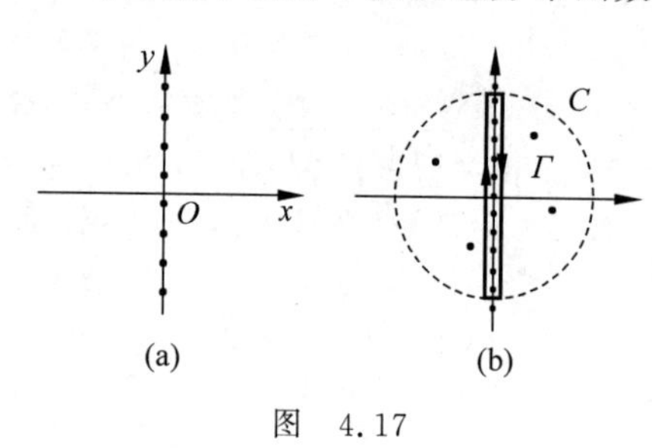

图 4.17

$$f_B(z)=\frac{1}{e^{\beta z}-1},$$

选取 $\beta=2\pi$,该函数在复平面上具有一阶极点 $z_n=n\mathrm{i}$,它们全部位于虚轴上,如图 4.17(a)所示,且所有极点的留数都相同:

$$\mathrm{Res}[f_B(z_n)]=\frac{1}{2\pi\mathrm{i}}$$

假设有复变函数 $F(z)$,对于如图 4.17(b)所示的回路,根据留数定理有

$$\oint_C F(z)f_B(z)\mathrm{d}z=2\pi\mathrm{i}\sum_{f_B(z)\text{极点}}\mathrm{Res}[F(z)f_B(z)]+2\pi\mathrm{i}\sum_{F(z)\text{极点}}\mathrm{Res}[F(z)f_B(z)].$$

如果 $F(z)$满足 $z\to\infty$时$|zF(z)|\to 0$,则容易证明$|zF(z)f_B(z)|\to 0$,所以

$$\oint_C F(z)f_B(z)\mathrm{d}z\xrightarrow{z\to\infty}0.$$

由于

$$2\pi\mathrm{i}\sum_{z_n}\mathrm{Res}[F(z_n)f_B(z_n)]=\mathrm{i}\sum_{z_n}F(z_n),$$

得到级数和为

$$\sum_{z_n=n\mathrm{i}}F(z_n)=-2\pi\sum_{F(z)\text{极点}}\mathrm{Res}[F(z)f_B(z)].$$

采用费米分布函数可得到类似的结果:

$$\sum_{z_n=\left(n+\frac{1}{2}\right)\mathrm{i}}F(z_n)=2\pi\sum_{F(z)\text{极点}}\mathrm{Res}[F(z)f_F(z)],$$

其中,

$$f_F(z)=\frac{1}{e^{2\pi z}+1}.$$

例 4.18 求无穷级数和:

$$\sum_{n=1}^{\infty}\frac{1}{n^p}\quad(p=2,4,6,\cdots).$$

解 考虑函数

$$F(z)=\frac{1}{z^p},$$

则 $z=0$ 为函数 $F(z)f_B(z)$的 $p+1$ 阶极点,根据求和公式有

$$\sum_{n\neq 0}\frac{1}{n^p}=-2\pi\mathrm{i}^p\,\underset{z=0}{\mathrm{Res}}[F(z)f_B(z)]=-\frac{2\pi\mathrm{i}^p}{p!}\frac{\mathrm{d}^p}{\mathrm{d}z^p}\left(\frac{z}{e^{2\pi z}-1}\right)\Big|_{z=0}.$$

经求导计算可得

$$p=2\rightarrow\sum_{n=1}^{\infty}\frac{1}{n^2}=\frac{\pi^2}{6},$$

$$p=4\rightarrow\sum_{n=1}^{\infty}\frac{1}{n^4}=\frac{\pi^4}{90},$$

$$p=6\rightarrow\sum_{n=1}^{\infty}\frac{1}{n^6}=\frac{\pi^6}{945},$$

$$p=8\rightarrow\sum_{n=1}^{\infty}\frac{1}{n^8}=\frac{\pi^8}{9450},$$

$$p=10\rightarrow\sum_{n=1}^{\infty}\frac{1}{n^{10}}=\frac{\pi^{10}}{93555}.$$

讨论

(1) 如果 $F(z)$在虚轴上有奇点,则单独计算出它的留数,如上述例题所示.

(2) 玻色分布函数 $f_{\mathrm{B}}(z)$在虚轴上有无穷多奇点,且等间距均匀分布,因此总有奇点处于圆周回路之外,究竟圆周 C 的半径取多大合适?这就是本问题的特别之处,事实上圆周应该在两个奇点之间穿过.只要半径足够 R 大,则可以证明圆周以外奇点的留数对无穷级数的贡献趋于零,因此本方法是可行的.

(3) 采用费米分布函数也可得到同样的结果,略.

注记

量子统计中的玻色和费米分布函数在数学中似乎有着特别的意义.为简明起见取 $\beta=1$,有

$$f_{\mathrm{B}}(z)=\frac{1}{\mathrm{e}^z-1},\quad f_{\mathrm{F}}(z)=\frac{1}{\mathrm{e}^z+1}.$$

A. 玻色分布函数

考虑函数 $G(x,z)$按变量 z 作泰勒级数展开

$$G(x,z)=\frac{z\mathrm{e}^{xz}}{\mathrm{e}^z-1}=\sum_{n=0}^{\infty}\frac{B_n(x)}{n!}z^n,$$

将 $G(x,z)$称作伯努利多项式 $B_k(x)$的生成函数或母函数.当 $x=0$ 时,有

$$\frac{z}{\mathrm{e}^z-1}=\sum_{n=0}^{\infty}\frac{B_n}{n!}z^n,$$

其中,B_n 称作伯努利数,

$$B_n=\frac{\mathrm{d}^n}{\mathrm{d}z^n}\left(\frac{z}{\mathrm{e}^z-1}\right)\bigg|_{z=0}.$$

通过展开可以求得 $B_0=0,B_1=-1/2,B_{2n+1}=0$,而 B_{2n} 满足递推关系

$$\sum_{k=0}^{[n/2]}\frac{n!}{(n-2k+1)!}\frac{B_{2k}}{(2k)!}=\frac{1}{2}.$$

依次令 $n=2,4,6,\cdots$,即可计算出各个 B_{2n},前几个值见表 4.1.

表 4.1

B_2	B_4	B_6	B_8	B_{10}	B_{12}	B_{14}	B_{16}
$\frac{1}{6}$	$-\frac{1}{30}$	$\frac{1}{42}$	$-\frac{1}{30}$	$\frac{5}{66}$	$-\frac{691}{2730}$	$\frac{7}{6}$	$-\frac{3617}{510}$

根据柯西积分公式,伯努利数可以用回路积分表示为

$$B_n=\frac{n!}{2\pi i}\oint_C \frac{z}{e^z-1}\frac{dz}{z^{n+1}},$$

其中,回路C包围原点且在半径小于2π的圆周内.原则上所有阶伯努利数都可以采用该积分计算,但当n很大时$z=0$是$n+1$阶极点,计算留数将非常麻烦.为此采用如图4.18所示的回路,由于被积函数是单值函数,沿L_1和L_2的积分抵消,而沿大圆C_R的积分为零,于是绕$z=0$的回路C积分等于虚轴上所有单极点$z_k=2k\pi i$的留数之和,即

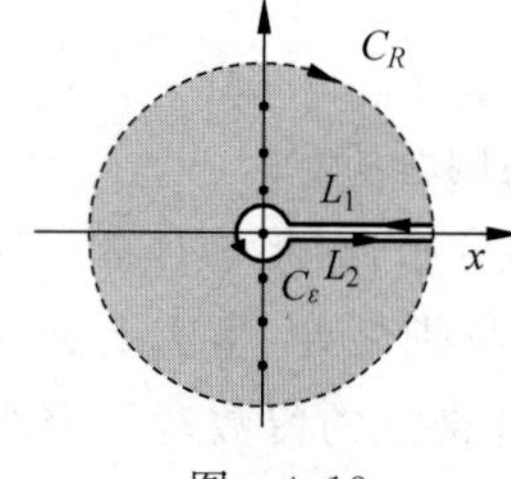

图 4.18

$$B_n=\frac{n!}{2\pi i}\oint_C \frac{z}{e^z-1}\frac{dz}{z^{n+1}}=-\frac{n!}{2\pi i}\times 2\pi i \operatorname*{Res}_{z\neq 0}\left[\frac{z^{-n}}{e^z-1}\right]$$

$$=-\frac{n!}{(2\pi i)^n}\sum_{k=1}^{\infty}\left[\frac{1}{k^n}+\frac{1}{(-k)^n}\right],$$

所以

$$B_{2n+1}=0,$$

$$B_{2n}=(-1)^{n+1}\frac{(2n)!}{(2\pi)^{2n}}\sum_{k=1}^{\infty}\frac{2}{k^{2n}}=(-1)^{n+1}\frac{2(2n)!}{(2\pi)^{2n}}\zeta(2n),$$

其中,$\zeta(z)=\sum_{k=1}^{\infty}\frac{1}{k^z}$称作黎曼$\zeta$函数.

当$x\neq 0$时,有

$$G(x,z)=\frac{z e^{xz}}{e^z-1}=\sum_{k=0}^{\infty}\frac{B_k}{k!}z^k\cdot\sum_{l=0}^{\infty}\frac{x^l}{l!}z^l=\sum_{n=0}^{\infty}\frac{z^n}{n!}\cdot\sum_{k=0}^{n}\binom{n}{k}B_k x^{n-k},$$

所以伯努利多项式可表示为

$$B_n(x)=\sum_{k=0}^{n}\binom{n}{k}B_k x^{n-k}.$$

例如,

$$B_0(x)=1,$$

$$B_1(x)=x-\frac{1}{2},$$

$$B_2(x)=x^2-x+\frac{1}{6},$$

$$B_3(x)=x^3-\frac{3}{2}x^2+\frac{1}{2}x,$$

…

B. 费米分布函数

考虑生成函数

$$G(x,z)=\frac{2\mathrm{e}^{xz}}{\mathrm{e}^{z}+1}=\sum_{n=0}^{\infty}\frac{E_n(x)}{n!}z^n,$$

称 $E_n(x)$ 为欧拉多项式. 令 $x=1/2$，有

$$\frac{2\mathrm{e}^{z/2}}{\mathrm{e}^{z}+1}=\operatorname{sech}\frac{z}{2}=\sum_{n=0}^{\infty}\frac{E_n}{n!}\left(\frac{z}{2}\right)^n\quad(|z|<\pi),$$

其中，E_n 称作欧拉数，由于母函数 $G(x,z)$ 是关于 z 的偶函数，有 $E_{2n+1}=0$，而 E_{2n} 满足递推关系

$$\sum_{n=0}^{k}\frac{(2k)!}{(2n)!(2k-2n)!}E_{2n}=0\quad(k\geqslant 1),$$

以及

$$E_{2n}=(-1)^n 2^{2n}E_{2n}\left(\frac{1}{2}\right).$$

前几个欧拉数见表 4.2.

表　4.2

E_2	E_4	E_6	E_8	E_{10}	E_{12}	E_{14}	E_{16}
−1	5	−61	1385	−50521	2702765	−199360981	19391512145

对于一般 x，可以推得欧拉多项式为

$$E_n(x)=\sum_{k=0}^{[n/2]}\frac{(-1)^kE_{2k}}{2^{2k}}\binom{n}{2k}\left(x-\frac{1}{2}\right)^{n-2k}.$$

例如，

$$E_0(x)=1,$$

$$E_1(x)=x-\frac{1}{2},$$

$$E_2(x)=x(x-1),$$

$$E_3(x)=\left(x-\frac{1}{2}\right)\left(x^2-x-\frac{1}{2}\right),$$

$$\cdots$$

当 p 为偶数时，无穷级数 $\sum_{n=1}^{\infty}\frac{1}{n^p}$ 有简明的表达式，然而当 p 为奇数时，似乎并没有类似的简明表达式. 阿培里(R. Apéry)曾证明 $p=3$ 的级数和是无理数，但是否与 π 有关则不得而知. 对于其他奇数 p，人们甚至不知道级数和是不是无理数. 这真是让人踌躇上火，但数学就是这样，不是吗？

习　　题

[1] 证明：

(a) $\sum_{n=1}^{\infty}\frac{1}{n^2+a^2}=\frac{\pi}{2a}\coth\pi a-\frac{1}{2a^2}$；　(b) $\frac{1}{\mathrm{e}^z-1}=-\frac{1}{2}+\frac{1}{z}+\sum_{n=1}^{\infty}\frac{2z}{z^2+4n^2\pi^2}$.

提示：(a) 取函数 $F(z)=\dfrac{1}{z^2-a^2}$；　(b) 利用(a)的结果并令 $a=z/2\pi$.

[2] 计算：

(a) $\displaystyle\sum_{n=1}^{\infty}\frac{1}{n(n+2)}$；　(b) $\displaystyle\sum_{n=-\infty}^{\infty}\frac{(-1)^n}{(2n+1)^3}$.

答案：(a) 3/4；　(b) $\pi^3/32$.

[3] 证明：

$$\frac{1}{\cosh\frac{\pi}{2}}-\frac{1}{3\cosh\frac{3\pi}{2}}+\frac{1}{5\cosh\frac{5\pi}{2}}-\frac{1}{7\cosh\frac{7\pi}{2}}+\cdots=\frac{\pi}{8}.$$

提示：取 $F(z)=\dfrac{e^{\pi z}}{z\cos\pi z}$，采用费米分布函数形式.

[4] 证明：

$$\sum_{n=1}^{\infty}\frac{1}{n^p}=-\frac{(2\pi i)^p}{2p!}B_p\quad(p\text{ 为正偶数}).$$

第5章

解 析 理 论

5.1 解析延拓

1. 解析延拓定义

考察解析函数及其无穷级数表示，

$$\frac{1}{1+z^2}=1-z^2+z^4-z^6+\cdots$$

等式左边的函数 $f(z)=\dfrac{1}{1+z^2}$ 在除去奇点 $z=\pm\mathrm{i}$ 的全复平面上解析，右边的无穷级数 $g(z)=1-z^2+z^4-z^6+\cdots$ 在 $|z|<1$ 的圆 B 内收敛且解析，超出此收敛域，级数将发散而无意义. 在两者重叠的区域，两个函数完全相等. 函数 $f(z)$ 相比于 $g(z)$ 在更大的区域内解析，将函数 $f(z)$ 称作函数 $g(z)$ 的解析延拓(analytic continuation).

一般地，如果在某个区域 B 内有单值解析函数 $g(z)$，在保持其解析性质的条件下定义另一个解析函数 $f(z)$，其解析区域 $G\supset B$，在共同的区域 B 内，$f(z)=g(z)$，则称 $f(z)$ 为 $g(z)$ 的解析延拓.

反过来，考虑函数 $f(z)=\dfrac{1}{1+z^2}$ 在 $z=3/4$ 邻域的泰勒级数展开，其收敛域为 $|z-3/4|<5/4$，两个收敛域 B 和 B' 如图 5.1(a)所示. 两个级数函数在收敛区域的交集 $B\cap B'$ 内相同，这样就定义了区域 $G=B\cup B'$ 上的一个解析函数. 连续应用上述方法，除了一些孤立奇点，可以将函数从区域 B 一直解析延拓到整个复平面，如图 5.1(b)所示.

例如，函数 $f_1(z)=\int_0^\infty \mathrm{e}^{-zt}\,\mathrm{d}t$ 的解析区域为右半平面 S_1：$\mathrm{Re}z>0$，函数 $f_2(z)=\mathrm{i}\sum\limits_{n=0}^{\infty}[(z+\mathrm{i})/\mathrm{i}]^n$ 的解析区域为圆域 S_2：$|z+\mathrm{i}|<1$，它们在各自解析区域内都等于 $1/z$，可以定义解析延拓函数：

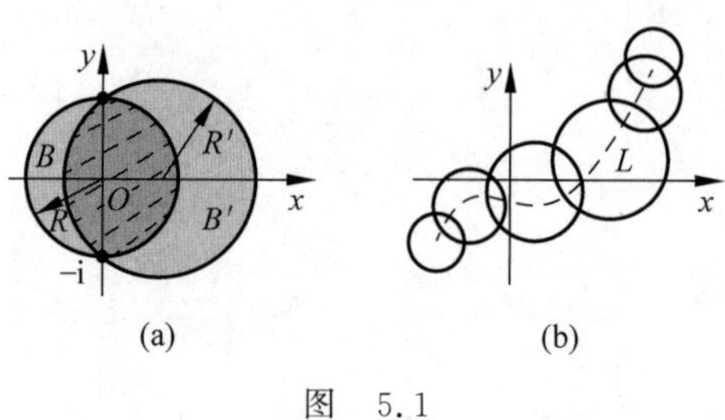

图 5.1

$$f(z)=\begin{cases}f_1(z) & (z\in S_1)\\ f_2(z) & (z\in S_2)\end{cases}.$$

2. 基本定理

关于解析延拓,有如下基本性质:

(1) 连续延拓引理 设有两个不相交的区域 B_1 和 B_2 具有公共的边界线 γ,如图 5.2 所示,函数 $f_1(z)$和 $f_2(z)$分别在 B_1 和 B_2 解析,且分别在区域 $B_1\cup\gamma$ 和 $B_2\cup\gamma$ 上连续,如果对所有的 $z\in\gamma$,有 $f_1(z)=f_2(z)$,则函数

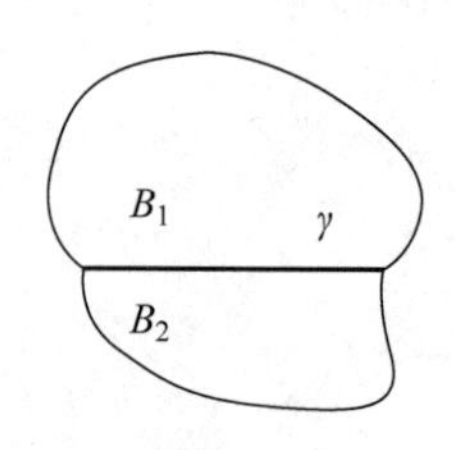

图 5.2

$$f(z)\overset{\text{def}}{=}\begin{cases}f_1(z) & (z\in B_1\cup\gamma)\\ f_2(z) & (z\in B_2\cup\gamma)\end{cases}$$

在区域 $B\equiv B_1\cup\gamma\cup B_2$ 上解析,称 $f_1(z)$和 $f_2(z)$互为解析延拓.

(2) 唯一性定理 解析函数的解析延拓是唯一的.

证明 设函数 $f(z)$在区域 B 内解析,如果在区域 $G\supset B$ 内存在两个解析延拓函数 $g_1(z)$和 $g_2(z)$,而在 B 内有 $g_1(z)=g_2(z)\equiv f(z)$,令

$$h(z)=g_1(z)-g_2(z),$$

则在区域 B 内 $h(z)=0$,由零点孤立性定理的推论可知,在区域 G 内必有 $h(z)\equiv 0$.

(3) 施瓦茨反射原理 设 $f(z)$是区域 B 内的解析函数,其中 B 的边界有一段为实轴,如果 $f(z)$在实轴上也为实函数,则可将其解析延拓到关于实轴的镜像对称区域 $B\mapsto B'$,该解析延拓函数满足

$$g(z)=\overline{f(z)}=\bar{f}(\bar{z}). \tag{5.1.1}$$

证明 设法证明 $g(z)$是解析函数.

(4) 弗罗贝尼乌斯定理 复数域是实数域保持其代数性质的唯一可能扩张.

根据弗罗贝尼乌斯定理,最常见的解析延拓就是直接将实变量换成复变量,将函数从实轴解析延拓至复平面.在第 4 章中利用留数定理计算实函数的积分时,已经利用了这一性质.

注记

对于实数项等比级数,可以求得其和为

$$1+x+x^2+x^3+x^4+\cdots=\frac{1}{1-x}\quad(x\in\mathbb{R}),$$

该级数的收敛范围为 $|x|<1$.但等式右边的函数 $f(x)\equiv\dfrac{1}{1-x}$ 的定义域超出了 $|x|<1$ 的

范围,事实上它在除 $x=1$ 点之外的整个实轴上都有意义,两者在 $-1<x<1$ 区间内相等.从 $f(x)$ 的奇点位置可以看出左边级数的收敛半径为何是 $R=1$(图 5.3(a)).对于级数

$$1-x^2+x^4-x^6+\cdots=\frac{1}{1+x^2}$$

则不是一眼就能看出为何它的收敛范围也是 $|x|<1$,因为等式右边的函数在整个实轴上都没有奇异性(图 5.3(b)).但是从复数域的观点看

$$1-z^2+z^4-z^6+\cdots=\frac{1}{1+z^2}$$

函数 $f(z)=\dfrac{1}{1+z^2}$ 的奇点位置为 $z=\pm\mathrm{i}$,它到 $z=0$ 的距离恰好就是收敛半径 $R=1$.

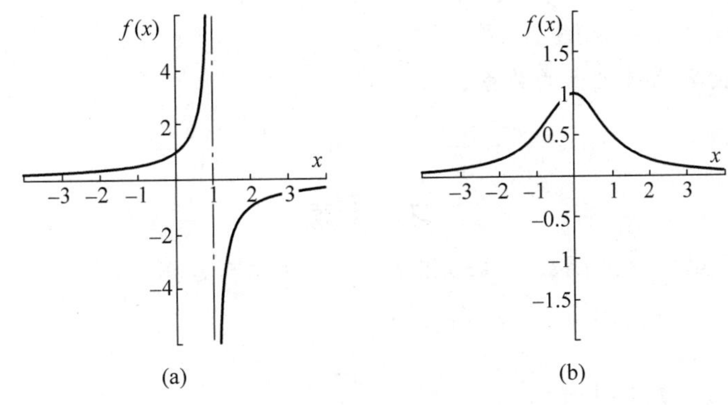

图　5.3

柯西在导数和积分基础上建立解析函数理论,魏尔斯特拉斯则从分析角度开辟了另外一条道路.魏尔斯特拉斯是一个有条理且埋头苦干的人,他不相信直觉,而是致力于把数学建立在坚实的推理基础之上,他从幂级数出发建立起解析函数理论,并发展出解析延拓方法.

在不断增加的收敛圆将函数进行延拓的过程中,可能出现后面的圆与前面的圆重叠区域的函数值不相同,如图 5.4 所示,这就是多值函数遇到的情形,在这个过程中出现的奇点必定位于收敛圆的边界上.

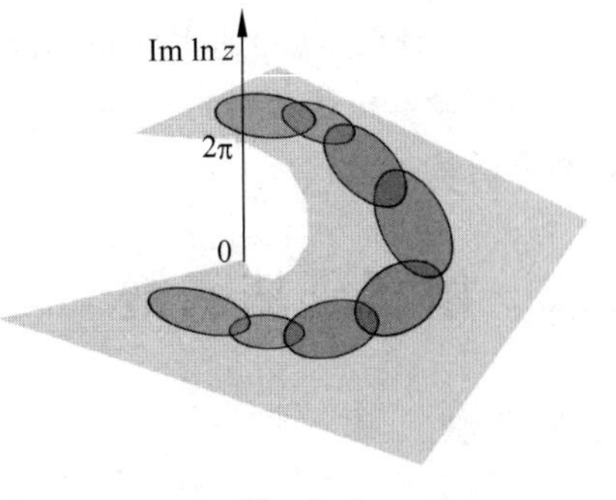

图　5.4

复变函数可以通过实变函数经由解析延拓的方式重新定义,比如根据实函数的泰勒级数展开:

$$\sin x=x-\frac{1}{3!}x^3+\frac{1}{5!}x^5-\cdots$$

$$\cos x=1-\frac{1}{2!}x^2+\frac{1}{4!}x^4-\cdots$$

将实变量 x 改为复变量 z,通过解析延拓定义复三角函数为

$$\sin z\overset{\mathrm{def}}{=\!=}z-\frac{1}{3!}z^3+\frac{1}{5!}z^5-\cdots$$

$$\cos z \stackrel{\text{def}}{=} 1-\frac{1}{2!}z^2+\frac{1}{4!}z^4-\cdots$$

根据指数函数的泰勒展开：

$$e^x=1+\frac{1}{1!}x+\frac{1}{2!}x^2+\frac{1}{3!}x^3+\frac{1}{4!}x^4+\frac{1}{5!}x^5-\cdots$$

定义复指数函数为

$$e^z \stackrel{\text{def}}{=} 1+\frac{1}{1!}z+\frac{1}{2!}z^2+\frac{1}{3!}z^3+\frac{1}{4!}z^4+\frac{1}{5!}z^5-\cdots$$

由此直接得到欧拉公式：

$$\begin{aligned} e^{ix} &= \left[1-\frac{1}{2!}x^2+\frac{1}{4!}x^4-\cdots\right]+i\left[x-\frac{1}{3!}x^3+\frac{1}{5!}x^5-\cdots\right] \\ &= \cos x+i\sin x \end{aligned}$$

以及三角函数与指数函数之间的关系：

$$\cos z=\frac{e^{iz}+e^{-iz}}{2},\quad \sin z=\frac{e^{iz}-e^{-iz}}{2i}.$$

习　　题

[1] 证明由级数定义的函数 $f_1(z)$和 $f_2(z)$互为解析延拓：

$$f_1(z)=1+az+a^2z^2+\cdots$$

$$f_2(z)=\frac{1}{1-z}-\frac{(1-a)z}{(1-z)^2}+\frac{(1-a)^2z^2}{(1-z)^3}+\cdots$$

[2] 两个幂级数

$$f_1(z)=\sum_{n=1}^{\infty}\frac{z^n}{n},\quad f_2(z)=i\pi+\sum_{n=1}^{\infty}(-1)^n\frac{(z-2)^n}{n}$$

没有共同的收敛区域，证明它们仍然互为解析延拓.

[3] 证明施瓦茨反射原理：$g(z)=\bar{f}(\bar{z})$是解析函数.

提示：证明 $g(z)$的实部和虚部满足柯西-黎曼条件.

[4] 设解析函数 $f(z)=u+iv$ 满足施瓦茨反射条件，证明 u 和 v 分别是关于 y 的偶函数和奇函数.

5.2 解析延拓函数

1. Γ 函数

考虑整数的阶乘：$f(n)=n!$，其结果如图 5.5 的圆点所示. 德国数学家哥德巴赫(C. Goldbach)曾提出这样的问题：能否找到一个连续函数，将这些点光滑地连接起来？

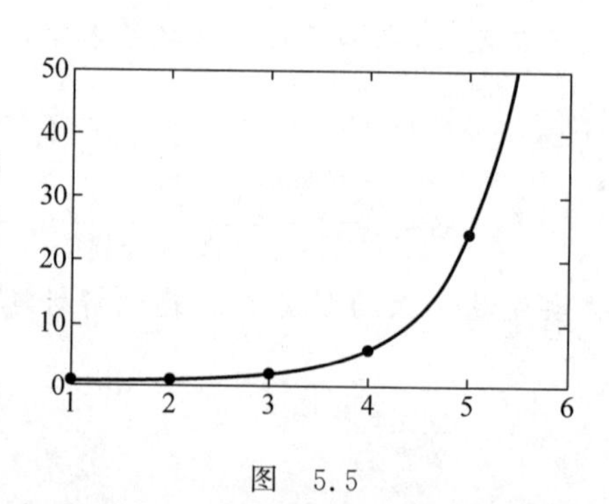

图 5.5

欧拉确实找到了这样的函数，但不是一个普通的函数，它定义为实变量的积分

$$\Gamma(x) \overset{\text{def}}{=} \int_0^{\infty} e^{-t} t^{x-1} dt \quad (x > 0), \tag{5.2.1}$$

称作 Γ 函数(gamma function),也称为第二类欧拉积分.该积分只在 $x>0$ 时收敛,即 Γ 函数仅定义于正实轴上,其基本性质列举如下:

$$\Gamma(1)=1, \quad \Gamma(n+1)=n\Gamma(n)=n!,$$

$$\Gamma\left(\frac{1}{2}\right)=\sqrt{\pi}, \quad \Gamma\left(n+\frac{1}{2}\right)=\frac{(2n-1)!!}{2^n}\sqrt{\pi},$$

$$\Gamma(x+1)=x\Gamma(x),$$

$$\Gamma(x)\Gamma(1-x)=\frac{\pi}{\sin\pi x}, \quad \Gamma(x)\Gamma(-x)=-\frac{\pi}{x\sin\pi x}.$$

这些性质可以从 Γ 函数的定义出发直接予以证明.

如果将函数解析延拓至整个复平面,即

$$\Gamma(z)=\int_0^{\infty} e^{-t} t^{z-1} dt, \tag{5.2.2}$$

仍然有关系式

$$\Gamma(z+1)=z\Gamma(z), \quad \Gamma(z)\Gamma(1-z)=\frac{\pi}{\sin\pi z}. \tag{5.2.3}$$

图 5.6(a)描绘了 Γ 函数在全实数域的行为,可见在 $x<0$ 时,积分仍有意义.图 5.6(b)为复平面上 Γ 函数的模分布.

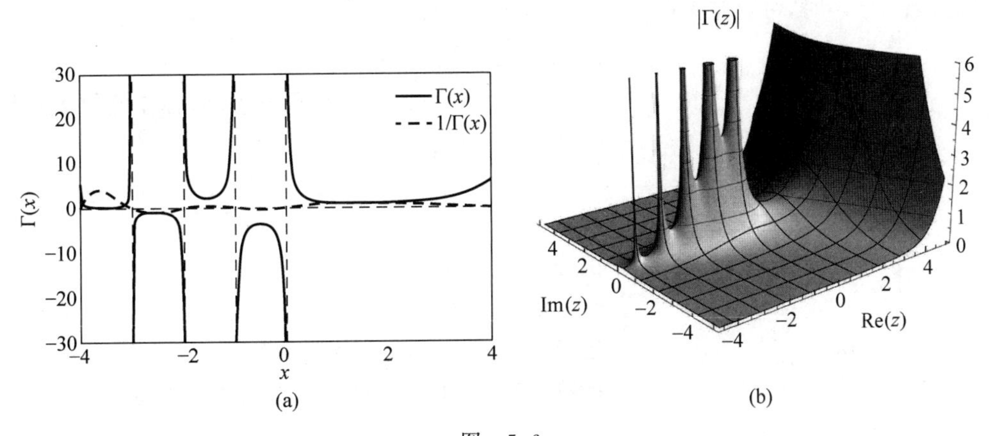

图 5.6

(图片来自 Wikipedia)

由于 $\Gamma(z)=\Gamma(z+1)/z$,可以推断 Γ 函数的所有奇点为 $z=0,-1,-2,-3,\cdots$,即所有负整数值,所有奇点均为一阶极点,有

$$\Gamma(z)\big|_{z\to 0}=\left.\frac{\Gamma(z+1)}{z}\right|_{z\to 0}\sim(-1)^0\frac{1}{0!}\cdot\frac{1}{z},$$

$$\Gamma(z)\big|_{z\to -1}=\left.\frac{\Gamma(z+2)}{z(z+1)}\right|_{z\to -1}\sim(-1)^1\frac{1}{1!}\cdot\frac{1}{z+1},$$

$$\Gamma(z)\big|_{z\to -2}=\left.\frac{\Gamma(z+3)}{z(z+1)(z+2)}\right|_{z\to -2}\sim(-1)^2\frac{1}{2!}\cdot\frac{1}{z+2},$$

$$\Gamma(z)|_{z\to -n}=\frac{\Gamma(z+n+1)}{z(z+1)\cdots(z+n)}\bigg|_{z\to -n}\sim(-1)^n\frac{1}{n!}\cdot\frac{1}{z+n}.$$

可以证明,Γ函数在复平面内没有零点,所以函数 $1/\Gamma(z)$ 在全平面没有奇点,如图5.6(a)中的虚线所示,它可以表示成魏尔斯特拉斯无穷乘积形式:

$$\frac{1}{\Gamma(z)}=z\mathrm{e}^{\gamma z}\prod_{n=1}^{\infty}\left(1+\frac{z}{n}\right)\mathrm{e}^{-z/n},\tag{5.2.4}$$

其中,

$$\gamma=\lim_{n\to\infty}\left(\sum_{k=1}^{n}\frac{1}{k}-\ln n\right)=0.577216\cdots$$

称作欧拉常数.由此还可得

$$\sin\pi z=\frac{\pi}{\Gamma(z)\Gamma(1-z)}=\pi z\prod_{n=1}^{\infty}\left(1-\frac{z^2}{n^2}\right),\tag{5.2.5}$$

$$\cos\pi z=\frac{\sin 2\pi z}{2\sin\pi z}=\prod_{n=1}^{\infty}\left[1-\frac{4z^2}{(2n-1)^2}\right].\tag{5.2.6}$$

这些公式暗示三角函数可以像多项式一样,按零点分解成乘积因子形式.这并不是一个特例,后面将看到,它是整函数具有的一般性质.

当 $|z|\to\infty$ 时,有斯特林渐近公式(Stirling' s approximation)

$$\Gamma(z)\sim\sqrt{2\pi}\,z^{z-\frac{1}{2}}\mathrm{e}^{-z}.\tag{5.2.7}$$

特别地,当 $n\to\infty$ 时,可得整数阶乘的斯特林近似公式:

$$n!=n\Gamma(n)\approx\sqrt{2\pi n}\,n^n\mathrm{e}^{-n}.\tag{5.2.8}$$

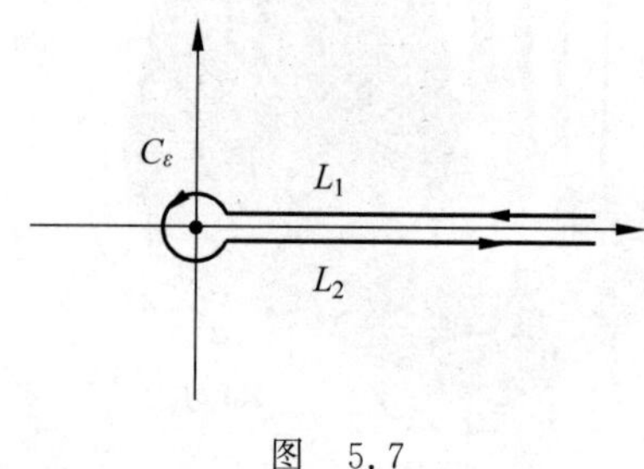

图 5.7

Γ函数还可以用路径积分表示,称作施拉夫利积分(Schlaefli integral),

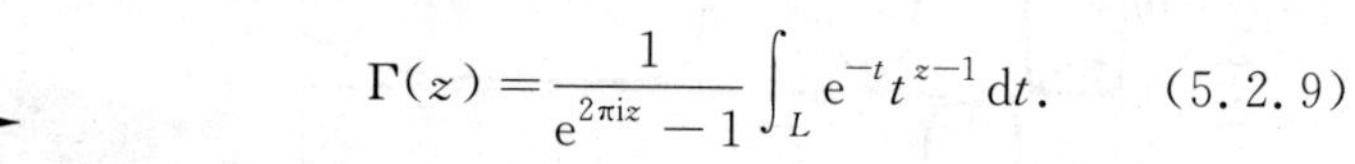

$$\Gamma(z)=\frac{1}{\mathrm{e}^{2\pi\mathrm{i}z}-1}\int_L\mathrm{e}^{-t}t^{z-1}\mathrm{d}t.\tag{5.2.9}$$

积分路径如图5.7所示.

说明 人们对于欧拉常数 γ 所知甚少,不知道它是否与圆周率 π 或自然常数有关.有人猜它是一个超越数,但事实上就连它是不是无理数都还未知.

2. B 函数

B 函数(beta function)也称为第一类欧拉积分,定义为

$$\mathrm{B}(p,q)\overset{\text{def}}{=}\int_0^1 t^{p-1}(1-t)^{q-1}\mathrm{d}t\quad(p,q>0).\tag{5.2.10}$$

容易证明 $\mathrm{B}(p,q)=\mathrm{B}(q,p)$.作变量替换 $t=\sin^2\theta$,可得另一种表示,

$$\mathrm{B}(p,q)=2\int_0^{\frac{\pi}{2}}\sin^{2p-1}\theta\cos^{2q-1}\theta\mathrm{d}\theta\tag{5.2.11}$$

实变量 p、q 也可以解析延拓至复平面,得到二元复变函数.利用

$$\Gamma(p)=\int_0^{\infty}\mathrm{e}^{-t}t^{p-1}\mathrm{d}t=2\int_0^{\infty}\mathrm{e}^{-x^2}x^{2p-1}\mathrm{d}x$$

可以证明 B 函数与 Γ 函数之间有以下重要的关系：

$$\mathrm{B}(p,q)=\frac{\Gamma(p)\Gamma(q)}{\Gamma(p+q)}. \tag{5.2.12}$$

例 5.1　计算积分：

$$\int_{-1}^{1}(1-x^2)^{z-1}\mathrm{d}x \quad (\mathrm{Re}z>0).$$

解　令 $t=x^2$，有

$$\int_{-1}^{1}(1-x^2)^{z-1}\mathrm{d}x=\int_{0}^{1}(1-t)^{z-1}t^{-1/2}\mathrm{d}t=\mathrm{B}\left(z,\frac{1}{2}\right)=\frac{\Gamma(z)\Gamma(1/2)}{\Gamma(z+1/2)}.$$

例 5.2　证明：

$$\Gamma(z)\Gamma(1-z)=\frac{\pi}{\sin\pi z}.$$

证明　根据式(5.2.11)和式(5.2.12)，并令 $u=\tan\theta$，有

$$\Gamma(z)\Gamma(1-z)=\mathrm{B}(z,1-z)=2\int_0^{\infty}\frac{u^{2z-1}}{u^2+1}\mathrm{d}u \quad (0<\mathrm{Re}z<1),$$

再利用第 4 章例 4.10 的多值函数积分结果即可得证.

3. 高阶 Γ 函数

1) ψ 函数

ψ 函数也称作双 Γ 函数(digamma function)，其定义为 Γ 函数的对数导数：

$$\psi(z)\overset{\mathrm{def}}{=}\frac{\Gamma'(z)}{\Gamma(z)}=\frac{\mathrm{d}}{\mathrm{d}z}\ln\Gamma(z). \tag{5.2.13}$$

ψ 函数也具有一阶极点：$z=0,-1,-2,-3,\cdots$，且留数均为-1. ψ 函数的基本性质如下：

$$\psi(z+n)=\psi(z)+\frac{1}{z}+\frac{1}{z+1}+\frac{1}{z+2}+\cdots+\frac{1}{z+n-1},$$

$$\psi(1-z)=\psi(z)+\pi\cot\pi z,$$

$$\psi(z)-\psi(-z)=-\frac{1}{z}-\pi\cot\pi z,$$

$$\psi(2z)=\frac{1}{2}\psi(z)+\frac{1}{2}\psi\left(z+\frac{1}{2}\right)+\ln 2.$$

以下是一些特殊值：

$$\psi(1)=-\gamma,\quad \psi'(1)=\frac{\pi^2}{6},$$

$$\psi\left(\frac{1}{2}\right)=-\gamma-2\ln 2,\quad \psi'\left(\frac{1}{2}\right)=\frac{\pi^2}{2},$$

$$\psi\left(\frac{1}{4}\right)=-\gamma-\frac{\pi}{2}-3\ln 2,\quad \psi'\left(\frac{1}{3}\right)=-\gamma-\frac{\pi}{2\sqrt{3}}-\frac{3}{2}\ln 3.$$

利用 ψ 函数，可以很方便地求得许多分式有理项级数的表达式，设

$$\sum_{n=0}^{\infty}u_n=\sum_{n=0}^{\infty}\frac{p(n)}{q(n)},$$

其中，$p(n)$、$q(n)$都是关于 n 的多项式，若 α_k 是 $q(n)$的全部一阶零点，则

$$q(n)=(n+\alpha_1)(n+\alpha_2)\cdots(n+\alpha_m),$$

所以

$$u_n=\frac{p(n)}{q(n)}\equiv\sum_{k=1}^{m}\frac{b_k}{n+\alpha_k}.$$

为了保证级数收敛,须有$\lim\limits_{n\to\infty}u_n=\lim\limits_{n\to\infty}n\cdot u_n\to 0$,即$\sum\limits_{k=1}^{m}b_k=0$,则有如下公式:

$$\sum_{n=0}^{\infty}u_n=-\sum_{k=1}^{m}b_k\psi(\alpha_k). \tag{5.2.14}$$

证明 利用公式

$$\psi(z+n)=\psi(z)+\frac{1}{z}+\frac{1}{z+1}+\frac{1}{z+2}+\cdots+\frac{1}{z+n-1},$$

有

$$\sum_{n=0}^{N}\sum_{k=1}^{m}\frac{b_k}{n+\alpha_k}=\sum_{k=1}^{m}b_k[\psi(\alpha_k+N+1)-\psi(\alpha_k)].$$

又根据

$$\lim_{N\to\infty}[\psi(z+N)-\ln N]=0,$$

令$N\to\infty$,有

$$\sum_{n=0}^{\infty}\sum_{k=1}^{m}\frac{b_k}{n+\alpha_k}=\lim_{N\to\infty}\sum_{k=1}^{m}b_k[\ln(N+1)-\psi(\alpha_k)].$$

由于$\sum\limits_{k=1}^{m}b_k=0$,所以

$$\sum_{n=0}^{\infty}\sum_{k=1}^{m}\frac{b_k}{n+\alpha_k}=-\sum_{k=1}^{m}b_k\psi(\alpha_k).$$

例5.3 求无穷级数的和

$$\sum_{n=0}^{\infty}\frac{1}{n^2+a^2}.$$

解 由式(5.2.14)以及ψ函数的性质,有

$$\begin{aligned}\sum_{n=0}^{\infty}\frac{1}{n^2+a^2}&=\frac{\mathrm{i}}{2a}\sum_{n=0}^{\infty}\left(\frac{1}{n+\mathrm{i}a}-\frac{1}{n-\mathrm{i}a}\right)=-\frac{\mathrm{i}}{2a}[\psi(\mathrm{i}a)-\psi(-\mathrm{i}a)]\\&=-\frac{\mathrm{i}}{2a}\left[-\frac{1}{\mathrm{i}a}-\pi\cot(\mathrm{i}\pi a)\right]=\frac{1}{2a^2}[1+\pi a\coth(\pi a)].\end{aligned}$$

4.4节习题[1]用留数法也可得到这个结果.

2)高阶Γ函数

数学中还引入高阶Γ函数(polygamma function),它定义为ψ函数的m阶导数

$$\psi^{(m)}(z)\overset{\text{def}}{=}\frac{\mathrm{d}^m}{\mathrm{d}z^m}\psi(z)=\frac{\mathrm{d}^{m+1}}{\mathrm{d}z^{m+1}}\ln\Gamma(z). \tag{5.2.15}$$

它们在$z=0,-1,-2,-3,\cdots$具有$m+1$阶极点.高阶Γ函数有以下基本性质:

$$\psi^{(m)}(z)=(-1)^{m+1}\int_0^{\infty}\frac{t^m\mathrm{e}^{-zt}}{1-\mathrm{e}^{-t}}\mathrm{d}t=-\int_0^1\frac{t^{z-1}}{1-t}(\ln t)^m\mathrm{d}t,$$

$$\psi^{(m)}(z+1)=\psi^{(m)}(z)+\frac{(-1)^m m!}{z^{m+1}},$$

$$\psi^{(m)}(z)=(-1)^{m+1}m!\sum_{k=0}^{\infty}\frac{1}{(z+k)^{m+1}}.$$

如此等等，图 5.8 展示了取实变量时高阶 Γ 函数曲线. 图 5.9 则是解析延拓至复平面上时高阶 Γ 函数的辐角分布.

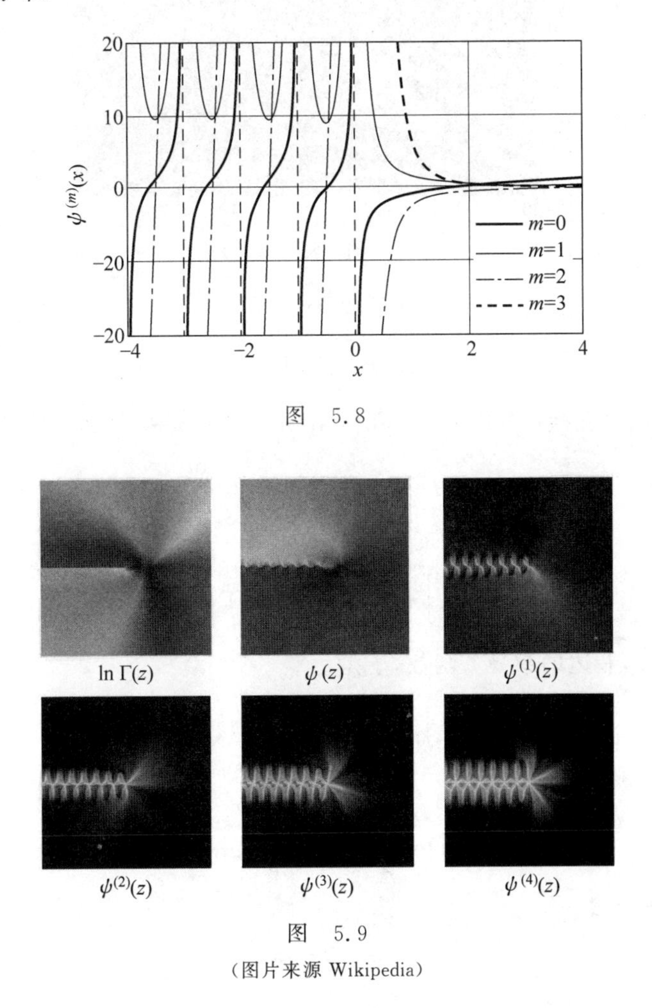

图　5.8

图　5.9

(图片来源 Wikipedia)

4. 黎曼ζ 函数

考虑无穷级数

$$\zeta(s)=1+\frac{1}{2^s}+\frac{1}{3^s}+\frac{1}{4^s}+\cdots\quad(s>1),$$

当 $s=2n$ 取偶数时，能够找到 $\zeta(2n)$ 的求和结果，比如，

$$\zeta(2)=1+\frac{1}{2^2}+\frac{1}{3^2}+\frac{1}{4^2}+\cdots=\frac{\pi^2}{6},$$

将实数 s 变为复数 z 时，称作黎曼级数. 将它的解析区域从实数延拓至整个复平面上时，称

为黎曼 ζ 函数(zeta function). 图 5.10 描绘了 $\zeta(z)$ 的二维分布，灰度表示相位，图中显示 $z=1$ 是函数的唯一单极点，全部零点分布在 $z=-2k\quad(k\in\mathbb{N})$ 及 $\mathrm{Re}z=1/2$ 的直线上.

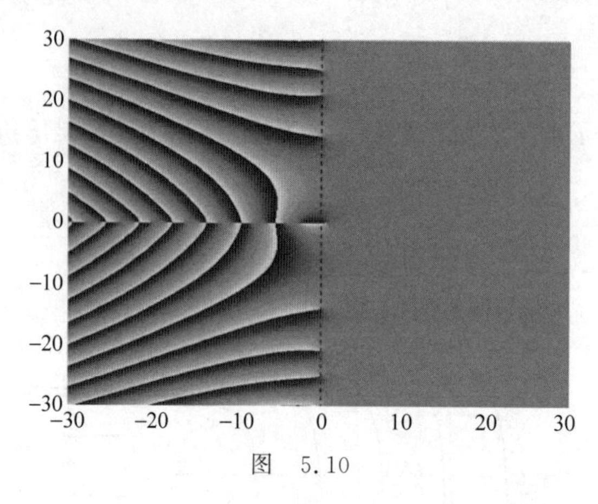

图 5.10

积分

$$F(z)=\int_0^{\infty}\varphi(t)t^{z-1}\mathrm{d}t \tag{5.2.16}$$

称作函数 $\varphi(t)$ 的梅林变换(Mellin transformation)，它具有乘积变换不变性，即

$$\int_0^{\infty}f(at)\frac{\mathrm{d}t}{t}=\int_0^{\infty}f(t)\frac{\mathrm{d}t}{t}.$$

令 $\varphi(t)=\mathrm{e}^{-nt}$，有

$$\int_0^{\infty}\mathrm{e}^{-nt}t^s\frac{\mathrm{d}t}{t}=\frac{1}{n^s}\int_0^{\infty}\mathrm{e}^{-t}t^s\frac{\mathrm{d}t}{t}\equiv\frac{1}{n^s}\Gamma(s)\quad(\mathrm{Re}s>1).$$

上式两边对 n 求和，右边即黎曼 ζ 函数，于是

$$\Gamma(s)\zeta(s)=\int_0^{\infty}\sum_{n=1}^{\infty}\mathrm{e}^{-nt}t^s\frac{\mathrm{d}t}{t}=\int_0^{\infty}\frac{t^{s-1}}{\mathrm{e}^t-1}\mathrm{d}t.$$

于是得到 ζ 函数的积分表示

$$\zeta(z)=\frac{1}{\Gamma(z)}\int_0^{\infty}\frac{t^{z-1}}{\mathrm{e}^t-1}\mathrm{d}t.$$

由此可以证明以下公式：

$$\zeta(1-z)=\frac{2}{(2\pi)^z}\cos\left(\frac{\pi z}{2}\right)\Gamma(z)\zeta(z). \tag{5.2.17}$$

注意，这里又出现了玻色分布函数的影子.

黎曼猜想 除了某些平庸零点 $z=-2k\quad(k\in\mathbb{N})$，黎曼猜测 ζ 函数的全部非平庸零点分布在实部为 $x=\frac{1}{2}$ 的平行于 y 轴的直线上. 图 5.11(a)描绘了沿着直线 $z=\frac{1}{2}+\mathrm{i}y$ 路径，在 $y=0$ 附近的几个零点分布. 图 5.11(b)则是 $\zeta(z)=u+\mathrm{i}v$ 的实部 u 和虚部 v 沿着直线 $z=\frac{1}{2}+\mathrm{i}y$ 变化的二维曲线，从图中可以看出，曲线反复经过原点，即 ζ 函数沿着直线 $z=\frac{1}{2}+\mathrm{i}y$ 不断出现零点.

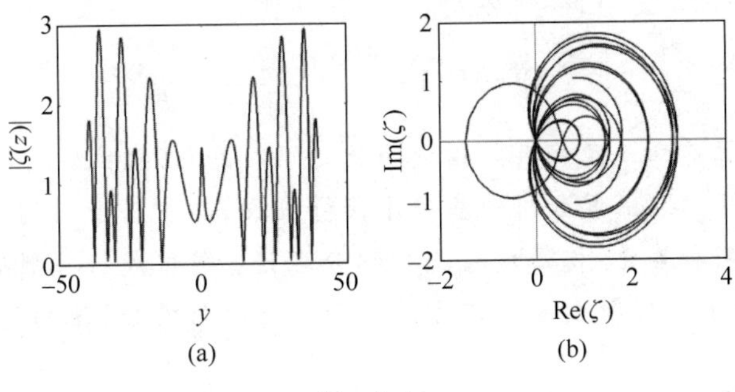

图　5.11

注记

Γ 函数的另一种定义方式也颇具启示.考虑复变函数

$$\Gamma_n(z) \overset{\text{def}}{=} \int_0^n \left(1-\frac{t}{n}\right)^n t^{z-1}\mathrm{d}t \quad (\mathrm{Re}z>0, n\geqslant 1),$$

则有 $\Gamma(z)=\lim\limits_{n\to\infty}\Gamma_n(z)$,作变量替换 $s=t/n$,得

$$\Gamma_n(z)=n^z\int_0^1(1-s)^n s^{z-1}\mathrm{d}s,$$

所以

$$\Gamma_1(z)=\int_0^1(1-s)s^{z-1}\mathrm{d}s=\frac{1}{z(z+1)},$$

$$\Gamma_n(z)=\frac{n^z}{z}\int_0^1(1-s)^n\mathrm{d}s^z=\left(\frac{n}{n-1}\right)^z\frac{n}{z}\Gamma_{n-1}(z+1).$$

重复上述递推过程可得

$$\Gamma_n(z)=\frac{n^z n!}{z(z+1)\cdots(z+n-2)}\Gamma_1(z+n-1)=\frac{n^z n!}{z(z+1)\cdots(z+n)},$$

所以 Γ 函数可表示为

$$\Gamma(z)=\lim_{n\to\infty}\frac{n^z n!}{z(z+1)\cdots(z+n)},$$

称作高斯乘积表示(Gauss product representation).一个直接结果是

$$\Gamma(z+1)=z\Gamma(z).$$

另外,

$$\frac{1}{\Gamma_n(z)}=z\mathrm{e}^{\gamma_n z}\prod_{k=1}^n\left(1+\frac{z}{k}\right)\mathrm{e}^{-\frac{z}{k}},$$

$$\gamma_n=1+\frac{1}{2}+\cdots+\frac{1}{n}-\ln n.$$

令 $n\to\infty$,$\gamma_n\to\gamma$ 即欧拉常数,所以

$$\lim_{n\to\infty}\frac{1}{\Gamma_n(z)}=\frac{1}{\Gamma(z)}=z\mathrm{e}^{\gamma z}\prod_{k=1}^{\infty}\left(1+\frac{z}{k}\right)\mathrm{e}^{-\frac{z}{k}} \quad (z\in\mathbb{C}).$$

由此可知

$$\frac{1}{\Gamma(z)\Gamma(-z)}=-z^2\prod_{k=1}^{\infty}\left(1-\frac{z^2}{k^2}\right)=-\frac{z\sin\pi z}{\pi},$$

再利用 $\Gamma(1-z)=-z\Gamma(-z)$，得到公式

$$\Gamma(z)\Gamma(1-z)=\frac{\pi}{\sin\pi z}.$$

自从18世纪欧拉建立三角函数与指数函数之间的关系(欧拉公式)，复分析理论开始得到迅速发展，但直到19世纪，复分析的基础才获得巩固，其中三个人的工作尤为突出，他们是柯西、魏尔斯特拉斯和黎曼. 柯西发展了复积分理论；魏尔斯特拉斯从幂级数的收敛性，发展出形式化代数理论；黎曼则在几何方面作出了开拓性贡献，他的思想对整个数学大厦都是至关重要的.

数论研究最早出现于公元前300年，欧几里得在《几何原本》(*Elements*)中证明存在无穷多素数. 但其后有两千年的空白期，直到1737年欧拉证明所有素数 $p\in\mathbb{P}$ 的倒数和 $\sum\limits_{p\in\mathbb{P}}\frac{1}{p}$ 发散，才重新点燃人们对素数研究的热情. 证明该结论时欧拉利用了公式

$$\sum_{n=1}^{\infty}\frac{1}{n^s}=\prod_{p\in\mathbb{P}}\left(1-\frac{1}{p^s}\right)^{-1}\quad(s>1),$$

所以欧拉是首个应用分析方法解决算术问题的人. 许多数学家对此感到不适，直到100年后狄利克雷(P. Dirichlet)试图运用实分析证明素数定理.

1859年，黎曼发表了他在数论方面的唯一著作，这篇不到10页的论文在纯数学的多个领域掀起了巨浪，其影响迄今犹在并且可能再持续几百年. 论文的出发点就是上述欧拉证明的公式，黎曼认识到只有让 s 成为复变量才能更深入地探索素数分布的性质，此后人们将该函数称作黎曼 ζ 函数. 黎曼断言了 ζ 函数的几个性质，其中之一便是黎曼猜想. 在20世纪来临的前夜，阿达马(J. Hadamard)和瓦莱普桑(C. J. de la Vallee Poussin)利用黎曼 ζ 函数最终证明了高斯猜测的素数定理：随着数值 n 的增加，素数的密度随 $\ln n$ 成比例地下降.

通过计算机模拟，人们已经找出了黎曼 ζ 函数多达 10^{13} 个非平庸零点，它们都无一例外地出现在图5.10(a)的临界线 $z=\frac{1}{2}+\mathrm{i}y$ 上. 大凡通情达理的人都会承认，黎曼猜想正确无疑！但在这种事情上，数学家可算不上是通情达理的人. 黎曼猜想的严格证明仍然是挑战人类智力的珠穆朗玛峰，它还在等待另一个旷世奇才的出现.

习　题

[1] 证明 Γ 函数在全复平面上没有零点.

[2] 证明积分($a>1$)：

(a) $\int_0^{\infty}\cos x^a\,\mathrm{d}x=\frac{1}{a}\Gamma\left(\frac{1}{a}\right)\cos\frac{\pi}{2a}$；　(b) $\int_0^{\infty}\sin x^a\,\mathrm{d}x=\frac{1}{a}\Gamma\left(\frac{1}{a}\right)\sin\frac{\pi}{2a}$.

提示：取第一象限四分之一扇形回路.

[3] 根据

$$n!=\Gamma(n+1)=\int_0^{\infty}x^n\mathrm{e}^{-x}\,\mathrm{d}x=\int_0^{\infty}\mathrm{e}^{n\ln x-x}\,\mathrm{d}x,$$

证明斯特林近似公式：$n!\approx\sqrt{2\pi n}\,n^n\mathrm{e}^{-n}$.

提示：令 $x=n+y\rightarrow\ln x=\ln n+\ln\left(1+\frac{y}{n}\right)\approx\ln n+\frac{y}{n}-\frac{y^2}{2n^2}+\frac{y^3}{3n^3}$.

[4] 证明 Γ 函数的施拉夫利积分表示：

$$\Gamma(z)=\frac{1}{(\mathrm{e}^{2\pi \mathrm{i} z}-1)}\int_L \mathrm{e}^{-t}t^{z-1}\mathrm{d}t.$$

[5] 计算积分：$\int_{-1}^{1}(1-x)^p(1+x)^q\mathrm{d}x \quad (\mathrm{Re}p>-1,\mathrm{Re}q>-1)$.

[6] 证明：

(a) $\mathrm{B}(p,q)=\dfrac{\Gamma(p)\Gamma(q)}{\Gamma(p+q)}$； (b) $\mathrm{B}(p,q)=\displaystyle\int_0^{\infty}\frac{x^{p-1}}{(1+x)^{p+q}}\mathrm{d}x$.

[7] 计算积分：

(a) $\displaystyle\int_0^{\pi/2}\tan^{\alpha}\theta\mathrm{d}\theta \quad (-1<\alpha<1)$； (b) $\displaystyle\int_0^{\infty}\frac{\sinh^a x}{\cosh^b x}\mathrm{d}x \quad (-1<a<b)$.

提示：令(a) $x=\tan^2\theta$； (b) $t=\sinh^2 x$.

答案：

(a) $\dfrac{\pi}{2\cos(\pi\alpha/2)}$； (b) $\dfrac{1}{2}B\left(\dfrac{a+1}{2},\dfrac{b-a}{2}\right)$.

[8] 求无穷级数和：

(a) $\displaystyle\sum_{n=0}^{\infty}\frac{1}{(3n+1)(3n+2)(3n+3)}$； (b) $\displaystyle\sum_{n=0}^{\infty}\frac{1}{(n+1)^2(2n+1)^2}$.

提示：

$$\text{(a)}\ \sum_{n=0}^{\infty}\frac{1}{(3n+1)(3n+2)(3n+3)}=\frac{1}{2}\frac{1}{n+1/3}-\frac{1}{3}\frac{1}{n+2/3}+\frac{1}{6}\frac{1}{n+1}$$
$$=-\frac{1}{6}\left[\psi\left(\frac{1}{3}\right)-2\psi\left(\frac{2}{3}\right)+\psi(1)\right];$$

$$\text{(b)}\ \sum_{n=0}^{\infty}\frac{1}{(n+1)^2(2n+1)^2}=\left[\frac{4}{n+1}+\frac{1}{(n+1)^2}\right]-\left[\frac{4}{n+1/2}-\frac{1}{(n+1/2)^2}\right]$$
$$=-[4\psi(1)-\psi'(1)]+\left[4\psi\left(\frac{1}{2}\right)+\psi'\left(\frac{1}{2}\right)\right].$$

答案：

(a) $\dfrac{1}{4}\left(\dfrac{\pi}{\sqrt{3}}-\ln 3\right)$； (b) $\dfrac{2}{3}\pi^2-8\ln 2$.

[9] 证明欧拉素数公式：

$$\zeta(s)=\frac{1}{1-\frac{1}{2^s}}\cdot\frac{1}{1-\frac{1}{3^s}}\cdot\frac{1}{1-\frac{1}{5^s}}\cdot\cdots\cdot\frac{1}{1-\frac{1}{p^s}}\cdot\cdots \quad (s\in\mathbb{N}).$$

其中，p 为全部的素数.

提示：利用几何级数公式

$$\frac{1}{1-\frac{1}{p^s}}=1+\frac{1}{p^s}+\frac{1}{p^{2s}}+\frac{1}{p^{3s}}+\cdots.$$

5.3 对数积分

1. 零点与极点

定理1 设α和β分别为函数$f(z)$的n阶零点和m阶极点，则α和β均为$f(z)$的对数导数函数$[\ln f(z)]'$的一阶极点，其留数分别为

$$\operatorname*{Res}_{z=\alpha}\frac{\mathrm{d}}{\mathrm{d}z}\ln f(z)=\operatorname*{Res}_{z=\alpha}\left[\frac{f'(z)}{f(z)}\right]=n,$$

$$\operatorname*{Res}_{z=\beta}\frac{\mathrm{d}}{\mathrm{d}z}\ln f(z)=\operatorname*{Res}_{z=\beta}\left[\frac{f'(z)}{f(z)}\right]=-m.$$

证明 由于$f(z)=(z-\alpha)^n h(z)$，$h(z)$在α的邻域内解析且$h(\alpha)\neq 0$，所以

$$\frac{f'(z)}{f(z)}=\frac{n}{z-\alpha}+\frac{h'(z)}{h(z)},$$

即α是$f'(z)/f(z)$的一阶极点，其留数为

$$\operatorname*{Res}_{z=\alpha}\left[\frac{f'(z)}{f(z)}\right]=n.$$

另外，

$$f(z)=\frac{g(z)}{(z-\beta)^m},$$

$g(z)$在β的邻域内解析且$g(\beta)\neq 0$，所以

$$\frac{f'(z)}{f(z)}=-\frac{m}{z-\beta}+\frac{g'(z)}{g(z)},$$

即β也是$f'(z)/f(z)$的一阶极点，其留数为

$$\operatorname*{Res}_{z=\beta}\left[\frac{f'(z)}{f(z)}\right]=-m.$$

定理2 设亚纯函数$f(z)$在闭合回路C内解析，且在C上不为零，则其对数导数积分为

$$\frac{1}{2\pi\mathrm{i}}\oint_C\frac{f'(z)}{f(z)}\mathrm{d}z=\frac{1}{2\pi\mathrm{i}}\oint_C\mathrm{d}\ln f(z)=N(f,C)-P(f,C)\tag{5.3.1}$$

其中，$N(f,C)$和$P(f,C)$分别为$f(z)$在C内的零点和极点的个数(n阶零点算作n颗单零点，m阶极点算作m颗单极点)．更一般地，如果$\varphi(z)$在C围成的闭区域内解析，则

$$\frac{1}{2\pi\mathrm{i}}\oint_C\varphi(z)\frac{f'(z)}{f(z)}\mathrm{d}z=\sum_k n_k\varphi(\alpha_k)-\sum_j m_j\varphi(\beta_j).\tag{5.3.2}$$

证明是直接的，读者可自己完成．

2. 辐角原理

当闭合回路围绕一个单零点/单极点一周时，辐角增加/减少2π，如图5.12所示的函数：

$$f(z)=\frac{(z^2+1)(z-3-2\mathrm{i})^3}{(z+2+2\mathrm{i})^2}.$$

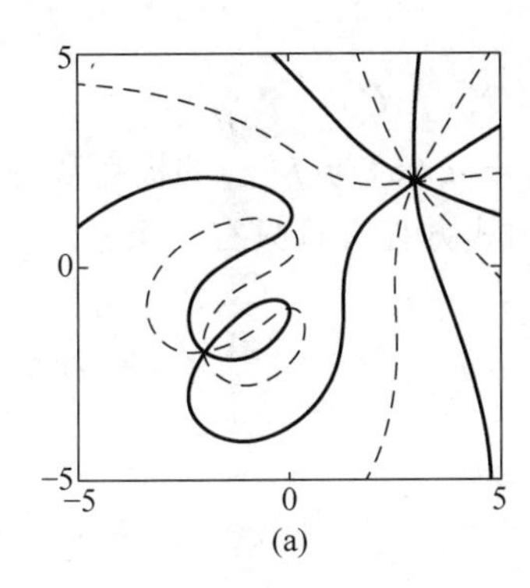

(a)

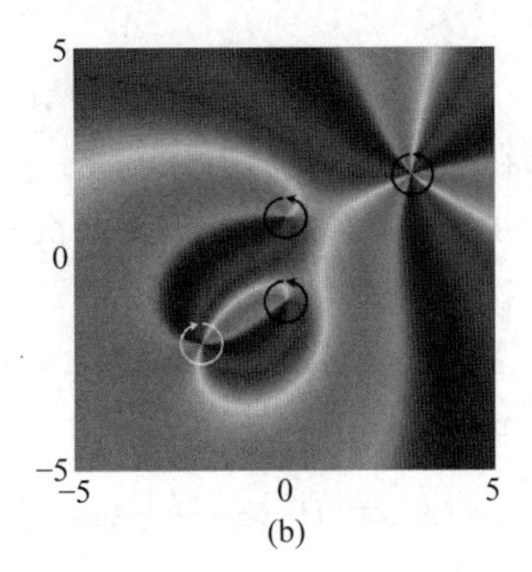

(b)

图 5.12

如果亚纯函数 $f(z)$在回路 C 内有 $N(f,C)$个零点和 $P(f,C)$个极点，在 C 上解析且不为零，则绕回路一周辐角的总增加量为

$$\Delta_C \arg[f(z)] = 2\pi[N(f,C) - P(f,C)]. \tag{5.3.3}$$

辐角原理实际上就是零点与极点数定理的几何解释，由式(5.3.1)可知

$$\Delta_C \arg[f(z)] = -\mathrm{i}\oint_C \frac{f'(z)}{f(z)}\mathrm{d}z.$$

比如，图 5.12(b)中的辐角总增加量为

$$\Delta_C \arg[f(z)] = 2\pi[(2+3)-2] = 6\pi.$$

儒歇定理(Rouche's theorem) 设函数 $f(z)$及 $g(z)$在回路 C 及其内部解析，在 C 上有$|f(z)|>|g(z)|$，则在 C 内 $f(z)+g(z)$与 $f(z)$有相同的零点数，即

$$N(f+g,C) = N(f,C).$$

证明 如图 5.13(a)所示，由于在回路 C 上有

$$|f(z)+g(z)| \geqslant |f(z)| - |g(z)| > 0,$$

故 $f(z)+g(z)$和 $f(z)$在 C 内解析且在 C 上均无零点，根据

$$f(z)+g(z) = f(z)\left[1+\frac{g(z)}{f(z)}\right],$$

其辐角为

$$\Delta_C \arg[f(z)+g(z)] = \Delta_C \arg[f(z)] + \Delta_C \arg\left[1+\frac{g(z)}{f(z)}\right].$$

考虑函数 $\zeta(z) = 1+\dfrac{g(z)}{f(z)}$，由于在回路 C 上有

$$\left|\frac{g(z)}{f(z)}\right| = |\zeta(z)-1| < 1,$$

故回路 C 映射到 ζ 平面上的映像 $C \mapsto \Gamma$ 始终在单位圆$|\zeta(z)-1|=1$ 的内部，如图 5.13(b)所示，于是绕 Γ 一周的辐角增量 $\Delta_\Gamma \arg[\zeta(z)]=0$，亦即

$$\Delta_C \left[1+\frac{g(z)}{f(z)}\right] = 0.$$

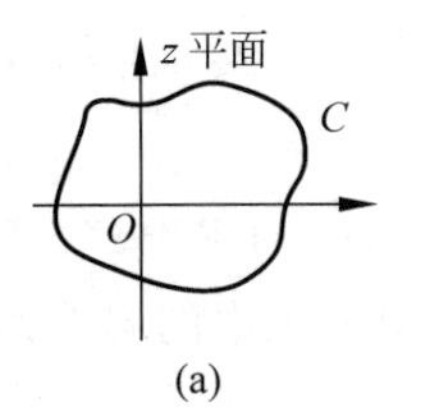

(a)

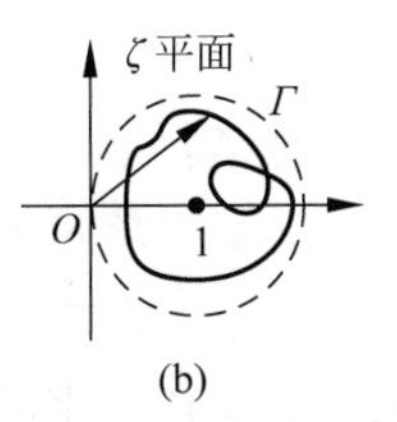

(b)

图 5.13

由此可知

$$\Delta_C[f(z)+g(z)] = \Delta_C[f(z)].$$

根据辐角原理有

$$N(f+g,C)=N(f,C).$$

思考 如果在 C 上 $|f(z)|>|g(z)|$，$f(z)+g(z)$ 与 $f(z)$ 的极点数是否相同？

例 5.4 证明代数基本定理：任一 n 次多项式方程有且只有 n 个根.

证明 设 n 次多项式为

$$P_n(z)=a_0z^n+a_1z^{n-1}+\cdots+a_{n-1}z+a_n \quad (a_0\neq 0),$$

令 $f(z)=a_0z^n$，取

$$\varphi(z)\equiv P_n(z)-f(z)=a_1z^{n-1}+\cdots+a_{n-1}z+a_n.$$

由于

$$\lim_{z\to\infty}\frac{|\varphi(z)|}{|f(z)|}=0,$$

只要圆周回路的半径 R 充分大，在回路上必有 $|f(z)|>|\varphi(z)|$. 根据儒歇定理，$P_n(z)$ 与 $f(z)$ 在 C 内有相同的零点数，而方程 $f(z)=a_0z^n=0$ 在圆 $|z|<R$ 内有 n 重根 $z=0$，因此多项式方程 $P_n(z)=0$ 在圆 $|z|<R$ 内有且仅有 n 个根.

例 5.5 设 n 次多项式

$$P_n(z)=a_0z^n+a_1z^{n-1}+\cdots+a_{n-1}z+a_n \quad (a_0\neq 0)$$

满足条件 $|a_k|>|a_0|+\cdots+|a_{k-1}|+|a_{k+1}|+\cdots+|a_n|$，证明 $P_n(z)=0$ 在单位圆 $|z|<1$ 里有 $n-k$ 个根.

证明 令

$$f(z)=a_kz^{n-k},$$

$$g(z)=P_n(z)-a_kz^{n-k}.$$

容易证明，在 $|z|=1$ 单位圆周上

$$|f(z)|>|g(z)|.$$

由儒歇定理可知，$P_n(z)$ 与 $f(z)$ 在单位圆内的零点数目相同，所以多项式方程 $P_n(z)=0$ 在 $|z|<1$ 内有 $n-k$ 个根.

习 题

[1] 证明定理 2.

[2] 证明：方程 $z^7-z^3+12=0$ 的根全部在环形区域 $1<|z|<2$ 内.

[3] 求方程在单位圆 $|z|<1$ 内根的个数：

(a) $2z^5-z^3+z^2-2z+8=0$； (b) $z^4-5z+1=0$.

答案：(a) 0； (b) 1.

[4] 方程 $z^9+z^5-8z^3+2z+1=0$ 在环形区域 $1<|z|<2$ 内有多少个根？

答案：6.

[5] 多项式 $P(z)=z^6+4z^4+z^3+2z^2+z+5$ 在第一象限里有多少个零点？

提示：对于 z 平面第一象限的扇形回路，研究其由函数 $\zeta=P(z)$ 映射到 ζ 平面的映像回路的辐角变化量.

答案：2.

5.4　亚纯函数分解

1. 极点分解

设 $a_n(n=1,2,3,\cdots)$为亚纯函数 $f(z)$在复平面上的全部极点,极点的阶数分别为 p_n,先在 a_1 的去心邻域作洛朗级数展开,

$$f(z)=f_1(z)+\sum_{\nu=1}^{p_1}\frac{c_{-\nu}^{(1)}}{(z-a_1)^{\nu}},$$

其中,$c_{-\nu}^{(1)}$ 表示极点 a_1 的各个负幂项的展开系数; p_1 是极点的阶数.洛朗级数的正幂部分 $f_1(z)$在 a_1 点解析,但 $a_2,a_3,a_4,\cdots$仍然是它的极点,所以继续将 $f_1(z)$在 a_2 的去心邻域作洛朗级数展开,

$$f_1(z)=f_2(z)+\sum_{\nu=1}^{p_2}\frac{c_{-\nu}^{(2)}}{(z-a_2)^{\nu}},$$

此时 $a_3,a_4,\cdots$仍然是 $f_2(z)$的极点,如此继续下去,最终可将 $f(z)$的所有极点剥离出来:

$$f(z)=f_N(z)+\sum_{n=1}^{N}g_n(z),$$

此时 $f_N(z)$在全平面不再含有任何极点,而洛朗级数在所有极点的主部(负幂部分)为

$$g_n(z)=\sum_{\nu=1}^{p_n}\frac{c_{-\nu}^{(n)}}{(z-a_n)^{\nu}}.$$

如果 $f(z)$在全平面只有有限数目的极点,则 $h(z)\equiv f_N(z)$将是一个整函数,于是亚纯函数 $f(z)$可以分解为一个整函数与在所有奇点作洛朗级数展开的主部之和:

$$f(z)=h(z)+g(z),$$

$$g(z)=\sum_{n=1}^{N}g_n(z).$$

根据刘维尔定理 $h(z)=C$,所以亚纯函数可以表示成两个多项式函数之比.

如果 $f(z)$在复平面上有无穷多极点,则无穷远点必为非孤立奇点,其主部之和

$$g(z)=\sum_{n=1}^{\infty}g_n(z)$$

构成无穷级数,这时就存在收敛性问题.

2. 米塔-列夫勒展开

一般来说,主部构成的无穷级数在所有 z 都是发散的,为了获得有效的部分分式,需要引进一些修正来消除级数的发散性.假设 $z=z_0$ 不是 $f(z)$的极点,可以证明,这些修正可以取主部在 z_0 点作泰勒级数展开的一个截断.

米塔-列夫勒定理(Mittag-Leffler theorem)　对于任何点序列 $a_n\in\mathbb{C}$,$\lim\limits_{n\to\infty}a_n=\infty$,以及形如 $g_n(z)$的函数序列,存在一个亚纯函数 $f(z)$,它的所有极点在 $z=a_n$,且每个极点的主部为 $g_n(z)$.

该定理的证明可参见王竹溪、郭敦仁《特殊函数概论》,略.

推论 任何亚纯函数 $f(z)$ 可以展开为级数,

$$f(z)=h(z)+\sum_{n=1}^{\infty}\left[g_n(z)-P_n(z)\right], \tag{5.4.1}$$

它在任意紧集上一致收敛,其中 $h(z)$ 为整函数,$g_n(z)$ 为 $f(z)$ 的主部,$P_n(z)$ 为 $g_n(z)$ 在 $z=0$ 点作泰勒级数展开的一个截断多项式

$$P_n(z)=\sum_{k=0}^{m_n}\frac{g_n^{(k)}(0)}{k!}z^k, \tag{5.4.2}$$

其中,m_n 的选取满足

$$|g_n(z)-P_n(z)|<\frac{1}{2^n}.$$

这种亚纯函数按极点分解的方式,称作米塔-列夫勒展开.

例 5.6 将亚纯函数作米塔-列夫勒展开:

$$f(z)=\frac{1}{\sin^2 z}.$$

解 函数在点 $z_n=n\pi(n\in\mathbb{Z})$ 为二阶极点,其主部为

$$g_n(z)=\frac{1}{(z-n\pi)^2},$$

由主部构成的级数为

$$g(z)=\sum_{n=-\infty}^{\infty}\frac{1}{(z-n\pi)^2}\quad(n\in\mathbb{Z}).$$

由于 $g(z)$ 在 $z\neq n\pi$ 任意闭集上一致收敛,所以不需要修正多项式 $P_n(z)$,整函数部分为

$$h(z)=\frac{1}{\sin^2 z}-\frac{1}{z^2}-\sum_{n\neq 0}\frac{1}{(z-n\pi)^2},$$

它沿实轴是一个周期为 π 的周期函数.只需考虑带状区域 $\{0\leqslant \mathrm{Re}z\leqslant\pi\}$,右边的无穷级数是收敛的,而前两项在 $\mathrm{Im}z\to\infty$ 时趋于零,在 $z\to 0$ 时有限,可知整函数 $h(z)$ 在带状区域有界;又因为 $h(z)$ 沿实轴方向是周期函数,所以它整个复平面上有界,由刘维尔定理推知 $h(z)$ 必为常数.取 $z=0$ 或者 $\mathrm{Im}z\to\infty$,可确定 $h(z)\equiv 0$.于是函数的米塔-列夫勒展开式为

$$\frac{1}{\sin^2 z}=\sum_{-\infty}^{\infty}\frac{1}{(z-n\pi)^2}. \tag{5.4.3}$$

例 5.7 将亚纯函数作米塔-列夫勒展开:

$$f(z)=\cot z.$$

解 函数在点 $z_n=n\pi\quad(n\in\mathbb{Z})$ 为单极点,由主部构成的级数为

$$g(z)=\sum_{n=-\infty}^{\infty}\frac{1}{z-n\pi},$$

这是一个发散的级数,$P_n(z)$ 可取 $g(z)$ 在 $z=0$ 点的零阶泰勒级数展开项,有

$$\sum_{n\neq 0}\left(\frac{1}{z-n\pi}+\frac{1}{n\pi}\right)=\sum_{n\neq 0}\frac{z}{(z-n\pi)n\pi}.$$

很明显,这个无穷求和在任何闭集上一致收敛.采用与例 5.6 同样的推理可以证明整函数

$h(z)\equiv 0$,所以

$$\cot z=\frac{1}{z}+\sum_{n\neq 0}\left(\frac{1}{z-n\pi}+\frac{1}{n\pi}\right)=\frac{1}{z}+\sum_{n=1}^{\infty}\frac{2z}{z^2-n^2\pi^2}. \tag{5.4.4}$$

说明 本题中发散抵消项实际上为零,因为恰好$\sum_{n\neq 0}\frac{1}{n\pi}=0$. 如果取$g(z)$的泰勒级数展开零阶项还不足以消除发散,则需考虑高阶展开项作为修正.

练习 证明以下关系:

$$\coth z=\frac{1}{z}+\sum_{n=1}^{\infty}\frac{2z}{z^2+n^2\pi^2}.$$

注记

可以从级数在$z=0$的发散性来理解消除级数发散的基本思想.设

$$g(0)=\sum_{n=1}^{\infty}g_n(0)=\sum_{n=1}^{\infty}\sum_{\nu=1}^{p_n}\frac{c_{-\nu}^{(n)}}{(-a_n)^{\nu}}\quad(\nu=1,2,\cdots,p_n),$$

级数$g(0)$发散的原因是当$n\to\infty$时,级数项衰减得不够快,所以在级数的每一项中减除掉常数$\sum_{\nu=1}^{p_n}\frac{c_{-\nu}^{(n)}}{(-a_n)^{\nu}}$,这样就把$g(z)$中$z$的零次幂发散消除掉.如果减除后的级数在$z=0$的导数$g'(0)$也发散,那么还需减除这个$z$的一次幂发散,即

$$\sum_{n=1}^{\infty}\left\{\left[\sum_{\nu=1}^{p_n}\frac{c_{-\nu}^{(n)}}{(z-a_n)^{\nu}}-\sum_{\nu=1}^{p_n}\frac{c_{-\nu}^{(n)}}{(-a_n)^{\nu}}\right]-\sum_{\nu=1}^{p_n}\frac{-\nu c_{-\nu}^{(n)}}{(-a_n)^{\nu+1}}z\right\}.$$

如此逐级修正,即减去泰勒多项式$P_n(z)=\sum_{k=0}^{m_n}\frac{g_n^{(k)}(0)}{k!}z^k$,直至将所有阶导数$g^{(n)}(0)$的发散都消除掉,从而保证$g(z)$在$z=0$的有限性.

如果$z=0$也是亚纯函数的极点,则将该点洛朗级数展开的负幂项单独搁置一边,对其他极点带来的发散在$z=0$进行泰勒级数展开修正.

根据3.5节,具有奇异性的平面标量场可以用有奇异性的复势描述,其中偶极子场产生的场对应于单极点,四极子产生的场对应于二阶极点,如此等等,即亚纯函数描述平面内多极子分布产生的复势.从物理上看,偶极子产生的库仑势与距离成反比,属于长程势,总电势是不同点电荷产生的电势互相叠加.如果平面上有无穷多偶极子,其在任何点的电势必然是无穷大!物理学处理这样的电势通常是减除这个无穷大背景.在米塔-列夫勒展开式中,同样要减除由洛朗级数展开的负一次幂项叠加带来的无穷大,即应该减除所有极点的留数项贡献.由于在平面上任意点都出现发散,即有一个均匀的无穷大背景,所以可以任取一点实施减除措施.至于二阶及以上的极点,如果没有负一次幂项则属于短程势,叠加的结果不会产生无穷大,因此不必做减除修正,这就是例5.5和例5.6的区别所在.但如果高阶极点的洛朗级数展开中存在负一次幂项,同样也需做减除修正.

考虑复平面上两个非共线的复数ω_1和ω_2,以周期性格点$z_{m,n}=m\omega_1+n\omega_2(m,n\in\mathbb{Z})$为二阶极点构造亚纯函数的主部

$$\sum_{m,n=-\infty}^{\infty}\frac{1}{(z-m\omega_1-n\omega_2)^2},$$

这个无穷级数不收敛,需要减除$z=0$的发散部分,得到亚纯函数

$$\mathcal{P}(z)=\frac{1}{z^2}+\sum_{m,n\neq 0}\left[\frac{1}{(z-m\omega_1-n\omega_2)^2}-\frac{1}{(m\omega_1+n\omega_2)^2}\right].$$

这就是魏尔斯特拉斯$\mathcal{P}$函数，它具有双周期性，$\mathcal{P}(z+m\omega_1+n\omega_2)=\mathcal{P}(z)$. 将$\mathcal{P}$函数在$z=0$作洛朗级数展开，注意所有奇数次幂项均为零，通过比较系数可验证它满足方程

$$\mathcal{P}'(z)^2=4\,\mathcal{P}(z)^3-g_2\,\mathcal{P}(z)-g_3,$$

其中，g_2 和 g_3 为常数，称作模不变量(modular invariant)，

$$g_2=60\sum_{m,n\neq 0}\frac{1}{(m\omega_1+n\omega_2)^4},\quad g_3=140\sum_{m,n\neq 0}\frac{1}{(m\omega_1+n\omega_2)^6},$$

所以$\mathcal{P}$函数具有椭圆积分的特征：

$$\int_0^z\frac{du}{\sqrt{4u^3-g_2u-g_3}}.$$

它的定义域是一个轮胎形环面.

习　题

[1] 证明：

(a) $\tan z=\sum_{n=1}^{\infty}\frac{8z}{(2n-1)^2\pi^2-4z^2}$；　(b) $\frac{1}{\sin z}=\frac{1}{z}+\sum_{n=1}^{\infty}(-1)^n\frac{2z}{z^2-n^2\pi^2}$.

提示：利用公式

(a) $\tan z=\cot z-2\cot 2z$；　(b) $\frac{1}{\sin z}=\frac{1}{2}\left(\cot\frac{z}{2}+\tan\frac{z}{2}\right)$.

[2] 证明：

(a) $\frac{1}{e^z-1}=-\frac{1}{2}+\frac{1}{z}+\sum_{n=1}^{\infty}\frac{2z}{z^2+4n^2\pi^2}$；

(b) $\frac{1}{e^z+1}=\frac{1}{2}-\sum_{n=0}^{\infty}\frac{2z}{z^2+(2n+1)^2\pi^2}$.

[3] 将亚纯函数作米塔-列夫特展开：

$$f(z)=\frac{1}{\sin z^2}.$$

提示：需要考虑泰勒展开的一阶修正项.

[4] 找出下列级数的极点及其主部，并将它用三角函数表示，

$$\sum_{n=-\infty}^{\infty}\frac{1}{z^3-n^3}.$$

答案：$\frac{\pi}{3z^2}[\cot(\pi z)+\omega\cot(\lambda\pi z)+\omega^2\cot(\lambda^2\pi z)]$，$\omega=e^{2\pi i/3}$.

[5] 研究 Γ 函数的对数导数或 ψ 函数，

$$\psi(z)\equiv\frac{d}{dz}\ln\Gamma(z).$$

(a) 证明 $z=-n$　$(n=0,1,2,\cdots)$为 $\psi(z)$的一阶极点，所有极点的留数均为

$$\mathrm{Res}[\psi(-n)]=-1.$$

(b) 将 $\psi(z)$按极点 $z=-n$　$(n=0,1,2,\cdots)$作米塔-列夫勒展开，消除级数的发散，

$$\psi(z)=h(z)-\frac{1}{z}+\sum_{n=1}^{\infty}\left(\frac{1}{n}-\frac{1}{z+n}\right),$$

证明整函数 $h(z)$ 为常数：$h(z)\equiv-\gamma=\psi(1)$.

提示：以原点为圆心，$n<R_n<n+1$ 为半径作闭合回路 C_n，对回路积分得 $\oint_{C_n}h(z)\mathrm{d}z=0$；令 $R_n\to\infty$，可知 $h(\infty)$ 必有限.

(c) 证明欧拉常数

$$\gamma=\lim_{n\to\infty}\left(1+\frac{1}{2}+\frac{1}{3}+\cdots+\frac{1}{n}-\ln n\right).$$

提示：将展开式两边积分，并利用 $\Gamma(z+1)=z\Gamma(z)$.

(d) 证明 Γ 函数的倒数可表示为

$$\frac{1}{\Gamma(z)}=z\mathrm{e}^{\gamma z}\prod_{n=1}^{\infty}\left(1+\frac{z}{n}\right)\mathrm{e}^{-z/n}.$$

(e) 证明：

$$\psi(z)=-\gamma-\frac{1}{z}-\sum_{k=1}^{\infty}(-1)^k\zeta(k+1)z^k,$$

$$\zeta(k)=\sum_{n\in\mathbf{N}}\frac{1}{n^k}=\frac{(-1)^k}{k!}\frac{\mathrm{d}^k}{\mathrm{d}z^k}[z\psi(z)]\big|_{z=0}.$$

5.5　整函数乘积展开

1. 整函数因式分解

任何 n 次多项式 $P_n(z)$ 有 n 个零点 $\alpha_k(k=1,2,\cdots,n)$，可将多项式表示成因子化形式：

$$P_n(z)=A'\prod_{k=1}^{n}(z-\alpha_k)=A\prod_{k=1}^{n}\left(1-\frac{z}{\alpha_k}\right).$$

对于整函数也有类似的性质，整函数可以没有零点，也可以有无穷多零点. 容易证明，没有零点的整函数可以表示为 $f(z)=\mathrm{e}^{g(z)}$，其中 $g(z)$ 也是整函数. 如果整函数有 n 个零点 $\alpha_k(k=1,2,\cdots,n)$，则它形式上可表示为

$$f(z)=A\mathrm{e}^{g(z)}\prod_{k=1}^{n}\left(1-\frac{z}{\alpha_k}\right).$$

但如果整函数具有无穷多可数的零点，这就涉及无穷乘积，于是也存在收敛性问题.

2. 无穷乘积收敛性

对于复数项无穷乘积

$$\prod_{n=1}^{\infty}q_n=\prod_{n=1}^{\infty}(1+c_n), \tag{5.5.1}$$

如果其部分乘积的极限 Π 是非零的有限值，即

$$\Pi_N=\prod_{n=1}^{N}(1+c_n)\xrightarrow{N\to\infty}\Pi,$$

则称它是收敛的,记作 $\Pi=\lim\limits_{n\to\infty}\Pi_n$. 因为 $1+c_n=\Pi_n/\Pi_{n-1}$,所以 $n\to\infty$ 时 $c_n\to 0$ 是无穷乘积收敛的必要条件. 有如下收敛判据:

(1) 无穷乘积收敛的充分必要条件是级数 $\sum\limits_{n=1}^{\infty}\ln q_n$ 收敛.

(2) 无穷乘积收敛的充分必要条件是级数 $\sum\limits_{n=1}^{\infty}c_n$ 收敛.

将无穷乘积改写为

$$\prod_{n=1}^{\infty}q_n=\prod_{n=1}^{N}q_n\exp\left[\sum_{n=N+1}^{\infty}\ln(1+c_n)\right],$$

其中,ln 是对数函数取主值. 如果其相应的对数级数绝对收敛,则称无穷乘积绝对收敛,其判据为:

无穷乘积 $\prod\limits_{n=1}^{\infty}q_n$ 绝对收敛的充分必要条件是无穷级数 $\sum\limits_{n=1}^{\infty}|c_n|$ 绝对收敛.

证明 对于给定正整数 N,当 $n>N$ 时有 $|c_n|<1/2$,因此存在正实数 $\alpha>0$,有

$$|\ln(1+c_n)|\leqslant\alpha|c_n|.$$

由于无穷级数 $\sum\limits_{n=1}^{\infty}|c_n|$ 绝对收敛,所以对数级数 $\sum\limits_{n=1}^{\infty}\ln(1+c_n)$ 绝对收敛,即无穷乘积绝对收敛.

例 5.8 研究无穷乘积的收敛性:

(a) $\prod\limits_{n=1}^{\infty}\left[1+(-1)^{n+1}\dfrac{1}{n}\right]$; (b) $\prod\limits_{n=1}^{\infty}\left[1+\dfrac{\mathrm{i}}{n}\right]$.

解 (a) 由于调和级数 $\sum\limits_{n=1}^{\infty}\dfrac{1}{n}=\infty$,根据收敛判据,$\prod\limits_{n=1}^{\infty}\left[1+\dfrac{(-1)^{n+1}}{n}\right]$ 不绝对收敛. 另外,级数 $\sum\limits_{k=1}^{\infty}(-1)^{n+1}\dfrac{1}{n}$ 收敛, 所以该无穷乘积收敛但不绝对收敛. 事实上

$$\begin{aligned}\prod_{n=1}^{\infty}\left[1+(-1)^{n+1}\frac{1}{n}\right]&=(1+1)\left(1-\frac{1}{2}\right)\left(1+\frac{1}{3}\right)\left(1-\frac{1}{4}\right)\cdots\\&=2\cdot\frac{1}{2}\cdot\frac{4}{3}\cdot\frac{3}{4}\cdot\frac{6}{5}\cdot\frac{5}{6}\cdot\cdots\to 1;\end{aligned}$$

(b) 由于 $\sum\limits_{k=1}^{\infty}\ln\left[1+\dfrac{\mathrm{i}}{n}\right]=\sum\limits_{k=1}^{\infty}\left[\dfrac{\mathrm{i}}{n}+\mathcal{O}\left(\dfrac{1}{n^2}\right)\right]$ 不收敛,所以 $\prod\limits_{n=1}^{\infty}\left[1+\dfrac{\mathrm{i}}{n}\right]$ 不收敛. 又由于

$$0<\ln\left|1+\frac{\mathrm{i}}{n}\right|<\frac{1}{2}\ln\left(1+\frac{1}{n^2}\right)<\frac{1}{n^2},$$

于是 $\prod\limits_{n=1}^{\infty}\left|1+\dfrac{\mathrm{i}}{n}\right|$ 收敛, 所以该无穷乘积不收敛但其模的乘积收敛.

结论 无穷乘积的绝对收敛并不等同于其模的无穷乘积收敛.

3. 魏尔斯特拉斯乘积定理

对于任何点序列 $\alpha_n\in\mathbb{C}$,满足 $\lim\limits_{n\to\infty}\alpha_n=\infty$,存在一个整函数 $f(z)$,它的所有零点在 $z=\alpha_n$,且 $f(z)$在每个零点 α_n 的阶数等于点序列中 α_n 重复出现的次数.

推论　任意整函数可以分解为其零点的无穷乘积

$$f(z)=z^m e^{g(z)}\prod_{n=1}^{\infty}\left(1-\frac{z}{\alpha_n}\right)e^{\frac{z}{\alpha_n}+\frac{1}{2}\left(\frac{z}{\alpha_n}\right)^2+\cdots+\frac{1}{m_n}\left(\frac{z}{\alpha_n}\right)^{p_n}},\tag{5.5.2}$$

其中,$m\geqslant 0$ 为 $f(z)$ 在 $z=0$ 的零点阶数；$g(z)$ 是某个整函数；p_n 的选取是使级数 $\sum_{n=1}^{\infty}(z/\alpha_n)^{p_{n+1}}$ 在任意紧集上绝对且一致收敛.

整函数 $f(z)$ 的因式分解与亚纯函数的米塔-列夫勒展开有密切关系，这一点可以这样来理解：将整函数取对数导数 $h(z)=[\ln f(z)]'$，其零点转变为 $h(z)$ 的单极点，然后可对其作米塔-列夫勒展开.

例 5.9　证明：

$$\sin z=z\prod_{n=1}^{\infty}\left(1-\frac{z^2}{n^2\pi^2}\right).$$

证明　根据米塔-列夫勒展开式(5.4.4)，有

$$\frac{\mathrm{d}}{\mathrm{d}z}\ln(\sin z)=\cot z=\frac{1}{z}+\sum_{n=1}^{\infty}\frac{2z}{z^2-n^2\pi^2},$$

对两边进行积分，即得

$$\sin z=z\prod_{n=1}^{\infty}\left(1-\frac{z^2}{n^2\pi^2}\right).$$

例 5.10　构造一个整函数，使其所有零点为负整数值的单零点 $z_n=-n\quad(n\in\mathbb{N})$.

解　这种情形下的无穷乘积为

$$\prod_{n=1}^{\infty}\left(1+\frac{z}{n}\right).$$

该无穷乘积不收敛，需要消除发散. 由于

$$\left|\ln\left(1+\frac{z}{n}\right)-\frac{z}{n}\right|\leqslant C\,\frac{|z|^2}{n^2}\quad(|z|\leqslant R,n\geqslant 2R),$$

方程右边表示的级数 $\sum_{n=1}^{\infty}\frac{|z|^2}{n^2}$ 收敛，于是所求整函数为

$$f(z)=\prod_{n=1}^{\infty}\left(1+\frac{z}{n}\right)e^{-z/n}.$$

它在全平面绝对收敛且具有所指定的零点.

注记

根据代数基本定理，n 次多项式(也是整函数)必然有 n 个根，重根按不同的单根处理，多项式可以表示成唯一的因子化乘积

$$P_n(z)=(z-\alpha_1)(z-\alpha_2)\cdots(z-\alpha_n),$$

也称多项式按零点作乘积展开.

整函数在复平面上没有奇异性，但可能有零点，即函数方程的根 $z=\alpha_n(n=1,2,\cdots)$. 魏尔斯特拉斯定理指出，整函数同样可以表示成零点的因子化乘积形式：

$$f(z)=e^{\tilde{g}(z)}\prod_{n=1}^{N}(z-\alpha_n)=e^{g(z)}z^m\prod_{n=1}^{N}\left(1-\frac{z}{\alpha_n}\right),$$

其中,$g(z)$也是整函数,可见零点反映了整函数的主要性状.考虑复平面上有无穷多零点情形,将上式两边取对数,即

$$\ln f(z)=g(z)+\sum_{n=1}^{\infty}\ln\left(1-\frac{z}{\alpha_n}\right),$$

其中,$\ln f(z)$仍然是整函数.由3.5节可知,$\ln(z-\alpha_n)$项是点源产生的复势.根据静电学的知识,$\ln(z-\alpha_n)$是二维长程库仑势,无穷多点电荷产生的静电势叠加将导致无穷大,因此必须从上述无穷级数中减除这个发散.

减除的措施仍然采用米塔-列夫勒方案,即将级数

$$\sum_{n=1}^{\infty}\ln\left(1-\frac{z}{\alpha_n}\right)$$

的每一函数项在$z=0$点作泰勒展开,减去一个截断的泰勒多项式

$$P_n(z)=-\sum_{k=1}^{m_n}\frac{1}{k}\left(\frac{z}{\alpha_n}\right)^k,$$

所以

$$\ln f(z)=g(z)+\sum_{n=1}^{\infty}\left[\ln\left(1-\frac{z}{\alpha_n}\right)+\sum_{k=1}^{m_n}\frac{1}{k}\left(\frac{z}{\alpha_n}\right)^k\right].$$

如果$z=0$是$f(z)$的m阶零点,则可表示成魏尔斯特拉斯乘积形式:

$$f(z)=z^m e^{g(z)}\prod_{n=1}^{\infty}\left(1-\frac{z}{\alpha_n}\right)e^{\frac{z}{\alpha_n}+\frac{1}{2}\left(\frac{z}{\alpha_n}\right)^2+\cdots+\frac{1}{m_n}\left(\frac{z}{\alpha_n}\right)^{m_n}}.$$

习 题

[1] 判断下列无穷乘积的收敛性,并写出极限值:

(a) $\prod_{n=2}^{\infty}\left[1-\frac{1}{n}\right]$; (b) $\prod_{n=2}^{\infty}\left[1-\frac{1}{n^2}\right]$;

(c) $\prod_{n=2}^{\infty}\left[1-\frac{2}{n(n+1)}\right]$; (d) $\prod_{n=2}^{\infty}\left[1-\frac{2}{n^3+1}\right]$.

答案:(a) 不绝对收敛; (b) $\frac{1}{2}$; (c) $\frac{1}{3}$; (d) $\frac{2}{3}$.

[2] 将双曲函数按零点分解为无穷乘积:

(a) $\sinh z=z\prod_{n=1}^{\infty}\left(1+\frac{z^2}{n^2\pi^2}\right)$; (b) $\cosh z=z\prod_{n=1}^{\infty}\left[1+\frac{4z^2}{(2n-1)^2\pi^2}\right]$.

[3] 证明:

$$\cos z=\prod_{n=1}^{\infty}\left[1-\frac{4z^2}{(2n-1)^2\pi^2}\right].$$

提示:利用公式$\cos z=\frac{\sin 2z}{2\sin z}$,将分子按奇偶分解为两个无穷乘积.

[4] 证明:

(a) $\prod_{n=2}^{\infty}\left(1-\frac{1}{n^2}\right)=\frac{1}{2}$; (b) $\prod_{n=2}^{\infty}\left(1+\frac{1}{n^2}\right)=\frac{e^{\pi}-e^{-\pi}}{2\pi}$.

［5］证明沃利斯(J. Wallis)公式：

$$\frac{2\cdot 2}{1\cdot 3}\cdot\frac{4\cdot 4}{3\cdot 5}\cdot\cdots\cdot\frac{2n\cdot 2n}{(2n-1)\cdot(2n+1)}\cdots=\frac{\pi}{2}.$$

［6］构造一个整函数，使其所有零点为实轴上的单零点 $z_n=\pm n^{1/4}\quad(n\in\mathbb{N})$.

答案：

$$f(z)=\prod_{n=1}^{\infty}\left(1-\frac{z^2}{n^{1/2}}\right)\mathrm{e}^{z^2/\sqrt{n}}.$$

第6章

共形映射

6.1 保角变换

1. 调和方程不变性

解析函数 $\zeta(z)=\xi(x,y)+\mathrm{i}\eta(x,y)$ 定义了一个映射，相当于作变量替换 $(x,y)\mapsto(\xi,\eta)$，将 z 平面的二维拉普拉斯方程

$$\frac{\partial^2 u}{\partial x^2}+\frac{\partial^2 u}{\partial y^2}=0 \tag{6.1.1}$$

变为 $\zeta(z)$ 平面的相应方程

$$(\xi_x^2+\xi_y^2)u_{\xi\xi}+2(\xi_x\eta_x+\xi_y\eta_y)u_{\xi\eta}+(\eta_x^2+\eta_y^2)u_{\eta\eta}+(\xi_{xx}+\xi_{yy})u_\xi+(\eta_{xx}+\eta_{yy})u_\eta=0.$$

由于 $\zeta(z)$ 的实部和虚部均为调和函数，且满足柯西-黎曼条件

$$\frac{\partial\xi}{\partial x}=\frac{\partial\eta}{\partial y},\quad \frac{\partial\xi}{\partial y}=-\frac{\partial\eta}{\partial x},$$

所以有

$$|\zeta'(z)|^2(u_{\xi\xi}+u_{\eta\eta})=0.$$

该式的含义是，如果 $\zeta(z)$ 是解析函数，则拉普拉斯方程在其映射下保持不变. 也就是说，z 平面上某个区域的调和函数 u，被映射为 ζ 平面上相应区域的调和函数，

$$u_{\xi\xi}+u_{\eta\eta}=0. \tag{6.1.2}$$

这种变换也适用于二维泊松方程

$$(u_{xx}+u_{yy})=\rho(x,y),$$

映射后变为

$$u_{\xi\xi}+u_{\eta\eta}=\rho'(\xi,\eta),$$

$$\rho'(\xi,\eta)\equiv\frac{1}{|\zeta'(z)|^2}\rho(x(\xi,\eta),y(\xi,\eta)). \tag{6.1.3}$$

即泊松方程经过解析函数变换后，仍旧是泊松方程，只是外源的分布 $\rho(x,y)$ 发生了相应的改变. 尽管如此，外源的总荷保持不变，这是由于

$$|\zeta'(z)|^2=\left(\frac{\partial\xi}{\partial x}\right)^2+\left(\frac{\partial\xi}{\partial y}\right)^2=\begin{vmatrix}\dfrac{\partial\xi}{\partial x} & \dfrac{\partial\xi}{\partial y}\\ \dfrac{\partial\eta}{\partial x} & \dfrac{\partial\eta}{\partial y}\end{vmatrix}\equiv \det J,$$

$\det J$ 即坐标变换的雅可比行列式，所以

$$Q=\int_{D'}\rho'(\xi,\eta)\mathrm{d}\xi\mathrm{d}\eta=\int_{D}\rho'(x,y)\det J\,\mathrm{d}x\mathrm{d}y\equiv\int_{D}\rho(x,y)\mathrm{d}x\mathrm{d}y.$$

点源的密度分布可以用狄拉克 δ 函数来表示，

$$\rho(x,y)=q\delta(x-x_0)\delta(y-y_0),$$

因此泊松方程

$$\frac{\partial^2 u}{\partial x^2}+\frac{\partial^2 u}{\partial y^2}=q\delta(x-x_0)\delta(y-y_0)$$

变换后仍然具有相同形式

$$\frac{\partial^2 u}{\partial \xi^2}+\frac{\partial^2 u}{\partial \eta^2}=q\delta(\xi-\xi_0)\delta(\eta-\eta_0).$$

以后会专门介绍狄拉克 δ 函数，目前只需记住以下性质：

$$\int_{-\infty}^{\infty}\delta(x)\mathrm{d}x=1,\quad \int_{-\infty}^{\infty}\delta(x)f(x)\mathrm{d}x=f(0).$$

2. 导数的几何意义

设 z 平面上有一条参数曲线 $C(t)$：$z=z(t)$，经过解析函数 $\zeta=f(z)$ 映射后，成为 ζ 平面上的参数曲线 $f(C)$：$C(t)\mapsto f(C)$. 根据 $\zeta(t)=f(z(t))$，有

$$\frac{\mathrm{d}\zeta(t)}{\mathrm{d}t}\bigg|_{t=t_0}=\frac{\mathrm{d}f(z)}{\mathrm{d}z}\bigg|_{z=z_0}\cdot\frac{\mathrm{d}z(t)}{\mathrm{d}t}\bigg|_{t=t_0},\tag{6.1.4}$$

其中，$z_0=z(t_0)$，所以导数的辐角满足关系

$$\arg[\zeta'(t_0)]=\arg[f'(z_0)]+\arg[z'(t_0)].$$

由于 $\dfrac{\mathrm{d}z(t)}{\mathrm{d}t}$ 和 $\dfrac{\mathrm{d}\zeta(t)}{\mathrm{d}t}$ 分别反映曲线 C 在 z_0 点和其映像曲线 $f(C)$ 在 $\zeta_0=f(z_0)$ 点切线的斜率，映射函数的导数辐角 $\arg[f'(z_0)]$ 就等于曲线 $f(C)$ 相对于曲线 C 在 z_0 点倾角的增加值，如图 6.1 所示. 采用极坐标表示：$f'(z_0)=r\mathrm{e}^{\mathrm{i}\alpha}$，则 $\arg[f'(z_0)]=\alpha$ 即切线方向转过的角度，而导数的模 $r=|f'(z_0)|$ 反映了经过函数 $\zeta=f(z)$ 映射后，通过 z_0 点的微分线元的伸缩率.

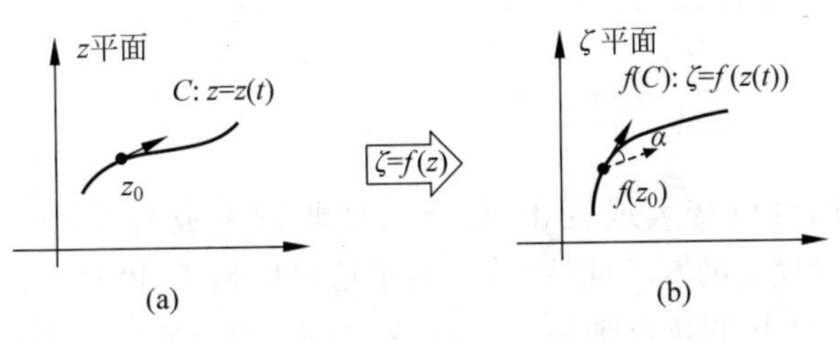

图 6.1

如果 z 平面上有两条相交于 z_0 的曲线 C_1 和 C_2，经函数 $\zeta=f(z)$ 映射到 ζ 平面上相应的两条相交曲线 $f(C_1)$ 和 $f(C_2)$，由于导数与趋近 z_0 点的方式无关，每条曲线在 z_0 点的切线转过的角度均为 $\arg[f'(z_0)]=\alpha$，所以 $f(C_1)$ 和 $f(C_2)$ 的夹角与 C_1 和 C_2 的夹角在映射下保持不变(图 6.2)，这就是解析函数的保角不变性.

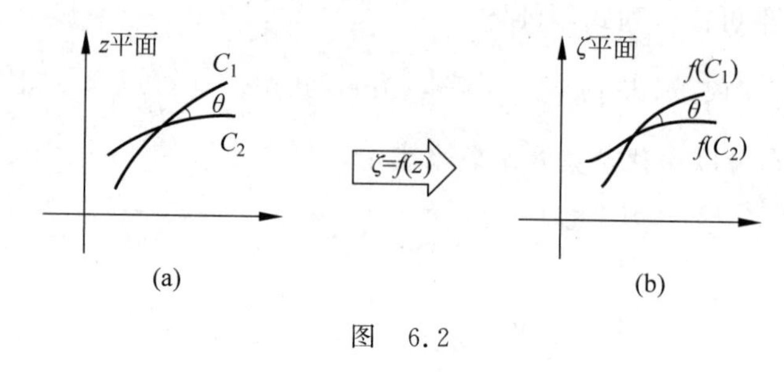

图 6.2

3. 共形映射

对于 z 平面上的多边形，经过解析函数映射后，变为 ζ 平面的多边形，且多边形的各个顶角保持不变. 但由于每一点导数的模不同，故每一点的线元伸缩率不同，因此，在有限尺度上的多边形会有明显的形状改变，如图 6.3 所示.

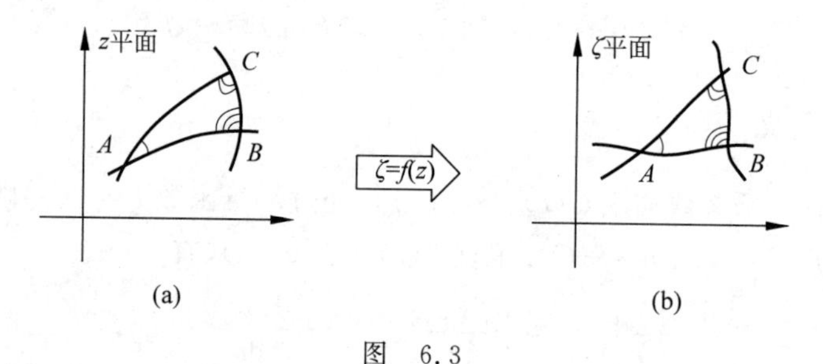

图 6.3

一般来说，如果一个映射 $\zeta=f(z)$ 保持穿过 z_0 的曲线间夹角以及它们的取向不变，则称在 z_0 点保角不变或者局域共形不变. 共形映射保持了角度以及物体局部形状的相似性，但是不一定保证它们有限尺寸的相似，如图 6.4 所示.

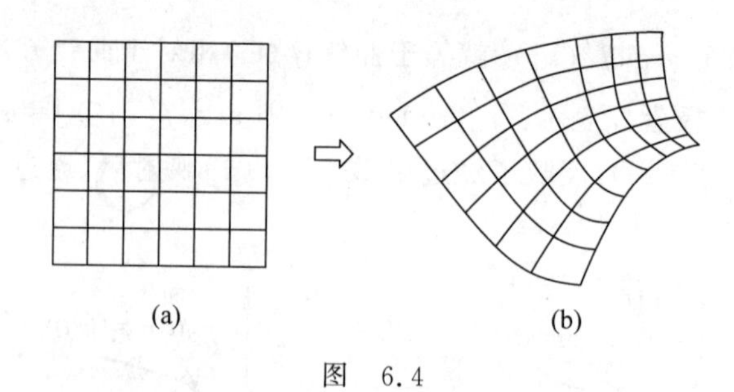

图 6.4

在共形映射下，圆可以变大或变小，但不可能将圆变成椭圆，或者将椭圆变成圆，如图 6.5 所示. 共形映射理论的基本问题就是，对于给定区域 B 和 B'，要求构造一个函数，由它实施将其中一个区域共形映射到另一个区域. 因此，需要确定共形映射的存在性和唯一性. 在复解析理论中，任意一个单连通区域必可通过某个解析函数，变为另一个相应的单连通区域.

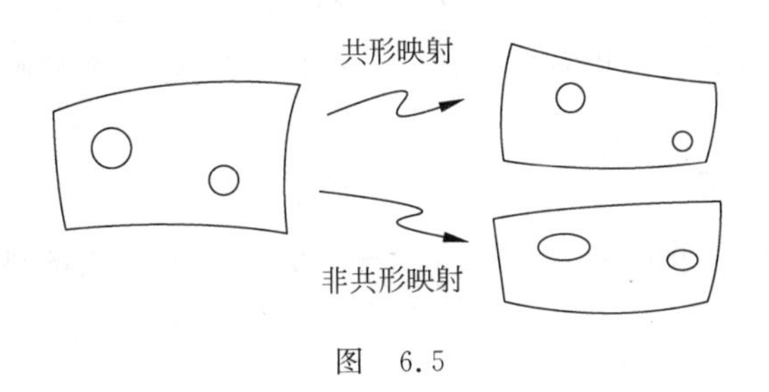

图 6.5

(1) 黎曼映射定理 任意一个单连通区域,经过适当的解析函数变换,共形等价于一个单位圆.

(2) 边界对应原理 设有两个区域 B 和 B',其边界线分别为 C 和 C',假设 B' 是有界的,如果函数 $\zeta=f(z)$ 在 B 内解析,在 $\overline{B}$ 上连续,并且实施从 C 到 C' 的保持绕行方向的双向单值映射,那么它就实施从区域 B 到 B' 的单值共形映射.

对于某个区域 B,其边界线 C 可以用一个实参数 t 表示: $C=C(t)$,假设有一个从 B 到 B' 的共形映射 $f(z)$,如果 B' 没有无穷远分支,则 $f(C(t))$ 实施从区域 B 到 B' 的边界线之间一个连续且双向单值的映射.后面几节将讨论几种基本的解析函数变换.

注记

18世纪以前,人们已经熟悉了球极平面投影,依巴谷(Hipparchus)、托勒密(C. Ptolemaeus),甚至更早的古埃及人可能已经使用球极投影来制作星图或航海图.1590年,哈利奥特(T. Harriot)注意到球极投影具有共形不变性,如图6.6(a)所示,即保持角度不变,或者说保持小范围内相似.在大范围内物体会发生变形,比如如图6.6(b)所示的北极投影地图,这种海图虽然比例失真,但十分便于根据星星位置确定航海的方向,早期被广泛地用于西方的航海业.1695年,哈雷(E. Halley)从数学上证明了球极投影的共形不变性.欧拉、拉格朗日等共同促进了共形理论的发展,他们都使用了复数;高斯则将拉格朗日的理论推广为任意曲面到平面的共形映射.黎曼似乎是最早将共形映射视为解析函数理论基础的人,黎曼映射定理给出了共形映射理论一个奠基性的描述.

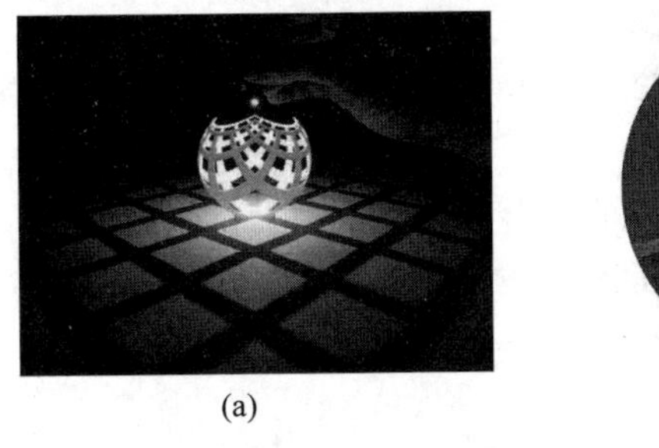

(a)

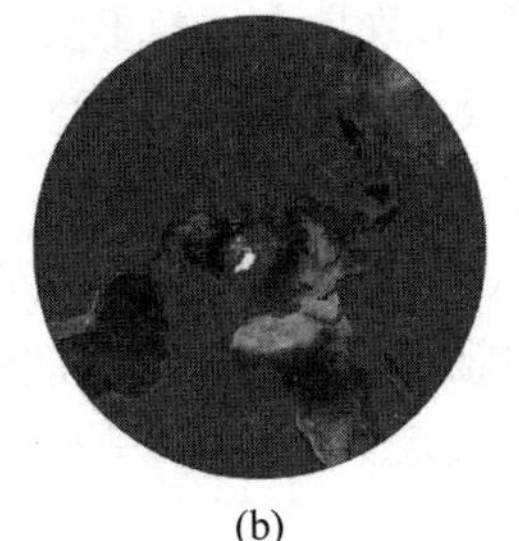

(b)

图 6.6

(图片来自 Wikipedia)

球极投影的一个重要性质是将球面上的圆映射为平面上的圆或直线.从黎曼球的观点看,实轴就是一个圆,与单位圆没有实质区别.球面运动(刚体转动)是共形的,它是从黎曼球面到自身的共形映射,可以通过一个分式线性变换来实现.

习　题

[1] 分析函数 $w=\sqrt{z}$ 将圆周 $r=\cos\phi$ $(-\pi/2<\phi\leqslant\pi/2)$内部映射为什么区域？画出其曲线.

答案：双纽线 $\rho=\sqrt{\cos(2\theta)}$.

[2] 分析函数 $w=z^2$ 将圆周 $r=\cos\phi$ $(-\pi/2<\phi\leqslant\pi/2)$内部映射为什么区域？画出其曲线.

答案：心形线 $\rho=\cos^2[\theta/2]$.

[3] 证明：球极投影将球面上的圆映射为平面上的圆.

提示：用平面切割单位球面，$aX+bY+cZ=d$，其交线即球面上的圆.

[4] 设 P 是黎曼球面上的一点，z 是其在复平面上的球极投影点，证明：

(a) 球面上 P 的直径对点 $-P$ 在复平面的球极投影点为 $-\dfrac{1}{\bar{z}}$；

(b) 在球极投影下，球面绕 x 轴转 180°对应于反演：$z\mapsto\dfrac{1}{z}$.

提示：球面上 $P=(X,Y,Z)$的球极投影点为 $z=\dfrac{X+\mathrm{i}Y}{1-Z}$.

6.2 初等函数变换

1. 幂函数变换

线性函数 $\zeta(z)=az+b$(a,b 是复常数)，其导数 $\zeta'(z)=a$ 是常数，即线元长度的放大率$|a|$是常数，图形的各个部分按同样的比例放大而保持形状不变，常数 a 的辐角给出图形在复平面上整体旋转的角度.

幂函数 $\zeta(z)=z^n$，其导数 $\zeta'(z)=nz^{n-1}$. 由于原点 $z=0$ 的导数为零，所以两条曲线在原点的交角不再保持不变，它被放大了 n 倍. 变换 $\zeta(z)=z^{1/n}$ 在原点的交角则缩小 n 倍. 在原点以外的区域，幂函数具有保角不变性.

例 6.1　一块很大的金属导体，挖去一个 $\alpha=\pi/3$ 的二面角，导体电势为 V_0，试求二面角空间的电势分布.

解　取变换 $\zeta(z)=z^3$，将 $\alpha=\pi/3$ 的角形区域变换为上半平面(图 6.7). 在 ζ 的上半平面的电势分布与实轴 ξ 无关，与 η 成正比，即

$$u=A\eta+V_0=A\,\mathrm{Im}\zeta+V_0,$$

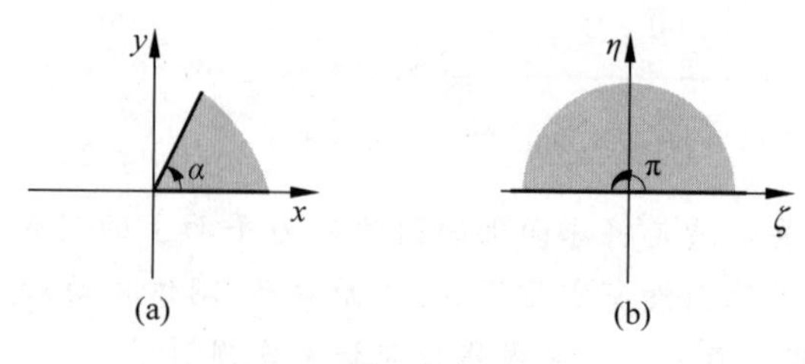

图　6.7

实常数 A 取决于导体表面的电荷密度，将电势作为虚部，于是复势为

$$w = A\zeta + \mathrm{i}V_0 = Az^3 + \mathrm{i}V_0.$$

回到原来的 z 平面，得到角形区域的电势分布为

$$u = \mathrm{Im}w = A\,\mathrm{Im}z^3 + V_0 = A(3x^2y - y^3) + V_0.$$

思考　如果 α 为任意角度，能否求解电势分布？

例 6.2　研究平底水槽中水的流动，槽底有一竖直的薄片阻挡水流(图 6.8(a))。

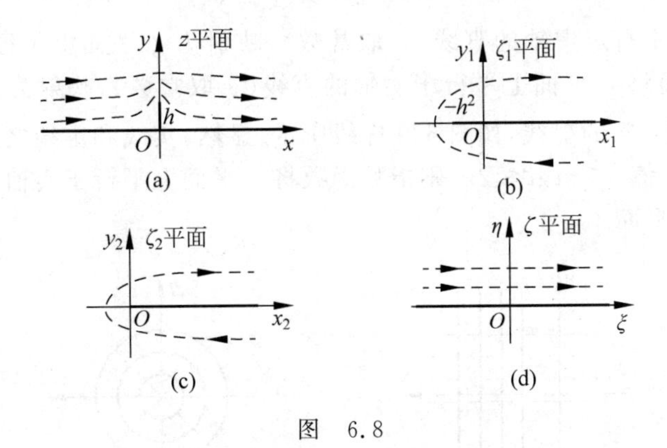

图　6.8

解　先作变换 $\zeta_1 = z^2$，则水槽边界由图 6.8(a)边界变为图 6.8(b)，负实轴和正实轴折叠在一起；再取 $\zeta_2 = \zeta_1 + h^2$，将折叠的水平边界向右平移 h^2，即将端点移至原点，如图 6.8(c)所示；最后作变换 $\zeta = \sqrt{\zeta_2}$，将折叠的正实轴重新展开成图 6.8(d)的全实轴. 三次变换综合起来，变换函数就是

$$\zeta = \sqrt{z^2 + h^2}.$$

在平直水平面上，水流是均匀的，速度势为横轴方向的线性函数，

$$u = A\xi = A\,\mathrm{Re}\zeta,$$

相应的复势为

$$w = A\zeta = A\sqrt{z^2 + h^2},$$

所以 z 平面速度场分布是

$$v_x + \mathrm{i}v_y = \frac{\partial u}{\partial x} + \mathrm{i}\frac{\partial u}{\partial y} = \overline{w'(z)} = \frac{A\bar{z}}{\sqrt{\bar{z}^2 + h^2}}.$$

为了确定常数 A，假设无穷远处的流速在水平方向为均匀分布，即

$$\lim_{z\to\infty} \frac{A\bar{z}}{\sqrt{\bar{z}^2 + h^2}} = \lim_{z\to\infty} \frac{A}{\sqrt{1 + (h/\bar{z})^2}} \xrightarrow{z\to\infty} v_x = A \equiv v_0$$

所以速度场分布为

$$v_x = \mathrm{Re}\left[\frac{v_0\bar{z}}{\sqrt{\bar{z}^2 + h^2}}\right],\quad v_y = \mathrm{Im}\left[\frac{v_0\bar{z}}{\sqrt{\bar{z}^2 + h^2}}\right].$$

2. 指数函数和对数函数变换

1) 指数函数

$$\zeta(z)=e^{z}=e^{x}e^{iy}.$$

由于

$$|\zeta|=e^{x},\quad \arg\zeta=y,$$

指数函数将 z 平面平行于虚轴的直线(x 取常数),映射为 ζ 平面上半径为 $r=e^{x}$ 的圆,如图 6.9 实线所示.而将 z 平面上平行于实轴的直线(y 取常数),映射为 ζ 平面上从原点发出、辐角为 $\phi=\arg\zeta=y$ 的射线,如图 6.9 虚线所示.显然,实线和虚线之间的正交性保持不变.如果只取辐角主值 $0\leqslant\arg\zeta\leqslant2\pi$,则指数函数将 z 平面上平行于实轴而宽度为 $[0,2\pi]$ 的区域变换成 ζ 的全平面.

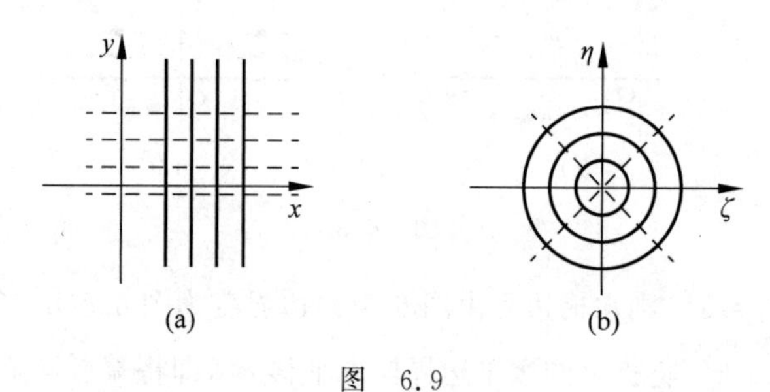

图 6.9

2) 对数函数

$$\zeta(z)=\ln z=\ln|z|+\mathrm{i}\arg z+2k\pi\mathrm{i}\quad(k\in\mathbb{Z}).$$

它是指数函数的逆函数,将 z 平面上以原点为圆心的圆周,变成 ζ 平面上平行于虚轴的直线;将 z 平面上辐角为常数的射线,变为 ζ 平面上平行于实轴的直线,即从图 6.9(b)映射到图 6.9(a).

例 6.3 两个同轴圆柱构成电容器,内外圆柱的半径分别为 R_1 和 R_2,计算每单位长度圆柱电容器的电容量.

解 取对数函数变换

$$\zeta(z)=\ln z=\ln|z|+\mathrm{i}\arg z\quad(0\leqslant\arg z<2\pi),$$

它将 z 平面上半径分别为 $|z|=R_1,R_2$ 的同心圆,变换成 ζ 平面上实部等于常数 $\xi=\ln R_1$,$\ln R_2$,虚部为宽度 $0\leqslant\eta<2\pi$ 的平行线段,如图 6.10(b)所示,它构成一个平行板电容器.容易计算出该平行板电容器的单位长度电容量为

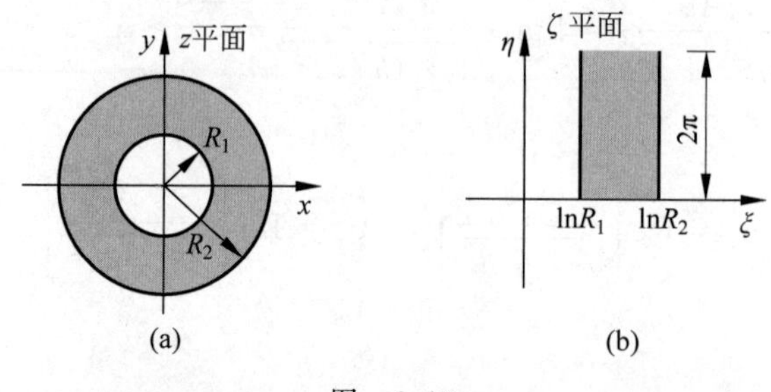

图 6.10

$$C=\frac{\varepsilon_0 A}{\mathrm{d}}=\frac{2\pi\varepsilon_0}{\ln(R_2/R_1)}.$$

3. 分式线性变换

1）反演变换

$$\zeta(z)=\frac{R^2}{z}.$$

取 $z=\rho e^{i\phi}$，则

$$\zeta(z)=\frac{R^2}{\rho}e^{-i\phi}$$

它相当于相继作两个变换

$$z_1=\frac{R^2}{\bar{z}},\quad \zeta=\bar{z}_1,$$

其结果是，将 z 平面上的圆变成 ζ 平面上的圆，将圆内的区域变成圆外的区域，将圆的一对共轭点保持为共轭点，而圆心映射为无穷远点，如图 6.11 所示. 图中的两点 (z,z_1) 称作圆的共轭点，满足 $|z|\cdot|z_1|=R^2$. 对于圆内任一点，在圆外总有唯一的共轭点，反之亦然.

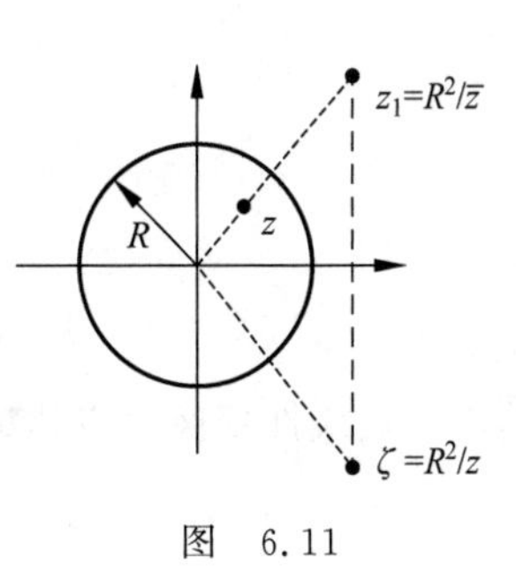

图　6.11

2）分式线性变换

$$\zeta(z)=\frac{az+b}{cz+d}\quad(ad-bc\neq 0).\tag{6.2.1}$$

其分子分母都是线性的，故称作分式线性变换（fractional linear transformation），有时也叫莫比乌斯变换（Mobius transformation）. 分式线性变换可以分解为

$$\zeta=\frac{a}{c}+\frac{b-ad/c}{cz+d}=\frac{a}{c}+\frac{(bc-ad)/c^2}{z+d/c},$$

即平移→反演→平移三个变换，于是

$$\left|\zeta-\frac{a}{c}\right|=\frac{|(bc-ad)/c^2|}{|z+d/c|}\xrightarrow{p=-d/c}\left|\zeta-\frac{a}{c}\right|=\frac{|(b+ap)/c|}{|z-p|}.$$

分式线性变换有如下基本性质.

(1) 将圆变换为圆，圆的共轭点仍保持为共轭点；将 z 平面上的直线变成 ζ 平面上的圆或直线，或者反之.

(2) 分式线性变换实施从黎曼球到其自身的映射.

(3) 分式线性变换是不可交换的，全部分式线性变换的集合构成一个群.

分式线性变换有四个复常数 a、b、c、d，分子分母约去一个公共常数，实际上有三个决定其变换性质的常数，可以由复平面上三个点的映射关系确定. 因此，只存在唯一的分式线性变换，将三个不同的点 z_1、z_2、z_3，映射到 ζ 平面三个不同的点 ζ_1、ζ_2、ζ_3，即

$$(z_1,z_2,z_3)\mapsto(\zeta_1,\zeta_2,\zeta_3).$$

例 6.4　有一很大的接地导体平面，另有一长导线平行于该导体平面，两者相距为 a，如果导线均匀带电，每单位长的电量为 Q，求电势分布.

解 将复平面取为垂直于导体平面和导线的平面,使导体面为实轴,长导线位置为 $z=\mathrm{i}a$,二维电势分布满足泊松方程

$$\begin{cases}\dfrac{\partial^2 u}{\partial x^2}+\dfrac{\partial^2 u}{\partial y^2}=\dfrac{Q}{2\pi\varepsilon_0}\delta(y-a)\delta(x)\\ u\,|_{y=0}=0\end{cases}.$$

现在试图找到一个变换,将实轴变为圆,将导线变为圆心,而导线关于实轴的镜像点变为圆的无穷远点(共轭点),如图 6.12 所示.

$$z=\mathrm{i}a\mapsto\zeta=0,\quad z=-\mathrm{i}a\mapsto\zeta=\infty,\quad y=0\mapsto|\zeta|=R.$$

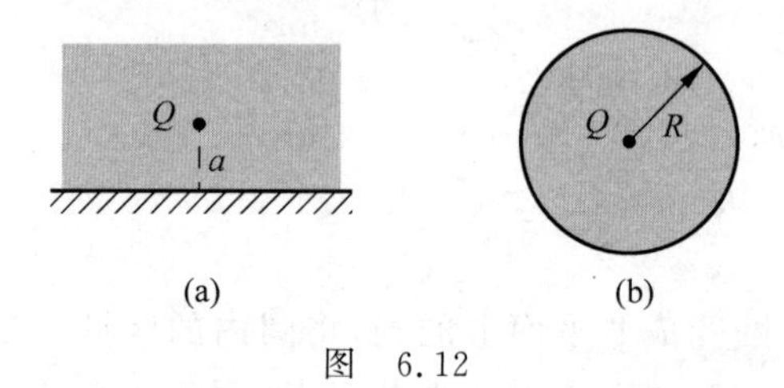

图 6.12

利用分式线性变换可以达成这一目标,取

$$\zeta=R\,\frac{x-\mathrm{i}a}{x+\mathrm{i}a},$$

显然,导体平面的实轴 $z=x$ 变成了圆心在原点、半径为 R 的圆,

$$|\zeta|=\left|R\,\frac{x-\mathrm{i}a}{x+\mathrm{i}a}\right|=R.$$

该同心圆柱的电势分布为

$$u=\frac{Q}{2\pi\varepsilon_0}\ln\frac{\rho}{R},$$

回到 z 平面,得到电势分布为

$$\begin{aligned}u&=\frac{Q}{2\pi\varepsilon_0}\ln\frac{\rho}{R}=\frac{Q}{2\pi\varepsilon_0}\ln\frac{|\zeta|}{R}=\frac{Q}{2\pi\varepsilon_0}\ln\frac{|z-\mathrm{i}a|}{|z+\mathrm{i}a|}\\&=\frac{Q}{2\pi\varepsilon_0}\ln\frac{x^2+(y-a)^2}{x^2+(y+a)^2}.\end{aligned}$$

该结果也可从导线与其水平面的镜像所产生的电势叠加获得.

例 6.5 两个互相平行的导体圆柱,半径分别是 R_1 和 R_2,圆柱轴心相距为 $L(L>R_1+R_2)$,求单位长度的电容量.

解 设法找一个变换,将平行的两根圆柱变为同心圆柱. 为此需要利用二圆唯一的一对公共共轭点,它们在两轴心的连线上,设其为 A 和 B,如图 6.13(a)所示,有

$$|O_1A|\cdot|O_1B|=R_1^2,\quad |O_2A|\cdot|O_2B|=R_2^2.$$

令 O_1 为原点,$|O_1A|=x_1$,$|O_1B|=x_2$,于是

$$x_1\cdot x_2=R_1^2,\quad (L-x_1)\cdot(L-x_2)=R_2^2,$$

容易解出

$$x_{1,2}=\frac{1}{2L}\left[(L^2+R_1^2-R_2^2)\pm\sqrt{(L^2+R_1^2-R_2^2)^2-4R_1^2L^2}\right].$$

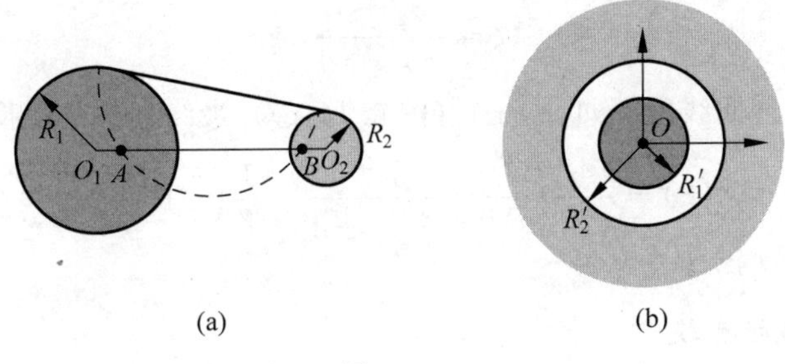

图 6.13

取分式线性变换

$$\zeta = \frac{z - x_1}{z - x_2},$$

它将 A 点映射为原点，B 点映射为∞；容易验证二圆变成了同心圆，其半径分别为

$$R'_1 = \left| \frac{-R_1 - x_1}{-R_1 - x_2} \right|, \quad R'_2 = \left| \frac{L + R_2 - x_1}{L + R_2 - x_2} \right|,$$

所以每单位长度的电容量即同轴电容器的电容量：

$$C = \frac{2\pi\varepsilon_0}{\ln(R'_2 / R'_1)}.$$

例 6.6 如图 6.14(a)所示，实轴上有一个半圆形凸起，圆的半径为 $R=1$，寻找一个保角变换，将半圆形凸起抹平.

解 分几步来实现这一目标，先作分式线性变换

$$z_1 = \frac{z - 1}{z + 1},$$

它将图 6.14(a)的 C 点映射为图 6.14(b)的原点 C_1，A 点映射为∞，B 点映射为 $z_1 = \mathrm{i}$ 的 B_1 点，所以它将半圆弧 ABC 映射为 z_1 平面的上半虚轴. 另外，它将实轴上的无穷远点 D 和 E 都变成 $z_1 = +1$ 的同一点 D_1. 因此，原来带半圆凸起的上平面，现在变成了 z_1 平面第一象限. 接着再作变换

$$z_2 = z_1^2,$$

它将第一象限变为上半平面，注意这时实轴上各点的排列次序为

$$A_2 \to B_2 \to C_2 \to D_2(E_2) \to A_2,$$

与原来带凸起的实轴上各点的次序不一致：

$$E \to A \to B \to C \to D,$$

所以还需要再作分式线性变换

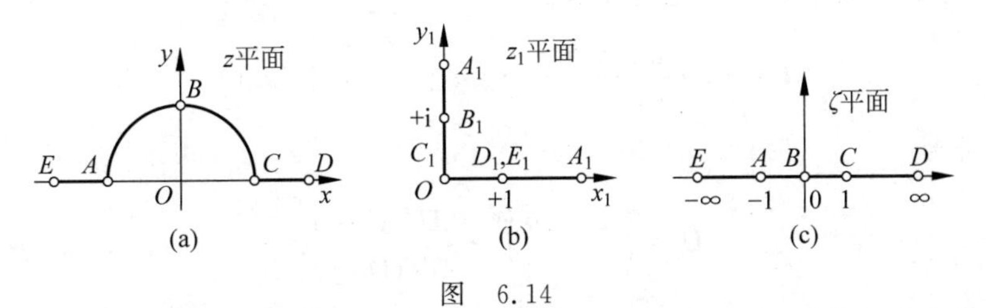

图 6.14

$$\zeta=\frac{z_2+1}{-z_2+1},$$

它将圆弧 ABC 重新变回线段$[-1,0,+1]$(图6.14(c)).最终完整的变换为

$$\zeta(z)=\frac{z_2+1}{-z_2+1}=\frac{z_1^2+1}{-z_1^2+1}=\frac{1}{2}\left(z+\frac{1}{z}\right).$$

注记

设有两个分式线性变换

$$\boldsymbol{L}_1: z\mapsto\frac{a_1z+b_1}{c_1z+d_1}\quad(a_1d_1-b_1c_1\neq 0),$$

$$\boldsymbol{L}_2: z\mapsto\frac{a_2z+b_2}{c_2z+d_2}\quad(a_2d_2-b_2c_2\neq 0).$$

相继两个映射 $\boldsymbol{L}=\boldsymbol{L}_2\circ\boldsymbol{L}_1$ 也是分式线性的,即

$$z\mapsto\frac{a_1\left(\dfrac{a_2z+b_2}{c_2z+d_2}\right)+b_1}{c_1\left(\dfrac{a_2z+b_2}{c_2z+d_2}\right)+d_1}=\frac{(a_1a_2+b_1c_2)z+(a_1b_2+b_1d_2)}{(c_1a_2+d_1c_2)z+(c_1b_2+d_1d_2)}.$$

由此可见,分式线性变换

$$\boldsymbol{L}: z\mapsto\frac{az+b}{cz+d}$$

可以用一个 2×2 阶矩阵描述:

$$\boldsymbol{L}=\begin{pmatrix}a & b\\ c & d\end{pmatrix}.$$

分式线性变换条件 $ad-bc\neq0$,就是矩阵 $\boldsymbol{L}$ 可逆的条件.相继两个映射就等价于矩阵的乘积:

$$\begin{pmatrix}a_1 & b_1\\ c_1 & d_1\end{pmatrix}\begin{pmatrix}a_2 & b_2\\ c_2 & d_2\end{pmatrix}=\begin{pmatrix}a_1a_2+b_1c_2 & a_1b_2+b_1d_2\\ c_1a_2+d_1c_2 & c_1b_2+d_1d_2\end{pmatrix}.$$

可以验证,分式线性变换构成一个群,即只包含乘法运算的封闭代数集合:

(1) 结合律:$\boldsymbol{L}_1\circ(\boldsymbol{L}_2\circ\boldsymbol{L}_3)=(\boldsymbol{L}_1\circ\boldsymbol{L}_2)\circ\boldsymbol{L}_3$;

(2) 单位元:到自身的恒等映射 $z\mapsto z$;

(3) 存在逆元 $\boldsymbol{L}^{-1}: z\mapsto\dfrac{dz-b}{a-cz}$.

分式线性变换一般是不可交换的,即 $\boldsymbol{L}_1\circ\boldsymbol{L}_2\neq\boldsymbol{L}_2\circ\boldsymbol{L}_1$,所以它是一个非阿贝尔群.

由于闭复平面$\overline{\mathbb{C}}$ 与黎曼球面间的球极投影具有共形不变性,高斯发现球面的任何连续转动,都可以通过下述分式线性变换表示:

$$\boldsymbol{L}: z\mapsto\frac{az+\bar{b}}{-bz+\bar{a}}\quad(|a|^2+|b|^2=1),$$

它的系数矩阵为

$$\boldsymbol{U}=\begin{pmatrix}a & \bar{b}\\ -b & \bar{a}\end{pmatrix}\to\begin{cases}\boldsymbol{U}^{+}\boldsymbol{U}=1\\ \det\boldsymbol{U}=1\end{cases}.$$

这是一个幺模幺正变换(unitary transform),构成 $SU(2)$群,它与三维空间转动群 $SO(3)$同

构.这样,刚体的定点运动(球面转动)就可以用分式线性变换来表述,它包含一对复数 a 和 b,令 $a=\alpha+\mathrm{i}\beta, b=\gamma+\mathrm{i}\delta \quad (\alpha,\beta,\gamma,\delta\in\mathbb{R})$,有

$$\begin{aligned}\begin{pmatrix}a & b\\ -\bar{b} & \bar{a}\end{pmatrix}&=\alpha\begin{pmatrix}1 & 0\\ 0 & 1\end{pmatrix}+\beta\begin{pmatrix}\mathrm{i} & 0\\ 0 & -\mathrm{i}\end{pmatrix}+\gamma\begin{pmatrix}0 & 1\\ -1 & 0\end{pmatrix}+\delta\begin{pmatrix}0 & \mathrm{i}\\ \mathrm{i} & 0\end{pmatrix}\\ &=\alpha\boldsymbol{I}+\beta\boldsymbol{i}+\gamma\boldsymbol{j}+\delta\boldsymbol{k},\end{aligned}$$

其中,矩阵 $\boldsymbol{i}$、$\boldsymbol{j}$、$\boldsymbol{k}$ 满足

$$\boldsymbol{i}^2=\boldsymbol{j}^2=\boldsymbol{k}^2=\boldsymbol{ijk}=-1.$$

它恰好就是四元数的基,这样转动矩阵 $\boldsymbol{U}$ 对应于一个四元数,所以特定的四元数乘法描述刚体的三维定点转动.

量子力学中泡利矩阵通常定义为厄米矩阵,

$$\mathrm{i}\sigma_x\longleftrightarrow-\boldsymbol{k},\quad \mathrm{i}\sigma_y\longleftrightarrow-\boldsymbol{j},\quad \mathrm{i}\sigma_z\longleftrightarrow-\boldsymbol{i}.$$

它描述自旋为 $\dfrac{1}{2}$ 粒子的非相对论内禀量子态.

作为有异曲同工之妙的历史故事,在把薛定谔方程纳入相对论协变性框架的精彩演绎中,为了将具有二次关系的相对论能量-动量方程线性化,

$$E^2=m^2c^4+p^2c^2,$$

狄拉克假设如下关系成立:

$$\sqrt{x^2+y^2}=\alpha x+\beta y,$$

其中,α 和 β 为待定"系数",有

$$x^2+y^2=(\alpha x+\beta y)\cdot(\alpha x+\beta y)=\alpha^2x^2+\beta^2y^2+(\alpha\beta+\beta\alpha)xy,$$

所以需要满足

$$\alpha^2=\beta^2=1,\quad \alpha\beta+\beta\alpha=0.$$

结果发现 α 和 β 必须满足非对易性!这是不是有点似曾相识?——没错,你看到了四元数的影子!如果将动量的三个分量都考虑进来,就得到不折不扣的哈密顿四元数.四元数就这样以不可思议的方式在量子物理中登堂入室,电子自旋作为相对论效应,直接在狄拉克方程中体现出来.

狄拉克这天外飞仙的一笔,不仅建立了相对论量子力学,还导致关于正电子的预言,成为与牛顿万有引力理论、麦克斯韦电磁波理论及爱因斯坦引力理论并列的不朽发现.

习　题

[1] 寻找分式线性变换,实施以下点到点的映射:

(a) $(1,\mathrm{i},-1)\mapsto(\mathrm{i},-1,1)$;　(b) $(0,1,\infty)\mapsto(-1,-\mathrm{i},1)$.

[2] 实轴上 $x\in(0,a)$ 段电势为 V_0,$x>a$ 段及正虚轴电势均为 0,求第一象限的电势分布.

提示:作变换 $\zeta_1=z^2,\zeta_2=\dfrac{\zeta_1-a^2}{\zeta_1},\zeta=\ln\zeta_2$,将第一象限映射为平板电容器.

答案:

$$u=\frac{V_0}{\pi}\eta=\frac{V_0}{\pi}\arg\frac{z^2-a^2}{z^2}.$$

[3] 无限大金属平面附近有一半径为 a 的长导体,轴心距平面为 b,寻找一个共形变换,将该系统变换成同心圆柱.

[4] 半径为 R_1 的空心导体圆柱套着另一根半径为 R_2 的导体圆柱,两柱平行而相距为 $L(L<R_1-R_2)$,求单位长度的电容量.

答案:

$$C=\frac{2\pi\varepsilon_0}{\operatorname{arccosh}\left[(R_1^2+R_2^2-L^2)/2R_1R_2\right]}.$$

[5] 将弓形区域映射为单位圆: $|z|\leqslant 2, \mathrm{Im}z\geqslant 1$.

答案:

$$\zeta_1=\frac{z+\sqrt{3}-\mathrm{i}}{-z+\sqrt{3}+\mathrm{i}},\quad \zeta_2=-\zeta_1^3,\quad \zeta=\frac{\zeta_2-\mathrm{i}}{\zeta_2+\mathrm{i}}.$$

[6] 寻找一个变换,将半径为1的1/4扇形区域映射为上半平面.

答案:

$$\zeta=\left(\frac{1+z^2}{1-z^2}\right)^2.$$

[7] 设 z 平面内有一带状区域 D: $-\frac{\pi}{4}<\mathrm{Re}z<\frac{\pi}{4}$,寻找一个函数 $\zeta(z)$,将它共形映射到单位圆 $|\zeta|<1$,使得三个对应点映射为

$$z=\pm\frac{\pi}{4}\mapsto\zeta=\pm 1,\quad z=\mathrm{i}\infty\mapsto\zeta=\mathrm{i}.$$

提示: $\zeta_1=\mathrm{e}^{\mathrm{i}z}$ 将带状区域的两条边 $\mathrm{Re}z=\pm\pi/4$,映射为 $\theta=\pm\pi/4$ 的直角区域,再逆时针旋转 $\pi/4$ 变为第一象限.

答案: $\zeta(z)=\tan z$.

[8] 证明:变换 $z\mapsto z+1$ 和 $z\mapsto\frac{1}{z}$ 是不可交换的.

[9] 半径为 R 的半圆盘,圆周温度为 T_1,底边温度为 T_2,求半圆盘上稳定的温度分布.

提示:相继作变换 $\zeta_1=\frac{z+R}{z-R}$, $\zeta_2=\mathrm{e}^{-3\pi\mathrm{i}/2}\zeta_1$, $\zeta_3=\zeta_2^2$, $\zeta=\ln\zeta_3$,将半圆盘映射为水平板.

答案:

$$\frac{2}{\pi}(T_1-T_2)\left[\arg(R+z)-\arg(R-z)\right]+T_2.$$

[10] 将半径为 R 的四分之一圆弧映射为单位圆内部.

[11] 编程练习:用双曲函数 $\zeta(z)=\sinh z$ 作为映射函数,

(a) 将 z 平面内平行于 y 轴和 x 轴的直线分别映射为什么曲线?

(b) 将 z 平面内以原点为圆心的同心圆映射为什么曲线?

答案:如图所示,(a) 椭圆和双曲线;(b) 半径 $R=2,4,8$ 的圆映像,它们绕原点一周的绕数分别为 $n=1,3,5$.

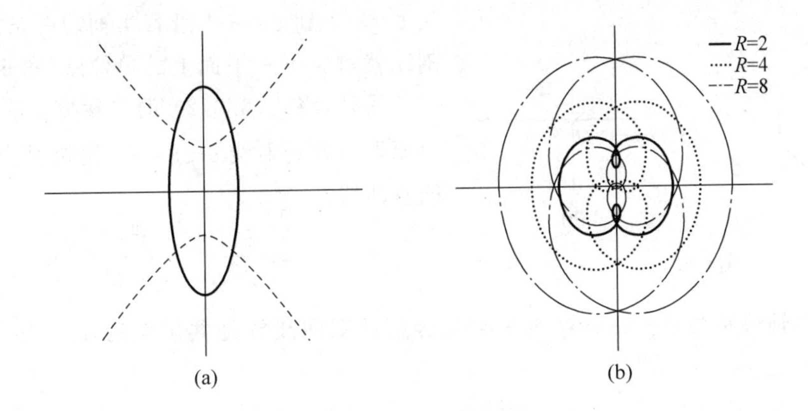

(a)　(b)

6.3　茹科夫斯基变换

在 6.2 节我们得到了一个变换函数

$$\zeta(z)=\frac{1}{2}\left(z+\frac{1}{z}\right), \tag{6.3.1}$$

该变换称作茹科夫斯基变换(Joukowsky transformation),它具有许多特别的性质,本节做一些具体考察.

1. 基本性质

考察其实部和虚部 $\zeta(z)=\xi+\mathrm{i}\eta$,令 $z=\rho\mathrm{e}^{\mathrm{i}\phi}$,有

$$\xi=\frac{1}{2}\left(\rho+\frac{1}{\rho}\right)\cos\phi,\quad \eta=\frac{1}{2}\left(\rho-\frac{1}{\rho}\right)\sin\phi,$$

消去参数 ϕ 后,得

$$\frac{\xi^2}{\left(\frac{1}{2}\rho+\frac{1}{2\rho}\right)^2}+\frac{\eta^2}{\left(\frac{1}{2}\rho-\frac{1}{2\rho}\right)^2}=1, \tag{6.3.2}$$

所以茹科夫斯基变换将 z 平面上的圆 $|z|=\rho$,变为 ζ 平面上的椭圆,椭圆的长短轴分别为

$$a=\frac{1}{2}\left|\rho+\frac{1}{\rho}\right|,\quad b=\frac{1}{2}\left|\rho-\frac{1}{\rho}\right|,$$

焦距 $c=\sqrt{a^2-b^2}=1$ 为恒定常数. 因此不同半径 ρ 的圆变换为不同的椭圆,这些椭圆有共同的焦点 $\zeta=\pm1$. 特别地,z 平面上的单位圆被映射为 ζ 平面上的线段 $\xi\in[-1,+1]$,即短轴为零的椭圆.

当圆的半径 ρ 从 1 开始无限增大,椭圆的长短半轴 a、b 也无限增大,这样 z 平面上单位圆的外部就映射为全 ζ 平面. 而当 ρ 从 1 开始收缩至零时,长短半轴 a、b 仍旧无限增大,所以单位圆的内部也变为全 ζ 平面,因此这是一个双值映射,即根式函数

$$z=\zeta+\sqrt{\zeta^2-1},$$

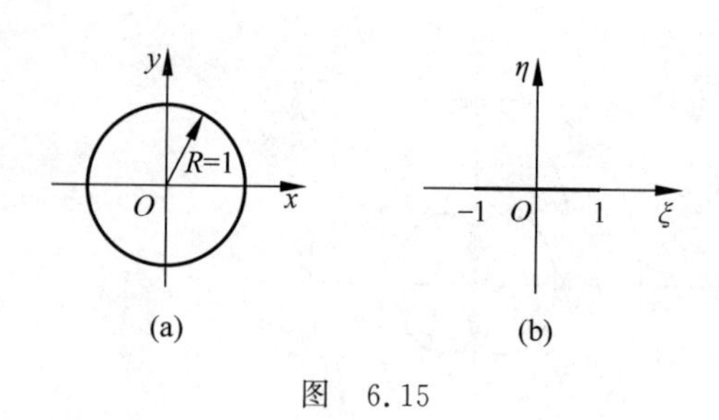

图 6.15

从 $\zeta=-1$ 到 $\zeta=+1$ 沿着实轴切一条割线,这条割线就对应于 z 平面上的单位圆(图 6.15).

另外,将式(6.3.2) 消去参数 ρ 后,z 平面上由原点出发的射线 $\arg z=\phi$,就映射为 ζ 平面上的双曲线

$$\frac{\xi^2}{\cos^2\phi}-\frac{\eta^2}{\sin^2\phi}=1, \tag{6.3.3}$$

它的实、虚半轴分别为 $a=|\cos\phi|$ 和 $b=|\sin\phi|$. 该双曲线族是共焦点的,$c=\sqrt{a^2+b^2}=1$,焦点也在 $\xi=\pm1$.

茹科夫斯基变换 $\zeta(z)=\dfrac{1}{2}\left(z+\dfrac{1}{z}\right)$将圆变为椭圆,将单位圆周变为线段$[-1,+1]$,将从原点发出的射线变为双曲线,椭圆族和双曲线族是互相正交的.

说明 茹科夫斯基变换含有奇点 $z=0$,另外由于

$$\frac{\mathrm{d}}{\mathrm{d}z}\zeta=\frac{1}{2}\left(1-\frac{1}{z^2}\right),$$

所以变换函数在 $z=0,\infty$,以及临界点 $z=\pm1$ 不是共形的. 将茹科夫斯基变换改写成

$$\frac{\zeta-1}{\zeta+1}=\left(\frac{z-1}{z+1}\right)^2,$$

也可以清楚地看到这一点,它在 $z=\pm1$ 处的辐角被放大了 2 倍.

例 6.7 求长椭圆柱导体产生的静电场分布,椭圆的长短半轴分别为 a、b.

解 椭圆的焦距为 $c=\sqrt{a^2-b^2}$,采用茹科夫斯基变换

$$z=\frac{c}{2}\left(\zeta+\frac{1}{\zeta}\right),$$

将 z 平面上的椭圆变成 ζ 平面上半径为 $R=\dfrac{a+b}{c}=\dfrac{c}{a-b}$的圆,于是长圆柱的电势分布为

$$u=C_1\ln|\zeta|+C_2.$$

相应的复势为

$$w=C_1\ln\zeta+C_2=C_1\ln(z+\sqrt{z^2-c^2})+C_2,$$

所以椭圆柱产生的电势分布为

$$u=C_1\mathrm{Re}\left[\ln(z+\sqrt{z^2-c^2})\right]+C_2.$$

2. 机翼模型

茹科夫斯基变换还能将圆变换成机翼剖面. 考虑 z 平面上以 ih 为圆心并通过 $z=\pm1$ 点的圆,如图 6.16(a)所示.

分式线性变换

$$z_1=\frac{z-1}{z+1},$$

实施映射 $z=1\mapsto0$,$z=-1\mapsto\infty$,实轴仍然映射为实轴,而将 z 平面的圆变为 z_1 平面上通过原点的直线,如图 6.16(b)所示,其与实轴夹角为

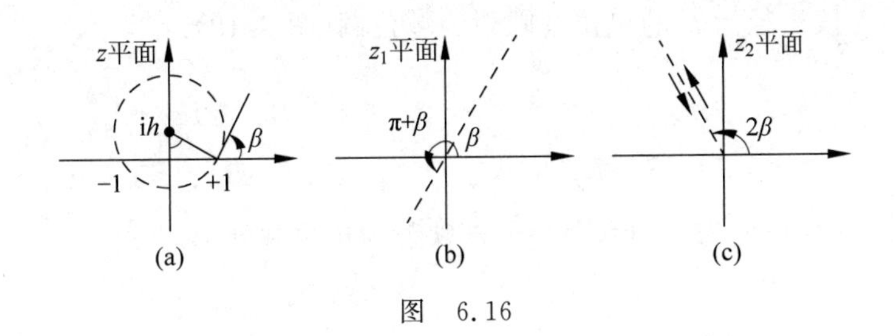

图　6.16

$$\beta=\frac{\pi}{2}-\arctan h.$$

再作变换

$$z_2=z_1^2,$$

它将图6.16(b)的直线映射为图6.16(c)中 z_2 平面上倾角为 $\alpha=2\beta$ 往返折叠的射线.

另外,考虑 ζ 平面上从 $+1$ 经过 $\mathrm{i}h$ 到 -1 点的圆弧,如图6.17(b)虚线所示,分式线性变换

$$\zeta_1=\frac{\zeta-1}{\zeta+1},$$

实施映射 $+1\mapsto 0$, $-1\mapsto\infty$,它也将该段圆弧映射为 ζ_1 平面上通过原点的折叠射线,且倾角同样为

$$\alpha=\pi-2\arctan h\equiv 2\beta.$$

因此,变换 $\zeta_1=z_2$ 将 z 平面的圆(图6.16(a))与 ζ 平面的一段圆弧(图6.17(b))联系起来(虚线),即

$$\frac{\zeta-1}{\zeta+1}=\left(\frac{z-1}{z+1}\right)^2\rightarrow\zeta=\frac{1}{2}\left(z+\frac{1}{z}\right),$$

这正是茹科夫斯基变换.既然 z 平面的虚线圆变成 ζ 平面上往返的虚线圆弧,那么凡是跟虚线圆相切于 $z=+1$ 点的圆,图6.17(a)所示,都将映射为 ζ 平面上跟虚线圆弧相切于 $z=+1$ 点的闭合弧线,构成如图6.17(b)所示所示机翼的剖面.在没有计算机的年代,这种映射关系提供了一个理论模型,据此系统地分析机翼的空气动力学性质.

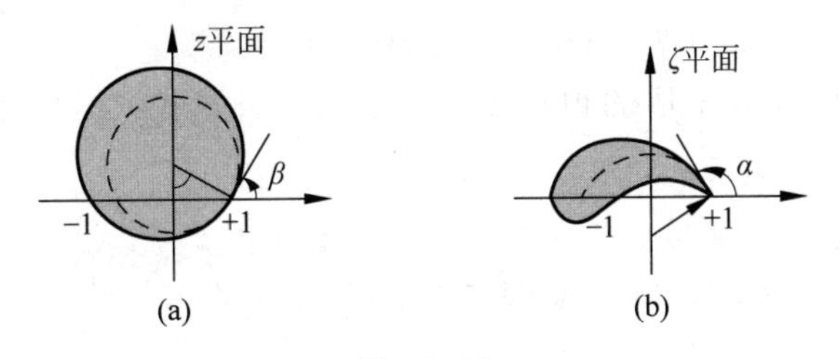

图　6.17

习　　题

[1] 求宽度为 $2a$ 的无限长带电导体薄带在空间产生的平面电场分布.

答案:

$$z=\frac{a}{2}\left(\zeta+\frac{1}{\zeta}\right),\quad u=C_1\ln|\zeta|+C_2.$$

［2］把去掉一段半径为 h 的单位圆映射为单位圆(图 6.18).

答案:

$$z_1=\mathrm{e}^{-\mathrm{i}\theta}z,\quad z_2=-\mathrm{i}\,\frac{z_1-1}{z_1+1},\quad \zeta=\sqrt{z_2^2+\left(\frac{h}{2-h}\right)^2}.$$

［3］将图 6.19 中长度为 1 的六角星外部映射为单位圆外部.

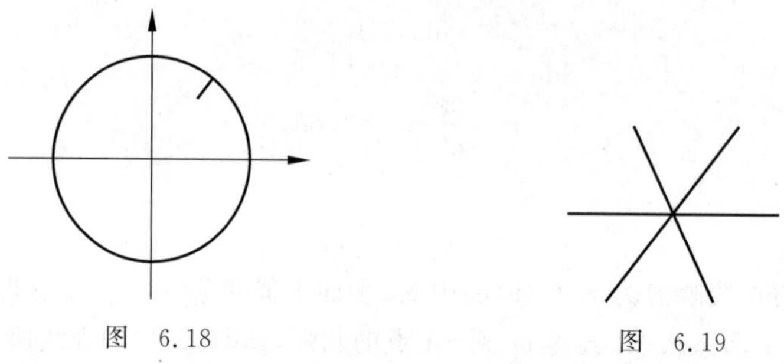

图 6.18　　　　图 6.19

提示:令 $z_1=z^3$,$\zeta_1=\zeta^3$,再找出 z_1 与 ζ_1 之间的变换.

答案:$z^3=\dfrac{1}{2}\left(\zeta^3+\dfrac{1}{\zeta^3}\right)$.

［4］求变换函数 $\zeta(z)$,将区域 $|\mathrm{Re}z|\leqslant\dfrac{\pi}{2}$,$\mathrm{Im}z\geqslant0$ 映射为上半平面.

提示:$\zeta_1=\mathrm{e}^{\mathrm{i}z}$,$\zeta_2=-\mathrm{i}\zeta_1$,$\zeta(z)=\dfrac{1}{2}\left(\zeta_2+\dfrac{1}{\zeta_2}\right)$.

答案:$\zeta(z)=\sin z$.

6.4 多角形映射

现在考虑多角形区域与上半平面之间的映射. 设 z 平面上有 n 角形,顶点 $a_1,a_2,a_3,\cdots,a_n$ 的外角分别转过 $\theta_1,\theta_2,\theta_3,\cdots,\theta_n$(逆时针为正),总共转过角度为

$$\theta_1+\theta_2+\theta_3+\cdots+\theta_n=2\pi.$$

为此要寻找一个变换,将多角形的顶点 $a_1,a_2,a_3,\cdots$,映射为 ζ 平面实轴上的点 $b_1,b_2,b_3,\cdots$,即

$$a_k\mapsto b_k=\zeta(a_k),$$

将 z 平面上的多角形内部区域,变为 ζ 的上半平面(图 6.20).

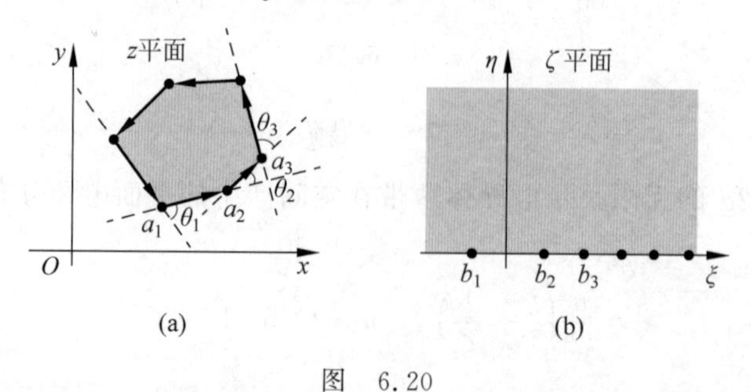

图 6.20

由于不同的顶角全部变成实轴上的点，相邻两边之间的夹角变成了 π，故变换在这些点不具有保角性质，应该由幂函数描述，$\zeta'(z)$ 在这些点为零或无穷大. 考虑多边形的外角关系：

$$\phi_k = \arg \frac{\mathrm{d}z}{\mathrm{d}\zeta}\Big|_{\zeta=b_k-0}, \quad \phi_{k+1} = \arg \frac{\mathrm{d}z}{\mathrm{d}\zeta}\Big|_{\zeta=b_k+0}$$

$$\rightarrow \theta_k = \phi_{k+1} - \phi_k = \arg\left[\frac{\mathrm{d}z}{\mathrm{d}\zeta}\Big|_{\zeta=b_k+0} - \frac{\mathrm{d}z}{\mathrm{d}\zeta}\Big|_{\zeta=b_k-0}\right],$$

当 ζ 从 b_k 点的左边到右边时，ζ 平面上转过的角度是 $-\pi$. 对应于 z 平面上转过角度 θ_k，其角度之间的映射为 $-\pi \mapsto \theta_k$，即夹角放大/缩小了 θ_k/π 倍，为此采用幂函数变换

$$z'(\zeta) = A(\zeta - b_k)^{-\theta_k/\pi}$$

可以达到这一目标. 对所有顶点都实施这种映射，即有

$$z'(\zeta) = A(\zeta - b_1)^{-\theta_1/\pi}(\zeta - b_2)^{-\theta_2/\pi}\cdots(\zeta - b_n)^{-\theta_n/\pi},$$

对上式进行积分后，即得施瓦茨-克里斯托费尔变换：

$$z(\zeta) = A\int_{\zeta_0}^{\zeta}(\zeta - b_1)^{-\theta_1/\pi}(\zeta - b_2)^{-\theta_2/\pi}\cdots(\zeta - b_n)^{-\theta_n/\pi}\mathrm{d}\zeta. \tag{6.4.1}$$

如果设定一个点 b_1 取为无限远，则映射从 $b_2 \mapsto a_2$ 开始，应忽略式(6.4.1)的第一项，施瓦茨-克里斯托费尔变换为

$$z(\zeta) = A\int_{\zeta_0}^{\zeta}(\zeta - b_2)^{-\theta_2/\pi}(\zeta - b_3)^{-\theta_3/\pi}\cdots(\zeta - b_n)^{-\theta_n/\pi}\mathrm{d}\zeta. \tag{6.4.2}$$

说明　该变换与顶点的秩序无关，因此它并不唯一描述从多角形到实轴的变换，这主要是由于变换只涉及导数，即直线的斜率，而没有直接给出各个顶点的相对位置. 在考虑一个具体问题时，需要指明点到点的对应关系.

例 6.8　用施瓦茨-克里斯托费尔变换重新求解例 6.2.

解　考虑图 6.21 中从(a)到(b)的顶点 $a_k \mapsto b_k$ 之间映射，将 b_1 设为无限远点，b_2 和 b_4 点设为 ± 1. 注意到相邻 a_k 之间的角度变化，可选取施瓦茨-克里斯托费尔变换为

$$z(\zeta) = z_0 + A\int(\zeta + h)^{-1/2}\zeta^{+1}(\zeta - h)^{-1/2}\mathrm{d}\zeta$$

$$= z_0 + A\int\frac{\zeta}{\sqrt{\zeta^2 - h^2}}\mathrm{d}\zeta = z_0 + A\sqrt{\zeta^2 - h^2},$$

根据 $a_2 \mapsto b_2$，得 $z_0 = 0$；根据 $a_3 \mapsto b_3$，得 $A = 1$，所以有

$$\zeta = \sqrt{z^2 + h^2}.$$

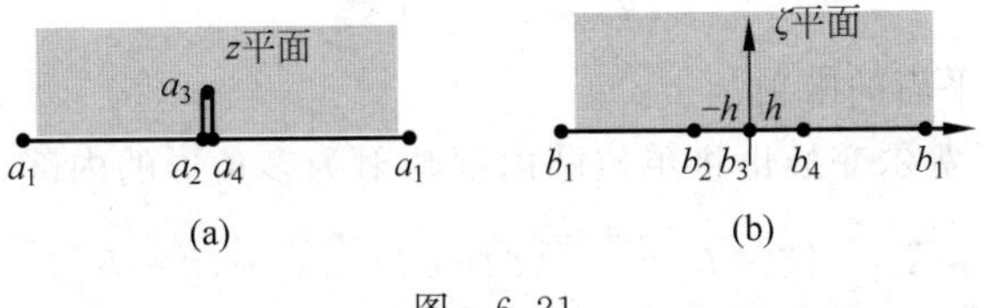

图　6.21

例 6.9　求一个解析函数，将平面上矩形区域 $A_1A_2A_3A_4$ 变换为上半平面.

解　将矩形 $A_1A_2A_3A_4$ 的各顶点分别映射到实轴上 $a_1a_2a_3a_4$ 点，并将 B 点映射到无穷远点(图 6.22)，则相应的施瓦茨-克里斯托费尔变换为

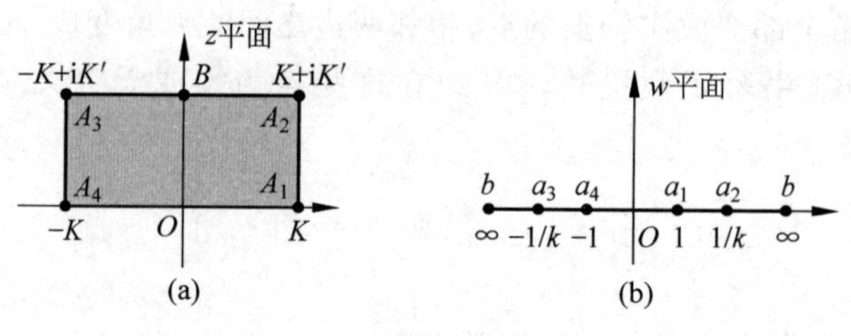

图 6.22

$$z = C_1\int_0^w (w-1)^{-1/2}\left(w-\frac{1}{k}\right)^{-1/2}\left(w+\frac{1}{k}\right)^{-1/2}(w+1)^{-1/2}\mathrm{d}w + C_2$$
$$= C\int_0^w \frac{1}{\sqrt{(1-w^2)(1-k^2w^2)}}\mathrm{d}w.$$

由于 $O\mapsto O$,所以 $C_2=0$. 取常数 $C=1$,利用映射关系 $A_1\mapsto a_1=1$,得

$$K=\int_0^1 \frac{1}{\sqrt{(1-t^2)(1-k^2t^2)}}\mathrm{d}t,$$

$K(k)$就是第一类完全椭圆积分. 再考虑 $A_2\mapsto a_2=1/k\quad(0<k<1)$,有

$$K+\mathrm{i}K'=\int_0^{1/k}\frac{1}{\sqrt{(1-t^2)(1-k^2t^2)}}\mathrm{d}t$$
$$=\int_0^1\frac{1}{\sqrt{(1-t^2)(1-k^2t^2)}}\mathrm{d}t+\int_1^{1/k}\frac{1}{\sqrt{(1-t^2)(1-k^2t^2)}}\mathrm{d}t.$$

令 $k'^2=1-k^2$,并作变量替换

$$t\mapsto\frac{1}{\sqrt{1-k'^2\tau^2}},$$

有

$$\mathrm{i}K'=\mathrm{i}\int_0^1\frac{1}{\sqrt{(1-\tau^2)(1-k'^2\tau^2)}}\mathrm{d}\tau.$$

因此

$$K'=\int_0^1\frac{1}{\sqrt{(1-t^2)(1-k'^2t^2)}}\mathrm{d}t\equiv K(k').$$

施瓦茨-克里斯托费尔变换将上半平面映射到矩形内部,其逆函数就是雅可比椭圆正弦函数,即

$$w=\mathrm{sn}(z,k),$$

它实施从矩形到上半平面的映射.

施瓦茨-克里斯托费尔变换也将单位圆内部映射为多角形的内部,

$$z(\zeta)=A\int_{\zeta_0}^{\zeta}(\zeta-b_1)^{-\theta_1/\pi}(\zeta-b_2)^{-\theta_2/\pi}\cdots(\zeta-b_n)^{-\theta_n/\pi}\mathrm{d}\zeta,\tag{6.4.3}$$

其中,b_k 是单位圆上对应于多角形顶点的那些点. 此外,假定 z 平面与 ζ 平面的无穷远点互相对应,在此从略.

注记

第 2 章介绍了椭圆积分和椭圆函数,现在来具体考察第一类椭圆积分的映射性质:

$$\mathrm{F}(z,k)=\int_0^z \frac{\mathrm{d}u}{\sqrt{(1-u^2)(1-k^2u^2)}},$$

其中,$0<k<1$ 为椭圆积分的模,将积分中的根式视为 x 轴上 $[0,1]$ 区间取正值的那个分支,来研究上半平面的映射.

当 $z=x$ 沿实轴从左向右走过 $[0,1]$ 时(区间Ⅰ),积分 $\mathrm{F}(z,k)$ 取正值且从 0 增加至

$$K=\mathrm{F}(x,k)=\int_0^1 \frac{\mathrm{d}x}{\sqrt{(1-x^2)(1-k^2x^2)}},$$

即从 $[0,1]$ 映射为 $[0,K]$. 当 $z=x$ 走过 $[1,1/k]$ 时(区间Ⅱ),根式里的四个线性乘积因子中有一个(即 $1-x$)改变了符号,积分是一个纯虚数,辐角为 $\pi/2$,即

$$\mathrm{i}K'=\mathrm{i}\int_1^{1/k} \frac{\mathrm{d}x}{\sqrt{(x^2-1)(1-k^2x^2)}},$$

映射到线段 $[K,K+\mathrm{i}K']$. 当 $z=x$ 通过 $1/k$ 点继续向右前进(区间Ⅲ),积分根式里的 $1-kx$ 也改变了符号,辐角再增加 $\pi/2$,所以积分为负值,总辐角为 π,

$$\mathrm{F}(x,k)=\int_{1/k}^x \frac{\mathrm{d}x}{\sqrt{(1-x^2)(1-k^2x^2)}}=-\int_{1/k}^x \frac{\mathrm{d}x}{\sqrt{(x^2-1)(k^2x^2-1)}},$$

作变量替换 $x\to 1/kx$,有

$$\int_{1/k}^{\infty} \frac{\mathrm{d}x}{\sqrt{(x^2-1)(k^2x^2-1)}}=\int_0^1 \frac{\mathrm{d}x}{\sqrt{(1-x^2)(1-k^2x^2)}}=K,$$

可见映射为线段 $[K+\mathrm{i}K',\mathrm{i}K']$. 根据同样的过程,可得到沿着负实轴积分对应的映射过程,如图 6.23 所示.

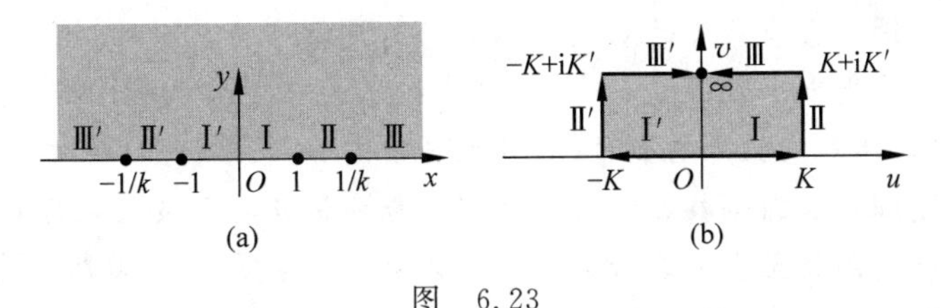

图 6.23

所以第一类椭圆积分 $\mathrm{F}(z,k)$ 实施了从上半平面 H 到矩形区域 B 的共形映射,

$$H\mapsto B:[-K,K;K+\mathrm{i}K',-K+\mathrm{i}K'].$$

反之,其逆函数即雅可比椭圆正弦函数 $\mathrm{sn}(z,k)$,实施从矩形 B 到上半平面 H 的映射. 定义于矩形区域 B 的函数 $\mathrm{sn}(z,k)$,可以通过施瓦茨反射原理进行解析延拓. 例如,将它经过矩形的边Ⅰ对称地延拓至图 6.24 的矩形区域 B',延拓后的解析函数 $\mathrm{sn}(z,k)$ 将 B' 映射到 w 下半平面. 经过矩形边Ⅱ将函数解析延拓至区域 B'',B'' 也被映射到 w 下半平面. 同样,区域 B'' 可以解析延拓至区域 B''',而延拓后的函数 $\mathrm{sn}(z,k)$ 再次将 B''' 映射到 w 上半平面,如此等等. 因此,通过将 $\mathrm{sn}(z,k)$

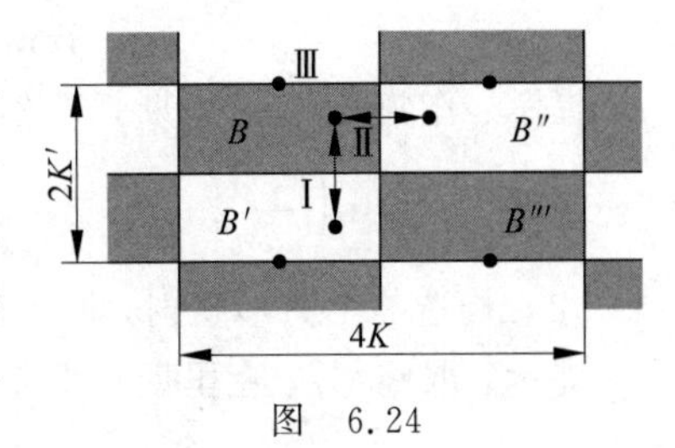

图 6.24

解析延拓至 z 全平面,阴影矩形区域均被映射到 w 上半平面,白色矩形区域均被映射到 w 下半平面.椭圆正弦函数的双周期性由此变得明晰:它是矩形区域在复平面上沿实轴和虚轴两个方向的平移周期性,平移周期分别为 $4K$ 和 $2\mathrm{i}K'$,即

$$\mathrm{sn}(z+4Km+2\mathrm{i}K'n)=\mathrm{sn}z \quad (m,n\in\mathbb{N}).$$

由于 $(0,\mathrm{i}K')\mapsto\infty$,在位置 $z=2mK+\mathrm{i}(2n+1)K'$,函数 $\mathrm{sn}z$ 具有一阶极点,它们由矩形边框上的圆点表示,如图 6.24 所示.雅可比椭圆函数的基本性质列于表 6.1 中.

表 6.1

	周期(ω_1,ω_2)	零 点	极 点
$\mathrm{sn}(z)$	$4K$;$2\mathrm{i}K'$	$2mK+2n\mathrm{i}K'$	$2mK+(2n+1)\mathrm{i}K'$
$\mathrm{cn}(z)$	$4K$;$2K+2\mathrm{i}K'$	$(2m+1)K+2n\mathrm{i}K'$	$2mK+(2n+1)\mathrm{i}K'$
$\mathrm{dn}(z)$	$2K$;$4\mathrm{i}K'$	$(2m+1)K+(2n+1)\mathrm{i}K'$	$2mK+(2n+1)\mathrm{i}K'$

对于一般的椭圆函数,其双周期在复平面上构成一个平行四边形区域,相当于定义在一个环面上,如图 6.25 所示,它的解析性质由刘维尔定理描述.

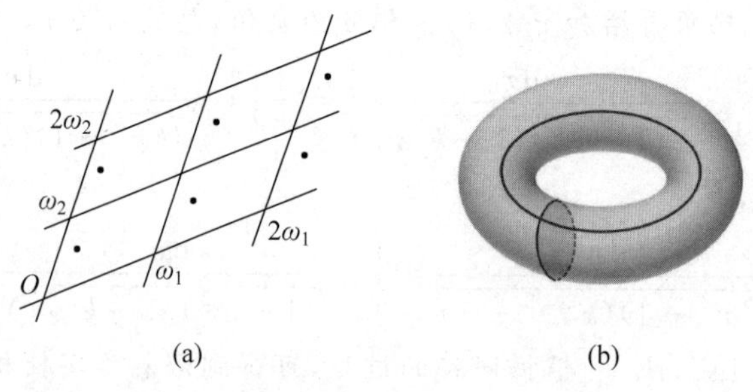

图 6.25

刘维尔第一定理 没有奇点的双周期函数必为常数.

所以非常数的双周期函数必定有奇点.只有极点的双周期函数(亚纯函数)叫作椭圆函数,一个平行四边形周期内极点的数目(m 阶极点算作 m 个单极点)称作椭圆函数的阶.

刘维尔第二定理 椭圆函数在平行四边形周期内极点的留数之和为零.

该定理说明椭圆函数至少是二阶的:雅可比椭圆函数在一个周期内有两个单极点,魏尔斯特拉斯$\mathcal{P}$函数则有一个二阶极点且留数为零.

刘维尔第三定理 在一个平行四边形周期内,椭圆函数零点的数目等于极点的数目.

习 题

[1] 构造一个共形映射,将上半平面 $\mathrm{Im}z>0$ 映射为半带状区域:

$$\{\mathrm{Im}w>0,-a<\mathrm{Re}w<a\}.$$

提示:作施瓦茨-克里斯托费尔变换,实施映射:$-a\mapsto-1,a\mapsto+1,\infty\mapsto\infty$.

答案:$z=\sin\left(\dfrac{\pi w}{2a}\right)$.

[2] 构造一个共形映射,将上半平面映射为虚轴有割线$[ib,\mathrm{i}\infty)$的上半平面.

提示:取施瓦茨-克里斯托费尔变换,实施映射 $0\mapsto-\infty,\infty\mapsto+\infty,-1\mapsto ib$.

答案：$\frac{b}{2}\left(\sqrt{z}-\frac{1}{\sqrt{z}}\right)$.

[3] 构造一个共形映射，分别将图 6.26 中的凸起抹平：(a) 矩形；(b) 斜板.

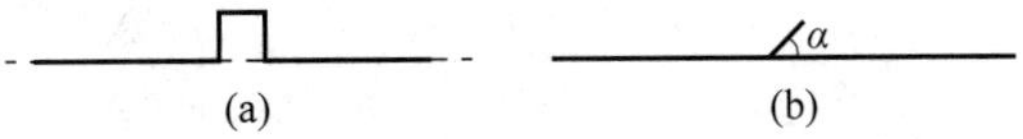

图　6.26

答案：

$$\text{(a) } z=C_1\int_0^w\sqrt{\frac{1-k^2u^2}{1-u^2}}\,\mathrm{d}u+C_2;\qquad \text{(b) } w=(z-1)^{\alpha}\left(1+\frac{\alpha}{1-\alpha}z\right)^{1-\alpha}.$$

[4] 宽度为 b 的两条长导体薄带，平行地放置在同一水平线上，相近两端点距离为 $2a$，求单位长度的电容量.

答案：

$$C=\frac{\varepsilon_0 K(k')}{K(k)}=\frac{\varepsilon_0 K\left(\frac{\sqrt{(a+b)^2-a^2}}{a+b}\right)}{K\left(\frac{a}{a+b}\right)}.$$

[5] 证明：

(a) 没有奇点的双周期函数必为常数.

(b) 椭圆函数在平行四边形周期内极点的留数之和为零.

提示：利用周期性证明平行四边形两对边积分之和为零.

(c) 椭圆函数在平行四边形周期内零点的数目等于极点的数目.

提示：椭圆函数的对数导数仍是双周期函数.

(d) 椭圆函数在平行四边形周期内零点之和减去极点之和等于其周期.

提示：设 Γ 为平行四边形周期的边界回路，

$$\sum_{k=1}^{p}(\alpha_k-\beta_k)=\frac{1}{2\pi\mathrm{i}}\oint_{\Gamma}z\,\frac{f'(z)}{f(z)}\mathrm{d}z,$$

对数导数在 $f(z)$ 的零点和极点都是单极点，其辐角经过一个周期增减 $2\pi p$.

6.5　共形自映射

1. 区域自映射

对于解析函数映射 $f(z)$，如果某点 $z=z_0$ 处有 $f(z_0)=z_0$，则称 z_0 为 $f(z)$ 的不动点. 一个非恒等的分式线性变换只能有一个或两个不动点，比如 $z=\infty$ 是映射 $f(z)=az+b$ 的不动点.

从开集 U 到其自身的一对一共形映射称作 U 的共形自映射(conformal self-map)：$U\mapsto U$. 事实上分式线性变换就是实施从黎曼球面 $\mathbb{S}$ 到其自身的自映射. U 的所有自映射构成一个群，即如果 f 和 g 都是 U 上的自映射，那么 $f\circ g$ 也实施 U 的自映射；共形自映射的逆映射也是共形自映射；$g(z)=z$ 即恒等映射.

设 D 为复平面上单位圆开集 $D=\{|z|<1\}$，显然，旋转 $z\mapsto e^{i\theta}z(\theta\in\mathbb{R})$ 构成单位圆的共形自映射.一般地，一个开单位圆 D 的所有自映射都具有如下分式线性形式：

$$\psi(z)=e^{i\theta}\frac{z-a}{1-\bar{a}z}\quad(|a|<1).$$

证明 考虑单位圆的边界 $z=e^{i\phi}$，有

$$|\psi(z)|=\left|\frac{e^{i\phi}-a}{1-\bar{a}e^{i\phi}}\right|=\left|\frac{1-\bar{a}e^{i\phi}}{1-\bar{a}e^{i\phi}}\right|=1,$$

根据边界对应原理，可知 $\psi(z)$ 是一个单位元的共形自映射.

函数 $f(z)$ 的一个重要性质就是它实施互映射：$\psi(0)=a$，$\psi(a)=0$，且 $f(z)$ 的逆映射就是它自身：$\psi(z)=\psi^{-1}(z)$.

所有如下形式的分式线性映射：

$$z\mapsto\frac{az+b}{cz+d}\quad(a,b,c,d\in\mathbb{R},ad-bc=1),$$

实施上半平面 $H=\{\mathrm{Im}z>0\}$ 的自映射，这些映射构成一个特殊矩阵群，称作幺模群.

练习 证明 $\psi(z)=\psi^{-1}(z)$.

2. 双曲几何

设解析函数 $w=\psi(z)$ 为开单位圆 D 的共形自映射，则有

$$\frac{|dw|}{1-|w|^2}=\frac{|dz|}{1-|z|^2}.\tag{6.5.1}$$

如果 Γ 是 D 内一条光滑曲线，Γ' 是其自映射的映像，则

$$\rho\equiv 2\int_{\Gamma'}\frac{|dw|}{1-|w|^2}=2\int_{\Gamma}\frac{|dz|}{1-|z|^2}.$$

采用双曲度量(hyperbolic metric)来定义复平面上两点 z_0 和 z_1 的距离为

$$\rho(z_0,z)\overset{\text{def}}{=}2\int_{z_0}^{z}\frac{|dz|}{1-|z|^2},\tag{6.5.2}$$

两点的双曲度量距离在经过 $\psi(z)$ 的共形自映射后保持不变，即

$$\rho(\psi(z_0),\psi(z))=\rho(z_0,z)\quad(z_0,z\in D).$$

对于开圆盘 D 内的任意两点 z_0、z_1，它们之间存在双曲度量的唯一最短曲线，就是经过 z_0、z_1 且与单位圆周正交的圆弧，如图 6.27(a)所示.这条曲线称作测地线(geodesic)，从原点到 z 的双曲度量距离为

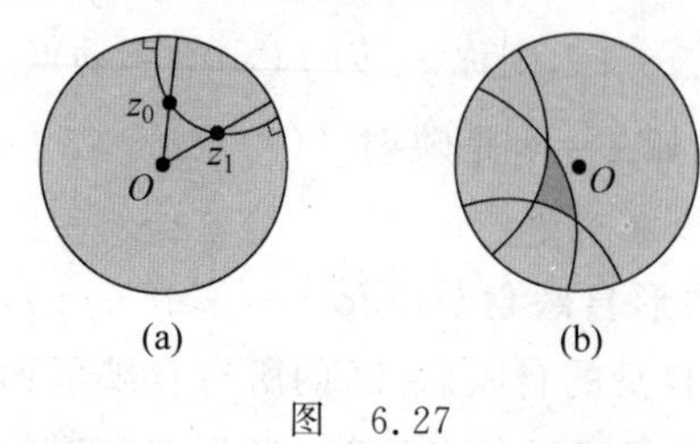

图 6.27

$$\begin{aligned}\rho(0,z)&=2\int_0^z\frac{|dz|}{1-|z|^2}\\&=\int_0^{|z|}\left[\frac{1}{1-t}+\frac{1}{1+t}\right]dt\\&=\ln\frac{1+|z|}{1-|z|}.\end{aligned}$$

可见当 z 接近单位圆的边界时，其到原点的距离为

$$\rho(0,z)\xrightarrow{|z|\to 1}\infty.$$

由于共形自映射的不变性，任意一条与单位圆正交的圆弧，两个交点之间的双曲距离都是无穷大，它等价于双曲度量中的直线. 测地三角形就是由三条双曲测地线构成的三角形，如图 6.27(b)所示，其内角和小于 π. 这有点令人不快，毕竟内角和等于 π 体现了欧几里得几何学简洁优美的特性. 但双曲几何也展示出其独特的一面，即双曲三角形的面积等于三个内角之和，与边长无关！

3. 茹利亚集

假设解析函数 $f(z)$ 实施复平面上某个区域 U 的共形自映射，$U\mapsto U$，考虑它的 n 次迭代：

$$z\mapsto f(z)\mapsto f(f(z))\mapsto\cdots\mapsto f(f(\cdots f(z))\cdots)),$$

用 $f^n(z)$ 表示. 全纯函数 $f(z)$ 的自映射集 $J[f]$ 构成茹利亚集(Julia set)，即

$$f(J[f])=J[f]=f^{-1}(J[f]),\tag{6.5.3}$$

或者说，$z_0\in J[f]$，当且仅当 $f(z_0)\in J[f]$. 比如函数 $f(z)=z^2$ 的茹利亚集 $J[f]$ 是单位圆盘 D，它在 $f(z)$ 反复迭代下保持为自映射；函数 $f(z)=z^2-2$ 的茹利亚集 $J[f]$ 是线段 $[-2,2]$，它在 $f(z)$ 反复迭代下保持为自映射.

注意不要将 $f(z)$ 的 n 次迭代与 $f(z)$ 的 n 次方 $[f(z)]^n$ 弄混. 比如，$f(z)=z+1$ 的 n 次迭代为 $f^n(z)=z+n$；而 $f(z)=z^d$ 的 n 次迭代为 $f^n(z)=z^{d^n}$. 如果 $f(z)$ 是 d 阶多项式，则 $f^n(z)$ 是 d^n 阶多项式.

一般的解析函数在作反复迭代时，可能很难预先设想其茹利亚集 $J[f]$ 的构型，例如二次函数

$$f_c(z)=z^2+c\quad(c\in\mathbb{C}),$$

给定某个复数 c，将复数反复作迭代 $z\mapsto z^2+c$，对于初始的 z，比如 $z=0$，作迭代后得到序列

$$0\mapsto c\mapsto c^2+c\mapsto(c^2+c)^2+c\mapsto((c^2+c)^2+c)^2+c\mapsto\cdots.$$

如果作任意次迭代的结果都局域在一个有限范围内，那么所有这些点的集合构成自映射区域，就形成了茹利亚集：

$$J[f_c]=\{z\in\mathbb{C}:\forall n\in N,\ |f_c^n(z)|\leqslant 2\},$$

其中，$f_c^n(z)$ 为作 n 次 $f_c(z)$ 的迭代. 反之，那些反复迭代之后跑到无穷远的点，则构成法图集(Fatou set). 显然，茹利亚集与法图集互补. 取不同参数 c，配以适当的着色方案，图 6.28 展现了梦幻般的茹利亚集.

对于其他高阶多项式函数 $f(z)$ 也一样，如图 6.29 所示. 此外，对于多元复变量函数也可以定义相应的茹利亚集.

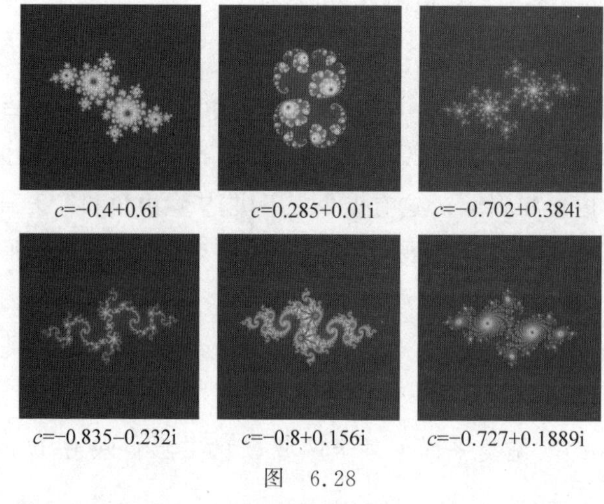

图 6.28

(图片来自 Wikipedia)

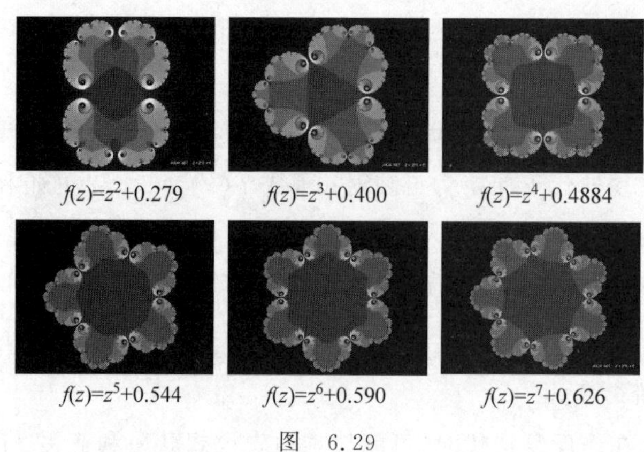

图 6.29

(图片来自 Wikipedia)

4. 曼德布罗集

构成茹利亚集的二次多项式函数

$$f_c(z)=z^2+c \quad (c \in \mathbb{C}),$$

其参数空间就是曼德布罗集(Mandelbrot set). 曼德布罗集 M 定义为所有使茹利亚集 $J[f_c]$连通的参数 c 的集合. 可以证明,当且仅当 $|f_c^n(0)| \leqslant 2$ $(\forall n \geqslant 1)$时,参数 $c \in M$. 曼德布罗集是圆域$|c| \leqslant 2$的闭子集,图 6.30 展示了 $f_c(z)$的曼德布罗集.

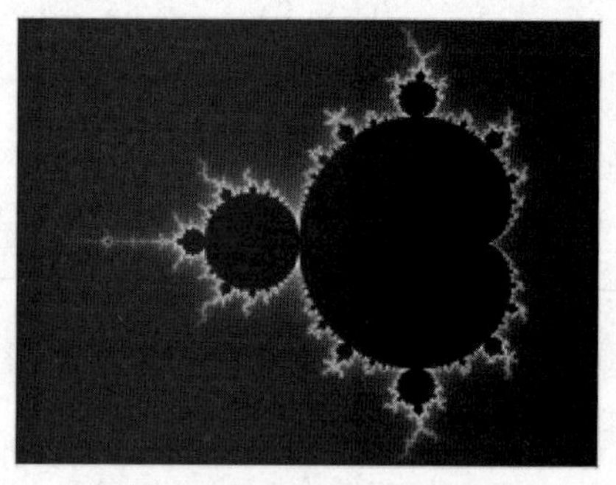

图 6.30

(图片来自 Wikipedia)

曼德布罗集一个令人惊奇的特点是没有明晰的边界,局部可以无限放大,展现出精彩纷呈的自相似结构,如图 6.31 所示,真乃"莫知其始,莫知其终,莫知其门,莫知其端,莫知其源". 一个有限面积的区域,其边界在本质上却是无限长,而边界线的长度取

图 6.31

(图片来自 Wikipedia)

决于测量的尺度,由此产生了一门新的数学分支——分形学.

注记

1882 年,庞加莱(J. H. Poincare)用分式线性变换给出了罗巴切夫斯基几何一个自然的解释,在不同情形下它们可以分别表示二维欧几里得几何、球面几何和双曲几何的刚体运动,这一洞见引发了非欧几何学的根本性突破.三种不同的几何学通过复分析密切联系起来.

(1) 欧几里得度量(Euclidean metric).

复平面的微分长度为

$$|\mathrm{d}z|=|z_1-z_2|,$$

其测地线为直线,三角形内角和为 π.

(2) 双曲度量(hyperbolic metric).

开圆盘的微分长度为

$$\frac{2\mathrm{d}|z|}{1-|z|^2},$$

其测地线为正交于单位圆的圆弧,三角形内角和小于 π.

(3) 球面度量(spherical metric).

黎曼球的微分长度为

$$\frac{2\mathrm{d}|z|}{1+|z|^2},$$

其测地线为黎曼球的大圆圆弧,球面三角形内角和大于 π.

如图 6.27 所示的庞加莱圆盘是一个由贝尔特拉米(E. Beltrami)提出的双曲几何模型.考虑一个半径为 1 的单位开圆盘 D,假设物体的大小与 $1-|z|^2$ 成正比,即距离中心越远,物体越小.如果人的视野有限而看不见远处的东西,他不会觉得自己变小或者变大,这样当

距离圆心越远,人就变得越小,相对来说他们所看到的空间也就越大.当物体的位置趋于边界时,物体大小趋于零,此时的空间将变得无穷大,因此物体永远无法到达边界.

图6.32是埃舍尔(M.C.Escher)的作品《圆极限》(1959年),以艺术创作的方式体现了这种双曲几何思想.直观地看,双曲平面的全部世界被挤压到欧几里得圆的内部,好像接近圆周边缘的鱼变得非常拥挤.其实这是假象,根据双曲几何的共形不变性质,图中同种颜色的鱼无论大小还是形状都完全一样.从欧几里得度量来看,觉得边缘附近的物体越来越小;

图 6.32
(图片来自网络)

但从双曲几何的观点,圆周边界总是在无穷远,所以不存在边界圆.

另外,人们早已知道球面三角形的内角和大于π,球面上不存在正方形,无法将一整片球面压平而不产生裂痕或者皱折,等等.但一直没有人将它视作不同于欧几里得几何的另一种几何,原因其实很简单,人们习惯于将球面看成镶嵌在三维欧几里得空间的形体,因此其非欧几何性质被忽视了.设想除了球面以外无法感知空间的第三维,这个世界的曲率就是正值,其几何就不是欧几里得,也不会产生平行线的观念.相较而言,双曲几何对应于以虚数为半径的球面几何,圆周函数 $\sin x$ 和 $\cos x$ 被双曲函数 $\sinh x$ 和 $\cosh x$ 代替.高斯可能是首位理解二维空间中变化曲率概念的人,黎曼则将这一概念推广到更高维,他们的工作为20世纪爱因斯坦的广义相对论奠定了数学基础.

1967年,法国数学家曼德布罗提出一个看似平庸的问题:英国的海岸线有多长?以千米为单位测量和以米为单位测量,得到的长度作单位换算之后应该是一样的,这构成一个问题吗?事实上,以用米尺测量的长度要比用千米测量的长度更长,因为以千米测量时,将短于一千米的拐弯抹角都忽略了,若以米尺测量则能测出被忽略掉的迂回曲折,因此实测的海岸线确实将更长.

那么长度是不是有一个最大值呢?曼德布罗发现,随着测量单位趋于无穷小,更多被忽略的曲线细节被发掘出来,理论上所得的长度可能趋于无穷大!所以他宣称海岸线的长度是不确定的,依赖于测量的标尺.这似乎是一个悖论,究其原因,在于假设海岸线是不规则和不光滑的曲线,与经典几何研究规则图形或光滑曲线有本质不同,曼德布罗称之为分形(fractal),原意即碎片,换言之,这类曲线连续但处处不可导.曼德布罗发现这类结构具有一个非常玄妙的特征——自相似性,即任意微小范围的结构与更大范围的结构基本上相似.为了描述这种自相似性,曼德布罗引入分形维数的概念,即通常的几何维度是整数,而分形维数可以取分数,简称为分维.

事实上，分形在自然界无所不在，图 6.33 展示了地貌(a)、植物根系(b)、闪电(c)及长江水系(d)的自相似分形结构. 然而人们真正注意到分形现象，却肇始于抽象的复分析理论——似乎数学家更善于从抽象思维中开拓新疆域，而拙于从现实世界寻找灵感. 这种令人吃惊的现象在数学界并非个案，譬如对称性比比皆是，但诱导人们研究群论的契机，却是关于五次方程的代数求解问题.

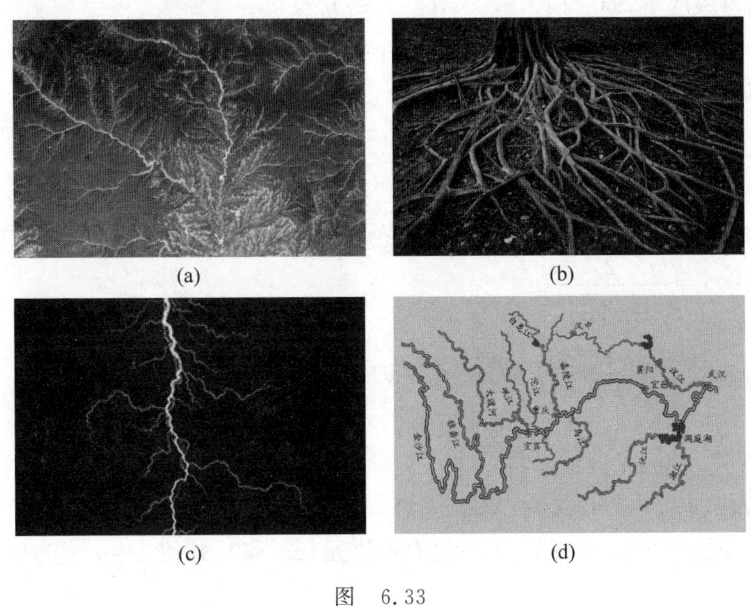

(a)　(b)　(c)　(d)

图　6.33

（图片来自网络）

另一个著名的例子是哥尼斯堡(现俄罗斯加里宁格勒)普莱格尔河上七座桥的连接问题，欧拉虽然成功地解决了它，却认为它算不上数学问题，"不值得浪费数学家的宝贵时间".

当我们猛然面对完全不同的自然过程，竟呈现出如此相似的征状时，沉睡的好奇心还会激起一阵闪电的惊栗吗?

习　题

[1] 设莫比乌斯变换 T 有两个不动点 z_1 和 z_2，如果 S 也是莫比乌斯变换，证明：变换 $S^{-1}TS$ 的不动点为 $S^{-1}z_1$ 和 $S^{-1}z_2$.

[2] 如果两个非常数的莫比乌斯变换 T 和 S 有相同的不动点，证明：$TS=ST$.

[3] 证明：在分式线性变换

$$w=\mathrm{e}^{\mathrm{i}\theta}\frac{z-a}{1-\bar{a}z}\quad(|z|<1)$$

映射下，双曲度量长度保持不变，

$$\frac{|\mathrm{d}w|}{1-|w|^2}=\frac{|\mathrm{d}z|}{1-|z|^2}.$$

[4] 证明在分式线性变换

$$w=\frac{az+\bar{b}}{-bz+\bar{a}},\quad |a|^2+|b|^2=1$$

映射下,球面度量长度保持不变,

$$\frac{|\mathrm{d}w|}{1+|w|^2}=\frac{|\mathrm{d}z|}{1+|z|^2}.$$

[5] 球面上两点 P 和 Q,设其在复平面上的球极投影分别为 z_1 和 z_2,定义弦距(chordal distance)为单位球上连接 P 和 Q 的直线段的长度 $d(z_1,z_2)$,证明:

(a) 弦距为一度量,即 $d(z_1,z_2)=d(z_2,z_1)$,且

$$d(z_1,z_2)\leqslant d(z_1,z_3)+d(z_3,z_2);$$

(b) 度量长度为

$$d(z_1,z_2)=\frac{2|z_1-z_2|}{\sqrt{1+|z_1|^2}\sqrt{1+|z_2|^2}}\quad(z_1,z_2\in\mathbb{C}),$$

当 $z_1\to z_2$ 时,弦距即等于球面度量长度;

(c) $d(z,\infty)=\dfrac{2}{\sqrt{1+|z|^2}}$;

(d) $d(z_1,z_2)=d\left(\dfrac{1}{z_1},\dfrac{1}{z_2}\right)\quad(z_1,z_2\neq 0)$;

(e) $d(z,0)=d\left(\dfrac{1}{z},\infty\right)\quad(z\neq 0)$.

提示:$[d(z_1,z_2)]^2=(X_1-X_2)^2+(Y_1-Y_2)^2+(Z_1-Z_2)^2$.

[6] 寻找变换将单位元 $|z|<1$ 映射为单位元 $|w|<1$,并使 $z=a$ 变为原点 $w=0$.

第7章

傅里叶分析

音律学中将频率相差 2 倍的音频间隔分为八度音. 当两个声音的音频比为$\frac{1}{2},\frac{2}{3},\frac{3}{4},\cdots$的有理数时,声音听上去很和谐,这就是所谓的毕达哥拉斯音阶. 古时的人不能理解其中的数学原理,更不能理解其中的物理原理,只是简单地将有理数尊奉为大自然完美的化身——所谓“万物皆数”. 这其中的奥秘,就与傅里叶级数有关.

7.1 傅里叶级数

1. 正交三角函数集

考虑由以下三角函数族构成的无穷集合:

$$\left\{1,\cos\frac{2\pi}{T}x,\cos\frac{4\pi}{T}x,\cdots,\cos\frac{2n\pi}{T}x,\cdots;\ \sin\frac{2\pi}{T}x,\cdots,\sin\frac{2n\pi}{T}x,\cdots\right\}. \tag{7.1.1}$$

除了第一个常数,每一项都是频率为某个基本频率 $\omega_0=2\pi/T$ 整数倍的正弦或余弦函数. 重要的是,这些具有倍频关系的三角函数彼此之间都是互相正交的,即任意两个不同函数的乘积在一个周期内的积分(称作两个函数的内积)为零,令 $T=2l$,有

$$\frac{1}{l}\int_{-l}^{l}\sin\frac{2m\pi x}{T}\cos\frac{2n\pi x}{T}\mathrm{d}x=0,$$

$$\frac{1}{l}\int_{-l}^{l}\cos\frac{2m\pi x}{T}\cos\frac{2n\pi x}{T}\mathrm{d}x=\delta_{mn},$$

$$\frac{1}{l}\int_{-l}^{l}\sin\frac{2m\pi x}{T}\sin\frac{2n\pi x}{T}\mathrm{d}x=\delta_{mn},$$

其中,δ_{mn} 为克罗内克符号:

$$\delta_{mn}=\begin{cases}1 & (m=n)\\ 0 & (m\neq n)\end{cases}.$$

将式(7.1.1)中的这些函数视作基函数,如果 $f(x)$是一个周期为 T 的函数,$f(x+T)=f(x)$,则可以按基函数展开为傅里叶级数(Fourier series):

$$f(x)=\frac{a_0}{2}+\sum_{n=1}^{\infty}\left(a_n\cos\frac{2n\pi}{T}x+b_n\sin\frac{2n\pi}{T}x\right), \tag{7.1.2}$$

展开系数为

$$a_n=\frac{1}{l}\int_{-l}^{l}f(\xi)\cos\frac{2n\pi}{T}\xi\mathrm{d}\xi,\quad b_n=\frac{1}{l}\int_{-l}^{l}f(\xi)\sin\frac{2n\pi}{T}\xi\mathrm{d}\xi.$$

这一结论之所以成立,是因为除了基函数具有内积为零的正交性,还构成一个完备集.

2. 狄利克雷定理

傅里叶展开公式是一个无穷级数,需要满足收敛性,为此要求周期函数 $f(x)$满足一定的条件,这便是:

狄利克雷定理 若函数 $f(x)$在区间$[-l,l]$内连续,或者只有有限个第一类断点及有限个极值点,则傅里叶级数收敛,且

$$\frac{a_0}{2}+\sum_{n=1}^{\infty}\left(a_n\cos\frac{n\pi}{l}x+b_n\sin\frac{n\pi}{l}x\right)=\frac{1}{2}[f(x-0)+f(x+0)]. \tag{7.1.3}$$

对于定义在有限区间的函数,可将函数作周期平移后变为周期函数,再作傅里叶级数展开,周期平移的方式取决于给定的约束或者物理条件.

(1) 若函数 $f(x)$是奇函数,则展开为傅里叶正弦级数:

$$\begin{cases}f(x)=\displaystyle\sum_{n=1}^{\infty}b_n\sin\frac{n\pi}{l}x\\ b_n=\displaystyle\frac{2}{l}\int_0^l f(\xi)\sin\frac{n\pi}{l}\xi\mathrm{d}\xi\end{cases};$$

(2) 若函数 $f(x)$是偶函数,则展开为傅里叶余弦级数:

$$\begin{cases}f(x)=\displaystyle\frac{a_0}{2}+\sum_{n=1}^{\infty}a_n\cos\frac{n\pi}{l}x\\ a_n=\displaystyle\frac{2}{l}\int_0^l f(\xi)\cos\frac{n\pi}{l}\xi\mathrm{d}\xi\end{cases}.$$

图7.1展示了整数倍频率的简谐波合成一个周期函数,粗线代表合成的周期函数,细线表示谐波成分,第二行表示每种频率成分的占比(振幅)a_n 或 b_n. 反过来看,一个周期函数中包含有不同的谐波成分,谐波的频率呈倍数关系,最低频率称作基频. 傅里叶级数展开就是将周期函数中这些谐波分离出来.

讨论 图7.1的上下两行均描述同一函数的全部性质:上一行是在位形空间(有时称作时域)表示的曲线;下一行是在频谱空间(有时称作频域)表示的曲线,只是对于周期函数而言,该曲线是一些离散的点. 两者是完全等价的,只要知道频谱的分布,结合相应的谐波函数,就可以完全描绘出位形空间的函数,反之亦然. 这种情形具有一定的普遍性,比如,在 $x=0$ 连续可导的函数可以展开为泰勒级数:

$$f(x)=\sum_{k=0}^{\infty}a_kx^k,\quad a_k=\frac{1}{k!}f^{(k)}(0),$$

这个展开是唯一的. 将 $\{x^k\}_{k=0}^{\infty}$ 视作线性独立的基函数,位形空间函数 $f(x)$ 可以用一组离散系数 a_k 来表示:

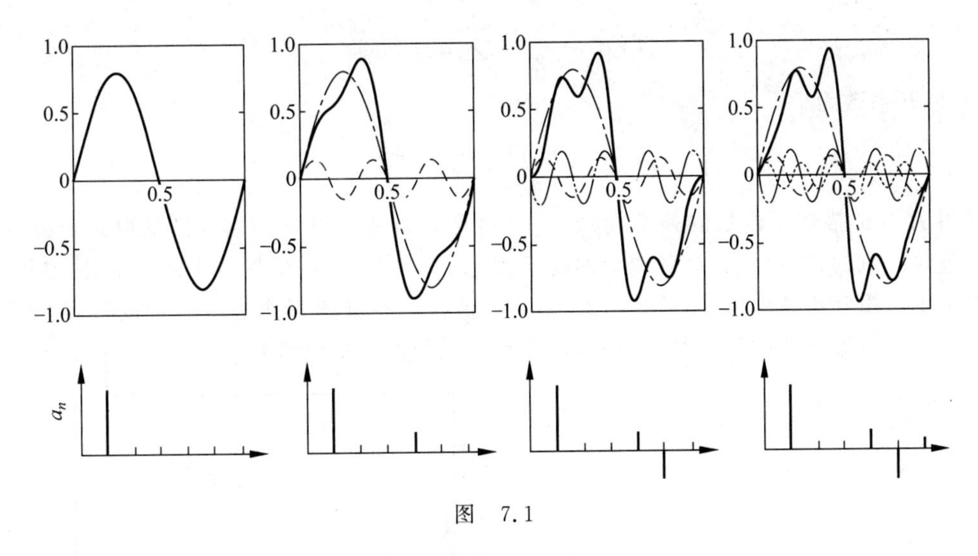

图　7.1

$$f(x) \longleftrightarrow \{a_k\}_{k=0}^{\infty}.$$

例 7.1　将区间函数展开成傅里叶级数：

$$f(x)=x+x^2 \quad (-\pi \leqslant x \leqslant \pi).$$

解　将定义在 $x\in[-\pi,\pi]$ 区间的函数作周期平移，变为如图 7.2 所示的周期函数，这是一个有断点的光滑函数. 将它作傅里叶级数展开为

$$x+x^2=\frac{1}{3}\pi^2+4\sum_{n=1}^{\infty}\frac{(-1)^n}{n^2}\cos nx+2\sum_{n=1}^{\infty}\frac{(-1)^{n+1}}{n}\sin nx,$$

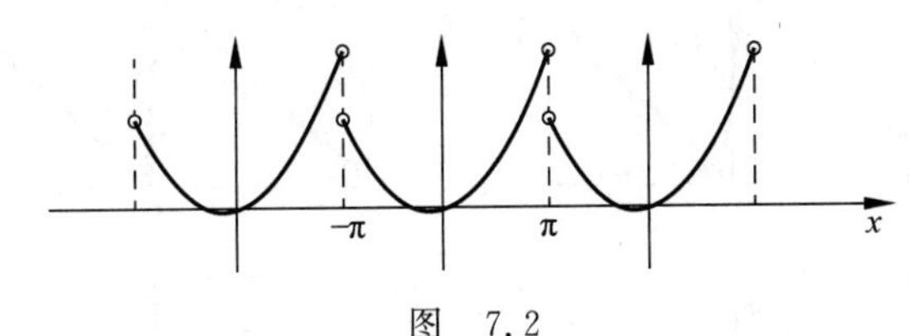

图　7.2

根据本例傅里叶级数展开的结果，可以得到以下有用的算术公式：

(1) 令 $x=0$，有

$$1-\frac{1}{2^2}+\frac{1}{3^2}-\frac{1}{4^2}+\cdots=\frac{\pi^2}{12};$$

(2) 令 $x=\pi$，有

$$1+\frac{1}{2^2}+\frac{1}{3^2}+\frac{1}{4^2}+\cdots=\frac{\pi^2}{6};$$

(3) 两式相加，有

$$1+\frac{1}{3^2}+\frac{1}{5^2}+\frac{1}{7^2}+\cdots=\frac{\pi^2}{8}.$$

说明　将定义在有限区间的函数作周期性平移后，得到的周期函数大多存在断点. 根据狄利克雷定理，断点处的傅里叶级数值等于断点左右函数值的平均值.

例 7.2　求如图 7.3(a)所示锯齿波函数的傅里叶级数展开.

解　锯齿波函数的傅里叶级数展开为

$$f(x)=\frac{h}{2}+\sum_{n=1}^{\infty}a_n\sin n\omega x,$$

其中,展开系数为

$$a_n=-\frac{h}{n\pi},\quad \omega=\frac{2\pi}{d}.$$

图7.3(b)描述了函数的频谱成分$|a_n|$,可见高频部分随n的增大而变得越来越少,这当中蕴含深刻的物理意义.高频成分对应于图7.3(a)中函数的尖锐或大曲率部分,在图7.4中画出了傅里叶级数取前$n=5,10,20,100$个谐频时逐渐逼近锯齿波函数的过程,表明低频部分反映函数曲线的整体特征,高频部分反映函数曲线的局部特征.

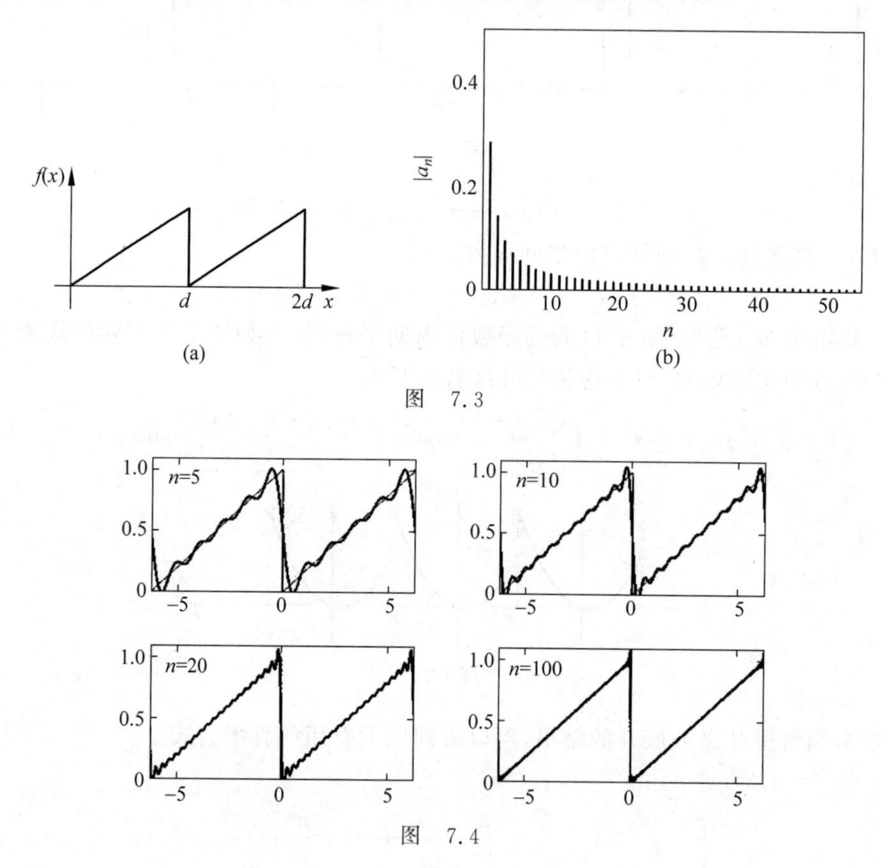

图 7.3

图 7.4

函数有不连续的断点,意味着高频部分难以用有限的频谱完全描述,这时会出现所谓的吉布斯现象(Gibbs phenomenon),即傅里叶级数展开在作有限多项(n很大)近似时,近似结果在函数的断点处始终发生约18%的偏差,如图7.4的$n=100$所示,这一偏差无法通过增大n来消除.

3. 复指数傅里叶级数

采用复指数基函数

$$\{1,e^{\pm\pi ix/l},e^{\pm2\pi ix/l},\cdots,e^{\pm in\pi x/l},\cdots\},\tag{7.1.4}$$

它们也满足正交性和完备性条件

$$\frac{1}{2l}\int_{-l}^{l} \mathrm{e}^{\mathrm{i}m\pi x/l}[\mathrm{e}^{\mathrm{i}n\pi x/l}]^* \, \mathrm{d}x = \delta_{mn}. \tag{7.1.5}$$

将定义在$[-l,l]$的函数$f(x)$作周期平移后，按复指数形式傅里叶级数展开：

$$f(x)=\sum_{n=-\infty}^{\infty} c_n \mathrm{e}^{\mathrm{i}n\pi x/l}, \quad c_n=\frac{1}{2l}\int_{-l}^{l} f(\xi)\mathrm{e}^{-\mathrm{i}n\pi\xi/l}\mathrm{d}\xi. \tag{7.1.6}$$

复指数基与三角函数基之间的关系，只是将基函数重新做一个线性组合，相当于从一组基变为另一组基的正交变换：

$$\cos\frac{n\pi x}{l}=\frac{\mathrm{e}^{\mathrm{i}n\pi x/l}+\mathrm{e}^{-\mathrm{i}n\pi x/l}}{2}, \quad \sin\frac{n\pi x}{l}=\frac{\mathrm{e}^{\mathrm{i}n\pi x/l}-\mathrm{e}^{-\mathrm{i}n\pi x/l}}{2\mathrm{i}}.$$

设$x\in[-\pi,\pi]$，取复变量$z=\mathrm{e}^{\mathrm{i}x}$，将定义在单位圆周上的实函数$f(x)$表示为$f(z)$，然后将其解析延拓至复平面，傅里叶级数展开变为

$$f(z)=\sum_{n=-\infty}^{\infty} c_n z^n,$$

$$c_n=\frac{1}{2\pi}\int_{-\pi}^{\pi} f(\xi)\mathrm{e}^{-\mathrm{i}n\xi}\mathrm{d}\xi=\frac{1}{2\pi\mathrm{i}}\oint_{|z|=1}\frac{f(z)}{z^{n+1}}\mathrm{d}z.$$

可见，实函数$f(x)$在单位圆周上的傅里叶级数展开，即解析延拓函数$f(z)$以$z=0$为中心的洛朗级数展开. 需要注意的是，这种洛朗级数的正幂部分与负幂部分收敛域的交集，即收敛环通常是空集.

为了得到非空的洛朗级数收敛域，函数$f(x)$及其高阶导数必须处处连续，且满足“闭合”的周期边界条件$f(-\pi)=f(\pi)$，请看例7.3.

例 7.3 求函数在$x\in[-\pi,\pi]$的傅里叶级数展开式：

$$f(x)=\frac{a\sin x}{1-2a\cos x+a^2} \quad (|a|<1).$$

解 令$z=\mathrm{e}^{\mathrm{i}x}$，将函数解析延拓至复平面，有

$$f(z)=\frac{1-z^2}{2\mathrm{i}\left[z^2-\left(a+\dfrac{1}{a}\right)z+1\right]},$$

其洛朗级数展开为

$$f(z)=\frac{1}{2\mathrm{i}}\sum_{n=0}^{\infty} a^n\left(z^n-\frac{1}{z^n}\right).$$

该洛朗级数在环形区域$|a|<|z|<1/|a|$收敛，$f(z)$在收敛环内解析. 定义三角级数的单位圆就处于该环形区域之内. 回到原来的实参数，可以得到$f(x)$的傅里叶正弦级数展开式为

$$\frac{a\sin x}{1-2a\cos x+a^2}=\sum_{n=1}^{\infty} a^n \sin nx.$$

4. 傅里叶级数和

考虑级数和

$$\sum_{n=1}^{\infty}\frac{\cos nx}{n} \quad (0<x<2\pi),$$

由于该级数在 $x=0,2\pi$ 发散,取

$$\sum_{n=1}^{\infty}\frac{\cos nx}{n}=\lim_{r\to 1}\sum_{n=1}^{\infty}\frac{r^n\cos nx}{n},$$

方程右边的级数在 $|r|<1$ 绝对收敛.由于

$$\begin{aligned}\sum_{n=1}^{\infty}\frac{r^n\cos nx}{n}&=\frac{1}{2}\sum_{n=1}^{\infty}\frac{r^n e^{inx}}{n}+\frac{1}{2}\sum_{n=1}^{\infty}\frac{r^n e^{-inx}}{n}\\&=-\frac{1}{2}\left[\ln(1-re^{ix})+\ln(1-re^{-ix})\right]\\&=-\ln\left[(1+r^2)-2r\cos x\right]^{1/2},\end{aligned}$$

取 $r=1$,有

$$\sum_{n=1}^{\infty}\frac{\cos nx}{n}=-\ln(2-2\cos x)^{\frac{1}{2}}=-\ln\left(2\sin\frac{x}{2}\right)\quad(0<x<2\pi).$$

以下列出几个常见的傅里叶级数和公式,请读者自行验证.

$$\sum_{n=1}^{\infty}\frac{\sin nx}{n}=\begin{cases}-\frac{1}{2}(\pi+x) & (-\pi\leqslant x<0)\\ \frac{1}{2}(\pi-x) & (0\leqslant x<\pi)\end{cases},$$

$$\sum_{n=1}^{\infty}(-1)^{n+1}\frac{\sin nx}{n}=\frac{x}{2}\quad(-\pi\leqslant x<\pi),$$

$$\sum_{n=0}^{\infty}\frac{\sin(2n+1)x}{2n+1}=\begin{cases}-\frac{\pi}{4} & (-\pi\leqslant x<0)\\ \frac{\pi}{4} & (0\leqslant x<\pi)\end{cases},$$

$$\sum_{n=1}^{\infty}\frac{\cos nx}{n}=-\ln\left(2\sin\frac{x}{2}\right)\quad(0<x<2\pi),$$

$$\sum_{n=1}^{\infty}(-1)^n\frac{\cos nx}{n}=-\ln\left(2\cos\frac{x}{2}\right)\quad(-\pi<x<\pi),$$

$$\sum_{n=0}^{\infty}\frac{\cos(2n+1)x}{2n+1}=\frac{1}{2}\ln\left(2\cot\frac{|x|}{2}\right)\quad(0<x<2\pi).$$

注记

即便在 $x=1$ 点出现发散,数学家也认为 $f(x)=\frac{1}{1-x}$ 是正当的函数.然而直到19世纪初,老派数学家不能接受间断的或者类似 $f(x)=|x|$ 这样导数间断的函数,欧拉就认为它不应该被视作函数,原因之一或许是这种函数不能在断点表示成幂级数形式(拉格朗日利用幂级数来定义导数).在人们的心目中,函数必须是能用公式表示的,所以当傅里叶向人们展示某些有断点的周期函数,比如锯齿波或方波可以用三角函数的级数表示时,招致数学界传统势力的一片哗然:不连续函数怎么能用连续函数的叠加来表示呢?

按照例7.2的结果,周期性的锯齿波用三角级数表示为

$$f(x)=\frac{h}{2}-\sum_{n=1}^{\infty}a_n\sin n\omega x,\quad a_n=-\frac{h}{n\pi},$$

它可视作定义在单位圆上的实函数，令 $z=\mathrm{e}^{\mathrm{i}\omega x}$，有

$$f(z)=\frac{h}{2}+\sum_{n=1}^{\infty}\frac{\mathrm{i}h}{2n\pi}\left(z^{n}-\frac{1}{z^{n}}\right)$$

其中，正幂部分 $S_{+}(z)$ 的收敛域为 $R_1<1$，负幂部分 $S_{-}(z)$ 的收敛域为 $R_2>1$，因此其洛朗级数的收敛环为空集. 实际上，可以写出级数和的解析表达式

$$\begin{cases} S_{+}(z)=\displaystyle\sum_{n=1}^{\infty}\frac{\mathrm{i}h}{2n\pi}z^{n}=-\frac{\mathrm{i}h}{2\pi}\ln(1-z) & (|z|<1) \\ S_{-}(z)=-\displaystyle\sum_{n=1}^{\infty}\frac{\mathrm{i}h}{2n\pi}\frac{1}{z^{n}}=\frac{\mathrm{i}h}{2\pi}\ln\left(1-\frac{1}{z}\right) & (|z|>1) \end{cases},$$

这样 $f(z)$ 被解析延拓至整个复平面. 实函数 $f(x)$ 的断点 $x=0,d$，就是复对数函数 $S_{\pm}(z)$ 的支点 $z=1$. 如图 7.5 所示，在圆周上的函数值为

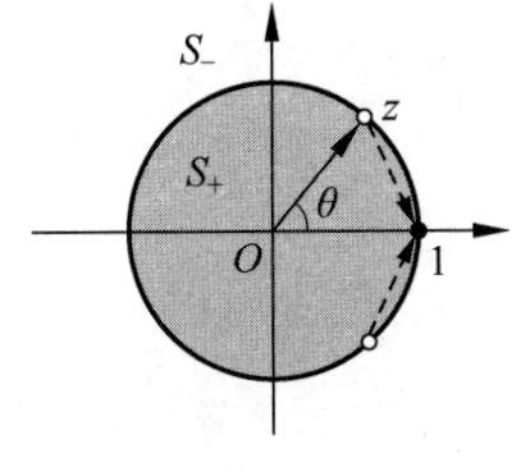

图　7.5

$$f(z)=\frac{h}{2}+S_{+}(\mathrm{e}^{\mathrm{i}\theta})+S_{-}(\mathrm{e}^{\mathrm{i}\theta})=\frac{h}{2\pi}\theta.$$

当 z 沿圆周从上半平面穿过 $z=1$ 点时，$(1-z)$ 的辐角从 $-\frac{\pi}{2}$ 跳变为 $\frac{\pi}{2}$，而 $\left(1-\frac{1}{z}\right)$ 的辐角从 $\frac{\pi}{2}$ 跳变为 $-\frac{\pi}{2}$，所以函数 $f(z)$ 的值在 $z=1$ 跳变了 h，表明傅里叶级数描述的确实就是锯齿波函数.

可见仅仅在实数域里，确实难以完全了解函数 $f(x)=|x|$ 的性质，它在 $x=0$ 点不可导，无法展开为泰勒级数形式. 但将它在 $x\in[-\pi,\pi]$ 作傅里叶级数展开，且令 $z=\mathrm{e}^{\mathrm{i}x}$，使其从单位圆解析延拓至复平面后，发现它可以表示成洛朗级数的形式：

$$f(z)=\frac{\pi}{2}-\sum_{k=0}^{\infty}\frac{4}{(2k+1)^{2}\pi}\left[z^{2k+1}+\frac{1}{z^{2k+1}}\right].$$

函数在 $x=0$ 或 $z=1$ 点的奇异性变得十分明显，在这个意义上它具有与普通函数 $f(x)=x$ 一样的正当性. 以后还有机会讨论，有断点的函数实际上是内积空间完备性的必要元素.

傅里叶的工作使人们从解析或者可展开成泰勒级数的函数观念中摆脱出来，泰勒级数仅仅是在某一点的邻域表示解析函数——尽管收敛半径可能无穷大，而傅里叶级数是在一段有限区间表示一个函数. 三角波可以用傅里叶级数表示的事实，使得级数成为传统意义下的函数，数学家逐渐明白，级数表示的函数并不能保证可导性. 通常人们认为连续函数都可导——至少不可导点不是密集的，但魏尔斯特拉斯曾构造出下述函数：

$$f(x)=\sum_{k=0}^{\infty}a^{k}\cos(b^{k}\pi x)\quad(0<a<1),$$

其中，b 为正奇数，$ab>1+3\pi/2$. 魏尔斯特拉斯证明它处处连续却处处不可导，这个“病态的”函数不是光滑的，存在不规则性，在物理上对应的典型情况是颗粒的布朗运动轨迹. 另一个病态函数的例子是

$$f(x)=\lim_{\substack{m\to\infty\\ n\to\infty}}\cos^{2n}(m!\pi x)=\begin{cases}1 & (x\in\mathbb{Q})\\ 0 & (x\notin\mathbb{Q})\end{cases}.$$

狄利克雷采用柯西的分析方法，成功地解决了傅里叶级数的收敛性问题. 但这个级数是否一致收敛呢？关于傅里叶级数收敛性的诸多微妙问题，促使人们探索实数本身的性质，并

最终引导康托尔发展出集合论.

傅里叶级数的创立标志着函数获得了更一般的理念：它是一种输入-输入规则，任何输入值都有特定的输出值，这些输入-输出关系不必表示为公式，甚至可以不是数字.过去数学家对于心跳或股价变动曲线毫无兴趣，现在它们也被当作函数加以研究，曲线的频谱分布蕴含着过去不曾设想的性质.人们可以通过改变傅里叶频谱获得新的函数，比如音乐合成器利用傅里叶级数来模拟小提琴或长笛的声音，通过麦克风拓展人的音域，甚至创造出自然界中从来没有过的声音，而傅里叶光学早已成为处理光频谱特征的专门学科.

习 题

[1] 在 $x\in[-\pi,\pi]$ 的周期区间，求傅里叶三角级数展开($\alpha\notin\mathbb{Z}$)：

(a) $f(x)=\cos\alpha x$； (b) $f(x)=\cosh\alpha x$.

答案：

(a) $\dfrac{2\sin\pi\alpha}{\pi}\left[\dfrac{1}{2\alpha}+\sum\limits_{k=1}^{\infty}(-1)^{k-1}\dfrac{\alpha\cos kx}{k^2-\alpha^2}\right]$；

(b) $\dfrac{2\sinh\pi\alpha}{\pi}\left[\dfrac{1}{2\alpha}+\sum\limits_{k=1}^{\infty}(-1)^{k}\dfrac{\alpha\cos kx}{k^2+\alpha^2}\right]$.

[2] 证明：

$$|\sin x|=\frac{2}{\pi}-\frac{4}{\pi}\sum_{k=1}^{\infty}\frac{\cos 2kx}{4k^2-1}$$

[3] 在 $x\in[-\pi,\pi]$ 的周期区间，将函数 $f(x)=|x|$ 作傅里叶三角级数展开，并证明：

$$\sum_{k=0}^{\infty}\frac{1}{(2k+1)^2}=\frac{\pi^2}{8}.$$

答案：

$$|x|=\frac{\pi}{2}-\sum_{k=0}^{\infty}\frac{4}{(2k+1)^2\pi}\cos(2k+1)x.$$

[4] 在 $x\in[-\pi,\pi]$ 的周期区间，将下列函数作傅里叶指数级数展开($\alpha\neq\beta$)：

$$f(x)=\begin{cases}\alpha x & (0<x\leqslant\pi)\\ \beta x & (-\pi\leqslant x<0)\end{cases}.$$

答案：

$$f(x)=\frac{(\alpha-\beta)\pi}{4}+\sum_{n\neq0}^{\infty}\left\{\frac{(\alpha+\beta)\mathrm{i}}{2n}(-1)^n+\frac{\beta-\alpha}{2n^2\pi}[1-(-1)^n]\right\}\mathrm{e}^{nx\mathrm{i}}.$$

[5] 已知泰勒级数展开：

$$\ln(1+z)=\sum_{n=1}^{\infty}(-1)^{n+1}\frac{z^n}{n}\quad(|z|<1),$$

证明傅里叶级数和公式：

(a) $\sum\limits_{n=1}^{\infty}\dfrac{\cos nx}{n}=-\ln\left(2\sin\dfrac{x}{2}\right)\quad(0<x<2\pi)$；

(b) $\sum\limits_{n=1}^{\infty}(-1)^n\dfrac{\cos nx}{n}=-\ln\left(2\cos\dfrac{x}{2}\right)\quad(-\pi<x<\pi)$；

(c) $\sum_{n=0}^{\infty}\frac{\cos(2n+1)x}{2n+1}=\frac{1}{2}\ln\left(2\cot\frac{|x|}{2}\right)\quad(0<x<2\pi)$.

7.2　傅里叶变换

7.1 节讨论的是周期函数的傅里叶级数展开. 有限区间定义的函数可以通过平移延拓方式变为周期函数,从而得到该区间的傅里叶级数展开形式. 那么,对于无限区间 $x\in(-\infty,\infty)$ 中的非周期函数,能否作傅里叶级数展开呢?

1. 傅里叶积分

首先将定义在无限区间的非周期函数 $f(x)$ 视作某个周期为 $2l$ 的周期函数 $g(x)$ 的极限情形,其傅里叶级数展开为

$$g(x)=\frac{a_0}{2}+\sum_{n=1}^{\infty}\left(a_n\cos\frac{n\pi}{l}x+b_n\sin\frac{n\pi}{l}x\right).$$

当 $l\to\infty$ 时,上式就是非周期函数 $f(x)$ 的傅里叶展开. 引入不连续变量

$$k_n=\frac{n\pi}{l}\quad(n=0,1,2,\cdots),$$

$$\Delta k_n=k_n-k_{n-1}=\frac{\pi}{l},$$

则

$$f(x)=\frac{a_0}{2}+\sum_{n=1}^{\infty}(a_n\cos k_nx+b_n\sin k_nx).$$

如果 $f(x)$ 在 $(-l,+l)$ 区间的积分值有限,利用函数可积性条件,有

$$\lim_{l\to\infty}a_0=\lim_{l\to\infty}\frac{1}{l}\int_{-l}^{l}f(\xi)\mathrm{d}\xi=0.$$

方程右边第一项变为

$$\begin{aligned}&\lim_{l\to\infty}\sum_{n=1}^{\infty}\left[\frac{1}{l}\int_{-l}^{l}f(\xi)\cos k_n\xi\mathrm{d}\xi\right]\cos k_nx\\&=\lim_{l\to\infty}\sum_{n=1}^{\infty}\left[\frac{1}{\pi}\int_{-l}^{l}f(\xi)\cos k_n\xi\mathrm{d}\xi\right]\cos k_nx\Delta k_n\\&\xrightarrow{\Delta k_n\to0}\int_0^{\infty}\left[\frac{1}{\pi}\int_{-\infty}^{\infty}f(\xi)\cos k\xi\mathrm{d}\xi\right]\cos kx\,\mathrm{d}k\equiv\int_0^{\infty}A(k)\cos kx\,\mathrm{d}k.\end{aligned}$$

同样可求出右边第二项的表达式,于是得到 $f(x)$ 的傅里叶积分表示:

$$f(x)=\int_0^{\infty}A(k)\cos kx\,\mathrm{d}k+\int_0^{\infty}B(k)\sin kx\,\mathrm{d}k,\tag{7.2.1}$$

其中,

$$A(k)=\frac{1}{\pi}\int_{-\infty}^{\infty}f(\xi)\cos k\xi\mathrm{d}\xi,\quad B(k)=\frac{1}{\pi}\int_{-\infty}^{\infty}f(\xi)\sin k\xi\mathrm{d}\xi.\tag{7.2.2}$$

相对于周期函数的离散频谱,非周期函数的积分系数 $A(k)$ 和 $B(k)(k>0)$ 也反映了该函数的频谱成分,只是该频谱一般是连续的.

傅里叶积分定理 若函数 $f(x)$在有限区间内满足狄利克雷条件，且在$(-\infty,\infty)$区间上绝对可积，即$\int_{-\infty}^{\infty}|f(x)|\mathrm{d}x$ 有限，则 $f(x)$可以表示成傅里叶积分形式：

$$\frac{1}{2}[f(x-0)+f(x+0)]=\int_{0}^{\infty}[A(k)\cos kx+B(k)\sin kx]\,\mathrm{d}k. \tag{7.2.3}$$

证明略.

按照同样的办法，可以推导出非周期函数的复指数形式傅里叶积分公式，它具有更为紧凑的形式：

$$f(x)=\sum_{n=-\infty}^{\infty}c_n\mathrm{e}^{\frac{\mathrm{i}n\pi x}{l}}=\frac{1}{2l}\sum_{n=-\infty}^{\infty}\mathrm{e}^{\frac{\mathrm{i}n\pi x}{l}}\int_{-l}^{l}f(\xi)\,\mathrm{e}^{-\frac{\mathrm{i}n\pi\xi}{l}}\mathrm{d}\xi$$

$$\xrightarrow{l\to\infty}\frac{1}{2\pi}\int_{-\infty}^{\infty}\left[\int_{-\infty}^{\infty}f(\xi)\mathrm{e}^{-\mathrm{i}k\xi}\mathrm{d}\xi\right]\mathrm{e}^{\mathrm{i}kx}\,\mathrm{d}k\equiv\int_{-\infty}^{\infty}F(k)\mathrm{e}^{\mathrm{i}kx}\,\mathrm{d}k,$$

其中，

$$F(k)=\frac{1}{2\pi}\int_{-\infty}^{\infty}f(x)\,\mathrm{e}^{-\mathrm{i}kx}\,\mathrm{d}x, \tag{7.2.4}$$

将 $F(k)$称作函数 $f(x)$的傅里叶变换，用符号 $F(k)=\mathfrak{F}[f(x)]$表示，而将

$$f(x)=\int_{-\infty}^{\infty}F(k)\mathrm{e}^{\mathrm{i}kx}\,\mathrm{d}k \tag{7.2.5}$$

称作 $F(k)$的逆变换，表示为 $f(x)=\mathfrak{F}^{-1}[F(k)]$. 它们构成一对映像，通常称 $F(k)$为 $f(x)$的像函数，而称 $f(x)$为 $F(k)$的原函数. 有些物理书中将傅里叶变换定义成对称形式：

$$\begin{cases}F(k)=\mathfrak{F}[f(x)]\overset{\text{def}}{=}\dfrac{1}{\sqrt{2\pi}}\displaystyle\int_{-\infty}^{\infty}f(x)\,\mathrm{e}^{-\mathrm{i}kx}\,\mathrm{d}x\\ f(x)=\mathfrak{F}^{-1}[F(k)]\overset{\text{def}}{=}\dfrac{1}{\sqrt{2\pi}}\displaystyle\int_{-\infty}^{\infty}F(k)\mathrm{e}^{\mathrm{i}kx}\,\mathrm{d}k\end{cases} \tag{7.2.6}$$

(1) 傅里叶余弦变换：如果 $f(x)$是偶函数，则

$$F_{\mathrm{c}}(k)=\mathfrak{F}_{\mathrm{c}}[f(x)]\overset{\text{def}}{=}\frac{1}{\pi}\int_{0}^{\infty}f(x)\cos kx\,\mathrm{d}x. \tag{7.2.7}$$

(2) 傅里叶正弦变换：如果 $f(x)$是奇函数，则

$$F_{\mathrm{s}}(k)=\mathfrak{F}_{\mathrm{s}}[f(x)]\overset{\text{def}}{=}\frac{1}{\pi}\int_{0}^{\infty}f(x)\sin kx\,\mathrm{d}x. \tag{7.2.8}$$

由于 $F_{\mathrm{c}}(k)$和 $F_{\mathrm{s}}(k)$分别是关于k 的偶函数和奇函数，所以 $0<k<\infty$，它们的逆变换分别为

$$f(x)=\mathfrak{F}_{\mathrm{c}}^{-1}[F_{\mathrm{c}}(k)]=2\int_{0}^{\infty}F_{\mathrm{c}}(k)\cos kx\,\mathrm{d}k, \tag{7.2.9}$$

$$f(x)=\mathfrak{F}_{\mathrm{s}}^{-1}[F_{\mathrm{s}}(k)]=2\int_{0}^{\infty}F_{\mathrm{s}}(k)\sin kx\,\mathrm{d}k. \tag{7.2.10}$$

傅里叶余弦变换和正弦变换统称为三角函数变换(trigonometric transform).

例 7.4 试将哈尔函数(Haar function)表示为傅里叶积分形式：

$$f(x)=\begin{cases}h & (|x|\leqslant d)\\ 0 & (|x|>d)\end{cases}.$$

解　$f(x)$是偶函数，有

$$f(x)=\int_{-\infty}^{\infty}F(k)\,\mathrm{e}^{\mathrm{i}kx}\,\mathrm{d}k,$$

$$F(k)=\frac{1}{2\pi}\int_{-\infty}^{\infty}f(x)\,\mathrm{e}^{-\mathrm{i}kx}\,\mathrm{d}x=\frac{1}{\pi}\int_{0}^{d}f(x)\cos kx\,\mathrm{d}x=\frac{h}{\pi}\,\frac{\sin kd}{k}.$$

讨论　函数 $f(x)$和像函数 $F(k)$之间的关系如同光学中衍射缝和衍射图之间的关系，在光学中该实验装置称作夫琅禾费衍射. 图 7.6 展示了方波宽度与频谱宽度的关系：$\Delta k\sim\pi/d$，即位形空间中越宽的函数，在频谱空间中越窄，这种关系潜藏在看似完全不同的物理现象中.

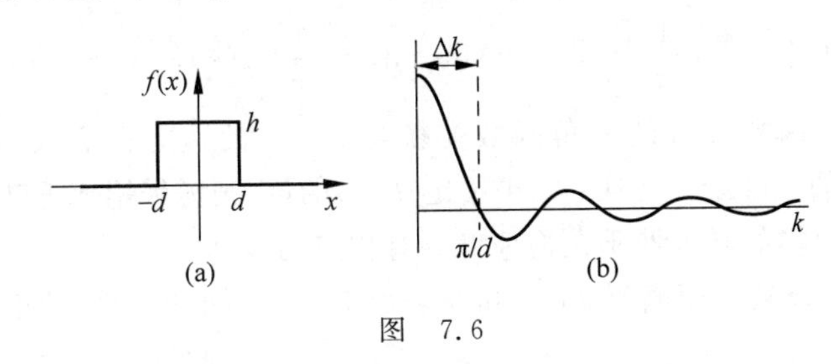

图　7.6

(1) 在波的衍射中，衍射缝的宽度与衍射条纹的宽度成反比关系.

(2) 在光学中，波列越长频谱越窄，单色性越好. 激光接近是单色光，所以有很长的相干长度.

(3) 在量子力学中，由德布罗意关系 $p=\hbar k$，它反映的是海森伯不确定原理：$\Delta p\cdot\Delta x\sim\hbar$，即动量的不确定性与位置的不确定性成反比.

2. 基本性质

关于傅里叶变换的性质，有以下定理：

(1) 导数定理

$$\mathfrak{F}[f'(x)]=\mathrm{i}kF(k);$$

(2) 积分定理

$$\mathfrak{F}\left[\int_{0}^{x}f(\xi)\mathrm{d}\xi\right]=\frac{1}{\mathrm{i}k}F(k);$$

(3) 标度性定理

$$\mathfrak{F}[f(ax)]=\frac{1}{|a|}F\left(\frac{k}{a}\right);$$

(4) 延迟定理

$$\mathfrak{F}[f(x-x_0)]=\mathrm{e}^{-\mathrm{i}kx_0}F(k);$$

(5) 位移定理

$$\mathfrak{F}[\mathrm{e}^{\mathrm{i}k_0x}f(x)]=F(k-k_0);$$

(6) 乘积定理

$$\int_{-\infty}^{\infty}f_1(x)\overline{f_2}(x)\mathrm{d}x=2\pi\int_{-\infty}^{\infty}F_1(k)\overline{F_2}(k)\mathrm{d}k,$$

当 $f_1(x)=f_2(x)\equiv f(x)$时，有

$$\int_{-\infty}^{\infty}|f(x)|^2\mathrm{d}x=2\pi\int_{-\infty}^{\infty}|F(k)|^2\mathrm{d}k.$$

这些定理都可以从傅里叶变换的定义出发直接予以证明,请读者自己练习.

对于傅里叶余弦和正弦变换,其导数性质为

$$\begin{cases}\mathfrak{F}_c[f'(x)]=\dfrac{1}{\pi}\displaystyle\int_0^{\infty}f'(x)\cos kx\,\mathrm{d}x=-\dfrac{1}{\pi}f(0)+kF_s(k);\\ \mathfrak{F}_c[f''(x)]=\dfrac{1}{\pi}\displaystyle\int_0^{\infty}f''(x)\cos kx\,\mathrm{d}x=-\dfrac{1}{\pi}f'(0)-k^2F_c(k);\\ \mathfrak{F}_s[f'(x)]=\dfrac{1}{\pi}\displaystyle\int_0^{\infty}f'(x)\sin kx\,\mathrm{d}x=-kF_c(k);\\ \mathfrak{F}_s[f''(x)]=\dfrac{1}{\pi}\displaystyle\int_0^{\infty}f''(x)\sin kx\,\mathrm{d}x=\dfrac{1}{\pi}kf(0)-k^2F_s(k).\end{cases} \tag{7.2.11}$$

值得注意的是,函数导数的三角函数变换与 $x=0$ 的边界值有关.如果边界上给定 $f'(0)$的值,需采用傅里叶余弦变换;如果给定 $f(0)$的值,则需采用傅里叶正弦变换.

讨论 傅里叶变换的基本性质在物理世界有相应的表现.

(1) 标度性定理反映了原函数 $f(x)$和像函数 $F(k)$之间的关系,即衍射缝宽度与衍射条纹宽度成反比.

(2) 延迟定理的平移相当于将衍射缝上下移动,此时衍射条纹没有任何变化,那么因子 $\mathrm{e}^{-\mathrm{i}kx_0}$ 起什么作用呢?如何展示出其物理意义?

(3) 位移定理中相因子 $\mathrm{e}^{\mathrm{i}k_0x}$ 相当于在衍射实验中光从斜向入射,此时频谱位移 $F(k-k_0)$意味着什么?位移定理与多普勒效应之间有什么关系吗?

(4) 乘积定理反映的物理是能量守恒,即在位形空间分布的总能量与频谱空间分布的总能量是相同的.

例 7.5 求 N 周期函数的傅里叶变换:

$$g(x)=\sum_{n=0}^{N-1}f(x-nd),$$

其中,$f(x+d)=f(x)$.

解 设 $\mathfrak{F}[f(x)]=F(k)$,将延迟定理应用于周期函数 $f(x-nd)=f(x)$,则

$$\mathfrak{F}[f(x-nd)]=\mathrm{e}^{-\mathrm{i}nkd}F(k),$$

所以

$$G(k)\equiv\mathfrak{F}[g(x)]=\sum_{n=0}^{N-1}\mathrm{e}^{-\mathrm{i}nkd}F(k)=\left(\frac{1-\mathrm{e}^{-\mathrm{i}Nkd}}{1-\mathrm{e}^{-\mathrm{i}kd}}\right)F(k).$$

于是得到频谱强度的分布公式

$$|G(k)|=\left|\frac{\sin(Nkd/2)}{\sin(kd/2)}\right|\times|F(k)|.$$

取 $f(x)$为哈尔函数,公式中$|G(k)|$对应于光学中的光栅衍射强度分布.右边第二项 $|F(k)|$是单缝衍射因子;第一项是缝间干涉因子,在正入射时衍射光波的波矢改变量为 $k=q\sin\theta$,其中 θ 为衍射角,$q=2\pi/\lambda$.

3. 三维傅里叶变换

对于三维空间函数 $f(x,y,z)$,需要对(x,y,z)三个变量分别作傅里叶变换,表示为

$$f(x,y,z)=\int_{-\infty}^{\infty}\int_{-\infty}^{\infty}\int_{-\infty}^{\infty}F(k_x,k_y,k_z)\,\mathrm{e}^{\mathrm{i}(k_x x+k_y y+k_z z)}\,\mathrm{d}k_x\,\mathrm{d}k_y\,\mathrm{d}k_z, \tag{7.2.12}$$

$$F(k_x,k_y,k_z)=\frac{1}{(2\pi)^3}\int_{-\infty}^{\infty}\int_{-\infty}^{\infty}\int_{-\infty}^{\infty}f(x,y,z)\,\mathrm{e}^{-\mathrm{i}(k_x x+k_y y+k_z z)}\,\mathrm{d}x\,\mathrm{d}y\,\mathrm{d}z \tag{7.2.13}$$

写成更为紧凑向量形式,即

$$f(\boldsymbol{r})=\iiint_{-\infty}^{\infty}F(\boldsymbol{k})\,\mathrm{e}^{\mathrm{i}\boldsymbol{k}\cdot\boldsymbol{r}}\,\mathrm{d}\boldsymbol{k},$$

$$F(\boldsymbol{k})=\frac{1}{(2\pi)^3}\iiint_{-\infty}^{\infty}f(\boldsymbol{r})\,\mathrm{e}^{-\mathrm{i}\boldsymbol{k}\cdot\boldsymbol{r}}\,\mathrm{d}\boldsymbol{r}.$$

在计算三维傅里叶变换时经常采用球坐标系.

例 7.6 求汤川势(Yukawa potential)的傅里叶变换:

$$v_\alpha(r)=\frac{q\,\mathrm{e}^{-\alpha r}}{r}\quad(\alpha>0).$$

解 根据三维傅里叶变换定义,有

$$V_\alpha(\boldsymbol{k})=\frac{1}{(2\pi)^3}\iiint_{-\infty}^{\infty}\frac{q\,\mathrm{e}^{-\alpha r}}{r}\mathrm{e}^{-\mathrm{i}\boldsymbol{k}\cdot\boldsymbol{r}}\,\mathrm{d}\boldsymbol{r},$$

采用球坐标表示,以 $\boldsymbol{k}$ 的方向为极轴方向,令 $|\boldsymbol{k}|=k$,则

$$\begin{aligned}V_\alpha(\boldsymbol{k})&=\frac{q}{(2\pi)^3}\int_0^{\infty}r\,\mathrm{d}r\int_0^{\pi}\sin\theta\,\mathrm{d}\theta\int_0^{2\pi}\mathrm{e}^{-\alpha r}\,\mathrm{e}^{-\mathrm{i}kr\cos\theta}\,\mathrm{d}\phi\\&=\frac{q}{(2\pi)^2}\int_0^{\infty}\frac{\mathrm{e}^{-\alpha r}}{\mathrm{i}k}(\mathrm{e}^{\mathrm{i}kr}-\mathrm{e}^{-\mathrm{i}kr})\,\mathrm{d}r=\frac{q}{2\pi^2}\,\frac{1}{k^2+\alpha^2},\end{aligned}$$

当 $\alpha\to0$ 时,得到库仑势 $v_{\mathrm{Coul}}(\boldsymbol{r})=q/r$ 的傅里叶变换,即

$$V_{\mathrm{Coul}}(\boldsymbol{k})=\frac{q}{2\pi^2}\,\frac{1}{k^2}.$$

注记

映射与变换:函数是从一个集合到另一个集合的点对点映射,如图 7.7(a)所示,而傅里叶变换的像空间中每一点都包含原集合的全部信息,如图 7.7(b)所示,反之亦然.

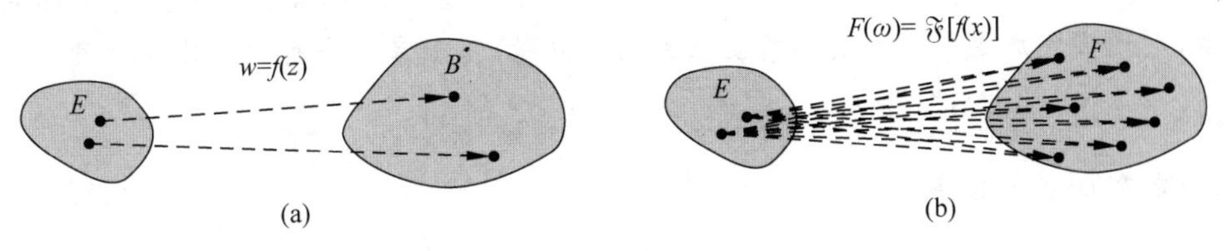

图 7.7

函数映射与傅里叶变换有点类似于光学中透镜成像与全息成像之间的关系.透镜成像具有一一对应性,构成函数映射关系,如图 7.8(a)所示,像平面即函数空间.积分变换则相当于全息成像过程,原像上的每一点都映射到整个全息平面;反之,像平面上的每一点也包含原函数全部信息,如图 7.8(b)所示,全息平面即函数变换后的像空间或频谱空间.

可以从如图 7.9 所示的映射关系来看傅里叶变换:将原函数空间离散化成许多小段 $x_j\,(j\in\mathbb{Z})$,相应的函数值为 $f(x_j)$,针对像空间也作类似的离散化处理 $k_n\,(n\in\mathbb{Z})$,相应的

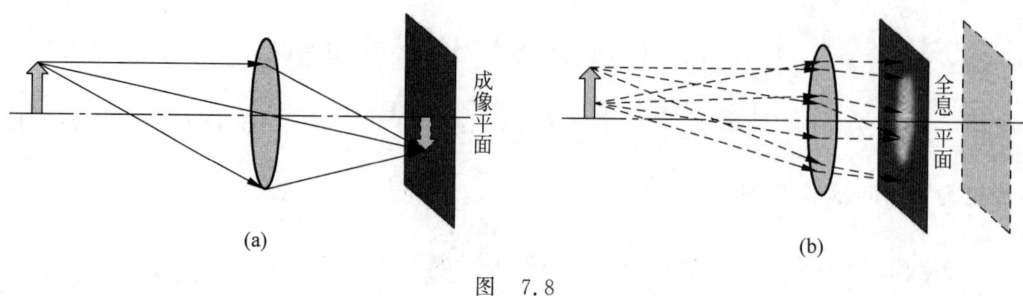

(a)
(b)

图 7.8

函数值为 $F(k_n)$(在图中示意性地画成实函数). 将 $f(x_j)\Delta x_j$ 视作一系列子波源的波幅,设想从位形空间到频谱空间的映射为以波矢 k_n 的传播过程,第 j 个子波源相对于 $x=0$ 子波源的传播距离为 x_j,传播函数为 $e^{ik_n\cdot x_j}$. 所以传播的振幅为 $f(x_j)e^{ik_n\cdot x_j}\Delta x_j$,则以波矢 k_n 传播的总振幅是所有子波源传播到该点的振幅叠加

$$F(k_n)=\sum_j f(x_j)e^{ik_n\cdot x_j}\Delta x_j.$$

令 $j,n\to\infty$,有

$$F(k)=\lim_{j\to\infty}\sum_j f(x_j)e^{ik\cdot x_j}\Delta x_j=\int_{-\infty}^{\infty}f(x)e^{ik\cdot x}dx.$$

从这点看,傅里叶变换与函数空间的惠更斯原理有相通之处.

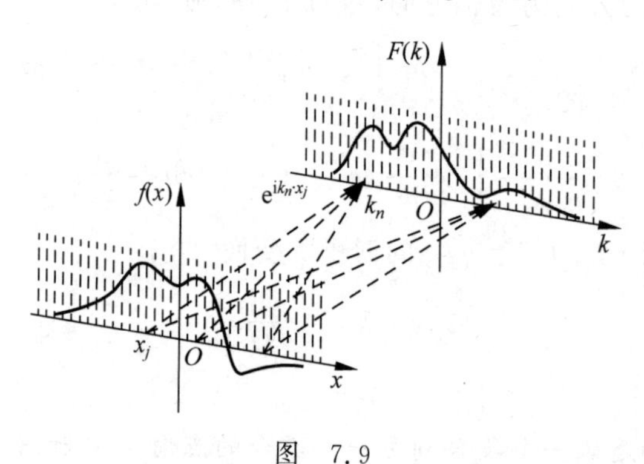

图 7.9

由于傅里叶变换是一种全域变换,即频域空间中任意一点都需要位形空间全部的信息来表示,则通常完成这样一个变换需要很大的计算量. 下面考虑一种近似处理方案:

$$F(k_n)=\sum_j f(x_j)e^{ik_n\cdot x_j}\Delta x_j=\sum_{|x_j|<\Delta}f(x_j)e^{ik_n\cdot x_j}\Delta x_j+\sum_{|x_j|>\Delta}f(x_j)e^{ik_n\cdot x_j}\Delta x_j,$$

其中,设定窗口 Δ 的范围

$$|k_n\cdot x_j|\leqslant\frac{\pi}{2}\to\Delta\sim\frac{\pi}{2|k_n|}.$$

传播函数 $e^{ik_n\cdot x_j}$ 可以用一个二维单位矢量表示,其中相位 $k_n\cdot x_j$ 表示矢量的方向. 对于窗口内的子波源,矢量的方向比较接近. 但窗口以外的子波源,矢量方向的变化很大,由于 $f(x)$ 满足绝对可积性,当 x 较大时,$f(x)$ 的变化必趋于平缓,所以这些矢量叠加的效果接近抵消,即

$$\sum_{|x_j|>\Delta}f(x_j)e^{ik_n\cdot j\,dx}dx\sim A\sum_{|x_j|>\Delta}e^{ik_n\cdot j\,dx}dx\to 0.$$

所以 $F(k)$ 可以用窗口 $\Delta_k \sim \dfrac{\pi}{|k|}$ 范围内的函数变换作近似：

$$F(k) \approx \sum_{|x_j| < \Delta_k} f(x_j) \mathrm{e}^{\mathrm{i}k \cdot x_j} \Delta x_j = \int_{-\Delta_k}^{\Delta_k} f(x) \mathrm{e}^{\mathrm{i}k \cdot x} \mathrm{d}x.$$

可见 k 较小的低频部分需要取较宽的窗口，而 k 较大的高频部分只需取较窄的窗口内的函数作近似计算. 这种取有限范围函数作为傅里叶变换近似的思想，最终发展成小波变换法.

光在物质中的散射振幅为

$$\langle \boldsymbol{q}' | \hat{U} | \boldsymbol{q} \rangle \stackrel{\text{def}}{=} \frac{1}{(2\pi)^3} \iiint_{-\infty}^{\infty} u(\boldsymbol{r}) \mathrm{e}^{-\mathrm{i}(\boldsymbol{q}'-\boldsymbol{q}) \cdot \boldsymbol{r}} \mathrm{d}\boldsymbol{r},$$

其中，$\boldsymbol{q}$ 和 $\boldsymbol{q}'$ 是入射波和散射波的波矢；$u(\boldsymbol{r})$ 为物质对光的散射势. 令 $\boldsymbol{k} = \boldsymbol{q}' - \boldsymbol{q}$，则

$$\langle \boldsymbol{q}' | \hat{U} | \boldsymbol{q} \rangle = \mathfrak{F}[u(\boldsymbol{r})] \equiv U(\boldsymbol{k}).$$

如果物质具有周期结构，即散射势满足三维平移周期性：

$$u(\boldsymbol{r} + \boldsymbol{R}) = u(\boldsymbol{r}),$$

$$\boldsymbol{R} = m_1 \boldsymbol{a}_1 + m_2 \boldsymbol{a}_2 + m_3 \boldsymbol{a}_3 \quad (m_j \in \mathbb{Z}),$$

其中，$\boldsymbol{a}_j (j=1,2,3)$ 为晶体的布拉维(Bravais)格矢，根据

$$u(\boldsymbol{r} + \boldsymbol{R}) = \iiint_{-\infty}^{\infty} U(\boldsymbol{k}) \mathrm{e}^{\mathrm{i}\boldsymbol{k} \cdot (\boldsymbol{r}+\boldsymbol{R})} \mathrm{d}\boldsymbol{k} = \iiint_{-\infty}^{\infty} U(\boldsymbol{k}) \mathrm{e}^{\mathrm{i}\boldsymbol{k} \cdot \boldsymbol{r}} \mathrm{e}^{\mathrm{i}\boldsymbol{k} \cdot \boldsymbol{R}} \mathrm{d}\boldsymbol{k},$$

表明散射势的周期性要求波矢满足 $\mathrm{e}^{\mathrm{i}\boldsymbol{k} \cdot \boldsymbol{R}} = 1$，即 $\boldsymbol{k} \cdot \boldsymbol{R}$ 必为 2π 的整数倍，所以 $\boldsymbol{k}$ 只能取一系列离散值.

引入三维晶格的倒格矢 $\boldsymbol{b}_j (j=1,2,3)$，

$$\boldsymbol{b}_1 = \frac{2\pi(\boldsymbol{a}_2 \times \boldsymbol{a}_3)}{\boldsymbol{a}_1 \cdot (\boldsymbol{a}_2 \times \boldsymbol{a}_3)}, \quad \boldsymbol{b}_2 = \frac{2\pi(\boldsymbol{a}_3 \times \boldsymbol{a}_1)}{\boldsymbol{a}_1 \cdot (\boldsymbol{a}_2 \times \boldsymbol{a}_3)}, \quad \boldsymbol{b}_3 = \frac{2\pi(\boldsymbol{a}_1 \times \boldsymbol{a}_2)}{\boldsymbol{a}_1 \cdot (\boldsymbol{a}_2 \times \boldsymbol{a}_3)},$$

它们满足正交关系 $\boldsymbol{b}_i \cdot \boldsymbol{a}_j = 2\pi\delta_{ij}$. 取 $\boldsymbol{k} = n_1 \boldsymbol{b}_1 + n_2 \boldsymbol{b}_2 + n_3 \boldsymbol{b}_3 (n_j \in \mathbb{Z})$，容易验证 $\boldsymbol{k} \cdot \boldsymbol{R} = 2\pi N \quad (N \in \mathbb{Z})$，用波矢表示为

$$(\boldsymbol{q}' - \boldsymbol{q}) \cdot \boldsymbol{a}_j = 2n\pi \quad (n \in \mathbb{Z}),$$

这就是光学中的布拉格散射公式. 对于弹性散射，$|\boldsymbol{q}| = |\boldsymbol{q}'| = 2\pi/\lambda$，上式可化为通常的简明形式：

$$2d \sin\theta = n\lambda,$$

其中，d 为入射晶面的间距，如图 7.10(a)所示，不满足布拉格公式的散射光都相干抵消. 图 7.10(b)是一幅晶体衍射图样，它们呈现为离散且规则的光斑. 衍射图与晶格的三维傅里叶变换有一一对应的关系，通过分析 X 射线衍射图样可以了解晶体的结构.

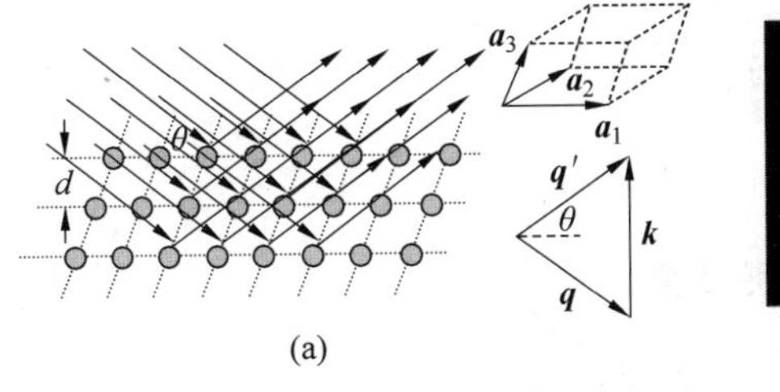

(a) (b)

图 7.10

(图片来自网络)

习　题

[1] 求函数的傅里叶变换：

(a) $f(x)=\mathrm{e}^{-a|x|}\quad(a>0)$；　(b) $f(x)=\dfrac{1}{|x|^{a}}\quad(0<a<1)$.

提示：(b) 化为半无穷积分后，利用留数定理，取第一象限的四分之一扇形回路，将积分化为 Γ 函数积分，并分别讨论 $k>0$ 和 $k<0$ 的情形.

答案：

(a) $\dfrac{1}{\pi a}\dfrac{a^{2}}{a^{2}+k^{2}}$；　(b) $\dfrac{\Gamma(1-a)\sin(a\pi/2)}{\pi|k|^{1-a}}$.

[2] 求函数的傅里叶变换：

(a) $f(x)=\dfrac{\sin\pi x}{x}$；　(b) $f(x)=\operatorname{sech}(ax)\quad(a>0)$.

答案：

(a) $\begin{cases}1/2, & |k|\leqslant\pi \\ 0, & |k|>\pi\end{cases}$；　(b) $\dfrac{1}{2a}\operatorname{sech}\dfrac{\pi k}{2a}$.

[3] 证明傅里叶变换满足帕塞瓦尔关系：

$$\int_{-\infty}^{\infty}f_{1}(x)\overline{f_{2}}(x)\,\mathrm{d}x=2\pi\int_{-\infty}^{\infty}F_{1}(k)\overline{F_{2}}(k)\,\mathrm{d}k.$$

提示：利用狄拉克 δ 函数性质，

$$\delta(k-k')=\frac{1}{2\pi}\int_{-\infty}^{\infty}\mathrm{e}^{\mathrm{i}(k-k')x}\,\mathrm{d}x,\quad\int_{-\infty}^{\infty}f(k')\,\delta(k-k')\,\mathrm{d}k'=f(k).$$

[4] 应用三维傅里叶变换求解泊松方程：

$$\nabla^{2}u(\boldsymbol{r})=\varphi(\boldsymbol{r}).$$

答案：

$$u(\boldsymbol{r})=\frac{1}{4\pi}\iiint\frac{\varphi(\boldsymbol{r}')}{|\boldsymbol{r}-\boldsymbol{r}'|}\mathrm{d}\boldsymbol{r}'.$$

[5] 应用傅里叶变换求解艾里方程：

$$y''(x)-xy(x)=0\quad(-\infty<x<\infty).$$

答案：

$$y(x)=\frac{C}{2\pi}\int_{-\infty}^{\infty}\mathrm{e}^{\frac{\mathrm{i}}{3}k^{3}+\mathrm{i}kx}\,\mathrm{d}k.$$

[6] 求定积分：

$$I=\int_{0}^{\infty}\mathrm{e}^{-(a^{2}x^{2}+b^{2}x^{-2})}\,\mathrm{d}x.$$

提示：先对参数 b 作傅里叶变换.

答案：$I=\dfrac{1}{\sqrt{2}\,a}\mathrm{e}^{-2ab}$.

[7] 将函数作傅里叶正弦和余弦变换：

$$f(x)=\frac{1}{\sqrt{x}}.$$

(a) 证明其具有自反性：

$$\mathfrak{F}_c\left[\frac{1}{\sqrt{x}}\right]=\frac{1}{\pi}\int_0^{\infty}\frac{1}{\sqrt{x}}\cos xt\,dx=\frac{1}{\sqrt{2\pi t}},$$

$$\mathfrak{F}_s\left[\frac{1}{\sqrt{x}}\right]=\frac{1}{\pi}\int_0^{\infty}\frac{1}{\sqrt{x}}\sin xt\,dx=\frac{1}{\sqrt{2\pi t}}.$$

(b) 利用该结果计算菲涅耳积分：

$$\int_0^{\infty}\cos x^2\,dx;\quad \int_0^{\infty}\sin x^2\,dx.$$

7.3　卷积定理

1. 卷积函数

先定义两个函数 $f_1(x)$ 和 $f_2(x)$ 的卷积(convolution)：

$$f_1(x)*f_2(x)\overset{\text{def}}{=}\int_{-\infty}^{\infty}f_1(\xi)f_2(x-\xi)\,d\xi. \tag{7.3.1}$$

卷积有如下性质：

$$f_1(x)*f_2(x)=f_2(x)*f_1(x);$$

$$f_1(x)*[f_2(x)*f_3(x)]=[f_1(x)*f_2(x)]*f_3(x);$$

$$f_1(x)*[f_2(x)+f_3(x)]=f_1(x)*f_2(x)+f_1(x)*f_3(x);$$

$$[f_1(x)*f_2(x)]'=f'_1(x)*f_2(x)+f_1(x)*f'_2(x).$$

这些性质均可以从定义直接推导出来. 由此可知卷积满足交换律、结合律和分配律. 关于卷积函数的傅里叶变换，有卷积定理：

$$\mathfrak{F}[f_1(x)*f_2(x)]=2\pi F_1(k)F_2(k). \tag{7.3.2}$$

证明　根据傅里叶变换定义，有

$$\begin{aligned}F[f_1(x)*f_2(x)]&=\frac{1}{2\pi}\int_{-\infty}^{\infty}f_1(x)*f_2(x)\,e^{-ikx}\,dx\\&=\frac{1}{2\pi}\int_{-\infty}^{\infty}\left[\int_{-\infty}^{\infty}f_1(\xi)f_2(x-\xi)\,d\xi\right]e^{-ikx}\,dx\\&=\frac{1}{2\pi}\int_{-\infty}^{\infty}f_1(\xi)\left[\int_{-\infty}^{\infty}f_2(x-\xi)\,e^{-ikx}\,dx\right]d\xi\\&=\frac{1}{2\pi}\int_{-\infty}^{\infty}f_1(\xi)\left[\int_{-\infty}^{\infty}f_2(y)\,e^{-iky-ik\xi}\,dy\right]d\xi\\&=\frac{1}{2\pi}\int_{-\infty}^{\infty}f_1(\xi)\,e^{-ik\xi}\,d\xi\int_{-\infty}^{\infty}f_2(y)\,e^{-iky}\,dy=2\pi F_1(k)F_2(k).\end{aligned}$$

此外，卷积函数的面积等于两个函数面积的乘积，即

$$\begin{aligned}\int_{-\infty}^{\infty}[f_1(x)*f_2(x)]\,dx&=\int_{-\infty}^{\infty}\int_{-\infty}^{\infty}f_1(\xi)f_2(x-\xi)\,d\xi\,dx\\&=\int_{-\infty}^{\infty}f_1(\xi)\left[\int_{-\infty}^{\infty}f_2(x-\xi)\,dx\right]d\xi\\&=\int_{-\infty}^{\infty}f_1(\xi)\,d\xi\int_{-\infty}^{\infty}f_2(x)\,dx.\end{aligned} \tag{7.3.3}$$

卷积常见于线性响应系统. 当物理系统受到外来冲击时,会做出相应的响应,比如施加一个外力 $f(t)$,引起位移 $x(t)$,通常响应在时间上会有一个延迟,假设响应是线性的,整个过程可以表述为

$$x(t)=\int_{-\infty}^{\infty} f(t')\kappa(t-t')\mathrm{d}t',$$

其中,$\kappa(t-t')$称作响应函数,它将外力影响的总和与系统的响应联系起来. 作傅里叶变换

$$X(\omega)=\frac{1}{2\pi}\int_{-\infty}^{\infty} x(t)\mathrm{e}^{-\mathrm{i}\omega t}\,\mathrm{d}t,$$

得到

$$X(\omega)=K(\omega)F(\omega),$$

表明响应函数用频谱表示即简单的乘积关系. 通常响应函数 $K(\omega)$是一个复函数,实部给出与外力同相位的位移量,虚部则反映了系统的功耗散能力.

例 7.7 求阻尼振子对外力的响应函数:

$$mx''(t)+\alpha x'(t)+kx(t)=f(t)$$

解 将方程同时作傅里叶变换后,可直接得到响应函数为

$$K(\omega)=\frac{X(\omega)}{F(\omega)}=\frac{1}{m}\frac{1}{\omega_0^2-\omega^2-\mathrm{i}\omega\gamma},$$

其中,$\omega_0^2=\dfrac{k}{m}$,$\gamma=\alpha/m$,响应函数的虚部为

$$\mathrm{Im}K(\omega)=\frac{1}{m}\frac{\omega\gamma}{(\omega_0^2-\omega^2)^2+(\omega\gamma)^2},$$

它在 $\omega=\omega_0$ 附近有一个共振峰,表明系统对该频率范围内的外部冲击有较强的响应或吸收能量的能力.

2. 相关函数

在物理中常定义两个函数 $f_1(x)$和 $f_2(x)$的相关函数(correlation function)为相关乘积:

$$\begin{aligned}R_{12}(x)=f_1(x)\circ f_2(x)&\overset{\text{def}}{=}\int_{-\infty}^{\infty} f_1(\xi+x)\bar{f}_2(\xi)\,\mathrm{d}\xi\\&=\int_{-\infty}^{\infty} f_1(\xi)\bar{f}_2(\xi-x)\,\mathrm{d}\xi\end{aligned}\tag{7.3.4}$$

从定义式看,相关函数和卷积定义很相似,都是两个序列(函数)互相错开相乘再求和. 两者的区别在于:相关函数是将两个序列错位或延时后再相乘并求和;卷积则是将其中一个序列先翻转,然后再错位相乘并求和. 可见,$f_1(x)$和 $f_2(x)$的相关函数就是函数 $\overline{f_1}(-x)$和 $f_2(x)$的卷积,它们之间没有实质性的区别.

采用傅里叶变换函数表示,容易证明维纳-辛钦定理(Wiener-Khinchin theorem):

$$R_{12}(x)=2\pi\int_{-\infty}^{\infty} F_1(k)\bar{F}_2(k)\mathrm{e}^{\mathrm{i}kx}\,\mathrm{d}k.\tag{7.3.5}$$

如果 $f_1(x)=f_2(x)$,则称为自相关函数(autocorrelation function):

$$R(x)=\int_{-\infty}^{\infty} f(\xi+x)\bar{f}(\xi)\mathrm{d}\xi.\tag{7.3.6}$$

显然有 $R(-x)=\bar{R}(x)$，以及

$$R(x)=2\pi\int_{-\infty}^{\infty}F(k)\bar{F}(k)\mathrm{e}^{\mathrm{i}kx}\,\mathrm{d}k.$$

定义能谱密度函数

$$S(k)=2\pi F(k)\bar{F}(k),$$

表明它就是自相关函数 $R(x)$ 的傅里叶变换

$$\begin{cases}R(x)=\displaystyle\int_{-\infty}^{\infty}S(k)\mathrm{e}^{\mathrm{i}kx}\,\mathrm{d}k\\ S(k)=\dfrac{1}{2\pi}\displaystyle\int_{-\infty}^{\infty}R(x)\mathrm{e}^{-\mathrm{i}kx}\,\mathrm{d}x\end{cases}.$$

根据能量积分，可以得到

$$\int_{-\infty}^{\infty}|R(x)|^2\mathrm{d}x=2\pi\int_{-\infty}^{\infty}|S(k)|^2\mathrm{d}k. \tag{7.3.7}$$

可以证明，两个相互无关的函数之和的自相关函数等于各自自相关函数之和. 对于连续时间的白噪声信号，其自相关函数为 $R(x)=\delta_{t0}$，即除了 $t=0$ 外均为零，表明它在时序上前后完全无关.

注记

相关性可以理解为两个函数之间的相似性. 在随机过程中，当两个信号序列或函数具有相似的频率特性时，相关函数出现极大值. 但是对于一般的非周期性信号序列或函数，从外观上不容易看出它们之间有什么相似性，这就提出一个问题：它们之间究竟怎样相似，相似程度如何，该用一个什么量来刻画其相似度呢?

在测量实验中，经常采用方差来描述一个随机过程的涨落情况. 类似地，考虑两个实数信号序列或者实函数 $f_1(x)$ 和 $f_2(x)$，为了比较它们之间的相似性，取两者的差方，

$$\Delta\overset{\text{def}}{=}\int_{-\infty}^{\infty}|f_1(\xi)-f_2(\xi)|^2\mathrm{d}\xi,$$

即将每一点的偏差进行平方求和. 显然 $\Delta\geqslant 0$，所以差方越小，两个函数的相似度越高. 但这个公式有一个缺陷，两个不同的信号序列在时序上未必同步，但仍然可以很相似，为此将两个信号序列按照不同位错或延时来进行比较，即定义函数

$$\Delta(x)\overset{\text{def}}{=}\int_{-\infty}^{\infty}|f_1(\xi+x)-f_2(\xi)|^2\mathrm{d}\xi,$$

当 $\Delta(x)$ 取极小值时，表明两个函数符合度最高. 将积分内的模方展开，有

$$\begin{aligned}\Delta(x)&=\int_{-\infty}^{\infty}\{|f_1(\xi+x)|^2+|f_2(\xi)|^2-f_1(\xi+x)\bar{f}_2(\xi)-\bar{f}_1(\xi+x)f_2(\xi)\}\,\mathrm{d}\xi\\&=C-\int_{-\infty}^{\infty}[f_1(\xi+x)\bar{f}_2(\xi)+\bar{f}_1(\xi+x)f_2(\xi)]\,\mathrm{d}\xi\\&=C-[R_{12}(x)+\overline{R_{12}}(x)],\end{aligned}$$

其中，前两项积分均为常数，可以忽略.

可见两个函数的相似性可由相关函数 $R_{12}(x)$ 来表征. 如果 $R_{12}(x)$ 比较平缓，则表明 $f_1(x)$ 和 $f_2(x)$ 之间相似度较小，如果 $R_{12}(x)$ 出现隆起的峰，则表明它们存在一定的相关性. 从波动学的观点看，相关函数类似于两列波的相干系数，如果两列波不相干，则相干系数为零. 同样，如果两个函数的相关函数为零，表明它们之间不相关或者没有重叠的频谱区.

我们也可以从频谱函数的相关性来考察,定义频谱方差

$$\widetilde{\Delta} \stackrel{\text{def}}{=} \int_{-\infty}^{\infty} | F_1(k) - F_2(k) |^2 \mathrm{d}k,$$

所以 $\widetilde{\Delta}$ 越小,表明两个函数的频谱越相似.由于 $F_1(k)$ 和 $F_2(k)$ 通常是复函数,这个公式显然有缺陷.由于复数可以用二维空间的一个向量表示,向量的长度代表模,方向代表辐角,所以复函数可以用沿 k 轴的一条三维曲线表示,如图 7.11 所示.为此引进一个"螺旋"频谱方差

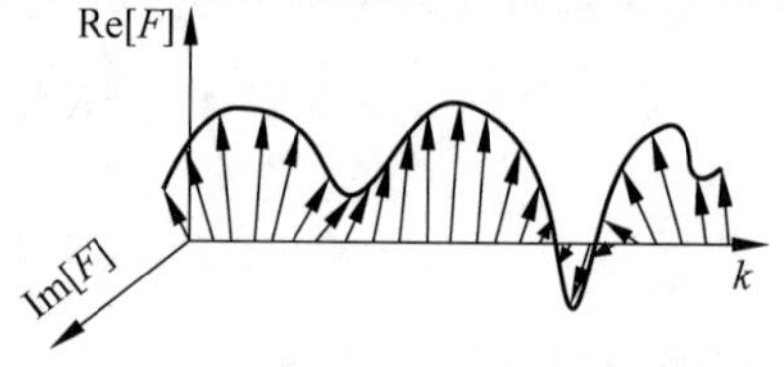

图 7.11

$$\widetilde{\Delta}(\alpha) \stackrel{\text{def}}{=} \int_{-\infty}^{\infty} | F_1(k) \mathrm{e}^{\mathrm{i}k\alpha} - F_2(k) |^2 \mathrm{d}k,$$

其中,α 描述螺旋度,附加相因子 $\mathrm{e}^{\mathrm{i}k\alpha}$ 不改变频谱函数的模分布.如果 α 取某些特定值时方差最小,表明两个频谱函数 $F_1(k)$ 和 $F_2(k)$ 最接近,同样有

$$\widetilde{\Delta}(\alpha) = C - \int_{-\infty}^{\infty} [F_1(k)\overline{F_2}(k)\mathrm{e}^{\mathrm{i}k\alpha} + F_2(k)\overline{F_1}(k)\mathrm{e}^{-\mathrm{i}k\alpha}] \mathrm{d}k.$$

令 $\alpha \to x$,上式第二项实质上就是相关函数 $R_{12}(x)$,所以 $\widetilde{\Delta}(x) \approx \Delta(x)$.

自相关函数就是一个序列自身的相似性,在时域中可以称作前后相关性,它有助于找出序列中被噪声掩盖的重复模式.在空域中称作影响相关性,比如平衡状态下系统中各点密度涨落之间的关联性.当密度分布具有某种周期性时,自相关函数也会呈现出相应的周期性.

由于卷积与相关函数的含义相近,所以卷积本质上也描述两个函数之间的相似度.卷积函数是模式识别的重要参考指标,多重卷积能够表征多个信号序列的共同特征:

$$R_n(x) = f_1(x) * f_2(x) * f_3(x) * \cdots * f_n(x).$$

思考一下:

(1) 如果定义"频移"相关函数

$$\Delta_{12}(\lambda, x) = \int_{-\infty}^{\infty} | F_1(k-\lambda) \mathrm{e}^{\mathrm{i}kx} - F_2(k) |^2 \mathrm{d}k,$$

它揭示函数之间的什么性质?"频移"自相关函数有什么意义?

(2) 如果序列具有自相似性,应该定义一个什么量来表征?

习 题

[1] 证明卷积的性质:

(a) $f_1(x) * f_2(x) = f_2(x) * f_1(x)$;

(b) $f_1(x) * [f_2(x) * f_3(x)] = [f_1(x) * f_2(x)] * f_3(x)$;

(c) $f_1(x) * [f_2(x) + f_3(x)] = f_1(x) * f_2(x) + f_1(x) * f_3(x)$;

(d) $[f_1(x) * f_2(x)]' = f_1'(x) * f_2(x) + f_1(x) * f_2'(x)$.

[2] 证明相关乘积的性质:

(a) $f_1(x) \circ f_2(x) \neq f_2(x) \circ f_1(x)$;

(b) $f_1(x) \circ [f_2(x) \circ f_3(x)] \neq [f_1(x) \circ f_2(x)] \circ f_3(x)$.

[3] 证明:两个相互无关的函数之和的自相关函数等于各自自相关函数之和.

[4] 证明:

(a) $\mathfrak{F}[f_1(x) * f_2(x) * \cdots * f_n(x)] = (2\pi)^{n-1} F_1(k) F_2(k) \cdots F_n(k)$;

(b) $\mathfrak{F}[f_1(x)\circ f_2(x)\circ\cdots\circ f_n(x)]=(2\pi)^{n-1}F_1(k)F_2(k)\cdots F_n(k)$.

7.4　泊松求和公式

本节再介绍一个与傅里叶变换有关的重要关系式.

泊松求和公式　如果函数 $f(x)$ 满足狄利克雷条件，且在 $(-\infty,\infty)$ 区间绝对可积，设 $F(k)=\mathfrak{F}[f(x)]$，那么

$$\sum_{n\in\mathbf{Z}}f(n)=\sum_{n\in\mathbf{Z}}F(n).\tag{7.4.1}$$

证明　在4.4节曾经讨论玻色分布公式 $f_{\mathrm{B}}=\dfrac{1}{\mathrm{e}^{\mathrm{i}z}-1}$ 的性质，其极点位置为 $z=2\pi n$，留数为 $\dfrac{1}{\mathrm{i}}$. 取如图7.12所示的积分回路 Γ，根据留数定理有

$$2\pi\sum_{n\in\mathbf{Z}}f(n)=\oint_\Gamma\frac{f(z)}{\mathrm{e}^{\mathrm{i}z}-1}\mathrm{d}z=\int_{L_1}\frac{f(z)}{\mathrm{e}^{\mathrm{i}z}-1}\mathrm{d}z+\int_{L_2}\frac{f(z)}{\mathrm{e}^{\mathrm{i}z}-1}\mathrm{d}z.$$

对于路径 L_1，z 的虚部 $y<0$，有 $|\mathrm{e}^{\mathrm{i}z}|=|\mathrm{e}^{-y}|>1$，可作几何级数展开：

$$\frac{1}{\mathrm{e}^{\mathrm{i}z}-1}=\mathrm{e}^{-\mathrm{i}z}\sum_{n=0}^{\infty}\mathrm{e}^{-nz};$$

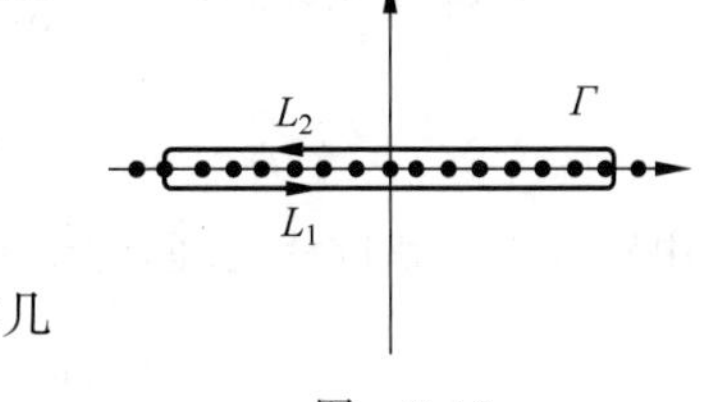

图　7.12

对于路径 L_2，z 的虚部 $y>0$，有 $|\mathrm{e}^{\mathrm{i}z}|=|\mathrm{e}^{-y}|<1$，仍可作几何级数展开：

$$\frac{1}{\mathrm{e}^{\mathrm{i}z}-1}=-\sum_{n=0}^{\infty}\mathrm{e}^{\mathrm{i}nz}.$$

于是

$$\begin{aligned}2\pi\sum_{n\in\mathbf{Z}}f(n)&=\int_{L_1}f(z)\sum_{n=0}^{\infty}\mathrm{e}^{-\mathrm{i}(n+1)z}\mathrm{d}z-\int_{L_2}f(z)\sum_{n=0}^{\infty}\mathrm{e}^{\mathrm{i}nz}\mathrm{d}z\\&=\sum_{n=0}^{\infty}\int_{-\infty}^{\infty}f(x)\,\mathrm{e}^{-\mathrm{i}(n+1)x}\mathrm{d}x-\sum_{n=0}^{\infty}\int_{\infty}^{-\infty}f(x)\,\mathrm{e}^{\mathrm{i}nx}\mathrm{d}x\\&=\sum_{n=0}^{\infty}2\pi F(n+1)+\sum_{n=0}^{\infty}2\pi F(-n),\end{aligned}$$

得到

$$\sum_{n\in\mathbf{Z}}f(n)=\sum_{n\in\mathbf{Z}}F(n).$$

由泊松求和公式可以得到有许多影响深远的推论，下面仅列举几条.

(1) 由于函数 $f(x)=\mathrm{e}^{-\pi x^2}$ 的傅里叶变换是它的自身，

$$\int_{-\infty}^{\infty}\mathrm{e}^{-\pi x^2}\mathrm{e}^{-\mathrm{i}kx}\mathrm{d}x=\mathrm{e}^{-\pi k^2},$$

作变量替换 $x\mapsto\sqrt{t}(x+a)$，其中 $t>0,a\in\mathbb{R}$，利用傅里叶变换的延迟定理和标度定理，有

$$\mathfrak{F}[\mathrm{e}^{-\pi t(x+a)^2}]=\frac{\mathrm{e}^{-\pi k^2/t}}{\sqrt{t}}\mathrm{e}^{\mathrm{i}ka},$$

再应用泊松求和公式得

$$\sum_{n=-\infty}^{\infty} \mathrm{e}^{-\pi t(n+a)^2} = \sum_{n=-\infty}^{\infty} \frac{\mathrm{e}^{-\pi n^2/t}}{\sqrt{t}} \mathrm{e}^{ina}.$$

当 $a=0$ 时,定义 ϑ 函数为

$$\vartheta(t) = \sum_{n=-\infty}^{\infty} \mathrm{e}^{-\pi n^2 t} \quad (t>0),$$

泊松求和公式表明

$$\vartheta(t) = \frac{1}{\sqrt{t}} \vartheta\left(\frac{1}{t}\right). \tag{7.4.2}$$

这个 ϑ 函数与黎曼 ζ 函数有很密切的关系.对于 $a \neq 0$,还可以定义更一般的雅可比 Θ 函数:

$$\Theta(z \mid \tau) = \sum_{n=-\infty}^{\infty} \mathrm{e}^{\mathrm{i}\pi n^2 \tau} \mathrm{e}^{2\pi \mathrm{i} nz} \quad (z \in \mathbb{C}, \mathrm{Im}\tau > 0).$$

雅可比 Θ 函数的一个显著特性是对偶性,将它视作 z 的函数时,它属于椭圆函数;将它视作 τ 的函数时,则显示出模函数特征.

(2) 注意到函数 $f(x)=\dfrac{1}{\cosh(\pi x)}$ 的傅里叶变换也是它的自身,

$$\int_{-\infty}^{\infty} \frac{\mathrm{e}^{-2\pi \mathrm{i} kx}}{\cosh \pi x} \mathrm{d}x = \frac{1}{\cosh \pi k},$$

利用标度定理和位移定理,对于 $t>0, a \in \mathbb{R}$,有

$$\mathfrak{F}\left[\frac{\mathrm{e}^{-2\pi \mathrm{i} ax}}{\cosh\left(\frac{\pi x}{t}\right)}\right] = \frac{t}{\cosh[\pi(k+a)t]}.$$

其泊松求和公式为

$$\sum_{n=-\infty}^{\infty} \frac{\mathrm{e}^{-2\pi \mathrm{i} an}}{\cosh\left(\frac{\pi n}{t}\right)} = \sum_{n=-\infty}^{\infty} \frac{t}{\cosh[\pi(n+a)t]}.$$

(3) 设 $a>0$,由于

$$\frac{1}{\pi} \int_{-\infty}^{\infty} \frac{a}{x^2+a^2} \mathrm{e}^{-2\pi \mathrm{i} kx} \mathrm{d}x = \mathrm{e}^{-2\pi a|k|},$$

由泊松求和公式可得

$$\frac{1}{\pi} \sum_{n=-\infty}^{\infty} \frac{a}{n^2+a^2} = \sum_{n=-\infty}^{\infty} \mathrm{e}^{-2\pi a|n|} = \coth \pi a$$

或者

$$\sum_{n=1}^{\infty} \frac{1}{n^2+a^2} = -\frac{1}{2a^2} + \frac{\pi}{2a} \coth \pi a,$$

这是以前得到过的结果.

习　题

[1] 设 $\mathrm{Im}a>0$,试证明:

$$\sum_{n=-\infty}^{\infty} \frac{1}{(n+a)^2} = \frac{\pi^2}{\sin^2(\pi a)}.$$

第8章

函数变换

8.1 拉普拉斯变换

1. 绝对可积问题

傅里叶变换存在的条件是，原函数 $f(t)$ 在任意的有限区间满足狄利克雷条件，并且在 $(-\infty,\infty)$ 区间绝对可积. 这是一个非常强的限制，大多数函数不能满足这一条件. 为了保证函数的绝对可积性，引进一个收敛因子，令

$$g(t)=f(t)\mathrm{e}^{-\sigma t}H(t) \quad (\sigma>0),$$

其中，定义阶跃函数

$$H(t)=\begin{cases}1 & (t\geqslant 0)\\ 0 & (t<0)\end{cases}.$$

函数 $g(t)$ 一般都满足绝对可积条件，对它作傅里叶变换，有

$$G(\omega)=\frac{1}{2\pi}\int_{-\infty}^{\infty}g(t)\mathrm{e}^{-\mathrm{i}\omega t}\,\mathrm{d}t=\frac{1}{2\pi}\int_{0}^{\infty}f(t)\mathrm{e}^{-(\sigma+\mathrm{i}\omega)t}\,\mathrm{d}t.$$

记 $p=\sigma+\mathrm{i}\omega$，$F(p)=2\pi G(\omega)$，有

$$F(p)\overset{\text{def}}{=}\int_{0}^{\infty}f(t)\mathrm{e}^{-pt}\,\mathrm{d}t, \tag{8.1.1}$$

称 $F(p)$ 为函数 $f(t)$ 的拉普拉斯变换函数，注意 p 是复数，且 $\mathrm{Re}p=\sigma>0$.

函数 $G(\omega)$ 的傅里叶逆变换为

$$g(t)=f(t)\mathrm{e}^{-\sigma t}H(t)=\int_{-\infty}^{\infty}G(\omega)\mathrm{e}^{\mathrm{i}\omega t}\,\mathrm{d}\omega,$$

所以拉普拉斯逆变换为

$$f(t)\overset{\text{def}}{=}\frac{1}{2\pi\mathrm{i}}\int_{\sigma-\mathrm{i}\infty}^{\sigma+\mathrm{i}\infty}F(p)\,\mathrm{e}^{pt}\,\mathrm{d}p \quad (t\geqslant 0). \tag{8.1.2}$$

用符号$\mathcal{L}$表示拉普拉斯变换以及逆变换：

$$\begin{cases}F(p)=\mathcal{L}[f(t)]\\ f(t)=\mathcal{L}^{-1}[F(p)]\end{cases},$$

将 $F(p)$称作 $f(t)$的像函数,$f(t)$称作 $F(p)$的原像函数.

拉普拉斯变换存在的条件为:

(1) 在$\infty>t\geqslant 0$ 的任一有限区间,除了有限个第一类间断点,函数 $f(t)$及其导数处处连续;

(2) 存在常数 $M>0$ 和 $\sigma\geqslant 0$,对任何$\infty>t\geqslant 0$,有$|f(t)|<Me^{\sigma t}$,其中 σ 的下界称为收敛横标.

拉普拉斯变换定义及可积性条件,表明像函数 $F(p)$在 $\mathrm{Re}p>\sigma$ 的右半平面解析.以下是几个初等函数的拉普拉斯变换函数:

$$\mathcal{L}[1]=\frac{1}{p}\quad(\mathrm{Re}p>0),$$

$$\mathcal{L}[t]=\frac{1}{p^2},\quad \mathcal{L}[t^n]=\frac{n!}{p^{n+1}},$$

$$\mathcal{L}[\mathrm{e}^{st}]=\frac{1}{p-s}\quad(\mathrm{Re}p>\mathrm{Re}s),$$

$$\mathcal{L}[t\mathrm{e}^{st}]=\frac{1}{(p-s)^2},\quad \mathcal{L}[t^n\mathrm{e}^{st}]=\frac{n!}{(p-s)^{n+1}},$$

$$\mathcal{L}[\delta(t-a)]=\mathrm{e}^{-ap}\quad(a>0),$$

$$\mathcal{L}[\sin\omega t]=\frac{\omega}{p^2+\omega^2},\quad \mathcal{L}[\cos\omega t]=\frac{p}{p^2+\omega^2}.$$

这些结果很容易根据拉普拉斯变换的定义直接证明.

2. 基本性质

(1) 线性定理

$$\mathcal{L}[c_1f_1(t)+c_2f_2(t)]=c_1\mathcal{L}[f_1(t)]+c_2\mathcal{L}[f_2(t)].$$

(2) 导数定理

$$\mathcal{L}[f'(t)]=pF(p)-f(0),$$

$$\mathcal{L}[f^{(n)}(t)]=p^nF(p)-p^{n-1}f(0)-\cdots-pf^{(n-2)}(0)-f^{(n-1)}(0).$$

(3) 积分定理

$$\mathcal{L}\left[\int_0^t f(\tau)\mathrm{d}\tau\right]=\frac{F(p)}{p}.$$

(4) 标度性定理

$$\mathcal{L}[f(t/a)]=aF(ap)\quad(a>0).$$

(5) 位移定理

$$\mathcal{L}[\mathrm{e}^{-\lambda t}f(t)]=F(p+\lambda).$$

(6) 延迟定理

$$\mathcal{L}[f(t-t_0)]=\mathrm{e}^{-pt_0}F(p).$$

(7) 卷积定理

$$\mathcal{L}[f_1(t)*f_2(t)]=F_1(p)F_2(p),$$

其中,卷积定义为

$$f_1(t) * f_2(t) \equiv \int_0^t f_1(\tau) f_2(t-\tau) \mathrm{d}\tau. \tag{8.1.3}$$

注意这里的卷积定义与傅里叶变换中的卷积定义形式上有一些差别.

仍旧只证明卷积定理.根据定义

$$\mathcal{L}[f_1(t) * f_2(t)] = \int_0^\infty f_1(t) * f_2(t) \mathrm{e}^{-pt} \mathrm{d}t = \int_0^\infty \left[\int_0^t f_1(\tau) f_2(t-\tau) \mathrm{d}\tau\right] \mathrm{e}^{-pt} \mathrm{d}t,$$

这是一个二重积分,积分区域如图 8.1 的阴影部分所示,交换积分次序,注意 t 的积分区间变为$[\tau,\infty]$,则

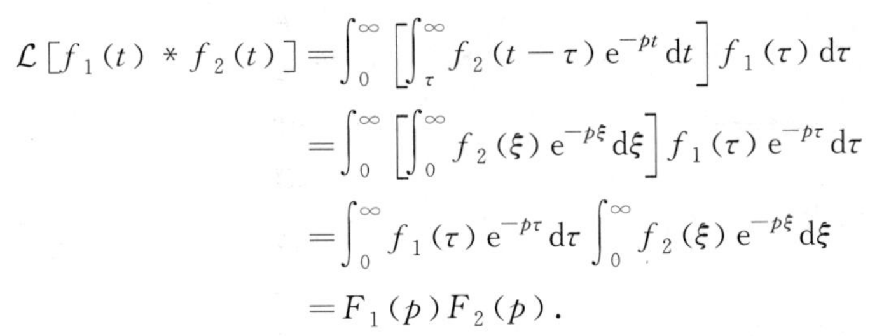

$$\begin{aligned}\mathcal{L}[f_1(t) * f_2(t)] &= \int_0^\infty \left[\int_\tau^\infty f_2(t-\tau) \mathrm{e}^{-pt} \mathrm{d}t\right] f_1(\tau) \mathrm{d}\tau \\ &= \int_0^\infty \left[\int_0^\infty f_2(\xi) \mathrm{e}^{-p\xi} \mathrm{d}\xi\right] f_1(\tau) \mathrm{e}^{-p\tau} \mathrm{d}\tau \\ &= \int_0^\infty f_1(\tau) \mathrm{e}^{-p\tau} \mathrm{d}\tau \int_0^\infty f_2(\xi) \mathrm{e}^{-p\xi} \mathrm{d}\xi \\ &= F_1(p) F_2(p).\end{aligned}$$

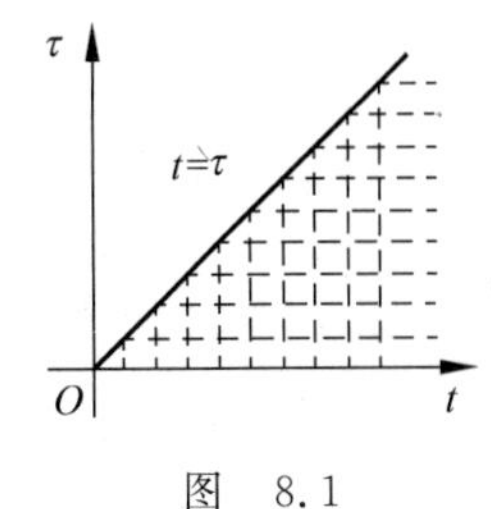

图　8.1

例 8.1　证明:

$$\mathcal{L}[\mathrm{e}^{-\lambda t} \sin\omega t] = \frac{\omega}{(p+\lambda)^2 + \omega^2}.$$

证明　由于

$$\mathcal{L}[\sin\omega t] = \frac{\omega}{p^2 + \omega^2},$$

应用位移定理,有

$$\mathcal{L}[\mathrm{e}^{-\lambda t} \sin\omega t] = \frac{\omega}{(p+\lambda)^2 + \omega^2}.$$

例 8.2　求函数 $f(t) = t^a \quad (a > -1)$的拉普拉斯变换.

解法 1　根据拉普拉斯变换定义

$$\mathcal{L}[t^a] = \int_0^\infty t^a \mathrm{e}^{-pt} \mathrm{d}t,$$

令 $z = pt$,则

$$\mathcal{L}[t^a] = \frac{1}{p^{a+1}} \int_L z^a \mathrm{e}^{-z} \mathrm{d}z.$$

由于 $\mathrm{Re}p > 0$,则当 $\mathrm{Im}p > 0$ 时积分路径 L 为第一象限中的射线,如图 8.2(a)所示.沿正实轴切一条割线,取割线上沿 $\arg z = 0$,构造一个扇形回路.由于回路内没有奇点,则沿回路积分结果为零,即

$$\oint_\Gamma z^a \mathrm{e}^{-z} \mathrm{d}z = \int_L z^a \mathrm{e}^{-z} \mathrm{d}z + \int_{C_R} z^a \mathrm{e}^{-z} \mathrm{d}z + \int_\infty^0 x^a \mathrm{e}^{-x} \mathrm{d}x + \int_{C_\varepsilon} z^a \mathrm{e}^{-z} \mathrm{d}z = 0,$$

可以证明

$$\int_{C_R} z^a \mathrm{e}^{-z} \mathrm{d}z \xrightarrow{R \to \infty} 0, \quad \int_{C_\varepsilon} z^a \mathrm{e}^{-z} \mathrm{d}z \xrightarrow{\varepsilon \to 0} 0.$$

于是

$$\int_L z^a \mathrm{e}^{-z} \mathrm{d}z = \int_0^\infty x^a \mathrm{e}^{-x} \mathrm{d}x = \Gamma(a+1),$$

所以

$$\mathcal{L}[t^a]=\frac{\Gamma(a+1)}{p^{a+1}}.$$

当 $\mathrm{Im}p<0$ 时,积分路径 L 在第四象限,构造如图 8.2(b)所示的扇形回路,令割线下沿 $\arg z=0$,同样可证沿圆弧的积分为零,最终结果形式上与 $\mathrm{Im}p>0$ 时完全一样.

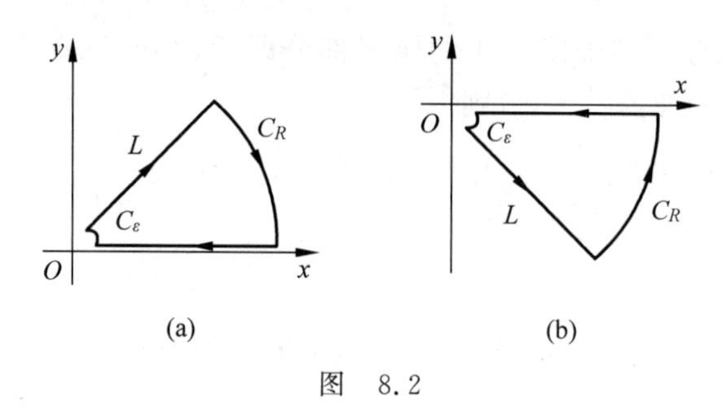

图 8.2

解法 2 根据 5.2 节伽马函数的定义:

$$\Gamma(a)\overset{\text{def}}{=}\int_0^\infty \mathrm{e}^{-t}t^{a-1}\mathrm{d}t \quad (a>0)$$

对于实变量 $x>0$,作变量替换 $t\mapsto xt$,有

$$\int_0^\infty t^a\mathrm{e}^{-xt}\mathrm{d}t=\frac{\Gamma(a+1)}{x^{a+1}}$$

将函数从实变量 x 解析延拓至复平面,则有

$$\mathcal{L}[t^a]=\int_0^\infty t^a\mathrm{e}^{-pt}\mathrm{d}t=\frac{\Gamma(a+1)}{p^{a+1}}$$

注记

拉普拉斯(P. S. de Laplace)被称为法国的牛顿,他在《天体力学》中证明太阳系是稳恒的动力系统,牛顿曾为此而求助于上帝的干预.据传拿破仑曾询问为何书中没有提及上帝创造宇宙,拉普拉斯回答说,“陛下,我不需要那个假设”.《天体力学》对势论做了大量的论述,对物理学产生了深远的影响,以至于势论中的基本微分方程被称为拉普拉斯方程,但拉普拉斯绝口不提拉格朗日发明了位势概念.

拉普拉斯的另一巨著《关于概率的解析理论》是对概率论的最大贡献之作,他熟练运用拉普拉斯变换、生成函数及许多其他数学技巧.让人颇有微词的是,在两本书中拉普拉斯一如既往地几乎不提前人的工作,仿佛都是他首创的.

如果把幂级数写成:

$$\sum_{n=0}^\infty a(n)x^n$$

它与积分

$$\int_0^\infty a(t)x^t\mathrm{d}t$$

在形式上可有一比.重新表述记法,取 $x=\mathrm{e}^{-p}$,则积分变为

$$\int_0^\infty a(t)\mathrm{e}^{-pt}\mathrm{d}t$$

这就是函数 $a(t)$ 的拉普拉斯变换，所以拉普拉斯变换是幂级数在连续极限下的类比. 由于幂级数在分析中很重要，可以预料拉普拉斯变换也会很重要.

习　题

[1] 求函数的拉普拉斯变换：

(a) $f(t)=t^2+te^t$；　(b) $f(t)=e^{-2t}\sin 6t-5e^{-2t}$；

(c) $f(t)=a^t$；　(d) $f(t)=\dfrac{\cos at}{\sqrt{t}}$.

[2] 求函数的拉普拉斯变换：

(a) $\dfrac{1}{\sqrt{\pi t}}$；　(b) $\sin(\omega t+\alpha)$.

[3] 设 $f(t)$ 是周期函数，$f(t+\alpha)=f(t)$，证明：

$$F(p)=\frac{1}{1-e^{-\alpha p}}\int_0^\alpha e^{-pt}f(t)\,dt.$$

[4] 如果 $f(t)$ 在 $t\to\infty$ 时有界，证明初值定理和终值定理：

(a) $\lim\limits_{t\to 0}f(t)=\lim\limits_{p\to\infty}pF(p)$；　(b) $\lim\limits_{t\to\infty}f(t)=\lim\limits_{p\to 0}pF(p)$.

[5] 求 ϑ 函数的拉普拉斯变换：

$$\vartheta(t)=\sum_{n=-\infty}^{\infty}e^{-n^2\pi^2 t}.$$

答案：$\bar{\vartheta}(p)=\dfrac{\coth\sqrt{p}}{\sqrt{p}}$.

8.2　拉普拉斯逆变换

对函数作拉普拉斯变换之后，最终还要反演到原函数，求反演的基本方法有以下几种.

1. 分解有理式法

对于复合有理分式的反演，可以先简化分式的形式. 如果像函数中含有指数因子，则利用延迟定理来求原函数.

例 8.3　求拉普拉斯变换函数的原函数：

$$F(p)=\frac{p^3+2p^2-9p+36}{p^4-81}.$$

解　将有理分式化为简单分式：

$$\begin{aligned}F(p)&=\frac{p^3+2p^2-9p+36}{(p-3)(p+3)(p^2+9)}\\&=\frac{1}{2}\frac{1}{p-3}-\frac{1}{2}\frac{1}{p+3}+\frac{p}{p^2+9}-\frac{1}{3}\frac{3}{p^2+9},\end{aligned}$$

所以

$$f(t)=\mathcal{L}^{-1}[F(p)]=\frac{1}{2}e^{3t}-\frac{1}{2}e^{-3t}+\cos 3t-\frac{1}{3}\sin 3t.$$

例 8.4 求拉普拉斯变换函数的原函数：

$$F(p)=\frac{e^{-\alpha p}}{p(p+b)}.$$

解 先简化有理分式

$$F(p)=\frac{e^{-\alpha p}}{p(p+b)}=\frac{1}{b}e^{-\alpha p}\left[\frac{1}{p}-\frac{1}{p+b}\right],$$

再利用延迟定理，有

$$f(t)=\mathcal{L}^{-1}[F(p)]=\frac{1}{b}[1-e^{-b(t-\alpha)}]H(t-\alpha).$$

说明 由于涉及时间延迟，原函数需要加上阶跃函数 $H(t)$.

2. 卷积定理法

对于两个像函数乘积的反演，可以利用卷积定理，并查阅附录Ⅱ中的拉普拉斯变换函数表进行计算.

例 8.5 求拉普拉斯变换的原函数：

$$F(p)=\frac{1}{p^2(p^2+\lambda)^3}.$$

解 函数 $F_1(p)=\frac{1}{p^2}$的原函数是 $f_1(t)=t$，现在需要求出

$$F_2(p)=\frac{1}{(p^2+\lambda)^3}$$

的原函数 $f_2(t)$，考虑到

$$\mathcal{L}^{-1}\left[\frac{1}{p^2+\lambda}\right]=\frac{1}{\sqrt{\lambda}}\sin\sqrt{\lambda}t$$

以及

$$\frac{1}{(p^2+\lambda)^3}=\frac{1}{2}\frac{\partial^2}{\partial\lambda^2}\frac{1}{p^2+\lambda},$$

所以

$$f_2(t)=\frac{1}{2}\frac{\partial^2}{\partial\lambda^2}\left[\frac{1}{\sqrt{\lambda}}\sin\sqrt{\lambda}t\right]=\frac{1}{8}\left[\frac{3}{\lambda^{5/2}}\sin\sqrt{\lambda}t-\frac{3t}{\lambda^2}\cos\sqrt{\lambda}t-\frac{t^2}{\lambda^{3/2}}\sin\sqrt{\lambda}t\right].$$

利用卷积定理有

$$\begin{aligned}\mathcal{L}^{-1}\left[\frac{1}{p^2(p^2+\lambda)^3}\right]&=f_2(t)*f_1(t)\\&=\frac{1}{8}\int_0^t\left[\frac{3}{\lambda^{5/2}}\sin\sqrt{\lambda}\tau-\frac{3\tau}{\lambda^2}\cos\sqrt{\lambda}\tau-\frac{t^2}{\lambda^{3/2}}\sin\sqrt{\lambda}\tau\right](t-\tau)\,d\tau.\end{aligned}$$

该结果还可以进一步化简，略.

3. 黎曼-梅林反演法

对于较复杂的像函数，可以直接从定义出发，利用回路积分的办法求反演，其思路如下.

根据拉普拉斯变换定义，原函数为

$$f(t)=\mathcal{L}^{-1}[F(p)]=\frac{1}{2\pi \mathrm{i}}\int_{\sigma-\mathrm{i}\infty}^{\sigma+\mathrm{i}\infty}F(p)\mathrm{e}^{pt}\mathrm{d}p,$$

积分路径是实部为 σ 的平行于虚轴的直线. 取左半圆弧 C_R 构成闭合回路，如图 8.3 所示. 当 $|p|\to\infty$ 时，如果 $|F(p)|$ 在 $\pi/2-\delta\leqslant\arg p\leqslant 3\pi/2+\delta$ 范围内一致趋于零，则可以证明：

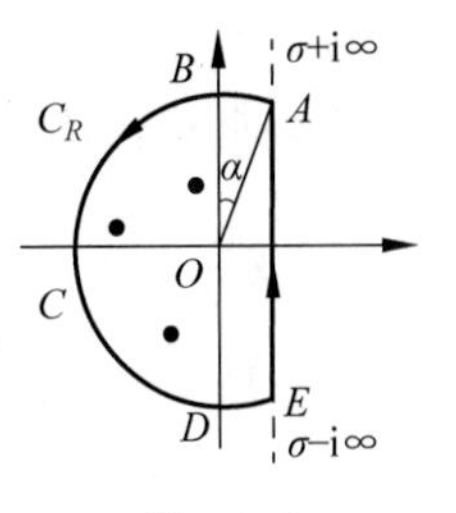

图　8.3

$$\int_{C_R}F(p)\mathrm{e}^{pt}\mathrm{d}p\xrightarrow{R\to\infty}0.$$

证明　沿 C_R 的积分可分为几段，有

$$\int_{C_R}F(p)\mathrm{e}^{pt}\mathrm{d}p=\int_{\widehat{AB}}F(p)\mathrm{e}^{pt}\mathrm{d}p+\int_{\widehat{BCD}}F(p)\mathrm{e}^{pt}\mathrm{d}p+\int_{\widehat{DE}}F(p)\mathrm{e}^{pt}\mathrm{d}p,$$

其中的 $\widehat{BCD}$ 段积分，作变量替换 $p=\mathrm{i}z$ 后满足若尔当引理，故积分为零. 对于 $\widehat{AB}$ 段积分，令 $p=R\mathrm{e}^{\mathrm{i}\theta}$，则

$$\left|\int_{\widehat{AB}}F(p)\mathrm{e}^{pt}\mathrm{d}p\right|\leqslant\int_{\widehat{AB}}|F(p)||\mathrm{e}^{pt}||\mathrm{d}p|=\int_{\widehat{AB}}|F(p)|\mathrm{e}^{\sigma t}R\mathrm{d}\theta$$
$$\leqslant\max|F(p)|\mathrm{e}^{\sigma t}R\alpha\leqslant\max|F(p)|\mathrm{e}^{\sigma t}\sigma\to 0.$$

同理，$\widehat{DE}$ 段积分也为零. 根据留数定理，原函数为

$$f(t)=\sum_{F(p)\text{的奇点}}\mathrm{Res}[F(p)\mathrm{e}^{pt}].\tag{8.2.1}$$

如果 $F(p)$ 是多值函数，则需要先画出割线，然后选取适当的闭合回路.

例 8.6　求拉普拉斯变换的原函数：

$$F(p)=\frac{1}{\sqrt{p}}.$$

解　本题需要利用黎曼-梅林反演法求解. 像函数是多值函数，其支点为 $z=0$ 和 ∞. 为了保证积分路径不穿过割线可以作如图 8.4 的积分回路. 由于回路内没有奇点，利用黎曼-梅林反演公式，原函数表示为

$$f(t)=\frac{1}{2\pi\mathrm{i}}\int_{\sigma-\mathrm{i}\infty}^{\sigma+\mathrm{i}\infty}\frac{\mathrm{e}^{pt}}{\sqrt{p}}\mathrm{d}p=-\frac{1}{2\pi\mathrm{i}}\left(\int_{l_1}+\int_{l_2}+\int_{C_\varepsilon}+\int_{C_R}\right)\frac{\mathrm{e}^{pt}}{\sqrt{p}}\mathrm{d}p.$$

由于沿 C_R 的积分为零，并且容易证明，

$$\int_{C_\varepsilon}\frac{\mathrm{e}^{pt}}{\sqrt{p}}\mathrm{d}p\xrightarrow{\varepsilon\to 0}0.$$

对于路径 l_1 和 l_2，分别有 $p=x\mathrm{e}^{\mp\pi\mathrm{i}}$，于是

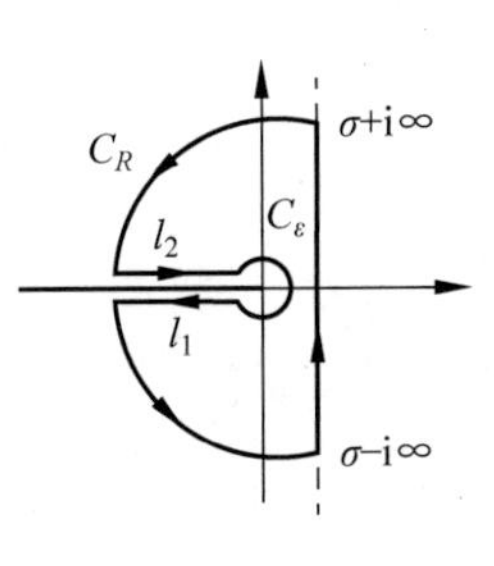

图　8.4

$$f(t)=-\frac{1}{2\pi\mathrm{i}}\left(\int_{l_1}\frac{\mathrm{e}^{pt}}{\sqrt{p}}\mathrm{d}p+\int_{l_2}\frac{\mathrm{e}^{pt}}{\sqrt{p}}\mathrm{d}p\right)$$
$$=\frac{1}{2\pi\mathrm{i}}\int_0^\infty\frac{\mathrm{e}^{-xt}}{-\mathrm{i}\sqrt{x}}\mathrm{d}x+\frac{1}{2\pi\mathrm{i}}\int_\infty^0\frac{\mathrm{e}^{-xt}}{\mathrm{i}\sqrt{x}}\mathrm{d}x=\frac{1}{\pi}\int_0^\infty\frac{\mathrm{e}^{-xt}}{\sqrt{x}}\mathrm{d}x,$$

作变量替换 $u=\sqrt{tx}$ 化为高斯积分，得到原函数为

$$f(t)=\frac{2}{\pi\sqrt{t}}\int_0^\infty\mathrm{e}^{-u^2}\mathrm{d}u=\frac{1}{\sqrt{\pi t}}.$$

习　题

[1] 求拉普拉斯变换的原函数：

(a) $F(p)=\dfrac{6}{(p+1)^4}$；　(b) $F(p)=\dfrac{1}{(p^2+2p+2)^2}$.

[2] 用黎曼-梅林反演法求原函数：

(a) $F(p)=\dfrac{1}{\sqrt{p}}\mathrm{e}^{-a\sqrt{p}}$；　(b) $F(p)=\dfrac{1}{p^2(p^2+\lambda)^3}$.

[3] 求拉普拉斯逆变换：

(a) $F(p)=\dfrac{\cosh(ap)}{p^4\cosh p}$；　(b) $F(p)=\dfrac{\sinh(ap)}{p^2\sinh p}$　$(0<a<1)$.

[4] 利用展开式

$$\frac{1}{1-\mathrm{e}^{-2\sqrt{p}}}=1+\mathrm{e}^{-2\sqrt{p}}+\mathrm{e}^{-4\sqrt{p}}+\cdots$$

求 $F(p)$ 的原函数：

$$F(p)=\frac{\coth\sqrt{p}}{\sqrt{p}}.$$

8.3 应用举例

1. 解微分方程

利用拉普拉斯变换可以将微分方程转变为像函数的代数方程,得到像函数后再利用反演变换求出原函数.作拉普拉斯变换时,初始值由导数定理直接代入,因此十分便于求解常微分方程的初值问题.

1) 常系数微分方程

例 8.7 求解常微分方程：

$$\begin{cases}y''+2y'-3y=\mathrm{e}^{-t}\\ y(0)=0,\quad y'(0)=1\end{cases},$$

解 设 $\mathcal{L}[y(t)]=Y(p)$,将方程两边作拉普拉斯变换,有

$$[p^2Y(p)-py(0)-y'(0)]+2[pY(p)-y(0)]-3Y(p)=\frac{1}{p+1},$$

利用初始条件,得到

$$Y(p)=\frac{p+2}{(p+1)(p-1)(p+3)}=\frac{-\frac{1}{4}}{p+1}+\frac{\frac{3}{8}}{p-1}+\frac{-\frac{1}{8}}{p-3},$$

于是有

$$y(t)=\mathcal{L}^{-1}[Y(p)]=-\frac{1}{4}\mathrm{e}^{-t}+\frac{3}{8}\mathrm{e}^{t}-\frac{1}{8}\mathrm{e}^{-3t}.$$

例 8.8　求解常微分方程组：

$$\begin{cases} y''-x''+x'-y=\mathrm{e}^{-t}-2 \\ 2y''-x''-2y'+x=-t. \\ y(0)=y'(0)=0, \quad x(0)=x'(0)=0 \end{cases}$$

解　令

$$\mathcal{L}[y(t)]=Y(p), \quad \mathcal{L}[x(t)]=X(p),$$

将方程组两边作拉普拉斯变换，并利用初始条件，得到

$$\begin{cases} p^2Y(p)-p^2X(p)+pX(p)-Y(p)=\dfrac{1}{p-1}-\dfrac{2}{p} \\ 2p^2Y(p)-p^2X(p)+X(p)-2pY(p)=-\dfrac{1}{p^2} \end{cases},$$

解出 $X(p)$ 和 $Y(p)$，再做反演即得

$$\begin{cases} x(t)=\mathcal{L}^{-1}[X(p)]=-t+t\mathrm{e}^t \\ y(t)=\mathcal{L}^{-1}[Y(p)]=1-\mathrm{e}^{-t}+t\mathrm{e}^t \end{cases}.$$

2）线性系数微分方程

如果微分方程的系数是一次线性函数，也可用拉普拉斯变换来求解. 为此令 $\mathcal{L}[y(t)]=\int_0^{\infty}y(t)\mathrm{e}^{-pt}\mathrm{d}t=Y(p)$，由于

$$\mathcal{L}[ty(t)]=\int_0^{\infty}ty(t)\mathrm{e}^{-pt}\mathrm{d}t=-\frac{\partial}{\partial p}\int_0^{\infty}y(t)\mathrm{e}^{-pt}\mathrm{d}t=-Y'(p),$$

$$\mathcal{L}[ty'(t)]=-\frac{\partial}{\partial p}\int_0^{\infty}y'(t)\mathrm{e}^{-pt}\mathrm{d}t=-\frac{\partial}{\partial p}[pY(p)-y(0)]=-pY'(p)-Y(p),$$

$$\begin{aligned}\mathcal{L}[ty''(t)]&=-\frac{\partial}{\partial p}\int_0^{\infty}y''(t)\mathrm{e}^{-pt}\mathrm{d}t=-\frac{\partial}{\partial p}[p^2Y(p)-py(0)-y'(0)]\\&=-p^2Y'(p)-2pY(p)+y(0),\end{aligned}$$

这样可将高阶线性系数常微分方程化为关于像函数 $Y(p)$ 的一阶微分方程，从而可以直接进行积分求解.

例 8.9　求解常微分方程：

$$\begin{cases} (2t-1)y''+3ty'+(t+1)y=0 \\ y(0)=0, \quad y'(0)=0 \end{cases}.$$

解　将方程两边作拉普拉斯变换，并化简得

$$(-2p^2-3p-1)Y'(p)-(p^2+4p+2)Y(p)=0.$$

于是

$$\frac{\mathrm{d}\ln Y(p)}{\mathrm{d}p}=-\frac{p^2+4p+2}{2p^2+3p+1}=-\frac{1}{2}-\frac{1}{4}\,\frac{1}{(p+1/2)}-\frac{1}{(p+1)},$$

解得

$$Y(p)=\frac{\mathrm{e}^{-p/2}}{(p+1/2)^{1/4}(p+1)}.$$

再利用反演变换

$$\frac{1}{(p+1/2)^{1/4}} \mapsto \frac{1}{\Gamma(1/2)} t^{-3/4} e^{-t/2}, \quad \frac{1}{p+1} \mapsto e^{-t},$$

以及卷积定理和延迟定理,解得

$$y(t)=\frac{1}{\Gamma(1/2)} e^{-t+1/2} \int_0^{t-1/2} \tau^{-3/4} e^{\tau/2} d\tau.$$

2. 解积分方程

含有卷积的积分方程可以用拉普拉斯变换进行求解,前提是卷积适用于拉普拉斯变换.比如积分方程

$$y(t)+\lambda \int_0^t g(t-\tau) y(\tau) d\tau = f(t),$$

其中,λ 为常数,将方程两边作拉普拉斯变换,有

$$[1+\lambda G(p)] Y(p) = F(p) \to Y(p)=\frac{F(p)}{1+\lambda G(p)},$$

通过反演变换可解出方程.

例 8.10 求解积分方程:

$$y(t)+\lambda \int_0^t e^{-(t-\tau)} y(\tau) d\tau = f(t).$$

解 令

$$g(t)=e^{-t} \to G(p)=\frac{1}{p+1},$$

所以

$$Y(p)=\frac{(p+1)F(p)}{p+\lambda+1}=F(p)-\lambda \frac{F(p)}{p+\lambda+1},$$

作拉普拉斯反演变换后得

$$y(t)=f(t)-\lambda \int_0^t e^{-(\lambda+1)(t-\tau)} f(\tau) d\tau.$$

3. 求实函数积分

利用拉普拉斯变换还可以计算某些实变函数的积分,有时比直接用留数定理求解来得更简便些.

例 8.11 求积分:

$$I=\int_0^{\infty} \frac{\cos 7x}{x^2+a^2} dx \quad (a>0).$$

解 考虑参数化函数

$$I(t)=\int_0^{\infty} \frac{\cos tx}{x^2+a^2} dx = \frac{1}{2} \int_{-\infty}^{\infty} \frac{\cos tx}{x^2+a^2} dx,$$

对变量 t 作拉普拉斯变换,有

$$\bar{I}(p)=\int_0^{\infty} I(t) e^{-pt} dt = \frac{1}{2} \int_{-\infty}^{\infty} \frac{1}{x^2+a^2} \cdot \frac{p}{x^2+p^2} dx$$

$$=\pi i \operatorname*{Res}_{上半平面}\left(\frac{1}{z^2+a^2} \cdot \frac{p}{z^2+p^2}\right)=\frac{\pi}{2a} \cdot \frac{1}{p+a}$$

再作反演变换，有

$$I(t)=\mathcal{L}^{-1}[\bar{I}(p)]=\frac{\pi}{2a}\mathrm{e}^{-at},$$

令 $t=7$，得

$$I=\frac{\pi}{2a}\mathrm{e}^{-7a}.$$

讨论　本题将 $I(t)$ 对 t 求导后再取 $t=m$，可再次得到积分结果：

$$\int_0^{\infty}\frac{x\sin mx}{x^2+a^2}\mathrm{d}x=\frac{\pi}{2}\mathrm{e}^{-m}.$$

例 8.12　计算积分

$$I=\int_0^1\frac{1}{x^{\alpha}(1-x)^{1-\alpha}}\mathrm{d}x\quad(\alpha>0).$$

解　考虑卷积形式的积分

$$I(t)=\int_0^t\frac{1}{x^{\alpha}(t-x)^{1-\alpha}}\mathrm{d}x=\frac{1}{t^{\alpha}}*\frac{1}{t^{1-\alpha}},$$

作拉普拉斯变换，并利用

$$\mathcal{L}\left[\frac{1}{t^{\alpha}}\right]=\frac{\Gamma(1-\alpha)}{p^{1-\alpha}},$$

$$\mathcal{L}\left[\frac{1}{t^{1-\alpha}}\right]=\frac{\Gamma(\alpha)}{p^{\alpha}},$$

有

$$I(p)=\frac{\Gamma(\alpha)\Gamma(1-\alpha)}{p},$$

作反演变换得

$$\int_0^1\frac{1}{x^{\alpha}(1-x)^{1-\alpha}}\mathrm{d}x=\Gamma(\alpha)\Gamma(1-\alpha).$$

结果表明积分与 t 无关，这一事实也可以从积分变量替换 $x\to tx$ 直接看出.

4. 级数求和

类似于傅里叶变换，拉普拉斯变换也可以用来计算某些级数和的表达式，其思路是，作拉普拉斯变换

$$F(p)=\int_0^{\infty}f(t)\mathrm{e}^{-pt}\,\mathrm{d}t,$$

令 $p=n$，并对 n 求和，注意到 $\mathrm{e}^{-t}<1\quad(t>0)$，有

$$\sum_{n=1}^{\infty}F(n)=\sum_{n=1}^{\infty}\int_0^{\infty}f(t)\mathrm{e}^{-nt}\,\mathrm{d}t=\int_0^{\infty}f(t)\sum_{n=1}^{\infty}\mathrm{e}^{-nt}\,\mathrm{d}t=\int_0^{\infty}\frac{f(t)}{\mathrm{e}^t-1}\mathrm{d}t.$$

如果取 $f(t)=t^{s-1}\quad(s>-2)$，则

$$F(p)=\int_0^{\infty}t^{s-1}\mathrm{e}^{-pt}\,\mathrm{d}t=\frac{\Gamma(s)}{p^s},$$

所以

$$\sum_{n=1}^{\infty}\frac{\Gamma(s)}{n^s}=\int_0^{\infty}\frac{t^{s-1}}{e^t-1}dt.$$

作解析延拓后,我们再一次得到黎曼 ζ 函数的积分表达式:

$$\zeta(z)=\frac{1}{\Gamma(z)}\int_0^{\infty}\frac{t^{z-1}}{e^t-1}dt.$$

例 8.13 求级数和:

$$\sum_{n=1}^{\infty}\frac{1}{n^2-a^2}\quad(a\notin\mathbb{Z},\mathrm{Re}a>0).$$

解 利用拉普拉斯变换公式

$$\int_0^{\infty}\sinh at\,e^{-pt}dt=\frac{a}{p^2-a^2},$$

有

$$\sum_{n=1}^{\infty}\frac{1}{n^2-a^2}=\frac{1}{a}\int_0^{\infty}\frac{\sinh at}{e^t-1}dt.$$

上式右边可以直接积分,结果为

$$\sum_{n=1}^{\infty}\frac{1}{n^2-a^2}=\frac{1}{a}\int_0^{\infty}\frac{\sinh at}{e^t-1}dt=\frac{1}{2a^2}-\frac{\pi}{2a}\cot\pi a,$$

令 $a\to ia$,再一次得到求和公式

$$\sum_{n=1}^{\infty}\frac{1}{n^2+a^2}=-\frac{1}{2a^2}+\frac{\pi}{2a}\coth\pi a,$$

当 $a=0$ 时,

$$\sum_{n=1}^{\infty}\frac{1}{n^2}=\sum_{n=1}^{\infty}\int_0^{\infty}t\,e^{-nt}dt=\int_0^{\infty}\frac{t}{e^t-1}dt=\frac{\pi^2}{6}.$$

该结果也可由前面的求和公式在 $a=0$ 的邻域作洛朗级数展开,然后令 $a\to 0$ 得到.

在计算级数和的时候,常用到以下拉普拉斯变换:

$$\int_0^{\infty}e^{-\alpha t}e^{-pt}dt=\frac{1}{p-\alpha},\quad\int_0^{\infty}t^{\alpha-1}e^{-pt}dt=\frac{\Gamma(\alpha)}{p^{\alpha}},$$

$$\int_0^{\infty}\sin\omega t\,e^{-pt}dt=\frac{\omega}{p^2+\omega^2},\quad\int_0^{\infty}\cos\omega t\,e^{-pt}dt=\frac{p}{p^2+\omega^2},$$

$$\int_0^{\infty}\sinh\omega t\,e^{-pt}dt=\frac{\omega}{p^2-\omega^2},\quad\int_0^{\infty}\cosh\omega t\,e^{-pt}dt=\frac{p}{p^2-\omega^2}.$$

习 题

[1] 求解常微分方程初值问题:

(a) $\dfrac{d^3y}{dt^3}+3\dfrac{d^2y}{dt^2}+3\dfrac{dy}{dt}+y=6e^{-t}$, $\quad y(0)=\dfrac{dy}{dt}\Big|_{t=0}=\dfrac{d^2y}{dt^2}\Big|_{t=0}=0$;

(b) $\begin{cases}\dfrac{dy}{dt}+2y+2x=10e^{2t}\\[2mm]\dfrac{dx}{dt}-2y+x=7e^{2t}\end{cases}$, $\quad\begin{cases}y(0)=1\\x(0)=3\end{cases}$.

[2] 利用拉普拉斯变换求积分：

(a) $\int_0^{\infty}\frac{\sin^2 x}{x^2}\mathrm{d}x$；　(b) $\int_0^{\infty}\frac{\sin tx}{x(x^2+1)}\mathrm{d}x$.

[3] 运用卷积定理计算积分：

(a) $\int_0^1\frac{1}{\sqrt{x(1-x)}}\mathrm{d}x$；　(b) $\int_0^1\frac{x^4}{\sqrt{x(1-x)}}\mathrm{d}x$.

答案：(a) π；　(b) $\frac{35\pi}{128}$.

[4] 零阶贝塞尔方程为

$$xy''+y'+xy=0,$$

求满足取值 $y(0)=1$ 的解.

提示：作拉普拉斯变换，对像函数作洛朗级数展开后再求出级数形式的原函数.

答案：

$$Y(p)=\frac{c}{p\sqrt{1+\frac{1}{p^2}}}=c\sum_{n=0}^{\infty}\frac{(2n)!}{2^{2n}(n!)^2}\frac{(-1)^n}{p^{2n+1}},$$

$$y(x)=1-\frac{x^2}{2^2}+\frac{x^4}{2^2\cdot 4^2}-\frac{x^6}{2^2\cdot 4^2\cdot 6^2}+\cdots$$

[5] 利用拉普拉斯变换求级数和：

(a) $\sum_{n=0}^{\infty}\frac{1}{(3n+1)(3n+2)(3n+3)}$；　(b) $\sum_{n=-\infty}^{\infty}\frac{1}{(n^2+1)^2}$.

提示：

(a) $\mathcal{L}^{-1}\left[\frac{1}{(3p+1)(3p+2)(3p+3)}\right]=\frac{1}{6}(\mathrm{e}^{-\frac{t}{3}}-2\mathrm{e}^{-\frac{2t}{3}}+\mathrm{e}^{-t})=\frac{1}{6}(\mathrm{e}^{\frac{t}{3}}-1)^2\mathrm{e}^{-t}$

$\to\sum_{n=0}^{\infty}\frac{1}{(3n+1)(3n+2)(3n+3)}$

$=\frac{1}{6}\int_0^{\infty}\frac{(\mathrm{e}^{\frac{t}{3}}-1)^2}{\mathrm{e}^t-1}\mathrm{d}t$

$=\frac{1}{2}\int_0^{\infty}\frac{x}{(x+1)(x^2+3x+3)}\mathrm{d}x$；

(b) $\sum_{n=1}^{\infty}\frac{1}{n^2+a^2}=-\frac{1}{2a^2}+\frac{\pi}{2a}\coth\pi a$.

将上式对参数 a 求导，然后令 $a\to 1$.

答案：

(a) $\frac{\pi}{4\sqrt{3}}-\frac{1}{4}\ln 3$；　(b) $\frac{\pi}{4}\coth\pi+\frac{\pi^2}{4}\mathrm{csch}^2\pi-\frac{1}{2}$.

[6] 求解阿贝尔方程：

(a) $\int_0^t\frac{u(\tau)}{\sqrt{t-\tau}}\mathrm{d}\tau=f(t)$；　(b) $\int_0^t\frac{u(\tau)}{\sqrt{t^2-\tau^2}}\mathrm{d}\tau=f(t)$

答案：

(a) $u(t)=\dfrac{1}{\pi}\dfrac{\mathrm{d}}{\mathrm{d}t}\displaystyle\int_0^t\dfrac{f(\tau)}{\sqrt{t-\tau}}\mathrm{d}\tau$； (b) $u(t)=\dfrac{2}{\pi}\dfrac{\mathrm{d}}{\mathrm{d}t}\displaystyle\int_0^t\dfrac{f(\tau)\tau}{\sqrt{t^2-\tau^2}}\mathrm{d}\tau$.

[7] 令 $F(p)=\mathcal{L}[f(x)]$，证明：

(a) $\mathcal{L}\left[\dfrac{f(x)}{x}\right]=\displaystyle\int_p^\infty F(p)\,\mathrm{d}p$； (b) $\displaystyle\int_0^\infty\dfrac{f(x)}{x}\mathrm{d}x=\int_0^\infty F(p)\,\mathrm{d}p$.

提示：当 $p\to\infty$ 时，须满足$\mathcal{L}\left[\dfrac{f(x)}{x}\right]\to 0$ 的条件.

[8] 计算积分($a,b>0$)：

(a) $\displaystyle\int_0^\infty\frac{\sin x}{x}\mathrm{d}x$； (b) $\displaystyle\int_0^\infty\frac{\cos ax-\cos bx}{x}\mathrm{d}x$；

(c) $\displaystyle\int_0^\infty\frac{\mathrm{e}^{-ax}\sin bx}{x}\mathrm{d}x$； (d) $\displaystyle\int_0^\infty\frac{\mathrm{e}^{-ax}-\mathrm{e}^{-bx}}{x}\mathrm{d}x$

提示：利用习题[7]公式.

答案：

(a) $\dfrac{\pi}{2}$； (b) $\ln\dfrac{b}{a}$； (c) $\arctan\dfrac{b}{a}$； (d) $\ln\dfrac{b}{a}$.

8.4 z 变换

前面介绍了傅里叶变换和拉普拉斯变换，它们都属于积分变换. 数学中还有很多类似的积分变换，比如欧拉变换、梅林变换、汉克尔变换等，它们具有一般形式：

$$\bar{F}(k)=\int K(k,x)f(x)\,\mathrm{d}x \tag{8.4.1}$$

其中，$K(k,x)$称作积分变换的核(integral kernel)，列于表8.1.

表 8.1

变换类型	傅里叶变换	拉普拉斯变换	欧拉变换	梅林变换	汉克尔变换
$K(k,x)$	$\mathrm{e}^{\mathrm{i}kx}$	e^{-kx}	$(k-x)^{\nu}$	x^{k-1}	$xJ_n(kx)$

各种积分变换有不同的功用，不予逐一陈述. 本节简要介绍一种处理离散序列的变换方法，称为 z 变换.

1. z 变换定义

设有离散信号数据$\{f_k\}(k\in\mathbb{Z})$，取复变量 z，令

$$F(z)=\sum_{k=-\infty}^{\infty}f_k z^{-k}, \tag{8.4.2}$$

称 $F(z)$为序列$\{f_k\}$的双边 z 变换，记作

$$F(z)\equiv\mathcal{Z}[f_k],$$

将 $F(z)$称作序列$\{f_k\}$的像函数. 如果只对非负 k 进行求和，则称之为序列$\{f_k\}_{k=0}^{\infty}$的单边 z 变换：

$$F(z)=\sum_{k=0}^{\infty} f_k z^{-k}. \tag{8.4.3}$$

上述定义的 z 变换存在的条件是幂级数必须收敛,即

$$\sum_{k=-\infty}^{\infty} | f_k z^{-k} | < \infty.$$

存在性定理　若序列 $\{f_k\}$ 在有限整数区间 $M<k<N$ 内有界,且对于正实数 α 和 β 满足

$$\lim_{k\to-\infty} |f_k|\beta^k=0,\quad \lim_{k\to\infty}|f_k|\alpha^{-k}=0,$$

则 $\{f_k\}$ 的双边 z 变换 $F(z)$ 在环形区域 $\alpha<|z|<\beta$ 内绝对且一致收敛.

例 8.14　求序列$\{1,1,1,1,\cdots\}$的单边 z 变换.

解

$$F(z)=\sum_{k=0}^{\infty} z^{-k}=1+\frac{1}{z}+\frac{1}{z^2}+\cdots=\frac{z}{z-1}\quad(|z|>1).$$

讨论　离散傅里叶变换可以看作是 z 变换的特例:令 $z=\mathrm{e}^{2\pi\mathrm{i}n/N}$,则有

$$F_n=\frac{1}{2\pi}\sum_{k=0}^{N-1} f_k \mathrm{e}^{-2\pi\mathrm{i}kn/N},\quad f_k=\sum_{k=0}^{N-1} F_k \mathrm{e}^{2\pi\mathrm{i}kn/N},$$

还可进一步令 $z=\mathrm{e}^{2\pi\mathrm{i}n\alpha/N}$,当 $\alpha\neq\pm1$ 时,该变换称作离散分数傅里叶变换:

$$F_n=\frac{1}{2\pi}\sum_{k=0}^{N-1} f_k \mathrm{e}^{-2\pi\mathrm{i}\alpha kn/N},\quad f_k=\sum_{k=0}^{N-1} F_k \mathrm{e}^{2\pi\mathrm{i}\alpha kn/N}.$$

2. 基本性质

(1) 线性定理

$$\mathcal{Z}[af_k+bf_k]=a\,\mathcal{Z}[f_k]+b\,\mathcal{Z}[f_k].$$

(2) 标度性定理

$$\mathcal{Z}[a^k f_k]=F(z/a).$$

(3) 移位定理

A. 双边 z 变换

$$\mathcal{Z}[f_{k\pm m}]=z^{\pm m}F(z).$$

B. 单边 z 变换

$$\begin{cases}\mathcal{Z}[f_{k-m}]=z^{-m}F(z)+\displaystyle\sum_{k=0}^{m-1} f_{k-m}z^{-k}\\ \mathcal{Z}[f_{k+m}]=z^{m}F(z)-\displaystyle\sum_{k=0}^{m-1} f_k z^{m-k}\end{cases}.$$

(4) 导数定理

$$\mathcal{Z}[kf_k]=-z\frac{\mathrm{d}}{\mathrm{d}z}F(z),$$

$$\mathcal{Z}[k^m f_k]=(-1)^m\left(z\frac{\mathrm{d}}{\mathrm{d}z}\right)^m F(z).$$

(5) 卷积定理

$$\mathcal{Z}[f_k * g_k]=\mathcal{Z}[f_k]\cdot\mathcal{Z}[g_k],$$

序列的卷积定义为

$$f_k * g_k \stackrel{\text{def}}{=} \sum_{l=-\infty}^{\infty} f_l g_{k-l}.$$

上述定理都可以从定义出发直接予以证明,在此从略.

3. 反演变换

对于 z 变换

$$F(z)=\sum_{k=-\infty}^{\infty} f_k z^{-k},$$

如果 $F(z)$为解析函数,根据留数计算方法,其逆变换可用回路积分表示:

$$f_k=\mathcal{Z}^{-1}[F(z)]=\frac{1}{2\pi\mathrm{i}}\oint_\Gamma F(z)z^{k-1}\mathrm{d}z, \tag{8.4.4}$$

其中,回路 Γ 为包围 $F(z)$全部奇点的闭合曲线.

在实际应用中,单边 z 变换显得更加重要,这是因为序列 $\{f_k\}_{k=0}^{\infty}$ 的生成函数 $G(z)$正好就是其 z 变换,换言之,像函数 $F(z)$的逆 z 变换由 $F(1/z)$的展开系数给出.

例 8.15 求函数的逆 z 变换:

$$F(z)=\frac{z(z+1)}{(z-1)^3}.$$

解法一 令 $z=y^{-1}$,有

$$\frac{z(z+1)}{(z-1)^3}=\frac{y^{-1}(y^{-1}+1)}{(y^{-1}-1)^3}=\sum_{k=0}^{\infty}k^2y^k=\sum_{k=0}^{\infty}k^2z^{-k},$$

所以对应的离散序列为

$$\{f_k\}=\{k^2\}_{k=0}^{\infty}.$$

解法二 根据逆变换公式有

$$f_k=\frac{1}{2\pi\mathrm{i}}\oint_\Gamma F(z)z^{k-1}\mathrm{d}z=\frac{1}{2\pi\mathrm{i}}\oint_\Gamma \frac{z^{k+1}+z^k}{(z-1)^3}\mathrm{d}z,$$

由于 $z=1$ 是被积函数的唯一三阶极点,所以

$$f_k=\frac{1}{2!}\frac{\mathrm{d}^2}{\mathrm{d}z^2}(z^{k+1}+z^k)\big|_{z=1}=k^2.$$

本题也可以利用例 8.14 的结果及导数定理进行求解.

4. 应用举例

例 8.16 求斐波那契数列的通项表示:

$$f_{k+2}=f_{k+1}+f_k,\quad f_0=0,\quad f_1=1.$$

解 令 $F(z)\equiv\mathcal{Z}[f_k]$,对方程两边同时作 z 变换,由位移定理可得

$$z^2[F(z)-f_0-f_1z^{-1}]=z[F(z)-f_0]+F(z),$$

解得

$$F(z)=\frac{z}{z^2-z-1}=\frac{1}{\sqrt{5}}\frac{z}{z-\frac{1+\sqrt{5}}{2}}-\frac{1}{\sqrt{5}}\frac{z}{z-\frac{1-\sqrt{5}}{2}}$$

$$=\frac{1}{\sqrt{5}}\sum_{k=0}^{\infty}\left(\frac{1+\sqrt{5}}{2}\right)^k z^{-k}-\frac{1}{\sqrt{5}}\sum_{k=0}^{\infty}\left(\frac{1-\sqrt{5}}{2}\right)^k z^{-k},$$

所以有

$$f_k=\frac{1}{\sqrt{5}}\left(\frac{1+\sqrt{5}}{2}\right)^k-\frac{1}{\sqrt{5}}\left(\frac{1-\sqrt{5}}{2}\right)^k.$$

5. 与拉普拉斯变换的关系

通过将离散序列视作一个不连续函数，可以看出 z 变换与拉普拉斯变换的内在关系. 比如，将时间等分为间隔为 Δt 的序列 t_k，定义函数 $f(t)$ 在 $t\in(t_k,t_{k+1})$ 的值为常数 f_k，则 $f(t)$ 可表示为

$$f(t)=f_0[H(t)-H(t-1)]+f_1[H(t-1)-H(t-2)]+\cdots,$$

其中，$H(t)$ 是赫维赛德阶跃函数，由于

$$\mathcal{L}[H(t-k)-H(t-(k+1))]=\int_k^{k+1}\mathrm{e}^{-pt}\,\mathrm{d}t=\frac{\mathrm{e}^{-kp}}{p}(1-\mathrm{e}^{-p}),$$

对 $f(t)$ 作拉普拉斯变换，有

$$\mathcal{L}[f(t)]=\frac{1}{p}(1-\mathrm{e}^{-p})\sum_{k=0}^{\infty}f_k\mathrm{e}^{-kp},$$

令 $z=\mathrm{e}^p$，则有

$$\mathcal{L}[f(t)]=\frac{1-1/z}{\ln z}\mathcal{Z}[f_k], \tag{8.4.5}$$

因此在很多情况下，也可以通过拉普拉斯变换来求 z 变换.

注记

数域是一个可以在其中进行加、减、乘、除的集合. 除了封闭性，数域规定了几个基本的法则，首先需要有元素“0”——其他数与之相加时保持不变，还需要元素“1”——其他数与之相乘时保持不变，另外加法和乘法必须是可交换的，因此四元数代数只是可除代数，不构成数域. $\mathbb{N}$ 和 $\mathbb{Z}$ 也不是数域，但 $\mathbb{Q}$ 和 $\mathbb{R}$、$\mathbb{C}$ 都构成数域. 人们还可以构造各种有限元素的域，比如 $\{1,0,-1\}$ 也构成一个数域. 另一类域是扩张域，我们可以在某个数域中添加一个原来没有的元素，例如，在有理数域 $\mathbb{Q}$ 中添加元素 $\sqrt{2}$，然后做加、减、乘、除运算，就会得到形如 $a+b\sqrt{2}$ 的扩张数域($a,b\in\mathbb{Q}$)：

$$\frac{a+b\sqrt{2}}{c+d\sqrt{2}}=\frac{ac-2bd}{c^2-2d^2}+\frac{bc-ad}{c^2-2d^2}\sqrt{2},$$

这些数的四则运算很像复数. 注意这个数域不是实数域 $\mathbb{R}$，它不包含 $\sqrt{3}$，π 这样的数.

整数集合 $\mathbb{Z}$ 虽然不是数域，但它构成一个环，即能进行加减乘三种运算，但不一定能做除法的集合. 任何整数都可以唯一地分解成素数的乘积，这个性质称作整数唯一分解定理或者算术基本定理.

假设 p 为奇素数,且 $p=1(\bmod 4)$,则方程 $x^2+y^2=p$ 存在正整数解 $(x,y)\in\mathbb{N}$,比如 $5=1^2+2^2$,但是另一些素数比如 $p=3$ 就不存在整数解.究其原因,是因为 $5=1^2+2^2=(2+\mathrm{i})(2-\mathrm{i})$,即 $p=5$ 可以做广义"素因子分解",在这个意义下它是一个"合数",而 $p=3$ 不能作这种广义的素因子分解.这个过程是在整数环 $\mathbb{Z}$ 中加入虚数 i 构成一个扩张的 $\mathbb{Z}(\mathrm{i})$ 环,它是所有形如 $m+n\mathrm{i}$ 的复数构成的集合.高斯在《算术研究》中最早研究了这种实部和虚部均为整数的复数,它现在被称作高斯环.

那么是不是如同算术基本定理,高斯数因子分解是唯一的呢?答案是否定的!比如 $65=(7+4\mathrm{i})(7-4\mathrm{i})=(8+\mathrm{i})(8-\mathrm{i})$.为了使恢复算术基本定理,库默尔(E. Kummer)于1846年设计了"理想复数",使其能够因子化为"理想"素数,这一思想引导戴德金(R. Dedekind)在代数环中定义理想(ideals).戴德金发现,库默尔的理想数并不是一个数,而是环的一个子集.如果允许整环 $\mathbb{Z}$ 中的非零元做除法,就会产生有理域 $\mathbb{Q}$ 这样一个新的集合,此番操作称为取整环的分式域,有理域 $\mathbb{Q}$ 的扩张,即 $\mathbb{Q}(i)$.

令 K 是 $\mathbb{Q}$ 的某个有限扩张的数域,其中的整数环记作 R.所谓理想就是 R 的一个封闭子环,其中的任何元素与母环 R 的元素相乘都属于该子环,类似于群论中的不变子群.理想子环的元素可以唯一地进行因子分解,与整数 $\mathbb{Z}$ 中的素数分解完全一样,只有一项因子的元素称作素理想.这项发现导致数论研究从数字转移到了集合.

代数数是满足如下多项式方程的解:

$$a_nx^n+a_{n-1}x^{n-1}+\cdots+a_1x+a_0=0,$$

其中,$a_0,a_1,\cdots,a_n\in\mathbb{Z}$;特别地,当 $a_n=1$ 时,其解称为代数整数.例如,$\sqrt{-2}$ 是代数整数,满足方程

$$x^2+2=0.$$

代数数的概念是有理数的自然推广,有理数就是 $n=1$ 时的特例.康托证明了全体代数数是可数的,由于实数是不可数的,所以必定存在不是代数数的实数,这些数称作超越数,因为它们"超出了代数方法之外".圆周率 π 就是一个超越数,数学史上一个著名的故事就是证明 $2^{\sqrt{2}}$ 是超越数.

每一项都是整数的斐波那契数列,其通项却只能用无理数 $(1\pm\sqrt{5})/2$ 的形式表示,这是一个用代数数阐释整数性态的例子,其中的奥妙可以这样来理解:斐波那契数列实际上定义了无理数 $\sqrt{5}$,因为当 $k\to\infty$ 时,

$$\frac{f_{k+1}}{f_k}\to\varphi\equiv\frac{1+\sqrt{5}}{2},$$

这就是所谓的黄金分割数,数列的通项是依据作为整体的斐波那契数列在无穷的性态折射到每个单项中.这个事实令人回味卡尔达诺公式:三次代数方程的实数根必须借助虚数才能描述.

根据斐波那契数列通项公式

$$\begin{aligned}f_k&=\frac{1}{\sqrt{5}}\left(\frac{1+\sqrt{5}}{2}\right)^k-\frac{1}{\sqrt{5}}\left(\frac{1-\sqrt{5}}{2}\right)^k\\&\equiv\frac{1}{\sqrt{5}}(\varphi^k-\psi^k)\quad(k\in\mathbb{N}),\end{aligned}$$

φ 就是所谓黄金分割数. 将 k 用连续实数替换，得到串连斐波那契序列的连续光滑函数，它的实部如图 8.5(a)所示，该函数呈振荡形式并延伸至负数，即双向斐波那契列(bidirectional sequence)，$f_{-k}=(-1)^{k+1}f_k$，图中星号表示斐波那契序列. 将实函数解析延拓至复平面，得到

$$F(z)=\frac{1}{\sqrt{5}}(\varphi^z-\psi^z),$$

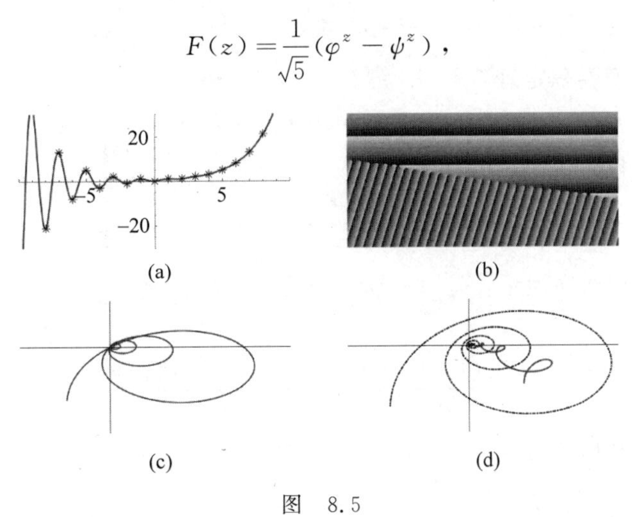

(a)　(b)

(c)　(d)

图　8.5

这就是 1.2 节注记中提到的螺旋函数取 $\alpha=1,\beta=\sqrt{5}$ 的情形，它是一个整函数，图 8.5(b)描绘了辐角分布. 函数的全部零点等间距地排列在一条直线上，直线的参数方程为

$$z(t)=\frac{2\pi t}{\pi+2\mathrm{i}\ln\varphi}\quad(-\infty<t<\infty),$$

其斜率为 $k=\tan\theta=-\frac{2}{\pi}\ln\varphi$，它融合了三个基本数学常数 π、e、φ，零点位于 $t=n\quad(n\in\mathbb{N})$. 该零点直线被 $F(z)$ 映射为图 8.5(c)的曲线，曲线反复通过零点. 图 8.5(d)描绘了两条平行于零点直线的直线映像，这是一条没有端点的螺旋线，它在一个方向无限趋近于原点，在另一个方向趋于无穷远. 图 8.6 展示了不同标度下的螺旋线，其参数方程为

$$F(t)=\frac{1}{\sqrt{5}}\varphi^{\frac{2\pi^2 t}{\omega}}\mathrm{e}^{-\frac{4\pi\mathrm{i}t}{\omega}\ln^2\varphi}\left[\varphi^h-\mathrm{e}^{2\pi\mathrm{i}t}\psi^h\right]\quad(-\infty<t<\infty),$$

其中，$\omega=\pi^2+4\ln^2\varphi$，$h$ 为任意复常数，这是一条光滑的黄金螺线.

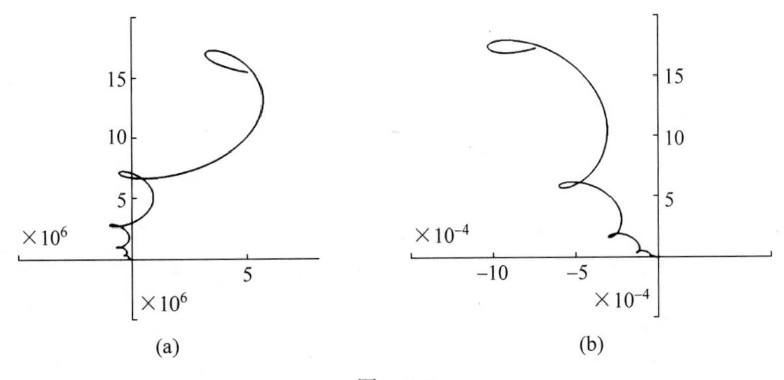

(a)　(b)

图　8.6

习　题

[1] 求序列$\{1,2,3,4,\cdots\}$的单边 z 变换.

[2] 求下述序列的 z 变换($k\in\mathbb{N}$):

(a) $\{\sin\beta k\}$; (b) $\{ka^k\}$; (c) $\left\{\frac{1}{k!}a^k\right\}$; (d) $\left\{\frac{1}{k+1}\right\}$.

[3] 证明 z 变换卷积定理:

$$\mathcal{Z}[f_k * g_k]=\mathcal{Z}[f_k]\cdot\mathcal{Z}[g_k].$$

[4] 求逆 z 变换:

$$F(z)=\frac{z}{(z+1)(z-1)^2}.$$

[5] 求差分方程通项表示:$y_{k+2}-(b+c)y_{k+1}+bcy_k=0$.

答案:

$$y_k=\frac{y(1)-cy(0)}{b-c}b^k-\frac{y(1)-by(0)}{b-c}c^k.$$

[6] 求解差分方程:

(a) $u_{n+1}-au_n=nb^n$, $u_0=1$;

(b) $u_{n+2}-2bu_{n+1}+b^2u_n=b^n$, $u_0=u_1=0$.

[7] 证明:

$$\frac{1+\sqrt{5}}{2}=1+\cfrac{1}{1+\cfrac{1}{1+\cfrac{1}{1+\cdots}}}.$$

提示:利用 $\varphi^2-\varphi-1=0$,或者斐波那契数列的关系

$$\frac{f_{k+1}}{f_k}=1+\cfrac{1}{\cfrac{f_k}{f_{k-1}}}.$$

[8] 证明斐波那契函数满足关系:

(a) $F(z+2)=F(z+1)+F(z)$; (b) $F(z+n)=f_nF(z+1)+f_{n-1}F(z)$.

[9] 证明$\sqrt{2}+\sqrt{3}$是代数数,满足方程:$x^4-10x^2+1=0$.

第9章

微分方程通解

本章介绍几种求线性常微分方程和偏微分方程通解的方法.所谓通解,就是不对微分方程施加任何约束的一般解,由于方程是线性的,所以方程的一般解是全部线性无关解的叠加.在本章最后两节简要介绍一些非线性方程的孤立波解法.

9.1 常系数常微分方程

首先介绍求常系数线性常微分方程通解的基本方法,一般的 n 次线性常微分方程可表示成

$$\hat{L}y \equiv y^{(n)}(x) + a_{n-1}y^{(n-1)}(x) + \cdots + a_1 y^{(1)}(x) + a_0 y(x) = r(x), \tag{9.1.1}$$

其中,a_k 为常数;$r(x)$称作非齐次项;$\hat{L}$ 代表作用于函数 $y(x)$上的线性微分算符,

$$\hat{L} = \frac{\mathrm{d}^n}{\mathrm{d}x^n} + a_{n-1}\frac{\mathrm{d}^{n-1}}{\mathrm{d}x^{n-1}} + \cdots + a_1\frac{\mathrm{d}}{\mathrm{d}x} + a_0.$$

1. 齐次方程

当 $r(x)=0$ 时,方程称作齐次线性微分方程

$$\hat{L}y = y^{(n)} + a_{n-1}y^{(n-1)} + \cdots + a_1 y^{(1)} + a_0 y = 0. \tag{9.1.2}$$

假设它具有指数函数形式的解 $y=\mathrm{e}^{\lambda x}$,代入方程得

$$[\lambda^n + a_{n-1}\lambda^{n-1} + \cdots + a_1\lambda + a_0]\mathrm{e}^{\lambda x} = 0,$$

所以

$$p(\lambda) \equiv \lambda^n + a_{n-1}\lambda^{n-1} + \cdots + a_1\lambda + a_0,$$

该式称作微分方程的特征多项式,其根称作特征根.由代数基本定理,n 次多项式有 n 个复数根,其中包括 $k_j\,(j=1,2,\cdots,m)$重根,即

$$p(\lambda) = (\lambda-\lambda_1)^{k_1}(\lambda-\lambda_2)^{k_2}\cdots(\lambda-\lambda_m)^{k_m},$$

有 $k_1+k_2+\cdots+k_m=n$,则函数集

$$\{\mathrm{e}^{\lambda_j x}, x\mathrm{e}^{\lambda_j x}, x^2\mathrm{e}^{\lambda_j x}, \cdots, x^{k_j-1}\mathrm{e}^{\lambda_j x}\}_{j=1}^{m} \tag{9.1.3}$$

均为齐次线性微分方程的线性独立解.

例 9.1 求解微分方程：

$$\frac{d^2 y}{dt^2}+a\frac{dy}{dt}+by=0 \quad (a,b>0).$$

解 方程的特征多项式为

$$p(\lambda)\equiv\lambda^2+a\lambda+b,$$

它有两个根：

$$\lambda_{1,2}=\frac{1}{2}\left(-a\pm\sqrt{a^2-4b}\right).$$

需要分三种情况讨论解的性质：

(1) $a^2>4b$,有两个不同的实根,令 $\gamma=\frac{1}{2}\sqrt{a^2-4b}$,方程的通解为

$$y(t)=c_1 e^{\lambda_1 t}+c_2 e^{-\lambda_2 t}=(c_1 e^{\gamma t}+c_2 e^{-\gamma t})e^{-\frac{at}{2}};$$

(2) $a^2=4b$,有一个重根,方程的通解为

$$y(t)=c_0 e^{-\frac{at}{2}}+c_1 t e^{-\frac{at}{2}};$$

(3) $a^2<4b$,有两个不同的复根,令 $\omega=\frac{1}{2}\sqrt{4b-a^2}$,方程的通解为

$$y(t)=c_1 e^{-\frac{1}{2}at+i\omega t}+c_2 e^{-\frac{1}{2}at-i\omega t}=(d_1\cos\omega t+d_2\sin\omega t)e^{-\frac{at}{2}}.$$

2. 非齐次方程

当 $r(x)\neq 0$ 时,对于高阶微分方程没有通用的解析解法.对于特殊形式非齐次项,比如非齐次项具有形式：

$$r(x)=e^{\alpha x}S(x),$$

可根据 $S(x)$的形式分两种情况寻找特解.

1) $S(x)$为多项式

$$S(x)=b_m x^m+b_{m-1}x^{m-1}+\cdots+b_0,$$

则方程的特解为

$$\tilde{y}(x)=e^{\alpha x}x^k q_m(x),$$

其中,$q_m(x)$是 m 阶多项式；k 是恰好等于 α 的某个特征根 λ_k 的重数.

例 9.2 求方程的通解：

$$y'''+3y''+3y'+y=e^{-x}(x-5).$$

解 特征方程为

$$\lambda^3+3\lambda^2+3\lambda+1=0,$$

它有一个三重根 $\lambda_1=-1$,故相应齐次方程的通解为

$$y(x)=(c_0+c_1x+c_2x^2)e^{-x},$$

又由于 $\lambda_1=\alpha=-1$,$S(x)$为一次多项式,故非齐次方程的特解为

$$\tilde{y}(x)=x^3(b_1x+b_0)e^{-x}.$$

代入原方程,解得

$$b_0=-\frac{5}{6},\quad b_1=\frac{1}{24},$$

方程的一般解为

$$y(x)=(c_0+c_1x+c_2x^2)\mathrm{e}^{-x}+\frac{1}{24}x^3(x-20)\mathrm{e}^{-x}$$

2）$S(x)$为三角函数

$$S(x)=P_m(x)\cos\beta x+Q_n(x)\sin\beta x,$$

其中，$P_m(x)$和$Q_n(x)$分别为 m 和 n 次实系数多项式，则方程的特解为

$$\tilde{y}(x)=\mathrm{e}^{\alpha x}x^k[p_s(x)\cos\beta x+q_s(x)\sin\beta x],$$

式中，k 为特征根λ_k 的重数；$p_s(x)$、$q_s(x)$为 s 阶多项式，$s=\max[m,n]$.

例 9.3 求方程的通解：$y''+4y'+4y=\cos 2x$.

解 特征方程为

$$\lambda^2+4\lambda+4=0,$$

它只有一个二重实根 $\lambda=-2$，故齐次方程的通解为

$$y(x)=(c_1+c_2x)\mathrm{e}^{-2x},$$

其中，c_1 和 c_2 为任意常数，由于 $\alpha=\pm 2\mathrm{i}$ 不是方程的特征根，故特解为

$$\tilde{y}(x)=a\cos 2x+b\sin 2x,$$

代入方程得

$$8b\cos 2x-8a\sin 2x=\cos 2x$$

$$\rightarrow a=0,\quad b=\frac{1}{8},$$

方程的一般解为

$$y(x)=(c_1+c_2x)\mathrm{e}^{-2x}+\frac{1}{8}\sin 2x.$$

3）一般形式非齐次项

对于具有一般形式非齐次项 $r(x)$，如果是二阶常微分方程（a，b 为常数）

$$\frac{\mathrm{d}^2y}{\mathrm{d}x^2}+a\frac{\mathrm{d}y}{\mathrm{d}x}+by=r(x),$$

则可以求得一个特解，为此采用变换

$$y(x)=\mathrm{e}^{-\frac{1}{2}ax}u(x)$$

消去一阶导数项后化为如下形式：

$$\frac{\mathrm{d}^2u}{\mathrm{d}x^2}-pu=f(x),$$

其中，

$$f(x)=\mathrm{e}^{\frac{1}{2}ax}r(x),\quad p=\frac{1}{4}a^2-b.$$

相应齐次方程的通解为

$$u(x)=A\mathrm{e}^{\sqrt{p}x}+B\mathrm{e}^{-\sqrt{p}x}.$$

为了得到非齐次方程的一个特解，采用待定系数法，令 A，B 为 x 的函数，设

$$\tilde{u}(x)=A(x)\mathrm{e}^{\sqrt{p}x}+B(x)\mathrm{e}^{-\sqrt{p}x},$$

有

$$\frac{\mathrm{d}u}{\mathrm{d}x}=A'(x)\mathrm{e}^{\sqrt{p}x}+\sqrt{p}A(x)\mathrm{e}^{\sqrt{p}x}+B'(x)\mathrm{e}^{-\sqrt{p}x}-\sqrt{p}B(x)\mathrm{e}^{-\sqrt{p}x},$$

$$\frac{\mathrm{d}^2u}{\mathrm{d}x^2}=\frac{\mathrm{d}}{\mathrm{d}x}[A'(x)\mathrm{e}^{\sqrt{p}x}+B'(x)\mathrm{e}^{-\sqrt{p}x}]+\sqrt{p}[A'(x)\mathrm{e}^{\sqrt{p}x}-B'(x)\mathrm{e}^{-\sqrt{p}x}]+ p[A(x)\mathrm{e}^{\sqrt{p}x}+B(x)\mathrm{e}^{-\sqrt{p}x}].$$

代入方程,由于只需求得一个特解,可取

$$\begin{cases}A'(x)\mathrm{e}^{\sqrt{p}x}+B'(x)\mathrm{e}^{-\sqrt{p}x}=0\\ \sqrt{p}[A'(x)\mathrm{e}^{\sqrt{p}x}-B'(x)\mathrm{e}^{-\sqrt{p}x}]=f(x)\end{cases},$$

解得

$$A(x)=\int^x\frac{f(\xi)}{2\sqrt{p}}\mathrm{e}^{-\sqrt{p}\xi}\mathrm{d}\xi,\quad B(x)=-\int^x\frac{f(\xi)}{2\sqrt{p}}\mathrm{e}^{\sqrt{p}\xi}\mathrm{d}\xi.$$

所以方程的一般解为

$$u(x)=A_0\mathrm{e}^{\sqrt{p}x}+B_0\mathrm{e}^{-\sqrt{p}x}+\frac{\mathrm{e}^{\sqrt{p}x}}{2\sqrt{p}}\int^x f(\xi)\mathrm{e}^{-\sqrt{p}\xi}\mathrm{d}\xi-\frac{\mathrm{e}^{-\sqrt{p}x}}{2\sqrt{p}}\int^x f(\xi)\mathrm{e}^{\sqrt{p}\xi}\mathrm{d}\xi.$$

3. 欧拉型方程

形如

$$x^n\frac{\mathrm{d}^ny}{\mathrm{d}x^n}+a_{n-1}x^{n-1}\frac{\mathrm{d}^{n-1}y}{\mathrm{d}x^{n-1}}+\cdots+a_1x\frac{\mathrm{d}y}{\mathrm{d}x}+a_0y=0$$

的变系数微分方程称作欧拉型方程,其中 $a_j\ (j=1,2,\cdots,n-1)$ 为常数. 作自变量替换 $x=\mathrm{e}^t$,有

$$\frac{\mathrm{d}y}{\mathrm{d}x}=\mathrm{e}^{-t}\frac{\mathrm{d}y}{\mathrm{d}t},\quad \frac{\mathrm{d}^2y}{\mathrm{d}x^2}=\mathrm{e}^{-2t}\left(\frac{\mathrm{d}^2y}{\mathrm{d}t^2}-\frac{\mathrm{d}y}{\mathrm{d}t}\right),$$

$$\frac{\mathrm{d}^ky}{\mathrm{d}x^k}=\mathrm{e}^{-kt}\left(\frac{\mathrm{d}^ky}{\mathrm{d}t^k}+\beta_1\frac{\mathrm{d}^{k-1}y}{\mathrm{d}t^{k-1}}+\cdots+\beta_{k-1}\frac{\mathrm{d}y}{\mathrm{d}t}\right),$$

其中,β_j 为常数,于是方程可化为常系数齐次线性微分方程进行求解:

$$\frac{\mathrm{d}^ny}{\mathrm{d}t^n}+b_{n-1}\frac{\mathrm{d}^{n-1}y}{\mathrm{d}t^{n-1}}+\cdots+b_1\frac{\mathrm{d}y}{\mathrm{d}t}+b_0y=0.$$

一个更为直接而简便的方法是,假设欧拉型方程具有幂函数形式的解:$y\sim x^{\alpha}$,将其代入方程可得 α 满足 n 次代数方程,求出其 n 个根,就可得到方程的 n 个线性无关的幂函数解. 如果出现 m 重根,则相应的 m 个线性无关解为

$$\{x^{\alpha_j},x^{\alpha_j}\ln x,x^{\alpha_j}\ln^2x,\cdots,x^{\alpha_j}\ln^{m-1}x\}.$$

习　题

[1] 求齐次方程的通解:$y^{(4)}-5y''+4y=0$.

[2] 求非齐次方程的通解:

(a) $y''-2y'-3y=3x+1$；

(b) $y''-y=\mathrm{e}^x\sin 2x$；

(c) $y''-4y'+4y=\mathrm{e}^x+x\mathrm{e}^{2x}$；

(d) $y^{(6)}-y^{(4)}=x^2$；

(e) $y'''+3y''-4y=x\mathrm{e}^{-2x}$.

[3] 求欧拉型方程的通解：$x^3y'''-x^2y''+2xy'-2y=x^3$.

提示：先假设齐次微分方程的通解为 $y\sim x^\alpha$，解出特征方程的根 α_j，如果是重根，则线性无关解为$\{x^{\alpha_j},x^{\alpha_j}\ln x,x^{\alpha_j}\ln^2 x,\cdots\}$，再设非齐次方程的特解为 $\tilde{y}=Ax^3$，代入方程后解出 A.

9.2 变系数常微分方程

欧拉型方程属于一类特殊的变系数微分方程，对于一般的变系数常微分方程，没有普遍的解析方法.通常采用幂级数解法，即在某一选定点的邻域上将方程的解表示成系数待定的幂级数，将其代入方程后得到系数之间的递推关系.采用级数法求解需要保证无穷级数的收敛性.

本节主要讨论二阶变系数线性常微分方程，不失一般性，先考虑复变量的二阶齐次微分方程

$$y''(z)+p(z)y'(z)+q(z)y(z)=0. \tag{9.2.1}$$

常点和奇点 在 z_0 点的邻域，如果 $p(z)$和 $q(z)$都是解析的，则 z_0 称作方程的常点(ordinary point)；如果 $p(z)$或 $q(z)$是奇异的，则 z_0 称作方程的奇点.在常点的邻域作级数展开的解通常是解析的，而在奇点的去心邻域展开的解通常也有奇异性，以下分别讨论.

1. 常点

如果线性二阶常微分方程的系数函数 $p(z)$和 $q(z)$在点 z_0 的邻域$|z-z_0|<R$ 是解析函数，则方程的解在 z_0 也是解析的，可表示其邻域上的泰勒级数

$$y(z)=\sum_{k=0}^{\infty}a_k(z-z_0)^k.$$

例 9.4 求勒让德方程的级数解：

$$(1-x^2)\frac{\mathrm{d}^2y}{\mathrm{d}x^2}-2x\frac{\mathrm{d}y}{\mathrm{d}x}+l(l+1)y=0.$$

解 方程的系数为

$$p(x)=-\frac{2x}{1-x^2},\quad q(x)=\frac{l(l+1)}{1-x^2},$$

可见 $x_0=0$ 是方程的常点，函数 $p(z)$和 $q(z)$在该点解析，假设方程的级数解为

$$y(x)=\sum_{k=0}^{\infty}a_kx^k,$$

代入方程，合并 x 的同幂项，便得到不同级系数 a_k 之间的递推公式

$$a_{k+2}=\frac{(k-l)(k+l+1)}{(k+2)(k+1)}a_k.$$

可见对于二阶微分方程,所有系数最终只有两个是独立的,取为 a_0 和 a_1,方程的一般解可表示为

$$y(x)=a_0y_0(x)+a_1y_1(x),$$

它就是两个线性无关解 $y_0(x)$ 和 $y_1(x)$ 的叠加,其中,

$$y_0(x)=1+\frac{(-l)(l+1)}{2!}x^2+\frac{(2-l)(-l)(l+1)(l+3)}{4!}x^4+\cdots+\frac{(2k-2-l)(2k-4-l)\cdots(-l)(l+1)\cdots(l+2k-1)}{(2k)!}x^{2k}+\cdots$$

及

$$y_1(x)=x+\frac{(1-l)(l+2)}{3!}x^3+\frac{(3-l)(1-l)(l+2)(l+4)}{5!}x^5+\cdots+\frac{(2k-1-l)(2k-3-l)\cdots(1-l)(l+2)\cdots(l+2k)}{(2k+1)!}x^{2k+1}+\cdots.$$

采用比值判别法容易证明,两个级数解的收敛半径均为

$$R=\lim_{k\to\infty}\sqrt{\left|\frac{a_k}{a_{k+2}}\right|}=\lim_{k\to\infty}\sqrt{\frac{(k+2)(k+1)}{(k-l)(k+l+1)}}=1,$$

这个收敛半径也可从系数函数 $p(z)$ 和 $q(z)$ 的奇点位置 $z=\pm1$ 判定.

2. 正规奇点

我们只考虑一类特殊的奇点,即所谓正规奇点(regular singular point):如果在奇点 z_0 的邻域 $0<|z-z_0|<R$ 内,方程的级数解具有有限的负幂项,则该奇点 z_0 称作正规奇点.

可以证明,如果 z_0 是系数 $p(z)$ 的不高于一阶极点和系数 $q(z)$ 的不高于二阶极点,则 z_0 是正规奇点,即

$$p(z)=\sum_{k=-1}^{\infty}p_k(z-z_0)^k,\quad q(z)=\sum_{k=-2}^{\infty}q_k(z-z_0)^k.$$

富克斯定理(Fuchs theorem) 对于正规奇点,方程有一个如下形式的级数解:

$$y_1(z)=\sum_{k=0}^{\infty}a_k(z-z_0)^{s_1+k},\tag{9.2.2}$$

这种形式的级数称作弗罗贝尼乌斯级数(Frobenius series).

方程的第二个线性无关解为

$$y_2(z)=\sum_{k=0}^{\infty}b_k(z-z_0)^{s_2+k}\quad(s_1-s_2\notin\mathbb{Z}),\tag{9.2.3}$$

$$y_2(z)=Ay_1(z)\ln(z-z_0)+\sum_{k=0}^{\infty}b_k(z-z_0)^{s_2+k}\quad(s_1-s_2\in\mathbb{Z}),\tag{9.2.4}$$

其中,s_1 和 s_2 称作特征指标(characteristic indices),$\mathrm{Re}s_1>\mathrm{Re}s_2$,它们是下列指标方程的两个根:

$$s(s-1)+sp_{-1}+q_{-2}=0.\tag{9.2.5}$$

讨论　指标方程从何而来?

例 9.5　求贝塞尔方程的级数解:

$$x^2y''+xy'+(x^2-\nu^2)y=0.$$

解　由于 $x_0=0$ 是 $p(x)=\dfrac{1}{x}$ 的一阶极点,同时是 $q(x)=1-\dfrac{\nu^2}{x^2}$ 的二阶极点,所以是贝塞尔方程的正规奇点.根据指标方程得

$$s^2-\nu^2=0,$$

其两个根为 $s_1=\nu, s_2=-\nu$,这里需要分几种情况考虑.

(1) 如果两根之差不为整数或半整数,$s_1-s_2=2\nu\notin\mathbb{Z}$,则方程的两个线性无关解可直接取为

$$y(x)=a_0x^s+a_1x^{s+1}+a_2x^{s+2}+\cdots+a_kx^{s+k}+\cdots.$$

代入贝塞尔方程,合并同类项后令所有 x^k 的系数为零,得到递推公式:

$$[s^2-\nu^2]a_0=0,$$

$$[(s+1)^2-\nu^2]a_1=0,$$

$$\vdots$$

$$[(s+k)^2-\nu^2]a_k+a_{k-2}=0.$$

约定 $a_0\neq 0$,可以得到 $a_1=0$,且

$$a_k=\frac{-1}{(s+k+\nu)(s+k-\nu)}a_{k-2}.$$

取 $s_1=\nu$,得到方程的一个特解:

$$y_1(x)=a_0x^\nu\left[1-\frac{1}{1!(\nu+1)}\left(\frac{x}{2}\right)^2+\frac{1}{2!(\nu+1)(\nu+2)}\left(\frac{x}{2}\right)^4-\cdots+(-1)^k\frac{1}{k!(\nu+1)(\nu+2)\cdots(\nu+k)}\left(\frac{x}{2}\right)^{2k}+\cdots\right].$$

该级数的收敛半径为

$$R=\lim_{k\to\infty}\left|\frac{a_{k-2}}{a_k}\right|=\lim_{k\to\infty}2^kk(2\nu+k)\to\infty.$$

通常取 $a_0=\dfrac{1}{2^\nu\Gamma(\nu+1)}$,并把这个解叫作 ν 阶贝塞尔函数,记作 $\mathrm{J}_\nu(x)$,有

$$\mathrm{J}_\nu(x)=\sum_{k=0}^{\infty}(-1)^k\frac{1}{k!\Gamma(\nu+k+1)}\left(\frac{x}{2}\right)^{\nu+2k}.$$

同理,方程的另一个解对应于 $s_2=-\nu$,是 $-\nu$ 阶贝塞尔函数,记作 $\mathrm{J}_{-\nu}(x)$,有

$$\mathrm{J}_{-\nu}(x)=\sum_{k=0}^{\infty}(-1)^k\frac{1}{k!\Gamma(-\nu+k+1)}\left(\frac{x}{2}\right)^{-\nu+2k}.$$

方程的一般解可表示为

$$y(x)=C_1\mathrm{J}_\nu(x)+C_2\mathrm{J}_{-\nu}(x).$$

至此已经解出了非整数或者非半奇数阶贝塞尔方程,它有两个全域收敛的线性无关解.

(2) 整数阶贝塞尔方程($\nu=m$)

由指标方程可得:$s_1=m, s_2=-m$,且 $s_1-s_2=2m$ 为零或正整数,对应大根 $s_1=m$,第

一个解是整数 m 阶贝塞尔函数

$$\mathrm{J}_m(x)=\sum_{k=0}^{\infty}(-1)^k\frac{1}{k!\Gamma(m+k+1)}\left(\frac{x}{2}\right)^{m+2k}.$$

对于小根 $s_2=-m$,如果第二个解仍然取为 $\mathrm{J}_{-\nu}(x)\to\mathrm{J}_{-m}(x)$,则会发现 $\mathrm{J}_{-m}(x)$ 和 $\mathrm{J}_m(x)$ 是线性相关的.证明如下:

只要 $k<m$,Γ 函数将发散,因此级数 $\mathrm{J}_{-m}(x)$ 只能从 $k=m$ 项开始,令 $n=k-m$,有

$$\begin{aligned}\mathrm{J}_{-m}(x)&=\sum_{k=m}^{\infty}(-1)^k\frac{1}{k!\Gamma(-m+k+1)}\left(\frac{x}{2}\right)^{-m+2k}\\&=\sum_{n=0}^{\infty}(-1)^{n+m}\frac{1}{(n+m)!\Gamma(n+1)}\left(\frac{x}{2}\right)^{m+2n}=(-1)^m\mathrm{J}_m(x).\end{aligned}$$

可见 $\mathrm{J}_{-m}(x)$ 和 $\mathrm{J}_m(x)$ 线性相关!因此需要另外寻找方程的第二个解,它应该具有如下形式:

$$y_2(x)=A\mathrm{J}_m(x)\ln x+\sum_{k=0}^{\infty}b_kx^{-m+k}.$$

对于贝塞尔方程,我们不再顺着这个思路去求解系数 b_k.第二个解通常取诺依曼函数(Neumann function)更方便,它是将非整数 ν 对应的两个线性无关解重新组合:

$$\mathrm{N}_\nu(x)=\alpha\mathrm{J}_\nu(x)+\beta\mathrm{J}_{-\nu}(x).$$

取 $\alpha=\cot\nu\pi$,$\beta=-\csc\nu\pi$,得到一个新函数,称作 ν 阶诺依曼函数

$$\mathrm{N}_\nu(x)=\frac{\mathrm{J}_\nu(x)\cos\nu\pi-\mathrm{J}_{-\nu}(x)}{\sin\nu\pi}.\tag{9.2.6}$$

当 $\nu=m$ 为整数时,利用洛必达法则可得

$$\begin{aligned}\mathrm{N}_m(x)&=\lim_{\nu\to m}\mathrm{N}_\nu(x)=\lim_{\nu\to m}\frac{\mathrm{J}_\nu(x)\cos\nu\pi-\mathrm{J}_{-\nu}(x)}{\sin\nu\pi}\\&=\frac{2}{\pi}\mathrm{J}_m(x)\ln\left(\frac{x}{2}\right)-\frac{1}{\pi}\sum_{k=0}^{m-1}\frac{(m-k-1)!}{k!}\left(\frac{x}{2}\right)^{2k-m}-\\&\quad\frac{1}{\pi}\sum_{k=0}^{\infty}\frac{(-1)^k}{k!(m+k)!}[\psi(k+1)+\psi(m+k+1)]\left(\frac{x}{2}\right)^{2k+m}.\end{aligned}$$

其中,ψ 是双伽马(digamma)函数.

于是整数 m 阶贝塞尔方程的两个线性独立解为 $\mathrm{J}_m(x)$ 和 $\mathrm{N}_m(x)$,方程的通解可表示为

$$y(x)=C_1\mathrm{J}_m(x)+C_2\mathrm{N}_m(x).$$

例 9.6 在 $x=0$ 邻域求方程的两个线性无关解:

$$xy''-xy'+y=0.$$

解 由于 $x=0$ 是方程的正规奇点,指标方程为

$$s(s-1)+sp_{-1}+q_{-2}=0.$$

解出特征指标 $s_{1,2}=1,0$,设方程的级数解为

$$y(x)=x^{s_1}\sum_{k=0}^{\infty}a_kx^k,$$

得到方程的第一个解为

$$y_1(x)=x.$$

设方程的另一解($s_2=0$)为

$$y_2(x)=Ay_1(x)\ln x+\sum_{k=0}^{\infty}b_kx^k,$$

代入方程,解得

$$A=-b_0,\quad b_k=-\frac{1}{(k-1)k!}b_0\quad(k\geqslant 2),$$

$$y_2(x)=x\ln x-1+\sum_{k=2}^{\infty}\frac{1}{(k-1)k!}x^k+b_1x.$$

由于最后一项即 $y_1(x)$,所以可取方程的第二个解为

$$y_2(x)=x\ln x-1+\sum_{k=2}^{\infty}\frac{1}{(k-1)k!}x^k.$$

例 9.7 求解超几何方程(hypergeometric equation)的级数解:

$$x(x-1)y''+[(\alpha+\beta+1)x-\gamma]y'+\alpha\beta y=0.$$

解 方程有三个正规奇点:$x=0,1,\infty$. 它在 $x_0=0$ 的指标方程有两个特征根,

$$s_1=0,\quad s_2=1-\gamma.$$

考虑级数解

$$y(x)=a_0x^s+a_1x^{s+1}+a_2x^{s+2}+\cdots+a_kx^{s+k}+\cdots,$$

将其代入方程,得到指标 $s_1=0$ 对应的系数递推关系

$$a_{k+1}=\frac{(k+\alpha)(k+\beta)}{(k+\gamma)(k+1)}a_k\quad(k=0,1,2,\cdots),$$

所以方程的一个解为

$$y_1(x)=\mathrm{F}(\alpha,\beta,\gamma;\ x).$$

$\mathrm{F}(\alpha,\beta,\gamma;\ x)$称作超几何函数或高斯超几何函数,

$$\mathrm{F}(\alpha,\beta,\gamma;\ x)=\frac{\Gamma(\gamma)}{\Gamma(\alpha)\Gamma(\beta)}\sum_{k=0}^{\infty}\frac{\Gamma(\alpha+k)\Gamma(\beta+k)}{k!\Gamma(\gamma+k)}x^k\quad(|x|<1).\tag{9.2.7}$$

级数的收敛半径为 $R=1$. 当 $\gamma\notin\mathbb{Z}$ 时,方程的另一个线性无关解是

$$y_2(x)=x^{1-\gamma}\mathrm{F}(\alpha-\gamma+1,\beta-\gamma+1,2-\gamma;\ x).\tag{9.2.8}$$

如果 $\gamma\in\mathbb{Z}$,仍然要按照指标差为整数的情形去寻找方程的第二个线性无关解 $\tilde{y}_2(x)$,在此不作详细叙述了.

超几何方程也称作高斯方程,作自变量替换:$x\to\frac{x}{b}$,再令 $b=\beta\to\infty$,便得到合流超几何方程(confluent hypergeometric equation),也称为库默尔方程(Kummer equation)

$$xy''+(\gamma-x)y'-\alpha y=0.\tag{9.2.9}$$

它有一个正规奇点 $x=0$,而超几何方程的另两个正规奇点 $x=1,\infty$合流为一个非正规奇点 $x=\infty$,故得此名. 库默尔方程的一个级数解为

$$\mathrm{F}(\alpha,\gamma,x)=\sum_{k=0}^{\infty}\frac{\Gamma(k+\alpha)\Gamma(\gamma)}{k!\Gamma(\alpha)\Gamma(k+\gamma)}x^k\quad(|x|<\infty),\tag{9.2.10}$$

称作合流超几何函数或者库默尔函数.

说明 如果微分方程不满足富克斯定理的条件,一般情况下方程的解不能表示为弗罗

贝尼乌斯级数. 比如 $z=0$ 是下述方程的非正规奇点，

$$z^4y''+y=0.$$

该方程有两个线性无关解：

$$y_1=z\sin\frac{1}{z},\quad y_2=z\cos\frac{1}{z}.$$

可见 $z=0$ 是解的本性奇点，它们不能展开为弗罗贝尼乌斯级数的形式.

3. 方程第二个解

前面提到贝塞尔方程的第二个解可取为诺依曼函数. 一般地，对于二阶线性方程微分方程

$$y''+p(x)y'+q(x)y=0,$$

如果已知它的一个解为 $y_1(x)$，那么可以直接求得其另一个线性无关解为

$$y_2(x)=y_1(x)\int_a^x\frac{1}{[y_1(s)]^2}\exp\left[-\int_c^s p(t)\mathrm{d}t\right]\mathrm{d}s. \tag{9.2.11}$$

证明 设 $y_1(x)$ 和 $y_2(x)$ 为方程的两个线性无关解，定义朗斯基行列式(Wronskian)

$$W(y_1,y_2;x)=\begin{vmatrix}y_1(x) & y_1'(x)\\ y_2(x) & y_2'(x)\end{vmatrix}=y_1(x)y_2'(x)-y_1'(x)y_2(x).$$

对上式两边求导，得

$$\begin{aligned}W'(y_1,y_2;x)&=y_1y_2''-y_1''y_2\\&=p(x)(y_1'y_2-y_1y_2')=-p(x)W(y_1,y_2;x).\end{aligned}$$

于是有

$$W(y_1,y_2;x)=W(y_1,y_2;c)\,\mathrm{e}^{-\int_c^x p(\xi)\,\mathrm{d}\xi}, \tag{9.2.12}$$

将上式两边同时除以 $y_1^2(x)$，左边就是$[y_2(x)/y_1(x)]'$，两边再积分即可.

由式(9.2.12)可知，二阶常微分方程的任何两个解的朗斯基行列式在定义区间$[a,b]$内不改变符号，且如果其在某一关为零，则在整个区间$[a,b]$恒等于零. 由此得到：

定理 常微分方程的两个解 y_1 和 y_2 线性无关，当且仅当其朗斯基行列式不等于零，

$$W(y_1,y_2;x)\neq 0.$$

例 9.8 已知方程 $y''-k^2y=0$ 的一个解为 $y_1(x)=\mathrm{e}^{kx}$，求另一个解.

解 由于 $p(x)=0$，所以第二个解为

$$y_2(x)=\mathrm{e}^{kx}\int_a^x\frac{1}{\mathrm{e}^{2kx}}\mathrm{d}s=-\frac{1}{2k}\mathrm{e}^{-kx}+\frac{\mathrm{e}^{-2ka}}{2k}\mathrm{e}^{kx}.$$

第二项与第一个解一样，可略去，取线性无关解为

$$y_2(x)=\mathrm{e}^{-kx}.$$

例 9.9 已知勒让德方程的一个解为 $P_l(x)$，求方程的第二个解：

$$(1-x^2)\frac{\mathrm{d}^2y}{\mathrm{d}x^2}-2x\frac{\mathrm{d}y}{\mathrm{d}x}+l(l+1)y=0$$

解 由于

$$p(x)=-\frac{2x}{1-x^2},\quad q(x)=\frac{l(l+1)}{1-x^2},$$

所以第二个解为

$$Q_l(x)=P_l(x)\int_\alpha^x \frac{1}{[P_l(s)]^2}\exp\left[-\int_0^s \frac{2t}{1-t^2}dt\right]ds$$

$$=P_l(x)\int_\alpha^x \frac{1}{[P_l(s)]^2}\frac{1}{1-s^2}ds.$$

(1) 对于 $l=0,P_0(x)=1$,有

$$Q_0(x)=\int_\alpha^x \frac{1}{1-s^2}ds=\frac{1}{2}\left(\ln\frac{1+x}{1-x}-\ln\frac{1+\alpha}{1-\alpha}\right),$$

取 $\alpha=0$,则

$$Q_0(x)=\frac{1}{2}\ln\frac{1+x}{1-x}\quad (|x|<1).$$

(2) 对于 $l=1,P_1(x)=x$,有

$$Q_1(x)=x\int_\alpha^x \frac{1}{s^2(1-s^2)}ds=Ax+Bx\ln\frac{1+x}{1-x}+C,$$

取 $A=0,B=\frac{1}{2},C=-1$,则

$$Q_1(x)=\frac{1}{2}x\ln\frac{1+x}{1-x}-1.$$

4. 非齐次方程特解

对于一般的变系数非齐次二阶常微分方程

$$\hat{L}[y]=y''+p(x)y'+q(x)y=r(x),$$

前面提到,如果知道了相应齐次方程的一个解,就可以求出另一个线性无关解.其实还可以求出非齐次方程的一个特解:

$$\tilde{y}(x)=y_2(x)\int^{(x)}\frac{r(\xi)y_1(\xi)}{W(\xi)}d\xi-y_1(x)\int^{(x)}\frac{r(\xi)y_2(\xi)}{W(\xi)}d\xi.$$

其中 $W(\xi)$ 是朗斯基行列式.

证明 假设齐次方程的两个解为 $y_1(x)$ 和 $y_2(x)$,有

$$\begin{cases} y''_1+py'_1+qy_1=0 \\ y''_2+py'_2+qy_2=0 \end{cases}.$$

采用待定系数法,设非齐次方程的特解为 $\tilde{y}(x)=A(x)y_1(x)+B(x)y_2(x)$,满足

$$(A'y_1+B'y_2)'+(Ay'_1+By'_2)'+$$
$$p(A'y_1+Ay'_1+B'y_2+By'_2)+q(Ay_1+By_2)=r(x).$$

令 $A'y_1+B'y_2=0$,则有

$$A'y'_1+B'y'_2=r(x).$$

可求得

$$A(x)=-C_1\int^{(x)}\frac{r(\xi)y_2(\xi)}{W(\xi)}\mathrm{d}\xi,\quad B(x)=C_2\int^{(x)}\frac{r(\xi)y_1(\xi)}{W(\xi)}\mathrm{d}\xi,$$

其中,$W(x)$为朗斯基行列式.取$C_1=C_2=1$,得到一个特解

$$\tilde{y}(x)=y_2(x)\int^{(x)}\frac{r(\xi)y_1(\xi)}{W(\xi)}\mathrm{d}\xi-y_1(x)\int^{(x)}\frac{r(\xi)y_2(\xi)}{W(\xi)}\mathrm{d}\xi.$$

例 9.10 求非齐次微分方程的一个特解:

$$y''+y=\csc x.$$

解 相应的齐次方程有两个线性无关解:

$$y_1(x)=\sin x,\quad y_2(x)=\cos x.$$

朗斯基行列式为

$$W(y_1,y_2;x)=y_1y_2'-y_1'y_2=-\sin^2x-\cos^2x=-1,$$

所以方程的一个特解为

$$\begin{aligned}\tilde{y}(x)&=y_2(x)\int^{(x)}\frac{r(\xi)y_1(\xi)}{W(y_1,y_2;\xi)}\mathrm{d}\xi+y_1(x)\int^{(x)}\frac{r(\xi)y_2(\xi)}{W(y_1,y_2;\xi)}\mathrm{d}\xi\\&=-\cos x\int^{(x)}\sin\xi\csc\xi\mathrm{d}\xi+\sin x\int^{(x)}\cos\xi\csc\xi\mathrm{d}\xi\\&=-x\cos x+\sin x\ln(\sin x)\end{aligned}$$

注记

已知二阶常微分方程的一个解的形式即可推知另一个解,表明方程的两个解不可能是任意的,它们之间存在一定的关系,这一点在多项式方程里是习以为常的.比如二次方程

$$x^2+a_1x+a_2=0,$$

方程的根与系数之间有如下关系:

$$x_1+x_2=-a_1,\quad x_1\cdot x_2=a_2.$$

该式对于交换两个根具有对称性.韦达发现三次方程

$$x^3+a_1x^2+a_2x+a_3=0$$

也存在根与系数关系:

$$\begin{cases}x_1+x_2+x_3=-a_1\\x_1\cdot x_2+x_2\cdot x_3+x_3\cdot x_1=a_2.\\x_1\cdot x_2\cdot x_3=-a_3\end{cases}$$

四次和五次方程同样有类似关系.笛沙格(G. Desargues)将这一规律推广到任意阶多项式方程

$$x^n+a_1x^{n-1}+a_2x^{n-2}+\cdots+a_{n-1}x+a_n=0,$$

它的n个根与系数满足

$$\begin{cases}x_1+x_2+\cdots+x_n=-a_1\\x_1x_2+x_1x_3+\cdots+x_1x_n+x_2x_3+\cdots+x_{n-1}x_n=a_2\\x_1x_2x_3+x_1x_2x_4+\cdots+x_1x_{n-1}x_n+x_2x_3x_4+\cdots+x_{n-2}x_{n-1}x_n=-a_3.\\\cdots\\x_1x_2\cdots x_{n-1}x_n=(-1)^na_n\end{cases}$$

这些关系式对于所有根具有置换对称性.

虽然牛顿和欧拉这样的数学大家都曾注意到这种奇妙的对称性,但没有人理解其中的深刻涵义.范德蒙(A. Van der Monde)的一个看似平凡的推论引发了闪电,他提出用方程全部根的对称函数来表示每一个根,比如将二次方程的根写作

$$x_{1,2}=\frac{(x_1+x_2)\pm\sqrt{x_1^2-2x_1x_2+x_2^2}}{2},$$

其意义在于对称函数 $R_1=x_1+x_2$ 和 $R_2=x_1^2-2x_1x_2+x_2^2$ 在引入根式后,产生了两个非对称的根 x_1 和 x_2,

$$x_1=\frac{R_1+\sqrt{R_2}}{2},\quad x_2=\frac{R_1-\sqrt{R_2}}{2}.$$

这种表达式可以推广到三次、四次方程,似乎有希望推广到五次方程.

然而事情非如所愿.拉格朗日试图引入一系列由方程全部的根组合而成的对称函数 R_n,希望以此表示 n 次多项式方程的所有根,该办法对三次、四次方程有效,但是对五次方程却行不通,函数 R_n 的构造似乎没有规律可言.

阿贝尔证明四次以上的多项式方程不可能有根式解,但并没有指出什么样的方程可以用根式求解,比如高斯曾经证明二项方程 $x^p=1$(p 为素数)有根式解.现在需要一般地证明,什么样的高次方程可以有根式解?这个任务被伽罗瓦完美地解决了.伽罗瓦的理论要点是,存在一个多项式方程,其系数属于某个域,但在该域中方程却没有解.为了得到另外那些解,必须将系数域扩张为一个更大的域,称之为解域.方程解的形式取决于系数域和解域的关系,伽罗瓦发现这种关系可以用对称群来表达.对方程的解域做置换操作,构成一个置换群,五次方程共有 $5!=120$ 群元.其中部分置换操作能够保持系数域不变,这些操作构成一个子群,现在称作伽罗瓦群.属于某个系数域的多项式方程可能在某个扩张域中有解,这个扩张的解域与系数域之间的关系便归结为置换群的结构问题.

对于二阶常微分方程

$$y''+p(x)y'+q(x)=0,$$

其解也受某种对称性约束,表现为朗斯基行列式满足

$$W(y_1,y_2;\,x)=W(y_1,y_2;\,c)\,\mathrm{e}^{\int_c^x p(\xi)\,\mathrm{d}\xi}.$$

两个解与系数函数的关系为

$$p(x)=\frac{y_1y''_2-y_2y''_1}{W(y_1,y_2)},\quad q(x)=\frac{y'_1y''_2-y'_2y''_1}{W(y_1,y_2)}.$$

对于更高阶微分方程,这种对称性因更加隐蔽而不易被人发现.

习 题

[1] 在 $x=0$ 的邻域求方程的级数解:$y''-x^2y=0$.

答案:

$$y_1(x)=\sum_{k=0}^{\infty}\frac{\Gamma(3/4)}{k!\,\Gamma(k+3/4)}\left(\frac{x}{2}\right)^{4k},\quad y_2(x)=\sum_{k=0}^{\infty}\frac{\Gamma(5/4)}{k!\,\Gamma(k+5/4)}\left(\frac{x}{2}\right)^{4k+1}.$$

[2] 在 $x=0$ 的邻域求方程的两个线性无关解：

(a) $x(x+1)y''-(x-1)y'+y=0$；　(b) $x(x-1)^2y''-2y=0$.

答案：

(a) $\begin{cases} y_1(x)=1-x \\ y_2(x)=(1-x)\ln x+4 \end{cases}$；　(b) $\begin{cases} y_1(x)=\dfrac{x}{1-x} \\ y_2(x)=\dfrac{x}{1-x}\ln x+\dfrac{1+x}{2} \end{cases}$.

[3] 在 $x=0$ 的邻域求合流超几何方程的级数解：

$$xy''+(\gamma-x)y'-\alpha y=0.$$

[4] 在 $x-+1$ 的邻域求勒让德方程的级数解：

$$(1-x^2)\frac{\mathrm{d}^2y}{\mathrm{d}x^2}-2x\frac{\mathrm{d}y}{\mathrm{d}x}+l(l+1)y=0$$

答案：

$$y(x)=a_0\left[1-\frac{\Gamma(l+2)}{\Gamma(l)}\cdot\frac{1}{(1!)^2}\left(\frac{1-x}{2}\right)+\frac{\Gamma(l+3)}{\Gamma(l-1)}\cdot\frac{1}{(2!)^2}\left(\frac{1-x}{2}\right)^2-\frac{\Gamma(l+4)}{\Gamma(l-2)}\cdot\frac{1}{(3!)^2}\left(\frac{1-x}{2}\right)^3+\cdots\right].$$

[5] 已知微分方程 $x^2y''+xy'-y=0$ 的一个解是 $y_1(x)=x$，求其通解.

答案：$y(x)=c_1x+c_2x^{-1}$.

[6] 已知贝塞尔方程的两个级数解为 $\mathrm{J}_\nu(x)$ 和 $\mathrm{J}_{-\nu}(x)$，

(a) 证明其朗斯基行列式为

$$W[\mathrm{J}_\nu(x),\mathrm{J}_{-\nu}(x);\ x]=\frac{A}{x}.$$

(b) 由贝塞尔函数的级数表达式计算出 $A=-\frac{2}{\pi}\sin\nu\pi$，由此证明当 $\nu\notin\mathbb{Z}$ 时，$\mathrm{J}_\nu(x)$ 和 $\mathrm{J}_{-\nu}(x)$ 线性无关；而当 $\nu\in\mathbb{Z}$ 时，$\mathrm{J}_\nu(x)$ 和 $\mathrm{J}_{-\nu}(x)$ 线性相关.

(c) 引入线性叠加函数 $\mathrm{N}_\nu(x)=c_1\mathrm{J}_\nu(x)+c_2\mathrm{J}_{-\nu}(x)$，证明：

$$W[\mathrm{J}_\nu(x),\mathrm{N}_\nu(x);\ x]=-\frac{2c_2}{\pi}\sin\nu\pi$$

取 $c_2=-\frac{1}{\sin\nu\pi}$，有 $W[\mathrm{J}_\nu(x),\mathrm{N}_\nu(x);\ x]=\frac{2}{\pi x}\neq 0$，由此证明 $\mathrm{J}_\nu(x)$ 与 $\mathrm{N}_\nu(x)$ 线性无关.

提示：只需考虑贝塞尔级数的第一项，并利用公式 $\Gamma(\nu)\Gamma(1-\nu)=\frac{\pi}{\sin\nu\pi}$.

[7] 设贝塞尔方程的第一个解为 $\mathrm{J}_\nu(x)$，证明：

(a) 第二个解可表示为

$$\mathrm{N}_\nu(x)=\mathrm{J}_\nu(x)\int^x\frac{1}{\xi[\mathrm{J}_\nu(\xi)]^2}\mathrm{d}\xi;$$

(b) 对于零阶贝塞尔函数，$J_0(x)=1-\frac{x^2}{4}+\frac{x^4}{64}-O(x^6)$，则

$$N_0(x)=J_0(x)\left[\ln x+\frac{x^2}{4}+\frac{5x^4}{128}+\cdots\right].$$

[8] 求解非齐次微分方程

$$(1-x)y''+xy'-y=(1-x)^2.$$

提示：相应的齐次方程一个解为 $y=x$，求出另一个解及特解.

答案：$y=Ax+Be^x+x^2+1$.

[9] 对于非齐次二阶常系数微分方程

$$\frac{d^2y}{dx^2}+a\frac{dy}{dx}+by=r(x),$$

其中，a、b 为常数，根据特解公式证明其特解为

$$\tilde{y}(x)=\frac{e^{(\sqrt{p}-a/2)x}}{2\sqrt{p}}\int^x r(\xi)e^{-(\sqrt{p}-a/2)\xi}d\xi-\frac{e^{-(\sqrt{p}+a/2)x}}{2\sqrt{p}}\int^x r(\xi)e^{(\sqrt{p}+a/2)\xi}d\xi$$

$$(p=a^2/4-b).$$

提示：采用变换 $y(x)=e^{-\frac{1}{2}ax}u(x)$，消去一阶导数项后化为如下形式：

$$\frac{d^2u}{dx^2}-pu=e^{\frac{1}{2}ax}r(x).$$

[10] 证明：当且仅当朗斯基行列式等于零，$W(y_1,y_2;x)=0$，二阶齐次常微分方程的两个非零解 y_1 和 y_2 线性相关.

[11] 考虑二阶常微分方程：

$$x^2y''+(x+1)y'-y=0.$$

(a) 证明 $x=0$ 是非正规奇点；

(b) 已知方程的一个级数解为 $y_1(x)=1+x$，求方程的第二个解，并验证其不能展开为弗罗贝尼乌斯级数.

答案：$y_2(x)=xe^{1/x}$.

[12] 求方程的一个特解：

(a) $y''+2y'+y=e^{-x}\ln x$；　(b) $y''+2y'+5y=e^{-x}\sec 2x$.

答案：

(a) $\tilde{y}=\frac{1}{2}x^2e^{-x}\ln x-\frac{3}{4}x^2e^{-x}$；　(b) $\tilde{y}=\frac{1}{2}xe^{-x}\sin 2x+\frac{1}{4}e^{-x}\cos 2x\ln(\cos 2x)$.

9.3　常系数偏微分方程

本节只考虑两个自变量(x,y)的偏微分方程：

$$a_0\frac{\partial^n u}{\partial x^n}+a_1\frac{\partial^n u}{\partial x^{n-1}\partial y}+\cdots+a_n\frac{\partial^n u}{\partial y^n}+b_0\frac{\partial^{n-1}u}{\partial x^{n-1}}+b_1\frac{\partial^{n-1}u}{\partial x^{n-2}\partial y}+\cdots+$$

$$b_{n-1}\frac{\partial^{n-1}u}{\partial y^{n-1}}+\cdots+c\frac{\partial u}{\partial x}+d\frac{\partial u}{\partial y}+fu=r(x,y).$$

一般而言,"系数"$a_0,a_1\cdots,b_0,b_1\cdots,c,d,f$ 均为自变量(x,y)的函数,引进算子符号

$$\hat{D}_x=\frac{\partial}{\partial x},\quad \hat{D}_y=\frac{\partial}{\partial y},$$

则

$$\hat{L}(\hat{D}_x,\hat{D}_y)u\equiv[a_0\hat{D}_x^n+a_1\hat{D}_x^{n-1}\hat{D}_y+\cdots+a_n\hat{D}_y^n+b_0\hat{D}_x^{n-1}+b_1\hat{D}_x^{n-2}\hat{D}_y+\cdots+ b_{n-1}\hat{D}_y^{n-1}+\cdots+c\hat{D}_x+\mathrm{d}\hat{D}_y+f]u(x,y)=r(x,y).$$

一般的偏微分方程没有放之四海皆通行的解法,下面仅给出常系数偏微分方程的一些通解.

1. 齐次偏微分方程

考虑偏方程的系数均为常数的齐次方程:$r(x,y)=0$.

(1) $\hat{L}(\hat{D}_x,\hat{D}_y)$是$\hat{D}_x,\hat{D}_y$ 的齐次型,

$$[a_0\hat{D}_x^n+a_1\hat{D}_x^{n-1}\hat{D}_y+\cdots+a_n\hat{D}_y^n]u=0.$$

假设方程的解具有形式 $u=\phi(y+\alpha x)$,则

$$\hat{D}_x^k u=\alpha^k\phi^{(k)}(y+\alpha x),\quad \hat{D}_y^k u=\phi^{(k)}(y+\alpha x),$$

$$\hat{D}_x^r\hat{D}_y^s u=\alpha^r\phi^{(r+s)}(y+\alpha x).$$

代入方程得

$$(a_0\alpha^n+a_1\alpha^{n-1}+\cdots+a_n)\phi^{(n)}(y+\alpha x)=0.$$

如果特征方程

$$a_0\alpha^n+a_1\alpha^{n-1}+\cdots+a_n=0$$

有 n 个不同的根,则方程的解为

$$u=\phi_1(y+\alpha_1 x)+\phi_2(y+\alpha_2 x)+\cdots+\phi_n(y+\alpha_n x),$$

其中,$\phi_j(j=1,2,\cdots,n)$为任意函数.如果 α_j 是 k 重根,则方程的解为

$$u=\phi_{j,1}(y+\alpha_j x)+x\phi_{j,2}(y+\alpha_j x)+\cdots+x^{k-1}\phi_{j,k}(y+\alpha_j x).$$

例 9.11 求方程的通解:

$$[\hat{D}_x^2-2\hat{D}_x\hat{D}_y+\hat{D}_y^2]u=0.$$

解 方程是微分算符的齐次式,由特征方程

$$\alpha^2-2\alpha+1=0$$

解得一个二重根 $\alpha=1$,于是

$$u=\psi(x+y)+x\phi(x+y).$$

未知函数 $\psi(x,y)$、$\phi(x,y)$的具体形式需要由方程的定解条件来确定,以后将要专门讨论.

(2) $\hat{L}(\hat{D}_x,\hat{D}_y)$不是 $\hat{D}_x$、$\hat{D}_y$ 的齐次型.

先考虑一阶偏微分方程

$$[\hat{D}_x-\alpha\hat{D}_y-\beta]u=0.$$

当 $\beta=0$ 时,方程的解为

$$u=\phi(y+\alpha x);$$

当 $\beta\neq 0$ 时，设解的形式为 $u=g(x)\phi(y+\alpha x)$，代入方程，可解得 $g(x)=\mathrm{e}^{\beta x}$，于是方程的解为

$$u=\mathrm{e}^{\beta x}\phi(y+\alpha x).$$

一般地，高阶偏微分方程可以作"因式分解"，化为 $\hat{D}_x$、$\hat{D}_y$ 的一次方程的形式，从而求得其通解. 若方程有多重因子，比如

$$[\hat{D}_x-\alpha\hat{D}_y-\beta]^2u=0,$$

则通解为

$$u=\mathrm{e}^{\beta x}\phi(y+\alpha x)+x\mathrm{e}^{\beta x}\psi(y+\alpha x).$$

例 9.12 求方程的通解：

$$\frac{\partial^2 u}{\partial x^2}-\frac{\partial^2 u}{\partial x\partial y}-2\frac{\partial^2 u}{\partial y^2}+2\frac{\partial u}{\partial x}+2\frac{\partial u}{\partial y}=0.$$

解 作分解因式：

$$[\hat{D}_x^2-\hat{D}_x\hat{D}_y-2\hat{D}_y^2+2\hat{D}_x+2\hat{D}_y]u=(\hat{D}_x+\hat{D}_y)(\hat{D}_x-2\hat{D}_y+2)u=0,$$

方程的通解为

$$u=\phi(x-y)+\mathrm{e}^{-2x}\psi(y+2x).$$

2. 非齐次偏微分方程

对于非齐次方程 $r(x,y)\neq 0$，

$$\hat{L}(\hat{D}_x,\hat{D}_y)u=r(x,y),$$

可以先求出相应的齐次方程的通解，然后再寻找一个特解. 将方程的特解形式地表示为

$$\tilde{u}(x,y)=\frac{1}{\hat{L}(\hat{D}_x,\hat{D}_y)}r(x,y).$$

作为示例，下面仅讨论几种特殊的非齐次项.

(1) 指数形式

$$r(x,y)=\mathrm{e}^{ax+by}.$$

由于

$$\hat{D}_x\mathrm{e}^{ax+by}=a\mathrm{e}^{ax+by},\quad \hat{D}_y\mathrm{e}^{ax+by}=b\mathrm{e}^{ax+by},$$

所以

$$\frac{1}{\hat{L}(\hat{D}_x,\hat{D}_y)}r(x,y)=\frac{1}{\hat{L}(a,b)}r(x,y).$$

例 9.13 求方程的通解：

$$(\hat{D}_x+\hat{D}_y)(2\hat{D}_x-3\hat{D}_y)u=5\mathrm{e}^{x-y}.$$

解 齐次方程的通解为

$$u=\phi(y-x)+\psi(2y+3x).$$

对于非齐次方程,取特解为

$$\tilde{u}(x,y)=\frac{5}{(\hat{D}_x+\hat{D}_y)(2\hat{D}_x-3\hat{D}_y)}e^{x-y}$$

$$=\frac{5}{(\hat{D}_x+\hat{D}_y)[2-3(-1)]}e^{x-y}$$

所以

$$(\hat{D}_x+\hat{D}_y)\tilde{u}(x,y)=e^{x-y}\rightarrow\tilde{u}(x,y)=xe^{x-y}$$

方程的通解为

$$u(x,y)=\phi(y-x)+\psi(2y+3x)+xe^{x-y}.$$

(2) 多项式形式

$$r(x,y)=x^m y^n.$$

例 9.14 求方程的通解:

$$[\hat{D}_x^2-2\hat{D}_x\hat{D}_y+\hat{D}_y^2]u=12xy.$$

解 齐次方程的通解为

$$u=\psi(x+y)+x\phi(x+y).$$

非齐次方程的特解可取为

$$\tilde{u}(x,y)=\frac{12}{\hat{D}_x^2-2\hat{D}_x\hat{D}_y+\hat{D}_y^2}xy=\frac{12}{(\hat{D}_x-\hat{D}_y)^2}xy=\frac{12}{\hat{D}_x^2}\left(1-\frac{\hat{D}_y}{\hat{D}_x}\right)^{-2}xy$$

$$=\frac{12}{\hat{D}_x^2}\left(1+2\frac{\hat{D}_y}{\hat{D}_x}+\cdots\right)xy=\frac{12}{\hat{D}_x^2}\left(xy+\frac{2}{\hat{D}_x}x\right)=12\left(y\frac{1}{\hat{D}_x^2}x+\frac{2}{\hat{D}_x^3}x\right)$$

$$=12\left(\frac{1}{6}x^3y+\frac{1}{12}x^4\right)=x^4+2x^3y.$$

方程的通解为

$$u(x,y)=\psi(x+y)+x\phi(x+y)+x^4+2x^3y.$$

本例中的非齐次项为多项式,因此可以猜测特解也为多项式,且最高幂为4次,代入方程也可定出多项式的系数.

注记

数学中有许多不同类型的方程,其中两类最为基本:第一类是代数方程,它们已经被阿贝尔和伽罗瓦充分地研究过了;第二类是微分方程,源自物理学中描述物理量随时间如何变化,它们给出这个量的变化率.物理学中关于行星运动、波的传播、流体流动、热量传递、电磁作用等方程都是微分方程,牛顿最先认识到,如果关注物理量的变化率而不是只盯着这些量本身,大自然的规律往往会变得非常简明.

是否存在一种类似于伽罗瓦代数方程理论的微分方程理论?是否存在某种方式判定一个微分方程可以用特定的方法求解?挪威数学家索菲斯·李(M. S. Lie)意识到一旦获得微分方程的一个解,就可以对它施加某种变换,得到方程其他形式的解.从一个解得到的多个解都由这个变换群关联起来,它是由微分方程的对称性决定的.

这个线索暗示某种潜藏的理论有待发现.回想一下伽罗瓦关于对称性的应用给代数方

程带来了什么，如果同样的事情再次发生在微分方程上会怎样呢？伽罗瓦研究的是非连续的有限群，比如由五次方程五个根的所有置换组成的群一共有 120 个元素. 最简单的无限群就是圆的对称群，其中包含以连续角度旋转的所有变换，表示这个群的符号是 U(1). 当发生相继两个旋转时，只需要把各自转过的角度相加，由于确定角度只需要用到一个独立变量，所以 U(1)群是一维的连续群，称作李群.

李群既是一个群，也是一个流形或者一个多维空间. 群的结构可以线性化，即李群的弯曲流形可以用一个平直的欧几里得空间替代. 线性化后的群结构赋予空间一个代数结构以描述无穷小变换的行为，这个结构称作该群的李代数，它和群流形的维数相同但要简单得多.

20 世纪初，随着微分域理论的诞生，微分方程版的伽罗瓦理论终于成为现实. 李群和李代数理论不再只是判断微分方程是否可以用特定方法求解的工具，而是几乎已经涉及所有的数学分支. 整个事件的根源在于对称性，如今对称性已经深入到数学的每一个领域中，同时也是大部分物理思想的基础. 对称性描述了世界蕴藏的规律，旋转等连续对称与空间、时间和物质的性质紧密相连，暗示着各种守恒定律的存在，对称性与守恒定律之间的这种联系是由埃米·诺特(E. Noether)发现的.

在求解非齐次偏微分方程时，将微分算符视作代数变量进行乘除法运算，乃至于对微分算符作泰勒级数展开，这是赫维赛德的发明，其中三昧颇让人琢磨不透. 赫维赛德也说不出什么道理，只称物理直觉告诉他可以这么做. 我们可以假设对微分方程作傅里叶变换或拉普拉斯变换，转化为像空间的代数方程，做代数运算求解之后再变换回原来的空间，也许这样可以大致解释该方法的合理性.

习　题

[1] 求齐次偏微分方程的通解：

(a) $[\hat{D}_x^2-2\hat{D}_x\hat{D}_y-3\hat{D}_y^2]u=0$；　(b) $[\hat{D}_x^2-2\hat{D}_x\hat{D}_y+2\hat{D}_y^2]u=0$.

答案：

(a) $u=\phi(x-y)+\psi(3x+y)$；　(b) $u=\phi[(1+\mathrm{i})x-y]+\psi[(1-\mathrm{i})x+y]$.

[2] 求非齐次偏微分方程的通解：

(a) $[\hat{D}_x^2-6\hat{D}_x\hat{D}_y+9\hat{D}_y^2]u=6x+2y$；　(b) $[\hat{D}_x^2+\hat{D}_y^2]u=12(x+y)$.

答案：

(a) $u=x^2(y+3x)+x\phi(y+3x)+\psi(y+3x)$；

(b) $u=2x^3+2y^3+\phi(x+\mathrm{i}y)+\psi(x-\mathrm{i}y)$.

[3] 求解偏微分方程：

$$[x^2\hat{D}_x^2-2xy\hat{D}_x\hat{D}_y+y^2\hat{D}_y^2+x\hat{D}_x+y\hat{D}_y]u=0.$$

提示：令 $x=\mathrm{e}^t$，$y=\mathrm{e}^s$，取试探解 $u=f(\alpha t+s)$.

答案：$u=f_1(\ln xy)+\ln x f_2(\ln xy)$.

[4] 设常系数偏微分方程的非齐次项 $r(x,y)=\mathrm{e}^{ax+by}g(x,y)$，证明：

$$\frac{1}{L(\hat{D}_x,\hat{D}_y)}r(x,y)=\mathrm{e}^{ax+by}\frac{1}{L(\hat{D}_x+a,\hat{D}_y+b)}g(x,y).$$

9.4 非线性方程

非线性微分方程是指含有未知函数或其导数的高次幂的方程.对于非线性方程,解的唯一性、单值性、有限性等都不复存在,线性叠加原理失效,因此不存在一般解法,需要根据具体问题采用不同方法.可以严格求解的非线性方程非常有限,在有些情况下存在稳定的孤波解.本节仅介绍几种常系数非线性方程的孤波解.

1. 波的色散

以一定的速度传播,在传播过程中保持波形不变.考虑最简单的线性波动方程

$$u_t + au_x = 0,$$

其通解为 $f(x-at)$,在波的传播过程中,波形保持不变,以恒定的速度传播.

复杂一些的线性波动方程

$$u_t + u_x + u_{xxx} = 0,$$

其平面波解为

$$u(x,t) = \mathrm{e}^{\mathrm{i}(kx-\omega t)}.$$

代入方程得到 $\omega = k - k^3$,它表明波的传播速度与波矢 k 有关,

$$c = \omega/k = 1 - k^2,$$

称作波的色散.

对于非线性波动方程

$$u_t + u_x + uu_x = 0,$$

方程的解形式上仍可表示为

$$u(x,t) = f[x - (1+u)t].$$

这时波的传播速度将与波的位移有关,即波形在传播过程中会发生改变.但对于某些特别的非线性方程,也存在一类特殊的行波解,其波形和传播速度在传播的过程中都保持不变,下面介绍的孤立波就是一个典型.

2. 一阶非线性方程

在此仅介绍两种简单的一阶非线性微分方程的解法.

1) 伯努利方程

伯努利方程(Bernoulli equation)为

$$y'(x) = p(x)y(x) + q(x)[y(x)]^n \quad (n \neq 0,1),$$

它是一个齐次的非线性方程.作变量替换 $u(x) = [y(x)]^{1-n}$,可化为一阶线性微分方程:

$$u'(x) = (1-n)[p(x)u(x) + q(x)].$$

该方程可用先求出齐次方程的通解,然后用变系数法求出一个特解,略.

2) 里卡蒂方程

里卡蒂方程(Riccati equation)是 $y(x)$ 的二次非线性方程:

$$y'(x) = p(x)[y(x)]^2 + q(x)y(x) + r(x).$$

事实上并没有求里卡蒂方程的一般方法,但如果能猜出方程的一个特解 $\tilde{y}(x)$,则可以写出

更一般的解：$y(x)=\tilde{y}(x)+u(x)$，其中 $u(x)$ 满足伯努利方程

$$u'(x)=[2p(x)\tilde{y}(x)+q(x)]u(x)+p(x)[u(x)]^2.$$

3. 孤波解

这类解通常局域于空间的有限范围，具有稳定的形状和确定的传播速度. 当它们相遇时，会不受影响地互相穿过，类似于经典的粒子，因此也称为孤子解，以下仅举几个常见的非线性方程的孤波解(solitary wave solution)作为示例.

1）KdV 方程

KdV 方程是水面孤波问题的模型，简化后的形式为

$$u_\tau+u_\xi+12uu_\xi+u_{\xi\xi\xi}=0. \tag{9.4.1}$$

下面试图寻找类似行波的孤立波解：作变换 $\theta=a\xi-\omega\tau+\delta$，其中 a、δ 为常数，且当 $|\theta|\to\infty$ 时，要求 u 和它的各阶导数均趋于零. 取 $\omega=a+a^3$，则

$$u_{\theta\theta\theta}+\frac{12}{a^2}uu_\theta-u_\theta=0$$

$$\to u_{\theta\theta}+\frac{6}{a^2}u^2-u+c_1=0,$$

积分后得

$$\frac{1}{2}u_\theta^2+\frac{2}{a^2}u^3-\frac{1}{2}u^2+c_1u+c_2=0.$$

由渐近稳定性可得，$c_1=c_2=0$，于是有

$$u_\theta^2=u^2\left(1-\frac{4}{a^2}u\right)\to\frac{a\,\mathrm{d}u}{u\sqrt{a^2-4u}}=\mathrm{d}\theta,$$

$$\theta=\ln\frac{a-\sqrt{a^2-4u}}{a+\sqrt{a^2-4u}}$$

$$\to u=\frac{a^2\mathrm{e}^\theta}{(\mathrm{e}^\theta+1)^2}=\frac{1}{4}a^2\operatorname{sech}^2\frac{\theta}{2}.$$

最后得到一个孤波解

$$u=\frac{1}{4}a^2\sec^2\frac{\theta}{2}=\frac{1}{4}a^2\sec^2\frac{a}{2}\left[\xi-(1+a^2)\tau+\frac{\delta}{a}\right],$$

这是一个仅仅在小范围内凸起的孤立波包，以速度 $v=1+a^2$ 向前运动，其形状和振幅保持不变，这种类型的孤波有时称作亮孤子. 波包速度与振幅有关，波峰高的波包运动得更快.

2）sine-Gordon 方程

$$\phi_{xx}-\phi_{tt}=\sin\phi. \tag{9.4.2}$$

作自变量(坐标)变换

$$\xi=\frac{x-t}{2},\quad \tau=\frac{x+t}{2}$$

方程变为

$$\phi_{\xi\tau}=\sin\phi.$$

设方程的两个解可表示为两个函数

$$\phi = u + v, \quad \rho = u - v.$$

考虑以变量 $u(\xi,\tau)$ 和 $v(\xi,\tau)$ 表示的方程

$$\begin{cases} u_\xi = f(v) \\ v_\tau = g(u) \end{cases} \to \begin{cases} u_{\xi\tau} = g(u)f'(v) \\ v_{\xi\tau} = g'(u)f(v) \end{cases},$$

所以

$$\phi_{\xi\tau} = (u+v)_{\xi\tau} = g(u)f'(v) + g'(u)f(v),$$

$$\sin\phi = \sin(u+v) = \sin u\cos v + \cos u\sin v,$$

选取

$$g(u)f'(v) = \sin u\cos v$$

$$\to \frac{g(u)}{\sin u} = \frac{\cos v}{f'(v)} = \alpha.$$

于是有

$$\begin{cases} v_\tau = g(u) = \alpha\sin u \\ u_\xi = f(v) = \dfrac{1}{\alpha}\sin v \end{cases},$$

所以

$$\begin{cases} \dfrac{1}{2}(\phi+\rho)_\xi = \dfrac{1}{\alpha}\sin\dfrac{1}{2}(\phi-\rho) \\ \dfrac{1}{2}(\phi-\rho)_\tau = \alpha\sin\dfrac{1}{2}(\phi+\rho) \end{cases}.$$

考虑方程的一个特解为 $\rho=0$,则方程的另一个特解 ϕ 满足方程

$$\phi_\xi = \frac{2}{\alpha}\sin\frac{\phi}{2}, \quad \phi_\tau = 2\alpha\sin\frac{\phi}{2},$$

由此解得

$$\phi = 4\arctan\left\{\exp\left[\frac{1}{\alpha}\xi + c(\tau)\right]\right\} = 4\arctan\left[e^{a(x-bt)+\delta}\right],$$

其中,

$$a = \frac{1}{2}\left(\alpha + \frac{1}{\alpha}\right), \quad b = \frac{1-\alpha^2}{1+\alpha^2}, \quad c(\tau) = \alpha\tau + \delta.$$

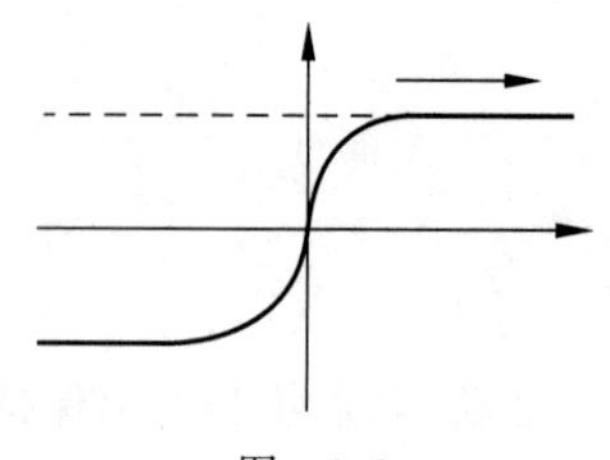

图 9.1

这个解称作 sine-Gordon 方程的扭波解(kink solution),它也是一种孤子行波解(图 9.1),有时也称暗孤子解. 值得注意的是,波速 b 与初始波形有关.

例 9.15 寻找 sine-Gordon 方程的行波解.

解 令

$$\xi = x - at, \quad \phi(x,t) = \phi(\xi),$$

方程变为

$$(a^2-1)\frac{d^2\phi}{d\xi^2} + \sin\phi = 0.$$

两边乘以$\frac{\mathrm{d}\phi}{\mathrm{d}\xi}$并积分，得

$$\frac{1}{2}(a^2-1)\left(\frac{\mathrm{d}\phi}{\mathrm{d}\xi}\right)^2+c-\cos\phi=0,$$

于是有

$$\frac{\mathrm{d}\phi}{\mathrm{d}\xi}=\sqrt{\frac{2[\cos\phi(\xi)-c]}{a^2-1}}.$$

取 $c=1$，有

$$\xi-\xi_0=\sqrt{1-a^2}\ln\left[\tan\frac{\phi(\xi)}{4}\right],$$

反解出行波孤子解

$$\phi(\xi)=4\arctan[\mathrm{e}^{\frac{\xi-\xi_0}{\sqrt{1-a^2}}}]=4\arctan[\mathrm{e}^{\frac{x-at}{\sqrt{1-a^2}}}].$$

讨论　根据 kink 解的反正切函数形式，猜测如下形式的解：

$$\phi(x,t)=\arctan\left[\frac{T(t)}{X(x)}\right].$$

将其代入 sine-Gordon 方程，可以得到一类新的孤子解：

$$\phi(x,t)=4\arctan\left[\sqrt{\frac{1-\beta}{\beta}}\frac{\sin\sqrt{\beta}t}{\cosh\sqrt{1-\beta}x}\right]\quad(0<\beta<1),$$

其中，β 为积分常数. 由于该解不随时间传播，而是在原地振荡，所以称作呼吸孤子.

3）非线性薛定谔方程

$$\mathrm{i}\phi_t+\phi_{xx}+\beta\phi|\phi|^2=0. \tag{9.4.3}$$

寻找具有振幅调制的渐近稳定的行波解

$$\phi=\mathrm{e}^{\mathrm{i}(kx-vt)}u(\theta),\quad \theta=x-bt,$$

方程化为

$$u_{\theta\theta}+\mathrm{i}(2k-b)u_\theta+(v-k^2)u+\beta u^3=0.$$

取 $k=\frac{b}{2}$，$v=\frac{b^2}{4}-a^2$，上述方程简化为

$$u_{\theta\theta}-a^2u-\beta u^3=0\rightarrow u_\theta^2=c+a^2u^2-\frac{\beta}{2}u^4.$$

积分得

$$\mathrm{d}\theta=\frac{\mathrm{d}u}{u\sqrt{a^2-\frac{\beta u^2}{2}}}$$

$$\rightarrow\theta=-\frac{1}{a}\ln\frac{a+\sqrt{a^2-\beta u^2/2}}{\sqrt{\beta/2}\,u},$$

最终解得

$$u(\theta)=a\sqrt{\frac{2}{\beta}}\operatorname{sech}(a\theta),$$

$$\phi(x,t)=a\sqrt{\frac{2}{\beta}}\exp\left\{\mathrm{i}\left[\frac{1}{2}bx-\left(\frac{1}{4}b^2-a^2\right)t\right]\right\}\operatorname{sech}[a(x-bt)].$$

4. 椭圆方程解

一般椭圆方程具有非线性形式:

$$(y')^2=a_0+a_1y+a_2y^2+a_3y^3+a_4y^4 \tag{9.4.4}$$

或者

$$y''=a_0+a_1y+a_2y^2+a_3y^3.$$

下面讨论几类特殊情形.

(1) 第一类

$$(y')^2=a+by^2+cy^4 \tag{9.4.5}$$

或者

$$y''=by+2cy^3.$$

该方程的解可用魏尔斯特拉斯椭圆函数$\wp(x)$表示,

$$y=\sqrt{\frac{1}{c}\left[\wp(x-x_0;\ g_2,g_3)-\frac{b}{3}\right]},$$

其中,$g_2=\frac{4}{3}(b^2-3ac)$,$g_3=\frac{4b}{27}(9ac-2b^2)$. 特别地,

$$y''=-\omega^2(1+k^2)y+\frac{2\omega^2k^2}{a^2}y^3\rightarrow y=A\operatorname{sn}(\omega x,k),$$

$$y''=\omega^2(2k^2-1)y-\frac{2\omega^2k^2}{a^2}y^3\rightarrow y=A\operatorname{cn}(\omega x,k),$$

$$y''=\omega^2(2-k^2)y-\frac{2\omega^2}{a^2}y^3\rightarrow y=A\operatorname{dn}(\omega x,k),$$

$$y''=-\omega^2(1+k^2)y+\frac{2\omega^2}{a^2}y^3\rightarrow y=\frac{A}{\operatorname{sn}(\omega x,k)},$$

$$y''=\omega^2(2k^2-1)y+\frac{2\omega^2k'^2}{a^2}y^3\rightarrow y=\frac{A}{\operatorname{cn}(\omega x,k)},$$

$$y''=\omega^2(2-k^2)y-\frac{2\omega^2k'^2}{a^2}y^3\rightarrow y=\frac{A}{\operatorname{dn}(\omega x,k)},$$

等等.

(2) 第二类

$$(y')^2=ay+by^2+cy^3 \tag{9.4.6}$$

或者

$$y''=\frac{a}{2}+by+\frac{3c}{2}y^2.$$

该方程也可表示为魏尔斯特拉斯椭圆函数,

$$y=-\frac{b}{3c}+\wp\left[\frac{\sqrt{c}}{2}(x-x_0);\ g_2,g_3\right],$$

其中，$g_2=\frac{4}{3c^2}(b^2-3ac)$，$g_3=\frac{4b}{27c^3}(9ac-2b^2)$. 特别地，

$$y''=2\omega^2 A-4\omega^2(1+k^2)y+\frac{6\omega^2k^2}{A}y^2 \rightarrow y=A\,\mathrm{sn}^2(\omega x,k),$$

$$y''=2\omega^2 Ak'^2+4\omega^2(2k^2-1)y-\frac{6\omega^2k^2}{A}y^2 \rightarrow y=A\,\mathrm{cn}^2(\omega x,k),$$

$$y''=-2\omega^2 Ak'^2+4\omega^2(2-k^2)y-\frac{2\omega^2}{A}y^2 \rightarrow y=A\,\mathrm{dn}^2(\omega x,k),$$

$$y''=2\omega^2 Ak^2-4\omega^2(1+k^2)y+\frac{6\omega^2}{A}y^2 \rightarrow y=\frac{A}{\mathrm{sn}^2(\omega x,k)},$$

$$y''=-2\omega^2 Ak^2+4\omega^2(2k^2-1)y+\frac{6\omega^2k'^2}{A}y^2 \rightarrow y=\frac{A}{\mathrm{cn}^2(\omega x,k)},$$

$$y''=-2\omega^2 A+4\omega^2(2-k^2)y-\frac{6\omega^2k'^2}{A}y^2 \rightarrow y=\frac{A}{\mathrm{dn}^2(\omega x,k)},$$

等等.

(3) 第三类

$$(y')^2=a+by+cy^2+dy^3 \tag{9.4.7}$$

或者

$$y''=\frac{b}{2}+cy+\frac{3d}{2}y^2.$$

该方程有魏尔斯特拉斯椭圆函数解，

$$y=-\frac{c}{3d}+\frac{4}{d}\wp(x-x_0;g_2,g_3),$$

其中，$g_2=\frac{1}{12}(c^2-3bd)$，$g_3=\frac{1}{432}(9bcd-27ad^2-2c^3)$. 特别地，

$$y'^2=B(y-\alpha)(y-\beta)(y-\gamma)\quad(B>0,\alpha>\beta>\gamma)$$

$$\rightarrow y=\gamma+(\beta-\gamma)\,\mathrm{sn}^2\left(\sqrt{B(\alpha-\gamma)/4}\,x,k\right),\quad k=\sqrt{\frac{\beta-\gamma}{\alpha-\gamma}},$$

$$y'^2=-B(y-\alpha)(y-\beta)(y-\gamma)\quad(B>0,\alpha>\beta>\gamma)$$

$$\rightarrow y=\beta+(\alpha-\beta)\,\mathrm{cn}^2\left(\sqrt{B(\alpha-\gamma)/4}\,x,k\right),\quad k=\sqrt{\frac{\alpha-\beta}{\alpha-\gamma}},$$

等等.

例 9.16 求解达芬(Duffing)方程：

$$\frac{\mathrm{d}^2x}{\mathrm{d}t^2}+\omega^2x+\varepsilon\beta_0^2x^3=0$$

解 方程具有雅可比椭圆函数形式的周期解：当 $\varepsilon>0$ 时，

$$x(t)=A\,\mathrm{cn}(\omega x,k),$$

其中，

$$\omega^2=\omega_0^2+\varepsilon\beta_0^2a^2,\quad k^2=\frac{\varepsilon\beta_0^2a^2}{2\omega^2}.$$

雅可比椭圆余弦函数的周期为 $4K(k)$，所以达芬方程的振动周期与振幅有关，

$$T=\frac{4K(k)}{\omega}=\frac{2\pi}{\omega}F\left(\frac{1}{2},\frac{1}{2},1,k^2\right)=\frac{2\pi}{\omega}\left[1+\left(\frac{1}{2}\right)^2k^2+\left(\frac{3}{8}\right)^2k^4+\cdots\right].$$

当 $\varepsilon<0$ 时,有

$$x(t)=A\,\mathrm{sn}(\omega x,k),$$

其中,

$$\omega^2=\omega_0^2+\frac{1}{2}\varepsilon\beta_0^2a^2,\quad k^2=-\frac{1}{2}\frac{\varepsilon\beta_0^2a^2}{2\omega^2}.$$

雅可比椭圆正弦函数的周期也为 $4K(k)$.

例 9.17 求如图 9.2 所示圆周摆的运动.

解 对于较大摆动幅度的重力摆,小球的轨迹为一段圆周的弧线,摆的运动方程为

$$m\frac{\mathrm{d}^2s}{\mathrm{d}t^2}=-\frac{\partial V(s)}{\partial s},$$

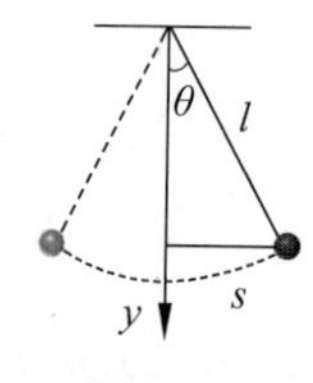

图 9.2

其中,重力势能 $V(s)=mgy(s)$. 由于 $y(s)=l(1-\cos\theta)$,令 $\omega^2=g/l$,得到

$$\frac{\mathrm{d}^2\theta}{\mathrm{d}t^2}+\omega^2\sin\theta=0,$$

这是一个非线性方程. 在 $\theta=0$ 作泰勒级数展开,有

$$\frac{\mathrm{d}^2\theta}{\mathrm{d}t^2}+\omega^2\left(\theta-\frac{1}{3!}\theta^3+\frac{1}{5!}\theta^5-\cdots\right)=0.$$

当摆幅较小时,在一阶线性近似下,得到单摆的运动方程

$$\frac{\mathrm{d}^2\theta}{\mathrm{d}t^2}+\omega^2\theta=0.$$

单摆的周期与摆幅无关:

$$T=\frac{2\pi}{\omega}=\sqrt{\frac{l}{g}}.$$

当摆幅较大时,不能仅取线性近似,但非线性方程仍然是可解的. 将方程两边乘以 $\mathrm{d}\theta/\mathrm{d}t$,再积分可得

$$\left(\frac{\mathrm{d}\theta}{\mathrm{d}t}\right)^2=2\omega^2\cos\theta+c.$$

假设初始时摆球静止,位置为 $\theta=\theta_0$,定出 $c=-2\omega^2\cos\theta_0$,将上式积分,有

$$t=\frac{1}{\sqrt{2}\,\omega}\int_0^{\theta_0-\theta}\frac{\mathrm{d}\theta}{\sqrt{\cos\theta-\cos\theta_0}},$$

积分解为

$$\sin\frac{\theta-\theta_0}{2}=\sin\frac{\theta_0}{2}\mathrm{sn}(\omega t),$$

得到圆周摆的周期为

$$T=\frac{2\sqrt{2}}{\omega}\int_0^{\theta_0}\frac{\mathrm{d}\theta}{\sqrt{\cos\theta-\cos\theta_0}}=\frac{4K(k)}{\omega},$$

其中,$k=\sin\dfrac{\theta_0}{2}$,可见圆周摆的周期与摆幅 θ_0 有关,当 $\theta_0\to\pi$ 时,$T\to\infty$.

思考 除了单摆,还有什么样的摆,其周期与摆幅无关?

注记

在海洋中航行的轮船，有时会遇到一种奇怪的现象：平静无风的海面突然涌起很高的浪花，然后突然消失. 这种波称作怪波(rogue wave)，其来去无踪，出现时的峰值远高于周围背景，有时会对船舶构成巨大的威胁. 下面以非线性薛定谔方程为例，来展示这种奇特的怪波解，

$$\mathrm{i}\frac{\partial\phi}{\partial t}+\frac{\partial^2\phi}{\partial x^2}+2g|\phi|^2\phi=0.$$

假设方程具有如下有理分式形式的解：

$$\phi=\left(1+\frac{A+2B}{C}\right)\mathrm{e}^{\mathrm{i}t},$$

选取

$$A=a_0+a_1x+a_2t,\quad B=b_0+b_1x+b_2t,$$

以及

$$C=c_0+c_1(x-\alpha)^2+c_2(t-\beta)^2,$$

其中，$c_1,c_2\neq0$. 将其代入方程中，令交叉项 $x^mt^n(m,n\geqslant0)$ 的系数为零，得

$$\phi(x,t)=\left\{1-\frac{4[1+2\mathrm{i}(t-\beta)]}{1+4(x-\alpha)^2+4(t-\beta)^2}\right\}\mathrm{e}^{\mathrm{i}t},$$

中心位置由 α,β 的值确定. 图 9.3 展示了该怪波解的时空分布 $|\phi(x,t)|$，它可视作一种时空孤子.

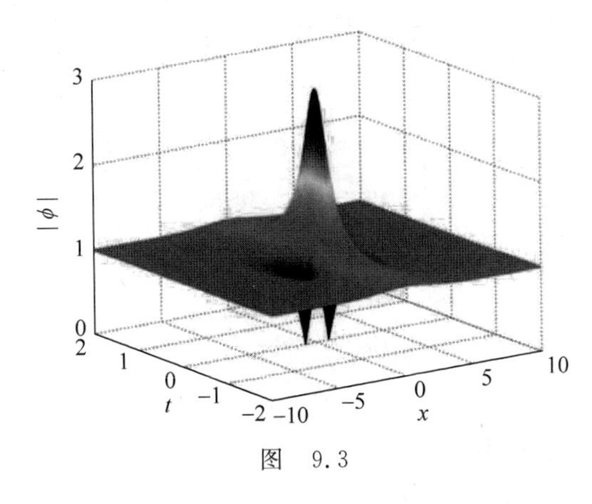

图 9.3

海洋中的怪波起源很复杂，迄今没有明确的定论，可能与风力、海流、水波衍射或者非线性效应有关，人们曾经在液氦或非线性光学中也观察到类似怪波的现象.

线性微分方程和非线性微分方程的奇点有着本质的区别. 例如非线性方程

$$(x^2-y)y'=x^2+y^2,$$

曲线 $y=x^2$ 是一条由奇点构成的集合，这使得在区域$[a,b]$构造方程的解变得不可能，因为总有一个 y 值没有定义. 线性微分方程就没有这种问题，因为系数仅是 x 的函数而已.

如果一个物理系统遵守线性微分方程及初始条件，就能预言其以后的行为. 当初始条件发生很小的变化时，方程的解也将发生微小的变化，即线性微分方程是其初始条件的连续函数. 但对于非线性微分方程，初始条件即使发生很小的变化，都将导致完全不同的解. 由于在实际操作中，初始条件从数学上无法精确给定，因此非线性微分方程将导致不可预测的结

果,或者说系统进入混沌状态,即确定性的非线性动力学系统,表面上看似乎处于随机状态,虽然在相空间中某些部分有非常密集的近周期性轨道,形成吸引子(图 9.4).系统的运动状态对初始条件极为敏感,具有所谓的"蝴蝶效应".M. Tabor 和 F. Calogero 曾建议将混沌解释为黎曼面上的运动.

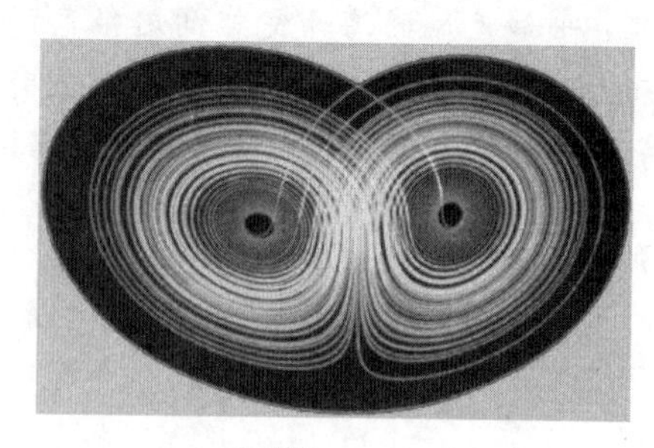

图 9.4

二十世纪八九十年代,混沌现象的研究如火如荼,有激进者甚至称之为相对论和量子力学之外现代物理的第三根支柱.但当激情退潮后,人们发现混沌理论并未如相对论或量子力学一样,给物理世界带来革命性的洞见.

习 题

[1] 求解伯努利方程:

$$y'+xy=xy^3.$$

[2] 已知里卡蒂方程的一个特解为 $\tilde{y}=2$,求方程的一般解:

$$y'=y^2-y-2.$$

[3] 寻找 ϕ^4 方程的一个行波解:

$$\phi_{xx}-\phi_{tt}=\lambda\phi^3-m^2\phi \quad (\lambda>0).$$

答案:$\phi(x,t)=\pm\tanh\left[\frac{1}{\sqrt{2}}\frac{1}{\sqrt{1-v^2}}(x-vt)+\delta\right]$.

[4] 证明圆周摆的周期为

$$T=\frac{2\sqrt{2}}{\omega}\int_0^{\theta_0}\frac{\mathrm{d}\theta}{\sqrt{\cos\theta-\cos\theta_0}}=\frac{4K(k)}{\omega}.$$

提示:作变量替换

$$\sin u=\frac{\sin\left(\frac{\theta}{2}\right)}{\sin\left(\frac{\theta_0}{2}\right)}.$$

[5] 非刚性摆的哈密顿量为

$$H=\frac{\lambda}{2}z^2-\sqrt{1-z^2}\cos\phi,$$

求解摆的运动.

提示:哈密顿量 $H\equiv H_0$ 是守恒量,正则运动方程为 $\dot{z}=-\frac{\partial H}{\partial\phi},\dot{\phi}=\frac{\partial H}{\partial z}$.

答案:

$$z(t)=\begin{cases}A\,\mathrm{cn}\left[A\lambda k(t-t_0),k\right] & (0<k<1)\\ A\,\mathrm{dn}\left[A\lambda(t-t_0),\frac{1}{k}\right] & (k>1)\end{cases},$$

$$k^2=\frac{1}{2}\left[1+\frac{\lambda H_0-1}{\sqrt{\lambda^2+1-2\lambda H_0}}\right].$$

第10章

方程与定解

10.1 数学物理方程

物理学是关于物质运动和变化的科学.自从牛顿力学及微积分创立以来,几乎所有物理问题的数学描述都是以微分方程(包括积分方程)的形式呈现的.

单变量运动方程:描述物理量随时间等单一自变量的变化关系,它通常是一个常微分方程.例如质点的牛顿运动方程、电路方程等.为了得到确定的运动轨迹或变化曲线,需要知道初始时刻的物理量值,这称作方程的初始条件.

连续介质系统的运动方程:物理和工程应用中还有另一类问题,即物理量是随着时间和空间呈连续分布和变化的,它有多个自变量,因此描述它的运动方程是一个偏微分方程.例如电磁波在空间的传输方程、热扩散方程、量子力学的薛定谔方程等.为了得到一个特定系统的准确解,不仅需要知道初始时刻的物理量值,即时间的初始条件,还需要知道系统在边界上的分布值,即所谓边界条件.初始条件和边界条件在数学上合称为定解条件.

以跨过定滑轮的两个重物运动为例:由可忽略重量定滑轮经无重量和不可伸缩细绳连接的两个物体,如图 10.1 所示,此时可以将整个系统视作一个单体,运用牛顿第二定律列出系统运动的常微分方程.如果绳子是有质量、可伸缩的,问题就变得有点复杂,绳子上每一点的运动状态都不同,比如速度、加速度以及运动方向等,都会因位置和时间而变化,这就需要对绳子逐点作微元分析,列出相应的运动方程,这种方法称作微元法.

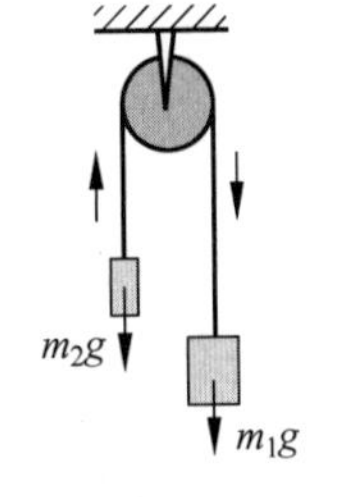

图 10.1

微元法本质上是将空间中的连续系统分割成许多相互关联的小部分(微元),然后将微元视作质点,根据相应的物理学定律,分析该微元受相邻微元作用时的运动方程.为了得到微元的运动方程,一般需要知道相邻微元之间相互作用的形式,这就需要利用一些基本的物理定律,比如胡克定律、热传导定律等.在大多数情况下,可以用线性近似来描述这种物理定律.得到微元的运动方程之后,取连续极限便可以得到整个系统各点的运动方程,它一般是一个偏微分方程.

本节将推导几种常见数学物理方程,包括波动方程、输运方程、稳定场方程等.

1. 弦的横向振动方程

一段柔软、均匀的细弦拉紧后，让在离开平衡位置附近沿垂直于弦线的方向作微小横振动，求弦上各点的运动规律(图10.2).

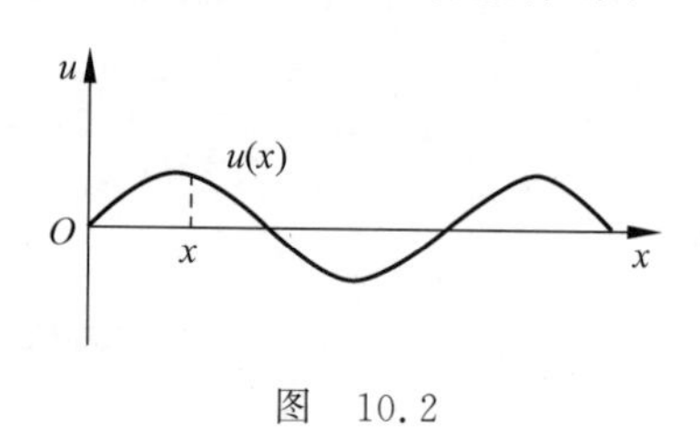

图 10.2

为了了解弦上各点位移 $u(x,t)$ 随时间的变化关系，下面分几步来研究问题.

1) 简化模型

(1) 柔软的弦：弦中张力 T 的方向始终沿着弦的切线方向，即没有剪应力；

(2) 很轻的弦：弦本身的重量与弦中的张力相比可以忽略；

(3) 微幅振动：弦上每一点都只是在其平衡位置附近做横向振动，相邻两点$(x,x+\mathrm{d}x)$的相对位移 $\mathrm{d}u=u(x+\mathrm{d}x)-u(x)\ll\mathrm{d}x$.

2) 微元分析

设 x 和 $x+\mathrm{d}x$ 点偏离平衡位置的位移分别为 $u(x)$ 和 $u(x+\mathrm{d}x)$，该段弦长为

$$\mathrm{d}s=\sqrt{(\mathrm{d}x)^2+(\mathrm{d}u)^2}\approx\mathrm{d}x,$$

将微元 $\mathrm{d}s$ 视作质点，进行受力分析，如图10.3所示，根据牛顿第二定律可以写出微元 $\mathrm{d}s$ 的运动方程

$$T_2\cos\alpha_2-T_1\cos\alpha_1=0,$$

$$T_2\sin\alpha_2-T_1\sin\alpha_1=(\rho\mathrm{d}s)u_{tt}.$$

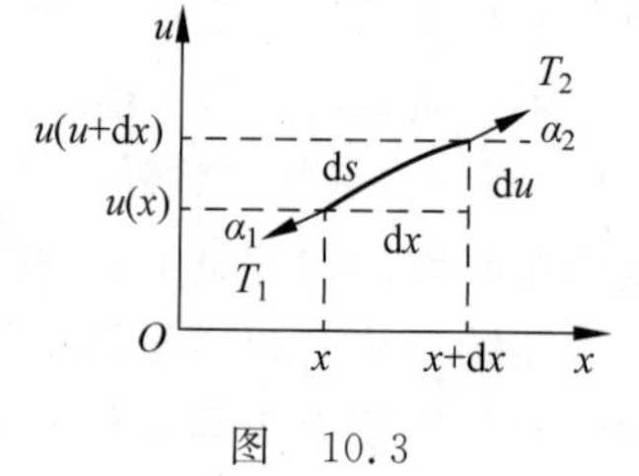

图 10.3

3) 方程线性化

假设弦的振动幅度很小，由于 $\alpha_1,\alpha_2\ll1$，取线性近似有 $\cos\alpha_1\approx\cos\alpha_2\approx1$，即弦中的张力 $T_2=T_1\equiv T$，另外 $\sin\alpha\approx\alpha\approx\tan\alpha=\mathrm{d}u/\mathrm{d}x$，所以

$$T_2\sin\alpha_2-T_1\sin\alpha_1=T\left(\frac{\mathrm{d}u}{\mathrm{d}x}\right)_{x+\mathrm{d}x}-T\left(\frac{\mathrm{d}u}{\mathrm{d}x}\right)_x=T\frac{\mathrm{d}^2u}{\mathrm{d}x^2}\mathrm{d}x,$$

得到弦的振动方程

$$u_{tt}-a^2u_{xx}=0,\tag{10.1.1}$$

其中，$a=\sqrt{T/\rho}$，从方程(10.1.1)的量纲分析，可知常量 a 具有速度量纲. 以后将看到，a 就是波在弦上传播的速度.

2. 杆的纵向振动方程

1) 微元分析

按图10.4分割微元，设 x 和 $x+\mathrm{d}x$ 点的纵向位移分别为 $u(x)$ 和 $u(x+\mathrm{d}x)$，在给定的时刻 t，微元的相对形变为

$$\left.\frac{u(x+\mathrm{d}x)-u(x)}{\mathrm{d}x}\right|_t=u_x.$$

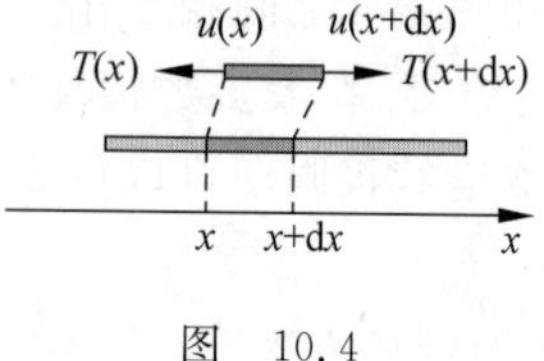

图 10.4

2) 运动方程

根据胡克定律，微元所受的力正比于微元的相对形变：

$$T(x)=ESu_x,$$

其中,E 为杨氏模量；S 为杆的横截面积,由牛顿第二定律有

$$T(x+\mathrm{d}x)-T(x)=ESu_x(x+\mathrm{d}x)-ESu_x(x)=ES\left(\frac{\partial u_x}{\partial x}\right)\mathrm{d}x=\rho S\mathrm{d}x u_{tt}.$$

杆的振动方程为

$$u_{tt}-a^2u_{xx}=0,$$

其中,$a=\sqrt{E/\rho}$,可见杆的纵向振动方程与弦的横向振动方程完全一样.

3. 扩散方程

1) 预备知识

在一个系统中,当某物质在空间的浓度不均匀时,物质就会从浓度高的地方向浓度低的地方扩散,我们希望了解扩散的快慢以及在扩散过程中浓度分布随时间的变化情况.实验证明,当浓度 $u(\boldsymbol{x},t)$的空间分布变化不大时,扩散运动满足菲克定律：

$$\boldsymbol{q}(\boldsymbol{x},t)=-D\nabla u(\boldsymbol{x},t),$$

其中,$\boldsymbol{q}(\boldsymbol{x},t)$表示扩散流强度,即单位时间流过单位横截面积的粒子数或质量；D 为扩散系数.扩散定律独立于牛顿运动定律,它表明扩散流强度与浓度 $u(\boldsymbol{x},t)$的梯度呈正比.

2) 微元分析

在系统中取一小立方体,如图 10.5 所示,根据粒子数守恒,立方体内的粒子数变化 $\mathrm{d}Q(\boldsymbol{x},t)$,等于从边界流入的粒子数.为简明起见,先考虑沿一维 x 方向的粒子流变化,即

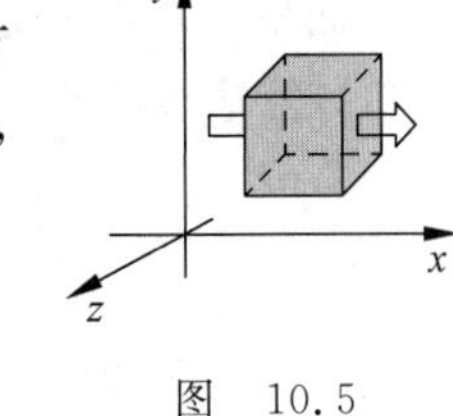

图　10.5

$$\mathrm{d}Q(x,t)=[\boldsymbol{q}(x,t)\mathrm{d}s-\boldsymbol{q}(x+\mathrm{d}x,t)\mathrm{d}s]\mathrm{d}t=-\frac{\partial \boldsymbol{q}}{\partial x}\mathrm{d}x\mathrm{d}s\mathrm{d}t,$$

其中,$\mathrm{d}s$ 为横截面积,立方体内浓度的变化

$$\mathrm{d}u=\frac{\mathrm{d}Q}{\mathrm{d}V}=\frac{\mathrm{d}Q}{\mathrm{d}s\mathrm{d}x}.$$

由菲克定律,可以得到一维扩散方程

$$u_t-a^2u_{xx}=0. \tag{10.1.2}$$

同理可得三维扩散方程

$$u_t-a^2\Delta u=0, \tag{10.1.3}$$

其中,$a^2=D$,$\Delta\overset{\mathrm{def}}{=}\partial_x^2+\partial_y^2+\partial_z^2\equiv\nabla^2$,称作拉普拉斯算符.

4. 热传导方程

1) 预备知识

当一个物体的温度不均匀时,热量就会从温度高的部分传向温度低的部分,假设物体中温度分布为 $u(\boldsymbol{x},t)$.当温度的空间变化不大的时候,热传导满足经验的傅里叶定律：

$$\boldsymbol{q}(\boldsymbol{x},t)=-\kappa\nabla u(\boldsymbol{x},t),$$

其中,$\boldsymbol{q}(\boldsymbol{x},t)$表示热流强度,即单位时间流过单位横截面积的热量；$\kappa$ 为热传导系数.热传导定律表明,热流强度与温度的梯度成正比.热传导过程也独立于牛顿运动定律.

2）方程推导

类似于扩散方程的推导,在系统中取一小立方体.根据热量守恒,物体中某一部分的热量变化 $\mathrm{d}Q(\boldsymbol{x},t)$等于从边界流入的净热量,即

$$\mathrm{d}Q(x,t)=[\boldsymbol{q}(x,t)\mathrm{d}s-\boldsymbol{q}(x+\mathrm{d}x,t)\mathrm{d}s]\mathrm{d}t=-\frac{\partial \boldsymbol{q}}{\partial x}\mathrm{d}x\,\mathrm{d}s\,\mathrm{d}t,$$

温度的变化与物质的比热 c 即密度 ρ 有关,所以

$$\mathrm{d}u=\frac{\mathrm{d}Q}{c\rho\,\mathrm{d}s\,\mathrm{d}x}.$$

再根据热传导定律,可得一维热传导方程

$$u_t-a^2u_{xx}=0, \tag{10.1.4}$$

以及三维热传导方程

$$u_t-a^2\Delta u=0, \tag{10.1.5}$$

其中,$a^2=\kappa/(c\rho)$.如果物体中还存在热源 $f(\boldsymbol{x},t)$,比如系统本身发热或以某一方式散热,则方程变为

$$u_t-a^2\Delta u=f(\boldsymbol{x},t). \tag{10.1.6}$$

5. 其他物理方程

下面罗列一些物理中常见的运动方程.

(1) 传输线方程

$$\begin{cases}j_{tt}-a^2j_{xx}=0, \quad v_{tt}-a^2v_{xx}=0\\ a^2=1/(LC)\end{cases}.$$

(2) 均匀薄膜的微小振动

$$\begin{cases}u_{tt}-a^2\Delta_2 u=0\\ a^2=T/\rho\end{cases}.$$

(3) 静电场方程

$$\Delta\varphi=\rho/\varepsilon_0.$$

(4) 电磁波方程

$$\boldsymbol{E}_{tt}-a^2\Delta\boldsymbol{E}=0, \quad \boldsymbol{H}_{tt}-a^2\Delta\boldsymbol{H}=0,$$

其中,$a^2=\dfrac{1}{\mu_0\varepsilon_0}$,或者取洛伦兹规范,$\boldsymbol{B}=\nabla\times\boldsymbol{A}$,$\boldsymbol{E}=-\dfrac{\partial\boldsymbol{A}}{\partial t}-\nabla\varphi$,有

$$\varphi_{tt}-a^2\Delta\varphi=0, \quad \boldsymbol{A}_{tt}-a^2\Delta\boldsymbol{A}=0.$$

(5) 薛定谔方程

$$\mathrm{i}\,\hbar\frac{\partial}{\partial t}\psi=-\frac{\hbar^2}{2m}\Delta\psi+V\psi.$$

(6) 定态薛定谔方程

$$-\frac{\hbar^2}{2m}\Delta\psi+V\psi=E\psi.$$

习惯上将与时间有关的方程称作发展方程,将稳恒状态或者与时间无关的方程称作位势方程.

讨论　上述方程有什么基本特征？

(1) 都是线性微分方程，统一用线性微分算符 $\hat{L}$ 表示为 $\hat{L}u=f(\boldsymbol{x},t)$，$f(\boldsymbol{x},t)$ 与 u 无关，称作方程的非齐次项；$\hat{L}u=0$ 称作齐次方程.

(2) 方程的时空导数都不超过二阶.

(3) 都含有拉普拉斯算符形式的项.

注记

从牛顿力学到麦克斯韦方程组，物理定律都具有时间反演不变性. 观察上述几个微分方程，含有时间二阶导数的方程显然具有时间反演不变性，而含有时间一阶导数的方程，比如热传导方程或扩散方程，则不具备时间反演不变性. 这不奇怪，因为热传导或扩散过程是不可逆的，在其背后热力学熵起着决定性作用. 然而量子力学的薛定谔方程也是含有时间的一阶导数，它是否也违背时间反演不变性呢？

原来这里的虚数 i 发挥了神奇的作用，以不可思议的方式保证了时间反演不变性. 对薛定谔方程作时间反演变换 $t\to -t$，有

$$-\mathrm{i}\hbar\frac{\partial}{\partial t}\psi(\boldsymbol{r},-t)=-\frac{\hbar^2}{2m}\Delta\psi(\boldsymbol{r},-t)+V(\boldsymbol{r},-t)\psi(\boldsymbol{r},-t),$$

再对该方程作复共轭变换，得

$$\mathrm{i}\hbar\frac{\partial}{\partial t}\psi^*(\boldsymbol{r},-t)=-\frac{\hbar^2}{2m}\Delta\psi^*(\boldsymbol{r},-t)+V^*(\boldsymbol{r},-t)\psi^*(\boldsymbol{r},-t).$$

假设外势满足 $V^*(\boldsymbol{r},-t)=V(\boldsymbol{r},t)$，则方程保持时间反演不变的必要条件是

$$\psi^*(\boldsymbol{r},-t)=\psi(\boldsymbol{r},t).$$

电子的概率密度就具备时间反演对称性：

$$\rho(\boldsymbol{r},t)=|\psi(\boldsymbol{r},t)|^2\equiv|\psi(\boldsymbol{r},-t)|^2.$$

在第 12 章将通过具体计算，得到一维高斯波包经过时间 t 演化为

$$\psi(x,t)=\frac{1}{\sqrt{2\pi(\sigma^2+\mathrm{i}\hbar t/m)}}\exp\left[-\frac{x^2}{2(\sigma^2+\mathrm{i}\hbar t/m)}\right].$$

与机械波的运动不同，电子波包运动非常类似于经典粒子的扩散行为，时间似乎获得了特定的方向. 但这是错觉！电子波包尽管不可逆地扩散，仍然满足

$$\rho(\boldsymbol{r},t)=\rho(\boldsymbol{r},-t),$$

也就是说，纵使乾坤颠倒时间倒流，电子波包依旧是扩散而不是汇聚. 打个不太准确的比方，将经典粒子扩散过程与量子波包扩散过程拍成电影，然后将电影倒过来放映，那么经典扩散将会显示为汇聚，而量子扩散依然是扩散，这个场景对世界观有相当的冲击力.

哥本哈根学派将波函数解释为某种概率，即存在某种不确定性. 按照传统的热力学理论，这种不确定性带来了熵，波包在扩散过程中的熵增使时间获得方向. 然而薛定谔方程守住了时间反演对称性，意味着不存在波包扩散的熵增问题，波函数并没有包含任何不确定性. 玄乎！

习　题

[1] 弦在水中振动，假设单位长度受到的阻力与振动速度成正比：$F=-\alpha u_t$，试推导弦的振动方程.

答案：$u_{tt}-a^2u_{xx}+\frac{\alpha}{\rho}u_t=0$.

[2] 匀质导线的电阻率为 r，通有均匀分布的恒定电流，电流密度为 j，试推导导线内的热传导方程.

答案：$c\rho u_t-\kappa\Delta u=j^2r$.

[3] 推导等温条件下的声波方程.

10.2 定解问题

1. 定解条件

前面推导的是一般运动方程，物理量的具体分布还依赖于给定系统的初始值，以及在边界上的值分布，分别称作初始条件和边界条件，合称为定解条件. 没有给定初始或边界条件的方程，称作泛定方程，在第9章介绍了泛定方程的一些通解法.

比如介质中波的传播，有时是行波，有时是驻波. 电荷在空间产生的静电场虽然满足泊松方程，但电场的具体分布不仅取决于自由电荷的分布，还取决于电荷周围是否有其他物质，即边界条件.

1）初始条件

在初始时刻给定物理量的分布：$u(x,t)|_{t=0}=\varphi(x)$，表示 $t=0$ 时刻空间各点物理量的值是给定的. 由于有些运动方程含有对时间的二阶导数，所以还需要知道初始时刻的“速度”分布，即物理量的一阶导数分布值，$u_t(x,t)|_{t=0}=\psi(x)$.

当系统的物理量不随时间发生变化，即达到稳恒状态，此时不需要初始条件.

2）边界条件

质点的牛顿运动方程只含有时间的二阶导数，故只需要质点的初始位置及初始速度. 对于连续介质的运动方程，不仅包含对时间的导数，还包含对空间的导数，故还需要知道空间边界的值和导数值，即所谓边界条件(boundary condition). 在数学上分为三类边界条件，设 Σ 表示系统的边界.

第一类 给定边界上的值，也称为狄利克雷边界条件：

$$u(\boldsymbol{x},t)|_{\Sigma}=f(t).$$

第二类 给定边界上的法向导数值，也称为诺伊曼边界条件：

$$\left.\frac{\partial u(\boldsymbol{x},t)}{\partial n}\right|_{\Sigma}=g(t).$$

第三类 给定两者的组合值，也称为柯西边界条件：

$$\left.\left[u+\alpha\frac{\partial u(\boldsymbol{x},t)}{\partial n}\right]\right|_{\Sigma}=h(t).$$

其中，f、g、h 为已知函数，α 为常数. 上述边界条件中的函数 f、g、h 都与物理量 u 本身无关. 当 $f,g,h=0$ 时的边界条件称作齐次边界条件，以下举例来说明定解条件.

1）弦的振动

有三种方式限制位移函数 $u(x,t)$ 在边界或端点 $x=0,l$ 的值，分别为

第一类边界条件：

$$u(0,t)=f_1(t), \quad u(l,t)=f_2(t),$$

它给定边界的位移变化，$f(t)=0$ 表示端点固定.

第二类边界条件：

$$u_x(0,t)=g_1(t), \quad u_x(l,t)=g_2(t),$$

它给定边界的受力变化，$g(t)=0$ 表示端点自由.

第三类边界条件：

$$u(0,t)+\alpha_1 u_x(0,t)=h_1(t), \quad u(l,t)+\alpha_2 u_x(l,t)=h_2(t),$$

它给定位移和受力两者的组合变化.

初始条件为

$$u(x,0)=\varphi(x), \quad u_t(x,0)=\psi(x).$$

2）热传导方程

有三种方式限制温度函数 $u(\boldsymbol{x},t)$ 在物体表面 Σ 的值，分别为

第一类边界条件：

$$u(\boldsymbol{x},t)\big|_\Sigma=f(t),$$

它给定表面的温度变化，$f(t)=0$ 表示在边界上恒温.

第二类边界条件：

$$\left.\frac{\partial u(\boldsymbol{x},t)}{\partial n}\right|_\Sigma=g(t),$$

它给定表面的热流变化，$g(t)=0$ 表示在边界上绝热.

第三类边界条件：

$$\left.\left[u+\alpha\frac{\partial u(\boldsymbol{x},t)}{\partial n}\right]\right|_\Sigma=h(t),$$

它给定两者的组合变化.

2. 衔接条件

有时系统不是均匀的，常见的情况是由不同介质组成，两种介质的界面密切连接，比如由两根质地不同的杆连接，当波传播到界面处时，相位或速度会发生突变，因此需要知道界面处物理量的衔接关系.

对于图 10.6(a)中两根杆的衔接，杨氏模量分别为 E_1 和 E_2，在连接点 $x=x_0$ 处受力相等，有

$$u_1(x_0,t)=u_2(x_0,t), \quad E_1 u_{1x}(x_0,t)=E_2 u_{2x}(x_0,t).$$

思考　对于两段轻质柔软弦的衔接，如图 10.6(b)所示，密度分别为 ρ_1 和 ρ_2，其衔接条件如何？

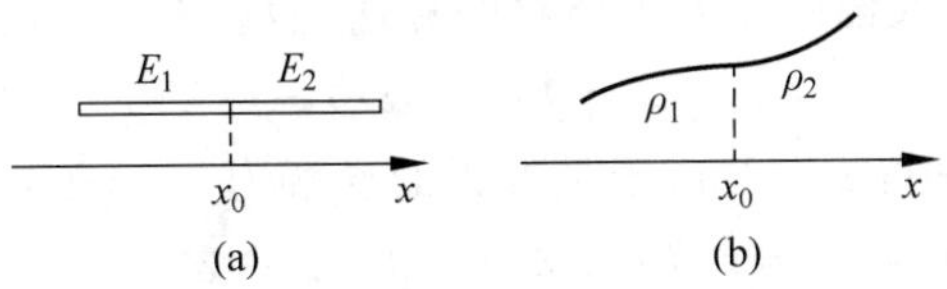

E_1 E_2 x_0 x (a)

ρ_1 ρ_2 x_0 x (b)

图　10.6

注记

如果某一端 $x=l$ 处自由冷却,环境温度为 θ,那么从杆端流出的热流强度与温度差之间满足牛顿冷却定律:

$$-\kappa \frac{\partial u}{\partial x}\Big|_{x=l}=h(u|_{x=l}-\theta),$$

它属于第三类边界条件.

一些边界条件中的函数 f、g、h 本身含有 u 或其导数项,只要这些项的都是一次幂,就都归属于线性系统.有时还有非线性边界条件的情况,比如在热辐射问题中,物体表面按斯特藩定律向外辐射热量,即辐射热流密度正比于温度的四次方:

$$q \propto u^4|_{\Sigma}.$$

习　题

[1] 长为 l 的均匀杆,两端有恒定的热流进入,强度为 q_0,写出边界条件.

[2] 对长为 l 的均匀杆两端施加压力,使其长度收缩为 $l(1-2\varepsilon)$,撤除外力后让杆做自由振动,试写出振动方程的边界条件和初始条件.

[3] 求两种不同材料密接的细杆满足的衔接条件,设两种材料的热传导系数、比热及密度分别为 κ_1、c_1、ρ_1 和 κ_2、c_2、ρ_2.

[4] 如图10.7所示,当一根水平的弦中间附着一个质量为 m 的小球时,求弦的衔接条件.

[5] 求在两种不同电介质之间的静电衔接条件(图10.8).

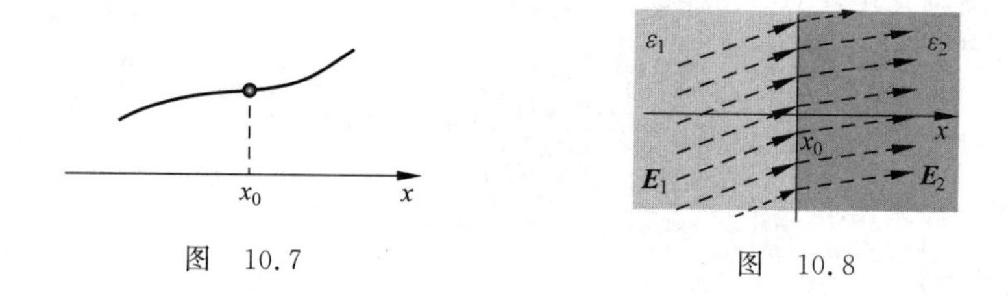

图　10.7　　　　图　10.8

10.3　达朗贝尔公式

本节介绍一类特殊的定解问题,研究初始条件如何决定方程的运动.

1. 无限长弦的波动方程

$$\begin{cases} u_{tt}-a^2u_{xx}=0 & (-\infty<x<\infty) \\ u|_{t=0}=\phi(x), & u_t|_{t=0}=\psi(x) \end{cases}.$$

根据9.3节关于常系数偏微分方程通解的算法,假设方程的解具有形式

$$u=f(x+\alpha t),$$

特征方程为 $\alpha^2-a^2=0$,解得 $\alpha=\pm a$,于是方程的通解为

$$u=f_1(x+at)+f_2(x-at),$$

其中,f_1、f_2 是与初始状态有关的待定函数.也可以作变量代换

$$\xi = x + at, \quad \eta = x - at,$$

将方程化为

$$\frac{\partial^2 u}{\partial \xi \partial \eta} = 0.$$

先对 η 积分，得$\frac{\partial u}{\partial \xi} = f(\xi)$；再对 ξ 积分，同样得到方程的解

$$u = \int f(\xi)\,\mathrm{d}\xi + f_2(\eta) \equiv f_1(\xi) + f_2(\eta) = f_1(x + at) + f_2(x - at).$$

可见 $f_2(x-at)$描述的是沿 x 正方向以速度 a 传播的行波，传播过程中波的形状保持不变. 同样，$f_1(x+at)$描述的是沿 x 负方向以速度 a 传播的行波. 因此，$u = f_1(x+at) + f_2(x-at)$描述以速度 a 分别向正、负两个方向传播波的叠加. 两个波的形状始终保持不变，只有当彼此发生重叠时，整体的波形才会发生改变.

函数 $f_1(x)$、$f_2(x)$的形式由初始条件确定：

$$\begin{cases} f_1(x) + f_2(x) = \phi(x) \\ af_1'(x) - af_2'(x) = \psi(x) \end{cases}.$$

对第二式积分得

$$f_1(x) - f_2(x) = \frac{1}{a}\int_{x_0}^{x} \psi(\xi)\,\mathrm{d}\xi + f_1(x_0) - f_2(x_0).$$

由此解出

$$f_1(x) = \frac{1}{2}\phi(x) + \frac{1}{2a}\int_{x_0}^{x} \psi(\xi)\,\mathrm{d}\xi + \frac{1}{2}[f_1(x_0) - f_2(x_0)],$$

$$f_2(x) = \frac{1}{2}\phi(x) - \frac{1}{2a}\int_{x_0}^{x} \psi(\xi)\,\mathrm{d}\xi - \frac{1}{2}[f_1(x_0) - f_2(x_0)].$$

最后得到无限长波动方程的特解，即达朗贝尔公式：

$$u(x,t) = \frac{1}{2}[\phi(x + at) + \phi(x - at)] + \frac{1}{2a}\int_{x-at}^{x+at} \psi(\xi)\,\mathrm{d}\xi. \tag{10.3.1}$$

例 10.1　研究三角波的传播过程：

$$\begin{cases} u_{tt} - a^2 u_{xx} = 0 \quad (-\infty < x < \infty) \\ u\,|_{t=0} = \phi(x) = \begin{cases} 1 + x & (x \in [-1,0]) \\ 1 - x & (x \in [0,1]) \\ 0, & (|x| > 1) \end{cases} \\ u_t\,|_{t=0} = \psi(x) = 0 \end{cases}.$$

解　由于 $\psi(x) = 0$，根据达朗贝尔公式，有

$$u(x,t) = \frac{1}{2}[\phi(x + at) + \phi(x - at)],$$

它表明初始波形 $\phi(x)$被分解为相等的两个子波

$$f_1(x) = f_2(x) = \frac{1}{2}\phi(x)$$

分别向相反的方向传播，在传播的过程中，波形将始终保持不变. 图 10.9 形象地展示了不同时刻波的形状和位置.

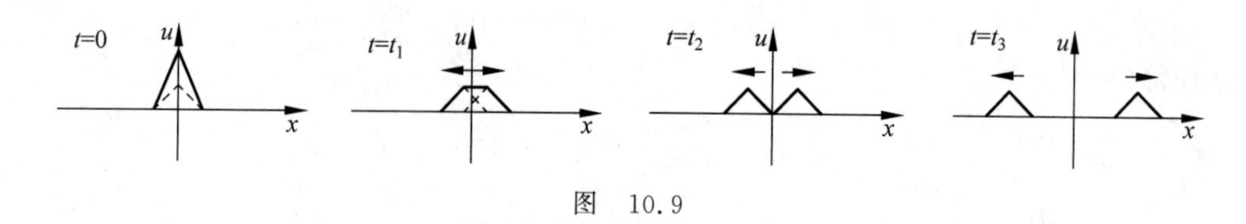

图 10.9

2. 端点反射

考虑半无限长弦的自由振动,不妨假设 $x=0$ 为固定端点:

$$\begin{cases} u_{tt}-a^2u_{xx}=0 & (0\leqslant x<\infty) \\ u(x,t)\big|_{x=0}=0 \\ u(x,t)\big|_{t=0}=\phi(x), \quad u_t(x,t)\big|_{t=0}=\psi(x) \end{cases}.$$

由于 $x=0$ 点始终固定,假设半无限长弦是一条无限长弦的正半部分,无限长弦的位移必须是奇函数,为此需要将其初始位移和初始速度也设为奇函数,称作奇延拓:

$$\Phi(x)=\begin{cases} \phi(x) & (x\geqslant 0) \\ -\phi(-x) & (x<0) \end{cases},$$

$$\Psi(x)=\begin{cases} \psi(x) & (x\geqslant 0) \\ -\psi(-x) & (x<0) \end{cases}.$$

于是半无限问题转化为无限问题:

$$\begin{cases} \tilde{u}_{tt}-a^2\tilde{u}_{xx}=0 & (-\infty<x<\infty) \\ \tilde{u}_{tt}-a^2\tilde{u}_{xx}=0 & (-\infty<x<\infty) \end{cases}.$$

套用达朗贝尔公式,有

$$\begin{aligned} \tilde{u}(x,t)&=\frac{1}{2}\left[\Phi(x-at)+\Phi(x+at)\right]+\frac{1}{2a}\int_{x-at}^{x+at}\Psi(\xi)\,\mathrm{d}\xi \\ &=\frac{1}{2}\left[\Phi(x-at)-\frac{1}{a}\int_{-\infty}^{x-at}\Psi(\xi)\mathrm{d}\xi\right]+\frac{1}{2}\left[\Phi(x+at)+\frac{1}{2a}\int_{-\infty}^{x+at}\Psi(\xi)\mathrm{d}\xi\right]. \end{aligned}$$

最后确定半无限长弦的位形为

$$u(x,t)=\tilde{u}(x,t)\big|_{x\geqslant 0}.$$

例 10.2 研究三角波在半无限长弦上的运动:

$$\begin{cases} u_{tt}-a^2u_{xx}=0 \quad (0\leqslant x<\infty) \\ u\big|_{x=0}=0, \\ u\big|_{t=0}=\begin{cases} x-d+1 & (x\in[d-1,d]) \\ d+1-x & (x\in[d,d+1]) \\ 0, & (|x-d|>1) \end{cases}. \\ u_t\big|_{t=0}=0 \end{cases}$$

解 由于 $x=0$ 点固定,将半无限长弦作奇延拓成无限长弦. 由于初始速度为 $u_t\big|_{t=0}=\psi(x)=0$,所以达朗贝尔解为

$$u(x,t)=\frac{1}{2}\left[\Phi(x+at)+\Phi(x-at)\right]_{x\geqslant 0}.$$

图 10.10 直观地展示了波形随时间的变化过程，初始三角波等分为两个子波①和②：$f_1(x)=f_2(x)=\frac{1}{2}\phi(x)$，分别向前后传播；在 $-x$ 方向有与子波①和②奇对称的子波③和④，也分别向前后传播，只是它们是非物理的，亦即

$$\begin{cases}\frac{1}{2}\Phi(x-at)=①+③\\ \frac{1}{2}\Phi(x+at)=②+④\end{cases}.$$

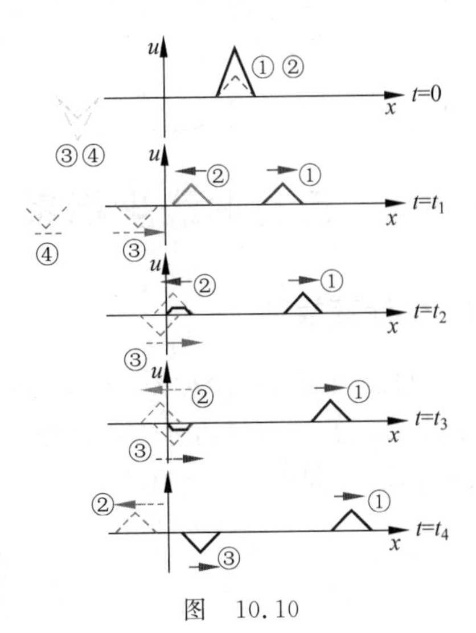

图　10.10

在 $x>0$ 的物理区域，当向后传播的波②到达端点 $x=0$ 时，将会发生反射，根据图中所示的奇延拓性质，波②由波③取代，这时反射波的相位和入射波的相位相反(位移为负)．物理效果是：两个相位相反的波①和波③一起向前传播，这种反射波相位反转的现象称作半波损．

如果初始速度 $\psi(x)\neq 0$，仍然是分解为两个独立的子波沿相反方向传播，只是两个子波的形状将会不同，分别为

$$u_1(x)=\frac{1}{2}\varphi(x)+\frac{1}{2}\int_{-\infty}^{x}\psi(\xi)\mathrm{d}\xi,$$

$$u_2(x)=\frac{1}{2}\varphi(x)-\frac{1}{2}\int_{-\infty}^{x}\psi(\xi)\mathrm{d}\xi.$$

讨论　达朗贝尔公式能用于求解无限长弦的波动方程，对于波的传播和反射给出简明的图像．但这种解法并不具备普遍意义，对于高维的无界问题，可以采用傅里叶变换等方法求解，这是后面几章的任务．达朗贝尔公式表明一维波的传播服从惠更斯原理，但对于二维或三维空间，波的传播是否也服从惠更斯原理呢？将来有机会再做全面考察．

习　题

[1] 求解无限长弦的自由振动，设初始位移为 $\varphi(x)$，初始速度为 $-a\varphi'(x)$．

答案：$u(x,t)=\varphi(x-at)$

[2] 半无限长杆的端点受到纵向力 $F=A\sin\omega t$ 作用，杆的截面积和杨氏模量分别为 S 和 E，设杆的初始位移和速度均为零，求解杆的纵向振动．

提示：采用拉普拉斯变换．

答案：$u(x,t)=\frac{Aa}{ES\omega}\left[\cos\omega\left(t-\frac{x}{a}\right)-1\right]H\left(t-\frac{x}{a}\right)$．

[3] 半无限长弦的初始位移和速度均为零，端点作小振动 $u|_{x=0}=A\sin\omega t$，求解弦的振动．

提示：根据边界条件直接猜测方程的特解或者对方程作拉普拉斯变换．

答案：$u(x,t)=A\sin\omega\left(t-\frac{x}{a}\right)H\left(t-\frac{x}{a}\right)$．

[4] 研究无限长弦的运动：

$$\begin{cases} u_{tt} - a^2 u_{xx} = 0 \quad (-\infty < x < \infty) \\ u|_{t=0} = \phi(x) = 0 \\ u_t|_{t=0} = \psi(x) = \begin{cases} \psi_0 & (x \in [x_1, x_2]) \\ 0 & (x \notin [x_1, x_2]) \end{cases} \end{cases}.$$

10.4 正交曲线坐标系

1. 坐标变换法

设有正交曲线坐标系(q_1, q_2, q_3)，在空间每一点的三个切线方向有三个正交基向量$(\boldsymbol{e}_1, \boldsymbol{e}_2, \boldsymbol{e}_3)$，基向量的方向一般与空间点的位置有关，曲线坐标系$(q_1, q_2, q_3)$与直角坐标系$(x, y, z)$之间以正交变换联系：

$$\begin{cases} x = x(q_1, q_2, q_3) \\ y = y(q_1, q_2, q_3) \\ z = z(q_1, q_2, q_3) \end{cases}.$$

利用坐标基向量的正交性 $\boldsymbol{e}_i \cdot \boldsymbol{e}_j = \delta_{ij}$，三维空间的线元长度为

$$\begin{aligned} (\mathrm{d}s)^2 &= (\mathrm{d}x)^2 + (\mathrm{d}y)^2 + (\mathrm{d}z)^2 \\ &= \sum_j \left(\frac{\partial x}{\partial q_j}\mathrm{d}q_j\right)^2 + \sum_j \left(\frac{\partial y}{\partial q_j}\mathrm{d}q_j\right)^2 + \sum_j \left(\frac{\partial z}{\partial q_j}\mathrm{d}q_j\right)^2 \\ &= \sum_j \left[\left(\frac{\partial x}{\partial q_j}\right)^2 + \left(\frac{\partial y}{\partial q_j}\right)^2 + \left(\frac{\partial z}{\partial q_j}\right)^2\right](\mathrm{d}q_j)^2 \\ &\equiv (\mathrm{d}s_1)^2 + (\mathrm{d}s_2)^2 + (\mathrm{d}s_3)^2. \end{aligned}$$

于是沿曲线坐标 q_j 方向的线元长度为

$$\mathrm{d}s_j = \sqrt{\left(\frac{\partial x}{\partial q_j}\right)^2 + \left(\frac{\partial y}{\partial q_j}\right)^2 + \left(\frac{\partial z}{\partial q_j}\right)^2}\,\mathrm{d}q_j.$$

定义正交曲线坐标系的拉梅系数

$$h_j(q_1, q_2, q_3) \overset{\text{def}}{=} \sqrt{\left(\frac{\partial x}{\partial q_j}\right)^2 + \left(\frac{\partial y}{\partial q_j}\right)^2 + \left(\frac{\partial z}{\partial q_j}\right)^2}, \tag{10.4.1}$$

则有 $\mathrm{d}s_j = h_j \mathrm{d}q_j$.

1）梯度

标量函数 $u(q_1, q_2, q_3)$沿某个曲线坐标 q_j 方向的变化率为

$$\frac{\partial u}{\partial s_j} = \frac{1}{h_j}\frac{\partial u}{\partial q_j},$$

所以标量函数 $u(q_1, q_2, q_3)$的梯度为

$$\nabla u = \frac{1}{h_1}\frac{\partial u}{\partial q_1}\boldsymbol{e}_1 + \frac{1}{h_2}\frac{\partial u}{\partial q_2}\boldsymbol{e}_2 + \frac{1}{h_3}\frac{\partial u}{\partial q_3}\boldsymbol{e}_3. \tag{10.4.2}$$

2）散度

向量函数 $\boldsymbol{A} = A_1\boldsymbol{e}_1 + A_2\boldsymbol{e}_2 + A_3\boldsymbol{e}_3$ 沿 $\boldsymbol{e}_1$ 方向的通量变化为

$$(A_1 ds_2 ds_3)\big|_{q_1+dq_1} - (A_1 ds_2 ds_3)\big|_{q_1} = \left[(A_1 h_2 h_3)\big|_{q_1+dq_1} - (A_1 h_2 h_3)\big|_{q_1}\right] dq_2 dq_3$$

$$= \frac{\partial}{\partial q_1}(A_1 h_2 h_3) dq_1 dq_2 dq_3,$$

所以向量函数 $\boldsymbol{A}(q_1, q_2, q_3)$ 的散度为

$$\nabla \cdot \boldsymbol{A} = \frac{1}{h_1 h_2 h_3}\left[\frac{\partial}{\partial q_1}(A_1 h_2 h_3) + \frac{\partial}{\partial q_2}(A_2 h_3 h_1) + \frac{\partial}{\partial q_3}(A_3 h_1 h_2)\right]. \tag{10.4.3}$$

3）旋度

同样可求得向量函数的旋度为

$$\nabla \times \boldsymbol{A} = \frac{1}{h_1 h_2 h_3}\begin{vmatrix} h_1 \boldsymbol{e}_1 & h_2 \boldsymbol{e}_2 & h_3 \boldsymbol{e}_3 \\ \dfrac{\partial}{\partial q_1} & \dfrac{\partial}{\partial q_2} & \dfrac{\partial}{\partial q_3} \\ h_1 A_1 & h_2 A_2 & h_3 A_3 \end{vmatrix}. \tag{10.4.4}$$

2. 三维拉普拉斯算符

根据 $\Delta u = \nabla \cdot \nabla u$，正交曲线坐标系中拉普拉斯方程的表达式为

$$\Delta u = \frac{1}{h_1 h_2 h_3}\left[\frac{\partial}{\partial q_1}\left(\frac{h_2 h_3}{h_1}\frac{\partial u}{\partial q_1}\right) + \frac{\partial}{\partial q_2}\left(\frac{h_3 h_1}{h_2}\frac{\partial u}{\partial q_2}\right) + \frac{\partial}{\partial q_3}\left(\frac{h_1 h_2}{h_3}\frac{\partial u}{\partial q_3}\right)\right]. \tag{10.4.5}$$

1）球坐标系

坐标变换关系为

$$x = r\sin\theta\cos\varphi, \quad y = r\sin\theta\sin\varphi, \quad z = r\cos\theta,$$

可知拉梅系数为

$$h_r = 1, \quad h_\theta = r, \quad h_\varphi = r\sin\theta.$$

球坐标系中拉普拉斯算符为

$$\Delta u = \frac{1}{r^2}\frac{\partial}{\partial r}\left(r^2\frac{\partial u}{\partial r}\right) + \frac{1}{r^2\sin\theta}\frac{\partial}{\partial \theta}\left(\sin\theta\frac{\partial u}{\partial \theta}\right) + \frac{1}{r^2\sin^2\theta}\frac{\partial^2 u}{\partial \varphi^2}. \tag{10.4.6}$$

2）柱坐标系

坐标变换关系为

$$x = \rho\sin\varphi, \quad y = \rho\sin\varphi, \quad z = z,$$

可知拉梅系数为

$$h_\rho = 1, \quad h_\varphi = \rho, \quad h_z = 1.$$

柱坐标系中拉普拉斯算符为

$$\Delta u = \frac{1}{\rho}\frac{\partial}{\partial \rho}\left(\rho\frac{\partial u}{\partial \rho}\right) + \frac{1}{\rho^2}\frac{\partial^2 u}{\partial \varphi^2} + \frac{\partial^2 u}{\partial z^2}. \tag{10.4.7}$$

3. n 维拉普拉斯算符

推广到 n 维超球坐标系 $(q_1, q_2, \cdots, q_n)$，其拉梅系数为

$$h_j = \sqrt{\sum_{k=1}^{n}\left(\frac{\partial x_k}{\partial q_k}\right)^2},$$

拉普拉斯算符表示为

$$\Delta u = \frac{1}{h_1 h_2 \cdot \cdots \cdot h_n} \sum_{k=1}^{n} \frac{\partial}{\partial q_k}\left(\frac{h_1 h_2 \cdot \cdots \cdot h_n}{h_k^2} \frac{\partial}{\partial q_k}\right). \tag{10.4.8}$$

采用超球坐标系

$$x_k = r\left(\prod_{j=1}^{k-1} \sin\varphi_j\right) \cos\varphi_k \quad (k=1,2,\cdots,n),$$

其中,令$\prod_{j=1}^{0} \sin\varphi_j = 1$, $0 \leqslant \varphi_k \leqslant \pi (k=1,2,\cdots,n-2)$, $0 \leqslant \varphi_{n-1} \leqslant 2\pi$,具体表示如下:

$$\begin{aligned}
&x_1 = r\cos\varphi_1, \\
&x_2 = r\sin\varphi_1 \cos\varphi_2, \\
&x_3 = r\sin\varphi_1 \sin\varphi_2 \cos\varphi_3, \\
&\vdots \\
&x_{n-1} = r\sin\varphi_1 \sin\varphi_2 \cdot \cdots \cdot \sin\varphi_{n-2} \cos\varphi_{n-1}, \\
&x_n = r\sin\varphi_1 \sin\varphi_2 \cdot \cdots \cdot \sin\varphi_{n-2} \sin\varphi_{n-1}.
\end{aligned}$$

相应的拉梅系数为

$$\begin{aligned}
&h_1 = 1, \quad h_2 = r, \quad h_3 = r\sin\varphi_1, \cdots \\
&\vdots \\
&h_{n-1} = r\sin\varphi_1 \sin\varphi_2 \cdot \cdots \cdot \sin\varphi_{n-3}, \\
&h_n = r\sin\varphi_1 \sin\varphi_2 \cdot \cdots \cdot \sin\varphi_{n-2}.
\end{aligned}$$

所以拉普拉斯算符为

$$\begin{aligned}
\Delta u = {} & \frac{1}{r^{n-1}} \frac{\partial}{\partial r}\left(r^{n-1} \frac{\partial u}{\partial r}\right) + \frac{1}{r^2 \sin^{n-2}\varphi_1} \frac{\partial}{\partial \varphi_1}\left(\sin^{n-2}\varphi_1 \frac{\partial u}{\partial \varphi_1}\right) + \cdots + \\
& \frac{1}{r^2 \sin^2\varphi_1 \cdot \cdots \cdot \sin^2\varphi_{k-1} \sin^{n-(k+1)}\varphi_k} \frac{\partial}{\partial \varphi_k}\left(\sin^{n-(k+1)}\varphi_k \frac{\partial u}{\partial \varphi_k}\right) + \cdots + \\
& \frac{1}{r^2 \sin^2\varphi_1 \cdot \cdots \cdot \sin^2\varphi_{k-1} \sin^2\varphi_{n-2}} \frac{\partial^2 u}{\partial \varphi_{n-1}^2}.
\end{aligned} \tag{10.4.9}$$

容易证明,坐标变换的雅可比行列式为

$$\det J = r^{n-1} (\sin\varphi_1)^{n-2} (\sin\varphi_2)^{n-3} \cdot \cdots \cdot \sin\varphi_{n-2},$$

而体积元的变换为

$$\begin{aligned}
&\mathrm{d}^n x = \det J \, \mathrm{d}r \mathrm{d}\varphi_1 \cdot \cdots \cdot \mathrm{d}\varphi_{n-1} = r^{n-1} \mathrm{d}r \mathrm{d}\Omega_n, \\
&\mathrm{d}\Omega_n = (\sin\varphi_1)^{n-2} (\sin\varphi_2)^{n-3} \cdot \cdots \cdot \sin\varphi_{n-2} \mathrm{d}\varphi_1 \cdot \cdots \cdot \mathrm{d}\varphi_{n-1}.
\end{aligned}$$

注记

我们也可以从几何观点直观地推导曲线坐标系中的拉普拉斯算符.

1) 柱坐标系

$$\begin{cases} x = \rho\cos\varphi \\ y = \rho\sin\varphi, \\ z = z \end{cases} \quad \begin{cases} \boldsymbol{e}_\rho = \boldsymbol{i}\cos\varphi + \boldsymbol{j}\sin\varphi \\ \boldsymbol{e}_\varphi = -\boldsymbol{i}\sin\varphi + \boldsymbol{j}\cos\varphi. \\ \boldsymbol{e}_z = \boldsymbol{k} \end{cases}$$

对基向量取偏导数,有

$$\frac{\partial \boldsymbol{e}_\rho}{\partial \varphi}=e_\varphi,\quad \frac{\partial \boldsymbol{e}_\varphi}{\partial \varphi}=-\boldsymbol{e}_\rho,\quad \frac{\partial \boldsymbol{e}_z}{\partial \varphi}=0,$$

$$\frac{\partial \boldsymbol{e}_\rho}{\partial \rho}=\frac{\partial \boldsymbol{e}_\varphi}{\partial \rho}=\frac{\partial \boldsymbol{e}_z}{\partial \rho}=0,$$

$$\frac{\partial \boldsymbol{e}_\rho}{\partial z}=\frac{\partial \boldsymbol{e}_\varphi}{\partial z}=\frac{\partial \boldsymbol{e}_z}{\partial z}=0,$$

$$\nabla=\boldsymbol{e}_\rho \frac{\partial}{\partial \rho}+\boldsymbol{e}_\varphi \frac{1}{\rho} \frac{\partial}{\partial \varphi}+\boldsymbol{e}_z \frac{\partial}{\partial z}=\boldsymbol{i} \frac{\partial}{\partial x}+\boldsymbol{j} \frac{\partial}{\partial y}+\boldsymbol{k} \frac{\partial}{\partial z},$$

$$\nabla^2=\nabla\cdot\nabla=\left(\boldsymbol{e}_\rho \frac{\partial}{\partial \rho}+\boldsymbol{e}_\varphi \frac{1}{\rho} \frac{\partial}{\partial \varphi}+\boldsymbol{e}_z \frac{\partial}{\partial z}\right)\cdot\left(\boldsymbol{e}_\rho \frac{\partial}{\partial \rho}+\boldsymbol{e}_\varphi \frac{1}{\rho} \frac{\partial}{\partial \varphi}+\boldsymbol{e}_z \frac{\partial}{\partial z}\right).$$

基向量的偏导数也可以从几何图像获得，读者可以参看图 10.11 进行推导. 于是拉普拉斯算符为

$$\Delta u=\frac{1}{\rho} \frac{\partial}{\partial \rho}\left(\rho \frac{\partial u}{\partial \rho}\right)+\frac{1}{\rho^2} \frac{\partial^2 u}{\partial \varphi^2}+\frac{\partial^2 u}{\partial z^2}.$$

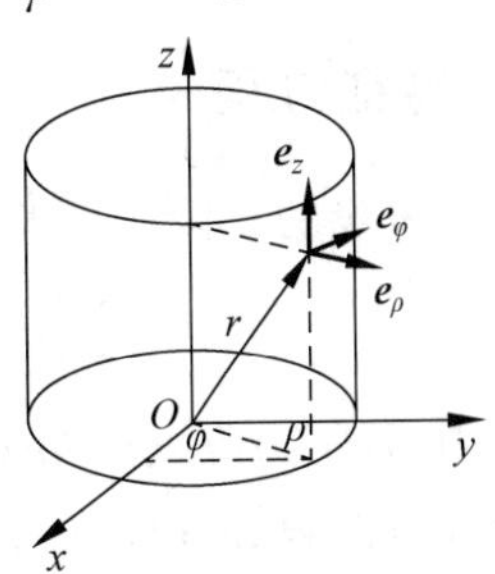

图　10.11

2）球坐标系

$$\begin{cases}x=r\sin\theta\cos\varphi\\ y=r\sin\theta\sin\varphi\\ z=r\cos\theta\end{cases},\quad \begin{cases}\boldsymbol{e}_r=\boldsymbol{i}\sin\theta\sin\varphi+\boldsymbol{j}\sin\theta\cos\varphi+\boldsymbol{k}\cos\theta\\ \boldsymbol{e}_\theta=\boldsymbol{i}\cos\theta\cos\varphi+\boldsymbol{j}\cos\theta\sin\varphi-\boldsymbol{k}\sin\theta\\ \boldsymbol{e}_\varphi=-\boldsymbol{i}\sin\varphi+\boldsymbol{j}\cos\varphi\end{cases}.$$

对基向量取偏导数：

$$\frac{\partial \boldsymbol{e}_r}{\partial \theta}=\boldsymbol{e}_\theta,\quad \frac{\partial \boldsymbol{e}_\theta}{\partial \theta}=-\boldsymbol{e}_r,\quad \frac{\partial \boldsymbol{e}_\varphi}{\partial \theta}=0,$$

$$\frac{\partial \boldsymbol{e}_r}{\partial \varphi}=\boldsymbol{e}_\varphi\sin\theta,\quad \frac{\partial \boldsymbol{e}_\theta}{\partial \varphi}=-\boldsymbol{e}_\varphi\cos\theta,$$

$$\frac{\partial \boldsymbol{e}_\varphi}{\partial \varphi}=-\boldsymbol{e}_r\sin\theta-\boldsymbol{e}_\theta\cos\theta,$$

$$\frac{\partial \boldsymbol{e}_r}{\partial r}=\frac{\partial \boldsymbol{e}_\theta}{\partial r}=\frac{\partial \boldsymbol{e}_\varphi}{\partial r}=0,$$

$$\nabla=\boldsymbol{e}_r \frac{\partial}{\partial r}+\boldsymbol{e}_\theta \frac{1}{r} \frac{\partial}{\partial \theta}+\boldsymbol{e}_\varphi \frac{1}{r\sin\theta} \frac{\partial}{\partial \varphi},$$

$$\nabla^2=\nabla\cdot\nabla=\left(\boldsymbol{e}_r \frac{\partial}{\partial r}+\boldsymbol{e}_\theta \frac{1}{r} \frac{\partial}{\partial \theta}+\boldsymbol{e}_\varphi \frac{1}{r\sin\theta} \frac{\partial}{\partial \varphi}\right)\cdot \left(\boldsymbol{e}_r \frac{\partial}{\partial r}+\boldsymbol{e}_\theta \frac{1}{r} \frac{\partial}{\partial \theta}+\boldsymbol{e}_\varphi \frac{1}{r\sin\theta} \frac{\partial}{\partial \varphi}\right).$$

基向量的偏导数同样可以参看图 10.12 进行推导. 于是拉普拉斯算符为

$$\Delta u=\frac{1}{r^2} \frac{\partial}{\partial r}\left(r^2 \frac{\partial u}{\partial r}\right)+\frac{1}{r^2\sin\theta} \frac{\partial}{\partial \theta}\left(\sin\theta \frac{\partial u}{\partial \theta}\right)+\frac{1}{r^2\sin^2\theta} \frac{\partial^2 u}{\partial \varphi^2}.$$

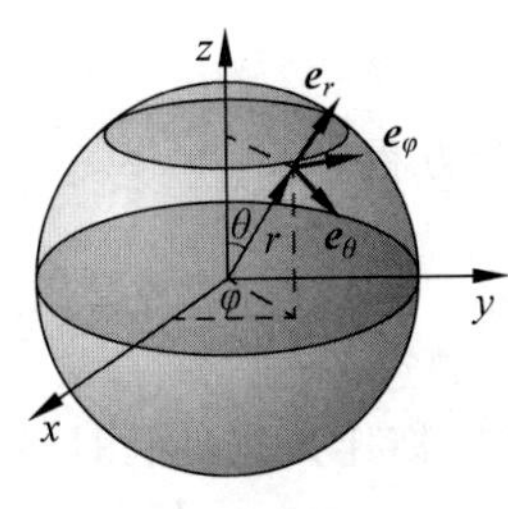

图　10.12

但凡学习数学或物理学的人都应该亲自动手推导一遍，只需一遍就够了. 除了上述圆柱坐标系和球坐标系，还有圆锥坐标系、椭球坐标系等，可参看王竹溪、郭敦仁的《特殊函数概论》.

习　题

[1] 证明正交曲线坐标系的向量旋度公式：

$$\nabla\times\boldsymbol{A}=\frac{1}{h_1h_2h_3}\begin{vmatrix}h_1\boldsymbol{e}_1 & h_2\boldsymbol{e}_2 & h_3\boldsymbol{e}_3\\ \dfrac{\partial}{\partial q_1} & \dfrac{\partial}{\partial q_2} & \dfrac{\partial}{\partial q_3}\\ h_1A_1 & h_2A_2 & h_3A_3\end{vmatrix}.$$

10.5 偏微分方程分类

1. 特征方程

一般的二阶线性偏微分方程为

$$\sum_{i,j}a_{ij}(x)u_{x_ix_j}+\sum_i b_i(x)u_{x_i}+c(x)u+f(x)=0,$$

其中，$a_{ij}(x)$，$b_i(x)$，$c(x_k)$，$f(x_k)$是自变量 $x_1,x_2,\cdots,x_n$ 的函数，与物理量 u 无关，该方程为线性微分方程.如果 $f(x)=0$，则方程为齐次的，否则为非齐次方程.

下面仅限于讨论两个自变量(x,y)偏微分方程的分类：

$$a_{11}u_{xx}+2a_{12}u_{xy}+a_{22}u_{yy}+b_1u_x+b_2u_y+cu+f=0,\tag{10.5.1}$$

其中，a_{11}，a_{12}，a_{22}，b_1，c，f 都只是 x 和 y 的实函数，作自变量替换，

$$\begin{cases}x=x(\xi,\eta)\\ y=y(\xi,\eta)\end{cases}\mapsto\begin{cases}\xi=\xi(x,y)\\ \eta=\eta(x,y)\end{cases},$$

方程化成

$$A_{11}u_{\xi\xi}+2A_{12}u_{\xi\eta}+A_{22}u_{\eta\eta}+B_1u_\xi+B_2u_\eta+Cu+F=0,$$

其中，

$$A_{11}(\xi,\eta)=a_{11}\xi_x^2+2a_{12}\xi_x\xi_y+a_{22}\xi_y^2=0,$$

$$A_{22}(\xi,\eta)=a_{11}\eta_x^2+2a_{12}\eta_x\eta_y+a_{22}\eta_y^2=0,$$

$$A_{12}(\xi,\eta)=a_{11}\xi_x\eta_x+a_{12}(\xi_x\eta_y+\xi_y\eta_x)+a_{22}\xi_y\eta_y=0.$$

为了化简方程，选取新自变量(ξ,η)以使 $A_{11}=0$ 或 $A_{22}=0$，即满足条件

$$a_{11}z_x^2+2a_{12}z_xz_y+a_{22}z_y^2=0$$

或者

$$a_{11}\left(-\frac{z_x}{z_y}\right)^2-2a_{12}\left(-\frac{z_x}{z_y}\right)+a_{22}=0.$$

对于曲线方程 $z(x,y)=C$，有$\dfrac{\mathrm{d}y}{\mathrm{d}x}=-\dfrac{z_x}{z_y}$，上述条件化为一阶微分方程

$$a_{11}\left(\frac{\mathrm{d}y}{\mathrm{d}x}\right)^2-2a_{12}\left(\frac{\mathrm{d}y}{\mathrm{d}x}\right)+a_{22}=0,\tag{10.5.2}$$

式(10.5.2)称作二阶偏微分方程的特征方程，其积分曲线 $z(x,y)=C$ 称作方程的特征线.特征方程的两个解分别为

$$\begin{cases} \dfrac{\mathrm{d}y}{\mathrm{d}x}=\dfrac{a_{12}+\sqrt{a_{12}^2-a_{11}a_{22}}}{a_{11}}, \\ \dfrac{\mathrm{d}y}{\mathrm{d}x}=\dfrac{a_{12}-\sqrt{a_{12}^2-a_{11}a_{22}}}{a_{11}}. \end{cases} \tag{10.5.3}$$

2. 偏微分方程分类

根据特征方程解的形式,可以将偏微分方程进行分类,令

$$\Delta=a_{12}^2-a_{11}a_{22},$$

则方程可分为三种类型.

(1) 双曲型方程: $\Delta>0$.

特征方程有两条实特征线: $\xi(x,y)=C_1$, $\eta(x,y)=C_2$,取(ξ,η)为新的自变量,则$A_{11}=0$,$A_{22}=0$,二阶偏微分方程变成

$$u_{\xi\eta}=-\frac{1}{2A_{12}}[B_1u_\xi+B_2u_\eta+Cu+F]=0.$$

进一步作替换

$$\begin{cases}\xi=\alpha+\beta \\ \eta=\alpha-\beta\end{cases},$$

可将方程化为标准双曲型方程

$$u_{\alpha\alpha}-u_{\beta\beta}=-\frac{1}{A_{12}}[(B_1+B_2)u_\alpha+(B_1-B_2)u_\beta+2Cu+2F]. \tag{10.5.4}$$

波动方程等属于双曲型偏微分方程.

(2) 抛物型方程: $\Delta=0$.

此时特征方程的两个特征解合而为一,给出一条实特征线$\xi(x,y)=C$,取(ξ,η)为新的自变量,由于

$$a_{12}=\pm\sqrt{a_{11}a_{22}},\quad \frac{\xi_x}{\xi_y}=-\frac{\mathrm{d}y}{\mathrm{d}x}=-\frac{a_{12}}{a_{11}},$$

由此可知

$$A_{11}=A_{22}=0,\quad A_{22}\neq 0,$$

于是方程化为

$$u_{\eta\eta}=-\frac{1}{A_{22}}[B_1u_\xi+B_2u_\eta+Cu+F]=0. \tag{10.5.5}$$

这就是标准抛物型方程,扩散方程等属于这一类型.

(3) 椭圆型方程: $\Delta<0$.

此时特征方程没有实数解,但可以形式地取复常数C,方程的解为

$$\xi(x,y)=\overline{\eta}(x,y)=C.$$

虽然它不能被解释为平面上的一条曲线,但取(ξ,η)为新的自变量,仍有

$$A_{11}=0,\quad A_{22}=0$$

及

$$u_{\xi\eta} = -\frac{1}{2A_{12}}[B_1 u_\xi + B_2 u_\eta + Cu + F] = 0.$$

注意到约束关系：$\xi = \overline{\eta}$，取新自变量

$$\begin{cases} \xi = \alpha + \mathrm{i}\beta \\ \eta = \alpha - \mathrm{i}\beta \end{cases} \quad (\alpha, \beta \in \mathbb{R}),$$

便得到标准椭圆型方程

$$u_{\alpha\alpha} + u_{\beta\beta} = -\frac{1}{A_{12}}[(B_1 + B_2)u_\alpha + \mathrm{i}(B_1 - B_2)u_\beta + 2Cu + 2F]. \quad (10.5.6)$$

泊松方程等属于这一类型.

注记

根据

$$A_{12}^2 - A_{11}A_{22} = (a_{12}^2 - a_{11}a_{22})(\xi_x \eta_y - \xi_y \eta_x)^2,$$

所以 Δ 的符号在变量替换下保持不变，即方程的类型保持不变. 另外，由于 $\Delta = a_{12}^2 - a_{11}a_{22}$ 是 (x, y) 的函数，所以一般的偏微分方程可能在不同的区域显示为不同的类型. 如果雅可比行列式 $\det J = \xi_x \eta_y - \xi_y \eta_x \equiv 1$，则 Δ 在坐标变换下保持不变.

一般的圆锥曲线都可以用二次型函数描述，二次型函数按照圆锥曲线分为三类：椭圆型、双曲型和抛物型. 对于两个自变量 (x, y) 的二阶偏微分方程，如果系数是常数，那么将方程作傅里叶变换后，就转化为一个二次型的代数方程，它也分为椭圆型、双曲型和抛物型三种. 对于变系数的二阶偏微分方程，虽然不能明显地通过积分变换转化为代数方程，但已经能够从中看出一些端倪.

习　题

[1] 把下列方程化为标准型：

(a) $au_{xx} + 2au_{xy} + au_{yy} + bu_x + cu_y + u = 0$；

(b) $u_{xx} - 2u_{xy} - 3u_{yy} + 2u_x + 6u_y = 0$；

(c) $4y^2 u_{xx} - \mathrm{e}^{2x} u_{yy} - 4y^2 u_x = 0$.

答案：

(a) $\xi = y - x$，　$\eta = x$，　$u_{\eta\eta} + \frac{c-b}{a}u_\xi + \frac{b}{a}u_\eta + \frac{1}{a}u = 0$；

(b) $\xi = x - y$，　$\eta = 3x + y$，　$4u_{\xi\eta} - u_\xi + 3u_\eta = 0$；

(c) $\xi = y^2 + \mathrm{e}^x$，　$\eta = y^2 - \mathrm{e}^x$，　$4(\xi + \eta)u_{\xi\eta} + u_\xi + u_\eta = 0$.

第11章

分离变量法

本方法适用于有限系统的定解问题，基本思想是把偏微分方程分解为几个常微分方程，其中一些常微分方程因存在齐次边界条件而构成本征值问题. 由于本章的本征函数都是三角函数，所以该方法的实质就是傅里叶级数展开法，需要根据定解条件求出展开系数.

11.1 齐次边界问题

本节讨论的定解问题具有齐次边界条件(homogeneous boundary condition). 在大多数情况下，齐次边界条件是求解微分方程定解问题的前提条件. 我们将分两种情形讨论：一是齐次微分方程(homogeneous differential equation)；二是非齐次微分方程(inhomogeneous differential equation).

1. 齐次微分方程

例 11.1 求解两端固定弦的定解问题

$$\begin{cases} u_{tt}=a^2u_{xx} \quad (0\leqslant x\leqslant l) \\ u(0,t)=u(l,t)=0 \\ u(x,0)=\phi(x), \quad u_t(x,0)=\psi(x) \end{cases}.$$

解 波在两个端点之间来回反射，形成稳定的驻波. 驻波只是一种集体振动，并不传播能量，假设方程的解在形式上可以分解为两个独立自变量的函数之积，$u(x,t)=X(x)T(t)$，代入波动方程有

$$XT''=a^2X''T \rightarrow \frac{T''}{a^2T}=\frac{X''}{X}\equiv-\lambda,$$

其中，λ 为分离变量常数，于是得到两个常微分方程：

$$X''(x)+\lambda X(x)=0,$$

$$T''(t)+\lambda a^2T(t)=0.$$

由齐次边界条件可知

$$\begin{cases} X(0)T(t)=0 \\ X(l)T(t)=0 \end{cases} \rightarrow X(0)=0, \quad X(l)=0,$$

由于必须满足齐次边界条件,必有 $\lambda \geqslant 0$,此时方程的解为

$$X_n(x)=\sin\left(\frac{n\pi}{l}x\right),$$

$$\lambda_n=\left(\frac{n\pi}{l}\right)^2 \quad (n=1,2,3,\cdots).$$

由此发现,分离变量常数 λ 只能取一些不连续的数值,称作方程的本征值,相应的解 $X_n(x)$ 称作本征函数,这类问题统称为本征值问题.

将本征值 λ_n 代入时间相关部分方程,解得

$$T_n(t)=A_n\cos\left(\frac{n\pi a}{l}t\right)+B_n\sin\left(\frac{n\pi a}{l}t\right) \quad (n=1,2,3,\cdots),$$

于是本征振动模为

$$\begin{aligned} u_n(x,t) &= \sin\left(\frac{n\pi}{l}x\right)\left[A_n\cos\left(\frac{n\pi a}{l}t\right)+B_n\sin\left(\frac{n\pi a}{l}t\right)\right] \\ &= N_n\sin\left(\frac{n\pi}{l}x\right)\sin\left(\frac{n\pi a}{l}t+\phi_n\right), \end{aligned}$$

其中,模和初相位为

$$N_n=\sqrt{A_n^2+B_n^2}, \quad \phi_n=\arctan\frac{A_n}{B_n}.$$

上式可视为弦以频率 $\omega_n=\dfrac{n\pi a}{l}$ 作本征振荡,振幅为 $a_n=N_n\sin\left(\dfrac{n\pi}{l}x\right)$. 不同的本征振动模如图 11.1(a)所示,每个模有一些不动点,称作节点. 两个节点之间的弦以同相振动,节点两边的弦以反相振动. 图 11.1(b)显示空气中等距离悬浮的小球,它揭示了超声波形成的疏密驻波.

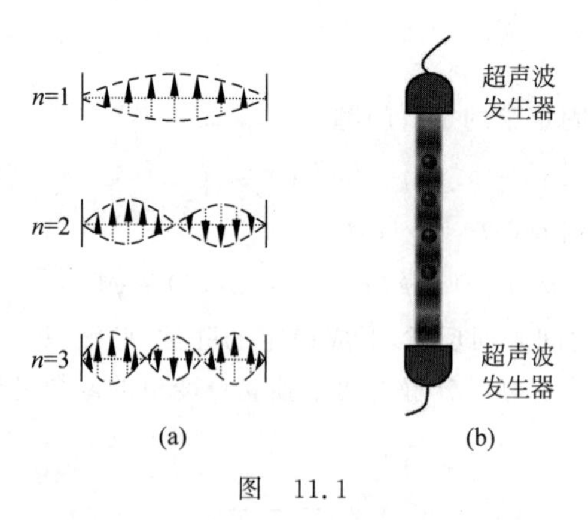

图 11.1

注意,本征振动函数 $u_n(x,t)$ 并不能满足初始条件. 为了得到满足初始条件的定解,需要将上述本征函数作线性叠加,

$$u(x,t)=\sum_{n=1}^{\infty}\left[A_n\cos\left(\frac{n\pi a}{l}t\right)+B_n\sin\left(\frac{n\pi a}{l}t\right)\right]\sin\left(\frac{n\pi}{l}x\right),$$

代入初始条件可求得叠加系数 A_n、B_n，

$$u(x,0)=\sum_{n=1}^{\infty}A_n\sin\left(\frac{n\pi x}{l}\right)=\phi(x),$$

$$u_t(x,0)=\sum_{n=1}^{\infty}\frac{n\pi a}{l}B_n\sin\left(\frac{n\pi x}{l}\right)=\psi(x).$$

它们实际上就是 $\phi(x)$、$\psi(x)$分别按傅里叶正弦级数展开的系数：

$$A_n=\frac{2}{l}\int_0^l\phi(\xi)\sin\left(\frac{n\pi\xi}{l}\right)\mathrm{d}\xi,\quad B_n=\frac{2}{n\pi a}\int_0^l\psi(\xi)\sin\left(\frac{n\pi\xi}{l}\right)\mathrm{d}\xi.$$

讨论

(1) 如果 $\lambda<0$,会有什么后果?

(2) 振动的频率与弦长成反比,解释了毕达哥拉斯的朴素观察. 不仅如此,同一根弦可以有成整数倍的本征频率.

(3) 本征模 n 越大,节点数越多,弦的振动频率越大. 这一点意义深远,由于振动的能量与振动频率成正比,暗示函数的高频傅里叶模必会受到抑制,否则将出现“紫外灾难”.

例 11.2　求解两端自由杆的波动方程

$$\begin{cases}u_{tt}=a^2u_{xx} & (0\leqslant x\leqslant l)\\ u_x(0,t)=0, & u_x(l,t)=0\\ u(x,0)=\phi(x), & u_t(x,0)=\psi(x)\end{cases}.$$

解　假设 $u(x,t)=X(x)T(t)$,代入方程进行分离变量,先求解关于 x 的方程,

$$\begin{cases}X''(x)+\lambda X(x)=0\\ X'(0)=X'(l)=0\end{cases}.$$

这是第二类齐次边界条件,其本征函数和本征值为

$$X_n(x)=\cos\frac{n\pi x}{l},$$

$$\lambda_n=\left(\frac{n\pi}{l}\right)^2\quad(n=0,1,2,3,\cdots).$$

将本征值 λ_n 代入关于 $T(t)$的方程,解得

$$T_0(t)=A_0+B_0t\quad(n=0),$$

$$T_n(t)=A_n\cos\left(\frac{n\pi a}{l}t\right)+B_n\sin\left(\frac{n\pi a}{l}t\right)\quad(n=1,2,\cdots),$$

其中,A_0、B_0、A_n、B_n 均为待定常数. 本征振动解为

$$u_0(x,t)=A_0+B_0t\quad(n=0),$$

$$u_n(x,t)=\left[A_n\cos\left(\frac{n\pi a}{l}t\right)+B_n\sin\left(\frac{n\pi a}{l}t\right)\right]\cos\left(\frac{n\pi}{l}x\right)\quad(n=1,2,\cdots).$$

同样,本征振动不能满足初始条件,必须将所有本征模作线性叠加,即

$$u(x,t)=A_0+B_0t+\sum_{n=1}^{\infty}\left[A_n\cos\left(\frac{n\pi a}{l}t\right)+B_n\sin\left(\frac{n\pi a}{l}t\right)\right]\cos\left(\frac{n\pi}{l}x\right).$$

由初始条件确定常数 A_0、B_0、A_n、B_n 的值,

$$A_0+\sum_{n=1}^{\infty}A_n\cos\left(\frac{n\pi}{l}x\right)=\phi(x),$$

$$B_0+\sum_{n=1}^{\infty}\frac{n\pi a}{l}B_n\cos\left(\frac{n\pi}{l}x\right)=\psi(x).$$

它相当于将 $\phi(x)$ 和 $\psi(x)$ 作傅里叶余弦级数展开,展开系数为

$$A_0=\frac{1}{l}\int_0^l\phi(\xi)\mathrm{d}\xi,\quad A_n=\frac{2}{l}\int_0^l\phi(\xi)\cos\left(\frac{n\pi}{l}\xi\right)\mathrm{d}\xi,$$

$$B_0=\frac{1}{l}\int_0^l\psi(\xi)\mathrm{d}\xi,\quad B_n=\frac{2}{n\pi a}\int_0^l\psi(\xi)\cos\left(\frac{n\pi}{l}\xi\right)\mathrm{d}\xi.$$

例 11.3 一根长为 l 的均匀细杆,其右端保持绝热,左端保持零度,给定杆内的初始温度分布为 $\phi(x)$,求在没有热源的情况下杆在任意时刻的温度分布.

解 根据题意列出运动方程和定解条件:

$$\begin{cases}u_t=a^2u_{xx}\quad(0\leqslant x\leqslant l)\\u(0,t)=u_x(l,t)=0\\u(x,0)=\phi(x)\end{cases},$$

设分离变量法的形式解为 $u(x,t)=X(x)T(t)$,有

$$\begin{cases}X''(x)+\lambda X(x)=0\\X(0)=0,\quad X'(l)=0\end{cases},$$

$$T'+a^2\lambda T=0.$$

必须先求本征值和本征函数

$$X_n(x)=\sin\left[\left(n+\frac{1}{2}\right)\frac{\pi x}{l}\right],$$

$$\lambda_n=\left[\left(n+\frac{1}{2}\right)\frac{\pi}{l}\right]^2\quad(n=0,1,2,3,\cdots).$$

然后再求 $T(t)$ 的表达式,对于不同的本征值 λ_n,$T(t)$ 也不一样,有

$$T_n(t)=A_n\exp\left[-\left(n+\frac{1}{2}\right)^2\frac{\pi^2a^2t}{l^2}\right].$$

为了满足初始条件,方程的一般解仍需表示成所有本征解的线性叠加:

$$u(x,t)=\sum_{n=0}^{\infty}A_n\exp\left[-\left(n+\frac{1}{2}\right)^2\frac{\pi^2a^2t}{l^2}\right]\sin\left[\left(n+\frac{1}{2}\right)\frac{\pi x}{l}\right],$$

利用初始条件确定叠加系数

$$A_n=\frac{2}{l}\int_0^l\phi(\xi)\sin\left[\left(n+\frac{1}{2}\right)\frac{\pi\xi}{l}\right]\mathrm{d}\xi.$$

例如,取初始条件 $\phi(x)=\frac{u_0}{l}x$,有

$$u(x,t)=\frac{2u_0}{\pi^2}\sum_{n=0}^{\infty}\frac{(-1)^n}{\left(n+\frac{1}{2}\right)^2}\exp\left[-\left(n+\frac{1}{2}\right)^2\frac{\pi^2a^2t}{l^2}\right]\sin\left[\left(n+\frac{1}{2}\right)\frac{\pi x}{l}\right].$$

对于热传导问题，级数展开的系数随时间按指数衰减，不再像波动方程那样是随时间振荡. 不同本征模的温度衰减速度不一样，也可理解为不同本征模的热传导速度不一样.

从本例再次看出齐次边界条件的重要性，除了后文要讲到的情形，原则上如果边界条件不是齐次的，就不能直接求方程的定解问题.

2. 非齐次微分方程

对于非齐次方程 $\hat{L}u=f(x,t)$，通常采用本征函数展开法（傅里叶级数）求解，其基本思路如下：

(1) 假设相应齐次方程 $\hat{L}u=0$ 的本征函数为 $X_n(x)$，将方程的一般解 u 按照本征函数作级数展开，即 $u(x,t)=\sum\limits_n T_n(t)X_n(x)$，将含时函数 $T_n(t)$ 视作"待定系数"；

(2) 方程右边的非齐次项也作相应的展开：$f(x,t)=\sum\limits_n f_n(t)X_n(x)$；

(3) 将用本征函数展开的 $u(x,t)$ 代入泛定方程，根据本征函数的正交性，分离出"系数"$T_n(t)$ 所满足的常微分方程；

(4) 初始条件也需按本征函数展开：$u(x,0)\equiv\phi(x)=\sum\limits_n \phi_n X_n(x)$，由此得到 $T_n(t)$ 满足的初始条件，从而解出其具体的表达式.

例 11.4　求解定解问题：

$$\begin{cases} u_{tt}-a^2u_{xx}=A\cos\dfrac{\pi x}{l}\sin\omega t \\ u_x\big|_{x=0}=0, \quad u_x\big|_{x=l}=0 \\ u\big|_{t=0}=\phi(x), \quad u_t\big|_{t=0}=\psi(x) \end{cases}.$$

解　这是第二类齐次边界问题，相应于齐次方程的本征函数是

$$X_n(x)=\cos\left(\frac{n\pi}{l}x\right)\quad (n=0,1,2,3,\cdots).$$

假设方程的解具有如下形式：

$$u(x,t)=\sum_{n=0}^{\infty}T_n(t)\cos\frac{n\pi x}{l},$$

将其代入非齐次方程，得

$$\sum_{n=0}^{\infty}\left[T''_n(t)+\frac{n^2\pi^2a^2}{l^2}T_n(t)\right]\cos\frac{n\pi x}{l}=A\cos\frac{\pi x}{l}\sin\omega t.$$

比较两边本征函数的系数，得到关于 $T_n(t)$ 的常微分方程

$$\begin{cases} T''_1(t)+\dfrac{\pi^2a^2}{l^2}T_1(t)=A\sin\omega t \\ T''_n(t)+\dfrac{n^2\pi^2a^2}{l^2}T_n(t)=0 \quad (n\neq 1) \end{cases}.$$

为了求解 $T_n(t)$，还需要知道它满足的初始条件，为此把 $u(x,t)$ 满足的初始条件也按本征函数展开：

$$u(x,0)=\sum_{n=0}^{\infty}T_n(0)\cos\frac{n\pi x}{l}\equiv\phi(x)=\sum_{n=0}^{\infty}\phi_n\cos\frac{n\pi x}{l},$$

$$u_t(x,0)=\sum_{n=0}^{\infty}T'_n(0)\cos\frac{n\pi x}{l}\equiv\psi(x)=\sum_{n=0}^{\infty}\psi_n\cos\frac{n\pi x}{l}.$$

于是 $T_n(t)$满足的初始条件为

$$T_0(0)=\phi_0=\frac{1}{l}\int_0^l\phi(\xi)\,\mathrm{d}\xi,\quad T_n(0)=\phi_n=\frac{2}{l}\int_0^l\phi(\xi)\cos\frac{n\pi\xi}{l}\mathrm{d}\xi,$$

$$T'_0(0)=\psi_0=\frac{1}{l}\int_0^l\psi(\xi)\,\mathrm{d}\xi,\quad T'_n(0)=\psi_n=\frac{2}{l}\int_0^l\psi(\xi)\cos\frac{n\pi\xi}{l}\mathrm{d}\xi.$$

由此解得

$$T_0(t)=\phi_0+\psi_0 t,$$

$$T_n(t)=\phi_n\cos\frac{n\pi at}{l}+\frac{l}{n\pi a}\psi_n\sin\frac{n\pi at}{l}\quad(n\neq 0,1),$$

$$T_1(t)=\frac{Al}{\pi a}\frac{1}{\omega^2-\pi^2a^2/l^2}\left(\omega\sin\frac{\pi at}{l}-\frac{\pi a}{l}\sin\omega t\right)+\phi_1\cos\frac{\pi at}{l}+\frac{l}{\pi a}\psi_1\sin\frac{\pi at}{l}.$$

最终方程的解为

$$u(x,t)=\frac{Al}{\pi a}\frac{1}{\omega^2-\pi^2a^2/l^2}\left(\omega\sin\frac{\pi at}{l}-\frac{\pi a}{l}\sin\omega t\right)\cos\frac{\pi x}{l}+\phi_0+\psi_0 t+$$
$$\sum_{n=1}^{\infty}\left(\phi_n\cos\frac{n\pi at}{l}+\frac{l}{n\pi a}\psi_n\sin\frac{n\pi at}{l}\right)\cos\frac{n\pi x}{l}.$$

解法 2 本题还有另一种更简便的解法，就是设法猜出方程的一个特解，从而将方程化为齐次方程且同时满足齐次边界条件. 在例 11.4 中根据非齐次项的特点，可以尝试如下特解：

$$v(x,t)=B\cos\frac{\pi x}{l}\sin\omega t,$$

代入方程，解得

$$B=\frac{A}{(\pi a/l)^2-\omega^2}.$$

再令 $u(x,t)=v(x,t)+w(x,t)$，则 $w(x,t)$同时满足齐次微分方程和齐次边界条件

$$\begin{cases}w_{tt}-a^2w_{xx}=0\\ w_x\big|_{x=0}=0,\quad w_x\big|_{x=l}=0\\ w\big|_{t=0}=\phi(x),\quad w_t\big|_{t=0}=\psi(x)-B\omega\cos\dfrac{\pi x}{l}\end{cases}.$$

以下按照例 11.2 的方法求解即可. 这种解法显得更加简洁便利，但前提是找到合适的特解，这需要仔细比较方程非齐次项与本征函数的特征.

讨论

(1) 解的物理意义，受迫振动和共振；

(2) 为何只有系统的基频 $\omega_0=\dfrac{\pi a}{l}$ 才与外加的驱动频率 ω 发生共振?

(3) 如果方程右边的外驱动为 $f(x,t)=A\sin\omega t$,还会发生共振吗?

3. 矩形域问题

例 11.5　矩形域上求解二维泊松方程的边界值问题:

$$\begin{cases}\Delta_2 u=-2\\ u\big|_{x=0}=0,\quad u\big|_{x=a}=0.\\ u\big|_{y=0}=0,\quad u\big|_{y=b}=0\end{cases}$$

解　由于方程的非齐次项为多项式,可以尝试一个多项式的特解将其化为齐次方程,取

$$v(x,y)=x(a-x),$$

令 $u(x,y)=v(x,y)+w(x,y)$,则 $w(x,y)$ 满足定解问题

$$\begin{cases}\Delta_2 w=0\\ w\big|_{x=0}=0,\quad w\big|_{x=a}=0\\ w\big|_{y=0}=x(x-a),\quad w\big|_{y=b}=x(x-a)\end{cases}.$$

分离变量 $w(x,y)=X(x)Y(y)$,得

$$\begin{cases}X''(x)+\lambda X(x)=0\\ X(0)=X(a)=0\end{cases},\quad Y''(y)-\lambda Y(y)=0.$$

由于 x 方向满足齐次边界条件,所以先求解关于 $X(x)$ 的方程,

$$X_n(x)=\sin\left(\frac{n\pi}{a}x\right),$$

$$\lambda_n=\left(\frac{n\pi}{a}\right)^2\quad(n=1,2,3,\cdots).$$

再将本征值 λ_n 代入,得到关于 $Y(y)$ 方程的通解

$$Y_n(y)=A_n\mathrm{e}^{n\pi y/a}+B_n\mathrm{e}^{-n\pi y/a},$$

其中,系数 A_n 和 B_n 需要由 y 方向的边界条件决定,先将本征函数作线性叠加,

$$w(x,y)=\sum_{n=1}^{\infty}(A_n\mathrm{e}^{n\pi y/a}+B_n\mathrm{e}^{-n\pi y/a})\sin\left(\frac{n\pi}{a}x\right),$$

将 $w(x,y)$ 在 y 方向的非齐次边界条件也按本征函数展开:

$$w\big|_{y=0}=w\big|_{y=b}=x(x-a)=\sum_{n=1}^{\infty}C_n\sin\left(\frac{n\pi}{a}x\right),$$

$$C_n=\frac{2}{a}\int_0^a x(x-a)\sin\left(\frac{n\pi}{a}x\right)\mathrm{d}x=\frac{4a^2}{n^3\pi^3}[(-1)^n-1].$$

比较系数可得

$$\begin{cases}A_n+B_n=C_n\\ A_n\mathrm{e}^{n\pi b/a}+B_n\mathrm{e}^{-n\pi b/a}=C_n\end{cases}.$$

解出 A_n、B_n,化简后得

$$w(x,y)=-\frac{8a^2}{\pi^3}\sum_{n=1}^{\infty}\frac{\cosh[(2n-1)\pi(y-b/2)/a]}{(2n-1)^3\cosh[(2n-1)\pi b/(2a)]}\sin\frac{(2n-1)\pi x}{a}.$$

方程的定解为

$$u(x,y)=x(a-x)-\frac{8a^2}{\pi^3}\sum_{n=1}^{\infty}\frac{\cosh[(2n-1)\pi(y-b/2)/a]}{(2n-1)^3\cosh[(2n-1)\pi b/(2a)]}\sin\frac{(2n-1)\pi x}{a}.$$

讨论

(1) 特解的选取必须保证在一个方向仍然为齐次边界条件.

(2) 能否先求解关于 $Y(y)$ 的方程？那样会有什么后果？

例 11.6 求解考虑长、宽为 $a\times b$ 的二维矩形膜的本征振动：

$$\begin{cases}u_{tt}-a^2\Delta_2 u=0\\ u|_{x=0}=u|_{x=a}=0\\ u|_{y=0}=u|_{y=b}=0\\ u|_{t=0}=\phi(x,y),\qquad u_x|_{t=0}=\psi(x,y)\end{cases}.$$

解 先分离变量：$u(x,y,t)=X(x)Y(y)T(t)$，得到以下本征问题方程：

$$\begin{cases}X''+\lambda X=0\\ X(0)=0,\quad X(a)=0\end{cases},\qquad\begin{cases}Y''+\chi Y=0\\ Y(0)=0,\quad Y(b)=0\end{cases};$$

$$T''+k^2a^2T=0.$$

其中，$k^2=\lambda^2+\chi^2$. 由于两组方程均满足齐次边界条件，可解得两组本征值为

$$\lambda_m^2=\frac{m^2\pi^2}{a^2},\quad \chi_n^2=\frac{n^2\pi^2}{b^2}\quad (m,n=1,2,3,\cdots),$$

$$k_{mn}=\sqrt{\frac{m^2\pi^2}{a^2}+\frac{n^2\pi^2}{b^2}}.$$

相应的本征函数为

$$u_{mn}(x,y)=\sin\left(\frac{m\pi}{a}x\right)\sin\left(\frac{n\pi}{b}y\right),$$

本征振动频率为 $\omega_{mn}=k_{mn}a$.

此时会发生一个有趣的现象：如果 $a:b$ 是有理数，则会出现重本征值 k_{mn}，称作简并本征值，即方程

$$\frac{m^2}{a^2}+\frac{n^2}{b^2}=\frac{m'^2}{a^2}+\frac{n'^2}{b^2}$$

有非零的整数解 $\{m,n;\ m',n'\}$，于是本征值的重数就化为数论问题：有多少种不同的方法可以把一个数表示为两个平方数之和？比如，$65=7^2+4^2=8^2+1^2$.

本征函数 $u_{mn}(x,y)=\sin\left(\frac{m\pi}{a}x\right)\sin\left(\frac{n\pi}{b}y\right)$ 具有由一些连续零值构成的线，称作节线，它们在振动中始终保持静止. 通常节线为平行于坐标轴的直线段；但是当出现简并本征值时，本征函数可以是不同简并模的线性组合，因此可能出现其他形状的节线，比如对于正方形，$a=b\equiv\pi$，本征模取为

$$u_{mn}(x,y)=\alpha\sin(mx)\sin(ny)+\beta\sin(nx)\sin(my).$$

图 11.2 描绘了几个本征模的节线形状.

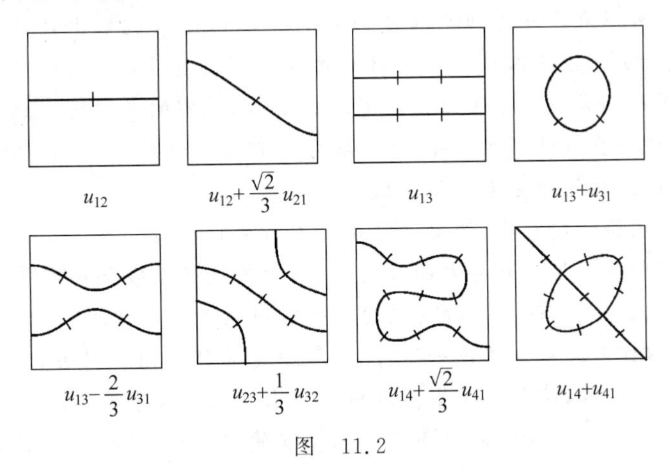

图　11.2

思考　三维立方体振动的节线可能会是什么样?

注记

关于弦振动的研究导致了傅里叶级数理论的发展,它大概是从听觉中引申出来的唯一重要数学分支. 毕达哥拉斯发现了音调与弦长之间的关系:当两条弦的长度之比为有理数时,产生的声音在听觉上很和谐. 古代的学者认为音调的基础是物体的尺寸,而频率与弦长度的反比关系直到 17 世纪才由笛卡儿的老师 I. 贝克曼发现. 1625 年,梅森发现频率与张力、截面积、长度的关系为

$$\nu\propto\frac{1}{l}\sqrt{\frac{T}{A}}.$$

泰勒是首位从数学假定导出梅森定律的人,他发现弦的最简单形状是正弦波,

$$y=k\sin\frac{\pi x}{l}.$$

他同时得出普遍性结论,即弦上的张力 T 与二阶导数 $\frac{\mathrm{d}^2y}{\mathrm{d}x^2}$ 成正比.

1747 年,达朗贝尔利用牛顿力学定律推导出弦的振动方程,得到了弦运动的达朗贝尔公式,并评论说"该方程包含无数的曲线",引发了很大的争议. 在允许什么类型的初始位移函数 $\phi(x)$ 的问题上,达朗贝尔认为 $\phi(x)$ 必须是周期为 $2l$ 且可二阶求导的连续函数,如此方程才可能有解. 欧拉对此持有不同看法,他认为 $\phi(x)$ 可以是 $[0,l]$ 间的任意曲线. 达朗贝尔采用分离变量的办法得到方程的一个解为

$$y(x,t)=A\sin(Nx)\cos(Nt).$$

丹尼尔·伯努利试图让这场争论回归到实际的物理问题,他于 1753 年提出振动的弦可能包含有无穷多叠加的音调:

$$y(x,t)=c_1\sin\frac{\pi x}{l}\cos\frac{\pi ct}{l}+c_2\sin\frac{2\pi x}{l}\cos\frac{2\pi at}{l}+\cdots+c_n\sin\frac{n\pi x}{l}\cos\frac{n\pi at}{l}+\cdots.$$

该公式相当于断言弦振动是由简单的正弦模式叠加而成. 级数中的第 n 项代表第 n 个振动模式,并有与之相应的振动频率,初始位移由无穷求和表示:

$$\phi(x)=y(x,0)=c_1\sin\frac{\pi x}{l}+c_2\sin\frac{2\pi x}{l}+\cdots+c_n\sin\frac{n\pi x}{l}+\cdots.$$

伯努利相信该级数可以表示任意初始位移函数 $\phi(x)$,但他未能给出计算系数 c_n 的方法.欧拉反对伯努利的观点,他不仅看不出有什么办法能够计算系数 c_n,而且认为该级数要求初始位移必须是周期函数——尽管他也认可定义在$[0,l]$间的函数可以通过平移变成周期函数.三个人的争论一直持续了几十年,许多数学家都卷入进来,直到19世纪初随着人们对三角级数理解的深化,争论才逐渐偃旗息鼓.

在关于热传导理论的研究中,傅里叶利用三角函数的正交性,发现了求系数 c_n 的方法.傅里叶应用三角级数获得了如此巨大的成功,以至于三角级数后来称作傅里叶级数.其人也成为科学史的幸运儿——他的名字注定被每一个学习数学和物理的人铭记.

最后,我们应该怀着敬意来谈论一下耳朵.耳朵是天然的傅里叶频谱分析器,它记录的不是声音振动的时空形状,而是从一串声波中分解出不同的频率成分,能听出不同音色和音阶以及它们的任意组合——人们能轻易听出隔壁房间里有谁在说话,无论他们是窃窃私语还是高声喧哗.一个高明的指挥家能够随时分辨出整个乐队每一乐器发出的音符是否正确.与耳朵相比,眼睛似乎相形见绌,眼睛虽然能识别颜色,即光波的波长,但对复合光波缺乏频谱解析能力.肉眼无法识别白光是由不同颜色的光组成,也很难区分由760nm红光和535nm绿光混合而成的黄色与590nm的单一波长黄色.所以很遗憾,人类无法欣赏用光创作的交响乐.

因为耳朵对不同频率有异常敏锐的分辨能力,当众多频率的声波混在一起就会超出大脑的响应能力,产生噪声的感觉.具有连续频率的声波让人烦躁不安,开车时随意按喇叭被认为是非常可厌的行为.相反,由于眼睛对波长混合没那么敏感,各种颜色的混合不仅不会令人厌烦,反而可以产生更加愉悦的色感,比如红色光和蓝色光混合可以产生单一波长的光无法呈现的紫色效果.画家利用调色板创作出色彩缤纷的油画,由电视技术或印染技术所创造的色彩远比自然光绚丽丰富得多——所有这些都是拜托于伪色彩.

习 题

[1] 对长为 l 的均匀杆两端施加压力,使其长度收缩为 $l(1-2\varepsilon)$,求撤除外力后杆的纵向振动.

[2] 矩形 $a\times b$ 的散热片,它的一边 $y=b$ 处于较高的温度 u_0,其他三边保持零度,求横截面上的稳恒的温度分布.

[3] 求定解问题:

$$\begin{cases}u_{tt}-a^2u_{xx}=bx(l-x)\\ u|_{x=0}=0,\quad u|_{x=l}=0.\\ u|_{t=0}=0,\quad u_t|_{t=0}=0\end{cases}$$

[4] 求热传导问题:

$$\begin{cases}u_t-a^2u_{xx}=A\sin\omega t\\ u_x|_{x=0}=0,\quad u|_{x=l}=0.\\ u|_{t=0}=\phi(x)\end{cases}$$

[5] 求输运问题：

$$\begin{cases} u_t - a^2 u_{xx} + b u_x = 0 \\ u|_{x=0} = 0, \quad u|_{x=l} = 0. \\ u|_{t=0} = \phi(x) \end{cases}$$

11.2 非齐次边界问题

在 11.1 节中，定解问题都有一个共同特点，即边界条件是齐次的，由此可以获得本征函数和本征值. 那么对于非齐次边界条件(inhomogeneous boundary condition)问题，应当如何应对呢？

办法是先将非齐次边界条件齐次化. 通常的做法是尝试一个特解 $v(x,t)$，使之同时满足微分方程和非齐次的边界条件，然后利用叠加原理，令 $u(x,t)=v(x,t)+w(x,t)$，这样原来的非齐次边界条件问题，就转化为求未知函数 $w(x,t)$的齐次边界条件问题.

由于 $w(x,t)$满足的方程可能是非齐次方程，为了以后求解的便利，需要寻找一个“较好”的特解 $v(x,t)$，它使 $w(x,t)$同时满足齐次方程和齐次边界条件. 如何寻找这个更好的特解呢？这就需要对方程和边界条件的特点进行观察.

例 11.7　求解非齐次方程：

$$\begin{cases} u_{tt} - a^2 u_{xx} = 0 \\ u|_{x=0} = 0, \quad u|_{x=l} = A\sin\omega t. \\ u|_{t=0} = 0, \quad u_t|_{t=0} = 0 \end{cases}$$

解　显然 $v(x,t)=\dfrac{Ax}{l}\sin\omega t$ 是方程的一个特解，且能满足非齐次的边界条件，但由此得到的 $w(x,t)$虽然满足齐次边界条件，却遵守一个非齐次方程，它虽然可以按 11.1 节演示的方法进行求解，但过程有时会比较烦琐. 我们试图寻找一个更好的特解，使 $w(x,t)$既满足齐次边界条件，又满足齐次方程. 为此尝试特解

$$v(x,t) = X(x)\sin\omega t,$$

其中，$X(x)$是一个待定的函数，满足边界条件 $X(0)=0, X(l)=A$. 将 $v(x,t)$代入方程，可以解出

$$X(x) = A\frac{\sin(\omega x/a)}{\sin(\omega l/a)}.$$

于是

$$v(x,t) = A\frac{\sin(\omega x/a)}{\sin(\omega l/a)}\sin\omega t.$$

此时 $w(x,t)$满足定解问题

$$\begin{cases} w_{tt} - a^2 w_{xx} = 0 \\ w|_{x=0} = 0, \quad w|_{x=l} = 0 \\ w|_{t=0} = 0, \quad w_t|_{t=0} = -A\omega\dfrac{\sin(\omega x/a)}{\sin(\omega l/a)} \end{cases}.$$

注意,$w(x,t)$满足的初始条件会发生相应的变化. 以下按照例11.1的方法求解,此处就不费笔墨了,最终结果为

$$u(x,t)=A\frac{\sin(\omega x/a)}{\sin(\omega l/a)}\sin\omega t+\frac{2A\omega}{al}\sum_{n=1}^{\infty}\frac{1}{\omega^2/a^2-n^2\pi^2/l^2}\sin\left(\frac{n\pi at}{l}\right)\sin\left(\frac{n\pi x}{l}\right).$$

讨论

(1) 选择性共振:当外驱动的频率与系统的某个本征频率相同时,即 $\omega=n\pi a/l$,发生共振吸收或释放,这实质上就是量子化现象.

(2) 比较与非齐次方程齐次边界条件问题的异同.

(3) 齐次边界条件的本质是将系统孤立起来,或者说系统处于束缚状态. 相应地,非齐次边界条件意味着系统是开放的,始终会与外界有能量交换和转移,所以原则上不可能达到稳定状态. 对于振动方程来说,不会有不动的节点或者节线,系统处于"受迫"振动状态. 在特定的条件下,系统与外界达成共振,相关物理量将趋于发散.

注记

至此我们讨论的都是有限尺寸系统问题的求解,所得到的本征值都是离散的,方程的一般解需要将所有本征函数叠加起来才能满足初始条件. 如果系统是无限大的,那么本征值可能就是连续的,比如,假设大气温度随昼夜或者季节交替按正弦形式变化,研究地表温度随深度的变化问题.

将该问题建立简化的模型,假设可以按一维热传导问题处理,则方程和定解条件为

$$\begin{cases}u_t-a^2u_{xx}=0\quad(0\leqslant x<\infty)\\u(0,t)=u_0+A\sin\Omega t,\quad u|_{t=0}=u_0\end{cases}.$$

先作零点平移,$u=v+u_0$,则 $v(x,t)$满足的方程和定解条件为

$$\begin{cases}v_t-a^2v_{xx}=0\quad(0\leqslant x<\infty)\\v(0,t)=A\sin\Omega t,\quad v|_{t=0}=0\end{cases}.$$

热传导方程看上去有点像波动方程,假设解的形式为

$$v(x,t)\propto e^{\pm i(kx-\omega t)},$$

代入方程有

$$\mp i\omega=-a^2k^2.$$

k 可有四个值,考虑到 $x\to\infty$时温度的有限性,只能取两个值:

$$k=(\pm1+i)\sqrt{\frac{\omega}{2a^2}}.$$

方程的一般解取对 ω 的叠加形式,

$$v(x,t)=\sum_{\omega>0}\left[C(\omega)e^{i\left(\sqrt{\frac{\omega}{2a^2}}x-\omega t\right)}+D(\omega)e^{-i\left(\sqrt{\frac{\omega}{2a^2}}x-\omega t\right)}\right]e^{-\sqrt{\frac{\omega}{2a^2}}x}.$$

由边界条件可知

$$C(\Omega)=-D(\Omega)=\frac{A}{2i},$$

其余 $C(\omega)$、$D(\omega)$皆为零,于是方程的解为

$$u(x,t)=u_0+A\mathrm{e}^{-\frac{x}{\delta}}\sin\left(\Omega t-\frac{x}{\delta}\right),$$

其中，$\delta=a\sqrt{\frac{2}{\Omega}}$. 从最终结果看，可以得到以下结论：

(1) 受大气影响，地下温度随深度按指数衰减；

(2) 由于 $\delta\propto\sqrt{\frac{1}{\Omega}}$，则地表温度变化越频，地下温度衰减梯度越大. 这与电磁波在金属表面的穿透类似，高频电磁波较不容易穿透金属，δ 也称作趋肤深度.

习　题

[1] 求定解问题：

$$\begin{cases}u_{tt}-a^2u_{xx}=0, & (0\leqslant x\leqslant l)\\ u|_{x=0}=\cos\frac{\pi at}{l}, & u_x|_{x=l}=0\\ u|_{t=0}=\cos\frac{\pi x}{l}, & u_t|_{t=0}=\sin\frac{\pi x}{2l}\end{cases}.$$

[2] 在矩形域 $0\leqslant x\leqslant a, 0\leqslant y\leqslant b$ 上，求解：

$$\begin{cases}\Delta_2 u=-x^2y\\ u|_{x=0}=u|_{x=a}=A\\ u|_{y=0}=u|_{y=b}=0\end{cases}.$$

[3] 求定解问题：

$$\begin{cases}u_t-\kappa u_{xx}=0\\ u|_{x=0}=A\mathrm{e}^{-\alpha^2\kappa t}, & u|_{x=l}=B\mathrm{e}^{-\beta^2\kappa t}\\ u|_{t=0}=0\end{cases}.$$

提示：取特解 $v(x,t)=f(x)\mathrm{e}^{-\alpha^2\kappa t}+g(x)\mathrm{e}^{-\beta^2\kappa t}$，代入方程定出 $f(x)$ 和 $g(x)$.

[4] 设杆长为 l，一端固定，另一端受力 $F(t)=F_0\sin\omega t$ 作用，初始位移和速度分别为 $\phi(x)$ 和 $\psi(x)$，求解均匀杆的纵振动.

提示：令 $u(x,t)=f(x)\mathrm{e}^{\mathrm{i}\omega t}$，然后取虚部；也可以采用拉普拉斯变换法求解.

[5] 求矩形区域 $0\leqslant x\leqslant a, 0\leqslant y\leqslant b$ 内的定解问题：

$$\begin{cases}\Delta_2 u=0\\ u|_{x=0}=Ay(b-y), & u|_{x=a}=0\\ u|_{y=0}=B\sin\frac{\pi x}{a}, & u|_{y=b}=0\end{cases}.$$

提示：令 $u=v+w$，其中 v, w 分别满足

$$\begin{cases}\Delta_2 v=0\\ v|_{x=0}=0, & v|_{x=a}=0\\ v|_{y=0}=B\sin\frac{\pi x}{a}, & v|_{y=b}=0\end{cases};\quad \begin{cases}\Delta_2 w=0\\ w|_{x=0}=Ay(b-y), & w|_{x=a}=0.\\ w|_{y=0}=0, & w|_{y=b}=0\end{cases}$$

11.3 周期边界问题

对于圆形区域问题，通常采用极坐标系会比较方便. 由于物理量分布存在周期性 $u(r,\theta+2\pi)=u(r,\theta)$，它可决定 θ 坐标方向的本征值，故不再需要齐次化的边界条件，该约束称作周期边界条件.

1. 齐次方程(拉普拉斯方程)

例 11.8 圆域内的边值问题：半径为 a 的薄圆盘，上下两面绝热，圆周边缘的温度分布为已知函数 $f(x,y)$，求稳恒状态时圆盘内的温度分布.

$$\begin{cases}\Delta_2 u=0 \quad (x^2+y^2<a^2)\\ u\big|_{x^2+y^2=a^2}=f(x,y)\end{cases}.$$

解 由于边界形状具有轴对称性，故采用极坐标系，有

$$\begin{cases}\dfrac{1}{\rho}\dfrac{\partial}{\partial\rho}\left(\rho\dfrac{\partial u}{\partial\rho}\right)+\dfrac{1}{\rho^2}\dfrac{\partial^2 u}{\partial\theta^2}=0\\ u(a,\theta)=f(\theta)\end{cases}.$$

周期条件为 $u(\rho,\theta+2\pi)=u(\rho,\theta)$，另外还需要满足物理条件，即 $u(0,\theta)$必须有限. 取分离变量形式 $u(\rho,\theta)=R(\rho)\Theta(\theta)$，得

$$\begin{cases}\Theta''+\lambda\Theta=0\\ \Theta(\theta+2\pi)=\Theta(\theta)\end{cases}.$$

可解得角向部分的本征值和本征函数为

$$\Theta_m(\theta)=a_m\cos m\theta+b_m\sin m\theta,$$

$$\lambda_m=m^2 \quad (m=0,1,2,\cdots).$$

径向部分满足欧拉型方程：

$$\rho^2R''+\rho R'-\lambda R=0.$$

代入本征值 λ_m，解得

$$R_m(\rho)=\begin{cases}c_0+d_0\ln\rho \quad (m=0)\\ c_m\rho^m+\dfrac{d_m}{\rho^m} \quad (m>0)\end{cases}.$$

考虑到 $\rho=0$ 时方程的物理解应当有限，令 $d_m=d_0=0$ 以舍弃发散解，将所有本征解作线性叠加：

$$u(\rho,\theta)=a_0+\sum_{m=1}^{\infty}(a_m\cos m\theta+b_m\sin m\theta)\rho^m.$$

利用圆周上的边界条件 $u(r)\big|_{\rho=a}=f(\theta)$，确定叠加系数 a_m、b_m：

$$a_0=\frac{1}{2\pi}\int_0^{2\pi}f(t)\,\mathrm{d}t,\quad a_m=\frac{1}{a^m\pi}\int_0^{2\pi}f(t)\cos mt\,\mathrm{d}t,$$

$$b_m=\frac{1}{a^m\pi}\int_0^{2\pi}f(t)\sin mt\,\mathrm{d}t.$$

最后解得

$$u(r,\theta)=\frac{1}{\pi}\int_0^{2\pi}f(t)\left\{\frac{1}{2}+\sum_{m=1}^{\infty}\left(\frac{r}{a}\right)^m\cos[m(\theta-t)]\right\}\mathrm{d}t$$

$$=\frac{1}{2\pi}\int_0^{2\pi}\frac{f(t)(a^2-r^2)}{a^2+r^2-2ar\cos(\theta-t)}\mathrm{d}t.$$

这就是 2.3 节习题中圆域的泊松公式.

练习　试推导上式中的最后一步.

例 11.9　无限大均匀电场 $\boldsymbol{E}_0$ 中置入一根半径为 a 的长柱形接地导体,求导体柱附近的电场分布.

解　本题可视为二维问题,满足拉普拉斯方程: $\Delta_2 u=0$,由于边界是圆,选取极坐标系:

$$\begin{cases}\dfrac{\partial^2 u}{\partial\rho^2}+\dfrac{1}{\rho}\dfrac{\partial u}{\partial\rho}+\dfrac{1}{\rho^2}\dfrac{\partial^2 u}{\partial\theta^2}=0 \quad (\rho>a)\\ u\,|_{\rho=a}=0\\ u\,|_{\rho\to\infty}=-E_0\rho\cos\theta+\dfrac{q_0}{2\pi\varepsilon_0}\ln\dfrac{a}{\rho}\end{cases}.$$

边界条件是根据物理分析得出的: 在无穷远处可视作均匀电场,q_0 项是考虑到接地导体在外电场中会产生感应电荷,它也会在空间产生电场分布,如图 11.3 所示. 分离变量后,利用周期条件,解得角向本征函数

$$\Phi_m(\theta)=A_m\cos m\theta+B_m\sin m\theta,$$

$$\lambda_m=m^2 \quad (m=0,1,2,\cdots).$$

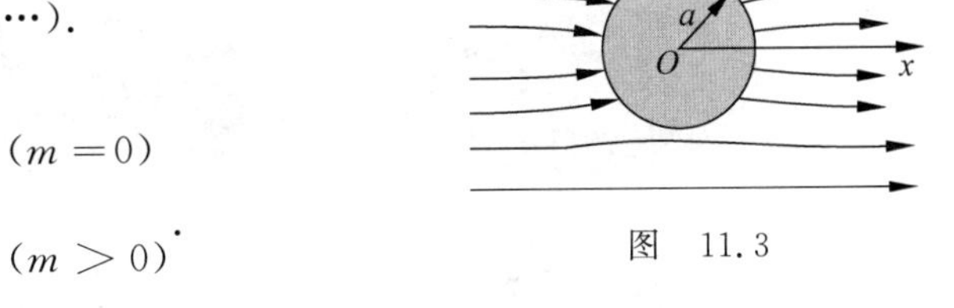

图　11.3

径向部分的相应解为

$$R_m(\rho)=\begin{cases}C_0+D_0\ln\rho & (m=0)\\ C_m\rho^m+\dfrac{D_m}{\rho^m} & (m>0)\end{cases}.$$

方程的一般解是所有本征解的叠加,

$$u(\rho,\theta)=C_0+D_0\ln\rho+\sum_{m=1}^{\infty}(A_m\cos m\theta+B_m\sin m\theta)\rho^m+$$

$$\sum_{m=1}^{\infty}(C_m\cos m\theta+D_m\sin m\theta)\rho^{-m}.$$

再根据边界条件定出叠加系数,首先由 $u|_{\rho=a}=0$,有

$$C_0+D_0\ln a=0,\quad A_m a^m+C_m a^{-m}=0,\quad B_m a^m+D_m a^{-m}=0.$$

再根据 $\rho\to\infty$ 的条件,得到另一组系数之间的关系,最终结果为

$$u(\rho,\theta)=\frac{q_0}{2\pi\varepsilon_0}\ln\frac{a}{\rho}-E_0\rho\cos\theta+E_0\frac{a^2}{\rho}\cos\theta.$$

2. 非齐次方程(泊松方程)

对于二维泊松方程 $\Delta u=f(r,\theta)$,一般也是采用特解法,即通过寻找方程的一个特解

$v(x)$,然后令 $u=v+w$,将问题转化为齐次的拉普拉斯方程 $\Delta w=0$,然后求解.

例 11.10 在半径为 ρ_0 的圆域上求解泊松方程的边值问题:

$$\begin{cases}\Delta_2 u=a+b(x^2-y^2)\\ u\mid_{\rho=\rho_0}=c\end{cases}.$$

解 方程的非齐次项为多项式,因此选择多项式的特解.注意到边界是圆形,需要使用极坐标系,所以特解应当适合于用极坐标形式表示,故取

$$v(x,y)=\frac{a}{4}(x^2+y^2)+\frac{b}{12}(x^4-y^4)=\frac{a}{4}\rho^2+\frac{b}{12}\rho^4\cos 2\theta.$$

关于 $w(x,y)$ 的定解问题就变为

$$\begin{cases}\Delta_2 w=0\\ w\mid_{\rho=\rho_0}=c-\dfrac{a}{4}\rho_0^2-\dfrac{b}{12}\rho_0^4\cos 2\theta\equiv f(\theta)\end{cases},$$

这样就化为例 11.8 的齐次方程问题,以下可以按部就班地进行求解,略.

求解圆域的振动方程会涉及某些特殊函数(贝塞尔函数),以后会有专门介绍.图 11.4 展示了圆形膜的一些本征振动模,它的节线是一些同心圆和径线,一般不会出现重本征值现象.

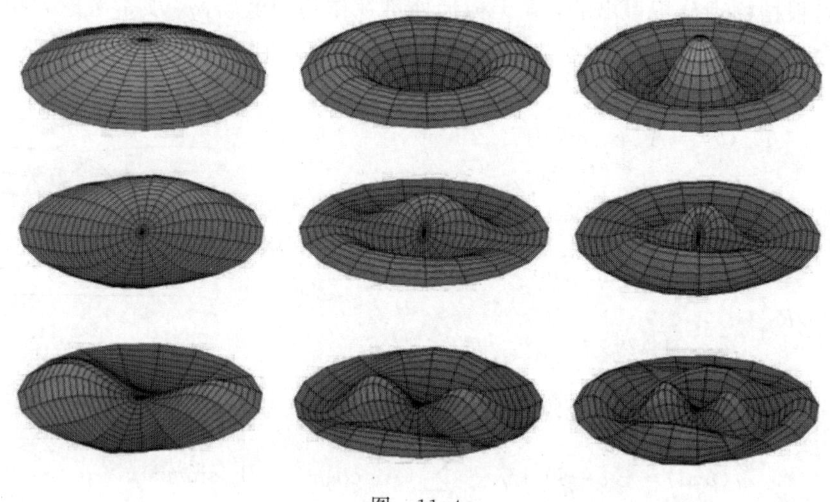

图 11.4

(图片来自 Wikipedia)

注记

周期边界条件与齐次边界条件类似,均构成本征值问题,以保证本征模为稳定状态.两者之间的区别在于,齐次边界条件下的本征模是非简并的,而周期条件的本征模是简并的.对于波动方程,齐次边界条件的单一本征模为

$$\begin{aligned}u_n(x,t)&=\sin\left(\frac{n\pi}{l}x\right)\left[A_n\sin\left(\frac{n\pi a}{l}t\right)+B_n\cos\left(\frac{n\pi a}{l}t\right)\right]\\&=N_n\sin\left(\frac{n\pi}{l}x\right)\sin\left(\frac{n\pi a}{l}t+\phi_n\right),\end{aligned}$$

它是非载流的驻波态.而周期边界条件下的二重简并本征模为

$$\begin{cases} u_m^{(1)}=\cos\left(\frac{2m\pi}{l}x\right)\left[A_m\cos\left(\frac{m\pi a}{l}t\right)+B_m\sin\left(\frac{m\pi a}{l}t\right)\right] \\ u_m^{(2)}=\sin\left(\frac{2m\pi}{l}x\right)\left[C_m\cos\left(\frac{m\pi a}{l}t\right)+D_m\sin\left(\frac{m\pi a}{l}t\right)\right] \end{cases},$$

该简并驻波模可重新组合为两个反向传播的行波模：

$$\begin{cases} u_m^{(-)}=N_m^{(-)}\sin\left[\frac{2m\pi}{l}(x-at)+\phi_m^{(-)}\right] \\ u_m^{(+)}=N_m^{(+)}\sin\left[\frac{2m\pi}{l}(x+at)+\phi_m^{(+)}\right] \end{cases}.$$

每个模都是稳定的载流态.

在量子物理发展的早期，薛定谔(E. Schrödinger)采用德布罗意(L. de Broglie)物质波的图像解释玻尔(N. Bohr)的轨道量子化模型，认为电子波在原子核外呈现为驻波的稳定形态，轨道周长为$2\pi r_n=n\lambda$，如图11.5(a)所示，这样的驻波态没有安培的分子电流，因而原子没有磁性. 然而图11.5(b)的行波模也是稳定的，它携带有轨道电流，在施加外磁场时会表现出顺磁性及塞曼效应. 驻波原子模型应该同时具有这两种模式.

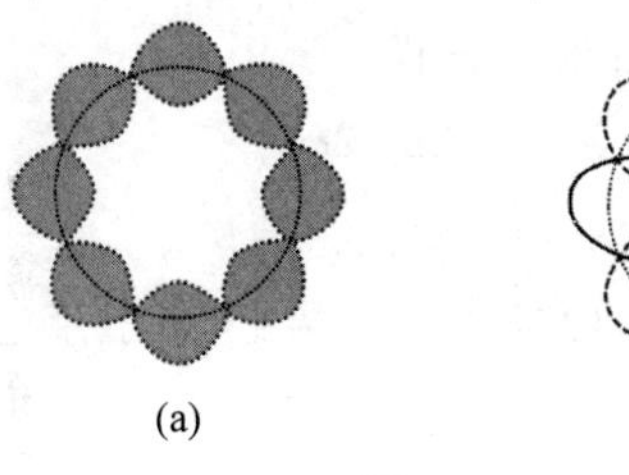

图　11.5

对于泊松方程，如果实在找不到合适的特解，就只好采用10.1节中非齐次方程的解法，即先求出相应齐次方程即拉普拉斯方程的本征函数，再将方程的解以及非齐次项均按本征函数作叠加，得到待定系数满足的常微分方程后再求解. 如欲求解方程

$$\begin{cases} \Delta_2 u=f(\rho,\theta) \\ u\big|_{\rho=\rho_0}=\phi(\theta) \end{cases},$$

相应齐次方程$\Delta_2 u=0$，其本征解为

$$\Phi_m(\theta)=A_m\cos m\theta+B_m\sin m\theta,$$

$$\lambda_m=m^2\quad(m=0,1,2,\cdots).$$

将方程的解按本征函数展开，

$$u=\sum_{m=0}^{\infty}\left[A_m(\rho)\cos m\theta+B_m(\rho)\sin m\theta\right],$$

其中，假设"待定系数"依赖于径向坐标ρ. 将方程的非齐次项也按本征函数展开，

$$f(\rho,\theta)=\sum_{m=0}^{\infty}\left[g_m(\rho)\cos m\theta+h_m(\rho)\sin m\theta\right],$$

代入原方程，可得$A_m(\rho)$、$B_m(\rho)$满足的常微分方程

$$\frac{\mathrm{d}^2A_m(\rho)}{\mathrm{d}\rho^2}+\frac{1}{\rho}\frac{\mathrm{d}A_m(\rho)}{\mathrm{d}\rho}-\frac{m^2}{\rho^2}A_m(\rho)=g_m(\rho),$$

$$\frac{\mathrm{d}^2 B_m(\rho)}{\mathrm{d}\rho^2}+\frac{1}{\rho}\frac{\mathrm{d}B_m(\rho)}{\mathrm{d}\rho}-\frac{m^2}{\rho^2}B_m(\rho)=h_m(\rho).$$

上述方程对应的齐次方程是欧拉型方程,其解为 ρ^m、ρ^{-m},按照9.2节的办法,可求出上述非齐次方程的特解.一般解的线性叠加系数需由边界条件确定,为此将边界条件 $u|_{\rho=\rho_0}=\phi(\theta)$ 也按本征函数展开,

$$\phi(\theta)=\sum_{m=0}^{\infty}[a_m\cos m\theta+b_m\sin m\theta],$$

于是 $A_m(\rho)$、$B_m(\rho)$ 在圆周上满足边界条件

$$A_m(\rho_0)=a_m,\quad B_m(\rho_0)=b_m.$$

另外考虑到物理因素,$A_m(0)$、$B_m(0)$ 应当有限,由此可得到方程的定解.

习　题

[1] 在圆域 $\rho<\rho_0$ 上求定解问题:

(a) $\begin{cases}\Delta_2 u=-xy\\ u|_{\rho=\rho_0}=0\end{cases}$;　(b) $\begin{cases}\Delta_2 u=-x^4 y\\ u|_{\rho=\rho_0}=0\end{cases}$.

[2] 在圆环区域 $\rho_1<\rho<\rho_2$ 内求解泊松方程:

$$\begin{cases}\Delta_2 u=1-2\sin 2\varphi\\ u|_{\rho=\rho_1}=u|_{\rho=\rho_2}=0\end{cases}.$$

[3] 半径为 R 的长空心导体圆筒,切割成上下两半,设上半电势为 V,下半电势为 $-V$,求圆柱内的电势分布.

答案:

$$u(\rho,\theta)=\frac{4V}{\pi}\sum_{n=1}^{\infty}\frac{1}{2k+1}\left(\frac{\rho}{R}\right)^{2k+1}\sin(2k+1)\theta.$$

[4] 求解圆形闭合弦的行波模式,即一段满足周期条件的弦振动,分析其与固定边界条件的差别:

$$\begin{cases}u_{tt}-a^2u_{xx}=0\quad(0\leqslant x\leqslant l)\\ u(0,t)=u(l,t)\\ u(x,0)=\phi(x),\quad u_t(x,0)=\psi(x)\end{cases}.$$

[5] 如图11.6所示的一段环形区域,分别求解在以下边界条件下的稳定温度分布:

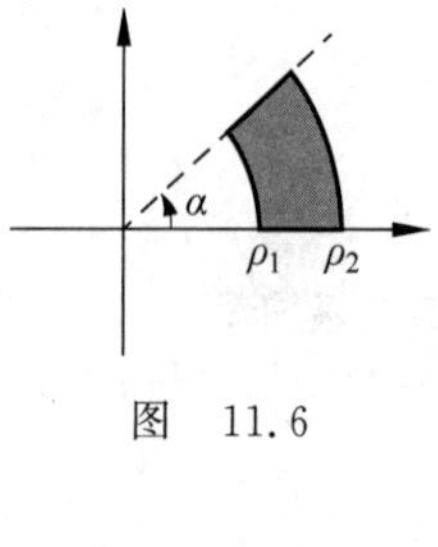

图　11.6

(a) $\begin{cases}u|_{\rho=\rho_1}=f_1(\theta)\\ u|_{\rho=\rho_2}=f_2(\theta)\end{cases}$,　$\begin{cases}u|_{\theta=0}=0\\ u|_{\theta=\alpha}=0\end{cases}$;

(b) $\begin{cases}u|_{\rho=\rho_1}=0\\ u|_{\rho=\rho_2}=0\end{cases}$,　$\begin{cases}u|_{\theta=0}=g_1(\rho)\\ u|_{\theta=\alpha}=g_2(\rho)\end{cases}$;

(c) $\begin{cases}u|_{\rho=\rho_1}=f_1(\theta)\\ u|_{\rho=\rho_2}=f_2(\theta)\end{cases}$,　$\begin{cases}u|_{\theta=0}=g_1(\rho)\\ u|_{\theta=\alpha}=g_2(\rho)\end{cases}$

提示:本征值和本征函数分别为

(a) $\Theta_n(\theta)=\sin\frac{n\pi}{\alpha}\theta$，　$\lambda_n=\left(\frac{n\pi}{\alpha}\right)^2(n=1,2,3,\cdots)$；

(b) $R_n(\rho)=\sin\left[\frac{n\pi}{\ln\left(\frac{\rho_2}{\rho_1}\right)}\ln\frac{\rho}{\rho_1}\right]$，　$\lambda_n=\left[\frac{n\pi}{\ln\left(\frac{\rho_2}{\rho_1}\right)}\right]^2(n=1,2,3,\cdots)$；

(c) $u=v+w$

$$\begin{cases}v|_{\rho=\rho_1}=f_1(\theta)\\ v|_{\rho=\rho_2}=f_2(\theta)\end{cases},\quad \begin{cases}v|_{\theta=0}=0\\ v|_{\theta=\alpha}=0\end{cases},$$

$$\begin{cases}w|_{\rho=\rho_1}=0\\ w|_{\rho=\rho_2}=0\end{cases},\quad \begin{cases}w|_{\theta=0}=g_1(\rho)\\ w|_{\theta=\alpha}=g_2(\rho)\end{cases}.$$

11.4　衔接问题

本节讨论具有衔接条件的非均匀系统的定解问题，从中可以进一步体会傅里叶级数展开与动力学过程之间的关系，尤其是在热传导问题中，傅里叶本征模起着难以置信的特殊作用。

例 11.11　两段轻质柔软的弦，长度分别为 l_1 和 l_2，密度为 ρ_1 和 ρ_2，令 $l=l_1+l_2$，将其完美连接，两端分别固定，弦中张力为 T，研究其自由振动。

解　波动方程及定解条件为

$$\begin{cases}\dfrac{\partial^2 u_1}{\partial t^2}=a_1^2\dfrac{\partial^2 u_1}{\partial x^2} & (0\leqslant x\leqslant l_1)\\ u_1(0,t)=0 \\ u_1(x,0)=\phi_1(x),\quad u_{1t}(x,0)=\psi_1(x)\end{cases},$$

$$\begin{cases}\dfrac{\partial^2 u_2}{\partial t^2}=a_2^2\dfrac{\partial^2 u_2}{\partial x^2} & (l_1\leqslant x\leqslant l_2)\\ u_2(l,t)=0 \\ u_2(x,0)=\phi_2(x),\quad u_{2t}(x,0)=\psi_2(x)\end{cases},$$

其中，$a_1^2=T/\rho_1$，$a_2^2=T/\rho_2$。两段弦在连接点 $x=l_1$ 处的衔接条件为

$$u_1(l_1,t)=u_2(l_1,t),\quad u_{1x}(l_1,t)=u_{2x}(l_1,t),$$

将方程分别分离变量 $u_j(x,t)=T_j(t)X_j(x)$，有

$$\begin{cases}T_1''(t)+\omega^2T_1(t)=0\\ X_1''(x)+\dfrac{\omega^2}{a_1^2}X_1(x)=0,\end{cases}\qquad \begin{cases}T_2''(t)+\omega^2T_2(t)=0\\ X_2''(x)+\dfrac{\omega^2}{a_1^2}X_2(x)=0\end{cases}.$$

对于本征振动而言，两段弦应当具有相同的振动频率，这样才能保持界面连接处的连续性，为此取共同的分离变量常数 ω^2。由于两端固定，本征函数取如下形式：

$$\begin{cases} X_1(x)=A_1\sin\dfrac{\omega}{a_1}x & (0\leqslant x\leqslant l_1) \\ X_2(x)=A_2\sin\dfrac{\omega}{a_2}(l-x) & (l_1\leqslant x\leqslant l_2) \end{cases},$$

$$T_1(t)\equiv T_2(t)=C\cos\omega t+D\sin\omega t.$$

由衔接条件可得

$$A_1\sin\frac{\omega}{a_1}l_1=A_2\sin\frac{\omega}{a_2}l_2,$$

$$\frac{A_1}{a_1}\cos\frac{\omega}{a_1}l_1=-\frac{A_2}{a_2}\cos\frac{\omega}{a_2}l_2,$$

所以

$$a_1\tan\frac{\omega}{a_1}l_1+a_2\tan\frac{\omega}{a_2}l_2=0,\quad \frac{A_1}{A_2}=\frac{\sin\dfrac{\omega}{a_2}l_2}{\sin\dfrac{\omega}{a_1}l_1}.$$

这是一个双周期函数方程,有无穷多离散的本征频率 ω_n,图 11.7 描绘了本征频率 ω_n 的分布,它就是函数零点对应的横坐标值,其中取 $l_1=l_2=l/2, a_1=5a_2/2$. 几个较低的本征值 ω_n 列于表 11.1. 相应的本征函数为

$$\begin{cases} X_{1n}(x)=\sin\dfrac{\omega_n}{a_2}l_2\sin\dfrac{\omega_n}{a_1}x & (0\leqslant x\leqslant l_1) \\ X_{2n}(x)=\sin\dfrac{\omega_n}{a_1}l_1\sin\dfrac{\omega_n}{a_2}(l-x) & (l_1\leqslant x\leqslant l_2) \end{cases}.$$

图 11.8 画出了几个低阶本征函数,可见本征函数的节点数仍然是逐个增加的.

表 11.1

n	1	2	3	4	5
ω_n	3.912	9.204	14.019	17.411	22.208

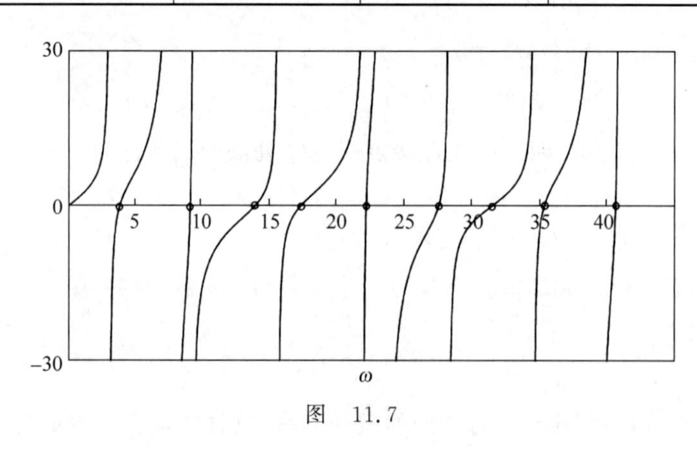

图 11.7

以后将会看到,本征函数的正交性和完备性由一般的本征值理论保证. 正交性也可以进行直接验证,只是计算过程有点烦琐,缺乏耐心的读者可以略过.

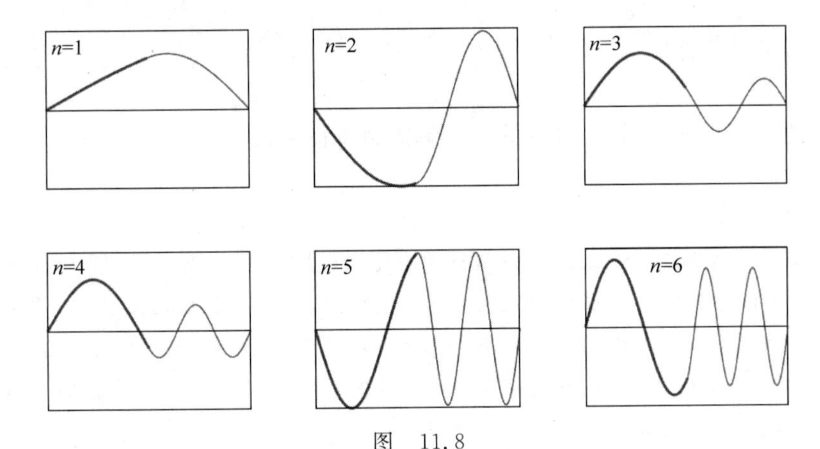

图　11.8

$$\int_0^l X_n(x)X_m(x)\,\mathrm{d}x=\int_0^{l_1} X_{1n}(x)X_{1m}(x)\,\mathrm{d}x+\int_{l_1}^{l} X_{2n}(x)X_{2m}(x)\,\mathrm{d}x$$

$$=\frac{a_1}{\omega_n^2-\omega_m^2}\sin\frac{\omega_n}{a_2}l_2\sin\frac{\omega_m}{a_2}l_2\left[\omega_m\sin\frac{\omega_n}{a_1}l_1\cos\frac{\omega_m}{a_1}l_1-\omega_n\cos\frac{\omega_n}{a_1}l_1\sin\frac{\omega_m}{a_1}l_1\right]+$$

$$\frac{a_2}{\omega_n^2-\omega_m^2}\sin\frac{\omega_n}{a_1}l_1\sin\frac{\omega_m}{a_1}l_1\left[\omega_m\sin\frac{\omega_n}{a_2}l_2\cos\frac{\omega_m}{a_2}l_2-\omega_n\cos\frac{\omega_n}{a_2}l_2\sin\frac{\omega_m}{a_2}l_2\right]$$

$$=\frac{a_1}{\omega_n^2-\omega_m^2}\sin\frac{\omega_n}{a_2}l_2\sin\frac{\omega_m}{a_2}l_2\cos\frac{\omega_m}{a_1}l_1\cos\frac{\omega_n}{a_1}l_1\left[\omega_m\tan\frac{\omega_n}{a_1}l_1-\omega_n\tan\frac{\omega_m}{a_1}l_1\right]+$$

$$\frac{a_2}{\omega_n^2-\omega_m^2}\sin\frac{\omega_n}{a_1}l_1\sin\frac{\omega_m}{a_1}l_1\cos\frac{\omega_m}{a_2}l_2\cos\frac{\omega_n}{a_2}l_2\left[\omega_m\tan\frac{\omega_n}{a_2}l_2-\omega_n\tan\frac{\omega_m}{a_2}l_2\right]$$

$$=\frac{a_1}{\omega_n^2-\omega_m^2}\sin\frac{\omega_n}{a_2}l_2\sin\frac{\omega_m}{a_2}l_2\cos\frac{\omega_m}{a_1}l_1\cos\frac{\omega_n}{a_1}l_1\left[\omega_m\tan\frac{\omega_n}{a_1}l_1-\omega_n\tan\frac{\omega_m}{a_1}l_1\right]-$$

$$\frac{a_1}{\omega_n^2-\omega_m^2}\sin\frac{\omega_n}{a_1}l_1\sin\frac{\omega_m}{a_1}l_1\cos\frac{\omega_m}{a_2}l_2\cos\frac{\omega_n}{a_2}l_2\left[\omega_m\tan\frac{\omega_n}{a_1}l_1-\omega_n\tan\frac{\omega_m}{a_1}l_1\right]$$

$$=\frac{a_1}{\omega_n^2-\omega_m^2}\left[\omega_m\tan\frac{\omega_n}{a_1}l_1-\omega_n\tan\frac{\omega_m}{a_1}l_1\right]\times\left[\sin\frac{\omega_n}{a_2}l_2\sin\frac{\omega_m}{a_2}l_2\cos\frac{\omega_m}{a_1}l_1\cos\frac{\omega_n}{a_1}l_1-\right.$$

$$\left.\sin\frac{\omega_n}{a_1}l_1\sin\frac{\omega_m}{a_1}l_1\cos\frac{\omega_m}{a_2}l_2\cos\frac{\omega_n}{a_2}l_2\right]$$

$$=\frac{a_1}{\omega_n^2-\omega_m^2}\left[\omega_m\tan\frac{\omega_n}{a_1}l_1-\omega_n\tan\frac{\omega_m}{a_1}l_1\right]\left\{-\frac{1}{2}\left[\cos\frac{l_2}{a_2}(\omega_n+\omega_m)-\cos\frac{l_2}{a_2}(\omega_n-\omega_m)\right]\times\right.$$

$$\frac{1}{2}\left[\cos\frac{l_1}{a_1}(\omega_n+\omega_m)+\cos\frac{l_1}{a_1}(\omega_n-\omega_m)\right]\Big\}-\Big\{-\frac{1}{2}\Big[\cos\frac{l_1}{a_1}(\omega_n+\omega_m)-$$

$$\left.\cos\frac{l_1}{a_1}(\omega_n-\omega_m)\right]\times\frac{1}{2}\left[\cos\frac{l_2}{a_2}(\omega_n+\omega_m)+\cos\frac{l_2}{a_2}(\omega_n-\omega_m)\right]\Big\}$$

$$=\frac{a_1}{\omega_n^2-\omega_m^2}\left[\omega_m\tan\frac{\omega_n}{a_1}l_1-\omega_n\tan\frac{\omega_m}{a_1}l_1\right]\times\frac{1}{2}\left[\cos\frac{l_2}{a_2}(\omega_n-\omega_m)\cos\frac{l_1}{a_1}(\omega_n+\omega_m)-\right.$$

$$\left.\cos\frac{l_1}{a_1}(\omega_n-\omega_m)\cos\frac{l_2}{a_2}(\omega_n+\omega_m)\right]=0.$$

最后一步利用了对称性,

$$l_1 \leftrightarrow l_2, \quad a_1 \leftrightarrow a_2.$$

正交模的计算就不再列出,方程的一般解需由本征函数叠加而成,叠加系数由初始条件确定,略.

注记

在研究非均匀系统时,什么是统一描述系统的物理量,显得至关重要.对于振动或波动系统,一般认为不同部分的本征频率应该一致,这样在连接处才能相互匹配,在稳定状态下系统各部分达到共振,这在物理上是解释得通的.对于量子系统(习题[1]),由于能量守恒,粒子在各处的总能量相同,这也没有疑问,由于德布罗意关系,本征能量相同也意味着各处的频率相同,这恰好与以本征频率共振相吻合.

但是对于热传导或扩散系统(习题[2]),将本征频率视作统一运动量似乎没有物理基础,因为系统根本就没有振动特征.一个可能的解释是,在单一本征模下,系统各部分温度以一致的速率下降,这样才能达到演化方程的整体调和性.也许可以换一种看法,将本征模温度按指数衰减视为按"虚频"振荡,

$$\tilde{\omega}_n = \frac{\mathrm{i} n\pi a}{l},$$

似乎热传导或扩散过程实际上是按照"虚频共振"的方式同步进行?毕竟,热传导方程与薛定谔方程只差一个虚数 i.

万物在各个方面以共振的方式和谐存在,傅里叶级数展开背后的物理原理似乎仍未被完全理解.

习　题

[1] 求一维势阱中电子的本征能谱($\hbar = m = 1$):

$$-\frac{1}{2}\frac{\partial^2}{\partial x^2}\psi + V(x)\psi = E\psi,$$

其中,势阱为

$$V(x) = \begin{cases} 0, & 0 < x < d/2 \\ V_0, & d/2 < x < d \\ \infty, & x < 0, \quad x > d \end{cases}.$$

提示:在 $x = d/2$ 处,$\psi(x)$ 及 $\psi'(x)$ 连续.

[2] 两根杆长度分别为 l_1 和 l_2,热传导系数为 κ_1 和 κ_2,令 $l = l_1 + l_2$,将其完美连接后,一端温度恒为零,另一端绝热,研究热传导过程.

提示:衔接条件为

$$\begin{cases} u_1(l_1, t) = u_2(l_1, t) \\ \kappa_1 u_{1x}(l_1, t) = \kappa_2 u_{2x}(l_1, t) \end{cases}.$$

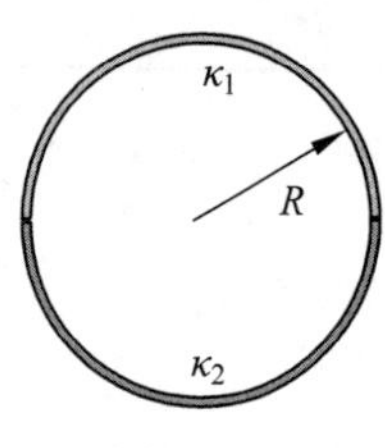

图 11.9

[3] 如图 11.9 所示,半径为 R 的一维圆环由热导系数为 κ_1 和 κ_2 的两个半圆环连接而成,设半圆环的初始温度分别为 T_1、T_2,求环上温度随时间的变化.

提示:令 $u_j(\theta, t) = \mathrm{e}^{-k^2 a_j^2 t} v_j(\theta)$.

第12章

积分变换法

第 11 章介绍了如何求解有限大系统的边值问题，它相当于对系统的物理量作傅里叶级数展开，根据定解条件确定展开系数. 本章先讨论无限大系统，它没有边界条件的约束，针对这类问题可以作傅里叶积分展开，其展开系数即傅里叶变换. 对于初值问题，仍可以采用拉普拉斯变换法求解，这两种求解微分方程的方法都属于积分变换法.

12.1 广义函数

1. δ 函数

在物理中常常出现具有奇异性的概念或模型，比如质点、点电荷等概念，这些模型的物理意义明确，很适合作直观分析，但不适宜用于描述运动的方程. 为此需要有一个描述点源分布的函数，这就是狄拉克 δ 函数，第 6 章已经用到过该函数.

1）形式定义

比如单位质量的一维质点密度分布，形式上可表示为

$$\delta(x)=\begin{cases}0 & (x\neq 0)\\ \infty & (x=0)\end{cases},$$

$$\int_{-\infty}^{\infty}\delta(x)\mathrm{d}x=1.$$

这不是一个严格意义上的函数，它既不连续、不可导，又出现无穷大，甚至称不上是一个函数定义. 看似合理一些的定义是

$$\rho_{\varepsilon}(x)=\lim_{\varepsilon\to 0}\begin{cases}0, & x\notin[-\varepsilon,\varepsilon]\\ \dfrac{1}{2\varepsilon}, & x\in[-\varepsilon,\varepsilon]\end{cases}.$$

然而这个定义仍然没有解决这两个缺陷：一个是出现无穷大，另一个是函数不连续、不可导.

2）极限定义

为了修补第二个缺陷，可以采用某种具有连续可导的分布函数，如图 12.1(a)所示的归一化高斯函数

$$\rho_t(x)=\frac{1}{\sqrt{\pi t}}\mathrm{e}^{-x^2/(2t)},$$

当 t 越来越小时，函数的分布范围越来越窄，$x=0$ 点的值越来越大而趋于发散，将 δ 函数定义为

$$\delta(x)\overset{\text{def}}{=}\lim_{t\to 0^+}\frac{1}{\sqrt{\pi t}}\mathrm{e}^{-\frac{x^2}{2t}},$$

也可以采用如图 12.1(b)所示的洛伦兹函数

$$\rho_a(x)=\frac{a}{\pi(a^2+x^2)},$$

当 a 减小时，函数在 $x=0$ 点的值也越来越大，通过取极限定义

$$\delta(x)\overset{\text{def}}{=}\lim_{a\to 0}\frac{a}{\pi(a^2+x^2)}.$$

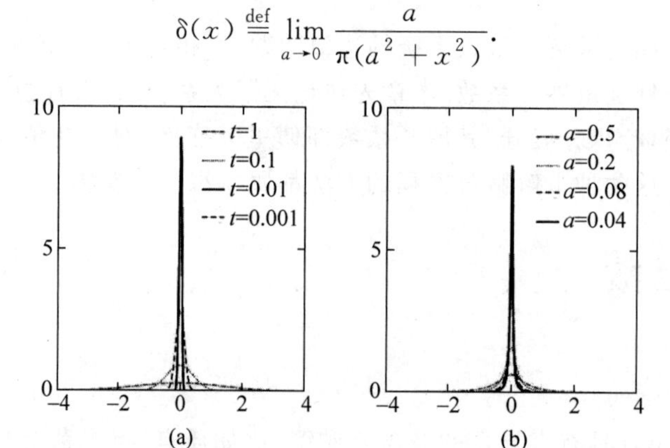

图 12.1

3）积分定义

上述直接的函数定义中仍然包含有意义不确定的无穷大. 为了修补这一缺陷，注意到对于任何光滑连续的函数 $f(x)$，有

$$\lim_{t\to 0^+}\int_{-\infty}^{\infty}\rho_t(x)f(x)\mathrm{d}x=f(0),$$

可以将 δ 函数看作如下积分表示：

$$\int_{-\infty}^{\infty}\delta(x)f(x)\mathrm{d}x=f(0),\quad \int_{-\infty}^{\infty}\delta(x)\mathrm{d}x=1, \tag{12.1.1}$$

所以 δ 函数是一种广义函数，只有在积分意义下，δ 函数才有严格的定义.

由定义式(12.1.1)可知 δ 函数具有密度的特征，位于 $x=x_0$ 的点电荷密度分布可以表示为

$$\rho(x)=q\delta(x-x_0),$$

现在可以写出点电荷 q 产生的静电势分布，它满足泊松方程：

$$\Delta\varphi(x)=\frac{q}{\varepsilon_0}\delta(x-x_0).$$

4）三维直角坐标系

三维直角坐标系中的 δ 函数表示为

$$\delta(\boldsymbol{r}-\boldsymbol{r}_0)=\delta(x-x_0)\delta(y-y_0)\delta(z-z_0),$$

点电荷静电势的泊松方程为

$$\Delta\varphi(\boldsymbol{r})=\frac{q}{\varepsilon_0}\delta(\boldsymbol{r}-\boldsymbol{r}_0),$$

也经常采用圆柱或球坐标系表示三维空间的 δ 函数，详情可参见注记.

2. 基本性质

（1）$\delta(x)$是偶函数

$$\delta(-x)=\delta(x),\quad \delta'(-x)=-\delta'(x). \tag{12.1.2}$$

（2）对于定义在$(-\infty,+\infty)$区间的连续函数 $f(x)$，有

$$\int_{-\infty}^{\infty}\delta(x-x_0)f(x)\mathrm{d}x=f(x_0). \tag{12.1.3}$$

（3）如果 $\varphi(x)=0$ 的实根 $x_k(k=1,2,\cdots)$全是单根，则

$$\delta[\varphi(x)]=\sum_k\frac{\delta(x-x_k)}{|\varphi'(x_k)|}. \tag{12.1.4}$$

证明　由于 $x_k(k=1,2,\cdots)$是 $\varphi(x)=0$ 的单根，则 $\varphi'(x_k)\neq 0$，所以

$$\delta[\varphi(x)]=\sum_k c_k\delta(x-x_k),$$

考虑第 n 个离散单根 x_n，假设其邻域$(x_n-\varepsilon,x_n+\varepsilon)$内没有其他根，对该区间作积分

$$\int_{x_n-\varepsilon}^{x_n+\varepsilon}\delta[\varphi(x)]\,\mathrm{d}x=\sum_k c_k\int_{x_n-\varepsilon}^{x_n+\varepsilon}\delta(x-x_k)\mathrm{d}x=c_n,$$

令 $y=\varphi(x)$，上式左边变为

$$\int_{x_n-\varepsilon}^{x_n+\varepsilon}\delta[\varphi(x)]\,\mathrm{d}x=\sum_k\int_{\varphi(x_n-\varepsilon)}^{\varphi(x_n+\varepsilon)}\delta(y)\,\frac{1}{\varphi'(x)}\mathrm{d}y=\frac{1}{|\varphi'(x_n)|}.$$

绝对值的出现是由于 $\varphi'(x)$可能为负，这样 $\varphi(x_n+\varepsilon)<\varphi(x_n-\varepsilon)$，积分的上下限颠倒会产生一个负号，于是有

$$c_n=\frac{1}{|\varphi'(x_n)|}.$$

（4）δ 函数的傅里叶变换

$$\mathfrak{F}[\delta(x)]=\frac{1}{2\pi}\int_{-\infty}^{\infty}\delta(x)\mathrm{e}^{-\mathrm{i}kx}\,\mathrm{d}k=\frac{1}{2\pi}. \tag{12.1.5}$$

可见 $\delta(x)$的傅里叶变换为常数，δ 函数的傅里叶积分表示为

$$\delta(x)=\frac{1}{2\pi}\int_{-\infty}^{\infty}\mathrm{e}^{\mathrm{i}kx}\,\mathrm{d}k,\quad \delta(x-x_0)=\frac{1}{2\pi}\int_{-\infty}^{\infty}\mathrm{e}^{\mathrm{i}k(x-x_0)}\,\mathrm{d}k.$$

这是物理学中一个非常重要的关系式，也可视作 δ 函数的另一个定义.

练习　证明：

(a) $\delta(x^2-a^2)=\dfrac{1}{2|a|}[\delta(x-a)+\delta(x+a)]$；　(b) $\delta(ax)=\dfrac{1}{|a|}\delta(x)$.

例 12.1 求径向函数的三维傅里叶变换：

$$f(r)=\frac{\delta(r-c)}{r}\quad (c>0).$$

解 三维傅里叶变换为

$$\mathfrak{F}[f(r)]=\frac{1}{(2\pi)^3}\iiint\frac{\delta(r-c)}{r}\mathrm{e}^{-\mathrm{i}\boldsymbol{k}\cdot\boldsymbol{r}}\mathrm{d}x\mathrm{d}y\mathrm{d}z.$$

利用球坐标系，以 $\boldsymbol{k}$ 为极轴方向，按球坐标系进行积分，有

$$\begin{aligned}\mathfrak{F}[f(r)]&=\frac{1}{(2\pi)^3}\int_0^\infty\mathrm{d}r\int_0^\pi\mathrm{d}\theta\int_0^{2\pi}\frac{\delta(r-c)}{r}\mathrm{e}^{-\mathrm{i}kr\cos\theta}r^2\sin\theta\mathrm{d}\varphi\\&=\frac{1}{(2\pi)^2}\int_0^\infty\mathrm{d}r\int_0^\pi r\delta(r-c)\mathrm{e}^{-\mathrm{i}kr\cos\theta}\sin\theta\mathrm{d}\theta\\&=\frac{1}{(2\pi)^2}\int_0^\infty\delta(r-c)\frac{\mathrm{e}^{\mathrm{i}kr}-\mathrm{e}^{-\mathrm{i}kr}}{\mathrm{i}k}\mathrm{d}r\\&=\frac{1}{(2\pi)^2}\frac{\mathrm{e}^{\mathrm{i}kc}-\mathrm{e}^{-\mathrm{i}kc}}{\mathrm{i}k}=\frac{1}{2\pi^2}\frac{\sin(kc)}{k}.\end{aligned}$$

3. 阶跃函数

1）形式定义

$$H(x)=\begin{cases}1 & (x\geqslant 0)\\0 & (x<0)\end{cases},$$

其导数为

$$H'(x)=\begin{cases}0 & (x\neq 0)\\\infty & (x=0)\end{cases}.$$

阶跃函数也称为赫维赛德阶跃函数(Heaviside step function)，它也是广义函数，利用 δ 可以给其以积分形式的定义：

$$H(x)\overset{\text{def}}{=}\int_{-\infty}^{x}\delta(x)\mathrm{d}t=\begin{cases}1 & (x\geqslant 0)\\0 & (x<0)\end{cases}.\tag{12.1.6}$$

2）傅里叶变换

引入一个连续函数的极限过程来描述阶跃函数：

$$H(x)\overset{\text{def}}{=}\lim_{\beta\to 0}H(x,\beta)=\lim_{\beta\to 0}\begin{cases}\mathrm{e}^{-\beta x} & (x\geqslant 0)\\0 & (x<0)\end{cases},$$

其傅里叶变换为

$$\begin{aligned}\mathfrak{F}[H(x)]&=\lim_{\beta\to 0}\mathfrak{F}[H(x,\beta)]=\lim_{\beta\to 0}\frac{1}{2\pi}\int_0^\infty\mathrm{e}^{-\beta x}\mathrm{e}^{-\mathrm{i}kx}\mathrm{d}x\\&=\frac{1}{2\pi}\lim_{\beta\to 0}\left(\frac{\beta}{\beta^2+k^2}-\mathrm{i}\frac{k}{\beta^2+k^2}\right).\end{aligned}$$

由于

$$\lim_{\beta\to 0}\frac{\beta}{\beta^2+k^2}=\pi\delta(k),$$

记主值表示

$$\mathcal{P}\frac{1}{k} \equiv \lim_{\beta \to 0} \frac{k}{\beta^2 + k^2} = \begin{cases} 0 & (k = 0) \\ \dfrac{1}{k} & (k \neq 0) \end{cases},$$

则有

$$\mathfrak{F}[H(x)] = \frac{1}{2}\delta(k) - \frac{\mathrm{i}}{2\pi}\mathcal{P}\frac{1}{k}. \tag{12.1.7}$$

例 12.2　求解常微分方程的初值问题：

$$\begin{cases} \dfrac{\mathrm{d}^2 f(x,t)}{\mathrm{d}x^2} = \delta(x-t) & (x,t > 0) \\ f(0,t) = 0, \quad f'(0,t) = 0 \end{cases}.$$

解　将方程两边对 x 积分，得

$$\frac{\mathrm{d}f(x,t)}{\mathrm{d}x} = H(x-t) + A(t),$$

再积分一次，得

$$f(x,t) = (x-t)H(x-t) + A(t)x + B(t),$$

代入边界条件，有 $A(t)=0, B(t)=0$，所以

$$f(x,t) = (x-t)H(x-t).$$

注记

由狄拉克 δ 函数引入函数的傅里叶变换也许会有些启示. 由定义

$$\delta(x) \stackrel{\text{def}}{=} \lim_{n \to \infty} \frac{\sin nx}{\pi x} = \frac{1}{2\pi}\int_{-\infty}^{\infty} \mathrm{e}^{-ikx}\,\mathrm{d}k,$$

可得

$$f(x) = \int_{-\infty}^{\infty} f(t)\delta(t-x)\,\mathrm{d}t = \frac{1}{2\pi}\int_{-\infty}^{\infty} f(t)\left[\int_{-\infty}^{\infty} \mathrm{e}^{-\mathrm{i}k(t-x)}\,\mathrm{d}k\right]\mathrm{d}t$$

$$= \frac{1}{2\pi}\int_{-\infty}^{\infty} \mathrm{e}^{ikx}\left[\int_{-\infty}^{\infty} f(t)\mathrm{e}^{-\mathrm{i}kt}\,\mathrm{d}t\right]\mathrm{d}k = \int_{-\infty}^{\infty} F(k)\mathrm{e}^{ikx}\,\mathrm{d}k.$$

上式即函数 $f(x)$ 的傅里叶积分表示，$F(k)$ 称作 $f(x)$ 的傅里叶变换函数：

$$F(k) \stackrel{\text{def}}{=} \frac{1}{2\pi}\int_{-\infty}^{\infty} f(x)\mathrm{e}^{-\mathrm{i}kx}\,\mathrm{d}x.$$

此法迥异于从周期函数的傅里叶级数推广到非周期函数的傅里叶积分方法，值得深思.

有时我们会用到正交曲线坐标系，需要研究其表示的 δ 函数与直角坐标系的关系. 根据 n 维空间 δ 函数定义，

$$\int \delta(\boldsymbol{x} - \boldsymbol{a}) f(\boldsymbol{x})\,\mathrm{d}^n\boldsymbol{x} \equiv f(\boldsymbol{a}), \quad \int_{-\infty}^{\infty} \delta(\boldsymbol{x})\,\mathrm{d}^n\boldsymbol{x} = 1.$$

作坐标变换

$$x_j = x_j(\xi_1, \xi_2, \cdots, \xi_n) \equiv x_j(\boldsymbol{\xi}),$$

$$a_j = x_j(\alpha_1, \alpha_2, \cdots, \alpha_n) \equiv a_j(\boldsymbol{\alpha}).$$

雅可比行列式为 $\det J = \left|\dfrac{\partial x_i}{\partial \xi_i}\right|$，由于 $\mathrm{d}^n\boldsymbol{x} = \det J\,\mathrm{d}^n\boldsymbol{\xi}$，有

$$\int \delta(\boldsymbol{x}-\boldsymbol{a}) f(\boldsymbol{x})\,\mathrm{d}^n \boldsymbol{x}=\int f(\boldsymbol{\xi}) \prod_{i=1}^{n} \delta\left[x_i(\boldsymbol{\xi})-a_i(\boldsymbol{\alpha})\right] \det J\, \mathrm{d}^n \boldsymbol{\xi}=f(\boldsymbol{\alpha}),$$

所以

$$\det J \prod_{i=1}^{n} \delta\left[x_i(\boldsymbol{\xi})-a_i(\boldsymbol{\alpha})\right]=\prod_{i=1}^{n} \delta(\xi_i-\alpha_i)$$

$$\rightarrow \delta(\boldsymbol{x}-\boldsymbol{a})=\frac{1}{\det J} \delta(\boldsymbol{\xi}-\boldsymbol{\alpha}).$$

雅可比行列式为零的点称作坐标变换的奇异点.一些坐标在奇异点不起作用,称作可忽略坐标,它起源于该曲线坐标维度是紧致的,可以通过连续收缩至奇异点,而笛卡儿坐标或者球坐标系的径向维度都是非紧致的.假设在$(\xi_1,\xi_2,\cdots,\xi_n)$坐标系中,分量$(\xi_{k+1},\xi_{k+2},\cdots,\xi_n)$在奇异点$\boldsymbol{a}$是可忽略坐标,表明任意函数都不依赖于这些坐标,因此可以将它们积分掉.令

$$\det J_k=\int \det J\, \mathrm{d}\xi_{k+1} \cdots \mathrm{d}\xi_n,$$

则有

$$\delta(\boldsymbol{r}-\boldsymbol{a})=\frac{1}{\det J_k} \prod_{i=1}^{k} \delta(\xi_i-\alpha_i).$$

例如,在二维极坐标系中,$\det J=r$,它在$r=0$处为零,而θ是可忽略坐标,所以

$$\det J_1=\int_0^{2\pi} \det J\, \mathrm{d}\theta=2\pi r,$$

于是

$$\delta(\boldsymbol{r})=\delta(x)\delta(y)=\frac{\delta(r)}{2\pi r}.$$

在三维球坐标系中,$\det J=r^2\sin\theta$,它在$r=0$处为零,其中θ、φ均为可忽略坐标,所以

$$\det J_1=\int_0^{2\pi} \mathrm{d}\varphi \int_0^{\pi} r^2 \sin\theta\, \mathrm{d}\theta=4\pi r^2,$$

于是

$$\delta(\boldsymbol{r})=\frac{\delta(r)}{4\pi r^2}.$$

一般地,对于n维球坐标系有

$$\delta(\boldsymbol{r})=\delta(x_1)\delta(x_2)\cdots\delta(x_n)=\frac{\Gamma\left(\frac{n}{2}\right)\delta(r)}{2\pi^{n/2} r^{n-1}}.$$

习　　题

[1] 证明:

(a) $\delta'(-x)=-\delta'(x)$;　(b) $x\delta'(x)=-\delta(x)$.

[2] 证明:

(a) $\int_{-\infty}^{\infty} \delta^{(n)}(x-a) f(x)\mathrm{d}x\,(-1)^n f^{(n)}(a)$;

(b) $\int_{-\infty}^{\infty} \delta^{(n)}(x) f(x)\mathrm{d}x=(-1)^n f^{(n)}(0)$.

提示:把a视作自变量,将公式对a求n次导后,再令$a=0$:

$$\int_{-\infty}^{\infty}\delta(x-a)f(x)\mathrm{d}x=f(a).$$

[3] 证明：(a) $\delta(x)=\lim\limits_{n\to\infty}\dfrac{\sin nx}{\pi x}$；　(b) $\delta(x)=\lim\limits_{n\to\infty}\dfrac{\sin^2 nx}{\pi n x^2}$.

提示：分析 $x=0$ 和 $x\neq 0$ 的值，由此推断

$$\lim_{n\to\infty}\int_{-\infty}^{\infty}\frac{\sin nx}{\pi x}f(x)\mathrm{d}x=\lim_{n\to\infty}\int_{-\frac{\pi}{2n}}^{\frac{\pi}{2n}}\frac{\sin nx}{\pi x}f(x)\mathrm{d}x=f(0),$$

且有

$$\lim_{n\to\infty}\int_{-\infty}^{\infty}\frac{\sin nx}{\pi x}\mathrm{d}x=\lim_{n\to\infty}\int_{-\infty}^{\infty}\frac{\sin^2 nx}{\pi n x^2}\mathrm{d}x=1.$$

[4] 化简狄拉克 δ 函数：

(a) $\delta[(x+2)\sin x]$；　(b) $\delta[(x-2)\ln x]$.

答案：

(a) $\dfrac{\delta(x+2)}{\sin 2}+\sum\limits_{k=-\infty}^{\infty}\dfrac{\delta(x-k\pi)}{|k\pi+2|\pi}$；　(b) $\dfrac{\delta(x-2)}{\ln 2}+\delta(x-1)$.

[5] 计算积分：

(a) $\displaystyle\int_{0.5}^{\infty}\delta(\sin x)\left(\frac{2}{3}\right)^{x}\mathrm{d}x$；

(b) $\displaystyle\int_{-\infty}^{\infty}\delta(x^2-3x+2)\int_0^x\delta\left(t^2-2t+\frac{3}{4}\right)\mathrm{e}^{-t^2}\mathrm{d}t\,\mathrm{d}x$；

(c) $\displaystyle\int_{-\infty}^{\infty}\delta(x^2-2x-3)\int_0^x\delta\left(t^2-2xt+\frac{1}{2}\right)\mathrm{e}^{-xt^2}\mathrm{d}t\,\mathrm{d}x$.

答案：

(a) $\dfrac{1}{(3/2)^{\pi}-1}$；　(b) $\mathrm{e}^{-\frac{9}{4}}+2\mathrm{e}^{-\frac{1}{4}}$；

(c) $\dfrac{1}{4\sqrt{34}}\mathrm{e}^{-3(3-\sqrt{17}/2)^2}-\dfrac{1}{4\sqrt{2}}\mathrm{e}^{(-1+1/\sqrt{2})^2}$.

[6] 求解常微分方程的边值问题：

$$\begin{cases}\dfrac{\mathrm{d}^2 f(x,t)}{\mathrm{d}x^2}=\delta(x-t)\quad(t>0)\\ f(a,t)=0,\quad f(b,t)=0\end{cases}.$$

[7] 求解常微分方程的初值问题：

$$\begin{cases}\dfrac{\mathrm{d}^2 f(x,t)}{\mathrm{d}x^2}+k^2 f(x,t)=\delta(x-t)\quad(x,t>0)\\ f(0,t)=0,\quad f'(0,t)=0\end{cases}.$$

提示：分别考虑 $x<t$ 和 $x>t$ 区域的解，函数 $f(x,t)$ 在 $x=t$ 连续.

答案：$f(x,t)=\dfrac{1}{k}\sin k(x-t)H(x-t)$.

12.2 傅里叶变换法

我们曾用拉普拉斯变换法，将含时的常微分方程变为普通的代数方程，得到像函数之后再进行反演变换，以求解常微分方程初值问题. 对于偏微分方程，也可以采用适当的积分变换，包括傅里叶变换或拉普拉斯变换，使之变成常微分方程或代数方程，解出像函数后，再作反演变换得到所需的定解.

1. 无限空间问题

有界区域问题的本征值是分立的，其通解是对分立的本征函数(三角函数)进行叠加的傅里叶级数，称作本征函数展开法. 对于无界区域问题，其本征值一般是连续的，方程的通解可表示成对连续本征函数的傅里叶积分，其系数就是傅里叶变换的像函数：

$$\begin{cases} F(k) \equiv \mathfrak{F}[f(x)] = \dfrac{1}{2\pi}\displaystyle\int_{-\infty}^{\infty} f(x)\mathrm{e}^{-\mathrm{i}kx}\,\mathrm{d}x \\ f(x) \equiv \mathfrak{F}^{-1}[F(k)] = \displaystyle\int_{-\infty}^{\infty} F(k)\mathrm{e}^{\mathrm{i}kx}\,\mathrm{d}k \end{cases}.$$

可以采用傅里叶变换法求解无界系统的偏微分方程，下面用几个实例来描述这一解法.

例 12.3 求解无限长弦的自由振动：

$$\begin{cases} u_{tt} - a^2 u_{xx} = 0 \quad (-\infty < x < \infty) \\ u\,|_{t=0} = \varphi(x), \quad u_t\,|_{t=0} = \psi(x) \end{cases}.$$

解 令 $U(k,t) = \mathfrak{F}[u(x,t)]$，将方程两边同时作傅里叶变换，初始条件也同时作傅里叶变换，有

$$\begin{cases} U''(t) + k^2a^2U(t) = 0 \\ U\,|_{t=0} = \Phi(k), \quad U'\,|_{t=0} = \Psi(k) \end{cases}.$$

其中，

$$\Phi(k) = \mathfrak{F}[\varphi(x)], \quad \Psi(k) = \mathfrak{F}[\psi(x)],$$

由此解得

$$U(k,t) = A(k)\cos kat + B(k)\sin kat.$$

代入初始条件后得

$$U(k,t) = \Phi(k)\cos kat + \frac{\Psi(k)}{ka}\sin kat = \Phi(k)\cos kat + \int_0^t \Psi(k)\cos ka\tau\,\mathrm{d}\tau.$$

对 $U(k)$ 作傅里叶逆变换，利用 $\cos kat = \dfrac{1}{2}[\mathrm{e}^{\mathrm{i}kat} + \mathrm{e}^{-\mathrm{i}kat}]$ 以及延迟定理，解得原函数为

$$\begin{aligned} u(x,t) &= \frac{1}{2}[\varphi(x+at) + \varphi(x-at)] + \frac{1}{2}\int_0^t [\psi(x-a\tau) + \psi(x+a\tau)]\mathrm{d}\tau \\ &= \frac{1}{2}[\varphi(x+at) + \varphi(x-at)] + \frac{1}{2a}\int_{x-at}^{x+at} \psi(\xi)\,\mathrm{d}\xi, \end{aligned}$$

这样再次得到了一维无限长弦运动的达朗贝尔公式.

例 12.4　求解无限长细杆的热传导问题：

$$\begin{cases} u_t - a^2 u_{xx} = 0 & (-\infty < x < \infty) \\ u\,|_{t=0} = \varphi(x) \end{cases}.$$

解　将方程作傅里叶变换

$$\begin{cases} U'(t) + k^2 a^2 U(t) = 0 \\ U\,|_{t=0} = \Phi(k) \end{cases},$$

解得像函数

$$U(k,t) = \Phi(k) \mathrm{e}^{-k^2 a^2 t}.$$

为了求出原函数,先查附表有

$$\mathscr{F}^{-1}[\mathrm{e}^{-k^2/4\sigma^2}] = 2\sqrt{\pi}\sigma \mathrm{e}^{-\sigma^2 x^2},$$

再利用卷积定理

$$\mathscr{F}^{-1}[F_1(k) F_2(k)] = \frac{1}{2\pi} f_1(x) * f_2(x),$$

可得

$$u(x,t) = \frac{1}{2a\sqrt{\pi t}} \int_{-\infty}^{\infty} \varphi(\xi)\, \mathrm{e}^{-\frac{(x-\xi)^2}{4a^2 t}} \mathrm{d}\xi.$$

例 12.4 的傅里叶反演变换也可以直接从定义出发求得.

例 12.5　求量子力学中一维自由电子波包随时间的演化过程：

$$\begin{cases} \mathrm{i}\hbar \partial_t \psi(x,t) = -\dfrac{\hbar^2}{2m} \partial_x^2 \psi(x,t) \\ \psi(x,t)\,|_{t=0} = \varphi(x) \end{cases}.$$

解　令 $\Psi(k,t) = \mathscr{F}[\psi(x,t)]$,将方程作傅里叶变换,

$$\mathrm{i}\hbar \Psi'(k,t) = \frac{\hbar^2 k^2}{2m} \Psi(k,t),$$

所以

$$\Psi(k,t) = \Phi(k) \mathrm{e}^{-\mathrm{i}\frac{\hbar k^2}{2m} t}.$$

利用卷积定理作反演变换,得到原函数为

$$\psi(x,t) = \varphi(x) * \sqrt{\frac{2\pi \mathrm{i} m}{\hbar t}}\, \mathrm{e}^{-\frac{\mathrm{i}m}{2\hbar t} x^2} = \sqrt{\frac{2\pi \mathrm{i} m}{\hbar t}} \int_{-\infty}^{\infty} \varphi(x')\, \mathrm{e}^{-\frac{\mathrm{i}m}{2\hbar t}(x-x')^2} \mathrm{d}x'.$$

假设初始态为一个高斯型波包,

$$\varphi(x) = \frac{1}{\sqrt{2\pi}\sigma} \mathrm{e}^{-\frac{x^2}{2\sigma^2}},$$

经过时间 t 后,波包演化为

$$\begin{aligned} \psi(x,t) &= \sqrt{\frac{2\pi \mathrm{i} m}{\hbar t}} \int_{-\infty}^{\infty} \frac{1}{\sqrt{2\pi}\sigma} \mathrm{e}^{-\frac{x'^2}{2\sigma^2}} \mathrm{e}^{-\frac{\mathrm{i}m}{2\hbar t}(x-x')^2} \mathrm{d}x' \\ &= \frac{1}{\sqrt{2\pi(\sigma^2 + \mathrm{i}\hbar t/m)}} \exp\left[-\frac{x^2}{2(\sigma^2 + \mathrm{i}\hbar t/m)}\right], \end{aligned}$$

相当于波包宽度随时间演化：

$$\sigma \to \sigma\sqrt{1+\frac{\mathrm{i}\hbar t}{m\sigma^2}}.$$

图 12.2(a)描绘了一维高斯波包随时间演化的结果,它似乎与经典的粒子扩散行为并无二致.为了体现微观粒子的波动特性,在初始时刻采用两个孤立波包扩散,经过一定时间它们在空间发生交叠,图 12.2(b)展示了波包扩散过程中的干涉现象,这是经典扩散运动所没有的.

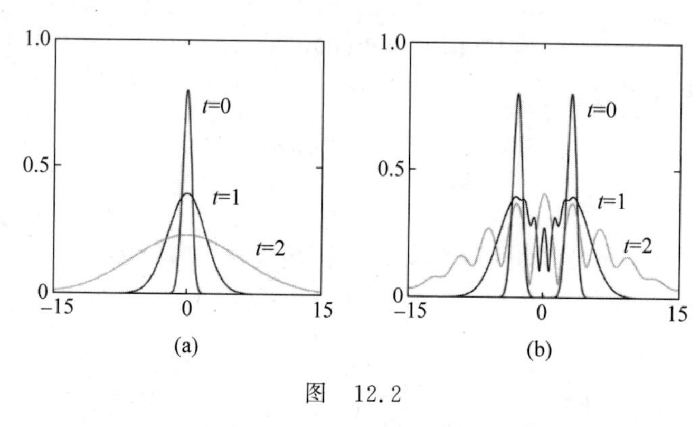

图 12.2

虽然都是波动方程,量子力学结果与机械波的达朗贝尔公式仍有本质的不同：一维机械波满足惠更斯原理,而量子波包更像扩散运动.电子波包在传播过程中会发生色散 $E=\frac{\hbar^2k^2}{2m}$,不同能量的谐波具有不同的相速度,所以波包的形状随时间发生变化,初始波包会逐渐扩散.

例 12.6 求解三维无界空间中波的传播问题：

$$\begin{cases}u_{tt}-a^2\Delta u=0\\ u\big|_{t=0}=\varphi(\boldsymbol{r}), \quad u_t\big|_{t=0}=\psi(\boldsymbol{r})\end{cases}.$$

解 将方程和初始条件都作三维傅里叶变换

$$\begin{cases}U''(t)+k^2a^2U(t)=0\\ U\big|_{t=0}=\Phi(\boldsymbol{k}), \quad U'\big|_{t=0}=\Psi(\boldsymbol{k})\end{cases},$$

其中,$k=|\boldsymbol{k}|$,解得

$$U(\boldsymbol{k},t)=\Phi(\boldsymbol{k})\cos kat+\frac{\Psi(\boldsymbol{k})}{ka}\sin kat=\frac{\partial}{\partial t}\left[\frac{\Phi(\boldsymbol{k})}{ka}\sin kat\right]+\frac{\Psi(\boldsymbol{k})}{ka}\sin kat.$$

先对右边第二项作三维傅里叶逆变换：

$$\mathscr{F}^{-1}\left[\frac{\Psi(\boldsymbol{k})}{ka}\sin kat\right]=\iiint_{-\infty}^{\infty}\frac{\Psi(\boldsymbol{k})}{ka}\sin kat\,\mathrm{e}^{\mathrm{i}\boldsymbol{k}\cdot\boldsymbol{r}}\,\mathrm{d}k_1\mathrm{d}k_2\mathrm{d}k_3$$

$$=\frac{1}{(2\pi)^3}\iiint_{-\infty}^{\infty}\iiint_{-\infty}^{\infty}\psi(\boldsymbol{r}')\,\mathrm{e}^{-\mathrm{i}\boldsymbol{k}\cdot\boldsymbol{r}'}\,\mathrm{d}\boldsymbol{r}'\,\frac{1}{ka}\sin kat\,\mathrm{e}^{\mathrm{i}\boldsymbol{k}\cdot\boldsymbol{r}}\,\mathrm{d}k_1\mathrm{d}k_2\mathrm{d}k_3$$

$$=\frac{1}{(2\pi)^3a}\iiint_{-\infty}^{\infty}\int_0^{\infty}k\,\mathrm{d}k\int_0^{\pi}\mathrm{d}\theta\int_0^{2\pi}\mathrm{d}\phi\,\psi(\boldsymbol{r}')\,\mathrm{e}^{-\mathrm{i}|\boldsymbol{k}|\cdot|\boldsymbol{r}-\boldsymbol{r}'|\cos\theta}\sin kat\sin\theta\,\mathrm{d}\boldsymbol{r}'$$

$$= -\frac{1}{2a(2\pi)^2}\iiint_{-\infty}^{\infty}\int_0^{\infty} \frac{\psi(\boldsymbol{r}')}{|\boldsymbol{r}-\boldsymbol{r}'|}\left[e^{ik(|\boldsymbol{r}-\boldsymbol{r}'|+at)} - e^{-ik(|\boldsymbol{r}-\boldsymbol{r}'|-at)}\right] dk\, d\boldsymbol{r}'$$

$$= -\frac{1}{4\pi a}\iiint_{-\infty}^{\infty} \frac{\psi(\boldsymbol{r}')}{|\boldsymbol{r}-\boldsymbol{r}'|}[\delta(|\boldsymbol{r}-\boldsymbol{r}'|+at) - \delta(|\boldsymbol{r}-\boldsymbol{r}'|-at)]d\boldsymbol{r}'$$

$$= \frac{1}{4\pi a}\iint_{S_r} \frac{\psi(\boldsymbol{r}')}{at} ds',$$

第一项具有和第二项一样的形式，所以

$$u(\boldsymbol{r},t) = \frac{1}{4\pi a}\frac{\partial}{\partial t}\oiint_{S_r}\frac{\varphi(\boldsymbol{r}')}{at}ds' + \frac{1}{4\pi a}\oiint_{S_r}\frac{\psi(\boldsymbol{r}')}{at}ds', \tag{12.2.1}$$

式(12.2.1)称作泊松公式，它表明波的振幅随时间或者传播距离成反比关系，这是符合能量守恒原理的. 面积分区域 S_r 表示距离场点 $\boldsymbol{r}$ 为 at 的所有点 $\boldsymbol{r}'$ 构成的球面，如图 12.2(a)所示，该积分的意义是，$\boldsymbol{r}$ 点的运动是此前 t 时刻距离为 at 的所有球面点 $\boldsymbol{r}'$ 运动的叠加，在 $\boldsymbol{r}'$ 点的更早或更晚的运动都不会对 $\boldsymbol{r}$ 点的运动产生任何影响，这就是波动光学中的惠更斯原理. 处于原点的灰色区域为初始波包，因此式(12.2.1)的有效积分范围是处于灰色区域内的球面部分.

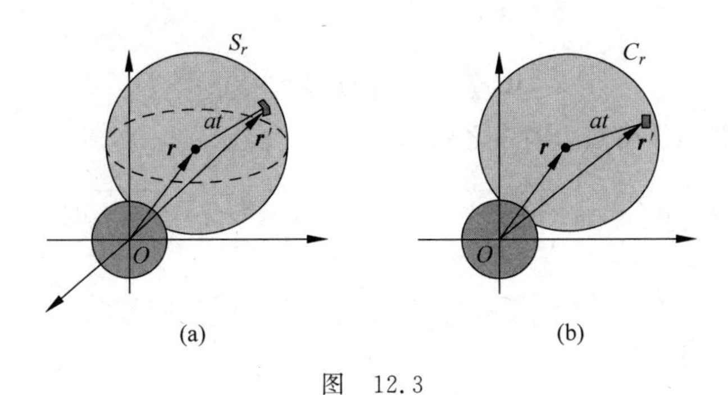

图 12.3

对于二维无界空间中的波动问题：

$$\begin{cases} u_{tt} - a^2\Delta_2 u = 0 \\ u|_{t=0} = \varphi(\boldsymbol{r}), \quad u_t|_{t=0} = \psi(\boldsymbol{r}) \end{cases},$$

同样可以求得其解为(15.1 节习题[6])

$$u(\boldsymbol{r},t) = \frac{1}{2\pi a}\frac{\partial}{\partial t}\iint_{C_r}\frac{\varphi(\boldsymbol{r}')}{\sqrt{(at)^2 - |\boldsymbol{r}-\boldsymbol{r}'|^2}}dx'dy' +$$

$$\frac{1}{2\pi a}\iint_{C_r}\frac{\psi(\boldsymbol{r}')}{\sqrt{(at)^2 - |\boldsymbol{r}-\boldsymbol{r}'|^2}}dx'dy', \tag{12.2.2}$$

其中，C_r 为$\sqrt{x^2+y^2}\leqslant at$ 的圆内区域，如图 12.2(b)所示. 处于原点的灰色区域为初始波包，式(12.2.2)的有效积分区域是圆域 C_r 与灰色区域的重叠部分.

思考 体会二维和三维积分区域背后的物理差别.

2. 半无限空间问题

例 12.7 求解恒定表面浓度扩散问题：

$$\begin{cases} u_t - a^2 u_{xx} = 0 \quad (x \geqslant 0) \\ u|_{x=0} = N_0, \quad u|_{t=0} = 0 \end{cases}.$$

解 首先需要对这个方程的边界条件进行齐次化，令

$$u(x,t) = N_0 + w(x,t),$$

有

$$\begin{cases} w_t - a^2 w_{xx} = 0 \quad (x \geqslant 0) \\ w|_{x=0} = 0, \quad w|_{t=0} = -N_0 \end{cases}.$$

由于方程在 $x=0$ 为第一类齐次边界条件，将方程和初始条件都作奇延拓，化为无限长热传导问题：

$$\begin{cases} w_t - a^2 w_{xx} = 0 \quad (-\infty < x < \infty) \\ w|_{t=0} = \varphi(x) = \begin{cases} -N_0 & (x \geqslant 0) \\ N_0 & (x < 0) \end{cases} \end{cases}.$$

作傅里叶变换，得

$$W(k,t) = \Phi(k) \mathrm{e}^{-k^2 a^2 t},$$

再作反演变换，注意到像函数为两项之积，有

$$\begin{aligned} w(x,t) &= \frac{1}{2\pi} \varphi(x) * \frac{\sqrt{\pi}}{a\sqrt{t}} \mathrm{e}^{-\frac{x^2}{4a^2 t}} = \frac{1}{2a\sqrt{\pi t}} \int_{-\infty}^{\infty} \varphi(\xi) \mathrm{e}^{-\frac{(x-\xi)^2}{4a^2 t}} \mathrm{d}\xi \\ &= \frac{N_0}{2a\sqrt{\pi t}} \left[\int_{-\infty}^{0} \mathrm{e}^{-\frac{(x-\xi)^2}{4a^2 t}} \mathrm{d}\xi - \int_{0}^{\infty} \mathrm{e}^{-\frac{(x-\xi)^2}{4a^2 t}} \mathrm{d}\xi \right] \\ &= \frac{N_0}{\sqrt{\pi}} \left[-\int_{\infty}^{x/2a\sqrt{t}} \mathrm{e}^{-y^2} \mathrm{d}y + \int_{x/2a\sqrt{t}}^{-\infty} \mathrm{e}^{-y^2} \mathrm{d}y \right] = -\frac{2N_0}{\sqrt{\pi}} \int_{0}^{x/2a\sqrt{t}} \mathrm{e}^{-y^2} \mathrm{d}y \\ &= -N_0 \operatorname{erf}\left(\frac{x}{2a\sqrt{t}} \right), \end{aligned}$$

最终结果为

$$u(x,t) = N_0 \left[1 - \operatorname{erf}\left(\frac{x}{2a\sqrt{t}} \right) \right] \equiv N_0 \operatorname{erfc}\left(\frac{x}{2a\sqrt{t}} \right),$$

其中，误差函数(error function)和余误差函数(error function complement)定义为

$$\operatorname{erf}(x) \stackrel{\text{def}}{=} \frac{2}{\sqrt{\pi}} \int_0^x \mathrm{e}^{-y^2} \mathrm{d}y, \quad \operatorname{erfc}(x) \stackrel{\text{def}}{=} 1 - \operatorname{erf}(x).$$

对于半无限空间问题，如果满足第一或者第二类齐次边界条件，则可以采用奇延拓或偶延拓的方法拓展至无限空间问题，然后利用傅里叶变换法求解. 如果是非齐次边界条件，可以先设法齐次化后，再作奇偶延拓. 但也可以直接采用傅里叶正弦(第一类边界条件)或者余弦变换(第二类边界条件)进行求解，如例 12.8 所示.

例 12.8　求解半无界空间的拉普拉斯方程：

$$\begin{cases}\dfrac{\partial^2 u}{\partial x^2}+\dfrac{\partial^2 u}{\partial y^2}=0 \quad (-\infty<x<\infty, y\geqslant 0)\\ u\mid_{y=0}=f(x)\end{cases}.$$

解　对 y 方向作傅里叶正弦变换

$$U(x,k)=\mathfrak{F}_s[u(x,y)]=\frac{1}{\pi}\int_0^{\infty}u(x,y)\sin ky\,dy \quad (k\geqslant 0),$$

则

$$\mathfrak{F}_s\left[\frac{\partial^2}{\partial y^2}u(x,y)\right]=\frac{1}{\pi}kf(x)-k^2U(x,k).$$

于是方程化为关于 x 的常微分方程

$$\frac{d^2}{dx^2}U(x,k)-k^2U(x,k)=-\frac{1}{\pi}kf(x).$$

按照 9.1 节的方法,可得方程的一般解为

$$U(x,k)=Ae^{-kx}+Be^{kx}+\frac{1}{2\pi}\int_{-\infty}^{\infty}e^{-k|x-x'|}f(x')dx' \quad (k\geqslant 0),$$

根据 $x\to\pm\infty$ 时温度应该有限的条件,可知 $A=B=0$,于是

$$U(x,k)=\frac{1}{2\pi}\int_{-\infty}^{\infty}e^{-k|x-x'|}f(x')dx',$$

再作傅里叶正弦逆变换,得到原函数

$$u(x,y)=\frac{1}{\pi}\int_0^{\infty}\left[\int_{-\infty}^{\infty}e^{-k|x-x'|}f(x')dx'\right]\sin ky\,dk=\frac{y}{\pi}\int_{-\infty}^{\infty}\frac{f(x')}{(x-x')^2+y^2}dx',$$

它就是在第 2 章中的上半平面泊松公式.

讨论

(a) 从形式上看,当 $y\to 0$ 时,$u(x,y)\to 0$,这是否与题设相矛盾?

(b) 是否可以采用傅里叶余弦变换进行求解?

练习　将例 12.8 对 x 方向作傅里叶变换进行求解.

注记

在求解一维波动方程中,我们曾得到达朗贝尔解,它表明初始的波会分解为两个子波沿正负两个方向匀速传播,且波形保持不变,任何一点的运动只由此前 t 时刻、距离该点 at 的各点运动状态决定,这显然符合惠更斯原理.三维波动方程的解也满足惠更斯原理,波的传播一去无踪迹,不留下任何痕迹.我们可以在球坐标系中来比较三维波动方程和一维波动方程的相似之处,考虑球对称波的径向部分:

$$u_{tt}-a^2\Delta u=0\to\frac{\partial^2 u}{\partial r^2}+\frac{2}{r}\frac{\partial u}{\partial r}-\frac{1}{a^2}\frac{\partial^2 u}{\partial t^2}=0.$$

该方程可写成一维波动方程

$$\frac{\partial^2(ru)}{\partial t^2}-a^2\frac{\partial^2(ru)}{\partial r^2}=0,$$

其解为

$$u(r,t)=\frac{1}{r}f_1(r-at)+\frac{1}{r}f_2(r+at),$$

它与一维波动方程的达朗贝尔公式具有相似的形式,两项分别表示球面发散波和会聚波.

作为对比,二维波动方程的径向部分看上去更像一个非齐次方程:

$$\frac{\partial^2(\sqrt{r}u)}{\partial t^2}-a^2\frac{\partial^2(\sqrt{r}u)}{\partial r^2}=\frac{a^2}{4r^2}\sqrt{r}u,$$

该方程没有独立传播解,右边与 $u(r,t)$ 有关的项表明,空间中任何点的运动会一直影响全部波场的运动,这显然不符合惠更斯原理.事实上,凡是偶数维空间的波动方程都会有同样的问题,似乎子波源产生的波不只是向前传播,还会向后传播,如图 12.4(a)所示,并且"余音袅袅".这表明建立在朴素直观上的惠更斯原理,在二维及偶数维空间中并不成立.

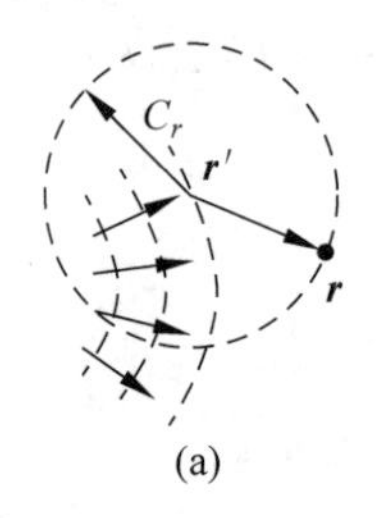

(a)

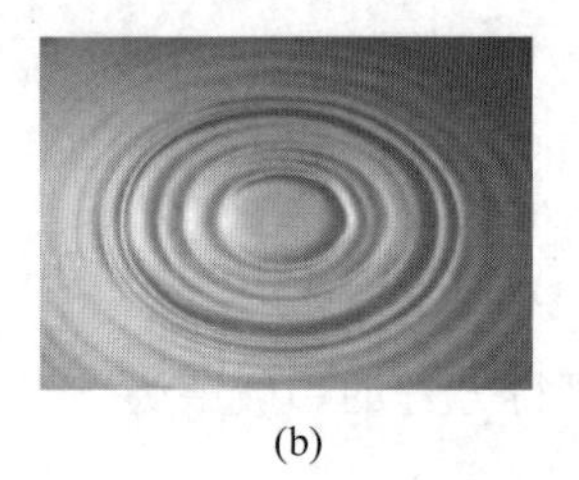

(b)

图 12.4

图 12.5 直观地展现了二维(a)和三维(b)空间中波的传播,假设初始时原点处有一个高斯型波包,经过一段时间后,两者表观上相似.但实际上,三维空间的内部已经完全恢复到平衡位置(没有信号),而二维空间各处始终存在位移分布.

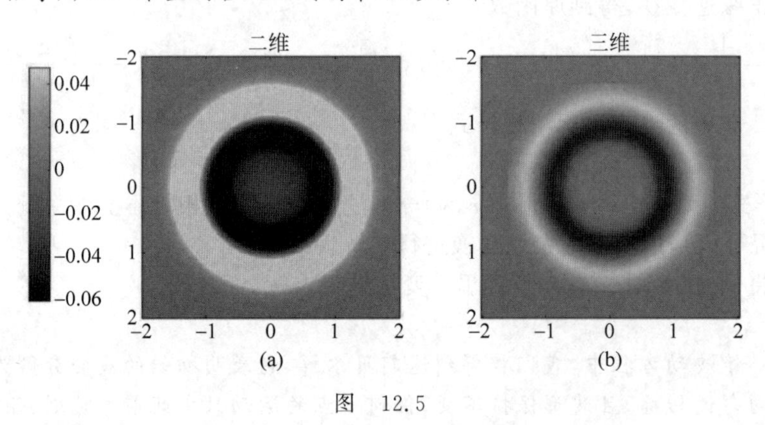

(a) (b)

图 12.5

为了更清楚地显示这一特征,图 12.6 描绘了不同时刻一维波、二维波、三维波在 x 轴上的径向分布.图中可见三维和一维空间波的运动特征一致,波的传播符合惠更斯原理,而二维空间波的传播更像是扩散过程,因此恰恰是水的表面波(图 12.4(b))传播不满足惠更斯原理.

当机械波或电磁波在一维或三维空间中传播时,信号是清晰可辨、前后互不干扰的.而在二维的世界里说话,耳朵听到的将是前后混杂、持续不断的嗡嗡声,根本不可能听到美妙的歌声.信号在空间中传播的保真性并不像人们想象的那样,是理所当然的.就其内在和谐性而言,三维世界在各种维度空间中是非常独特的,我们生活在这样一个世界里,幸甚!

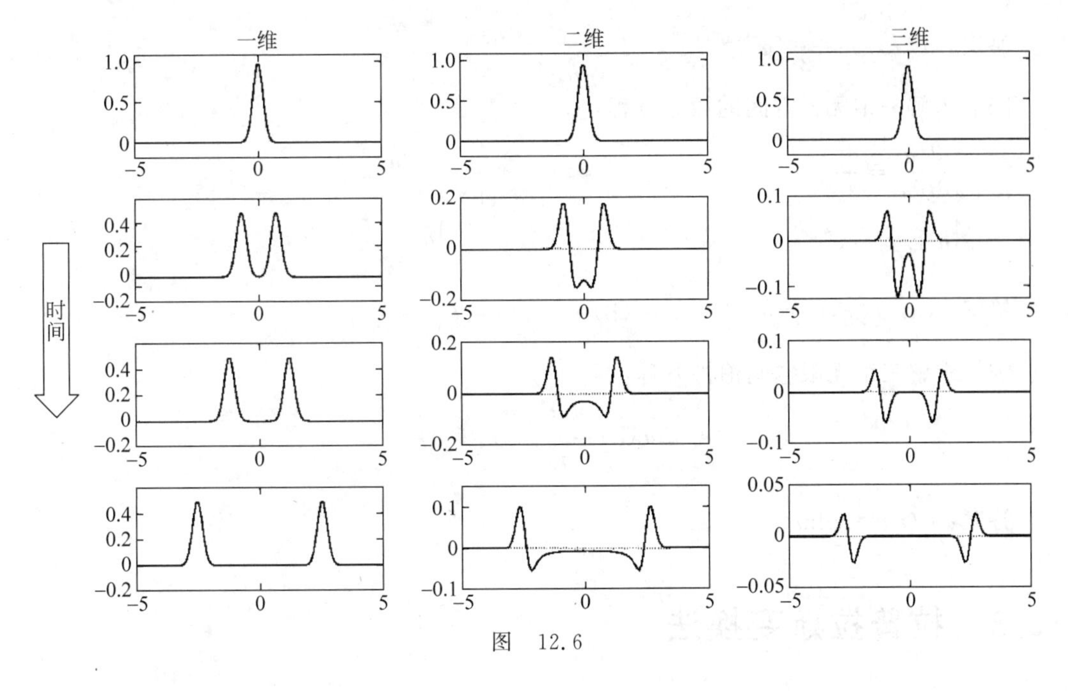

图　12.6

习　题

[1] 求解无限长细杆的有源热传导问题：

$$\begin{cases} u_t - a^2 u_{xx} = f(x,t) \\ u|_{t=0} = 0 \end{cases}.$$

答案：

$$u(x,t) = \int_0^t \int_{-\infty}^{\infty} f(\xi,\tau) \left[\frac{1}{2a\sqrt{\pi(t-\tau)}} \mathrm{e}^{-\frac{(x-\xi)^2}{4a^2(t-\tau)}} \right] \mathrm{d}\xi \mathrm{d}\tau.$$

[2] 用傅里叶正弦变换法求一维定解问题：

$$\begin{cases} \dfrac{\partial u}{\partial t} = a^2 \dfrac{\partial^2 u}{\partial x^2} \quad (0 \leqslant x < \infty) \\ u(0,t) = u_0 + A\sin\Omega t, \quad u|_{t=0} = u_0 \end{cases}.$$

[3] 求解一维半无界空间的输运问题：

$$\begin{cases} \dfrac{\partial u}{\partial t} = a^2 \dfrac{\partial^2 u}{\partial x^2} \quad (0 \leqslant x < \infty) \\ u(0,t) = At, \quad u|_{t=0} = 0 \end{cases}.$$

答案：

$$u(x,t) = At - A\int_0^t \operatorname{erf}\left(\frac{x}{2a\sqrt{t-\tau}} \right) \mathrm{d}\tau.$$

[4] 求无界弦的振动问题：

$$\begin{cases} \dfrac{\partial^2 u}{\partial t^2} = a^2 \dfrac{\partial^2 u}{\partial x^2} \\ u|_{t=0} = u_0 \mathrm{e}^{-x^2/a^2}, \quad u_t|_{t=0} = 0 \end{cases}.$$

答案：$u(x,t)=\frac{u_0}{2}[\mathrm{e}^{-(x+ct)^2/a^2}+\mathrm{e}^{-(x-ct)^2/a^2}]$.

[5] 求解一维无界空间的微分方程：

$$\text{(a)}\begin{cases}\frac{\partial^2 u}{\partial t\partial x}=\frac{\partial^2 u}{\partial x^2} & (-\infty<x<\infty)\\ u|_{t=0}=\mathrm{e}^{-|x|}\end{cases};\quad \text{(b)}\begin{cases}t\frac{\partial u}{\partial x}+\frac{\partial u}{\partial t}=0 & (-\infty<x<\infty)\\ u|_{t=0}=f(x)\end{cases}.$$

答案：(a) $u(x,t)=\mathrm{e}^{-|x+t|}$； (b) $u(x,t)=f\left(x-\frac{t^2}{2}\right)$.

[6] 求解三维无限空间泊松方程：

$$\Delta u(\boldsymbol{r})=\frac{1}{r^2}\quad (r\neq 0).$$

答案：$u(\boldsymbol{r})=\frac{1}{2}\ln r$.

12.3 拉普拉斯变换法

傅里叶变换法仅适用于求解无边界的空间分布问题，对于初始值问题，可以采用拉普拉斯变换方法进行求解.

例 12.9 求解硅片的表面浓度扩散问题：

$$\begin{cases}u_t-a^2u_{xx}=0 & (x\geqslant 0)\\ u|_{x=0}=N_0, & u|_{t=0}=0\end{cases}.$$

解 设拉普拉斯变换 $\bar{u}(x,p)=\mathcal{L}[u(x,t)]$，将方程两边作拉普拉斯变换有

$$p\bar{u}-a^2\bar{u}_{xx}=0,\quad \bar{u}|_{x=0}=N_0/p,$$

解得

$$\bar{u}=A\mathrm{e}^{\frac{\sqrt{p}}{a}x}+B\mathrm{e}^{-\frac{\sqrt{p}}{a}x}.$$

考虑到 $x\to\infty$ 解的有限性，$A=0$，再代入边界条件有

$$\bar{u}=N_0\frac{\mathrm{e}^{-\sqrt{p}x/a}}{p},$$

再利用黎曼-梅林反演或者直接查附录表得

$$u(x,t)=N_0\operatorname{erfc}\left(\frac{x}{2a\sqrt{t}}\right),$$

它与采用傅里叶变换法的计算结果一致.

例 12.10 用拉普拉斯变换法求一维定解问题：

$$\begin{cases}\frac{\partial u}{\partial t}=a^2\frac{\partial^2 u}{\partial x^2} & (0\leqslant x<\infty)\\ u(0,t)=u_0+A\sin\Omega t, & u|_{t=0}=u_0\end{cases}.$$

解 先作零点平移，$u=v+u_0$，则 $v(x,t)$ 满足的方程和定解条件为

$$\begin{cases}\dfrac{\partial v}{\partial t}=a^2\dfrac{\partial^2 v}{\partial x^2} & (0\leqslant x<\infty)\\ v(0,t)=A\sin\Omega t, & v|_{t=0}=0\end{cases}.$$

作拉普拉斯变换，$\bar{v}(x,p)=\mathcal{L}[v(x,t)]$，得

$$\bar{v}''-\frac{p}{a^2}\bar{v}=0,$$

其解为

$$\bar{v}(x,p)=C\mathrm{e}^{\frac{\sqrt{p}}{a}x}+D\mathrm{e}^{-\frac{\sqrt{p}}{a}x}.$$

考虑到 $x\to\infty$ 时温度有限，可知 $C=0$. 再由边界条件得

$$\bar{v}(x,p)=\frac{\Omega}{p^2+\Omega^2}\mathrm{e}^{-\frac{\sqrt{p}}{a}x},$$

可以通过黎曼-梅林反演法来求原函数，复平面上有两个单极点 $p=\pm\mathrm{i}\Omega$，由于 $p=0,\infty$ 是支点，可画出如图 12.7 的闭合回路，读者可自己动手演练，最终结果为

$$u(x,t)=u_0+A\mathrm{e}^{-x/\delta}\sin\left(\Omega t-\frac{x}{\delta}\right),$$

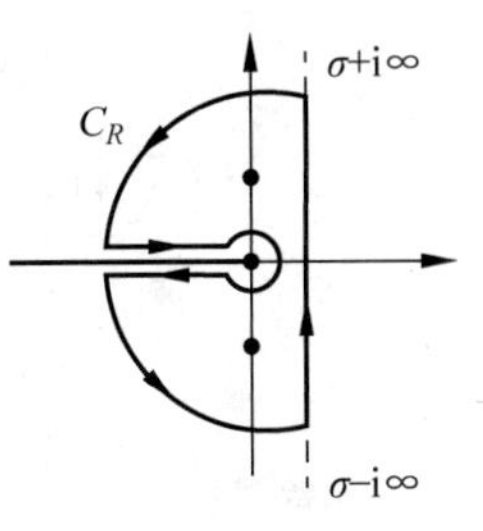

图　12.7

其中，$\delta=a\sqrt{\dfrac{2}{\Omega}}$.

由于方程作拉普拉斯变换后是关于 x 的二阶常微分方程，如果方程或初始条件均为齐次，则解题过程比较简单，否则计算过程会有些烦琐，如例 12.11 所示.

例 12.11　求解无限弦的振动问题：

$$\begin{cases}u_{tt}-a^2u_{xx}=0 & (-\infty<x<\infty)\\ u|_{t=0}=\varphi(x), & u_t|_{t=0}=\psi(x)\end{cases}.$$

解法 1　设函数的拉普拉斯变换 $\bar{u}(x,p)=\mathcal{L}[u(x,t)]$，有

$$p^2\bar{u}-a^2\bar{u}_{xx}=p\varphi+\psi,$$

该方程的一般解为

$$\bar{u}(x,p)=A\mathrm{e}^{px/a}+B\mathrm{e}^{-px/a}-\frac{1}{2a}\mathrm{e}^{px/a}\int^x\frac{\mathrm{e}^{-p\xi/a}}{p}[\psi(\xi)+p\varphi(\xi)]\mathrm{d}\xi+$$
$$\frac{1}{2a}\mathrm{e}^{-px/a}\int^x\frac{\mathrm{e}^{p\xi/a}}{p}[\psi(\xi)+p\varphi(\xi)]\mathrm{d}\xi.$$

由于在 $x\to\pm\infty$ 处的振幅有限，所以 $A=B=0$，于是

$$\begin{aligned}\bar{u}(x,p)=&-\frac{1}{2a}\int_{\infty}^x\frac{\mathrm{e}^{-p(\xi-x)/a}}{p}[\psi(\xi)+p\varphi(\xi)]\mathrm{d}\xi+\\&\frac{1}{2a}\int_{-\infty}^x\frac{\mathrm{e}^{-p(x-\xi)/a}}{p}[\psi(\xi)+p\varphi(\xi)]\mathrm{d}\xi\\=&\left[\frac{1}{2a}\int_x^{\infty}\frac{\mathrm{e}^{-p(\xi-x)/a}}{p}\psi(\xi)\mathrm{d}\xi+\frac{1}{2a}\int_{-\infty}^x\frac{\mathrm{e}^{-p(x-\xi)/a}}{p}\psi(\xi)\mathrm{d}\xi\right]+\\&\left[\frac{1}{2a}\int_x^{\infty}\frac{\mathrm{e}^{-p(\xi-x)/a}}{p}p\varphi(\xi)\mathrm{d}\xi+\frac{1}{2a}\int_{-\infty}^x\frac{\mathrm{e}^{-p(x-\xi)/a}}{p}p\varphi(\xi)\mathrm{d}\xi\right],\end{aligned}$$

上式中积分上下限取±∞是为了保证解在无穷远不发散. 为了对 $\bar{u}(x,p)$ 进行反演,利用延迟定理可得

$$\mathcal{L}^{-1}\left[\frac{\mathrm{e}^{-p(\xi-x)/a}}{p}\right]=H\left(t-\frac{\xi-x}{a}\right)=\begin{cases}1 & (\xi-x<at)\\ 0 & (\xi-x>at)\end{cases},$$

利用卷积定理可得各项的原函数为

$$\mathcal{L}^{-1}\left[\int_x^{\infty}\frac{\mathrm{e}^{-p(\xi-x)/a}}{p}\psi(\xi)\mathrm{d}\xi\right]=\int_x^{x+at}\psi(\xi)\mathrm{d}\xi,$$

$$\mathcal{L}^{-1}\left[\int_{-\infty}^{x}\frac{\mathrm{e}^{-p(x-\xi)/a}}{p}\psi(\xi)\mathrm{d}\xi\right]=\int_{x-at}^{x}\psi(\xi)\mathrm{d}\xi,$$

以及

$$\begin{aligned}\frac{1}{2a}\mathcal{L}^{-1}\left[\int_x^{\infty}\frac{\mathrm{e}^{-p(\xi-x)/a}}{p}p\varphi(\xi)\mathrm{d}\xi\right]&=\frac{1}{2}\mathcal{L}^{-1}\left[\int_x^{\infty}\frac{\partial}{\partial x}\frac{\mathrm{e}^{-p(\xi-x)/a}}{p}\varphi(\xi)\mathrm{d}\xi\right]\\&=\frac{1}{2}\int_x^{\infty}\frac{\partial}{\partial x}H\left(t-\frac{\xi-x}{a}\right)\varphi(\xi)\mathrm{d}\xi\\&=\frac{1}{2}\int_x^{\infty}\delta[x-(\xi-at)]\varphi(\xi)\mathrm{d}\xi\\&=\frac{1}{2}\varphi(x+at),\end{aligned}$$

$$\mathcal{L}^{-1}\left[\frac{1}{2a}\int_{-\infty}^{x}\frac{\mathrm{e}^{-p(x-\xi)/a}}{p}p\varphi(\xi)\mathrm{d}\xi\right]=\frac{1}{2}\varphi(x-at),$$

于是第三次得到达朗贝尔解

$$u(x,t)=\frac{1}{2}[\varphi(x+at)+\varphi(x-at)]+\frac{1}{2a}\int_{x-at}^{x+at}\psi(\xi)\mathrm{d}\xi.$$

由例 12.11 可见,用拉普拉斯变换法也可以求解无限弦的波动问题,但解题过程显得有些繁冗. 究其原因,乃是由于变换后的方程是一个非齐次的二阶常微分方程,其特解表达式有点复杂. 如果同时采用傅里叶变换与拉普拉斯变换的联合操作,求解过程会显得简明一些,解法如下.

解法 2 先作拉普拉斯变换,$\bar{u}(x,p)=\mathcal{L}[u(x,p)]$,方程变为

$$p^2\bar{u}-a^2\bar{u}_{xx}=p\varphi(x)+\psi(x),$$

再作傅里叶变换,$\bar{U}(k,p)=\mathfrak{F}[\bar{u}(x,p)]$,微分方程进一步变为代数方程:

$$p^2\bar{U}(k,p)+a^2k^2\bar{U}(k,p)=p\Phi(k)+\Psi(k),$$

解得

$$\bar{U}(k,p)=\Phi(k)\frac{p}{p^2+a^2k^2}+\Psi(k)\frac{1}{p^2+a^2k^2},$$

先作拉普拉斯逆变换

$$\begin{aligned}U(k,t)&=\Phi(k)\cos kat+\frac{1}{ka}\Psi(k)\sin kat\\&=\Phi(k)\cos kat+\int_0^t\Psi(k)\cos ka\tau\,\mathrm{d}\tau,\end{aligned}$$

再作傅里叶逆变换,得

$$u(x,t)=\frac{1}{2}[\varphi(x+at)+\varphi(x-at)]+\frac{1}{2a}\int_{x-at}^{x+at}\psi(\xi)\mathrm{d}\xi.$$

例 12.12　密度分别为 ρ_1、ρ_2 的两段半无限长弦在 $x=0$ 处连接，假设在 $x<0$ 的弦 ρ_1 上有位移分布 $u_1|_{t=0}=\varphi(x)$，$x>0$ 的弦 ρ_2 处于平衡位置 $u_2|_{t=0}=0$，初始时弦处于静止状态，求解弦上波的传播.

解　根据题意写出方程的定解问题：

$$\begin{cases}\partial_{tt}u_1-a_1^2\partial_{xx}u_1=0 & (x<0)\\ \partial_{tt}u_2-a_2^2\partial_{xx}u_2=0 & (x>0)\\ u_1|_{x=0}=u_2|_{x=0}, & \partial_x u_1|_{x=0}=\partial_x u_2|_{x=0},\\ u_1|_{t=0}=\varphi(x), & u_{1t}|_{t=0}=0\\ u_2|_{t=0}=0, & u_{2t}|_{t=0}=0\end{cases}$$

其中，$a_j^2=T/\rho_j\,(j=1,2)$. 对两段弦的波动方程分别作拉普拉斯变换，

$$\bar{u}_j(x,p)=\mathcal{L}[u_j(x,t)]\quad (j=1,2),$$

得到像函数满足的常微分方程：

$$\begin{cases}p^2\bar{u}_1-p\varphi(x)-a_1^2\bar{u}''_1=0 & (x<0)\\ p^2\bar{u}_2-a_2^2\bar{u}''_2=0 & (x>0)\end{cases}.$$

解得

$$\bar{u}_1=A_1\mathrm{e}^{\frac{p}{a_1}x}+B_1\mathrm{e}^{-\frac{p}{a_1}x}-\frac{1}{2a_1}\mathrm{e}^{\frac{p}{a_1}x}\int_0^x\varphi(\xi)\,\mathrm{e}^{-\frac{p}{a_1}\xi}\mathrm{d}\xi+\frac{1}{2a_1}\mathrm{e}^{-\frac{p}{a_1}x}\int_{-\infty}^x\varphi(\xi)\,\mathrm{e}^{\frac{p}{a_1}\xi}\mathrm{d}\xi,$$

$$\bar{u}_2=A_2\mathrm{e}^{\frac{p}{a_2}x}+B_2\mathrm{e}^{-\frac{p}{a_2}x}.$$

由于 $x\to\pm\infty$ 时振动幅度有限，所以 $B_1=A_2=0$. 再根据 $x=0$ 处的衔接条件，有

$$A_1+\frac{1}{2a_1}\int_{-\infty}^0\varphi(\xi)\,\mathrm{e}^{\frac{p}{a_1}\xi}\mathrm{d}\xi=B_2,$$

$$A_1\frac{p}{a_1}-\frac{1}{2a_1}\frac{p}{a_1}\int_{-\infty}^0\varphi(\xi)\,\mathrm{e}^{\frac{p}{a_1}\xi}\mathrm{d}\xi=-B_2\frac{p}{a_2}.$$

所以

$$A_1(p)=\frac{1}{2a_1}\frac{a_2-a_1}{a_1+a_2}\int_{-\infty}^0\varphi(\xi)\,\mathrm{e}^{\frac{p}{a_1}\xi}\mathrm{d}\xi,$$

$$B_2(p)=\frac{1}{a_1}\frac{a_2}{a_1+a_2}\int_{-\infty}^0\varphi(\xi)\,\mathrm{e}^{\frac{p}{a_1}\xi}\mathrm{d}\xi.$$

注意到

$$\frac{1}{2a_1}\int_{-\infty}^0\varphi(\xi)\,\mathrm{e}^{\frac{p}{a_1}\xi}\mathrm{d}\xi=\frac{1}{2}\mathcal{L}[\varphi(-a_1t)],$$

利用延迟定理，可得方程的解为

$$u_1(x,t)=\frac{1}{2}\varphi(x+a_1t)+\frac{1}{2}\varphi(x-a_1t)H(-x-a_1t)+$$
$$\frac{a_2-a_1}{2(a_1+a_2)}\varphi(-x-a_1t)H(x+a_1t)\quad (x<0),$$

$$u_2(x,t)=\frac{a_2}{a_1+a_2}\varphi\left[\frac{a_1}{a_2}(x-a_2t)\right]H(-x+a_2t)\quad(x>0),$$

其中,$u_1(x,t)$的第一项是初始波分裂成负方向传播的子波,第二项是向正方向传向界面的入射波,第三项是反射波,$u_2(x,t)$表示透射波. 当 $a_2<a_1$ 或者 $\rho_1<\rho_2$ 时,反射波位移反转,出现半波损;当 $a_2>a_1$ 或者 $\rho_1>\rho_2$ 时则没有半波损. 无论哪种情况,反射波和透射波的波形均保持与入射波一致,只是透射波的宽度拉伸或压缩了 a_1/a_2 因子. 图 12.8 描述了波在不同界面上的反射和透射过程.

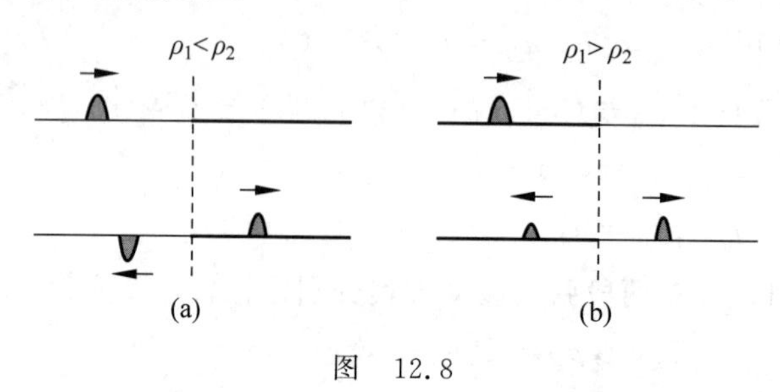

图 12.8

值得注意的是,当 $a_2=a_1$ 时没有反射波,所有波都无阻碍穿透到另一种介质中,可以利用这一效应制作吸波材料.

习　题

[1] 用拉普拉斯变换法求解无限长细杆的有源热传导问题:

$$\begin{cases}u_t-a^2u_{xx}=f(x,t)\quad(-\infty<x<\infty)\\ u|_{t=0}=0\end{cases}.$$

[2] 长为 l 的均匀杆,一端保持温度为 u_0,另一端绝热,杆的初始温度为零,试求出杆中温度随时间的变化.

[3] 一半无界弦,初始处于平衡状态,设 $t>0$ 时 $x=0$ 端有微小振动 $A\sin\omega t$,求解弦的运动:

$$\begin{cases}\dfrac{\partial^2u}{\partial t^2}-a^2\dfrac{\partial^2u}{\partial x^2}=0\quad(0\leqslant x<\infty)\\ u|_{x=0}=A\sin\omega t\\ u|_{t=0}=0,\quad u_t|_{t=0}=0\end{cases}.$$

[4] 求解微分方程:

$$\text{(a)}\begin{cases}\dfrac{\partial^2u}{\partial x\partial t}=1\quad(0\leqslant x<\infty)\\ u|_{x=0}=t+1\\ u|_{t=0}=1\end{cases};\quad\text{(b)}\begin{cases}\dfrac{\partial u}{\partial t}+x\dfrac{\partial u}{\partial x}=x\quad(0\leqslant x<\infty)\\ u|_{x=0}=0\\ u|_{t=0}=0\end{cases}.$$

答案:(a) $u(x,t)=xt+t+1$;　(b) $u(x,t)=x(1-\mathrm{e}^{-t})$.

[5] 求解无界弦的受迫振动:

$$\begin{cases}u_{tt}-a^2u_{xx}=f(x,t)\\ u|_{t=0}=\varphi(x),\quad u_t|_{t=0}=\psi(x)\end{cases}.$$

提示:同时采用傅里叶变换法和拉普拉斯变换法.

答案：

$$u(x,t)=\frac{1}{2}[\varphi(x+at)+\varphi(x-at)]+\frac{1}{2a}\int_{x-at}^{x+at}\psi(\xi)\mathrm{d}\xi+$$
$$\frac{1}{2a}\int_0^t\int_{x-a(t-\tau)}^{x+a(t-\tau)}f(\xi,\tau)\mathrm{d}\xi\mathrm{d}\tau.$$

[6] 两条半无限长的均匀杆，初始温度分别为零和 u_0，将两杆在端点处紧密相接，求 $t>0$ 时杆中温度随时间的变化.

提示：两根杆在 $x=0$ 的衔接条件为

$$u_1|_{x=0}=u_2|_{x=0},\quad \partial_x u_1|_{x=0}=\partial_x u_2|_{x=0}.$$

答案：

$$u(x,t)=\begin{cases}\dfrac{u_0}{2}\operatorname{erfc}\left(-\dfrac{x}{2\sqrt{\kappa t}}\right) & (x<0)\\ u_0-\dfrac{u_0}{2}\operatorname{erfc}\left(\dfrac{x}{2\sqrt{\kappa t}}\right) & (x>0)\end{cases}.$$

[7] 密度分别为 ρ_1 和 ρ_2、杨氏模量分别为 E_1 和 E_2 的两根半无限长细杆在 $x=0$ 处完美连接，假设在 $x<0$ 的杆有位移分布 $u_1|_{t=0}=\varphi(x)$，$x>0$ 的杆处于平衡位置 $u_2|_{t=0}=0$，初始时杆处于静止状态，求解杆上波的传播.

提示：两根杆在 $x=0$ 处的衔接条件为

$$u_1|_{x=0}=u_2|_{x=0},\quad E_1\partial_x u_1|_{x=0}=E_2\partial_x u_2|_{x=0}.$$

答案：

$$u_1(x,t)=\frac{1}{2}\varphi(x+a_1t)+\frac{1}{2}\varphi(x-a_1t)H(-x-a_1t)+$$
$$\frac{a_2E_1-a_1E_2}{2(a_1E_2+a_2E_1)}\varphi(-x-a_1t)H(x+a_1t)\quad(x<0),$$
$$u_2(x,t)=\frac{a_2E_1}{a_1E_2+a_2E_1}\varphi\left[\frac{a_1}{a_2}(x-a_2t)\right]H(-x+a_2t)\quad(x>0).$$

第13章

球谐函数

13.1 勒让德方程

1. 球坐标系

对于三维球对称问题，用球坐标系来表示拉普拉斯方程更便于分离变量和处理边界条件. 应用第10章的正交曲线坐标系方法，拉普拉斯方程的形式如下：

$$\frac{1}{r^2}\frac{\partial}{\partial r}\left(r^2\frac{\partial u}{\partial r}\right)+\frac{1}{r^2\sin\theta}\frac{\partial}{\partial\theta}\left(\sin\theta\frac{\partial u}{\partial\theta}\right)+\frac{1}{r^2\sin^2\theta}\frac{\partial^2 u}{\partial\phi^2}=0. \tag{13.1.1}$$

首先分离变量 $u(r,\theta,\phi)=R(r)Y(\theta,\phi)$，径向部分 $R(r)$满足欧拉型方程

$$\frac{\mathrm{d}}{\mathrm{d}r}\left(r^2\frac{\mathrm{d}R}{\mathrm{d}r}\right)-l(l+1)R=0,$$

后面会解释将分离变量常数取作 $l(l+1)$的理由. 方程的解为

$$R(r)=C_l r^l+D_l\frac{1}{r^{l+1}}.$$

与角向有关部分满足的方程为

$$\frac{1}{\sin\theta}\frac{\partial}{\partial\theta}\left(\sin\theta\frac{\partial Y}{\partial\theta}\right)+\frac{1}{\sin^2\theta}\frac{\partial^2 Y}{\partial\phi^2}+l(l+1)Y=0,$$

该方程可进一步分离变量 $Y(\theta,\phi)=\Theta(\theta)\Phi(\phi)$，得

$$\Phi''+\lambda\Phi=0,$$

$$\frac{1}{\sin\theta}\frac{\mathrm{d}}{\mathrm{d}\theta}\left(\sin\theta\frac{\mathrm{d}\Theta}{\mathrm{d}\theta}\right)+\left[l(l+1)-\frac{\lambda}{\sin^2\theta}\right]\Theta=0, \tag{13.1.2}$$

这里出现了第二个分离变量常数 λ. 函数 $\Phi(\phi)$满足周期性条件

$$\Phi(\phi+2\pi)=\Phi(\phi),$$

可以得到本征值 $\lambda=m^2(m=0,1,2,\cdots)$，相应的本征函数为

$$\Phi(\phi)=A\cos m\phi+B\sin m\phi.$$

关于 $\Theta(\theta)$ 满足的方程，令 $x=\cos\theta$，函数符号改用 $y(x)$ 表示，得到方程

$$(1-x^2)\frac{\mathrm{d}^2 y}{\mathrm{d}x^2}-2x\frac{\mathrm{d}y}{\mathrm{d}x}+\left[l(l+1)-\frac{m^2}{1-x^2}\right]y=0, \tag{13.1.3}$$

该方程称作 l 阶连带勒让德方程(associated Legendre equation). 特别地，当 $m=0$ 时，称作 l 阶勒让德方程

$$(1-x^2)\frac{\mathrm{d}^2 y}{\mathrm{d}x^2}-2x\frac{\mathrm{d}y}{\mathrm{d}x}+l(l+1)y=0. \tag{13.1.4}$$

第 9 章已经用幂级数展开法在 $x_0=0$ 邻域得到勒让德方程不同系数 a_k 之间的递推关系：

$$a_{k+2}=\frac{(k-l)(k+l+1)}{(k+2)(k+1)}a_k, \tag{13.1.5}$$

勒让德方程的两个线性独立解为

$$y_1(x)=1+\frac{(-l)(l+1)}{2!}x^2+\frac{(2-l)(-l)(l+1)(l+3)}{4!}x^4+\cdots+\frac{(2k-2-l)(2k-4-l)\cdots(-l)(l+1)\cdots(l+2k-1)}{(2k)!}x^{2k}+\cdots$$

及

$$y_2(x)=x+\frac{(1-l)(l+2)}{3!}x^3+\frac{(3-l)(1-l)(l+2)(l+4)}{5!}x^5+\cdots+\frac{(2k-1-l)(2k-3-l)\cdots(1-l)(l+2)\cdots(l+2k)}{(2k+1)!}x^{2k+1}+\cdots,$$

它们的收敛半径均为

$$R=\lim_{k\to\infty}\left|\frac{a_k}{a_{k+2}}\right|^{1/2}=\lim_{n\to\infty}\left|\frac{(k+2)(k+1)}{(k-l)(k+l+1)}\right|^{1/2}=1.$$

现在的问题是：在 3.1 节中根据高斯判别法曾证明，级数 $y_1(x)$ 和 $y_2(x)$ 在 $x=\pm1$，即在球坐标的南、北极发散，导致该级数解没有物理意义.

无穷级数在 $x=\pm1$ 两个端点均发散，如果满足一定的条件，可能使其在其中一个端点收敛，但在另一个端点依然发散，但是物理问题要求在整个闭区间[−1,+1]都必须有限，怎么办？

2. 本征值问题

1）勒让德多项式

通过观察系数的递推关系式(13.1.5)发现，如果 l 取正整数或零，无穷幂级数将被截断成有限的多项式，就自然地避免了在 $x=\pm1$ 处的发散问题. 例如当 $l=2n$ 时，$y_1(x)$ 被截断为最高 x^{2n} 次多项式，此时另一个解 $y_2(x)$ 在 $x=\pm1$ 仍旧发散. 而当 $l=2n+1$ 时，$y_2(x)$ 被截断为最高 x^{2n+1} 次多项式，但 $y_1(x)$ 在 $x=\pm1$ 又发散. 所以无论 l 是偶数还是奇数，方程在 $x\in[-1,+1]$ 始终只有唯一的有限解，称作 l 阶勒让德多项式(Legendre polynomial)，记作 $\mathrm{P}_l(x)$，有

$$\mathrm{P}_l(x)=\sum_{k=0}^{[l/2]}(-1)^k\frac{(2l-2k)!}{2^l k!(l-k)!(l-2k)!}x^{l-2k}. \tag{13.1.6}$$

这里列出几个低阶勒让德多项式：

$$P_0(x)=1,$$

$$P_1(x)=x=\cos\theta,$$

$$P_2(x)=\frac{1}{2}(3x^2-1)=\frac{1}{4}(3\cos 2\theta+1),$$

$$P_3(x)=\frac{1}{2}(5x^3-3x)=\frac{1}{8}(5\cos 3\theta+3\cos\theta),$$

$$P_4(x)=\frac{1}{8}(35x^4-30x^2+3)=\frac{1}{64}(35\cos 4\theta+20\cos 2\theta+9).$$

它们的函数曲线如图 13.1 所示，当 l 为偶数时，$P_l(x)$是偶函数；当 l 为奇数时，$P_l(x)$是奇函数. 下面是几个特殊的函数值：

$$P_l(1)=1,\quad P_l(-1)=(-1)^l,$$

$$P_{2l+1}(0)=0,\quad P_{2l}(0)=(-1)^l\ \frac{(2l)!}{(2^l l!)^2}.$$

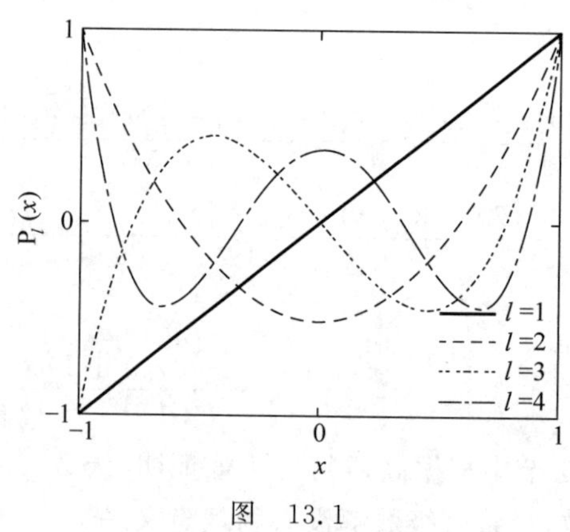

图 13.1

2）自然边界条件

由于物理上要求方程的解在闭区间[−1,+1]必须有限，从而决定了分离变量所引入的常数 l 只能取零或正整数，这种约束称作方程的自然边界条件，它限制勒让德方程的本征值只能取不连续值 $l(l+1)$，其中 l 取正整数或 0，相应的本征函数为 $P_l(x)$.

以后将会看到，自然边界条件在具有正规奇点的二阶变系数常微分方程中是很普遍的现象，它与齐次边界条件一样决定方程的本征值问题.

3）方程第二个解

已知方程的一个有限解 $P_l(x)$，利用第 9 章的方法，可以写出勒让德方程的另一个线性无关解为

$$Q_l(x)=P_l(x)\int_\alpha^x \frac{1}{[P_l(s)]^2}e^{-\int_0^s \frac{2t}{1-t^2}dt}ds$$

$$=P_l(x)\int_\alpha^x \frac{1}{(1-s^2)[P_l(s)]^2}ds. \tag{13.1.7}$$

$Q_l(x)$称作第二类勒让德函数，以下是几个低阶第二类勒让德函数：

$$Q_0(x)=\frac{1}{2}\ln\frac{1+x}{1-x},$$

$$Q_1(x)=\frac{1}{2}P_1(x)\ln\frac{1+x}{1-x}-1,$$

$$Q_2(x)=\frac{1}{2}P_2(x)\ln\frac{1+x}{1-x}-\frac{3}{2}x,$$

$$Q_3(x)=\frac{1}{2}P_3(x)\ln\frac{1+x}{1-x}-\frac{5}{2}x^2+\frac{2}{3},$$

$$Q_4(x)=\frac{1}{2}P_4(x)\ln\frac{1+x}{1-x}-\frac{35}{8}x^3+\frac{55}{24}x,$$

…

第二类勒让德函数在 $x=\pm 1$ 处始终存在对数发散，对于含有南北极的球形区域物理问题，该发散解必须丢弃. 如果物理定解问题不包含南北极，那么就没有自然边界条件限制，所以不要求 l 为正整数，这时需要将 $P_l(x)$ 和 $Q_l(x)$ 重新组合以便满足相应的齐次边界条件，由此确定 l 的取值. 总之，对于每一个 l 只有一个有限的本征函数.

3. 基本性质

1）导数表示

$$P_l(x)=\frac{1}{2^l l!}\frac{d^l}{dx^l}(x^2-1)^l, \tag{13.1.8}$$

式(13.1.8)称作罗德里格斯公式(Rodriguez formula).

证明　根据二项式定理

$$(x^2-1)^l=\sum_{k=0}^{l}\frac{l!}{(l-k)!k!}(-1)^k x^{2l-2k},$$

两边求 l 次导数，求和的各项中低于 l 次幂的项求导后为零，只需保留 $2l-2k\geqslant l$ 的项，即 $k\leqslant l/2$，所以

$$\begin{aligned}\frac{1}{2^l l!}\frac{d^l}{dx^l}(x^2-1)^l&=\sum_{k=0}^{[l/2]}(-1)^k\frac{(2l-2k)(2l-2k-1)\cdots(l-2k+1)}{2^l(l-k)!k!}x^{l-2k}\\&=\sum_{k=0}^{[l/2]}(-1)^k\frac{(2l-2k)!}{2^l k!(l-k)!(l-2k)!}x^{l-2k}\equiv P_l(x).\end{aligned}$$

2）积分表示

$$P_l(x)=\frac{1}{2\pi i 2^l}\oint_C\frac{(z^2-1)^l}{(z-x)^{l+1}}dz, \tag{13.1.9}$$

其中，C 为 z 平面上围绕 $z=x$ 点的任一闭合回路，式(13.1.9)称作施列夫利积分(Schlaefli integral)，利用罗德里格斯公式和柯西积分公式容易证明该结果. 再取 C 为以 x 为圆心，半径为$\sqrt{|x^2-1|}$的闭合回路，在 C 上有

$$z-x=\sqrt{x^2-1}\,e^{i\psi},$$

代入积分公式并化简，可得拉普拉斯积分公式

$$\mathrm{P}_l(x)=\frac{1}{\pi}\int_0^{\pi}[x+\mathrm{i}\sqrt{1-x^2}\cos\psi]^l\,\mathrm{d}\psi,$$

$$\mathrm{P}_l(\cos\theta)=\frac{1}{\pi}\int_{-\pi}^{\pi}[\cos\theta+\mathrm{i}\sin\theta\cos\psi]^l\,\mathrm{d}\psi. \tag{13.1.10}$$

3）正交性

$$\int_{-1}^{+1}\mathrm{P}_l(x)\mathrm{P}_k(x)\mathrm{d}x=N_l^2\delta_{kl}, \tag{13.1.11}$$

其中，归一化模为

$$N_l^2=\int_{-1}^{+1}[\mathrm{P}_l(x)]^2\mathrm{d}x=\frac{2}{2l+1}. \tag{13.1.12}$$

证明　首先证明勒让德多项式的正交性，不妨假定 $l>k$，利用罗德里格斯公式并作分部积分，

$$\begin{aligned}\int_{-1}^{+1}\mathrm{P}_l(x)\mathrm{P}_k(x)\mathrm{d}x&=\frac{1}{2^l l!2^k k!}\int_{-1}^{+1}\frac{\mathrm{d}^l}{\mathrm{d}x^l}(x^2-1)^l\frac{\mathrm{d}^k}{\mathrm{d}x^k}(x^2-1)^k\mathrm{d}x\\&=\frac{1}{2^l l!2^k k!}\int_{-1}^{+1}\frac{\mathrm{d}}{\mathrm{d}x}\left[\frac{\mathrm{d}^{l-1}}{\mathrm{d}x^{l-1}}(x^2-1)^l\right]\frac{\mathrm{d}^k}{\mathrm{d}x^k}(x^2-1)^k\mathrm{d}x\\&=\frac{1}{2^l l!2^k k!}\left[\frac{\mathrm{d}^{l-1}}{\mathrm{d}x^{l-1}}(x^2-1)^l\frac{\mathrm{d}^k}{\mathrm{d}x^k}(x^2-1)^k\right]_{-1}^{+1}-\\&\quad\frac{1}{2^l l!2^k k!}\int_{-1}^{+1}\frac{\mathrm{d}^{l-1}}{\mathrm{d}x^{l-1}}(x^2-1)^l\frac{\mathrm{d}^{k+1}}{\mathrm{d}x^{k+1}}(x^2-1)^k\mathrm{d}x.\end{aligned}$$

由于 $x=\pm1$ 是 $(x^2-1)^l$ 的 l 阶零点，求 $l-1$ 阶导数后，还是一阶零点，故上式积分出来的项为零，于是

$$\int_{-1}^{+1}\mathrm{P}_l(x)\mathrm{P}_k(x)\mathrm{d}x=\frac{(-1)^1}{2^l l!2^k k!}\int_{-1}^{+1}\frac{\mathrm{d}^{l-1}}{\mathrm{d}x^{l-1}}(x^2-1)^l\frac{\mathrm{d}^{k+1}}{\mathrm{d}x^{k+1}}(x^2-1)^k\mathrm{d}x,$$

继续作 k 次分部积分，被积出的部分同样为零，因此

$$\int_{-1}^{+1}\mathrm{P}_l(x)\mathrm{P}_k(x)\mathrm{d}x=\frac{(-1)^{k+1}}{2^l l!2^k k!}\int_{-1}^{+1}\frac{\mathrm{d}^{l-k-1}}{\mathrm{d}x^{l-k-1}}(x^2-1)^l\frac{\mathrm{d}^{2k+1}}{\mathrm{d}x^{2k+1}}(x^2-1)^k\mathrm{d}x.$$

注意到积分号内

$$\frac{\mathrm{d}^{2k+1}}{\mathrm{d}x^{2k+1}}(x^2-1)^k=0,$$

所以有

$$\int_{-1}^{+1}\mathrm{P}_l(x)\mathrm{P}_k(x)\mathrm{d}x=0.$$

再看本征函数的模，令 $k=l$，依照上面作 l 次分部积分后，有

$$N_l^2=\int_{-1}^{+1}[\mathrm{P}_l(x)]^2\mathrm{d}x=\frac{(-1)^l}{2^{2l}(l!)^2}\int_{-1}^{+1}(x^2-1)^l\frac{\mathrm{d}^{2l}}{\mathrm{d}x^{2l}}(x^2-1)^l\mathrm{d}x,$$

积分号内 $(x^2-1)^l$ 的最高次幂为 $2l$，对它求 $2l$ 阶导数即得到 $(2l)!$，于是

$$N_l^2=\frac{(-1)^l(2l)!}{2^{2l}(l!)^2}\int_{-1}^{+1}(x-1)^l(x+1)^l\mathrm{d}x,$$

再进行分部积分，得

$$N_l^2=\frac{(-1)^l(2l)!}{2^{2l}(l!)^2}\frac{1}{l+1}\left[(x-1)^l(x+1)^{l+1}\Big|_{-1}^{+1}-l\int_{-1}^{+1}(x-1)^{l-1}(x+1)^{l+1}\mathrm{d}x\right],$$

被积出的部分为零,结果是$(x-1)$降低一次幂,$(x+1)$升高一次幂,继续分部积分,直至得到

$$\begin{aligned}N_l^2&=\frac{(-1)^l(2l)!}{2^{2l}(l!)^2}\cdot(-1)^l\frac{l}{(l+1)}\cdot\frac{l-1}{(l+2)}\cdots\frac{1}{2l}\int_{-1}^{+1}(x-1)^0(x+1)^{2l}\mathrm{d}x\\&=\frac{1}{2^{2l}(2l+1)}(x+1)^{2l+1}\Big|_{-1}^{+1}=\frac{2}{2l+1}.\end{aligned}$$

4）递推关系

$$\begin{aligned}&(k+1)\mathrm{P}_{k+1}(x)-(2k+1)x\mathrm{P}_k(x)+k\mathrm{P}_{k-1}(x)=0,\\&\mathrm{P}_k(x)=\mathrm{P}'_{k+1}(x)-2x\mathrm{P}'_k(x)+\mathrm{P}'_{k-1}(x),\\&(2k+1)\mathrm{P}_k(x)=P'_{k+1}(x)-P'_{k-1}(x),\\&\mathrm{P}'_{k+1}(x)=x\mathrm{P}'_k(x)+(k+1)\mathrm{P}_k(x).\end{aligned}\tag{13.1.13}$$

从勒让德多项式定义出发或者利用后面即将介绍的母函数,可以直接证明这些关系式,在此从略.

例 13.1　计算定积分:$\int_{-1}^{+1}x\mathrm{P}_k(x)\mathrm{P}_l(x)\mathrm{d}x$.

解　利用递推关系有

$$\begin{aligned}\int_{-1}^{+1}x\mathrm{P}_k(x)\mathrm{P}_l(x)\mathrm{d}x&=\int_{-1}^{+1}\frac{1}{2k+1}[(k+1)\mathrm{P}_{k+1}(x)\mathrm{P}_l(x)+k\mathrm{P}_{k-1}(x)\mathrm{P}_l(x)]\mathrm{d}x\\&=\frac{k+1}{2k+1}\cdot\frac{2}{2l+1}\delta_{k+1,l}+\frac{k}{2k+1}\cdot\frac{2}{2l+1}\delta_{k-1,l}\\&=\begin{cases}\dfrac{2k}{(2k+1)(2k-1)} & (l=k-1)\\ \dfrac{2(k+1)}{(2k+3)(2k+1)} & (l=k+1)\\ 0, & (l\neq k\pm1)\end{cases}.\end{aligned}$$

4. 广义傅里叶级数

后面会讲到,勒让德方程属于施图姆-刘维尔型本征方程,其本征函数即勒让德多项式$\mathrm{P}_l(x)$是正交完备的.类似于三角函数的傅里叶级数展开,可以将定义在区间[$-1,+1$]上的函数$f(x)$表示为按勒让德多项式的线性叠加,称作广义傅里叶级数或勒让德级数:

$$f(x)=\sum_{l=0}^{\infty}f_l\mathrm{P}_l(x),\quad f_l=\frac{2l+1}{2}\int_{-1}^{+1}f(x)\mathrm{P}_l(x)\mathrm{d}x,$$

或者

$$f(\theta)=\sum_{l=0}^{\infty}f_l\mathrm{P}_l(\cos\theta),\quad f_l=\frac{2l+1}{2}\int_0^{\pi}f(\theta)\mathrm{P}_l(\cos\theta)\sin\theta\mathrm{d}\theta.$$

例 13.2　以勒让德多项式为基,在[$-1,+1$]区间把函数$f(x)=2x^3+3x+4$展开为广义傅里叶级数.

解　可以利用一般的展开法计算.但考虑到函数$f(x)$是不超过三次的多项式,因此可

以直接用$\mathrm{P}_0(x)$、$\mathrm{P}_1(x)$、$\mathrm{P}_2(x)$、$\mathrm{P}_3(x)$的线性组合表示：

$$f(x)=f_0\mathrm{P}_0(x)+f_1\mathrm{P}_1(x)+f_2\mathrm{P}_2(x)+f_3\mathrm{P}_3(x),$$

将$\mathrm{P}_l(x)$的表达式代入，比较系数即可得到

$$f_0=4,\quad f_1=\frac{21}{5},\quad f_2=0,\quad f_3=\frac{4}{5}.$$

例 13.3 在球$r=r_0$的内部求解$\Delta u=0$，其满足边界条件$u|_{r=r_0}=\cos^2\theta$.

解 由于边界条件具有轴对称性，所以$m=0$. 方程的解具有如下形式：

$$u(r,\theta)=\sum_{l=0}^{\infty}\left(A_l r^l+\frac{B_l}{r^{l+1}}\right)\mathrm{P}_l(\cos\theta),$$

考虑到$r=0$处物理量的有限性，故上式的第二项需舍弃，取$B_l=0$，于是

$$u(r,\theta)=\sum_{l=0}^{\infty}A_l r^l\mathrm{P}_l(\cos\theta),$$

需要根据边界条件来确定系数A_l的值，

$$u(r_0,\theta)=\sum_{l=0}^{\infty}A_l r_0^l\mathrm{P}_l(\cos\theta)=\cos^2\theta=x^2,$$

它相当于按勒让德多项式作广义傅里叶级数展开：

$$x^2=\frac{1}{3}[1+2\mathrm{P}_2(x)]=\frac{1}{3}\mathrm{P}_0(x)+\frac{2}{3}\mathrm{P}_2(x),$$

最后结果为

$$u(r,\theta)=\frac{1}{3}+\frac{2r^2}{3r_0^2}\mathrm{P}_2(x).$$

例 13.4 如图13.2所示，在匀强静电场$\boldsymbol{E}_0$中放置一个半径为r_0的均匀介质球，介电常数为ε，试求介质球内外的电场分布.

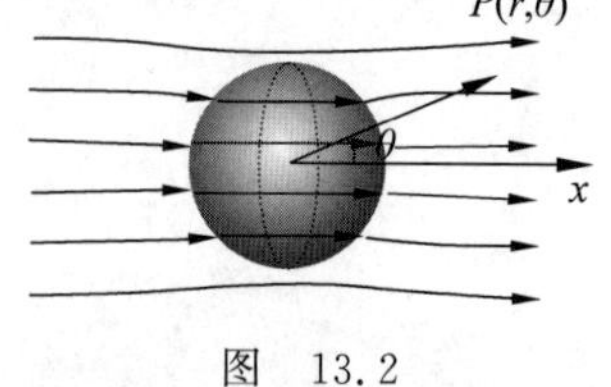

图 13.2

解 以球心为原点建立球坐标系，取外电场方向为极轴方向. 由电磁学知道，均匀电介质的极化电荷只出现在界面即介质球的表面上，在球内和球外均没有净电荷，用u_1和u_2分别表示球内外的电势分布，它们均满足拉普拉斯方程：

$$\Delta u_1=0,\quad \Delta u_2=0,$$

无穷远的电势仍然为均匀电场的电势，即$u_2|_{r\to\infty}=-E_0 r\cos\theta$. 在球的表面上，由电磁学知识，电势和电位移矢量的法向分量连续，有衔接条件

$$\begin{cases}u_1|_{r=r_0}=u_2|_{r=r_0}\\ \varepsilon\dfrac{\partial}{\partial r}u_1|_{r=r_0}=\dfrac{\partial}{\partial r}u_2|_{r=r_0}\end{cases}.$$

拉普拉斯方程的通解为

$$u(r,\theta)=\sum_{l=0}^{\infty}\left(A_l r^l+\frac{B_l}{r^{l+1}}\right)\mathrm{P}_l(\cos\theta),$$

由于$r=0$处电势的有限性，球内的电势必须取$B=0$，即

$$u_1(r,\theta)=\sum_{l=0}^{\infty}A_l r^l\mathrm{P}_l(\cos\theta).$$

由无穷远的电势约束球外的电势分布

$$u_2(r,\theta)=\sum_{l=0}^{\infty}\left(C_l r^l+\frac{D_l}{r^{l+1}}\right)\mathrm{P}_l(\cos\theta)\xrightarrow{r\to\infty}-E_0 r\cos\theta,$$

比较系数得 $C_1=E_0, C_l=0(l\neq 0,1)$，因此球外的电势为

$$u_2(r,\theta)=C_0-E_0 r\mathrm{P}_1(\cos\theta)+\sum_{l=0}^{\infty}\frac{D_l}{r^{l+1}}\mathrm{P}_l(\cos\theta).$$

系数 A_l 和 D_l 须由球表面 $r=r_0$ 的衔接条件定出：

$$\sum_{l=0}^{\infty}A_l r_0^l\mathrm{P}_l(\cos\theta)=C_0-E_0 r_0\mathrm{P}_1(\cos\theta)+\sum_{l=0}^{\infty}\frac{D_l}{r_0^{l+1}}\mathrm{P}_l(\cos\theta),$$

$$\varepsilon\sum_{l=0}^{\infty}lA_l r_0^{l-1}\mathrm{P}_l(\cos\theta)=-E_0\mathrm{P}_1(\cos\theta)-\sum_{l=0}^{\infty}D_l\frac{l+1}{r_0^{l+2}}\mathrm{P}_l(\cos\theta),$$

比较两边的系数，解得

$$A_0=C_0,\quad D_0=0,\quad A_l=0,\quad D_l=0\quad(l\neq 1),$$

$$A_1=-\frac{3}{\varepsilon+2}E_0,\quad D_1=\frac{\varepsilon-1}{\varepsilon+2}r_0^3E_0,$$

最终解为

$$u_1(r,\theta)=A_0-\frac{3}{\varepsilon+2}E_0 r\cos\theta,$$

$$u_2(r,\theta)=A_0-E_0 r\cos\theta+\frac{\varepsilon-1}{\varepsilon+2}r_0^3E_0\frac{1}{r^2}\cos\theta.$$

讨论　球内的电场强度大小 $E_1=-\nabla u_1=\dfrac{3}{\varepsilon+2}E_0$ 为常数，各点电场的方向都是沿 x 正方向，因此在球内的电场为均匀电场，说明介质球被均匀极化.

5. 母函数

图 13.3 中单位球的北极点放置一个点电荷 $q=4\pi\varepsilon_0$，考虑其在球内 M 点产生的静电势：

$$\frac{1}{d}=\frac{1}{\sqrt{1-2r\cos\theta+r^2}}=\sum_{l=0}^{\infty}\left(A_l r^l+\frac{B_l}{r^{l+1}}\right)\mathrm{P}_l(\cos\theta).$$

球心电势的有限性要求 $B_l=0$，为了求得系数 A_l，可以直接令 $\theta=0$，再利用 $\mathrm{P}_l(1)=1$，有

$$\frac{1}{1-r}=\sum_{l=0}^{\infty}A_l r^l=1+r+r^2+\cdots+r^l+\cdots$$

$$\to A_l=1\quad(l=0,1,2,\cdots),$$

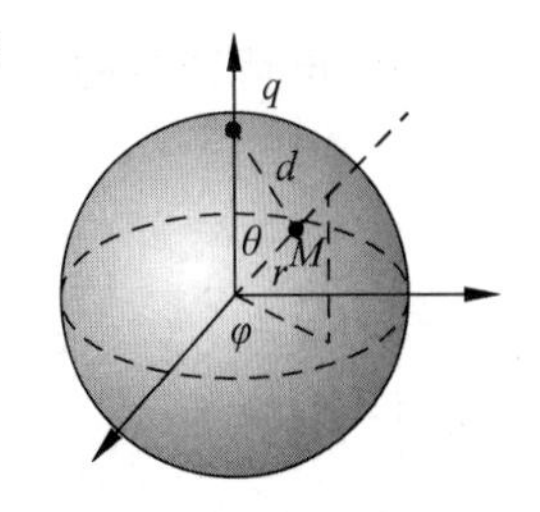

图　13.3

因此

$$G(r,\theta)\equiv\frac{1}{\sqrt{1-2r\cos\theta+r^2}}=\sum_{l=0}^{\infty}r^l\mathrm{P}_l(\cos\theta)\quad(r<1).\tag{13.1.14}$$

于是有

$$\mathrm{P}_l(\cos\theta)=\frac{1}{l!}\left.\frac{\partial^l G(r,\theta)}{\partial r^l}\right|_{r=0}, \tag{13.1.15}$$

将 $G(r,\theta)$ 称作勒让德多项式 $\mathrm{P}_l(\cos\theta)$ 的生成函数或母函数(generating function).

讨论 根据"量纲"分析可以得出:

(a) 球半径为 R 时的母函数

$$G(r,\theta)=\frac{1}{\sqrt{R^2-2Rr\cos\theta+r^2}}=\sum_{l=0}^{\infty}\frac{r^l}{R^{l+1}}\mathrm{P}_l(\cos\theta)\quad(r<R);$$

(b) 球外区域的母函数

$$G(r,\theta)=\frac{1}{\sqrt{R^2-2Rr\cos\theta+r^2}}=\sum_{l=0}^{\infty}\frac{R^l}{r^{l+1}}\mathrm{P}_l(\cos\theta)\quad(r>R).$$

例 13.5 利用母函数证明勒让德多项式的正交性.

证明 由母函数得

$$\frac{1}{\sqrt{1-2xu+u^2}}\cdot\frac{1}{\sqrt{1-2xv+v^2}}=\sum_{m,n=0}^{\infty}\mathrm{P}_m(x)\mathrm{P}_n(x)u^m v^n,$$

方程两边对 x 积分,等式左边积分后再作泰勒展开

$$\int_{-1}^{+1}\frac{1}{\sqrt{1-2xu+u^2}}\cdot\frac{1}{\sqrt{1-2xv+v^2}}\mathrm{d}x=\frac{1}{\sqrt{uv}}\ln\frac{1+\sqrt{uv}}{1-\sqrt{uv}}=\sum_{n=0}^{\infty}\frac{2}{2n+1}u^n v^n,$$

比较两边 $u^m v^n$ 项的系数,可得

$$\int_{-1}^{1}\mathrm{P}_m(x)\mathrm{P}_n(x)\mathrm{d}x=\frac{2}{2n+1}\delta_{mn}.$$

例 13.6 在点电荷 $4\pi\varepsilon_0 q$ 的电场中放置半径为 r_0 的接地导体球,球心距点电荷为 $r_1>r_0$,求解这个静电场.

解 如果不存在导体球,点电荷 q 在空间产生的电势将为

$$v(r,\theta)=\frac{q}{\sqrt{r_1^2-2r_1 r\cos\theta+r^2}}.$$

导体球的存在导致感应电荷,从而改变了空间的电势分布,其满足拉普拉斯方程,

$$\Delta w(r,\theta)=0,$$

球外的总电势分布为 $u=w+v$,且满足边界条件

$$u|_{r=r_0}=0,\quad u|_{r\to\infty}=0,$$

于是感应电荷产生的电势满足边界条件

$$w|_{r=r_0}=-v(r_0,\theta)=-\frac{q}{\sqrt{r_1^2-2r_1 r_0\cos\theta+r_0^2}},$$

$$w|_{r\to\infty}=0,$$

方程的一般解为

$$w=\sum_{l=0}^{\infty}\left(A_l r^l+B_l\frac{1}{r^{l+1}}\right)\mathrm{P}_l(\cos\theta).$$

考虑到 $r\to\infty$ 时,$w\to 0$,有 $A_l=0$,所以

$$w=\sum_{l=0}^{\infty}B_l\frac{1}{r^{l+1}}\mathrm{P}_l(\cos\theta).$$

代入边界条件并利用母函数，有

$$\sum_{l=0}^{\infty} B_l \frac{1}{r_0^{l+1}} \mathrm{P}_l(\cos\theta) = -\frac{q}{\sqrt{r_1^2 - 2r_1 r_0 \cos\theta + r_0^2}} = -q \sum_{l=0}^{\infty} \frac{r_0^l}{r_1^{l+1}} \mathrm{P}_l(\cos\theta),$$

比较两边的系数得 $B_l = -q \dfrac{r_0^{2l+1}}{r_1^{l+1}}$. 最终结果为

$$u(r,\theta) = \frac{q}{\sqrt{r_1^2 - 2r_1 r\cos\theta + r^2}} + \sum_{l=0}^{\infty} (-q) \frac{r_0^{2l+1}}{r_1^{l+1}} \cdot \frac{1}{r^{l+1}} \mathrm{P}_l(\cos\theta)$$

$$= \frac{q}{\sqrt{r_1^2 - 2r_1 r\cos\theta + r^2}} + \frac{-q(r_0/r_1)}{\sqrt{(r_0^2/r_1)^2 - 2(r_0^2/r_1) r\cos\theta + r^2}}.$$

上式中最后一步再次利用了球半径为 $R = r_0^2/r_1$ 的母函数性质.

讨论　本题也可以用电像法求解(图 13.4)：假设在 A 点的球共轭点 B 处有一个负的像电荷 q'，其中 $BP/AP = OP/OA = r_0/r_1$，点电荷 q 和 q' 共同保证球面的电势为零，根据简单的几何计算，可以得到 $q' = -\dfrac{r_0}{r_1} q$，球外空间的电势分布即 A、B 处两个点电荷产生电势的叠加，读者可自己动手演算一下.

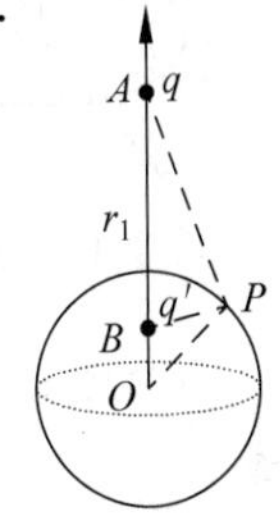

图　13.4

习　　题

[1] 证明：

(a) $\displaystyle\int_{-1}^{1} x^m \mathrm{P}_n(x)\,\mathrm{d}x = 0 \quad (m < n)$；　(b) $\displaystyle\int_{-1}^{1} x^n \mathrm{P}_n(x)\,\mathrm{d}x = \frac{2n!}{(2n+1)!!}$.

提示：将 x^m 按 $\mathrm{P}_n(x)$ 展开.

[2] 由勒让德方程：$[(1-x^2)\mathrm{P}_l'(x)]' + l(l+1)\mathrm{P}_l(x) = 0$，证明勒让德多项式的正交性.

提示：将方程乘以 $\mathrm{P}_k(x)$ 后作 $[-1,+1]$ 积分，然后将方程的 k 和 l 互换，两式相减即得

$$[k(k+1) - l(l+1)] \int_{-1}^{1} \mathrm{P}_k(x) \mathrm{P}_l(x)\,\mathrm{d}x = 0.$$

[3] 以勒让德多项式为基，在 $[-1,+1]$ 区间把 $f(x) = |x|$ 展开为广义傅里叶级数.

答案：

$$|x| = \frac{1}{2}\mathrm{P}_0(x) + \sum_{n=1}^{\infty} (-1)^{n+1} \frac{(4n+1)(2n-1)!!}{(2n-1)(2n+2)!!} \mathrm{P}_{2n}(x).$$

[4] 利用勒让德多项式母函数的性质，证明递推关系：

$$(k+1)\mathrm{P}_{k+1}(x) - (2k+1)x\mathrm{P}_k(x) + k\mathrm{P}_{k-1}(x) = 0.$$

[5] 半径为 r_0 的半球，其球面上的温度保持为 $u_0\cos\theta$，底面绝热，试求这个半球的稳定温度分布.

提示：作偶延拓将半球变为完整球.

答案：

$$u(r,\theta) = \frac{1}{2}u_0 + u_0 \sum_{n=1}^{\infty} (-1)^{n+1} \frac{(4n+1)(2n-1)!!}{(2n-1)(2n+2)!!} \frac{r^{2n}}{r_0^{2n}} \mathrm{P}_{2n}(\cos\theta).$$

[6] 在匀强静电场 $\boldsymbol{E}_0$ 中放置一个半径为 r_0 的接地金属导体球,试求球外的静电场分布.

答案:

$$u(r,\theta)=-E_0 r\cos\theta+E_0\frac{r_0^3}{r^2}\cos\theta.$$

[7] 如图 13.5 所示,半径为 a 的均匀带电圆环上总电量为 q,求其在三维空间产生的电势分布.

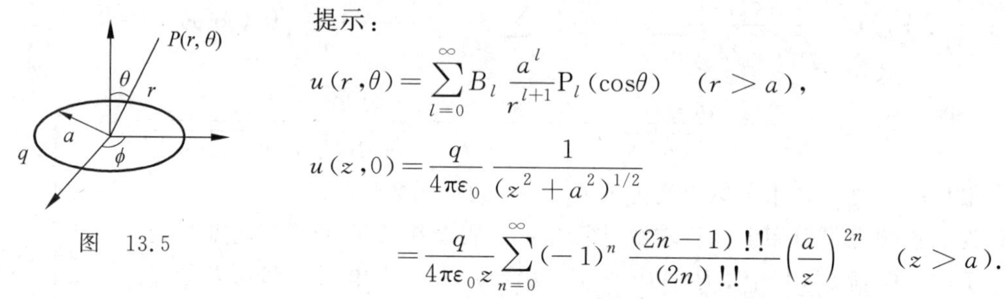

图 13.5

提示:

$$u(r,\theta)=\sum_{l=0}^{\infty}B_l\frac{a^l}{r^{l+1}}\mathrm{P}_l(\cos\theta)\quad(r>a),$$

$$u(z,0)=\frac{q}{4\pi\varepsilon_0}\frac{1}{(z^2+a^2)^{1/2}}$$

$$=\frac{q}{4\pi\varepsilon_0 z}\sum_{n=0}^{\infty}(-1)^n\frac{(2n-1)!!}{(2n)!!}\left(\frac{a}{z}\right)^{2n}\quad(z>a).$$

答案:

$$u(r,\theta)=\frac{q}{4\pi\varepsilon_0 r}\sum_{n=0}^{\infty}(-1)^n\frac{(2n-1)!!}{(2n)!!}\left(\frac{a}{r}\right)^{2n}\mathrm{P}_{2n}(\cos\theta)\quad(r>a).$$

[8] 求解勒让德型非齐次方程:

$$-(1-x^2)\frac{\mathrm{d}^2y}{\mathrm{d}x^2}+2x\frac{\mathrm{d}y}{\mathrm{d}x}-y=\mathrm{e}^{-x}.$$

提示:本征值问题为

$$-(1-x^2)\frac{\mathrm{d}^2}{\mathrm{d}x^2}\mathrm{P}_l(x)+2x\frac{\mathrm{d}}{\mathrm{d}x}\mathrm{P}_l(x)=l(l+1)\mathrm{P}_l(x)\quad(l\in\mathbb{N}).$$

将非齐次方程两边分别按本征函数 $\mathrm{P}_l(x)$ 展开:

$$y(x)=\sum_{l=0}^{\infty}a_l\mathrm{P}_l(x),\quad \mathrm{e}^{-x}=\sum_{l=0}^{\infty}c_l\mathrm{P}_l(x).$$

13.2 连带勒让德方程

1. 连带勒让德函数

下面继续讨论当 $m\neq0$ 时的 l 阶连带勒让德方程

$$(1-x^2)\frac{\mathrm{d}^2\Theta}{\mathrm{d}x^2}-2x\frac{\mathrm{d}\Theta}{\mathrm{d}x}+\left[l(l+1)-\frac{m^2}{1-x^2}\right]\Theta=0.$$

由于 $x_0=0$ 是方程的常点,仍然可以用泰勒级数展开求解.但这里采用另一种更富启示性的解法:首先作变换

$$\Theta(x)=(1-x^2)^{m/2}y(x),$$

方程变为

$$(1-x^2)y''-2(m+1)xy'+[l(l+1)-m(m+1)]y=0;$$

另外,对勒让德方程

$$(1-x^2)P_l''(x)-2xP_l'(x)+l(l+1)P_l(x)=0$$

逐项求 m 次导数,应用莱布尼兹求导规则,有

$$(1-x^2)(P_l^{[m]})''-2(m+1)x(P_l^{[m]})'+[l(l+1)-m(m+1)]P_l^{[m]}=0,$$

其中,$[m]$表示求 m 次导数. 比较两式,可知其解就是 $y(x)=P_l^{[m]}(x)$,于是 l 阶连带勒让德方程的本征函数为

$$P_l^m(x)=(1-x^2)^{m/2}P_l^{[m]}(x), \tag{13.2.1}$$

将 $P_l^m(x)$称为 l 阶连带勒让德函数,与之对应的本征值也是 $l(l+1)$. 由于 $P_l(x)$是 l 次多项式,最多只能求 l 次导数,故 $m\leqslant l$,即 $m=0,1,2,\cdots,l$. 以下是一些低阶连带勒让德函数:

$$P_1^1(x)=(1-x^2)^{1/2}=\sin\theta,$$

$$P_2^1(x)=3x(1-x^2)^{1/2}=3\sin\theta\cos\theta,$$

$$P_2^2(x)=3(1-x^2)=3\sin^2\theta,$$

$$P_3^1(x)=\frac{3}{2}(5x^2-1)(1-x^2)^{1/2}=\frac{3}{8}(\sin\theta+5\sin3\theta),$$

$$P_3^2(x)=15x(1-x^2)=15\sin^2\theta\cos\theta,$$

$$P_3^3(x)=15(1-x^2)^{3/2}=15\sin^3\theta.$$

2. 基本性质

1) 导数表示(罗德里格斯公式)

$$P_l^m(x)=\frac{(1-x^2)^{m/2}}{2^l l!}\frac{d^{l+m}}{dx^{l+m}}(x^2-1)^l, \tag{13.2.2}$$

可以证明:$P_l^m(x)$和 $P_l^{-m}(x)$线性相关,有

$$P_l^{-m}(x)=\frac{(1-x^2)^{-m/2}}{2^l l!}\frac{d^{l-m}}{dx^{l-m}}(x^2-1)^l=(-1)^m\frac{(l-m)!}{(l+m)!}P_l^m(x).$$

2) 积分表示(施列夫利积分)

$$P_l^m(x)=\frac{(1-x^2)^{m/2}}{2\pi i}\frac{(l+m)!}{2^l l!}\oint_C\frac{(z^2-1)^l}{(z-x)^{l+m+1}}dz, \tag{13.2.3}$$

其中,C 为 z 平面上围绕 $z=x$ 点的任一闭合回路. 同样还有拉普拉斯积分公式:

$$P_l^m(\cos\theta)=\frac{i^m}{2\pi}\frac{(l+m)!}{l!}\int_{-\pi}^{\pi}e^{-im\psi}(\cos\theta+i\sin\theta\cos\psi)^l d\psi. \tag{13.2.4}$$

3) 正交性

$$\begin{aligned}&\int_{-1}^{+1}P_l^m(x)P_k^m(x)dx=(N_l^m)^2\delta_{kl},\\&\int_0^{\pi}P_l^m(\cos\theta)P_k^m(\cos\theta)\sin\theta d\theta=(N_l^m)^2\delta_{kl},\end{aligned} \tag{13.2.5}$$

其归一化模为

$$(N_l^m)^2=\frac{2(l+|m|)!}{(2l+1)(l-|m|)!}.$$

4) 递推关系

$$(2k+1)x\mathrm{P}_k^m(x)=(k-m+1)\mathrm{P}_{k+1}^m(x)+(k+m)\mathrm{P}_{k-1}^m(x),$$

$$(2k+1)(1-x^2)^{\frac{1}{2}}\mathrm{P}_k^m(x)=\mathrm{P}_{k+1}^{m+1}(x)-\mathrm{P}_{k-1}^{m+1}(x),$$

$$(2k+1)(1-x^2)^{\frac{1}{2}}\mathrm{P}_k^m(x)=(k+m)(k+m-1)\mathrm{P}_{k-1}^{m-1}(x)-(k-m+2)(k-m+1)\mathrm{P}_{k+1}^{m-1}(x),$$

$$(2k+1)(1-x^2)^{\frac{1}{2}}\frac{\mathrm{d}\mathrm{P}_k^m(x)}{\mathrm{d}x}=(k+m)(k+1)\mathrm{P}_{k-1}^m(x)-k(k-m+1)\mathrm{P}_{k+1}^m(x).$$

证明 对 l 阶勒让德多项式的递推关系求 m 次导数,略.

3. 广义傅里叶级数

连带勒让德方程也属于施图姆-刘维尔型本征值问题,因此也构成完备集.

相同 m 的连带勒让德函数满足正交完备条件,可以作为广义傅里叶级数的基,将定义在[$-1,+1$]区间的函数 $f(x)$展开:

$$f(x)=\sum_{l=0}^{\infty}f_l\mathrm{P}_l^m(x),\quad f_l=\frac{2l+1}{2}\frac{(l-m)!}{(l+m)!}\int_{-1}^{+1}f(x)\mathrm{P}_l^m(x)\mathrm{d}x. \tag{13.2.6}$$

或者

$$f(\theta)=\sum_{l=0}^{\infty}f_l\mathrm{P}_l^m(\cos\theta),\quad f_l=\frac{2l+1}{2}\frac{(l-m)!}{(l+m)!}\int_0^{\pi}f(\theta)\mathrm{P}_l^m(\cos\theta)\sin\theta\mathrm{d}\theta. \tag{13.2.7}$$

说明 函数的正交性是对于相同 m 和不同的本征值 l,广义傅里叶级数是按相同 m 和不同 l 的本征函数进行展开.

习 题

[1] 证明连带勒让德函数的归一化模为

$$(N_l^m)^2=\int_{-1}^{+1}|\mathrm{P}_l^m(x)|^2\mathrm{d}x=\frac{2(l+|m|)!}{(2l+1)(l-|m|)!}.$$

[2] 以 $\mathrm{P}_l^2(x)$为基,在[$-1,+1$]区间将函数 $f(x)=1-x^2$ 展开为广义傅里叶级数.

答案:$f(x)=\frac{1}{3}\mathrm{P}_2^2(x)$.

[3] 以 $\mathrm{P}_l^2(x)$为基,在[$-1,+1$]区间将函数 $f(x)$展开为广义傅里叶级数:

$$f(x)=\begin{cases}u_0 & (0<x\leqslant 1)\\ 0 & (-1<x\leqslant 0)\end{cases}.$$

[4] 证明递推公式:

$$(2k+1)x\mathrm{P}_k^m(x)=(k-m+1)\mathrm{P}_{k+1}^m(x)+(k+m)\mathrm{P}_{k-1}^m(x).$$

13.3　球面调和函数

1. 球面调和方程

$$\frac{1}{\sin\theta}\frac{\partial}{\partial\theta}\left(\sin\theta\frac{\partial Y}{\partial\theta}\right)+\frac{1}{\sin^2\theta}\frac{\partial^2 Y}{\partial\phi^2}+l(l+1)Y=0. \tag{13.3.1}$$

将方程关于球面角(θ,ϕ)合并的一般解称作 l 阶球谐函数，又称球面调和函数：

$$\mathrm{Y}_{lm}(\theta,\phi)=\mathrm{P}_l^m(\cos\theta)\begin{Bmatrix}\sin m\phi\\ \cos m\phi\end{Bmatrix}\quad\begin{pmatrix}m=0,1,2,\cdots,l\\ l=0,1,2,3,\cdots\end{pmatrix}, \tag{13.3.2}$$

或者表示为复指数函数形式：

$$\mathrm{Y}_l^m(\theta,\phi)=\mathrm{P}_l^{|m|}(\cos\theta)\mathrm{e}^{\mathrm{i}m\phi}\quad\begin{pmatrix}m=-l,-l+1,,\cdots,l\\ l=0,1,2,3,\cdots\end{pmatrix}. \tag{13.3.3}$$

经典物理中通常采用式(13.3.2)的三角球谐函数，量子力学中则更多采用式(13.3.3)的复指数球谐函数. 球谐函数同样具有正交性，即

$$\begin{aligned}&\int_0^{2\pi}\int_0^{\pi}\mathrm{Y}_l^m(\theta,\phi)[\mathrm{Y}_k^n(\theta,\phi)]^*\sin\theta\mathrm{d}\theta\mathrm{d}\phi\\ &=\int_0^{\pi}\mathrm{P}_l^m(\cos\theta)\mathrm{P}_k^n(\cos\theta)\sin\theta\mathrm{d}\theta\int_0^{2\pi}\mathrm{e}^{\mathrm{i}m\phi}\mathrm{e}^{-\mathrm{i}n\phi}\mathrm{d}\phi\\ &=(\mathrm{N}_l^m)^2\delta_{kl}\delta_{mn},\end{aligned} \tag{13.3.4}$$

归一化模为

$$(\mathrm{N}_l^m)^2=\frac{4\pi(l+|m|)!}{(2l+1)(l-|m|)!}.$$

在量子力学中，通常取正交归一化的球谐函数，并习惯上附加一个$(-1)^m$ 因子，称作康登-肖特莱相位(Condon-Shortley phase)，

$$\mathrm{Y}_l^m(\theta,\phi)\mapsto\frac{(-1)^m}{\mathrm{N}_l^m}\mathrm{Y}_l^m(\theta,\phi)=(-1)^m\sqrt{\frac{(2l+1)(l-|m|)!}{4\pi(l+|m|)!}}\mathrm{P}_l^{|m|}(\cos\theta)\mathrm{e}^{\mathrm{i}m\phi},$$

则

$$\int_0^{2\pi}\int_0^{\pi}\mathrm{Y}_l^m(\theta,\phi)[\mathrm{Y}_k^n(\theta,\phi)]^*\sin\theta\mathrm{d}\theta\mathrm{d}\phi=\delta_{lk}\delta_{mn}.$$

球谐函数的节线：球谐函数 $\mathrm{Y}_{lm}(\theta,\varphi)$可以用球面上的节线来表示，即 $\mathrm{Re}[\mathrm{Y}_{lm}(\theta,\varphi)]=0$ 在球面上形成的 m 条穿过南北极的经线，以及 $l-m$ 条平行于赤道的纬线，如图 13.6 所示，球谐函数每穿过一次节线便改变一次符号.

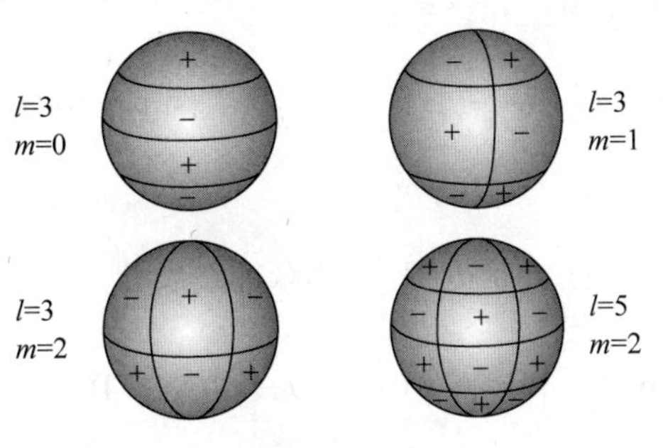

图　13.6

2. 广义傅里叶级数

一个定义在球面的函数 $f(\theta,\phi)$ 可以用球谐函数作广义傅里叶级数展开，

$$f(\theta,\phi)=\sum_{l=0}^{\infty}\sum_{m=0}^{l}C_{lm}\mathrm{Y}_{lm}(\theta,\phi),$$

$$C_{lm}=\int_0^{2\pi}\int_0^{\pi}f(\theta,\varphi)\mathrm{Y}_{lm}^{*}(\theta,\phi)\sin\theta\mathrm{d}\theta\mathrm{d}\phi. \tag{13.3.5}$$

式(13.3.5)又称拉普拉斯级数(Laplace series). 展开过程分为两步，下面以三角函数形式的球谐函数 Y_{lm} 为例.

1）先按 ϕ 作傅里叶级数展开，

$$f(\theta,\phi)=\sum_{m=0}^{\infty}[A_m(\theta)\cos m\phi+B_m(\theta)\sin m\phi],$$

$$A_m(\theta)=\frac{1}{\pi\delta_m}\int_0^{2\pi}f(\theta,\phi)\cos m\phi\mathrm{d}\phi,$$

$$B_m(\theta)=\frac{1}{\pi}\int_0^{2\pi}f(\theta,\phi)\sin m\phi\mathrm{d}\phi,$$

其中，$\delta_0=2,\delta_m=1(m\neq0)$.

2）展开系数 $A_m(\theta)$ 和 $B_m(\theta)$ 仍是 θ 的函数，对给定 m，将其按 l 阶连带勒让德函数展开，

$$A_m(\theta)=\sum_{l=m}^{\infty}A_l^m\mathrm{P}_l^m(\cos\theta),\quad B_m(\theta)=\sum_{l=m}^{\infty}B_l^m\mathrm{P}_l^m(\cos\theta),$$

最终得到

$$f(\theta,\phi)=\sum_{m=0}^{\infty}\sum_{l=m}^{\infty}[A_l^m\cos m\phi+B_l^m\sin m\phi]\mathrm{P}_l^m(\cos\theta).$$

如果以指数函数形式的球谐函数 Y_l^m 为基，则有

$$\begin{aligned}f(\theta,\phi)&=\sum_{l=0}^{\infty}\sum_{m=-l}^{l}C_l^m\mathrm{Y}_l^m(\theta,\phi),\\C_l^m&=\int_0^{\pi}\int_0^{2\pi}f(\theta,\phi)[\mathrm{Y}_k^n(\theta,\phi)]^{*}\sin\theta\mathrm{d}\theta\mathrm{d}\phi.\end{aligned} \tag{13.3.6}$$

例 13.7 用球谐函数 Y_{lm} 将函数 $f(\theta,\phi)=3\sin^2\theta\cos^2\phi-1$ 展开.

解 先将 $f(\theta,\phi)$ 对 ϕ 作傅里叶级数展开

$$f(\theta,\phi)=\left(\frac{3}{2}\sin^2\theta-1\right)+\frac{3}{2}\sin^2\theta\cos2\phi.$$

由此可知 $m=0,2$，分两步考虑：

第一步：对于 $m=0$ 项，将 $\frac{3}{2}\sin^2\theta-1$ 按 $\mathrm{P}_l(\cos\theta)$ 展开为

$$\frac{3}{2}\sin^2\theta-1=-\frac{1}{2}(3\cos^2\theta-1)=-\mathrm{P}_2(\cos\theta);$$

第二步：对于 $m=2$ 项，将 $\frac{3}{2}\sin^2\theta$ 按 $P_l^2(\cos\theta)$ 展开为

$$\frac{3}{2}\sin^2\theta=\frac{1}{2}P_2^2(\cos\theta),$$

所以

$$f(\theta,\phi)=3\sin^2\theta\cos^2\phi-1=-P_2(\cos\theta)+\frac{1}{2}P_2^2(\cos\theta)\cos2\phi.$$

例 13.8　半径为 r_0 的球形区域内部没有电荷，球面上的电势分布为

$$f(\theta,\phi)=u_0\sin^2\theta\cos\phi\sin\phi,$$

求球形区域内部的电势分布.

解　由于没有轴对称性，拉普拉斯方程的一般解为

$$u(r,\theta,\phi)=\sum_{m=0}^{\infty}\sum_{l=m}^{\infty}r^l\left[A_l^m\cos m\phi+B_l^m\sin m\phi\right]P_l^m(\cos\theta)+$$

$$\sum_{m=0}^{\infty}\sum_{l=m}^{\infty}\frac{1}{r^{l+1}}\left[C_l^m\cos m\phi+D_l^m\sin m\phi\right]P_l^m(\cos\theta).$$

球心电势的有限性决定了 $C_l^m=D_l^m=0$，代入边界条件得

$$u(r,\theta,\phi)=\sum_{m=0}^{\infty}\sum_{l=m}^{\infty}r_0^l[A_l^m\cos m\phi+B_l^m\sin m\phi]P_l^m(\cos\theta)$$

$$=u_0\sin^2\theta\cos\phi\sin\phi.$$

将上式右边按球谐函数展开，

$$u_0\sin^2\theta\cos\phi\sin\phi=\frac{1}{6}u_0P_2^2(\cos\theta)\sin2\phi.$$

比较系数可得

$$\begin{cases}B_2^2=\dfrac{u_0}{6r_0^2} & (l=2,m=2)\\ B_l^m=0,\quad A_l^m=0 & (l\neq2,m\neq2)\end{cases}.$$

最终结果为

$$u(r,\theta,\phi)=\frac{u_0}{6r_0^2}r^2P_2^2(\cos\theta)\sin2\phi.$$

3. 加法公式

将轴对称的勒让德多项式按球谐函数展开，可得加法定理：

$$P_l(\cos\gamma)=\frac{4\pi}{2l+1}\sum_{m=-l}^{l}Y_{lm}(\theta_1,\phi_1)Y_{lm}^*(\theta_2,\phi_2),\qquad(13.3.7)$$

其中，γ 为单位向量 $\boldsymbol{r}_1(\theta_1,\phi_1)$ 和 $\boldsymbol{r}_2(\theta_2,\phi_2)$ 的夹角，如图 13.7 所示.当 $\boldsymbol{r}_1$ 和 $\boldsymbol{r}_2$ 重合时，$\gamma=0$，则有

$$\sum_{m=-l}^{l}\left|Y_{lm}(\theta,\phi)\right|^2=\frac{2l+1}{4\pi}.\qquad(13.3.8)$$

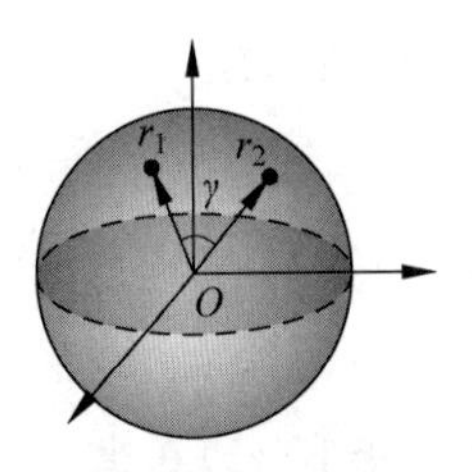

图　13.7

说明 球面调和函数加法公式可视作圆周三角加法公式的推广

$$\cos(\theta_1-\theta_2)=\cos\theta_1\cos\theta_2+\sin\theta_1\sin\theta_2,$$

其左边的三角函数用勒让德多项式取代,右边的用球谐函数取代. 当 $\theta_1\to\theta_2$ 时,即得三角函数公式 $\cos^2\theta+\sin^2\theta=1$.

加法公式在处理库仑相互作用问题时常常会用到. 考虑 $\dfrac{1}{|\boldsymbol{r}_1-\boldsymbol{r}'|}$ 的展开式,为明确起见,假设 $|\boldsymbol{r}'|\equiv r'<|\boldsymbol{r}|\equiv r$,有

$$\frac{1}{|\boldsymbol{r}-\boldsymbol{r}'|}=\frac{1}{(r^2+r'^2-2rr'\cos\gamma)^{1/2}}.$$

利用勒让德多项式的母函数以及球谐函数加法公式,可得

$$\frac{1}{|\boldsymbol{r}-\boldsymbol{r}'|}=\sum_{l=0}^{\infty}\frac{r'^l}{r^{l+1}}\mathrm{P}_l(\cos\gamma)=\sum_{l=0}^{\infty}\frac{4\pi}{2l+1}\frac{r'^l}{r^{l+1}}\sum_{m=-l}^{l}\mathrm{Y}_{lm}(\theta,\phi)\mathrm{Y}_{lm}^*(\theta',\phi').$$

如果 $r'>r$,则应按 r/r' 展开.

注记

球坐标系中的拉普拉斯方程可写成

$$\frac{1}{r^2}\frac{\partial}{\partial r}\left(r^2\frac{\partial u}{\partial r}\right)+\frac{1}{r^2}\hat{L}^2u=0,$$

其中,与角向有关的算符

$$\hat{L}^2=\frac{1}{\sin\theta}\frac{\partial}{\partial\theta}\left(\sin\theta\frac{\partial}{\partial\theta}\right)+\frac{1}{\sin^2\theta}\frac{\partial^2}{\partial\phi^2}$$

就是量子力学中的角动量算符,$\hat{L}^2=\hat{L}_x^2+\hat{L}_y^2+\hat{L}_z^2$,其中差一个普朗克常量 $\hbar^2$. 角动量分量满足对易关系

$$[\hat{L}_i,\hat{L}_j]=\mathrm{i}\varepsilon_{ijk}\hat{L}_k,$$

角动量算符本征方程为

$$\hat{L}^2\mid Y\rangle=\lambda\mid Y\rangle,$$

值得注意的是,由于 $[\hat{L}^2,\hat{L}_z]=0$,对应于本征值 λ 可能有许多本征态,或者说本征态是简并的. 为了将它们区分开来,需引入角动量的 z 分量算符

$$\hat{L}_z=\mathrm{i}\frac{\partial}{\partial\phi},$$

其本征方程为

$$\hat{L}_z\mid Y\rangle=m\mid Y\rangle.$$

由于 $[\hat{L}^2,\hat{L}_z]=0$,可取算符 $\{\hat{L}^2,\hat{L}_z\}$ 的共同本征态,用两个指标 (λ,m) 标记: $|Y\rangle\mapsto|\mathrm{Y}_{\lambda m}\rangle$. 我们已经证明了本征值 $\lambda=l(l+1)$ 只能取不连续的数,即

$$\hat{L}^2\mid \mathrm{Y}_{lm}\rangle=l(l+1)\mid \mathrm{Y}_{lm}\rangle,$$

$$\hat{L}_z\mid \mathrm{Y}_{lm}\rangle=m\mid \mathrm{Y}_{lm}\rangle.$$

本征态 $|\mathrm{Y}_{lm}\rangle$ 在坐标表象中就是球谐函数: $\mathrm{Y}_{lm}(\theta,\phi)=\langle\boldsymbol{x}|\mathrm{Y}_{lm}\rangle$,整数 l 称作角动量量子数,整数 m 称作角动量 z 分量量子数或磁量子数.

给定一组量子数(l,m)确定电子云的一个完整本征态，表 13.1 列出了几个较小量子数的组合态，它们对应的本征波函数如图 13.8 所示电子云模型，其中模型表面到原点的距离就是$|\mathrm{Y}_{lm}(\theta,\phi)|^2$.

表　13.1

$l=0$	$l=1$	$l=2$	$l=3$	$l=4$
s	p	d	f	g
$m=0$	$m=0,\pm1$	$m=0,\pm1,\pm2$	$m=0,\pm1,$ $\pm2,\pm3$	$m=0,\pm1,$ $\pm2,\pm3,\pm4$

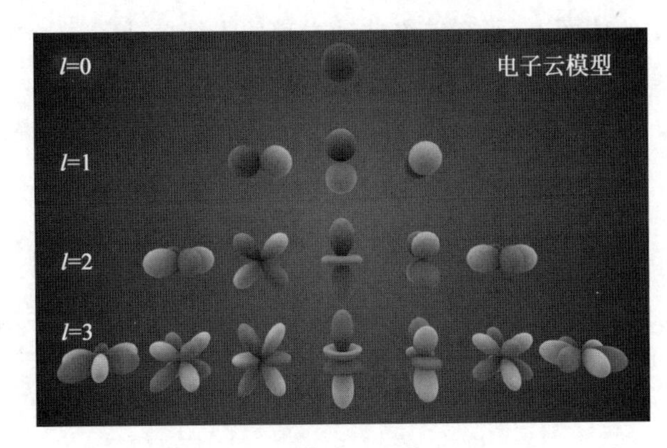

图　13.8

（图片来自 Wikipedia）

习　　题

[1] 将下列函数按球谐函数展开：

(a) $f(\theta,\phi)=\sin\theta\cos\phi$；　(b) $(1+3\cos\theta)\sin\theta\cos\phi$.

[2] 在半径为 r_0 的球形区域外部求解方程：

$$\begin{cases}\Delta u=0 \quad (r>r_0)\\ \left.\dfrac{\partial u}{\partial r}\right|_{r=r_0}=u_0\left(\sin^2\theta\sin^2\phi-\dfrac{1}{3}\right)\end{cases}.$$

答案：

$$u(r,\theta,\phi)=\frac{u_0}{9}\frac{r_0^4}{r^3}\mathrm{P}_2^0(\cos\theta)+\frac{u_0}{18}\frac{r_0^4}{r^3}\mathrm{P}_2^2(\cos\theta)\cos2\phi.$$

[3] 在半径为 r_0 的球内区域求解泊松方程：

$$\begin{cases}\Delta u=Ar\cos\theta \quad (r<r_0)\\ u\,|_{r=r_0}=0\end{cases}.$$

答案：$u(r,\theta)=Ar(r^2-r_0^2)\mathrm{P}_1(\cos\theta)$.

[4] 证明球面角公式：

$$\cos\gamma=\cos\theta_1\cos\theta_2+\sin\theta_1\sin\theta_2\cos(\phi_1-\phi_2),$$

其中，γ 是(θ_1,ϕ_1)与(θ_2,ϕ_2)之间的夹角.

[5] 求解半径为 r_0 的球内泊松问题：

$$\begin{cases}\Delta u = A + Br^2 \sin 2\theta \cos\phi \quad (r < r_0) \\ u\,|_{r=r_0} = 0\end{cases}.$$

提示：根据非齐次项的特征猜测一个特解，其径向部分为不超过 r 四次幂的多项式；也可以直接将非齐次方程两边按本征函数展开：

$$u(r,\theta,\phi) = \sum_{l=0}^{\infty}\sum_{m=0}^{l} \mathrm{P}_l^m(\cos\theta)\left[R_{lm}(r)\sin m\phi + S_{lm}(r)\cos m\phi\right].$$

答案：$u(r,\theta,\phi) = \dfrac{1}{6}A(r^2 - r_0^2) + \dfrac{1}{21}Br^2(r_0^2 - r^2)\mathrm{P}_2^1(\cos\theta)\cos\phi.$

[6] 在半径为 R 的球面上，研究二维波动方程的本征振动：

$$\partial_{tt}u - a^2\Delta_2 u = 0.$$

答案：

$$u_{lm}(\theta,\phi,t) = \mathrm{Y}_{lm}(\theta,\phi)\left[\cos\omega_l t, \sin\omega_l t\right],$$

$$\omega_l = \frac{\sqrt{l(l+1)}\,a}{R} \quad \begin{pmatrix} l = 0,1,2,3,4,\cdots \\ m = 0,1,2,\cdots l\end{pmatrix}.$$

由于本征振动频率 ω_l 对于不同 m 简并，本征模将出现一系列类似于图 11.2 的球面扭曲节线.

第14章

本征函数论

第 9 章介绍了求微分方程通解的方法，那里所处理的微分方程都是不考虑边界或初始条件约束的泛定方程，实际物理方程的定解需要由边界上的值确定. 在第 11 章和第 13 章中我们看到，某些微分方程受到齐次边界条件或者自然边界条件的约束，导致参量只能取不连续的本征值及互相正交的本征函数，否则没有有限的物理解. 本章先讨论线性微分方程本征值问题的一般理论，后面再介绍几种经典正交多项式.

14.1 线性空间

1. 度量空间

向量空间$\mathbb{V}$是由向量组成的一个集合，其中向量满足加法，即若 $\boldsymbol{x},\boldsymbol{y}\in\mathbb{V}$，则 $\boldsymbol{x}+\boldsymbol{y}\in\mathbb{V}$，此外赋予复数域$\mathbb{C}$内向量的乘法，即若 $\alpha\in\mathbb{C}$，则 $\alpha\boldsymbol{x}\in\mathbb{V}$. 向量空间中向量加法与标量乘法运算具有线性特征，也称线性向量空间(linear vector space)，空间中每个向量有唯一的逆元 $-\boldsymbol{x}$，满足 $\boldsymbol{x}+(-\boldsymbol{x})=0$.

范数用来表征线性向量空间$\mathbb{V}$中向量 $\boldsymbol{x}$ 的长度，记作$\|\boldsymbol{x}\|$，满足$\|\boldsymbol{x}\|\geqslant 0$；当且仅当 $\boldsymbol{x}=0$ 时，$\|\boldsymbol{x}\|=0$. 定义了范数的向量空间称为赋范空间(normed space).

度量空间(metric space)是将欧几里得空间的距离概念作推广的抽象数学结构，它采用集合中两个元素之间的度量取代欧几里得空间中两点之间的距离. 度量可以包括向量距离、函数距离、曲面距离等，定义如下：

设$\mathbb{W}$是一个非空集合，对其中任意两个元素 $\boldsymbol{x}$、$\boldsymbol{y}$，引入一个实数 $d(\boldsymbol{x},\boldsymbol{y})$，满足：

(1) 正定性：$d(\boldsymbol{x},\boldsymbol{y})\geqslant 0$，当且仅当 $\boldsymbol{x}=\boldsymbol{y}$ 时，$d(\boldsymbol{x},\boldsymbol{y})=0$；

(2) 对称性：$d(\boldsymbol{x},\boldsymbol{y})=d(\boldsymbol{y},\boldsymbol{x})$；

(3) 三角不等式：$d(\boldsymbol{x},\boldsymbol{y})\leqslant d(\boldsymbol{x},\boldsymbol{z})+d(\boldsymbol{z},\boldsymbol{y})$.

则 $d(\boldsymbol{x},\boldsymbol{y})$定义$\mathbb{W}$集合的一个度量，称$\mathbb{W}$为度量空间.

赋范和度量的区别在于，度量定义于任意非空集合，而范数仅定义于向量空间.

2. 空间完备性

当空间定义了度量之后,就可以比较空间中两点之间的距离. 度量空间的柯西序列可表述为:设度量$(\mathbb{W},d)$空间中有无穷序列$\{\boldsymbol{x}_1,\boldsymbol{x}_2,\cdots,\boldsymbol{x}_k,\cdots\}$,如果对于任意正实数$\varepsilon>0$,存在正整数$N(\varepsilon)$,当$n,m>N(\varepsilon)$时,度量$d(\boldsymbol{x}_n,\boldsymbol{x}_m)<\varepsilon$,则称该序列为柯西序列,用极限表示为

$$\lim_{n,m\to\infty} d(\boldsymbol{x}_n,\boldsymbol{x}_m)=0.$$

度量空间中任何收敛的序列一定是柯西序列; 反过来,柯西序列虽然一定是有界的,但不一定收敛于该空间内一点. 可以证明,有限维空间的柯西序列一定收敛于该空间; 但无限维空间的柯西序列是否收敛于该空间,就不是显而易见的了,这个问题与空间的完备性(completeness)密切相关. 如果一个度量空间中任意柯西序列都收敛于该空间内一点,则称该空间是完备的. 换言之,如果$\{\boldsymbol{x}_n\}_{n=1}^{\infty}$是$\mathbb{W}$空间的柯西序列,必存在向量$\boldsymbol{x}\in\mathbb{W}$,使得

$$\lim_{n\to\infty} d(\boldsymbol{x}_n-\boldsymbol{x})=0.$$

实数集$\mathbb{R}$是完备的,任何由实数构成的柯西序列,其极限必定为实数. 复数集$\mathbb{C}$也是完备的,但有理数集$\mathbb{Q}$不是完备的,举反例为证: 取有理数构成的柯西序列$\{\boldsymbol{x}_n\}_{n=1}^{\infty}$,

$$x_0=1,\quad x_{n+1}=\frac{1}{2}\left(x_n+\frac{2}{x_n}\right),$$

该序列收敛于无理数$\sqrt{2}\notin\mathbb{Q}$. 另一个更熟悉的例子是有理数序列

$$x_n=\left(1+\frac{1}{n}\right)^n\quad(n\in\mathbb{N}),$$

其极限为超越数e,也不属于有理数集,$\lim\limits_{n\to\infty}x_n=\mathrm{e}\notin\mathbb{Q}$.

任何紧致集合(compact sets)都是完备的,但反过来不成立. 例如,实数集$\mathbb{R}$虽然是完备的,但不是紧致的; 只有加上∞后,才构成紧致的闭集合,它等价于一个闭合圆周. 有限维欧几里得空间在通常的距离定义下是完备的,而无限维空间的完备性,则是14.2节需要专门探讨的课题.

3. 内积空间

一般的线性向量空间定义中并不包含向量与向量之间的乘法,为此引入内积(inner product)概念,用符号$\langle a|\equiv(|a\rangle)^\dagger$表示向量$|a\rangle$的对偶向量(dual vector),有

$$(\alpha\mid a\rangle+\beta\mid b\rangle)^\dagger=\alpha^*\langle a\mid+\beta^*\langle b\mid,$$

其中,$*$表示取复共轭. 狄拉克分别取括号(bracket)的一半,将向量$|a\rangle$称为右矢(ket),向量$\langle a|$称为左矢(bra),以此表示空间的向量及其对偶空间的共轭向量.

设有n维线性向量空间$\mathbb{V}$,向量$|a\rangle,|b\rangle,|c\rangle\in\mathbb{V}$,在复数域$\mathbb{C}$上定义内积$\langle a|b\rangle\in\mathbb{C}$,满足如下条件:

(1) $\langle a|b\rangle=\langle b|a\rangle^*$;

(2) $\langle \alpha a+\beta b|c\rangle=\alpha^*\langle a|c\rangle+\beta^*\langle b|c\rangle$;

(3) $\langle a|a\rangle\geqslant0$,当且仅当$|a\rangle=0$时,$\langle a|a\rangle=0$.

内积有时又称作标量积(scalar product),它将一对向量与一个实数或复数联系起来,形

成映射关系$\mathbb{V}\times\mathbb{V}\mapsto\mathbb{C}$. 定义了内积的线性向量空间称作内积空间,当内积为实数时称作欧几里得空间,内积为复数时称作酉空间. 如果两个非零的向量满足$\langle a|b\rangle=0$,则称它们互相正交.

内积的定义区别了内积空间与一般向量空间,它包含三个运算：向量与向量的加法,标量与向量的乘法,以及向量与向量的乘法. 内积实际上也定义了一个度量,因此内积空间也是度量空间.

4. 矩阵表示

设$\{|\boldsymbol{e}_1\rangle,|\boldsymbol{e}_2\rangle,\cdots,|\boldsymbol{e}_n\rangle\}$为 n 维向量空间$\mathbb{V}$中完备的正交归一化基向量,$\langle\boldsymbol{e}_i|\boldsymbol{e}_j\rangle=\delta_{ij}$,完备性表明任何向量$|a\rangle\in\mathbb{V}$都可表示为基向量的线性叠加：

$$|a\rangle=\sum_{k=1}^{n}\alpha_k|\boldsymbol{e}_k\rangle,\quad \alpha_k=\langle\boldsymbol{e}_k|a\rangle,$$

α_k 称作向量$|a\rangle$在基向量$|\boldsymbol{e}_k\rangle$方向上的投影或展开系数. 向量的内积可用投影表示为

$$\langle a|b\rangle=\sum_{k=1}^{n}\alpha_k^*\langle\boldsymbol{e}_k|\sum_{j=1}^{n}\beta_j|\boldsymbol{e}_j\rangle=\sum_{j=1}^{n}\alpha_j^*\beta_j,$$

而向量$|a\rangle$的模或范数为

$$\|a\|=\sqrt{\langle a|a\rangle}=\left[\sum_{k=1}^{n}|\alpha_k|^2\right]^{1/2}.$$

可以选择一组基础基向量,将向量$|a\rangle$用列矩阵表示为

$$|a\rangle=\alpha_1\begin{pmatrix}1\\0\\\vdots\\0\end{pmatrix}+\alpha_2\begin{pmatrix}0\\1\\\vdots\\0\end{pmatrix}+\cdots+\alpha_n\begin{pmatrix}0\\0\\\vdots\\1\end{pmatrix}=\begin{pmatrix}\alpha_1\\\alpha_2\\\vdots\\\alpha_n\end{pmatrix},$$

对偶向量$\langle a|$则表示为具有复共轭元的行矩阵

$$\langle a|=(\alpha_1^*\quad\alpha_2^*\quad\cdots\quad\alpha_n^*).$$

5. 厄米算符

线性向量空间$\mathbb{V}$的算符 $\hat{A}$ 作用于向量$|a\rangle$,向量$|b\rangle=\hat{A}|a\rangle$也属于该空间,有

$$\hat{A}(\alpha|a\rangle+\beta|b\rangle)=\alpha\hat{A}|a\rangle+\beta\hat{A}|b\rangle,$$
$$(\hat{A}\hat{B})|a\rangle=\hat{A}(\hat{B}|a\rangle).$$

两个线性算符一般是不可交换次序的,即 $\hat{A}\hat{B}\neq\hat{B}\hat{A}$. 线性算符 $\hat{A}$ 也可用基向量组$\{|\boldsymbol{e}_1\rangle,|\boldsymbol{e}_2\rangle,\cdots,|\boldsymbol{e}_n\rangle\}$表示,令

$$\hat{A}|\boldsymbol{e}_i\rangle=\sum_{k=1}^{n}a_{ik}|\boldsymbol{e}_k\rangle,$$

则有

$$\langle\boldsymbol{e}_j|\hat{A}|\boldsymbol{e}_i\rangle=\langle\boldsymbol{e}_j|\sum_{k=1}^{n}a_{ik}|\boldsymbol{e}_k\rangle=\sum_{k=1}^{n}a_{ik}\langle\boldsymbol{e}_j|\boldsymbol{e}_k\rangle=a_{ij},$$

它称作算符 $\hat{A}$ 在基向量$\{|\boldsymbol{e}_1\rangle,|\boldsymbol{e}_2\rangle,\cdots,|\boldsymbol{e}_n\rangle\}$下的矩阵表示：

$$[A]_{ij} \overset{\text{def}}{=} \langle \boldsymbol{e}_j|\hat{A}|\boldsymbol{e}_i\rangle = a_{ij}.$$

算符 $\hat{A}^\dagger$ 称作 $\hat{A}$ 的厄米共轭(Hermitian conjugate)或者伴随算符(adjoint operator)，满足

$$\langle a|\hat{A}|b\rangle^* = \langle b|\hat{A}^\dagger|a\rangle.$$

如果 $\hat{A}^\dagger=\hat{A}$，则称算符 $\hat{A}$ 是厄米算符或自伴算符(self-adjoint operator)，其矩阵为转置复共轭关系：$a_{ij}=a_{ji}^*$. 如果 $\hat{A}$ 是厄米算符，$|a\rangle$是非零向量，满足

$$\hat{A}|a\rangle=\lambda|a\rangle,$$

则称$|a\rangle$为 $\hat{A}$ 的本征向量，λ 称作本征值，表明向量$|a\rangle$在算符 $\hat{A}$ 作用下保持不变.

线性代数理论证明以下基本定理.

(1) 厄米算符的全部本征值均为实数，相应于不同本征值的本征向量互相正交.

(2) 厄米算符的本征向量集是完备的，任何向量都可表示为本征向量线性叠加.

(3) 当且仅当其矩阵行列式 $\det[\hat{A}]\neq 0$ 时，算符 $\hat{A}$ 存在逆算符.

(4) 如果两个厄米算符互相对易，$\hat{A}\hat{B}=\hat{B}\hat{A}$，则它们有共同的本征向量集.

注记

1845 年，格拉斯曼(H. G. Grassmann)在一本书名很长的书《…线性扩张论》中提出线性向量空间理论，他定义了线性无关、维数、基、子空间及投影等一系列概念，抽象向量空间和代数，即以某种形式定义向量乘积的向量空间，最终发展成一个范围广阔的数学分支——线性代数.

矩阵的观念渊源久远，早在汉代中国的学者就采用它求解线性方程组. 到 18 世纪人们已经计算行列式，从高斯的二次型理论引出了相似、对角化、特征值等概念. 1850 年，西尔维斯特(J. J. Sylvester)杜撰了"矩阵"一词，凯莱用一个字符来表示矩阵，并系统地制定了矩阵的加、减、乘法规则. 凯莱采用逆矩阵表示线性方程组的解，并注意到当行列式为零时，逆矩阵不存在. 若尔当(C. Jordan)提出了现在称为若尔当标准型(Canonical forms)对矩阵进行分类，引申出本征值和本征向量的概念，柯西证明实对称矩阵的所有本征值都是实数. 1878 年，弗罗贝尼乌斯综合前人的思想对矩阵理论作出完整表述，引入矩阵相似和正交变换的概念，并将四个 2×2 矩阵与四元数等价起来. 尽管如此，直到 20 世纪 40 年代人们才真正认识矩阵与向量空间的线性变换之间的关系.

对偶向量定义为

$$(\alpha|a\rangle+\beta|b\rangle)^\dagger=\alpha^*\langle a|+\beta^*\langle b|,$$

这是为了保证向量的长度$\langle a|a\rangle\geqslant 0$，因为如果不取复共轭，则有$\langle \mathrm{i}a|\mathrm{i}a\rangle=\mathrm{i}^2\langle a|a\rangle=-\langle a|a\rangle$，不能保证向量范数的正定性.

直观上，收敛意味着不断逼近的思想，这就要求有距离的概念. 向量的内积可以定义模的概念，它具有从向量终点到原点距离的意思. 事实上，不需要内积也可以定义模，对于复数或者实数域，一般定义范数为

$$\|\boldsymbol{a}\|_p \equiv \left(\sum_{k=1}^{n}|\alpha_k|^p\right)^{1/p},$$

通常由内积定义的模对应于 $p=2$. 这样两点之间的距离就依赖于范数的定义,比如在 $n=1000$ 维空间中的一个点或向量 $\boldsymbol{b}=(0.1,0.1,\cdots,0.1)$,其范数可以为

$$\|\boldsymbol{b}\|_1=100,\quad \|\boldsymbol{b}\|_2=3.16,\quad \cdots,\quad \|\boldsymbol{b}\|_{10}=0.2,$$

它依赖于 p 值,这似乎难以给人以逼近的印象. 其实不然,两个向量之间的距离是一个相对概念,虽然说向量 $\boldsymbol{a}$ 逼近向量 $\boldsymbol{b}$ 可能没有意义,但总可以说向量 $\boldsymbol{a}$ 比向量 $\boldsymbol{c}$ 更逼近向量 $\boldsymbol{b}$. 取模的自然定义 $p=2$,两个向量之间的距离定义为

$$d(\boldsymbol{a},\boldsymbol{b})=\|\boldsymbol{a}-\boldsymbol{b}\|=\sqrt{\sum_{k=1}^{n}|\alpha_k-\beta_k|^2}.$$

紧致概念源自从有限集合向无限集合的延伸. 紧致集合利用了有限集合的许多平庸性质,比如,有限集合中的任意序列必有一个收敛的子序列,因为在无限长的时序里一定存在有限集合的重复点. 这一结论对于无限集合也是正确的,只是将“有限”改为“紧致”而已.

习　题

[1] 证明开区间 $(0,1)$ 不是完备的.

提示:考虑柯西序列 $\{1/k\}_{k=1}^{\infty}$.

[2] 证明任何收敛序列必是柯西序列.

[3] 证明序列 $\{x_n\}$ 收敛:

$$x_0=1,\quad x_{n+1}=\frac{1}{2}\left(x_n+\frac{2}{x_n}\right).$$

提示:构造序列

$$y_{n+1}=\frac{x_{n+1}-\sqrt{2}}{x_{n+1}+\sqrt{2}}=\left(\frac{x_n-\sqrt{2}}{x_n+\sqrt{2}}\right)^2=(y_n)^2.$$

[4] 对于内积空间中的任意一对向量 $|a\rangle$, $|b\rangle$,证明施瓦茨不等式(Schwarz inequality)成立:

$$\langle a\mid a\rangle\langle b\mid b\rangle\geqslant|\langle a\mid b\rangle|^2.$$

提示:令 $|c\rangle=|b\rangle-\dfrac{\langle a|b\rangle}{\langle a|a\rangle}|a\rangle$,有 $\langle a|c\rangle=0$.

14.2　希尔伯特空间

在 14.1 节简要温习了有限维线性向量空间的基本思想,其中的概念如线性叠加、线性无关、内积、子空间等,都可以直接推广到无限维空间. 然而有一件事至关重要,那就是向量无穷求和的收敛性,或者说无穷维向量空间的完备性,这个并非平庸的问题赋予无限维空间更加深刻的性质.

1. 完备性关系

设无穷序列 $\{|\boldsymbol{e}_k\rangle\}_{k=1}^{\infty}$ 是线性向量空间 $\mathbb{V}$ 中的一组正交基向量,对于任何向量 $|f\rangle\in\mathbb{V}$,定义其在基向量上的投影 $f_k=\langle\boldsymbol{e}_k|f\rangle$, f_k 一般是复数,由于范数

$$\left\||f\rangle-\sum_{k=1}f_k|\boldsymbol{e}_k\rangle\right\|\geqslant 0,$$

有

$$\langle f \mid f\rangle - \sum_{k=1}^{\infty} f_k \langle f \mid \boldsymbol{e}_k\rangle - \sum_{k=1}^{\infty} f_k^* \langle \boldsymbol{e}_k \mid f\rangle + \sum_{k=1}^{\infty} |f_k|^2 = \langle f \mid f\rangle - \sum_{k=1}^{\infty} |f_k|^2 \geqslant 0,$$

导致贝塞尔不等式

$$\langle f \mid f\rangle \geqslant \sum_{k=1}^{\infty} |f_k|^2. \tag{14.2.1}$$

贝塞尔不等式表明，向量 $\sum_{k=1}^{\infty} f_k \mid \boldsymbol{e}_k\rangle$ 是收敛的，也就是说，向量的模有限；但反过来，它并不意味着无穷级数 $\sum_{k=1}^{\infty} f_k \mid \boldsymbol{e}_k\rangle$ 一定收敛于该空间内某点. 在由基向量 $\{|\boldsymbol{e}_k\rangle\}_{k=1}^{\infty}$ 张开的线性空间中，如果任意无穷级数 $\sum_{k=1}^{\infty} f_k \mid \boldsymbol{e}_k\rangle$ 都一致收敛于该空间内的向量 $\mid f\rangle$，即

$$\lim_{n\to\infty}\left(\mid f\rangle - \sum_{k=1}^{n} f_k \mid \boldsymbol{e}_k\rangle\right) = 0, \tag{14.2.2}$$

则称该空间是完备的.

完备的内积空间称作希尔伯特空间(Hilbert space)，记作$\mathcal{H}$. 所有完备的有限或无限维内积空间都是希尔伯特空间，空间的完备性意味着帕塞瓦尔恒等式(Parseval identity)成立：

$$\langle f \mid f\rangle = \sum_{k=1}^{\infty} |\langle f_k \mid \boldsymbol{e}_k\rangle|^2 = \sum_{k=1}^{\infty} |f_k|^2. \tag{14.2.3}$$

如果希尔伯特空间中与所有向量 $\{|\boldsymbol{e}_k\rangle\}_{k=1}^{\infty}$ 均正交的向量只有零向量，则称正交向量组 $\{|\boldsymbol{e}_k\rangle\}_{k=1}^{\infty}$ 为完备基. 根据完备性定义，任意向量 $|f\rangle\in\mathcal{H}$，均可用该完备基展开，将 $f_k = \langle \boldsymbol{e}_k | f\rangle$ 称作广义傅里叶级数. 由帕塞瓦尔恒等式

$$\langle f \mid f\rangle = \sum_{k=1}^{\infty} |f_k|^2 \equiv \sum_{k=1}^{\infty} \langle f \mid \boldsymbol{e}_k\rangle\langle \boldsymbol{e}_k \mid f\rangle$$

可知

$$\sum_{k=1}^{\infty} \mid \boldsymbol{e}_k\rangle\langle \boldsymbol{e}_k \mid = 1, \tag{14.2.4}$$

式(14.2.4)也称作基向量的完备性关系. 算符 $\hat{P}_k = |\boldsymbol{e}_k\rangle\langle \boldsymbol{e}_k|$ 称作投影算符，因为

$$\hat{P}_k \mid f\rangle = \mid \boldsymbol{e}_k\rangle\langle \boldsymbol{e}_k \mid f\rangle = f_k \mid \boldsymbol{e}_k\rangle,$$

它将向量 $|f\rangle$ 投影到基 $|\boldsymbol{e}_k\rangle$ 上.

设 $\{|\boldsymbol{e}_k\rangle\}_{k=1}^{\infty}$ 为希尔伯特空间$\mathcal{H}$中可数的正交向量集，对于任何向量 $|f\rangle, |g\rangle\in\mathcal{H}$，下列说法是互相等价的：

(1) $\{|\boldsymbol{e}_k\rangle\}_{k=1}^{\infty}$ 是完备的；

(2) $\mid f\rangle = \sum_{k=1}^{\infty} f_k \mid \boldsymbol{e}_k\rangle = \sum_{k=1}^{\infty} \mid \boldsymbol{e}_k\rangle\langle \boldsymbol{e}_k \mid f\rangle$；

(3) $\sum_{k=1}^{\infty} \mid \boldsymbol{e}_k\rangle\langle \boldsymbol{e}_k \mid = 1$；

(4) $\langle f \mid f\rangle = \sum_{k=1}^{\infty} |f_k|^2$;

(5) $\langle f \mid g\rangle = \sum_{k=1}^{\infty} \langle f \mid \boldsymbol{e}_k\rangle\langle \boldsymbol{e}_k \mid g\rangle \equiv \sum_{k=1}^{\infty} f_k^* g_k$.

2. 函数空间

定义在区间$[a,b]$的连续函数可视作一个向量,该区间内所有连续函数构成一个线性向量空间,但这个空间并不是完备的.如何构造一个完备的空间呢?首先,需要定义两个函数向量的内积,它很自然地与函数的积分相联系.一般地,将函数空间的内积定义为

$$\langle g \mid f\rangle \overset{\text{def}}{=} \int_a^b g^*(x) f(x) \rho(x)\, \mathrm{d}x, \tag{14.2.5}$$

其中,$\rho(x)$是一个正定的实函数,称作权重函数(weighting function),以后会讨论它的意义.本书有时为了方便,简单地取$\rho(x)=1$.令$f(x)=g(x)$,则函数向量的范数为

$$\langle f \mid f\rangle = \int_a^b |f(x)|^2 \rho(x)\, \mathrm{d}x,$$

因此,构成内积空间的前提是区间$[a,b]$内所有函数必须是模方(加权)可积的.

定义了内积之后,就可以讨论函数空间的完备性.用$\mathcal{L}_\rho^2(a,b)$表示区间$[a,b]$中所有模方(加权)可积函数构成的内积空间,其中$\mathcal{L}$表示勒贝格(Lebesgue)空间,他将通常的黎曼积分推广到高度不连续函数的情形,上标 2 代表 $f(x)$的模方,下标 ρ 代表权重函数,有如下基本定理.

(1) 里斯-费希尔定理(Riesz-Fischer theorem)　$\mathcal{L}_\rho^2(a,b)$空间是完备的.

根据柯西判据,如果函数序列$\{f_k(x)\}$平方可积的,且

$$\lim_{m,n\to\infty} \int_a^b [f_m(x) - f_n(x)]^2 \mathrm{d}x = 0,$$

则存在平方可积函数 $f(x) \in \mathcal{L}_\rho^2(a,b)$,使得

$$\lim_{n\to\infty} \int_a^b [f_n(x) - f(x)]^2 \mathrm{d}x = 0.$$

(2) 所有具有可数基的完备内积空间都与$\mathcal{L}_\rho^2(a,b)$同构.

无穷维完备的内积空间称作希尔伯特空间,本定理表明,希尔伯特空间的数量是很有限的,它等同于平方可积函数空间.一般来说,平方可积性并不要求函数是连续的,它只要求函数分段光滑.事实上,$\mathcal{L}_\rho^2(a,b)$空间必然包含有限断点的不连续函数.

(3) 斯通-魏尔斯特拉斯定理(Stone-Weierstrass theorem)　单项式序列$\{x^k\}_{k=0}^{\infty}$构成$\mathcal{L}_\rho^2(a,b)$空间的完备基.

由此表明,任何$[a,b]$内平方可积函数 $f(x)$都可以用单项式基表示,$\mathcal{L}_\rho^2(a,b)$空间是可分离的希尔伯特空间(separable Hilbert space).

作用于函数的微分或积分算符就是对函数向量作线性变换操作,变换后的函数仍然在$\mathcal{L}_\rho^2(a,b)$空间内.其中只有某类特殊的微分或积分算符属于希尔伯特空间的厄米算符或自伴算符,它们构成本征值问题,这些性质将在 14.3 节娓娓道来.

3. 坐标表象

无限维希尔伯特空间存在两种情况：一是无限可数维，二是无限不可数维. 前者对应于自然数，后者对应于实数. 可将向量的分量视作计数的集合，比如有限 N 维空间向量 $|f\rangle$ 的分量 f_k 被视作有限序数集合 $\{1,2,3,\cdots,N\}$ 的函数，将其改写为 $f(k)$：$f_k \to f(k)$. 无限可数空间向量 $|f\rangle$ 在无穷基 $\{|\boldsymbol{e}_k\rangle\}_{k=1}^{\infty}$ 表示下的分量 $f(k)$，可以视作无限可数的自然数集合 $\{1,2,3,\cdots,\infty\}$ 的函数

$$f:\mathbb{N}\mapsto\mathbb{C}.$$

类似地，无限不可数空间向量 $|f\rangle$ 在连续基 $\{|\boldsymbol{e}_x\rangle\}_{x\in\mathbf{R}}$ 表示下的分量 $f(x)$，被视作连续实数集合的函数

$$f:\mathbb{R}\mapsto\mathbb{C}.$$

向量分量 $f(x)$ 即函数向量 $|f\rangle$ 在连续基表示下的函数.

由于同构定理，以下讨论仅限于 $\mathcal{L}_\rho^2(a,b)$ 空间. 令 $\{|\boldsymbol{e}_x\rangle\}_{x\in\mathbf{R}}$ 为一组连续的坐标基向量，将函数 $f(x)$ 视作向量 $|f\rangle$ 在 $\{|\boldsymbol{e}_x\rangle\}_{x\in\mathbf{R}}$ 上的投影 $\langle\boldsymbol{e}_x|f\rangle$，根据 $\mathcal{L}_\rho^2(a,b)$ 的内积定义，有

$$\begin{aligned}\langle g\mid f\rangle &=\int_a^b g^*(x)f(x)\rho(x)\,\mathrm{d}x=\int_a^b\langle g\mid \boldsymbol{e}_x\rangle\langle \boldsymbol{e}_x\mid f\rangle\rho(x)\,\mathrm{d}x\\ &=\langle g\mid\int_a^b\mid\boldsymbol{e}_x\rangle\rho(x)\langle\boldsymbol{e}_x\mid\mathrm{d}x\mid f\rangle,\end{aligned}$$

它意味着

$$\int_a^b\mid\boldsymbol{e}_x\rangle\rho(x)\langle\boldsymbol{e}_x\mid\mathrm{d}x=1.$$

物理学家习惯忽略掉 $\boldsymbol{e}$，而将连续坐标基向量写作 $|x\rangle$，则完备性关系为

$$\int_a^b\mid x\rangle\rho(x)\langle x\mid\mathrm{d}x=1.$$

将向量 $|f\rangle$ 按 $|x\rangle$ 展开为

$$\mid f\rangle=\int_a^b\mid x\rangle\rho(x)\langle x\mid\mathrm{d}x\mid f\rangle=\int_a^b f(x)\rho(x)\mid x\rangle\mathrm{d}x,$$

$$f(x')=\langle x'\mid f\rangle=\int_a^b f(x)\rho(x)\langle x'\mid x\rangle\mathrm{d}x,$$

其中，$x'\in(a,b)$，可见 $\rho(x)\langle x'|x\rangle=\delta(x-x')$ 即狄拉克 δ 函数. 取权重 $\rho(x)=1$，得到连续基的正交完备关系：

$$\int_a^b\mid x\rangle\langle x\mid\mathrm{d}x=1,\quad\langle x'\mid x\rangle=\delta(x-x').\tag{14.2.6}$$

在量子力学中，希尔伯特空间的态向量用连续基表示称作表象，如果连续基是位置则称作坐标表象；连续基是动量则称作动量表象.

设 $\{|f_n\rangle\}_{n=1}^{\infty}$ 是希尔伯特空间一组正交完备的基向量，其在连续基表示下的函数为 $f_n(x)=\langle x|f_n\rangle$，可将狄拉克 δ 函数用这组函数基展开：

$$\delta(x-x')=\sum_{n=1}^{\infty}c_nf_n(x),$$

展开系数

$$c_n=\int_a^b \delta(x-x')f_n^*(x)\,\mathrm{d}x=f_n^*(x'),$$

由此得到一个重要公式：

$$\delta(x-x')=\sum_{n=1}^{\infty}f_n^*(x')f_n(x).$$

该式也可直接利用完备性公式得到，

$$\delta(x-x')=\langle x' \mid x\rangle=\langle x' \mid \sum_{n=1}^{\infty}\mid f_n\rangle\langle f_n \mid x\rangle=\sum_{n=1}^{\infty}f_n(x')f_n^*(x).$$

例 14.1　由无穷可数正交基$\{\varphi_n(x)=\langle x|\varphi_n\rangle=N_n\mathrm{H}_n(x)\mathrm{e}^{-x^2/2}\quad(n\in\mathbb{N})\}$张成希尔伯特空间，写出位置算符 $\hat{x}$ 的矩阵表示，其中 $\mathrm{H}_n(x)$为厄米多项式，$N_n=(2^n n!\sqrt{\pi})^{-1/2}$为归一化系数，

$$\mathrm{H}_0(x)=1,\quad \mathrm{H}_1(x)=2x,$$
$$\mathrm{H}_2(x)=4x^2-2,\quad \mathrm{H}_3(x)=8x^3-12x,$$
$$\cdots$$

解　算符 $\hat{x}$ 的矩阵元为

$$x_{mn}=\langle\varphi_m\ |\hat{x}\ |\ \varphi_n\rangle=N_mN_n\int_{-\infty}^{\infty}\mathrm{H}_m^*(x)\,x\,\mathrm{H}_n(x)\,\mathrm{e}^{-x^2}\,\mathrm{d}x,$$

逐个代入厄米多项式并计算积分，可得算符 $\hat{x}$ 的矩阵表示

$$\hat{\boldsymbol{x}}=[x_{mn}]=\begin{bmatrix}0 & \sqrt{2}/2 & 0 & 0 & \cdots\\ \sqrt{2}/2 & 0 & 1 & 0 & \cdots\\ 0 & 1 & 0 & \sqrt{6}/2 & \cdots\\ 0 & 0 & \sqrt{6}/2 & 0 & \cdots\\ \cdots & \cdots & \cdots & \cdots & \cdots\end{bmatrix},$$

这是一个无穷维的实对称矩阵，由于 $\hat{x}=\hat{x}^{\dagger}$，是厄米算符.

注记

考虑在区间$[-1,1]$的连续函数序列$\{f_k(x)\}_{k=1}^{\infty}$，

$$f_k(x)=\begin{cases}1 & \left(\dfrac{1}{k}\leqslant x\leqslant 1\right)\\ \dfrac{1}{2}(kx+1) & \left(-\dfrac{1}{k}\leqslant x\leqslant\dfrac{1}{k}\right)\\ -1 & \left(-1\leqslant x\leqslant-\dfrac{1}{k}\right)\end{cases},$$

该序列属于函数内积空间$\mathcal{L}_1^2(-1,1)$，容易验证

$$\|f_k-f_j\|^2=\int_{-1}^{1}|f_k(x)-f_j(x)|^2\,\mathrm{d}x\xrightarrow{j,k\to\infty}0,$$

因此$\{f_k(x)\}_{k=1}^{\infty}$ 是柯西序列. 该序列的极限为

$$f(x)=\lim_{k\to\infty}f_k(x)=\begin{cases}1, & 0<x<1\\ -1, & -1<x<0\end{cases}.$$

函数 $f(x)$ 在 $x=0$ 有断点,不属于函数序列 $\{f_k(x)\}_{k=1}^{\infty}$ 所在的连续函数空间,因此连续函数空间必定是不完备的. $\mathcal{L}_\rho^2(a,b)$ 空间的完备性要求它必须包含有断点的光滑函数.

如果向量空间线性变换的范数是有界的,则称该变换为有界线性变换. 将希尔伯特空间变换到自身的有界线性变换称作有界算符(bounded operator). 不幸的是,大多数微分算符都不是有界算符,例如,一阶导数算符 $\hat{D}=\frac{\mathrm{d}}{\mathrm{d}x}$ 就不是平方可积函数 $\mathcal{L}^2(a,b)$ 空间的有界算符,为此取函数 $f(x)=\sqrt{x-a}$,其范数

$$\|f\|^2=\int_a^b(x-a)\mathrm{d}x=\frac{1}{2}(b-a)^2$$

是有限的,而函数 $\hat{D}f=\frac{1}{2\sqrt{x-a}}$ 的范数为

$$\|\hat{D}f\|^2=\frac{1}{4}\int_a^b\frac{1}{(x-a)}\mathrm{d}x\to\infty,$$

表明导数算符 $\hat{D}$ 不能作用于 $\mathcal{L}^2(a,b)$ 空间的所有函数!

值得庆幸的是,物理学中经常出现的微分算符可以在紧致算符(compact operator)的意义下进行讨论,即算符作用的域(domain)不是全部希尔伯特空间 $\mathcal{L}^2(a,b)$,而是它的某个子流形(submanifold). 比如,导数算符 $\hat{D}$ 可以作用在由基函数

$$\{\mathrm{e}^{2n\pi\mathrm{i}x/L}\}\quad(L=b-a,n\in\mathbb{Z})$$

张成的线性子流形上,这样就触及傅里叶级数的本质: $\mathcal{L}^2(a,b)$ 空间的任意函数可以无限近似地用傅里叶级数展开,有断点的光滑函数也是 $\mathcal{L}^2(a,b)$ 空间完备性的必要元素. 事实上希尔伯特空间的许多非有界算符都具有这样的性质,14.3 节将要介绍的施图姆-刘维尔算符也是一类非有界算符.

习　题

[1] 将狄拉克 δ 函数用勒让德多项式展开,并证明:

(a) $\delta(1-x)=\sum_{l=0}^{\infty}\frac{2l+1}{2}\mathrm{P}_l(x)$; (b) $\delta(1+x)=\sum_{l=0}^{\infty}(-1)^l\frac{2l+1}{2}\mathrm{P}_l(x)$.

[2] 证明球谐函数的加法定理:

$$\mathrm{P}_l(\cos\gamma)=\frac{4\pi}{2l+1}\sum_{m=-l}^{l}\mathrm{Y}_{lm}(\theta_1,\phi_1)\mathrm{Y}_{lm}^*(\theta_2,\phi_2).$$

提示:将球坐标轴的极轴旋转至 $\boldsymbol{r}'$ 方向,由 $\delta(\xi-\xi')=\det J\,\delta(\boldsymbol{r})$ 得

$$\delta(\cos\theta-\cos\theta')\,\delta(\phi-\phi')=\frac{\delta(\cos\gamma)}{2\pi}.$$

将方程两边的 δ 函数分别按勒让德多项式和球谐函数展开.

[3] 由无穷可数正交基 $\{\varphi_n(x)=\langle x|\varphi_n\rangle=N_n\mathrm{H}_n(x)\mathrm{e}^{-x^2/2}\ (n=0,1,2,\cdots)\}$ 张成希尔伯特空间,写出动量算符 $\hat{p}=-\mathrm{i}\hbar\frac{\partial}{\partial x}$ 的矩阵表示.

14.3　施图姆-刘维尔系统

1. 伴随算符

定义希尔伯特空间中作用于任意函数向量$|f\rangle\in\mathcal{H}$的算符$\hat{L}\in\mathcal{L}(\mathcal{H})$，

$$|g\rangle=\hat{L}|f\rangle,$$

如果有一个算符$\hat{L}^\dagger$满足$\langle f|\hat{L}|g\rangle^*=\langle g|\hat{L}^\dagger|f\rangle$，则称其为算符$\hat{L}$的厄米共轭算符，更经常地称作$\hat{L}$的伴随算符.

考虑一般的二阶微分算符$\hat{L}$，

$$\hat{L}u\equiv\left[p_2(x)\frac{\mathrm{d}^2}{\mathrm{d}x^2}+p_1(x)\frac{\mathrm{d}}{\mathrm{d}x}+p_0(x)\right]u,\tag{14.3.1}$$

其伴随算符$\hat{L}^\dagger$是什么呢？为此，将两边乘以$v(x)$得

$$\begin{aligned}v\hat{L}u&=vp_2(x)u''+vp_1(x)u'+vp_0(x)u\\&=(p_2vu'+p_1vu)'-(p_2v)'u'-(p_1v)'u+p_0uv\\&=[p_2vu'-(p_2v)'u+p_1vu]'+u[(p_2v)''-(p_1v)'+p_0v]\\&=u\hat{M}v+[p_2vu'-(p_2v)'u+p_1vu]',\end{aligned}$$

其中，算符

$$\hat{M}=p_2\frac{\mathrm{d}^2}{\mathrm{d}x^2}+[2p'_2-p_1]\frac{\mathrm{d}}{\mathrm{d}x}+[p''_2-p'_1+p_0],\tag{14.3.2}$$

所以

$$v\hat{L}u-u\hat{M}v=\frac{\mathrm{d}}{\mathrm{d}x}[p_2(vu'-v'u)+(p_1-p'_2)uv].$$

对其在区间$[a,b]$进行积分可得

$$\int_a^b\{v\hat{L}u-u\hat{M}v\}\,\mathrm{d}x=[p_2(vu'-v'u)+(p_1-p'_2)uv]_{x=a}^{x=b},\tag{14.3.3}$$

式(14.3.3)称为拉格朗日恒等式，它可以视作另一种形式的格林公式.

将函数用抽象向量$|u\rangle$，$|v\rangle$表示，$\hat{L}$和$\hat{M}$为定义内积$\langle u|v\rangle=\int_a^b u^*(x)v(x)\mathrm{d}x$的希尔伯特空间算符，拉格朗日恒等式为

$$\langle v|\hat{L}|u\rangle-\langle u|\hat{M}|v\rangle=[p_2vu'-(p_2v)'u+p_1vu]_{x=a}^{x=b}.\tag{14.3.4}$$

令方程右边等于零

$$[p_2(vu'-v'u)+(p_1-p'_2)uv]|_a^b=0,$$

则有

$$\langle v|\hat{L}|u\rangle=\langle u|\hat{M}|v\rangle,$$

所以对于实内积空间，$\hat{M}$是$\hat{L}$的伴随算符：$\hat{M}\equiv\hat{L}^\dagger$，称$\hat{L}^\dagger v=0$为方程$\hat{L}u=0$的伴随方程. 容易验证，该结论对于复内积空间也成立.

一个算符的伴随算符与该算符的形式有关，伴随算符的边界条件也与原算符的边界条

件有关.

例 14.2 求微分算符 $\hat{L}$ 的伴随算符和伴随边界条件:

$$\begin{cases}\hat{L}u = x^2u'' + u' + 2u \\ u(1)=0, \quad u'(2)+u(2)=0\end{cases}.$$

解 对下式作分部积分:

$$\begin{aligned}\langle v \mid \hat{L} \mid u\rangle &= \int_1^2 v\left[x^2u'' + u' + 2u\right]\mathrm{d}x \\ &= \left[x^2vu' - (x^2v)'u + vu\right]_{x=1}^{x=2} + \int_1^2 u\left[(x^2v)'' - v' + 2v\right]\mathrm{d}x.\end{aligned}$$

针对右边的积分表达式,定义

$$\hat{L}^{\dagger}v = (x^2v)'' - v' + 2v = x^2v'' + (4x-1)v' + 4v,$$

取

$$P(x) = x^2vu' - (x^2v)'u + vu = x^2(vu' - v'u) + (-2x+1)vu,$$

令边界值 $P(1)=P(2)=0$,根据$\langle v|\hat{L}|u\rangle = \langle u|\hat{L}^{\dagger}|v\rangle$,得 $\hat{L}$ 的伴随算符为

$$\hat{L}^{\dagger} = x^2\frac{\mathrm{d}^2}{\mathrm{d}x^2} + (4x-1)\frac{\mathrm{d}}{\mathrm{d}x} + 4.$$

由于

$$\begin{aligned}P(2) &= 4v(2)u'(2) - 4v'(2)u(2) - 3v(2)u(2) \\ &= -\left[7v(2) + 4v'(2)\right]u(2) = 0,\end{aligned}$$

所以伴随算符 $\hat{L}^{\dagger}$ 在 $x=2$ 端的边界条件为

$$P(2)=0 \rightarrow 7v(2) + 4v'(2) = 0.$$

同理,在 $x=1$ 端的边界条件为

$$P(1)=0 \rightarrow v(1)=0.$$

可见伴随算符 $\hat{L}^{\dagger}$ 与算符 $\hat{L}$ 满足不同的边界条件.

2. 自伴算符

如果算符的伴随算符就是其自身,$\hat{L}=\hat{L}^{\dagger}$,则称为厄米算符或自伴算符.在例 14.2 中算符 $\hat{L}\neq\hat{L}^{\dagger}$,所以它不是自伴算符.下面探讨二阶自伴微分算符可能具有的一般形式.

比较算符 $\hat{L}^{\dagger}$ 和 $\hat{L}$ 的表达式式(14.3.1)和式(14.3.2),可以得出如下结论:当且仅当 $p_1(x)=p_2'(x)$时,二阶线性微分算符为自伴算符.重新表述为

$$\hat{L}^{\dagger} = \hat{L} \equiv -\frac{\mathrm{d}}{\mathrm{d}x}\left[p(x)\frac{\mathrm{d}}{\mathrm{d}x}\right] + q(x), \tag{14.3.5}$$

这种形式的微分算符称作施图姆-刘维尔算符.值得强调的是,与有限维向量空间的抽象算符不同,微分算符与边界条件密切相关,也许这是厄米算符与自伴算符两个专业术语的区别所在.施图姆-刘维尔算符作为自伴算符,必须要满足边界条件:

$$p(x)\left[v(x)u'(x) - v'(x)u(x)\right]\Big|_a^b = 0. \tag{14.3.6}$$

对于一般的二阶齐次微分方程

$$p_2(x)y'' + p_1(x)y' + p_0(x)y = 0,$$

将方程两边乘以

$$\rho(x)=\frac{1}{p_2(x)}\exp\int^x\frac{p_1(t)}{p_2(t)}\mathrm{d}t$$

便可化为施图姆-刘维尔型方程，其中，

$$p(x)=p_2(x)\rho(x),\quad q(x)=-p_0(x)\rho(x).$$

由此可见，权重函数 $\rho(x)$ 的出现是由于我们希望微分算符具有自伴形式. 接下来将证明，带权重的内积定义使得不同本征值的本征函数互相正交.

下列形式的勒让德方程不是施图姆-刘维尔型，

$$y''-\frac{2x}{1-x^2}y'+\frac{\lambda}{1-x^2}y=0,$$

但两边同时乘以 $1-x^2$ 后就化为施图姆-刘维尔型方程：

$$(1-x^2)y''-2xy+\lambda y=0$$

$$\to\frac{\mathrm{d}}{\mathrm{d}x}\left[(1-x^2)\frac{\mathrm{d}}{\mathrm{d}x}y\right]+\lambda y=0$$

例 14.3　将方程化为施图姆-刘维尔型：

$$x^3y''-xy'+2y=0.$$

解　方程两边乘以

$$\rho(x)=\frac{1}{x^3}\mathrm{e}^{\int-\frac{x}{x^3}\mathrm{d}x}=\frac{1}{x^3}\mathrm{e}^{\frac{1}{x}}$$

$$\to\mathrm{e}^{1/x}y''-\frac{\mathrm{e}^{1/x}}{x^2}y'+\frac{2\mathrm{e}^{1/x}}{x^3}y=0,$$

施图姆-刘维尔型方程为

$$\frac{\mathrm{d}}{\mathrm{d}x}\left[\mathrm{e}^{1/x}\frac{\mathrm{d}}{\mathrm{d}x}y\right]+\frac{2\mathrm{e}^{1/x}}{x^3}y=0,$$

它相当于将含导数的项合并为完全导数项.

3. 施图姆-刘维尔本征方程

定义在区间 $x\in[a,b]$的形如

$$\hat{L}y\equiv-\frac{\mathrm{d}}{\mathrm{d}x}\left[p(x)\frac{\mathrm{d}y}{\mathrm{d}x}\right]+q(x)y=\lambda\rho(x)y\tag{14.3.7}$$

的二阶常微分方程，称作施图姆-刘维尔本征方程，常数 λ 称作本征值. 由于权重函数 $\rho(x)>0$，令

$$u(x)\mapsto\sqrt{\rho(x)}\,y(x),\quad\hat{L}\mapsto[\rho(x)]^{-1/2}\hat{L}[\rho(x)]^{-1/2},$$

可将式(14.3.7)化为线性代数中标准的本征方程

$$\hat{L}u=\lambda u.\tag{14.3.8}$$

假设 y_1、y_2 为算符施图姆-刘维尔算符 $\hat{L}$ 的本征函数，相应的本征值为 λ_1、λ_2，有

$$\hat{L}y_i=\lambda_i\rho(x)y_i\quad(i=1,2),$$

于是

$$y_1\hat{L}y_2 - y_2\hat{L}y_1 = (\lambda_1-\lambda_2)\rho y_1 y_2.$$

由拉格朗日恒等式得

$$(\lambda_1-\lambda_2)\int_a^b \rho(x)y_1(x)y_2(x)\mathrm{d}x = p(x)[y_1(x)y'_2(x)-y'_1(x)y_2(x)]\big|_{x=a}^{x=b}.$$

注意到施图姆-刘维尔算符成为自伴算符的前提是上式右边为零,

$$p(x)[y_1(x)y'_2(x)-y'_1(x)y_2(x)]_{x=a}^{x=b}=0, \tag{14.3.9}$$

因此对于不同本征值 $\lambda_1\neq\lambda_2$,其对应的本征函数是(加权)正交的,或者说它们的内积为零,

$$\int_a^b \rho(x)y_1(x)y_2(x)\mathrm{d}x = 0. \tag{14.3.10}$$

可以有三种不同方式实现式(14.3.9)的条件.

(1) 如果端点满足第一类齐次边界条件(狄利克雷边界条件),或第二类齐次边界条件(诺伊曼边界条件),这显然是可以实现的.

(2) 如果端点满足第三类齐次边界条件(柯西边界条件),比如,在 $x=a$ 端满足

$$(\alpha y_1+\beta y'_1)\big|_{x=a} = (\alpha y_2+\beta y'_2)\big|_{x=a}=0,$$

则 $(y_1y'_2-y'_1y_2)\big|_{x=a}=0$,因此也是可以实现的.

(3) 虽然不满足齐次边界条件,但是如果在端点 $p(x)$ 为零,比如 $p(a)=0$,同样可以达到此目的,这就是第13章提及的所谓自然边界条件.

施图姆-刘维尔型方程附加以第一/第二/第三类齐次边界条件或者自然边界条件,就构成施图姆-刘维尔本征值问题.那么端点满足齐次边界条件和满足自然边界条件有什么区别呢?由于二阶常微分方程原则上都有两个线性无关解,不同的边界条件将导致不同的本征值决定方案.

(1) 两个端点均有齐次边界条件.

两个解必将组合成唯一的本征函数,且本征值是离散的.在第11章中用分离变量法求解振动方程就是这种情形.

(2) 两个端点均有自然边界条件.

端点均为 $p(x)$ 的一阶零点,且最多是 $q(x)$ 的二阶极点,则由施图姆-刘维尔方程可知,两个端点必为方程的正规奇点,这时常微分方程的两个线性无关级数解在端点都会出现发散.为了得到物理上有意义的有限解,只能将其中一个解截断为多项式,为此 λ 只能取一些离散的本征值.而另外一个解在端点仍然存在发散,因此物理上有意义的本征函数只有一个.在第13章中处理的勒让德方程就是这种情形,量子力学中许多薛定谔方程的求解也是如此.

(3) 两个端点分别有齐次边界条件和自然边界条件.

常微分方程的两个线性无关级数解中,有一个在区域内是收敛的,另一个在自然边界端即 $p(x)$ 的零点是发散的,因此物理上有意义的本征解仍然只有一个,相应的本征值需由齐次边界条件决定.第15章将要介绍的贝塞尔方程就属于这种情况.

注记

我们曾将自然边界条件归因于微分方程所描述系统的物理量是有限的,从而限制本征值只能取一系列不连续值,其实这只是一种表观的说法.本征问题的实质在于微分方程具有奇异性,方程的解在奇异点通常也具有奇异性.为了获得没有奇异性的有限解,需要对方程的奇异类型进行分析.富克斯研究了系数为有理函数的二阶微分方程,发现如果系数函数含

有正规奇点时，方程至少有一个解可以表示成弗罗贝尼乌斯级数形式.如果正规奇点是系统的边界点，则只有当本征值取特定的离散值时方程的解才能消除奇异性，因此自然边界条件也称作奇异边界条件(singular boundary conditions).此时微分方程的另一个解仍然具有奇异性，所以对于每一个本征值，方程只有一个有限的本征函数.

如果方程含有非正规奇点，那么除了某些特殊情形，方程在任何条件下都没有有限解，也不能表示为弗罗贝尼乌斯级数形式.除非施加齐次边界条件将奇点排除在系统之外，通常非正规奇点不能作为边界构成本征值问题.

习 题

[1] 求微分算符 $\hat{L}$ 的伴随算符和伴随边界条件：

(a) $\begin{cases}\hat{L}u=u''+x^2u'+\dfrac{2}{x}u\\ u(a)=0,\quad u'(b)=0\end{cases}$； (b) $\begin{cases}\hat{L}u=xu''+u'+u\\ u(1)=0,\quad u(2)+u'(2)=0\end{cases}$.

答案：

(a) $\hat{L}^+=\dfrac{\mathrm{d}^2}{\mathrm{d}x^2}+x^2\dfrac{\mathrm{d}}{\mathrm{d}x}+2x+\dfrac{2}{x}$； $v(a)=0$， $b^2v(b)-v'(b)=0$.

(b) $L^+=x\dfrac{\mathrm{d}^2}{\mathrm{d}x^2}+\dfrac{\mathrm{d}}{\mathrm{d}x}+1$； $v(1)=0$， $v(2)+v'(2)=0$.

[2] 将下述方程化为施图姆-刘维尔型：

(a) $x^2y''+xy'+y=0$； (b) $y''-2xy'+2\alpha y=0$；

(c) $xy''+2y'+(x+\lambda)y=0$； (d) $y''+\cot x y+\lambda y=0$.

答案：

(a) $(xy')'+\dfrac{1}{x}y=0$； (b) $(\mathrm{e}^{-x^2}y')'+2\alpha\mathrm{e}^{-x^2}y=0$；

(c) $(x^2y')'+(x^2+\lambda x)y=0$； (d) $(\sin x y')'+\lambda\sin x y=0$.

[3] 将下列方程化为施图姆-刘维尔型：

(a) $x(x-1)y''+[(1+\alpha+\beta)x-\gamma]y'+\alpha\beta y=0$；

(b) $xy''+(\gamma-x)y'+\alpha y=0$.

答案：

(a) $\dfrac{\mathrm{d}}{\mathrm{d}x}\left[x^\gamma(x-1)^{1+\alpha+\beta-\gamma}\dfrac{\mathrm{d}y}{\mathrm{d}x}\right]+\alpha\beta x^{\gamma-1}(x-1)^{\alpha+\beta-\gamma}y=0$；

(b) $\dfrac{\mathrm{d}}{\mathrm{d}x}\left(x^\gamma\mathrm{e}^{-x}\dfrac{\mathrm{d}y}{\mathrm{d}x}\right)+\alpha x^{\gamma-1}\mathrm{e}^{-x}y=0$.

[4] 对于施图姆-刘维尔型方程

$$-\frac{\mathrm{d}}{\mathrm{d}x}\left[p(x)\frac{\mathrm{d}y}{\mathrm{d}x}\right]+q(x)y-\lambda\rho(x)y=0,$$

其中，$\rho(x)>0$，如果 $x=a$ 是 $p(x)$的一阶零点及 $q(x)$的不高于一阶极点，证明它是方程的正规奇点.

14.4 本征值理论

1. 基本性质

对于施图姆-刘维尔算符的本征值方程,假设它的系数 $p(x)$,$q(x)$和$\rho(x)$都是正定的,且 $p(x)$具有连续导数,如果方程满足三类齐次边界条件之一,或者满足自然边界条件,则有如下基本性质.

(1) 本征值离散性.

如果 $p(x)$,$p'(x)$,$q(x)$连续,则存在无限多离散的实本征值,$\lambda_1 \leqslant \lambda_2 \leqslant \lambda_3 \leqslant \cdots$,相应地有无限多个本征函数 $y_1(x)$,$y_2(x)$,$y_3(x)$,…

下面仅证明本征值为实数,设有本征值λ_n 及其相应的本征函数 $y_n(x)$,则

$$\hat{L}y_n = \lambda_n y_n \rightarrow \langle y_n \hat{L} y_n \rangle = \lambda_n \langle y_n \mid y_n \rangle,$$

由于 $\hat{L}$ 是自伴算符,且范数$\| y_n \| = \langle y_n | y_n \rangle \neq 0$,所以

$$\langle y_n \hat{L} y_n \rangle = \langle y_n \hat{L} y_n \rangle^* = \lambda_n^* \langle y_n \mid y_n \rangle,$$

于是必有 $\lambda_n^* = \lambda_n$,即本征值为实数.

(2) 本征值正定性.

根据本征方程

$$-\frac{\mathrm{d}}{\mathrm{d}x}\left[p(x)\frac{\mathrm{d}y_n}{\mathrm{d}x}\right] + q(x)y_n = \lambda_n \rho(x) y_n,$$

两边同时乘以 $y_n^*(x)$并积分,

$$\begin{aligned}
\lambda_n \int_a^b \rho(x) \mid y_n \mid^2 \mathrm{d}x &= -\int_a^b y_n^*(x) \frac{\mathrm{d}}{\mathrm{d}x}\left[p(x)\frac{\mathrm{d}y_n}{\mathrm{d}x}\right]\mathrm{d}x + \int_a^b q(x) \mid y_n \mid^2 \mathrm{d}x \\
&= -\left[p(x) y_n^*(x) \frac{\mathrm{d}y_n}{\mathrm{d}x}\right]_a^b + \int_a^b p(x) \left|\frac{\mathrm{d}y_n}{\mathrm{d}x}\right|^2 \mathrm{d}x + \int_a^b q(x) \mid y_n \mid^2 \mathrm{d}x \\
&= \int_a^b p(x) \left|\frac{\mathrm{d}y_n}{\mathrm{d}x}\right|^2 \mathrm{d}x + \int_a^b q(x) \mid y_n \mid^2 \mathrm{d}x.
\end{aligned}$$

由于齐次边界条件或者自然边界条件,上式第二行中已积分出来的项为零;又由于 $p(x)$,$q(x)$,$\rho(x) \geqslant 0$,剩下的积分项都是正定的,于是必有 $\lambda_n \geqslant 0$.

(3) 本征函数正交性.

相应于不同本征值 λ_m 和 λ_n 的本征函数 $y_m(x)$和 $y_n(x)$在区间$[a,b]$上带权重$\rho(x)$正交,即

$$\langle y_m \mid y_n \rangle \equiv \int_a^b y_n(x) y_m^*(x) \rho(x) \mathrm{d}x = 0 \quad (m \neq n).$$

事实上,本征函数的正交性由施图姆-刘维尔方程的自伴性条件预先得到了保证.

(4) 非简并本征值.

采用反证法证明本征值是非简并的.假设对应于本征值 λ_n 有两个本征函数 $y_1(x)$,$y_2(x)$,即

$$-\frac{\mathrm{d}}{\mathrm{d}x}\left[p(x)\frac{\mathrm{d}y_1}{\mathrm{d}x}\right]+q(x)y_1=\lambda_n\rho(x)y_1,$$

$$-\frac{\mathrm{d}}{\mathrm{d}x}\left[p(x)\frac{\mathrm{d}y_2}{\mathrm{d}x}\right]+q(x)y_2=\lambda_n\rho(x)y_2,$$

将第一行乘以 $y_2(x)$，第二行乘以 $y_1(x)$，然后两式相减，

$$y_2\frac{\mathrm{d}}{\mathrm{d}x}\left[p(x)\frac{\mathrm{d}y_1}{\mathrm{d}x}\right]-y_1\frac{\mathrm{d}}{\mathrm{d}x}\left[p(x)\frac{\mathrm{d}y_2}{\mathrm{d}x}\right]=0$$

$$\rightarrow p(x)(y_2y_1'-y_1y_2')'+p'(x)(y_2y_1'-y_1y_2')=0,$$

积分后得

$$p(x)(y_2y_1'-y_1y_2')=C,$$

由齐次边界条件或自然边界条件可知，$C=0$. 又由于在 $x\in(a,b)$ 内 $p(x)\neq 0$，所以

$$W[y_1(x),y_2(x)]=y_2y_1'-y_1y_2'\equiv 0,$$

即 $y_1(x)$，$y_2(x)$ 必然线性相关.

(5) 本征函数振荡性.

一般地，如果 $y_1(x)$ 和 $y_2(x)$ 是二阶常微分方程的两个线性无关解，则它们的零点各不相同且交替出现，即 $y_1(x)$ 在 $y_2(x)$ 的两个相邻零点之间必有一个零点，反之亦然，该命题称作施图姆分离定理(Sturm separation theorem).

证明如下：由于 $y_1(x)$ 和 $y_2(x)$ 线性无关，其朗斯基行列式 $W[y_1(x),y_2(x)]\neq 0$，又由于 $y_1(x)$ 和 $y_2(x)$ 是连续函数，即 $W[y_1(x),y_2(x)]$ 不变号，所以 $y_1(x)$ 和 $y_2(x)$ 不会有共同零点. 再假定 x_1 和 x_2 是 $y_2(x)$ 的相邻零点，则 $y_2'(x_1)$ 与 $y_2'(x_2)$ 必定异号，且在两个零点处有

$$W[y_1(x_k),y_2(x_k)]=y_1(x_k)y_2'(x_k)\quad(k=1,2).$$

即 $y_1(x_k)$ 和 $y_2'(x_k)$ 均不为零，故而 $y_1(x_1)$ 与 $y_1(x_2)$ 必定异号，可知在 $[x_1,x_2]$ 区间内 $y_1(x)$ 必有零点. 进一步还可推断 $y_1(x)$ 只能有一个零点，因为如果有多个零点，便可反推证明其相邻两个零点之间必有 $y_2(x)$ 的零点，从而与题设矛盾.

(6) 本征函数完备性.

所有本征函数的集合构成希尔伯特空间的完备基.

2. 广义傅里叶级数

由于施图姆-刘维尔型方程的本征函数具有带权重的正交性以及完备性，如果函数 $f(x)$ 具有连续的一阶导数和分段连续的二阶导数，且满足本征函数族所满足的边界条件，就可以用这些本征函数 $y_1(x)$，$y_2(x)$，$y_3(x)$，…的线性叠加表示，称作广义傅里叶级数展开：

$$f(x)=\sum_{n=1}^{\infty}f_ny_n(x),\tag{14.4.1}$$

本征函数族称作级数展开的基，展开系数为

$$f_n=\frac{1}{N^2}\int_a^b f(\xi)y_n^*(\xi)\rho(\xi)\mathrm{d}\xi,\tag{14.4.2}$$

其中，归一化模为 $N_n^2=\int_a^b|y_n(\xi)|^2\rho(\xi)\mathrm{d}\xi$. 常常取 $N_n^2=1$，相应的本征函数称作正交归

一化的本征函数：

$$\int_a^b y_n(x)y_m^*(x)\rho(x)\,\mathrm{d}x=\delta_{mn}.$$

3．几种本征值问题

(1) 振动方程本征值问题.

$$p(x)=1,\quad q(x)=0,\quad \rho(x)=1,$$

$$\frac{\mathrm{d}^2}{\mathrm{d}x^2}y+\lambda y=0.$$

方程在端点 $x=a$ 和 $x=b$ 须同时满足三类齐次边界条件之一.

(2) 勒让德方程本征值问题.

$$p(x)=1-x^2,\quad q(x)=0,\quad \rho(x)=1,$$

$$\frac{\mathrm{d}}{\mathrm{d}x}\left[(1-x^2)\frac{\mathrm{d}y}{\mathrm{d}x}\right]+\lambda y=0.$$

方程在两个端点,即 $p(x)$ 的两个零点 $x=\pm 1$ 处,均存在自然边界条件.

(3) 连带勒让德方程本征值问题.

$$p(x)=1-x^2,\quad q(x)=\frac{m^2}{1-x^2},\quad \rho(x)=1,$$

$$\frac{\mathrm{d}}{\mathrm{d}x}\left[(1-x^2)\frac{\mathrm{d}y}{\mathrm{d}x}\right]+\left(\lambda-\frac{m^2}{1-x^2}\right)y=0.$$

方程也在两个端点 $x=\pm 1$ 存在自然边界条件.

(4) 贝塞尔方程本征值问题.

$$p(x)=x,\quad q(x)=\frac{m^2}{x},\quad \rho(x)=x,$$

$$\frac{\mathrm{d}}{\mathrm{d}x}\left[x\frac{\mathrm{d}y}{\mathrm{d}x}\right]+\left(\lambda x-\frac{m^2}{x}\right)y=0.$$

方程在 $p(x)$ 的零点 $x=0$ 存在自然边界条件,在端点 $x=x_0$ 需给定齐次边界条件.

说明 贝塞尔方程在 $x=\infty$ 为非正规奇点,如果没有齐次边界条件限制,将不能构成本征值问题.

(5) 厄米方程本征值问题.

$$p(x)=\mathrm{e}^{-x^2},\quad q(x)=0,\quad \rho(x)=\mathrm{e}^{-x^2},$$

$$\frac{\mathrm{d}}{\mathrm{d}x}\left[\mathrm{e}^{-x^2}\frac{\mathrm{d}y}{\mathrm{d}x}\right]+\lambda\mathrm{e}^{-x^2}y=0,$$

$$\rightarrow y''-2xy'+\lambda y=0.$$

方程在 $p(x)$ 的两个零点 $x=\pm\infty$ 均存在自然边界条件.该方程与量子力学的谐振子运动有关.

(6) 拉盖尔方程本征值问题.

$$p(x)=x\mathrm{e}^{-x},\quad q(x)=0,\quad \rho(x)=\mathrm{e}^{-x},$$

$$\frac{\mathrm{d}}{\mathrm{d}x}\left[x\mathrm{e}^{-x}\frac{\mathrm{d}y}{\mathrm{d}x}\right]+\lambda\mathrm{e}^{-x}y=0,$$

$$\rightarrow xy''+(1-x)y'+\lambda y=0.$$

方程在 $p(x)$ 的两个零点 $x=0$ 和 $x=\infty$，均存在自然边界条件. 该方程与量子力学的氢原子中电子运动及磁场中电子运动有关.

第 13 章已经介绍了施图姆-刘维尔型方程本征值问题的一个例子，即勒让德方程. 第 15 章还将介绍另外几种施图姆-刘维尔型方程的本征值问题，以及它们在物理学中的应用.

注记

在经典力学中，质点的状态由位置和动量（速度）(q,p) 完整地描述，这样一对物理量称作正则共轭量，它满足哈密顿运动方程：

$$\dot{q}_j=\frac{\partial H}{\partial p_j},\quad \dot{p}_j=-\frac{\partial H}{\partial q_j},$$

其中，$j=1,2,\cdots,n$ 代表 n 维空间独立坐标. 对于 N 质点系统，由独立变量 (q,p) 张开一个 $2nN$ 维的相空间，相空间中的一点代表质点系的一个完整状态，质点系的时间演化即相空间里的一条轨迹. 对于孤立系统，这条轨迹被约束在相空间中的等能面上，$H(q,p)\equiv E$.

量子力学的情况有所不同，位置不适于描述微观粒子的状态. 我们设想仍然存在一个状态量 $|\psi\rangle$，它完备地描述粒子的全部物理性质，那么需要解决下面几个问题：

(1) 状态量 $|\psi\rangle$ 处于什么样的空间中？

(2) 状态量 $|\psi\rangle$ 具有什么基本特性？

(3) 状态量 $|\psi\rangle$ 在该空间中随时间如何演化？

相对于经典力学的相空间，量子系统所有可能的状态集合构成一个完备的复内积空间，冯·诺依曼称之为希尔伯特空间. 状态量 $|\psi\rangle$ 是希尔伯特空间中的一个向量，它满足线性叠加原理，并且保持归一化条件：

$$\langle\psi\mid\psi\rangle\equiv 1,$$

它可以类比为经典粒子在相空间的等能面上运动. 所有力学量都被视作对量子态进行线性变换操作的算符，该操作不许导致状态量脱离原来的希尔伯特空间，为此要求所有力学量都是自伴算符.

为了得到状态量 $|\psi(t)\rangle$ 随时间演化的动力学方程，引入演化算符 $\hat{U}(t,t_0)$，有

$$|\psi(t)\rangle=\hat{U}(t,t_0)\mid\psi(t_0)\rangle,$$

其中，$|\psi(t_0)\rangle$ 是 t_0 时刻的状态量. 由于 $\langle\psi(t)|\psi(t)\rangle=\langle\psi(t_0)|\psi(t_0)\rangle=1$，可知

$$\hat{U}^{\dagger}(t,t_0)\hat{U}(t,t_0)=1,$$

即 $\hat{U}(t,t_0)$ 必须是幺正算符，可表示为 $\hat{U}(t,t_0)=\mathrm{e}^{\mathrm{i}\hat{\Lambda}(t,t_0)}$，其中 $\hat{\Lambda}=\hat{\Lambda}^{\dagger}$ 为厄米算符. 现在考虑一个具有时间平移不变的系统，状态量 $|\psi(t)\rangle$ 应该具有什么形式呢？如果系统处于能量本征态，由于形式上什么都没有改变，则极有可能的情形是

$$|\psi(t)\rangle\sim\mathrm{e}^{-\mathrm{i}\alpha(t-t_0)}\mid\psi(t_0)\rangle,$$

其中，α 是常数. 经典力学中具有时间平移不变的系统必定能量守恒，所以常数 α 应该与系统的能量 E 有关. 考虑到状态向量的线性叠加原理——不同状态可能具有不同的能量——常数 α 实际上与系统的哈密顿量 $\hat{H}$ 有关，可以合理地猜测状态演化的一般公式为

$$|\psi(t)\rangle=\mathrm{e}^{-\mathrm{i}\hat{H}(t-t_0)/\hbar}\mid\psi(t_0)\rangle.$$

普朗克常量 $\hbar$ 的出现是出于消除指数量纲的需要，这个常量出现得多么及时！没有这个常

量,时间平移的态演化幺正性假设就不能成立.如果哈密顿量含时,则一般的态演化方程应为

$$|\psi(t)\rangle=\mathrm{e}^{-\frac{\mathrm{i}}{\hbar}\int_{t_0}^{t}\hat{H}(t')\mathrm{d}t'}|\psi(t_0)\rangle.$$

如果上述猜测是正确的,那么很容易得到状态$|\psi(t)\rangle$满足的动力学方程为

$$\mathrm{i}\hbar\frac{\mathrm{d}}{\mathrm{d}t}|\psi(t)\rangle=\hat{H}|\psi(t)\rangle,$$

这就是希尔伯特空间的薛定谔方程.至此,尚不知道哈密顿量$\hat{H}$以及其他力学量算符具有何种形式.值得注意的是,该演化方程是普适的,与哈密顿量的具体形式无关.它既适用于中心力场这类有经典对应的力学系统,也适用于自旋这类没有经典对应的纯量子系统,尤其是,它对于非相对论情形和相对论情形都同样适用!由于量子态对时间只取一阶导数,意味着相对论的能量-动量关系应该线性化,从后来狄拉克的相对论量子理论看,确实是这样的.

为了得到某个具体表示下的演化方程,假设$\{|\psi_k\rangle\}_{k=1}^{N}$是希尔伯特空间中一组可数的正交完备基,有

$$\langle\psi_i|\psi_j\rangle=\delta_{ij},\quad\sum_{k=1}^{N}|\psi_k\rangle\langle\psi_k|=1,$$

状态向量$|\psi(t)\rangle$可以表示为这组完备基的线性叠加,

$$|\psi(t)\rangle=\sum_{k=1}^{N}c_k(t)|\psi_k\rangle,$$

哈密顿算符的矩阵表示为

$$[H]_{ij}\overset{\text{def}}{=}\langle\psi_i|\hat{H}|\psi_j\rangle\equiv h_{ij},$$

态演化方程可写成

$$\mathrm{i}\hbar\frac{\mathrm{d}}{\mathrm{d}t}\sum_{i=1}^{N}c_i(t)|\psi_i\rangle=\hat{H}\sum_{i=1}^{N}c_i(t)|\psi_i\rangle=\sum_{i=1}^{N}c_i(t)\sum_{k=1}^{N}|\psi_k\rangle\langle\psi_k|\hat{H}|\psi_i\rangle,$$

所以系数的演化由下列矩阵方程描述:

$$\mathrm{i}\hbar\frac{\mathrm{d}}{\mathrm{d}t}c_j(t)=\sum_{i=1}^{N}h_{ji}c_i(t).$$

下面讨论表象及表象变换理论.以一维为例,位置算符$\hat{x}$的本征方程为

$$\hat{x}|x\rangle=x|x\rangle.$$

其本征值就是粒子的位置x,$|x\rangle$是相应的本征向量,$\{|x\rangle\}_{-\infty}^{\infty}$构成希尔伯特空间的正交完备集.由于位置坐标是连续的,所以

$$\langle x'|x\rangle=\delta(x-x'),\quad\int_{-\infty}^{\infty}|x\rangle\langle x|\mathrm{d}x=1,$$

由位置基向量表示的空间称作坐标表象.坐标表象下的量子态表示为

$$|\psi(t)\rangle=\int_{-\infty}^{\infty}|x\rangle\langle x|\psi(t)\rangle\mathrm{d}x=\int_{-\infty}^{\infty}\psi(x,t)|x\rangle\mathrm{d}x,$$

投影$\psi(x,t)$就是通常的波函数.由归一化条件$\langle\psi(t)|\psi(t)\rangle=1$可知,

$$\int_{-\infty}^{\infty}\langle\psi(t)|x\rangle\langle x|\psi(t)\rangle\mathrm{d}x=\int_{-\infty}^{\infty}|\psi(x,t)|^2\mathrm{d}x=1,$$

哥本哈根学派将$|\psi(x,t)|^2$解释为粒子在位置x出现的概率密度.

如果还存在另一个具有连续谱的算符 $\hat{p}$,其本征向量为$|p\rangle$,

$$\hat{p}\mid p\rangle=p\mid p\rangle,$$

则基向量$\{|p\rangle\}_{-\infty}^{\infty}$也构成正交完备集,即

$$\langle p'\mid p\rangle=\delta(p-p'),\quad \int_{-\infty}^{\infty}\mid p\rangle\langle p\mid \mathrm{d}p=1.$$

根据 δ 函数的性质,

$$\langle x'\mid x\rangle=\int_{-\infty}^{\infty}\langle x'\mid p\rangle\langle p\mid x\rangle\mathrm{d}p=\delta(x-x')=\frac{1}{2\pi}\int_{-\infty}^{\infty}\mathrm{e}^{-\mathrm{i}p(x-x')}\mathrm{d}p,$$

$$\langle p'\mid p\rangle=\int_{-\infty}^{\infty}\langle p'\mid x\rangle\langle x\mid p\rangle\mathrm{d}x=\delta(p-p')=\frac{1}{2\pi}\int_{-\infty}^{\infty}\mathrm{e}^{\mathrm{i}(p-p')x}\mathrm{d}x,$$

必有

$$\langle p\mid x\rangle=\frac{1}{\sqrt{2\pi}}\mathrm{e}^{-\mathrm{i}px},\quad \langle x\mid p\rangle=\frac{1}{\sqrt{2\pi}}\mathrm{e}^{\mathrm{i}px}.$$

如果将 p 视作动量,由于 px 具有作用量的量纲[J·s],普朗克常量$\hbar$再一次及时出现,指数相因子应该除去$\hbar$,即

$$\delta(x-x')=\frac{1}{2\pi\hbar}\int_{-\infty}^{\infty}\mathrm{e}^{-\mathrm{i}p(x-x')/\hbar}\mathrm{d}p,$$

$$\langle p\mid x\rangle=\frac{1}{\sqrt{2\pi\hbar}}\mathrm{e}^{-\mathrm{i}px/\hbar}.$$

内积$\langle p|x\rangle$给出两组基向量$\{|x\rangle\}_{-\infty}^{\infty}$和$\{|p\rangle\}_{-\infty}^{\infty}$之间的变换关系,称作表象变换,它是动量本征向量$|p\rangle$在位置表象的投影,或者等价地视作位置本征向量$|x\rangle$在动量表象的投影,它们构成一个幺正矩阵. 上述推导表明,如果没有普朗克常量$\hbar$,就不会有连续的动量谱,自然也不会有表象变换. 表象变换矩阵元具有等价互易的复指数形式,意义匪浅,比如动量表象的波函数为

$$\begin{aligned}\varphi(p,t)&\stackrel{\mathrm{def}}{=}\langle p\mid\psi(t)\rangle=\int_{-\infty}^{\infty}\langle p\mid x\rangle\langle x\mid\psi(t)\rangle\mathrm{d}x\\&=\frac{1}{\sqrt{2\pi\hbar}}\int_{-\infty}^{\infty}\psi(x,t)\,\mathrm{e}^{-\mathrm{i}px/\hbar}\mathrm{d}x\equiv\mathfrak{F}[\psi(x,t)],\end{aligned}$$

它与坐标表象的波函数 $\psi(x,t)$之间恰好构成傅里叶变换的一对映像. 根据傅里叶变换的标度性定理可知,函数在位形空间的分布宽度与其在动量空间的分布宽度成反比,$\Delta x\cdot\Delta k\sim 1$,即

$$\Delta x\cdot\Delta p\sim\hbar.$$

经典粒子只有一个位置,量子粒子则同时具有多个位置; 同理,经典粒子只有一个动量,量子粒子同时具有多个动量,粒子的位置谱与动量谱互相制约. 被视作量子力学核心的不确定性原理,不过是表象变换蕴含的必然结果,准确地说只能称作"不确定性关系",它与量子态的演化动力学没有内在逻辑关系,即便是以接近光速运动的相对论粒子也满足同样的关系.

由此可见,普朗克常量$\hbar$可视作量子系统作表象变换的不变量,如同光速 c 被视作力学系统作洛伦兹变换的不变量,以及电荷 e 被视作电磁系统作规范变换的不变量. 由此发现,物理学的三大基本常量均与某种特定变换的不变性有关. 如果这一判断成立,那么人们寻找

磁单极子的努力恐怕就要落空了,因为在现有的电磁理论中,找不到另外一种变换不变性,也许正是对称性排除了磁荷这样的基本物理常量.

将动量算符 $\hat{p}$ 作用在位置基向量上,有

$$\begin{aligned}\langle x' \mid \hat{p} \mid x\rangle &= \int_{-\infty}^{\infty} \langle x' \mid \hat{p} \mid p\rangle\langle p \mid x\rangle \mathrm{d}p = \int_{-\infty}^{\infty} \frac{1}{\sqrt{2\pi\hbar}} \mathrm{e}^{\mathrm{i}px'/\hbar} p \frac{1}{\sqrt{2\pi\hbar}} \mathrm{e}^{-\mathrm{i}px/\hbar} \mathrm{d}p \\ &= \frac{1}{2\pi\hbar}\int_{-\infty}^{\infty}\left(-\mathrm{i}\hbar\frac{\partial}{\partial x'}\right)\mathrm{e}^{-\mathrm{i}p(x-x')/\hbar}\mathrm{d}p = -\mathrm{i}\hbar\frac{\partial}{\partial x'}\int_{-\infty}^{\infty}\langle x' \mid p\rangle\langle p \mid x\rangle \mathrm{d}p \\ &= -\mathrm{i}\hbar\frac{\partial}{\partial x'}\langle x' \mid x\rangle,\end{aligned}$$

所以坐标表象中的动量算符为 $\hat{p} = -\mathrm{i}\hbar\frac{\partial}{\partial x}$. 由基向量 $\{|p\rangle\}_{-\infty}^{\infty}$ 表示的空间称作动量表象,同理可推导出位置算符 $\hat{x}$ 在动量表象中表示为 $\hat{x} = \mathrm{i}\hbar\frac{\partial}{\partial p}$. 由于

$$\langle x' \mid \hat{p}\hat{x} \mid x\rangle = \langle x' \mid -\mathrm{i}\hbar\frac{\partial}{\partial x}x \mid x\rangle = -\mathrm{i}\hbar\langle x' \mid x\rangle + x\langle x' \mid \hat{p} \mid x\rangle,$$

$$\langle x' \mid \hat{x}\hat{p} \mid x\rangle = x'\langle x' \mid \hat{p} \mid x\rangle$$

$$\to \langle x' \mid \hat{x}\hat{p} - \hat{p}\hat{x} \mid x\rangle = \mathrm{i}\hbar\langle x' \mid x\rangle,$$

表明算符 $\hat{x}$ 和 $\hat{p}$ 的泊松括号具有常数值谱,所以它们满足正则对易关系

$$[\hat{x}, \hat{p}] = \mathrm{i}\hbar,$$

这一关系是海森伯-狄拉克量子力学理论的出发点.

坐标表象下的哈密顿算符为

$$\hat{H}(\hat{x}, \hat{p}) = \frac{\hat{p}^2}{2m} + V(\hat{x}) = -\frac{\hbar^2}{2m}\frac{\partial^2}{\partial x^2} + V(x),$$

态向量的演化方程表示为

$$\begin{aligned}&\mathrm{i}\hbar\frac{\mathrm{d}}{\mathrm{d}t} \mid \psi(t)\rangle = \hat{H} \mid \psi(t)\rangle \\ &\to \mathrm{i}\hbar\frac{\mathrm{d}}{\mathrm{d}t}\langle x \mid \psi(t)\rangle = \int_{-\infty}^{\infty}\langle x \mid \hat{H} \mid x'\rangle\langle x' \mid \psi(t)\rangle \mathrm{d}x' \\ &\to \mathrm{i}\hbar\frac{\partial}{\partial t}\psi(x,t) = H\psi(x,t),\end{aligned}$$

这就是坐标表象下的薛定谔波动方程.

在量子力学中,所有的物理可观测量都是希尔伯特空间中的自伴算符,$\hat{A} = \hat{A}^{\dagger}$. 物理量的实验测量值就是力学量算符在量子态下的平均值,即

$$\begin{aligned}\langle A\rangle \stackrel{\text{def}}{=} \langle\psi(t) \mid \hat{A} \mid \psi(t)\rangle &= \int_{-\infty}^{\infty}\langle\psi(t) \mid x\rangle\langle x \mid \hat{A} \mid x'\rangle\langle x' \mid \psi(t)\rangle \mathrm{d}x\mathrm{d}x' \\ &= \int_{-\infty}^{\infty}\psi^*(x,t)A\psi(x,t)\mathrm{d}x.\end{aligned}$$

至此,我们已经演绎了量子力学的基本框架. 现在还剩下一项任务,那就是验证薛定谔方程的合法性. 逻辑上要求由它得到的结果在 $\hbar \to 0$ 时,能够无缝地过渡到经典力学. 在经典力学中,力学量随时间的演化满足哈密顿运动方程

$$\frac{\mathrm{d}}{\mathrm{d}t}A=\frac{\partial A}{\partial q}\frac{\partial H}{\partial p}-\frac{\partial A}{\partial p}\frac{\partial H}{\partial q}\equiv\{A,H\},$$

其中,$\{\cdot,\cdot\}$表示经典泊松括号.量子力学量的态平均值随时间的演化方程为

$$\begin{aligned}\frac{\mathrm{d}}{\mathrm{d}t}\langle A\rangle&=\frac{\mathrm{d}}{\mathrm{d}t}\langle\psi(t)|\hat{A}|\psi(t)\rangle\\&=\left(\frac{\mathrm{d}}{\mathrm{d}t}\langle\psi(t)|\right)\hat{A}|\psi(t)\rangle+\langle\psi(t)|\hat{A}\left(\frac{\mathrm{d}}{\mathrm{d}t}|\psi(t)\rangle\right)=\frac{1}{\mathrm{i}\hbar}\overline{[\hat{A},\hat{H}]}.\end{aligned}$$

根据狄拉克的经典-量子泊松括号对应公式

$$\lim_{\hbar\to 0}\frac{1}{\mathrm{i}\hbar}[\hat{A},\hat{B}]\longleftrightarrow\{A,B\},$$

得到

$$\frac{\mathrm{d}}{\mathrm{d}t}\langle A\rangle=\frac{1}{\mathrm{i}\hbar}\overline{[\hat{A},\hat{H}]}\xrightarrow{\hbar\to 0}\{A,H\}.$$

可见力学量的量子运动方程和经典运动方程在逻辑上是一致的.

梳理一下量子力学理论的脉络,有以下两条基本假设:

(1) 粒子的状态由希尔伯特空间的态向量完备地描述,所有力学量都是作用于该空间的自伴算符;

(2) 存在作用量子——普朗克常量$\hbar$,量子态随时间的演化由

$$|\psi(t)\rangle=\mathrm{e}^{-\mathrm{i}\hat{H}(t-t_0)/\hbar}|\psi(t_0)\rangle$$

决定,其中,$\hat{H}$是描述粒子运动的哈密顿量.

这两条假设中的第一条是数学公理,第二条才是物理公理.量子力学理论的其他假设都可归结于针对数学概念与物理可观测量之间关系的解释.

习　　题

[1] 证明下述微分方程构成本征值问题:

$$xy''+(1-x)y'+\lambda y=0,$$

其中,$y(x)$在$[0,\infty)$有限.

[2] 说明为何下述微分方程不能构成本征值问题:

$$\frac{\mathrm{d}}{\mathrm{d}x}\left[x\frac{\mathrm{d}y}{\mathrm{d}x}\right]-\frac{v^2}{x}y-\lambda xy=0.$$

[3] 求解非齐次微分方程:

$$\begin{cases}xy''+2y'+2xy=x\\ y(1)=0,\quad y(0)\text{有限}\end{cases}.$$

提示:将$xy''+2y'+\lambda xy=0$化成施图姆-刘维尔本征方程形式,求出其本征函数及本征值,将方程两边按本征函数展开.

答案:

$$y(x)=\sum_{n=1}^{\infty}b_ny_n(x)=\sum_{n=1}^{\infty}\frac{\sqrt{2}(-1)^{n+1}}{n\pi(2-n^2\pi^2)}\frac{\sqrt{2}\sin n\pi x}{x}.$$

[4] 勒让德算符为$\hat{L}=-\frac{\mathrm{d}}{\mathrm{d}x}\left[(1-x^2)\frac{\mathrm{d}}{\mathrm{d}x}\right]$,求解非齐次微分方程:

(a) $\hat{L}y-\frac{3}{2}y=x$;　(b) $\hat{L}y-2y=x$.

提示：尝试计算$(\hat{L}-2)[x\ln(1\pm x)]$，从而寻找方程的特解.

答案：

(a) $y(x)=2P_1(x)$;　(b) $y(x)=aP_1(x)+bQ_1(x)+\frac{x}{6}\ln(1-x^2)$.

[5] 关于量子力学与经典力学的对应，可从泊松括号来理解：

(a) 利用量子算符关系$[\hat{x},\hat{p}]=\mathrm{i}\hbar$，证明$[\hat{x}^m,\hat{p}]=\mathrm{i}\hbar m\hat{x}^{m-1}$；

(b) 证明$[\hat{x}^m,\hat{p}^n]=\mathrm{i}\,\hbar mn\hat{x}^{m-1}\hat{p}^{n-1}+\mathcal{O}(\hbar^2)$；

(c) 由此证明量子与经典泊松括号满足关系

$$\lim_{\hbar\to0}\frac{1}{\mathrm{i}\,\hbar}[\hat{x}^m,\hat{p}^n]=mn\hat{x}^{m-1}\hat{p}^{n-1}\to\{x^m,p^n\},$$

特别地，

$$[\hat{x},\hat{p}]=\mathrm{i}\,\hbar\to\{x,p\}=1.$$

(d) 任意力学量可以用算符$(\hat{x},\hat{p})$展开为

$$\hat{A}=\sum_{kl}a_{kl}\hat{x}^k\hat{p}^l,\quad \hat{B}=\sum_{mn}b_{mn}\hat{x}^m\hat{p}^n,$$

由此证明

$$\lim_{\hbar\to0}\frac{1}{\mathrm{i}\,\hbar}[\hat{A},\hat{B}]\longleftrightarrow\{A,B\}.$$

[6] 归一化量子态$|\psi\rangle$下算符$\hat{A}$的期望值为$\bar{A}=\langle\psi|\hat{A}|\psi\rangle$，测量值的不确定性为

$$\Delta A\stackrel{\text{def}}{=}\sqrt{\langle\psi\mid(\hat{A}-\langle\hat{A}\rangle)^2\mid\psi\rangle}.$$

(a) 证明：对于任意两个厄米算符$\hat{A}$和$\hat{B}$，有

$$|\langle\psi\mid\hat{A}\hat{B}\mid\psi\rangle|^2\leqslant\langle\psi\mid\hat{A}^2\mid\psi\rangle\langle\psi\mid\hat{B}^2\mid\psi\rangle.$$

(b) 证明：泊松括号

$$|\langle\psi\mid[\hat{A},\hat{B}]\mid\psi\rangle|^2\leqslant4\langle\psi\mid\hat{A}^2\mid\psi\rangle\langle\psi\mid\hat{B}^2\mid\psi\rangle.$$

(c) 证明：

$$(\Delta A)(\Delta B)\geqslant\frac{1}{2}\,|\langle\psi\mid[\hat{A},\hat{B}]\mid\psi\rangle|.$$

(d) 取$\hat{A}=\hat{x}$，$\hat{B}=\hat{p}$，满足对易关系$[\hat{x},\hat{p}]=\mathrm{i}\,\hbar$，证明海森伯不确定性关系：

$$(\Delta x)(\Delta p)\geqslant\frac{1}{2}\,\hbar.$$

14.5 经典正交多项式

我们知道勒让德多项式有许多特别的性质，比如正交性、完备性，以及罗德里格斯公式和母函数等，其实这并不是勒让德多项式独有的特性，还有一大类多项式也具有这样的性质，它们大多是某个特定常微分方程的本征解，其中一些在第15章还会专门讨论，本节对它们的性质和类型作一个大致的描述.

1. 罗德里格斯公式

前面提到了斯通-魏尔斯特拉斯定理：单项式序列$\{x^k\}_{k=0}^{\infty}$构成$\mathcal{L}_\rho^2(a,b)$的完备基.

该定理表明单项式序列$\{x^k\}_{k=0}^{\infty}$可视作线性独立但并非正交的基，如果希望获得彼此正交的基，需要将它们重新作线性组合变成多项式，这些多项式组成的正交完备基张成$\mathcal{L}_\rho^2(a,b)$空间称作经典正交多项式(classical orthogonal polynomials). 通常采用格拉姆-施密特方案(Gram-Schmidt process)来实施正交化，但我们决定另辟蹊径，针对施图姆-刘维尔型方程采用一种更具启示意义的正交化方案.

考虑二阶施图姆-刘维尔本征方程

$$s(x)y''+t(x)y'+\lambda y=0, \tag{14.5.1}$$

容易证明方程的自伴性要求$s'(x)=t(x)$. 为了保证方程的奇点均为正规奇点，将$s(x)$和$t(x)$限制为不高于二次和一次的多项式，

$$s(x)=\alpha x^2+\beta x+\gamma,\quad t(x)=\mu x+\nu,$$

以保证两个端点均为正规奇点，即$x=a,b$分别为$s(x)$的一阶零点，$s(a)=s(b)=0$. 由于自然边界条件的限制，方程的无穷级数解被截断为n阶多项式，设其为

$$y_n(x)=\sum_{k=0}^{n}a_k x^k,$$

其中，$a_n\neq 0$，将其代入微分方程(14.5.1)，得到x^n的系数满足

$$n(n-1)\alpha a_n+n\mu a_n+\lambda a_n=0,$$

解得本征值为

$$\lambda_n=-n(n-1)\alpha-n\mu. \tag{14.5.2}$$

如果二阶微分方程不是自伴的，即$s'(x)\neq t(x)$，则按照 14.3 节的办法，通过引入权重函数$\rho(x)$化为施图姆-刘维尔型方程，令$(\rho s)'=\rho t$，有

$$\rho(x)=\frac{1}{s(x)}\exp\int^{(x)}\frac{t(x')}{s(x')}\mathrm{d}x'$$

$$\to\frac{\mathrm{d}}{\mathrm{d}x}[\rho(x)s(x)y']+\lambda\rho(x)y=0,$$

所以自然边界条件为

$$\rho(a)s(a)=\rho(b)s(b)=0. \tag{14.5.3}$$

某些特定的权重函数$\rho(x)$可使方程的本征函数表示为一般的罗德里格斯公式：

$$y_n(x)=\frac{1}{\rho(x)}\frac{\mathrm{d}^n}{\mathrm{d}x^n}[\rho(x)s^n(x)], \tag{14.5.4}$$

将$\rho(x)$代入可证明该公式. 将$s(x)$分别取常数、一次函数和二次函数，可以逐个验证$y_n(x)$是n次多项式.

通过分部积分，并注意$\rho(a)s(a)=\rho(b)s(b)=0$，容易证明$y_n(x)$与低于$n$次的单项式$x^k(k<n)$满足带权重$\rho(x)$正交，

$$\int_a^b x^k y_n(x)\rho(x)\,\mathrm{d}x=0\quad(k<n),$$

由此证明所有多项式$y_n(x)$彼此正交：

$$\int_a^b y_m(x)y_n(x)\rho(x)\,\mathrm{d}x = N_n^2\delta_{mn}. \tag{14.5.5}$$

2. 正交多项式分类

根据 $s(x)$的不同形式,可以对正交多项式进行分类,大致可分为以下三种情形.

1) $s(x)$为常数

取 $s(x)=1, t(x)=-2x$,施图姆-刘维尔方程化为厄米方程,

$$y''-2xy'+\lambda y=0,$$

解得权重函数

$$\rho(x)=\exp\int^x(-2x')\,\mathrm{d}x'=\mathrm{e}^{-x^2},$$

自然边界为$(-\infty,\infty)$. 本征值 $\lambda_n=2n$,本征函数为厄米多项式:

$$\mathrm{H}_n(x)=\frac{(-1)^n}{\rho(x)}\frac{\mathrm{d}^n}{\mathrm{d}x^n}[\rho(x)s^n(x)]=(-1)^n\mathrm{e}^{x^2}\frac{\mathrm{d}^n}{\mathrm{d}x^n}\mathrm{e}^{-x^2}.$$

以下是几个低阶厄米多项式,它们的函数曲线展示在图 14.1 中:

$$\mathrm{H}_0(x)=1,$$
$$\mathrm{H}_1(x)=2x,$$
$$\mathrm{H}_2(x)=4x^2-2,$$
$$\mathrm{H}_3(x)=8x^3-12x,$$
$$\mathrm{H}_4(x)=16x^4-48x^2+12,$$
$$\mathrm{H}_5(x)=32x^5-160x^3+120x,$$
$$\cdots$$

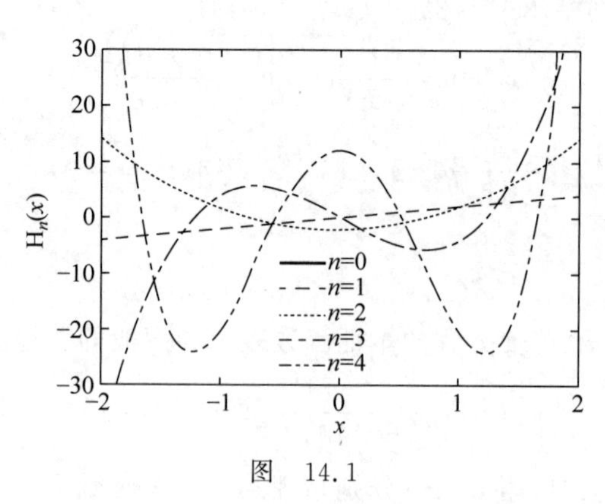

图 14.1

2) $s(x)$为一次函数

取 $s(x)=x, t(x)=1-x$,施图姆-刘维尔方程化为拉盖尔方程,

$$p(x)=x\mathrm{e}^{-x},\quad q(x)=0,\quad \rho(x)=\mathrm{e}^{-x},$$

$$\frac{\mathrm{d}}{\mathrm{d}x}\left[x\mathrm{e}^{-x}\frac{\mathrm{d}y}{\mathrm{d}x}\right]+\lambda\mathrm{e}^{-x}y=0,$$

$$\rightarrow xy''+(1-x)y'+\lambda y=0,$$

解得权重函数 $\rho(x)=\mathrm{e}^{-x}$，自然边界为$[0,\infty)$. 本征值 $\lambda_n=n$，本征函数为拉盖尔多项式：

$$\mathrm{L}_n(x)=\frac{1}{\rho(x)}\frac{\mathrm{d}^n}{\mathrm{d}x^n}[\rho(x)s^n(x)]=\mathrm{e}^x\frac{\mathrm{d}^n}{\mathrm{d}x^n}[x^n\mathrm{e}^{-x}].$$

以下是几个低阶拉盖尔多项式：

$$\begin{aligned}
&\mathrm{L}_0(x)=1,\\
&\mathrm{L}_1(x)=-x+1,\\
&\mathrm{L}_2(x)=x^2-4x+2,\\
&\mathrm{L}_3(x)=-x^3+9x^2-18x+6,\\
&\mathrm{L}_4(x)=x^4-16x^3+72x^2-96x+24,\\
&\mathrm{L}_5(x)=-x^5+25x^4-200x^3+600x^2-600x+120,\\
&\cdots
\end{aligned}$$

更一般地取 $s(x)=x,t(x)=k+1-x(k\in\mathbb{N})$，得到连带拉盖尔方程，

$$x\frac{\mathrm{d}^2y(x)}{\mathrm{d}x^2}+(k+1-x)\frac{\mathrm{d}y(x)}{\mathrm{d}x}+\lambda y(x)=0,$$

解得权重函数 $\rho(x)=x^k\mathrm{e}^{-x}$，自然边界为$[0,\infty)$. 本征值仍然为 $\lambda_n=n$，本征函数为连带拉盖尔多项式：

$$\mathrm{L}_n^k(x)=\frac{1}{n!x^k\mathrm{e}^{-x}}\frac{\mathrm{d}^n}{\mathrm{d}x^n}(x^k\mathrm{e}^{-x}x^n),$$

可以证明，连带拉盖尔多项式与拉盖尔多项式有如下关系：

$$\mathrm{L}_n^k(x)=(-1)^k\frac{\mathrm{d}^k}{\mathrm{d}x^k}\mathrm{L}_{n+k}(x).$$

3）$s(x)$为二次函数

取 $s(x)=1-x^2,t(x)=\mu-\nu-(\mu+\nu+2)x$，施图姆-刘维尔方程化为雅可比方程，

$$(1-x^2)\frac{\mathrm{d}^2y(x)}{\mathrm{d}x^2}+[\mu-\nu-(\mu+\nu+2)x]\frac{\mathrm{d}y(x)}{\mathrm{d}x}+\lambda y(x)=0,$$

解得权重函数

$$\rho(x)=\frac{1}{1-x^2}\exp\int^{(x)}\left[\frac{\mu+1}{1+x'}-\frac{\nu+1}{1-x'}\right]\mathrm{d}x'=(1+x)^\mu(1-x)^\nu,$$

自然边界为$[-1,1]$. 本征值 $\lambda_n=n(n+\mu+\nu+1)$，本征函数为雅可比多项式：

$$P_n^{\mu,\nu}(x)=\frac{(-1)^n}{2^n n!}(1+x)^{-\mu}(1-x)^{-\nu}\frac{\mathrm{d}^n}{\mathrm{d}x^n}[(1+x)^{\mu+n}(1-x)^{\nu+n}].$$

图 14.2 描绘了 $\mu=\nu=3$ 时的几个低阶雅可比多项式.

雅可比多项式还可以根据 μ、ν 的取值进一步细分，比如 $\mu=\nu=0$ 时化为勒让德多项式，其性质在第 13 章已经详细讲解过，其余列举于表 14.1. 根据以上规则，读者可以很容易导出这些多项式的微分表示及其对应的本征值，略.

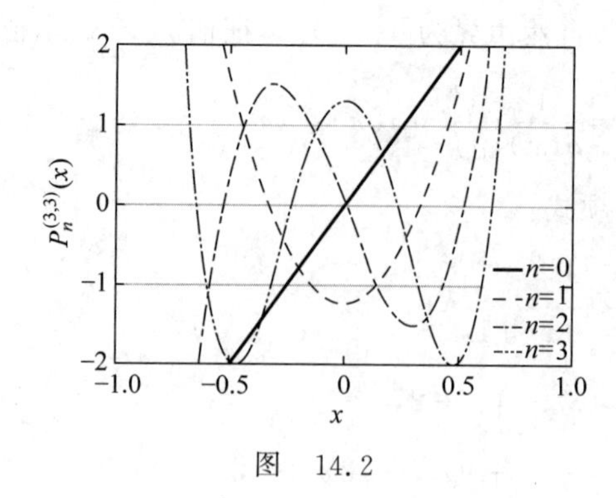

图 14.2

表 14.1

μ	ν	$\rho(x)$	多 项 式
0	0	1	勒让德 $P_n(x)$
$\lambda-\frac{1}{2}$	$\lambda-\frac{1}{2}$	$(1-x^2)^{\lambda-1/2}$	盖根堡 $C_n^{\lambda}(x)$
$-\frac{1}{2}$	$-\frac{1}{2}$	$(1-x^2)^{-1/2}$	第一类切比雪夫 $T_n(x)$
$\frac{1}{2}$	$\frac{1}{2}$	$(1-x^2)^{1/2}$	第二类切比雪夫 $U_n(x)$

3. 母函数

正交多项式的罗德里格斯公式有一大好处,就是可以借此得到高阶导数的积分表示,即施拉夫利积分公式.根据柯西积分公式容易证明

$$y_n(x)=\frac{1}{\rho(x)}\frac{n!}{2\pi\mathrm{i}}\oint_{\Gamma}\frac{\rho(z)s^n(z)}{(z-x)^{n+1}}\mathrm{d}z, \tag{14.5.6}$$

积分回路 Γ 为包含 x 的光滑曲线,且在回路包围的闭区域 $\bar{B}$ 中 $\rho(z)s^n(z)$ 是解析函数.也可以从施拉夫利公式出发,证明 $y_n(x)$ 是相应二阶微分方程的解,从而反过来证明罗德里格斯公式.

经典正交多项式均可由母函数生成,即

$$G(x,t)=\sum_n a_n y_n(x)t^n, \tag{14.5.7}$$

原则上可以利用施拉夫利积分公式推导母函数,

$$G(x,t)=\frac{1}{\rho(x)}\sum_n a_n t^n\frac{n!}{2\pi\mathrm{i}}\oint_{\Gamma}\frac{\rho(z)s^n(z)}{(z-x)^{n+1}}\mathrm{d}z \tag{14.5.8}$$

交换求和与积分秩序,先对 n 求和,再作回路积分,不同的正交多项式在推导过程中各有一些技巧,略.

正交多项式 $y_n(x)$ 可由 $G(x,t)$ 对 t 求 n 次导数产生,根据留数定理,

$$a_n y_n(x)=\frac{1}{2\pi\mathrm{i}}\oint_{\Gamma}\frac{G(x,t)}{t^{n+1}}\mathrm{d}t$$

各种正交多项式的母函数 $G(x,t)$ 列于表 14.2 中.

表　14.2

正交多项式	母函数 $G(x,t)$	a_n
$\mathrm{P}_n(x)$	$\dfrac{1}{(t^2-2xt+1)^{1/2}}$	1
$\mathrm{H}_n(x)$	e^{-t^2+2xt}	$\dfrac{1}{n!}$
$\mathrm{L}_n^k(x)$	$\dfrac{1}{(1-t)^{k+1}}\mathrm{e}^{-xt/(1-t)}$	1
$C_n^\lambda(x)$	$\dfrac{1}{(t^2-2xt+1)^\lambda}$	1
$T_n(x)$	$\dfrac{1-t^2}{t^2-2xt+1}$	2 $(n\neq 0, a_0=1)$
$U_n(x)$	$\dfrac{1}{t^2-2xt+1}$	1

4. 递推关系

将母函数 $G(x,t)$ 对 x 或 t 求导数，可以得到不同阶正交多项式之间的许多递推关系，比如厄米多项式

$$G(x,t)=\mathrm{e}^{-t^2+2xt}=\sum_{n=0}^{\infty}\frac{1}{n!}\mathrm{H}_n(x)t^n,$$

通过对 t 求导数，可得

$$\mathrm{H}_{n+1}(x)=2x\mathrm{H}_n(x)-2n\mathrm{H}_{n-1}(x);$$

通过对 x 求导数，可得

$$\mathrm{H}'_n(x)=2n\mathrm{H}_{n-1}(x).$$

其他正交多项式也可以用同样的办法得到递推关系，可参阅王竹溪、郭敦仁《特殊函数概论》，在此不表.

注记

格拉姆-施密特正交化方案如图 14.3 所示，具体做法如下：设有一组线性独立的基向量 $\{|a_i\rangle\}_{i=1}^N$，令 $|e_1\rangle=|a_1\rangle/\sqrt{\langle a_1|a_1\rangle}$ 使 $\langle e_1|e_1\rangle=1$. 将 $|a_2\rangle$ 减去其在 $|e_1\rangle$ 上的投影，得到一个与 $|e_1\rangle$ 正交的向量，

$$|e'_2\rangle=|a_2\rangle-\langle e_1|a_2\rangle|e_1\rangle,$$

再将其归一化为 $|e_2\rangle=|e'_2\rangle/\sqrt{\langle e'_2|e'_2\rangle}$，有 $\langle e_1|e_2\rangle=0$，$\langle e_2|e_2\rangle=1$. 接着将 $|a_3\rangle$ 减去其在 $|e_1\rangle$ 和 $|e_2\rangle$ 上的投影，得

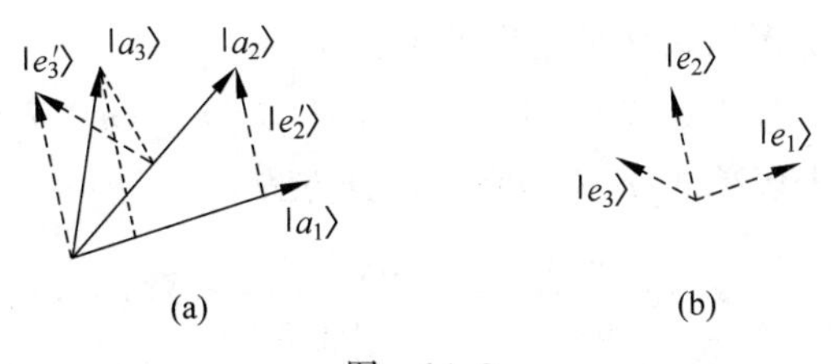

图　14.3

$$|e_3'\rangle=|a_3\rangle-\langle e_1|a_3\rangle|e_1\rangle-\langle e_2|a_3\rangle|e_2\rangle,$$

取归一化$|e_3\rangle=|e_3'\rangle/\sqrt{\langle e_3'|e_3'\rangle}$，易见$|e_3\rangle$与$|e_1\rangle$和$|e_2\rangle$均正交.依次可将所有基向量逐一正交化，得到正交归一化的基向量组$\{|e_i\rangle\}_{i=1}^N$.

例如，由线性无关的单项式$\{y_n\}=\{1,x,x^2,x^3,\cdots\}$，在$x\in[-1,+1]$区间可按如下流程构造正交的多项式：

$$\psi_0=y_0\rightarrow\phi_0=\frac{\psi_0}{\sqrt{\langle\psi_0|\psi_0\rangle}}=\sqrt{\frac{1}{2}},$$

$$\psi_1=y_1-\phi_0\langle\phi_0|y_1\rangle\rightarrow\phi_1=\frac{\psi_1}{\sqrt{\langle\psi_1|\psi_1\rangle}}=\sqrt{\frac{3}{2}}x,$$

$$\psi_2=y_2-\phi_0\langle\phi_0|y_2\rangle-\phi_1\langle\phi_1|y_2\rangle\rightarrow\phi_2=\frac{\psi_2}{\sqrt{\langle\psi_2|\psi_2\rangle}}=\frac{1}{2}\sqrt{\frac{5}{2}}(3x^2-1),$$

…

它们就是大家熟悉的归一化勒让德多项式：

$$\phi_l=\sqrt{\frac{2l+1}{2}}\mathrm{P}_l(x).$$

习 题

[1] 证明：

(a) $\int_{-1}^{1}x^m\mathrm{H}_n(x)\mathrm{e}^{-x^2}\mathrm{d}x=0\quad(m<n)$；　(b) $\left(2x-\frac{\mathrm{d}}{\mathrm{d}x}\right)^n 1=\mathrm{H}_n(x)$.

提示：(b) 采用数学归纳法.

[2] 证明由罗德里格斯公式表示的多项式彼此正交：

$$\int_a^b y_m(x)y_n(x)\rho(x)\mathrm{d}x=N_n^2\delta_{mn}.$$

[3] 假设厄米多项式是厄米方程的解：

$$\mathrm{H}_n''(x)-2x\mathrm{H}_n'(x)+2n\mathrm{H}_n(x)=0,$$

证明厄米多项式的母函数为$G(x,t)=\mathrm{e}^{-t^2+2xt}$，并以此证明厄米多项式的正交性：

$$\int_{-\infty}^{\infty}\mathrm{H}_m(x)\mathrm{H}_n(x)\mathrm{e}^{-x^2}\mathrm{d}x=2^n\sqrt{\pi}\delta_{mn}.$$

提示：

$$\int_{-\infty}^{\infty}\mathrm{e}^{-x^2}\mathrm{e}^{-s^2+2sx}\mathrm{e}^{-t^2+2tx}\mathrm{d}x=\sqrt{\pi}\mathrm{e}^{2st}=\sqrt{\pi}\sum_{n=0}^{\infty}\frac{2^n s^n t^n}{n!}.$$

[4] 证明连带拉盖尔多项式满足递推关系：

$$(n+1)\mathrm{L}_{n+1}^k(x)=(2n+k+1-x)\mathrm{L}_n^k(x)-(n+k)\mathrm{L}_{n-1}^k(x).$$

[5] 第一类切比雪夫多项式$T_n(x)$满足微分方程：

$$(1-x^2)\frac{\mathrm{d}^2y(x)}{\mathrm{d}x^2}-x\frac{\mathrm{d}y(x)}{\mathrm{d}x}+\lambda y(x)=0.$$

(a) 证明其本征值 $\lambda_n=n^2$，罗德里格斯公式为

$$T_n(x)=\frac{(-1)^n\sqrt{\pi}}{2^n\Gamma\left(n+\frac{1}{2}\right)}(1-x^2)^{1/2}\frac{\mathrm{d}^n}{\mathrm{d}x^n}[(1-x^2)^{n-1/2}].$$

(b) 令 $x=\cos\theta$，证明切比雪夫方程可化为

$$\frac{\mathrm{d}^2T_n}{\mathrm{d}\theta^2}+n^2T_n=0$$

$$\to\begin{cases}T_n(x)=\cos n\theta=\cos(n\arccos x)\\V_n(x)=\sin n\theta=\sin(n\arccos x)\end{cases}.$$

注：$V_n(x)$不是多项式.

[6] 采用格拉姆-施密特正交化方法，由线性无关的单项式$\{1,x,x^2,x^3,\cdots\}$，在 $0\leqslant x<\infty$构造以 $\rho(x)=\mathrm{e}^{-x}$ 为权重函数的前三个正交多项式.

答案：$F_0=1,F_1=x-1,F_2=(x^2-4x+2)/2$.

第15章

特殊函数

15.1 贝塞尔函数

1. 圆柱坐标系

第 13 章讨论了球坐标系中拉普拉斯方程的本征值问题，引入了勒让德函数和球谐函数. 对于具有圆柱对称性的物理问题，一般选择圆柱坐标系来处理比较方便，根据 10.5 节，拉普拉斯方程在圆柱坐标系表示为

$$\frac{1}{\rho}\frac{\partial}{\partial\rho}\left(\rho\frac{\partial u}{\partial\rho}\right)+\frac{1}{\rho^2}\frac{\partial^2 u}{\partial\phi^2}+\frac{\partial^2 u}{\partial z^2}=0.$$

分离变量：$u(\rho,\phi,z)=R(\rho)\Phi(\phi)Z(z)$，与 $\Phi(\phi)$ 有关的部分满足方程

$$\Phi''+\lambda\Phi=0.$$

由于周期性条件，其相应的本征函数为

$$\Phi(\phi)=A\cos m\phi+B\sin m\phi,$$
$$\lambda=m^2\quad(m=0,1,2,\cdots).$$

与 $R(\rho)$，$Z(z)$ 有关的部分为

$$\frac{\rho^2}{R}\frac{\mathrm{d}^2R}{\mathrm{d}\rho^2}+\frac{\rho}{R}\frac{\mathrm{d}R}{\mathrm{d}\rho}+\rho^2\frac{Z''}{Z}=\lambda.$$

进一步分离变量，得

$$Z''-\mu Z=0,$$

$$\frac{\mathrm{d}^2R}{\mathrm{d}\rho^2}+\frac{1}{\rho}\frac{\mathrm{d}R}{\mathrm{d}\rho}+\left(\mu-\frac{m^2}{\rho^2}\right)R=0. \tag{15.1.1}$$

该方程的解需要分三种情况讨论.

(1) $\mu=0$，方程的解为

$$Z(z)=C+Dz,$$

$$R(\rho)=\begin{cases}E+F\ln\rho & (m=0)\\ E\rho^m+\dfrac{F}{\rho^m} & (m=1,2,\cdots)\end{cases}. \tag{15.1.2}$$

(2) $\mu>0$，$Z(z)$方程的解为

$$Z(z)=C\mathrm{e}^{\sqrt{\mu}z}+D\mathrm{e}^{-\sqrt{\mu}z}.$$

作变量替换 $x=\sqrt{\mu}\rho$，$R(\rho)$满足的方程化为

$$\frac{\mathrm{d}^2R}{\mathrm{d}x^2}+\frac{1}{x}\frac{\mathrm{d}R}{\mathrm{d}x}+\left(1-\frac{m^2}{x^2}\right)R=0, \tag{15.1.3}$$

该方程称作 m 阶贝塞尔方程.

(3) $\mu<0$，令 $\mu=-\nu^2$，则

$$Z(z)=C\cos\nu z+D\sin\nu z,$$

取 $x=\nu\rho$，径向方程化为

$$\frac{\mathrm{d}^2R}{\mathrm{d}x^2}+\frac{1}{x}\frac{\mathrm{d}R}{\mathrm{d}x}-\left(1+\frac{m^2}{x^2}\right)R=0, \tag{15.1.4}$$

该方程称作 m 阶虚宗量贝塞尔方程，它相当于对贝塞尔方程作自变量替换 $x\to\mathrm{i}x$.

接下来的任务就是研究贝塞尔方程(15.1.3)和虚宗量贝塞尔方程(15.1.4)的定解问题.

2. 三类贝塞尔函数

贝塞尔方程在 $x=0$ 有正规奇点，第 9 章已经在 $x=0$ 邻域求出了它的两个线性无关级数解，其一为 ν 阶贝塞尔函数

$$\mathrm{J}_\nu(x)=\sum_{k=0}^{\infty}(-1)^k\frac{1}{k!\,\Gamma(\nu+k+1)}\left(\frac{x}{2}\right)^{\nu+2k}, \tag{15.1.5}$$

该无穷级数也称作第一类贝塞尔函数，收敛半径 $R=\infty$；另一个解可取 ν 阶诺依曼函数(Neumann function)

$$\mathrm{N}_\nu(x)=\frac{\mathrm{J}_\nu(x)\cos\nu\pi-\mathrm{J}_{-\nu}(x)}{\sin\nu\pi},$$

它也称作第二类贝塞尔函数，该解在自然边界 $x=0$ 发散.

在处理波在圆柱面的散射问题时，有时候使用另外形式的一组线性无关解更方便，这就是汉克尔函数(Hankel function)，也称第三类贝塞尔函数，它是贝塞尔函数和诺依曼函数的线性叠加：

$$\mathrm{H}_\nu^{(1)}(x)=\mathrm{J}_\nu(x)+\mathrm{i}\mathrm{N}_\nu(x),$$

$$\mathrm{H}_\nu^{(2)}(x)=\mathrm{J}_\nu(x)-\mathrm{i}\mathrm{N}_\nu(x),$$

所有三类圆柱函数都具有振荡特性，且零点交替出现. 图 15.1(a)和(b)分别展示了整数阶

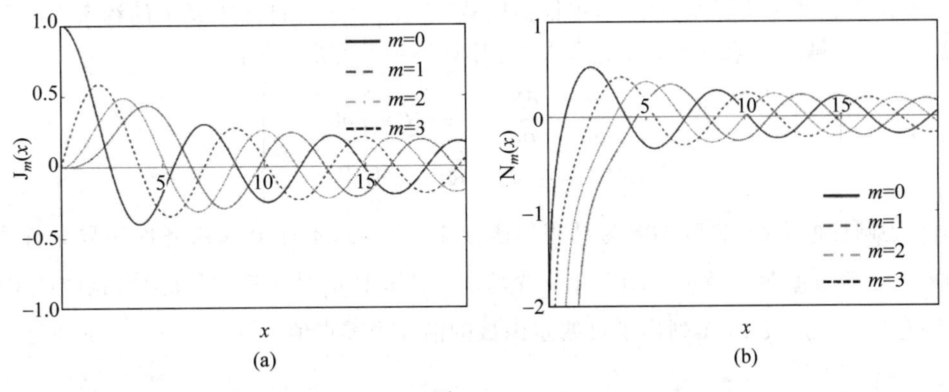

图　15.1

贝塞尔函数和诺依曼函数曲线.

当$\nu=\frac{1}{2}$时,贝塞尔函数可以用初等三角函数表示:

$$\mathrm{J}_{\frac{1}{2}}(x)=\sqrt{\frac{2}{\pi x}}\sin x,\quad \mathrm{J}_{-\frac{1}{2}}(x)=\sqrt{\frac{2}{\pi x}}\cos x.$$

3. 基本性质

(1) 极限行为.

当$x\to 0$时,

$$\mathrm{J}_0(0)=1,\quad \mathrm{J}_\nu(0)=0,\quad \mathrm{J}_{-\nu}(0)\to\infty,$$
$$\mathrm{N}_0(0)\to-\infty,\quad \mathrm{N}_\nu(0)\to\pm\infty\quad(\nu\neq 0).$$

当$x\to\infty$时,

$$\mathrm{J}_\nu(x)\sim\sqrt{\frac{2}{\pi x}}\cos\left(x-\frac{\nu\pi}{2}-\frac{\pi}{4}\right),\quad \mathrm{N}_\nu(x)\sim\sqrt{\frac{2}{\pi x}}\sin\left(x-\frac{\nu\pi}{2}-\frac{\pi}{4}\right),$$

$$\mathrm{H}_\nu^{(1)}(x)\sim\sqrt{\frac{2}{\pi x}}\mathrm{e}^{\mathrm{i}\left(x-\frac{\nu\pi}{2}-\frac{\pi}{4}\right)},\quad \mathrm{H}_\nu^{(2)}(x)\sim\sqrt{\frac{2}{\pi x}}\mathrm{e}^{-\mathrm{i}\left(x-\frac{\nu\pi}{2}-\frac{\pi}{4}\right)},$$

可见汉克尔函数在$x\to\infty$时具有柱面波的形式.

(2) 递推关系.

用$Z_\nu(x)$代表三类圆柱函数,由贝塞尔函数的级数表达式,可以证明一般的递推关系如下:

$$\begin{aligned}
&\frac{\mathrm{d}}{\mathrm{d}x}\left[\frac{Z_\nu(x)}{x^\nu}\right]=-\frac{Z_{\nu+1}(x)}{x^\nu},\\
&\frac{\mathrm{d}}{\mathrm{d}x}[x^\nu Z_\nu(x)]=x^\nu Z_{\nu-1}(x),\\
&Z_{\nu-1}(x)-Z_{\nu+1}(x)=2\frac{\mathrm{d}}{\mathrm{d}x}[Z_\nu(x)],\\
&Z_{\nu+1}(x)-\frac{2\nu Z_\nu(x)}{x}+Z_{\nu-1}(x)=0.
\end{aligned}\tag{15.1.6}$$

4. 本征值问题

贝塞尔方程属于施图姆-刘维尔本征值问题,它在$\rho=0$有自然边界条件约束,在圆柱表面需满足第一、第二或第三类齐次边界条件. 比如第一类齐次边界问题:

$$\begin{cases}-\dfrac{\mathrm{d}}{\mathrm{d}\rho}\left[\rho\dfrac{\mathrm{d}R}{\mathrm{d}\rho}\right]+\dfrac{m^2}{\rho}R=\mu\rho R\\ R|_{\rho=\rho_0}=0,\quad R|_{\rho=0}\ \text{有限}\end{cases},$$

其中,ρ_0为圆柱的半径. 方程的解为贝塞尔函数$\mathrm{J}_m(\sqrt{\mu}\rho)$,本征值$\mu$由齐次边界条件决定,它对应于$m$阶贝塞尔函数$\mathrm{J}_m(x)$的第$n$个零点$x_n^{(m)}$,即$\mu_n^{(m)}=[x_n^{(m)}/\rho_0]^2$,相应的本征函数为$\mathrm{J}_m\left(\sqrt{\mu_n^{(m)}}\rho\right)$. 表15.1列出了贝塞尔函数的前几个零点值.

表　15.1

$x_n^{(m)}$	$n=1$	$n=2$	$n=3$	$n=4$	$n=5$	$n=6$	$n=7$
$J_0(x)$	2.4048	5.5201	8.6537	11.7915	14.9309	18.0711	21.2116
$J_1(x)$	3.8317	7.0156	10.1735	13.3237	16.4706	19.6159	22.7601

本征函数具有带权重 ρ 的正交性

$$\int_0^{\rho_0} J_m\left(\sqrt{\mu_n^{(m)}}\rho\right) J_m\left(\sqrt{\mu_k^{(m)}}\rho\right)\rho\mathrm{d}\rho=\delta_{nk}\left[N_n^{(m)}\right]^2. \tag{15.1.7}$$

注意正交性是指对于相同 m 阶，不同本征值 $\mu_n^{(m)}$ 的本征函数之间正交. 贝塞尔函数归一化模的计算有点复杂，这里不作详细推导，结果为

$$\left[N_n^{(m)}\right]^2=\frac{1}{2}\left(\rho_0^2-\frac{m^2}{\mu_n^{(m)}}\right)\left[J_m\left(\sqrt{\mu_n^{(m)}}\rho_0\right)\right]^2+\frac{1}{2}\rho_0^2\left[J_m'\left(\sqrt{\mu_n^{(m)}}\rho_0\right)\right]^2. \tag{15.1.8}$$

归一化模依赖于不同类型的边界条件，具体表示为

(1) 第一类齐次边界条件：$J_m\left(\sqrt{\mu_n^{(m)}}\rho_0\right)=0$，有

$$\left[N_n^{(m)}\right]^2=\frac{1}{2}\rho_0^2\left[J_{m+1}\left(\sqrt{\mu_n^{(m)}}\rho_0\right)\right]^2; \tag{15.1.9}$$

(2) 第二类齐次边界条件：$J_m'\left(\sqrt{\mu_n^{(m)}}\rho_0\right)=0$，有

$$\left[N_n^{(m)}\right]^2=\frac{1}{2}\left(\rho_0^2-\frac{m^2}{\mu_n^{(m)}}\right)\left[J_m\left(\sqrt{\mu_n^{(m)}}\rho_0\right)\right]^2; \tag{15.1.10}$$

(3) 第三类齐次边界条件：$J_m'=-J_m/\sqrt{\mu_n^{(m)}}H$，有

$$\left[N_n^{(m)}\right]^2=\frac{1}{2}\left(\rho_0^2-\frac{m^2}{\mu_n^{(m)}}+\frac{\rho_0^2}{\mu_n^{(m)}H}\right)\left[J_m\left(\sqrt{\mu_n^{(m)}}\rho_0\right)\right]^2. \tag{15.1.11}$$

5. 广义傅里叶级数

贝塞尔方程的本征函数是(带权重)正交完备的，可以将定义在$[0,\rho_0]$区间的函数作广义傅里叶级数展开：

$$f(\rho)=\sum_{n=1}^{\infty} f_n J_m\left(\sqrt{\mu_n^{(m)}}\rho\right),$$

$$f_n=\frac{1}{\left[N_n^{(m)}\right]^2}\int_0^{\rho_0} f(\rho) J_m\left(\sqrt{\mu_n^{(m)}}\rho\right)\rho\mathrm{d}\rho. \tag{15.1.12}$$

例 15.1　半径为 ρ_0、高为 L 的匀质圆柱，柱侧绝热，上下底温度分别为 $f_1(\rho)$和 $f_2(\rho)$，求柱内的稳定温度分布.

解　方程和定解条件为

$$\begin{cases}\Delta u=0\\ u_\rho|_{\rho=\rho_0}=0, \quad u|_{\rho=0}\ \text{有限}\\ u|_{z=0}=f_1(\rho), \quad u|_{z=L}=f_2(\rho)\end{cases}.$$

分离变量后,拉普拉斯方程在圆柱坐标系三个方向的线性无关解为

$$u(\rho,\phi,z)\sim[\mathrm{J}_m(\sqrt{\mu_n}\rho),\mathrm{N}_m(\sqrt{\mu_n}\rho)](\mathrm{e}^{\sqrt{\mu_n}z},\mathrm{e}^{-\sqrt{\mu_n}z})(\cos m\phi,\sin m\phi),$$

本题的边界条件具有轴对称性,故 $m=0$. 由于包含圆柱轴心,物理量的有限性决定径向部分只能有有限解,故弃掉 $\mathrm{N}_m(\sqrt{\mu_n}\rho)$解. 此外,由于圆柱侧面满足第二类齐次边界条件,故需要考虑 $\mu>0$ 和 $\mu=0$ 两种可能的情形.

(1) 对于 $\mu>0$,由齐次边界条件

$$\mathrm{J}'_0(\sqrt{\mu}\rho)|_{\rho=\rho_0}=-\mathrm{J}_1(\sqrt{\mu}\rho_0)=0$$

得到本征值 $\mu_n=(x_n^{(1)}/\rho_0)^2$,其中 $x_n^{(1)}$ 为一阶贝塞尔函数 $\mathrm{J}_1(x)$的第 n 个零点位置,相应的本征函数为 $\mathrm{J}_0(\sqrt{\mu_n}\rho)$.

(2) 对于 $\mu=0$,由于 $m=0$,所以

$$R(\rho)\sim(1,\ln\rho),\quad Z(z)\sim(1,z).$$

丢弃 $\rho=0$ 时的发散解 $\ln\rho$,方程的一般解为

$$u(\rho,z)=A_0+B_0z+\sum_{n=1}^{\infty}(A_n\mathrm{e}^{\sqrt{\mu_n}z}+B_n\mathrm{e}^{-\sqrt{\mu_n}z})\mathrm{J}_0(\sqrt{\mu_n}\rho),$$

系数 A_0、B_0、A_n、B_n 由圆柱上下底面的边界值决定,有

$$A_0+\sum_{n=1}^{\infty}(A_n+B_n)\mathrm{J}_0(\sqrt{\mu_n}\rho)=f_1(\rho),$$

$$A_0+B_0L+\sum_{n=1}^{\infty}(A_n\mathrm{e}^{\sqrt{\mu_n}L}+B_n\mathrm{e}^{-\sqrt{\mu_n}L})\mathrm{J}_0(\sqrt{\mu_n}\rho)=f_2(\rho).$$

上式相当于将 $f_1(\rho)$、$f_2(\rho)$以零阶贝塞尔函数 $\mathrm{J}_0(\sqrt{\mu_n}\rho)$为基作广义傅里叶级数展开,在第一类齐次边界条件下的展开系数为

$$A_0=\frac{2}{\rho_0^2}\int_0^{\rho_0}f_1(\rho)\rho\mathrm{d}\rho\equiv f_{10},$$

$$A_0+B_0L=\frac{2}{\rho_0^2}\int_0^{\rho_0}f_2(\rho)\rho\mathrm{d}\rho\equiv f_{20},$$

$$A_n+B_n=\frac{2}{\rho_0^2[\mathrm{J}_0(x_n^{(0)})]^2}\int_0^{\rho_0}f_1(\rho)\mathrm{J}_0(\sqrt{\mu_n}\rho)\rho\mathrm{d}\rho\equiv f_{1n},$$

$$A_n\mathrm{e}^{\sqrt{\mu_n}L}+B_n\mathrm{e}^{-\sqrt{\mu_n}L}=\frac{2}{\rho_0^2[\mathrm{J}_0(x_n^{(0)})]^2}\int_0^{\rho_0}f_2(\rho)\mathrm{J}_0(\sqrt{\mu_n}\rho)\rho\mathrm{d}\rho\equiv f_{2n},$$

解得结果

$$A_0=f_{10},\quad A_n=\frac{f_{1n}\mathrm{e}^{-\sqrt{\mu_n}L}-f_{2n}}{\mathrm{e}^{-\sqrt{\mu_n}L}-\mathrm{e}^{\sqrt{\mu_n}L}},$$

$$B_0=\frac{f_{20}-f_{10}}{L},\quad B_n=\frac{f_{1n}\mathrm{e}^{\sqrt{\mu_n}L}-f_{2n}}{\mathrm{e}^{\sqrt{\mu_n}L}-\mathrm{e}^{-\sqrt{\mu_n}L}}.$$

例 15.2 半径为 ρ_0、高为 L 的圆柱体,侧面和下底面温度保持为 u_0,上底面绝热,假设初始温度为 $u_0+f_1(\rho)f_2(z)$,求圆柱体内各处温度随时间的变化.

解　依据题意,列出方程和定解条件为

$$\begin{cases}u_t - a^2\Delta u = 0\\ u|_{\rho=\rho_0} = u_0,\quad u|_{\rho=0}\ \text{有限}\\ u|_{z=0} = u_0,\quad u_z|_{z=L} = 0\\ u|_{t=0} = u_0 + f_1(\rho)f_2(z)\end{cases}.$$

首先将边界条件齐次化,令 $u=u_0+v$,有

$$\begin{cases}v_t - a^2\Delta v = 0\\ v|_{\rho=\rho_0} = 0,\quad v|_{\rho=0}\ \text{有限}\\ v|_{z=0} = 0,\quad v_z|_{z=L} = 0\\ v|_{t=0} = f_1(\rho)f_2(z)\end{cases}.$$

令 $v=\mathrm{e}^{-k^2a^2t}\tilde{v}$,得到亥姆霍兹方程 $\Delta\tilde{v}+k^2\tilde{v}=0$,分离变量得

$$\Phi'' + m^2\Phi = 0\quad (m=0,1,2,\cdots),$$

$$Z'' + \nu^2 Z = 0,$$

$$\frac{\mathrm{d}^2R}{\mathrm{d}\rho^2} + \frac{1}{\rho}\frac{\mathrm{d}R}{\mathrm{d}\rho} + \left(k^2 - \nu^2 - \frac{m^2}{\rho^2}\right)R = 0.$$

令 $\mu'=k^2-\nu^2$,第三个方程仍然是贝塞尔方程.考虑到边界条件的轴对称性,有 $m=0$,以及轴心物理量有限的约束,得到方程解的一般形式为

$$v \propto \mathrm{e}^{-k^2a^2t}\mathrm{J}_0(\sqrt{\mu'}\rho)\sin\nu z.$$

由上下底的齐次边界条件可得 z 方向的本征值

$$\nu_p = \frac{(p+1/2)\pi}{L}\quad (p=0,1,2,\cdots),$$

由圆柱侧面的齐次边界条件,可得径向方程的本征值 $\mu_n'=(x_n^{(0)}/\rho_0)^2$,其中 $x_n^{(0)}$ 为零阶贝塞尔函数的零点,所以 $k_{np}=\sqrt{\mu_n'+\nu_p^2}$.需将所有本征函数作线性叠加以获得方程的定解:

$$v(\rho,z,t) = \sum_{n=1,p=0}^{\infty} A_{np}\mathrm{e}^{-k_{np}^2a^2t}\mathrm{J}_0(\sqrt{\mu_n'}\rho)\sin\nu_p z.$$

根据本征函数正交性定出叠加系数,

$$A_{np} = \frac{2}{\rho_0^2[\mathrm{J}_1(x_n^{(0)})]^2}\int_0^{\rho_0} f_1(\rho)\mathrm{J}_0(\sqrt{\mu_n'}\rho)\rho\,\mathrm{d}\rho \times \frac{2}{L}\int_0^L f_2(z)\sin\nu_p z\,\mathrm{d}z.$$

6. 母函数

贝塞尔函数的母函数为

$$F(x,z) = \mathrm{e}^{\frac{1}{2}x\left(z-\frac{1}{z}\right)} = \sum_{m=-\infty}^{\infty}\mathrm{J}_m(x)z^m\quad (0<|z|<\infty).\tag{15.1.13}$$

式(15.1.13)可以视为将函数 $F(x,z)$ 对 z 作洛朗级数展开,同时也是对 x 作贝塞尔级数展开.令 $z=\mathrm{e}^{\mathrm{i}\zeta}$,有

$$F(x,z) = \mathrm{e}^{\mathrm{i}x\sin\zeta} = \sum_{m=-\infty}^{\infty}\mathrm{J}_m(x)\mathrm{e}^{\mathrm{i}m\zeta},\tag{15.1.14}$$

将其视作函数 $F(x,z)$ 的复数形式傅里叶级数展开,展开系数

$$\mathrm{J}_m(x)=\frac{1}{2\pi}\int_{-\pi}^{\pi}\mathrm{e}^{\mathrm{i}x\sin\zeta}\mathrm{e}^{-\mathrm{i}m\zeta}\mathrm{d}\zeta=\frac{1}{2\pi}\int_{-\pi}^{\pi}\cos(x\sin\zeta-m\zeta)\mathrm{d}\zeta,\qquad(15.1.15)$$

式(15.1.15)称作贝塞尔函数的积分表示.再令 $\zeta=\psi-\frac{\pi}{2}$,有

$$F(x,z)=\mathrm{e}^{-\mathrm{i}x\cos\psi}=\sum_{m=-\infty}^{\infty}(-\mathrm{i})^m\mathrm{J}_m(x)\mathrm{e}^{\mathrm{i}m\psi},$$

展开系数为

$$\mathrm{J}_m(x)=\frac{(-\mathrm{i})^m}{2\pi}\int_{-\pi}^{\pi}\mathrm{e}^{\mathrm{i}x\cos\psi+\mathrm{i}m\psi}\mathrm{d}\psi,\qquad(15.1.16)$$

或者令 $\zeta=\theta+\frac{\pi}{2}$,有

$$F(x,z)=\mathrm{e}^{\mathrm{i}x\cos\theta}=\sum_{m=-\infty}^{\infty}\mathrm{i}^m\mathrm{J}_m(x)\mathrm{e}^{\mathrm{i}m\theta},\qquad(15.1.17)$$

式(15.1.17)的含义是将平面波按柱面波作展开.

由于

$$\sum_{m=-\infty}^{\infty}\mathrm{J}_m(x+y)z^m=\mathrm{e}^{\frac{1}{2}(x+y)\left(z-\frac{1}{z}\right)}=\mathrm{e}^{\frac{1}{2}x\left(z-\frac{1}{z}\right)}\cdot\mathrm{e}^{\frac{1}{2}y\left(z-\frac{1}{z}\right)}$$

$$=\sum_{k=-\infty}^{\infty}\mathrm{J}_k(x)z^k\sum_{n=-\infty}^{\infty}\mathrm{J}_n(y)z^n,$$

所以得贝塞尔函数的加法公式:

$$\mathrm{J}_m(x+y)=\sum_{k=-\infty}^{\infty}\mathrm{J}_k(x)\mathrm{J}_{m-k}(y).\qquad(15.1.18)$$

注记

由贝塞尔函数的递推关系式(15.1.6)可得无穷连分式展开:

$$\frac{\mathrm{J}_{m-1}(x)}{\mathrm{J}_m(x)}=\frac{2m}{x}-\cfrac{1}{\cfrac{\mathrm{J}_m(x)}{\mathrm{J}_{m+1}(x)}}=\frac{2m}{x}-\cfrac{1}{\cfrac{2m+2}{x}-\cfrac{1}{\cfrac{\mathrm{J}_{m+1}(x)}{\mathrm{J}_{m+2}(x)}}}$$

$$=\frac{2m}{x}-\cfrac{1}{\cfrac{2m+2}{x}-\cfrac{1}{\cfrac{2m+4}{x}-\cdots}},$$

取 $m=\frac{1}{2}$,由于 $\mathrm{J}_{-\frac{1}{2}}(x)/\mathrm{J}_{\frac{1}{2}}(x)=\cot x$,所以

$$\tan x=\cfrac{1}{\cfrac{1}{x}-\cfrac{1}{\cfrac{3}{x}-\cfrac{1}{\cfrac{5}{x}-\cdots}}}.$$

这个连分式是兰伯特(J. H. Lambert)于1761年发现的,他曾以此来证明 π 是无理数:由于

无穷连分式表明 x 和 $\tan x$ 不可能同时为有理数，而当 $x=\pi/4$ 时，$\tan(\pi/4)=1$ 是有理数，于是推知 π 必定是无理数.

贝塞尔函数的加法公式具有函数序列 $\mathrm{J}_m(x)(m\in\mathbb{Z})$ 的 z 变换卷积形式：

$$\mathrm{J}_m(x+y)=\sum_{k=-\infty}^{\infty}\mathrm{J}_k(x)\cdot\mathrm{J}_{m-k}(y)\stackrel{\text{def}}{=}\mathrm{J}_m(x)*\mathrm{J}_m(y).$$

根据 z 变换的卷积定理有

$$\mathcal{Z}[\mathrm{J}_m(x+y)]=\mathcal{Z}[\mathrm{J}_m(x)]\cdot\mathcal{Z}[\mathrm{J}_m(y)],$$

该式将自变量的加法运算映射为函数的乘法运算，暗示 $\mathrm{J}_m(x)$ 的 z 变换具有指数函数的特征，而贝塞尔函数的母函数确实为指数形式，它们之间是一脉相承的.

聊记于心，注意到厄米多项式也具有指数函数形式的母函数，

$$G(x,t)=\mathrm{e}^{-t^2+2xt}=\sum_{n=0}^{\infty}\frac{1}{n!}\mathrm{H}_n(x)t^n.$$

让人猜想厄米多项式是否也有加法公式？勤快的读者动手试试.

习　题

[1] 计算积分：

(a) $\int_0^a x^3\mathrm{J}_0(x)\mathrm{d}x$；　(b) $\int_0^\infty \mathrm{e}^{-ax}\mathrm{J}_0(\sqrt{bx})\mathrm{d}x$.

答案：(a) $a^3\mathrm{J}_1(a)-2a^2\mathrm{J}_2(a)$；　(b) $\dfrac{1}{a}\mathrm{e}^{-b/4a}$.

[2] 半径为 ρ_0 的匀质圆柱，高为 L，上底有均匀热流 q_0 流入，下底有同样的热流流出，侧面保持温度为零，求柱内的稳定温度分布.

答案：

$$u(\rho,z)=\sum_{n=1}^{\infty}\frac{2q_0\rho_0}{\kappa[x_n^{(0)}]^2\mathrm{J}_1(x_n^{(0)})\sinh(x_n^{(0)}L/\rho_0)}\left[\cosh\left(\frac{x_n^{(0)}}{\rho_0}z\right)-\cosh\frac{x_n^{(0)}(L-z)}{\rho_0}\right]\mathrm{J}_0\left(\frac{x_n^{(0)}}{\rho_0}\rho\right).$$

[3] 半径为 ρ_0 的圆形膜，边缘固定，膜的初始形状为

$$u(\rho)\big|_{t=0}=\left(1-\frac{\rho^2}{\rho_0^2}\right)u_0,$$

假设初始速度为零，求解膜的振动.

答案：

$$u(\rho,t)=\sum_{n=1}^{\infty}\frac{8u_0}{[x_n^{(0)}]^3\mathrm{J}_1(x_n^{(0)})}\mathrm{J}_0\left(\frac{x_n^{(0)}}{\rho_0}\rho\right)\cos\left(\frac{x_n^{(0)}}{\rho_0}at\right).$$

[4] 推导贝塞尔函数的归一化模：

$$[N_n^{(m)}]^2=\frac{1}{2}\left(\rho_0^2-\frac{m^2}{\mu_n^{(m)}}\right)\left[\mathrm{J}_m\left(\sqrt{\mu_n^{(m)}}\rho_0\right)\right]^2+\frac{1}{2}\rho_0^2\left[\mathrm{J}_m'\left(\sqrt{\mu_n^{(m)}}\rho_0\right)\right]^2.$$

[5] 证明贝塞尔函数的母函数为

$$F(x,z)=\mathrm{e}^{\frac{1}{2}x\left(z-\frac{1}{z}\right)}=\sum_{m=-\infty}^{\infty}\mathrm{J}_m(x)z^m\quad(0<|z|<\infty).$$

提示：将 $\mathrm{e}^{\frac{1}{2}x\left(z-\frac{1}{z}\right)}=\mathrm{e}^{\frac{1}{2}xz}\cdot\mathrm{e}^{-\frac{x}{2z}}$ 在 $z=0$ 的邻域分别作泰勒级数/洛朗级数展开，然后再重新组合.

[6] 求解二维无界空间中的波动方程：

$$\begin{cases}u_{tt}-a^2\Delta_2 u=0\\ u|_{t=0}=\varphi(\boldsymbol{r}),\quad u_t|_{t=0}=\psi(\boldsymbol{r})\end{cases}.$$

提示：利用积分公式

$$\int_0^\infty \mathrm{J}_\nu(\alpha x)\sin\beta x\,\mathrm{d}x=\begin{cases}\dfrac{\sin\left(\nu\arcsin\dfrac{\beta}{\alpha}\right)}{\sqrt{\alpha^2-\beta^2}} & (\beta<\alpha)\\[2ex] \dfrac{\alpha^\nu\cos\dfrac{\nu\pi}{2}}{\sqrt{\beta^2-\alpha^2}\,(\beta+\sqrt{\beta^2-\alpha^2})^\nu} & (\beta>\alpha>0)\end{cases}.$$

答案：

$$u(\boldsymbol{r},t)=\frac{1}{2\pi a}\frac{\partial}{\partial t}\iint\limits_{C_r}\frac{\varphi(\boldsymbol{r}')}{\sqrt{(at)^2-|\boldsymbol{r}-\boldsymbol{r}'|^2}}\mathrm{d}x'\mathrm{d}y'+\frac{1}{2\pi a}\iint\limits_{C_r}\frac{\psi(\boldsymbol{r}')}{\sqrt{(at)^2-|\boldsymbol{r}-\boldsymbol{r}'|^2}}\mathrm{d}x'\mathrm{d}y'.$$

[7] 证明：

(a) $\displaystyle\int_0^\infty \mathrm{J}_\nu(ax)\,\mathrm{e}^{-px}\,\mathrm{d}x=\frac{(\sqrt{p^2+a^2}+p)^{-\nu}}{a^\nu\sqrt{p^2+a^2}}\quad(\mathrm{Re}p>0)$；

(b) $\displaystyle\int_0^\infty x^{\nu+1}\mathrm{e}^{-b^2x^2}\mathrm{J}_\nu(ax)\,\mathrm{d}x=\frac{a^\nu}{(2b^2)^{\nu+1}}\mathrm{e}^{-\frac{a^2}{4b^2}}$；

(c) $\displaystyle\int_0^\infty x^{\nu+1}\mathrm{e}^{-bx}\mathrm{J}_\nu(ax)\,\mathrm{d}x=\frac{2b(2a)^\nu}{\sqrt{\pi}(a^2+b^2)^{\nu+3/2}}\Gamma(\nu+3/2)$.

提示：直接将贝塞尔函数的级数表达式代入，化为 Γ 积分.

[8] 证明：

(a) $\displaystyle\int_0^\infty \mathrm{J}_0(ax)\frac{\sin bx}{x}\mathrm{d}x=\begin{cases}\dfrac{\pi}{2} & (0\leqslant a<b)\\[1ex] \arcsin\dfrac{b}{a} & (a>b)\end{cases}$；

(b) $\displaystyle\int_0^\infty \mathrm{J}_0(ax)\sin bx\,\mathrm{d}x=\begin{cases}\dfrac{1}{\sqrt{b^2-a^2}} & (0<a<b)\\[1ex] 0 & (a>b)\end{cases}$.

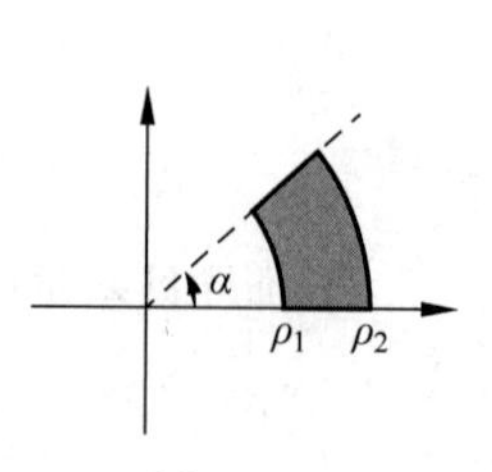

图 15.2

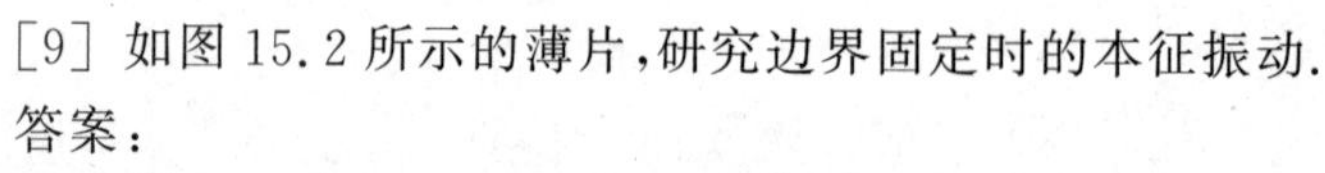
提示：(a) 代入贝塞尔函数的积分表示并交换积分次序；(b) 利用贝塞尔函数的拉普拉斯变换公式.

[9] 如图 15.2 所示的薄片，研究边界固定时的本征振动.

答案：

$$u_{np}(\rho,\theta)=[\mathrm{N}_{\lambda_n}(k_{np}\rho_1)\mathrm{J}_{\lambda_n}(k_{np}\rho)-\mathrm{J}_{\lambda_n}(k_{np}\rho_1)\mathrm{N}_{\lambda_n}(k_{np}\rho)]\sin\lambda_n\theta,$$

$$\lambda_n=\frac{n\pi}{\alpha}\quad(n,p\in\mathbb{N}).$$

15.2　虚宗量贝塞尔函数

在 15.1 节讨论了当 $\mu\geqslant 0$ 时，圆柱表面的齐次边界条件决定了贝塞尔方程的本征值问题. 当 $\mu<0$ 时，令 $\mu=-\nu^2, x=\nu\rho$，虚宗量贝塞尔方程

$$\frac{\mathrm{d}^2R}{\mathrm{d}x^2}+\frac{1}{x}\frac{\mathrm{d}R}{\mathrm{d}x}-\left(1+\frac{m^2}{x^2}\right)R=0$$

的一个级数解称作 m 阶虚宗量贝塞尔函数(Bessel function of imaginary argument)或第一类修正贝塞尔函数(modified Bessel function of the first kind). 取 $\mathrm{I}_\nu(x)=\mathrm{i}^{-\nu}\mathrm{J}_\nu(\mathrm{i}x)$，有

$$\mathrm{I}_\nu(x)=\sum_{k=0}^{\infty}\frac{1}{k!\,\Gamma(\nu+k+1)}\left(\frac{x}{2}\right)^{\nu+2k}.\tag{15.2.1}$$

类似于诺依曼函数，ν 阶虚宗量贝塞尔方程的第二个解可取为第二类修正贝塞尔函数(modified Bessel function of the second kind)或虚宗量汉克尔函数：

$$\mathrm{K}_\nu(x)=\frac{\pi\mathrm{i}}{2}\mathrm{e}^{\frac{\mathrm{i}\pi\nu}{2}}\mathrm{H}_\nu^{(1)}(\mathrm{i}x)=\frac{\pi}{2}\frac{\mathrm{I}_{-\nu}(x)-\mathrm{I}_\nu(x)}{\sin\nu\pi}.\tag{15.2.2}$$

当 $\nu=m\in\mathbb{Z}$，有

$$\mathrm{K}_m(x)=\lim_{\nu\to m}\frac{\pi}{2}\frac{\mathrm{I}_{-\nu}(x)-\mathrm{I}_\nu(x)}{\sin\nu\pi},$$

方程的通解为

$$y(x)=C_1\mathrm{I}_\nu(x)+C_2\mathrm{K}_\nu(x).$$

图 15.3(a)和(b)分别描绘了几个低阶的虚宗量贝塞尔函数和虚宗量汉克尔函数，它们与贝塞尔函数和诺依曼函数有着本质的区别，就是函数曲线没有振荡性. 贝塞尔函数与虚宗量贝塞尔函数之间的关系，很像三角函数与指数函数之间的关系，其极限行为如下：

当 $x=0$ 时，

$$\mathrm{I}_0(0)=1,\quad \mathrm{I}_m(0)=0,\quad \mathrm{K}_m(0)\to\infty;$$

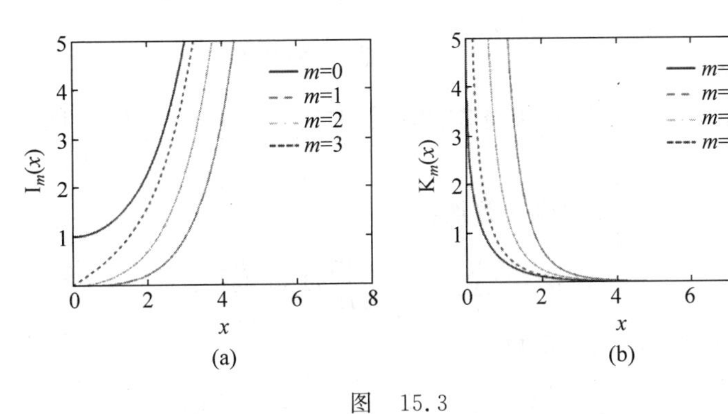

图　15.3

当 $x\to\infty$ 时,

$$\mathrm{I}_m(x)\sim\frac{1}{2\sqrt{x}}\mathrm{e}^{x}\to\infty,\quad \mathrm{K}_m(x)\sim\frac{\pi}{2\sqrt{x}}\mathrm{e}^{-x}\to 0.$$

讨论 虚宗量贝塞尔方程是否属于施图姆-刘维尔型方程?它是否构成本征值问题?为什么?

虚宗量贝塞尔函数 $\mathrm{I}_m(x)$ 除在 $x=0$ 点外,没有其他零点,不能满足齐次边界条件,也不具备自然边界条件.由于 $x=0$ 时 $\mathrm{K}_m(x)$ 发散,当物理问题包含圆柱轴心时,必须丢弃;但当系统不包含轴心,比如空心圆筒问题,就需要考虑虚宗量汉克尔函数的贡献.

对于上下底面取齐次边界条件的问题,应当考虑 $\mu\leqslant 0$ 的情形,此时径向部分满足虚宗量贝塞尔方程.

例 15.3 半径为 ρ_0、高为 L 的匀质圆柱,侧面有强度为 q_0 的均匀热流进入,圆柱上下两底为恒定的温度 u_0,求解柱内稳定温度分布.

解 依据题意,该定解问题可表述为

$$\begin{cases}\Delta u=0\\ ku_\rho|_{\rho=\rho_0}=q_0, & u|_{\rho=0}\text{ 有限}\\ u|_{z=0}=u_0, & u|_{z=L}=u_0\end{cases}.$$

本题适宜于采用上下底边界条件齐次化: $u=u_0+v$,则

$$\begin{cases}\Delta v=0\\ kv_\rho|_{\rho=\rho_0}=q_0, & v|_{\rho=0}\text{ 有限}\\ v|_{z=0}=0, & v|_{z=L}=0\end{cases}.$$

由于本题边界条件具有轴对称性,所以 $m=0$.由于上下底面都满足齐次边界条件,故只需考虑 $\mu\leqslant 0$ 的情况,令 $\mu=-\nu^2$,有

(1) 对于 $\mu<0$,有

$$v(\rho,z)\propto[\mathrm{I}_0(\nu\rho),K_0(\nu\rho)][\cos\nu z,\sin\nu z].$$

考虑到圆柱轴心上物理量有限的约束,丢弃发散解 $K_0(\nu\rho)$.本征值由上下底的齐次边界条件确定,本征函数取为

$$v(\rho,z)\propto I_0(\nu_p\rho)\sin\nu_p z,$$

$$\nu_p=\frac{p\pi}{L}\quad(p=1,2,3,\cdots).$$

(2) 对于 $\mu=0$,上下底的第一类齐次边界条件使得 $v(\rho,z)=0$,所以不需要考虑这种情况.

方程的一般解为本征函数的线性叠加:

$$v(\rho,z)=\sum_{p=1}^{\infty}A_p\mathrm{I}_0\left(\frac{p\pi}{L}\rho\right)\sin\frac{p\pi}{L}z.$$

由圆柱侧面的边界条件可以确定系数

$$A_p=\frac{2Lq_0}{p^2\pi^2k}\frac{1}{\mathrm{I}_0'(p\pi\rho_0/L)}[1-(-1)^p],$$

所以

$$u(\rho,z)=u_0+\frac{4Lq_0}{\pi^2 k}\sum_{n=0}^{\infty}\frac{1}{(2n+1)^2}\frac{1}{\mathrm{I}'_0[(2n+1)\pi\rho_0/L]}\mathrm{I}_0\left[\frac{(2n+1)\pi}{L}\rho\right]\sin\frac{(2n+1)\pi z}{L}.$$

思考 本题可否采用使圆柱侧面边界条件齐次化的办法？为什么？

例 15.4 求二维各向同性量子波包随时间的演化：

$$\begin{cases}\mathrm{i}\hbar\partial_t\psi(x,y,t)=-\dfrac{\hbar^2}{2m}\nabla^2\psi(x,y,t)\\ \psi(x,y,t)\mid_{t=0}=\varphi(r)\end{cases}.$$

解 作二维傅里叶变换：$\Psi(k_x,k_y,t)=\mathfrak{F}[\psi(x,y,t)]$，解得

$$\Psi(k_x,k_y,t)=\Phi(k)\mathrm{e}^{-\mathrm{i}\frac{\hbar k^2}{2m}t},$$

其中，$k^2=k_x^2+k_y^2$，$\Phi(k)$是$\varphi(r)$的二维傅里叶变换，

$$\Phi(k)=\mathfrak{F}[\varphi(r)]=\frac{1}{(2\pi)^2}\int_0^{\infty}\mathrm{d}r\int_0^{2\pi}\mathrm{d}\theta\varphi(r)\,\mathrm{e}^{-\mathrm{i}kr\cos\theta}r\,\mathrm{d}r\,\mathrm{d}\theta$$
$$=\frac{1}{2\pi}\int_0^{\infty}\varphi(r)\,\mathrm{J}_0(kr)r\,\mathrm{d}r.$$

再作逆变换，利用贝塞尔函数母函数的性质得到原函数为

$$\psi(r,t)=\int_0^{\infty}\int_0^{2\pi}\mathrm{d}\theta\Phi(k)\,\mathrm{e}^{-\mathrm{i}\frac{\hbar k^2}{2m}t}\mathrm{e}^{\mathrm{i}kr\cos\theta}k\,\mathrm{d}k\,\mathrm{d}\theta=2\pi\int_0^{\infty}\Phi(k)\,\mathrm{J}_0(kr)\,\mathrm{e}^{-\mathrm{i}\frac{\hbar k^2}{2m}t}k\,\mathrm{d}k$$
$$=\int_0^{\infty}\int_0^{\infty}\varphi(r')\,\mathrm{J}_0(kr')r'\,\mathrm{d}r'\mathrm{J}_0(kr)\,\mathrm{e}^{-\mathrm{i}\frac{\hbar k^2}{2m}t}k\,\mathrm{d}k$$
$$=\int_0^{\infty}\varphi(r')r'\left[\int_0^{\infty}\mathrm{J}_0(kr')\,\mathrm{J}_0(kr)\,\mathrm{e}^{-\mathrm{i}\frac{\hbar k^2}{2m}t}k\,\mathrm{d}k\right]\mathrm{d}r'$$
$$=\frac{m}{\mathrm{i}\,\hbar t}\mathrm{e}^{\frac{\mathrm{i}mr^2}{2\hbar t}}\int_0^{\infty}\mathrm{e}^{\frac{\mathrm{i}mr'^2}{2\hbar t}}\mathrm{J}_0\left(\frac{mr}{\hbar t}r'\right)\varphi(r')r'\,\mathrm{d}r',$$

最后一步利用了积分公式(可查积分手册)：

$$\int_0^{\infty}\mathrm{J}_n(\alpha k)\,\mathrm{J}_n(\beta k)\,\mathrm{e}^{-\rho^2k^2}k\,\mathrm{d}k=\frac{1}{2\rho^2}\mathrm{e}^{-\frac{\alpha^2+\beta^2}{4\rho^2}}\mathrm{I}_n\left(\frac{\alpha\beta}{2\rho^2}\right).$$

假设初始时刻在原点处有一个二维高斯型波包 $\varphi(r)=\dfrac{1}{4\pi\sigma^2}\mathrm{e}^{-\frac{r^2}{2\sigma^2}}$，利用积分公式

$$\int_0^{\infty}\mathrm{J}_n(\beta x)\,\mathrm{e}^{-\alpha x^2}x\,\mathrm{d}x=\frac{\sqrt{\pi}\beta}{8\alpha^{3/2}}\mathrm{e}^{-\frac{\beta^2}{8\alpha}}\left[\mathrm{I}_{(n-1)/2}\left(\frac{\beta^2}{8\alpha}\right)-\mathrm{I}_{(n+1)/2}\left(\frac{\beta^2}{8\alpha}\right)\right],$$

令

$$\beta=\frac{mr}{\hbar t},\quad \alpha=\left(\frac{1}{2\sigma^2}-\frac{\mathrm{i}m}{2\,\hbar t}\right),\quad \frac{\beta^2}{4\alpha}=\frac{m^2\sigma^2r^2}{2(\hbar t-\mathrm{i}m\sigma^2)\,\hbar t},$$

注意到 $\mathrm{I}_{-\frac{1}{2}}(x)-\mathrm{I}_{\frac{1}{2}}(x)=\sqrt{\dfrac{2}{\pi x}}\mathrm{e}^{-x}$，有

$$\begin{aligned}\psi(r,t)&=\frac{m}{\mathrm{i}4\pi\sigma^2\ \hbar t}\mathrm{e}^{\frac{\mathrm{i}mr^2}{2\hbar t}}\int_0^\infty \mathrm{e}^{-\left(\frac{1}{2\sigma^2}-\frac{\mathrm{i}m}{2\hbar t}\right)r'^2}\mathrm{J}_0\left(\frac{mr}{\hbar t}r'\right)r'\mathrm{d}r'\\&=\frac{m}{\mathrm{i}4\pi\sigma^2\ \hbar t}\mathrm{e}^{\frac{\mathrm{i}mr^2}{2\hbar t}}\ \frac{\sqrt{\pi}\beta}{8\alpha^{3/2}}\mathrm{e}^{-\frac{\beta^2}{8\alpha}}\left[\mathrm{I}_{-\frac{1}{2}}\left(\frac{\beta^2}{8\alpha}\right)-\mathrm{I}_{\frac{1}{2}}\left(\frac{\beta^2}{8\alpha}\right)\right]\\&=\frac{m}{\mathrm{i}4\pi\sigma^2\ \hbar t}\mathrm{e}^{\frac{\mathrm{i}mr^2}{2\hbar t}}\ \frac{\sqrt{\pi}\beta}{8\alpha^{3/2}}\sqrt{\frac{16\alpha}{\pi\beta^2}}\mathrm{e}^{-\frac{\beta^2}{4\alpha}}=\frac{m}{2\mathrm{i}\sigma^2\ \hbar t}\ \frac{1}{\alpha}\mathrm{e}^{\frac{\mathrm{i}mr^2}{2\hbar t}}\mathrm{e}^{-\frac{\beta^2}{4\alpha}}\\&=\frac{1}{4\pi(\sigma^2+\mathrm{i}\hbar t/m)}\mathrm{e}^{-\frac{r^2}{2(\sigma^2+\mathrm{i}\hbar t/m)}}.\end{aligned}$$

与例12.5的一维波包扩散比较,对于物质波而言,二维波包和一维波包的扩散行为基本上是一样的.量子波包扩散与经典粒子的扩散行为(布朗运动)非常相似,即扩散范围与时间的平方根成正比,它们源自薛定谔方程与扩散方程在形式上的一致性,都含有关于时间的一阶导数,而与机械波运动完全不同.

注记

贝塞尔方程和虚宗量贝塞尔方程的区别,在于分离变量常数分别为 $\mu>0$ 和 $\mu<0$,那么 μ 究竟由什么决定呢?它是由齐次边界条件决定的.

(1) 对于圆柱体,如果侧面满足齐次边界条件,则必有 $\mu\geqslant 0$,此时为贝塞尔方程,本征值由振荡贝塞尔函数的零点决定.

(2) 如果上下底面满足齐次边界条件,则必有 $\mu\leqslant 0$,此时径向部分为非振荡的虚宗量贝塞尔方程,它不能决定本征值问题,本征值须由 z 方向的齐次边界问题决定.类似的情况曾出现在11.3节习题[3].

(3) 特别地,对于上下底均为第二类齐次边界条件,需要考虑 $\mu=0$ 的情况.

上述规则是由一般的施图姆-刘维尔本征理论决定的,齐次边界和自然边界条件要求本征值为正.

习　　题

[1] 证明:

(a) $\mathrm{e}^x=\mathrm{I}_0(x)+2\sum_{n=1}^{\infty}\mathrm{I}_n(x)$;　(b) $\mathrm{e}^{-x}=\mathrm{I}_0(x)+2\sum_{n=1}^{\infty}(-1)^n\mathrm{I}_n(x)$;

(c) $\sinh x=2\sum_{n=1}^{\infty}\mathrm{I}_{2n-1}(x)$;　(d) $\cosh x=\mathrm{I}_0(x)+2\sum_{n=1}^{\infty}\mathrm{I}_{2n}(x)$;

(e) $1=\mathrm{I}_0(x)+2\sum_{n=1}^{\infty}(-1)^n\mathrm{I}_{2n}(x)$;　(f) $\mathrm{I}_n(x)=\frac{1}{\pi}\int_0^{\pi}\mathrm{e}^{x\cos\theta}\cos n\theta\,\mathrm{d}\theta$.

提示:利用贝塞尔函数的母函数 $F(x,z)=\mathrm{e}^{\mathrm{i}x\cos\theta}$ 的平面波展开式.

[2] 半径为 ρ_0 的匀质圆柱,高为 L,下底温度为 u_0,上底有均匀分布的热流 q_0 流入,侧面温度分布为 $f(z)$,求柱内的稳定温度分布.

答案:

$$u(\rho,z)=u_0+\frac{q_0}{\kappa}z+\sum_{p=1}^{\infty}A_p\mathrm{I}_0\left(\frac{(p+1/2)\pi}{L}\rho\right)\sin\frac{(p+1/2)\pi z}{L}.$$

[3] 半径为 ρ_0 的匀质圆柱,高为 L,圆柱侧面有强度为 q_0 的均匀热流进入,圆柱上下

底面保持温度分别为 $f_2(\rho)$ 和 $f_1(\rho)$，求柱内的稳定温度分布.

提示：将函数分为两部分之和，一部分满足上下底齐次边界条件，另一部分满足侧面齐次边界条件.

[4] 证明：

(a) $\int_0^\infty \mathrm{e}^{-ax/2}\sin bx\,\mathrm{I}_0(ax/2)\,\mathrm{d}x=\frac{1}{\sqrt{2b}}\frac{1}{\sqrt{a^2+b^2}}\sqrt{b+\sqrt{a^2+b^2}}$；

(b) $\int_0^\infty \mathrm{e}^{-ax/2}\cos bx\,\mathrm{I}_0(ax/2)\,\mathrm{d}x=\frac{1}{\sqrt{2b}}\frac{1}{\sqrt{a^2+b^2}}\frac{a}{\sqrt{b+\sqrt{a^2+b^2}}}$.

提示：利用贝塞尔函数的积分表示.

15.3　球贝塞尔函数

波动方程 $u_{tt}-a^2\Delta u=0$ 及输运方程 $u_t-a^2\Delta u=0$ 在分离出时间变量后，都得到方程 $\Delta v+k^2v=0$，称为亥姆霍兹方程.

1. 球坐标系亥姆霍兹方程

$$\frac{1}{r^2}\frac{\partial}{\partial r}\left(r^2\frac{\partial v}{\partial r}\right)+\frac{1}{r^2\sin\theta}\frac{\partial}{\partial\theta}\left(\sin\theta\frac{\partial v}{\partial\theta}\right)+\frac{1}{r^2\sin^2\theta}\frac{\partial^2 v}{\partial\phi^2}+k^2v=0,$$

其径向部分满足所谓球贝塞尔方程

$$r^2\frac{\mathrm{d}^2R}{\mathrm{d}r^2}+2r\frac{\mathrm{d}R}{\mathrm{d}r}+[k^2r^2-l(l+1)]R=0. \tag{15.3.1}$$

作变量替换

$$x=kr,\quad R(r)=\left(\frac{\pi}{2x}\right)^{1/2}y(x),$$

该方程可化成半奇数 $l+1/2$ 阶的贝塞尔方程

$$x^2\frac{\mathrm{d}^2y}{\mathrm{d}x^2}+x\frac{\mathrm{d}y}{\mathrm{d}x}+[x^2-(l+1/2)^2]y=0,$$

该方程的解称为 l 阶球贝塞尔函数(spherical Bessel function)，

$$\mathrm{j}_l(x)=\sqrt{\frac{\pi}{2x}}\mathrm{J}_{l+1/2}(x),\quad \mathrm{j}_{-l}(x)=\sqrt{\frac{\pi}{2x}}\mathrm{J}_{-l+1/2}(x), \tag{15.3.2}$$

以及球诺依曼函数 $\mathrm{n}_l(x)$，

$$\mathrm{n}_l(x)=\sqrt{\frac{\pi}{2x}}\mathrm{N}_{l+1/2}(x).$$

图 15.4(a)和(b)分别描绘了几个低阶球贝塞尔函数和球诺依曼函数，类似于三角函数，它们都具有振荡特性. 事实上低阶球贝塞尔函数可以用初等函数表示：

$$\mathrm{j}_0(x)=\frac{\sin x}{x},\quad j_{-1}(x)=\frac{\cos x}{x},\quad \mathrm{j}_1(x)=\frac{\sin x-x\cos x}{x^2},\cdots$$

$$\mathrm{n}_0(x)=-\frac{\cos x}{x},\quad \mathrm{n}_1(x)=-\frac{\cos x+x\sin x}{x^2},\cdots$$

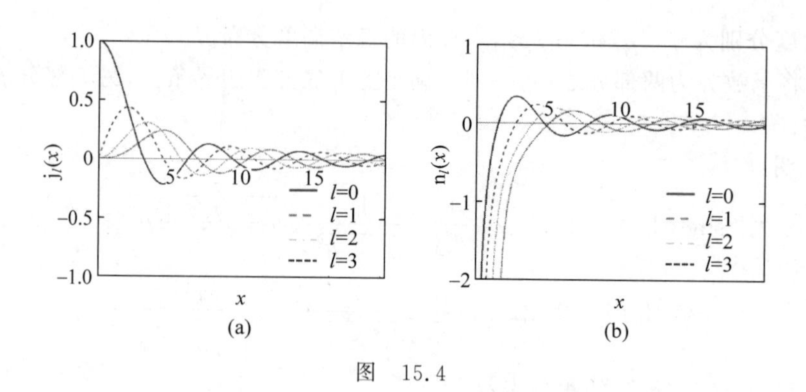

图 15.4

在处理波在球状物体或中心力场的散射问题时,经常采用球汉克尔函数,

$$\mathrm{h}_l^{(1)}(x)=\mathrm{j}_l(x)+\mathrm{i}\mathrm{n}_l(x),$$

$$\mathrm{h}_l^{(2)}(x)=\mathrm{j}_l(x)-\mathrm{i}\mathrm{n}_l(x).$$

2. 基本性质

(1) 极限行为:

当 $x=0$ 时,

$$\mathrm{j}_0(0)=1,\quad \mathrm{j}_l(0)=0,\quad \mathrm{n}_l(x)\to\infty;$$

当 $x\to\infty$时,

$$\mathrm{j}_l(x)\sim\frac{1}{x}\cos\left(x-\frac{l+1}{2}\pi\right),\quad \mathrm{n}_l(x)\sim\frac{1}{x}\sin\left(x-\frac{l+1}{2}\pi\right)$$

$$\mathrm{h}_l^{(1)}(x)\sim\frac{1}{x}\mathrm{e}^{\mathrm{i}x}(-\mathrm{i})^{l+1},\quad \mathrm{h}_l^{(2)}(x)\sim\frac{1}{x}\mathrm{e}^{-\mathrm{i}x}\mathrm{i}^{l+1},$$

球汉克尔函数在远处具有球面波的形式.

(2) 递推关系:

$$z_{l+1}(x)=\frac{2l+1}{x}z_l(x)-z_{l-1}(x),$$

除此之外,还有其他类似贝塞尔函数的递推关系,略.

3. 本征值问题

球贝塞尔方程属于施图姆-刘维尔本征值问题:

$$\begin{cases}-\dfrac{\mathrm{d}}{\mathrm{d}r}\left(r^2\dfrac{\mathrm{d}R}{\mathrm{d}r}\right)+l(l+1)R=k^2r^2R\\ R|_{r=r_0}=0,\quad R|_{r=0}\ \text{有限}\end{cases}.$$

本征值 k 由球面的齐次边界条件决定:$k_n=x_n^{(l)}/r_0$,$x_n^{(l)}$ 为 l 阶球贝塞尔函数 $\mathrm{j}_l(x)$的第 n 个零点.相应的本征函数为 $\mathrm{j}_l(k_nr)$,它们之间满足带权重 $\rho(r)=r^2$ 的正交关系:

$$\int_0^{r_0}\mathrm{j}_l(k_mr)\mathrm{j}_l(k_nr)r^2\mathrm{d}r=[N_n]^2\delta_{mn}, \tag{15.3.3}$$

归一化模为

$$[N_n]^2=\int_0^{r_0}[\mathrm{j}_l(k_n r)]^2 r^2\mathrm{d}r=\frac{\pi}{2k_n}\int_0^{r_0}[\mathrm{J}_{l+1/2}(k_n r)]^2 r\mathrm{d}r.$$

注意，正交性指对相同 l，不同本征值 k_n 的本征函数之间正交. 表 15.2 列出了前几个球贝塞尔函数的零点.

表　15.2

$x_n^{(m)}$	$n=1$	$n=2$	$n=3$	$n=4$	$n=5$	$n=6$	$n=7$
$\mathrm{j}_0(x)$	π	2π	3π	4π	5π	6π	7π
$\mathrm{j}_1(x)$	4.4934	7.7252	10.9041	14.0662	17.2201	20.2713	23.5194

4. 广义傅里叶级数

定义在$[0,r_0]$区间的函数 $f(r)$可用正交完备的本征函数 $\mathrm{j}_l(k_n r)$作广义傅里叶级数展开，

$$\begin{cases}f(r)=\sum\limits_{m=1}^{\infty}f_m\mathrm{j}_l(k_m r)\\ f_m=\dfrac{1}{[N_m]^2}\displaystyle\int_0^{r_0}f(r)\mathrm{j}_l(k_m r)r^2\mathrm{d}r\end{cases}. \tag{15.3.4}$$

例 15.5　半径为 r_0 的匀质球，初始时刻球体温度均匀为 u_0，置于温度为 u_1 的环境中，求解球内各处温度的变化.

解　该定解问题可表述为

$$\begin{cases}\dfrac{\partial u}{\partial t}-a^2\Delta u=0\\ u|_{t=0}=u_0,\quad u|_{r=r_0}=u_1\end{cases}.$$

先将边界条件齐次化，取 $u=v+u_1$. 由于边界条件具有球对称性，所以

$$l=0,\quad m=0.$$

又考虑到球心的温度有限，可以推知径向部分的解为零阶球贝塞尔函数，所以方程的解具有如下形式：

$$v(r,t)=\mathrm{e}^{-k^2a^2t}\mathrm{j}_0(kr),$$

其中，k 由球面的齐次边界条件决定：

$$\mathrm{j}_0(k_n r_0)=\frac{\sin kr_0}{kr_0}=0\rightarrow k_n=\frac{n\pi}{r_0},$$

所以

$$v(r,t)=\sum_{n=1}^{\infty}A_n\frac{\sin(n\pi r/r_0)}{(n\pi r/r_0)}\mathrm{e}^{-(n\pi a/r_0)^2 t}.$$

由初始条件定出 A_n，最后结果是

$$u(r)=u_1+2(u_1-u_0)\sum_{n=1}^{\infty}(-1)^n\frac{\sin(n\pi r/r_0)}{n\pi r/r_0}\mathrm{e}^{-(n\pi a/r_0)^2 t}.$$

结果表明，物体在环境中温度下降的速度与其表面积有关，物体表面积或体积越大，温

度下降越慢.

5. 球面波展开

当平面波照射到球形物体上时,散射波的本征态为球面波,这类问题经常出现在量子力学中粒子的散射过程中.考虑沿 z 轴方向传播的平面波

$$u(r,t)=\mathrm{e}^{\mathrm{i}k(z-at)}=\mathrm{e}^{\mathrm{i}k(r\cos\theta-at)},$$

分离出时间变量后,波动方程变为三维亥姆霍兹方程:$\Delta v+k^2v=0$,其在球坐标系中的有限本征函数为

$$v(r,\theta)\sim \mathrm{j}_l(kr)\mathrm{P}_l^m(\cos\theta)\begin{pmatrix}\cos m\phi\\ \sin m\phi\end{pmatrix}.$$

由于平面波与 ϕ 无关,所以 $m=0$,平面波可表示为本征态的叠加,

$$\mathrm{e}^{\mathrm{i}kr\cos\theta}=\sum_{l=0}^{\infty}A_l\mathrm{j}_l(kr)\mathrm{P}_l(\cos\theta).$$

勒让德多项式的展开系数为

$$A_l\mathrm{j}_l(kr)=\frac{2l+1}{2}\int_{-1}^{1}\mathrm{e}^{\mathrm{i}krx}\mathrm{P}_l(x)\mathrm{d}x.$$

为了计算 A_l,考虑 $r\to\infty$ 的渐近行为

$$A_l\mathrm{j}_l(kr)\sim A_l\,\frac{1}{kr}\cos\left(kr-\frac{l+1}{2}\pi\right),$$

对方程右边作分步积分:

$$\begin{aligned}\frac{2l+1}{2}\int_{-1}^{1}\mathrm{e}^{\mathrm{i}krx}\mathrm{P}_l(x)\mathrm{d}x&=\frac{2l+1}{2\mathrm{i}kr}\left[\mathrm{e}^{\mathrm{i}krx}P_l(x)\right]_{-1}^{1}-\frac{2l+1}{2\mathrm{i}kr}\int_{-1}^{1}\mathrm{e}^{\mathrm{i}krx}\left[\mathrm{P}_l(x)\right]'\mathrm{d}x\\&=\frac{2l+1}{2\mathrm{i}kr}\left[\mathrm{e}^{\mathrm{i}kr}-(-1)^l\mathrm{e}^{-\mathrm{i}kr}\right]-\frac{2l+1}{2\mathrm{i}kr}\int_{-1}^{1}\mathrm{e}^{\mathrm{i}krx}\left[\mathrm{P}_l(x)\right]'\mathrm{d}x\\&=\frac{2l+1}{\mathrm{i}kr}\mathrm{e}^{\frac{\mathrm{i}(l+1)\pi}{2}}\cos\left(kr-\frac{l+1}{2}\pi\right)-\frac{2l+1}{2\mathrm{i}kr}\int_{-1}^{1}\mathrm{e}^{\mathrm{i}krx}\left[\mathrm{P}_l(x)\right]'\mathrm{d}x\\&\xrightarrow{r\to\infty}\frac{2l+1}{\mathrm{i}kr}\mathrm{e}^{\frac{\mathrm{i}(l+1)\pi}{2}}\cos\left(kr-\frac{l+1}{2}\pi\right)-O\left(\frac{1}{r^2}\right),\end{aligned}$$

其中,右边第二项再作分步积分,结果将正比于 $1/r^2$.当 $r\to\infty$ 时将比第一项的 $1/r$ 更快地衰减,所以

$$A_l=-\mathrm{i}(2l+1)\mathrm{e}^{\frac{\mathrm{i}(l+1)\pi}{2}}=(2l+1)\mathrm{i}^l,$$

最后得到平面波按球面波展开公式:

$$\mathrm{e}^{\mathrm{i}kr\cos\theta}=\sum_{l=0}^{\infty}(2l+1)\mathrm{i}^l\mathrm{j}_l(kr)\mathrm{P}_l(\cos\theta).\tag{15.3.5}$$

在中心力场的粒子散射过程中角动量守恒,量子力学将散射波按角动量本征态展开的处理方法称作分波法.

6. 变形贝塞尔方程

许多变形的贝塞尔方程,包括虚宗量贝塞尔方程和球贝塞尔方程,都可以通过下面的变

换推导出,令

$$u(z)=z^{\alpha}Z_{\nu}(\lambda z^{\beta}),$$

则 $u(z)$满足方程

$$z^2\frac{\mathrm{d}^2u}{\mathrm{d}z^2}+(1-2\alpha)z\frac{\mathrm{d}u}{\mathrm{d}z}+(\lambda^2\beta^2z^{2\beta}+\alpha^2-\nu^2\beta^2)u=0;$$

再令

$$u(z)=z^{-\nu}\mathrm{e}^{\lambda x/2}Z_{\nu}(\mathrm{i}\lambda z/2),$$

则 $u(z)$满足方程

$$z\frac{\mathrm{d}^2u}{\mathrm{d}z^2}+[(2\nu+1)-\lambda z]\frac{\mathrm{d}u}{\mathrm{d}z}-\left(\nu+\frac{1}{2}\right)\lambda u=0;$$

或者令 $u(z)=\frac{1}{\cos z}Z_{\nu}(z)$,有

$$z^2\frac{\mathrm{d}^2u}{\mathrm{d}z^2}+(z-2z\tan z)\frac{\mathrm{d}u}{\mathrm{d}z}-(\nu^2+z\tan z)\lambda u=0;$$

令 $u(z)=\frac{1}{\sin z}Z_{\nu}(z)$,有

$$z^2\frac{\mathrm{d}^2u}{\mathrm{d}z^2}+(z-2z\cot z)\frac{\mathrm{d}u}{\mathrm{d}z}-(\nu^2-z\cot z)\lambda u=0.$$

注记

温度下降速度与物体的大小或者表面积成反比,即物体越大温度越稳定,受环境影响越慢.假设地球从最初的火球降到现在的温度,开尔文曾推测出地球的年龄为大约一亿岁.他的断言没有让任何人高兴:那些依据《圣经》相信上帝创世六千年的人认为开尔文的地球太老;那些相信进化论的人则认为这个地球太年轻.开尔文当然不知道,地球内部的放射物质作为额外的热源,使地球的冷却速度大大减慢,导致他的计算结果比地球的真实年龄小出近两个数量级.

这位创立了热力学绝对温标的卓越勋爵,曾通过计算得出地球上的氧气只能供工业化社会消耗四百年的结论,并为此深感担忧.

动物的新陈代谢速度与个体大小也有一定的关系,通常个体越小的动物,新陈代谢越快,因为在同样的环境中它们的热量流失得更快.在北极圈的海洋动物中除了冷血的鱼类,温血动物如抹香鲸等大多身躯庞大.寒带的水温对于幼年动物是严重的挑战,它们的体温会因热量流失过快而迅速下降,所以需要不断游动或者不时潜入深水中,那里的环境温度相对较高一些.抹香鲸的长途迁徙可能也与让幼鲸维持体温并迅速成长有关,相较而言,许多鸟类迁徙的主要原因可能不止是食物,而是为了在温暖地带繁育后代,并让雏鸟度过脆弱的时期,因为弱小的身体无法抵抗北方的寒冷冬季.

在漫长的进化过程中,生物形成的许多行为和体态都有物理的原因.在此联想到一个问题:为何陆地上的恐龙进化出如此巨大的躯体?能否推测那个时期整个地球的温度偏低?抑或大气的化学成分异常?恐龙时代的植物是否也是同样高大生猛?如果两者不同步,则可视作气候决定温血动物体型的一个佐证.

这种推论会不会犯和开尔文同样的错误呢?

习 题

[1] 证明递推关系:

(a) $\mathrm{j}_{k+1}(x)=\dfrac{2k+1}{x}\mathrm{j}_k(x)-\mathrm{j}_{k-1}(x)$;

(b) $k\mathrm{j}_{k-1}(x)-(k+1)\mathrm{j}_{k+1}(x)=(2k+1)\mathrm{j}'_k(x)$.

[2] 半径为 r_0 的匀质球,初始温度分布为 $f(r)\cos\theta$,保持球面温度为零,求球内各点的温度变化.

答案:

$$u(r,\theta,t)=\frac{2}{r_0^3}\sum_{n=1}^{\infty}\frac{\int_0^{r_0}\mathrm{j}_1(k_n r)f(r)r^2\mathrm{d}r}{[\mathrm{j}_0(k_n r_0)]^2}\mathrm{P}_1(\cos\theta)\mathrm{j}_1(k_n r)\mathrm{e}^{-a^2k_n^2t},$$

其中,$k_n=x_n/r_0$,这里 x_n 是方程 $x=\tan x$ 的第 n 个根.

[3] 半径为 r_0 的球面径向速度分布为 $v=v_0\cos\theta\cos\omega t$,假设 r_0 远小于声波的波长,求该球面所发射的稳恒振动的速度势分布.

提示:取球面散射波解

$$u=Ah_1^{(1)}(kr)\mathrm{P}_1(\cos\theta)\mathrm{e}^{-\mathrm{i}\omega t}\rightarrow k=\omega/a,$$

利用长波近似求出参量 A.

答案:

$$u(r,\theta,t)=-\frac{v_0\omega r_0^3}{2ar}\mathrm{P}_1(\cos\theta)\sin\frac{\omega}{a}(r-at).$$

[4] 有实心圆鼓如图 15.5 所示,假设鼓侧面固定,上下面可自由振动,研究其本征振动.

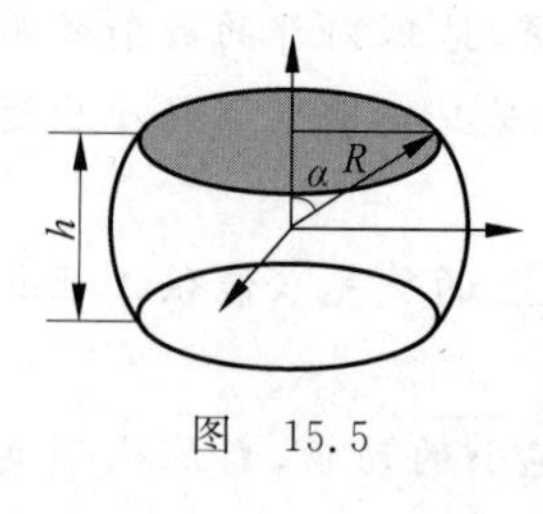

图 15.5

答案:

$$u_{mpn}(r,\theta,\phi)=\mathrm{j}_{\lambda_{mp}}(k_{mpn}r)\left\{\left[\mathrm{Q}_{\lambda_{mp}}^m\left(\frac{h}{2R}\right)\right]'\mathrm{P}_{\lambda_{mp}}^m(\cos\theta)-\left[\mathrm{P}_{\lambda_{mp}}^m\left(\frac{h}{2R}\right)\right]'\mathrm{Q}_{\lambda_{mp}}^m(\cos\theta)\right\}\begin{pmatrix}\cos m\phi\\ \sin m\phi\end{pmatrix},$$

$$k_{mpn}=x_n^{(\lambda_{mp})}/R\quad(m,n,p\in\mathbb{N}).$$

15.4 特殊函数分类

在量子力学中,微分方程在无穷远的行为通常都很重要,比如薛定谔方程的束缚态要求粒子出现在无穷远的概率为零.我们已经看到,微分方程定解的形式由系数函数决定.本节研究一类特殊的二阶常微分方程——富克斯方程(Fuchsian equation)的基本性质,以及作为方程解的特殊函数之间的关系.

1. 富克斯方程

富克斯方程是系数函数为单值解析,且全部奇点(包括无穷远点)都是正规奇点的二阶常微分方程.绝大多数物理方程都属于或者可化为富克斯方程,因此可以通过分析富克斯方程对其进行分类. 下面讨论在闭复平面 $\overline{\mathbb{C}}$ 上系数函数为有理函数(两个多项式之比)的情形.

考虑复自变量的二阶常微分方程

$$\frac{\mathrm{d}^2 w}{\mathrm{d}z^2}+p(z)\frac{\mathrm{d}w}{\mathrm{d}z}+q(z)w=0, \tag{15.4.1}$$

为了确定方程在无穷远的性状,令 $z=\frac{1}{t}$,并设 $v(t)=w\left(\frac{1}{t}\right)$,代入方程得

$$\frac{\mathrm{d}^2 v}{\mathrm{d}t^2}+\left[\frac{2}{t}-\frac{1}{t^2}r(t)\right]\frac{\mathrm{d}v}{\mathrm{d}t}+\frac{1}{t^4}s(t)v=0,$$

其中,

$$r(t)=p\left(\frac{1}{t}\right),\quad s(t)=q\left(\frac{1}{t}\right).$$

如果 $z=\infty$ 是方程的正规奇点,则 $t=0$ 必是变换后方程的正规奇点,所以 $r(t)$ 和 $s(t)$ 只能取如下形式:

$$r(t)=a_1 t+a_2 t^2+\cdots=\sum_{k=1}^{\infty}a_k t^k,$$

$$s(t)=b_2 t^2+b_3 t^3+\cdots=\sum_{k=2}^{\infty}b_k t^k.$$

于是 $p(z)$ 和 $q(z)$ 的级数形式限制为

$$p(z)=\frac{a_1}{z}+\frac{a_2}{z^2}+\cdots=\sum_{k=1}^{\infty}\frac{a_k}{z^k},\quad q(z)=\frac{b_2}{z^2}+\frac{b_3}{z^3}+\cdots=\sum_{k=2}^{\infty}\frac{b_k}{z^k}. \tag{15.4.2}$$

根据 9.2 节可知方程至少有一个弗罗贝尼乌斯级数解:

$$v_1(t)=t^s\left(1+\sum_{k=1}^{\infty}c_k t^k\right),$$

其中,s 为指标方程的大根,即方程(15.4.1)的一个解为

$$w_1(z)=z^{-s}\left(1+\sum_{k=1}^{\infty}c_k\frac{1}{z^k}\right).$$

2. 正规奇点

第 6 章阐述的分式线性变换维持共形性,变换前后的区域有着相同的拓扑结构,可以利用这一性质改变微分方程的奇点位置而不影响方程本身的性质.

(1) 两个正规奇点.

如果富克斯方程有两个正规奇点 z_1、z_2,作分式线性变换

$$\zeta(z)=\frac{z-z_1}{z-z_2},$$

将两个正规奇点分别映射到 $z_1\mapsto 0$,$z_2\mapsto\infty$. 根据式(15.4.2)可知,以 $z=0,\infty$ 为正规奇点的方程只能具有以下形式:

$$w''+\frac{a_1}{z}w'+\frac{b_2}{z^2}w=0, \tag{15.4.3}$$

它是一个欧拉型方程. 由 9.1 节已知欧拉型方程可以化为常系数微分方程,所以只有两个正规奇点的富克斯方程没有什么特别之处,它简单地等价于常系数二阶常微分方程.

(2) 三个正规奇点.

假设富克斯方程有三个正规奇点 z_1、z_2、z_3,取分式线性变换

$$\zeta(z)=\frac{(z-z_1)(z_3-z_2)}{(z-z_2)(z_3-z_1)},$$

它将三个奇点分别作映射

$$z_1\mapsto 0,\quad z_2\mapsto\infty,\quad z_3\mapsto 1,$$

可以证明,各个正规奇点的特征指标在变换前后保持不变,因此可以直接假设方程的三个正规奇点取 $z=0,1,\infty$. 根据前面的分析可知,$p(z)$ 和 $q(z)$ 的最一般形式为

$$\begin{aligned}p(z)&=\frac{A_1}{z}+\frac{B_1}{z-1},\\ q(z)&=\frac{A_2}{z^2}+\frac{B_2}{(z-1)^2}-\frac{A_3}{z(z-1)},\end{aligned}\tag{15.4.4}$$

其中,A_1、A_2、A_3、B_1、B_2 为常数,这种类型的微分方程称作黎曼方程.

对每个正规奇点写出相应的指标方程:

$$\begin{aligned}&\lambda^2+(A_1-1)\lambda+A_2=0,\\ &\mu^2+(B_1-1)\mu+B_2=0,\\ &\nu^2+(1-A_1-B_1)\nu+(A_2+B_2-A_3)=0,\end{aligned}$$

将上述表示成 $(\lambda-\lambda_1)(\lambda-\lambda_2)=0$ 的形式,直接解出 A_1、A_2、A_3、B_1、B_2,

$$\begin{aligned}&A_1=1-\lambda_1-\lambda_2,\quad A_2=\lambda_1\lambda_2,\\ &B_1=1-\mu_1-\mu_2,\quad B_2=\mu_1\mu_2,\\ &A_1+B_1=1+\nu_1+\nu_2,\quad A_2+B_2-A_3=\nu_1\nu_2.\end{aligned}$$

由此得到三组特征指标 (λ_1,λ_2),(μ_1,μ_2),(ν_1,ν_2),它们满足黎曼恒等式

$$\lambda_1+\lambda_2+\mu_1+\mu_2+\nu_1+\nu_2\equiv 1,\tag{15.4.5}$$

于是具有三个正规奇点的富克斯方程可化为如下形式的黎曼方程:

$$w''+\left(\frac{1-\lambda_1-\lambda_2}{z}+\frac{1-\mu_1-\mu_2}{z-1}\right)w'+\left[\frac{\lambda_1\lambda_2}{z^2}+\frac{\mu_1\mu_2}{(z-1)^2}+\frac{\nu_1\nu_2-\lambda_1\lambda_2-\mu_1\mu_2}{z(z-1)}\right]w=0,\tag{15.4.6}$$

方程的形式由正规奇点的特征指标完全确定. 经过适当变量替换后,黎曼方程可化为超几何方程:

$$z(z-1)u''+[(\alpha+\beta+1)z-\gamma]u'+\alpha\beta u=0.\tag{15.4.7}$$

前面介绍过的勒让德方程就是有三个正规奇点 $z=\pm 1,\infty$ 的富克斯方程,因此属于超几何方程的特例.

(3) 五个正规奇点.

如果富克斯方程具有五个正规奇点 $z_k(k=1,2,3,4)$ 和 ∞,经过类似的处理可以一般地表示为

$$\frac{\mathrm{d}^2w}{\mathrm{d}z^2}+\left(\sum_{k=1}^{4}\frac{\alpha_k}{z-z_k}\right)\frac{\mathrm{d}w}{\mathrm{d}z}+\left[\sum_{k=1}^{4}\frac{\beta_k}{(z-z_k)^2}+\frac{Az^2+Bz+C}{\prod\limits_{k=1}^{4}(z-z_k)}\right]w=0,\tag{15.4.8}$$

方程的正规奇点经过合并后，性质一般会发生变化，有些仍然是正规奇点，有些就不再是正规的了. 微分方程按奇点的类别列于表 15.3.

表　15.3

正规奇点数	非正规奇点数	二阶微分方程
4	0	拉梅方程
3	0	超几何方程、雅可比方程、勒让德方程、切比雪夫方程
2	1	马蒂厄方程
1	1	合流超几何方程、贝塞尔方程、拉盖尔方程、韦伯方程
0	1	斯托克斯方程、谐振子方程、厄米方程

马蒂厄方程(Mathieu equation)是二维亥姆霍兹方程在椭圆坐标系中分离变量后得到的常微分方程：

$$y''+(\lambda-2q\cos 2x)y=0,$$

以及

$$y''+(\lambda-2q\cos 2x)y=0,$$

作自变量替换 $t=\cos x$，可得代数形式的马蒂厄方程：

$$(1-t^2)y''-ty'+[\lambda+2q(1-2t^2)]y=0.$$

它在 $t=\pm 1$ 有两个正规奇点，在 $t=\infty$ 有一个非正规奇点.

马蒂厄方程出现在许多理论模型中，包括二维波动方程、轨道稳定性、季节性人口流动、周期势中的电子态以及弗洛凯理论(Floquet theory)等. 方程及解的性质可参阅王竹溪的《特殊函数概论》.

3. 超几何函数

不同类型的施图姆-刘维尔方程，在附加三类齐次边界条件，或者存在自然边界条件的情况下，其本征解为不同的特殊函数集. 这些特殊函数并不是孤立的，它们之间有着密切的关系，根源于富克斯方程的正规奇点数及其合流情况. 对于三个正规奇点 $z=0,1,\infty$ 的超几何方程，当 γ 不为零或负整数时，在 9.2 节已经得到它在 $z=0$ 邻域的一个级数解，即所谓超几何级数(hypergeometric series)：

$$w_1(z)=\mathrm{F}(\alpha,\beta,\gamma;z)\equiv\frac{\Gamma(\gamma)}{\Gamma(\alpha)\Gamma(\beta)}\sum_{k=0}^{\infty}\frac{\Gamma(\alpha+k)\Gamma(\beta+k)}{k!\,\Gamma(\gamma+k)}z^k,\qquad(15.4.9)$$

级数的收敛域为($|z|<1$). 当 $\alpha=1,\beta=\gamma$ 时，它就是普通的几何级数

$$\mathrm{F}(1,\beta,\beta;z)=\sum_{k=0}^{\infty}z^k,$$

这也是式(15.4.9)命名为超几何级数的原因. 如果要求超几何级数在正规奇点 $z=1$ 收敛，就必须将无穷级数截断为多项式，即将参数取零或负整数 $\alpha=-n$ 或 $\beta=-n$，称作超几何函数.

超几何函数有许多奇妙的性质，下面列出几个简单的递推关系：

$$\begin{aligned}&(\gamma-1)F(\gamma-1)-\alpha F(\alpha+1)-(\gamma-\alpha-1)F=0,\\&\gamma F-\beta zF(\beta+1,\gamma+1)-\gamma F(\alpha-1)=0,\\&\alpha F(\alpha+1)-\beta F(\beta+1)-(\alpha-\beta)F=0,\end{aligned}$$

$$\gamma(1-z)F-\gamma F(\alpha-1)+(\gamma-\beta)zF(\gamma+1)$$

$$\frac{\mathrm{d}}{\mathrm{d}z}\mathrm{F}(\alpha,\beta,\gamma;\ z)=\frac{\alpha\beta}{\gamma}\mathrm{F}(\alpha+1,\beta+1,\gamma+1;\ z),$$

以及 $\mathrm{F}(\alpha,\beta,\gamma;\ z)=\mathrm{F}(\beta,\alpha,\gamma;\ z)$. 许多初等函数都可以用超几何函数表示，例如

$$(1+z)^{\alpha}=\mathrm{F}(-\alpha,\beta,\beta;\ -z),$$

$$\arcsin z=z\mathrm{F}\left(\frac{1}{2},\frac{1}{2},\frac{3}{2};\ z^2\right),$$

$$\arctan z=z\mathrm{F}\left(\frac{1}{2},1,\frac{3}{2};\ -z^2\right),$$

$$\ln(1+z)=z\mathrm{F}(1,1,2;\ -z).$$

在2.5节中讨论过的完全椭圆积分也可用超几何函数表示：

$$\mathrm{K}(k)\equiv\mathrm{F}\left(\frac{\pi}{2},k\right)=\frac{\pi}{2}\mathrm{F}\left(\frac{1}{2},\frac{1}{2},1;\ k^2\right),$$

$$\mathrm{E}(k)\equiv\mathrm{E}\left(\frac{\pi}{2},k\right)=\frac{\pi}{2}\mathrm{F}\left(-\frac{1}{2},\frac{1}{2};\ 1,k\right).$$

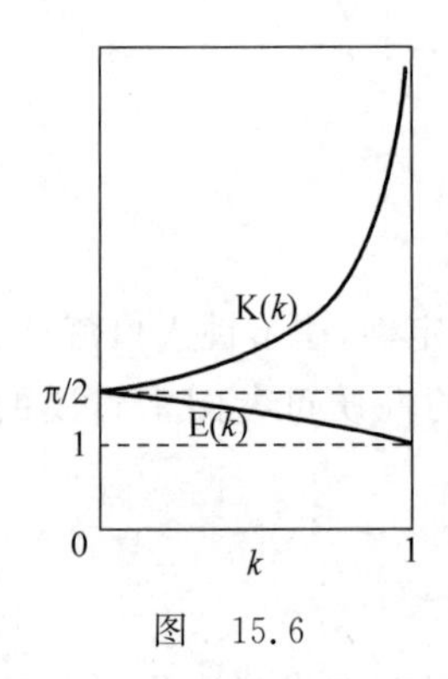

图 15.6

图15.6描绘了第一类、第二类完全椭圆积分值随模 k 的变化关系. 当 $k\to 0,1$ 时，分别有

$$\lim_{k\to 0}\mathrm{K}(k)=\frac{\pi}{2},\quad \lim_{k\to 0}\mathrm{E}(k)=\frac{\pi}{2},$$

$$\lim_{k\to 1}\mathrm{K}(k)\to\infty,\quad \lim_{k\to 1}\mathrm{E}(k)=1.$$

当 $\gamma\notin\mathbb{Z}$ 时，超几何方程的第二个解为

$$w_2(z)=z^{1-\gamma}\mathrm{F}(\alpha-\gamma+1,\beta-\gamma+1,2-\gamma;\ z).\tag{15.4.10}$$

当 $\gamma\in\mathbb{Z}$ 时，方程第二个解的情况比较复杂，根据考虑 α,β 的不同关系，其解的形式也不一样，但基本上在 $z=0$ 或者 $z=1$ 都有发散出现，对物理问题没有意义，按下不表.

4. 特殊函数类

在数学物理中，许多特殊函数都与超几何函数有关，因为大多数方程的正规奇点数都不超过三个，它们都可以通过分式线性变换转化为超几何方程，因而可以用超几何函数表示，列举如下.

(1) 雅可比函数.

它是下述雅可比方程的解：

$$(1-x^2)u''+[\beta-\alpha-(\alpha+\beta+2)x]u'+\lambda(\lambda+\alpha+\beta+1)u=0.$$

作变量替换 $x=1-z$，并定义 $\alpha_1=\lambda,\beta_1=\lambda+\alpha+\beta+1,\gamma_1=1+\alpha$，得到方程的一个解，称作第一类雅可比函数：

$$P_{\lambda}^{(\alpha,\beta)}(z)=\frac{\Gamma(\lambda+\alpha+1)}{\Gamma(\lambda+1)\Gamma(\alpha+1)}\mathrm{F}\left(-\lambda,\lambda+\alpha+\beta+1,1+\alpha;\ \frac{1-z}{2}\right),$$

当取 $\lambda=n$ 为非负整数时，雅可比函数截断为 n 阶雅可比多项式.

(2) 盖根堡函数.

它是雅可比函数取 $\alpha=\beta=\mu-\frac{1}{2}$ 时的特殊情形，定义为

$$C_\lambda^\mu(z)=\frac{\Gamma(\lambda+2\mu)}{\Gamma(\lambda+1)\Gamma(2\mu)}F\left(-\lambda,\lambda+2\mu,\mu+\frac{1}{2};\ \frac{1-z}{2}\right),$$

当取 $\lambda=n$ 为整数时,无穷级数截断为盖根堡多项式.

(3) 勒让德函数.

它是雅可比函数取 $\alpha=\beta=0$ 时的特殊情形,

$$P_\lambda(z)=P_\lambda^{(0,0)}(z)=C_\lambda^{1/2}(z)=F\left(-\lambda,\lambda+1,1;\ \frac{1-z}{2}\right)\quad(|1-z|<2),$$

当取 $\lambda=n$ 为整数时,无穷级数截断为勒让德多项式.

(4) 连带勒让德函数.

$$P_\lambda^\mu(z)=\frac{1}{\Gamma(1-\mu)}\left(\frac{z+1}{z-1}\right)^{\mu/2}F\left(-\lambda,\lambda+1,1-\mu;\ \frac{1-z}{2}\right)\quad(|1-z|<2),$$

(5)切比雪夫函数.

切比雪夫方程

$$(1-z^2)u''-zu'+\lambda u=0,$$

其解为切比雪夫函数 $T_\lambda(z)$,用超几何函数表示为

$$T_\lambda(z)=F\left(\lambda,-\lambda,\frac{1}{2};\ \frac{1-z}{2}\right).$$

(6) 合流超几何函数.

在 9.2 节中已经叙述过,超几何方程经过适当变换可以化为合流超几何方程

$$zu''+(\gamma-z)u'-\alpha u=0,$$

其中,$z=0$ 仍为正规奇点,而两个正规奇点 $z=1,\infty$ 合流为一个非正规奇点 $z=\infty$.它的解称作合流超几何函数或库默尔函数:

$$F(\alpha,\gamma;\ z)=\lim_{\beta\to 0}F\left(\alpha,\beta,\gamma;\ \frac{z}{\beta}\right)=\frac{\Gamma(\gamma)}{\Gamma(\alpha)}\sum_{k=0}^{\infty}\frac{\Gamma(\alpha+k)}{\Gamma(k+1)\Gamma(\gamma+k)}z^k,$$

当取 $\alpha=-n$ 为整数时,$F(\alpha,\gamma;\ z)$ 截断为多项式.

(7) 惠特克函数(Whittaker function).

在合流超几何方程中,令

$$y=e^{z/2}z^{-\gamma/2}w(z),$$

可消去一阶导数项,有

$$w''+\left[-\frac{1}{4}+\left(\frac{\gamma}{2}-\alpha\right)\frac{1}{z}+\frac{\gamma}{2}\left(1-\frac{\gamma}{2}\right)\frac{1}{z^2}\right]w=0,$$

令 $\gamma=1+2m,\dfrac{\gamma}{2}-\alpha=k$,便得到惠特克方程

$$w''+\left(-\frac{1}{4}+\frac{k}{z}+\frac{1/4-m^2}{z^2}\right)w=0.$$

方程的解称作惠特克函数:

$$M_{k,m}(z)=e^{-z/2}z^{\gamma/2}F(\alpha,\gamma;\ z)=e^{-z/2}z^{1/2+m}F\left(\frac{1}{2}+m-k,1+2m;\ z\right).$$

对于更一般形式的惠特克方程

$$y''+\left(\frac{1-\lambda-2\beta}{z}-2\lambda\alpha z^{\lambda-1}\right)y'+$$

$$\left[\lambda^2\left(\alpha^2-\frac{a^2}{4}\right)z^{2\lambda-2}+\lambda(2\alpha\beta+Ak\lambda)z^{\lambda-2}+\frac{\beta(\beta+\lambda)+\lambda^2(1/4-m^2)}{z^2}\right]y=0,$$

其解用惠特克函数表示,即

$$y(z)=z^{\beta}\mathrm{e}^{\alpha\lambda z}M_{k,m}(Az^{\lambda}).$$

事实上,我们以前接触过的一些方程及其特殊函数,都是一般的惠特克方程或合流超几何方程的特殊情形,列举如下:

(1) 贝塞尔方程.

取 $\lambda=1,\alpha=0,\beta=-\dfrac{1}{2},k=0,A=2\mathrm{i}$,有

$$y''+\frac{1}{z}y'+\left(1-\frac{m^2}{z^2}\right)y=0.$$

贝塞尔方程与合流超几何方程有相同的奇点结构:$z=0$ 是正规奇点,$z=\infty$是非正规奇点,其解贝塞尔函数可用库默尔函数表示为

$$\mathrm{J}_{\nu}(z)=z^{\nu}\mathrm{e}^{-\mathrm{i}z}\mathrm{F}\left(\nu+\frac{1}{2},2\nu+1;\ z\right).$$

(2) 韦伯方程.

取 $\lambda=2,\alpha=0,\beta=-\dfrac{1}{2},k=\dfrac{n}{2}+\dfrac{1}{4},m=\pm\dfrac{1}{4},A=\dfrac{1}{2}$,有

$$y''+\left(n+\frac{1}{2}-\frac{z^2}{4}\right)y=0.$$

韦伯方程的解为韦伯函数

$$D_n(z)=2^{n/2+1/4}z^{-1/2}M_{n/2+1/4,-1/4}\left(\frac{z^2}{2}\right).$$

(3) 厄米方程.

取 $\lambda=2,\alpha=\dfrac{1}{2},\beta=-\dfrac{1}{2},k=\dfrac{n}{2},m=\pm\dfrac{1}{4},A=1$,有

$$y''-2zy'+2ny=0.$$

厄米方程的解可截断为厄米多项式

$$\mathrm{H}_n(z)=2^{n/2}\mathrm{e}^{z^2/2}D_n(\sqrt{2}z).$$

(4) 拉盖尔方程.

取 $\lambda=1,\alpha=\dfrac{1}{2},\beta=-\dfrac{1+\mu}{2},k=n+\dfrac{1}{2}(1+\mu),m=\dfrac{\mu}{2},A=1$,有

$$zy''+(\mu+1-z)y'+ny=0.$$

拉盖尔方程的解可截断为拉盖尔多项式

$$\mathrm{L}_n^{\mu}(z)=\frac{\Gamma(\mu+1+n)}{n!\,\Gamma(\mu+1)}\mathrm{F}(-n,\mu+1;\ z).$$

注记

微分方程在奇点邻域的解可采用级数表示,但级数的适当形式必须在计算之前就确定,这方面的信息只能由微分方程本身获得.虽然假定微分方程(15.4.1)的系数 $p(z)$,$q(z)$在某些孤立奇点外单值解析,但方程的解在所考虑的整个区域内未必是单值的,所以当方程的

解 $w_i(z)$ 沿着包含奇点的路径绕行一周时，可能会变到同一函数的另一个分支上去，记作 $\tilde{w}_i(z)$，它仍然可以表示两个解的线性叠加：

$$\begin{cases}\tilde{w}_1(z)=c_{11}w_1(z)+c_{12}w_2(z)\\ \tilde{w}_2(z)=c_{21}w_1(z)+c_{22}w_2(z)\end{cases}.$$

也就是说，当 z 绕包含奇点的闭合曲线一周时，方程的两个解经历一个线性变换，这些变换构成一个群，称作微分方程的单值群．黎曼证明，二阶微分方程解的性质完全取决于当自变量围绕三个奇点变动时两个线性无关解的变化，而不必知道微分方程本身的形式．因此，从单值群的知识可以导出由微分方程定义的函数性质．

在黎曼工作的启发下，富克斯把奇点的研究更向前推进一步．他没有沿着黎曼开辟的道路前进，而是直接从以 z 的有理函数为系数的微分方程出发，通过考察级数的收敛性，发现解的奇点即方程系数函数的极点．

特殊函数源自变系数常微分方程的级数解，超几何方程及其级数解 $F(\alpha,\beta,\gamma;z)$ 最早被欧拉研究．一般来说，级数收敛范围为 $|z|<1$，对于 $z=1$，当且仅当 $\alpha+\beta<\gamma$ 时级数收敛；而对于 $z=-1$，当且仅当 $\alpha+\beta<\gamma+1$ 时级数收敛．此外，高斯还建立了著名关系式

$$F(\alpha,\beta,\gamma;1)=\frac{\Gamma(\gamma)\Gamma(\gamma-\alpha-\beta)}{\Gamma(\gamma-\alpha)\Gamma(\gamma-\beta)}\quad(\alpha+\beta<\gamma).$$

高斯认识到参数 (α,β,γ) 取不同特殊值时，该级数几乎蕴含了当时所有已知的初等函数，以及像贝塞尔函数和勒让德函数这样的超越函数，可谓诸函数之母．

超球坐标系中对 n 维拉普拉斯方程作分离变量(10.5 节)，得到角向部分满足的常微分方程($k=1,2,\cdots,n-2$)：

$$\frac{1}{\sin^{n-k-1}\theta_k}\frac{\mathrm{d}}{\mathrm{d}\theta_k}\left(\sin^{n-k-1}\theta_k\frac{\mathrm{d}}{\mathrm{d}\theta_k}\right)\Theta_k+\left(\lambda_k-\frac{\lambda_{k+1}}{\sin^2\theta_k}\right)\Theta_k=0,$$

其中，λ_k 是分离变量常数．令 $x_k=\cos\theta_k$，上述方程变为

$$(1-x_k^2)\frac{\mathrm{d}^2\Theta_k}{\mathrm{d}x_k^2}-(n-k)x_k\frac{\mathrm{d}\Theta_k}{\mathrm{d}x_k}+\left(\lambda_k-\frac{\lambda_{k+1}}{1-x_k^2}\right)\Theta_k=0,$$

该方程的解便是当 $\alpha_k=\beta_k=(n-k-2)/2$ 时的雅可比函数：

$$\Theta_k=P_{\lambda_k}^{(\alpha_k,\beta_k)}(x_k).$$

当取 $\lambda_k=l_k(l_k+n-k-1)(l_k\in\mathbb{N})$ 时，雅可比函数截断为雅可比多项式，其中 $0\leqslant l_{n-1}\leqslant\cdots\leqslant l_1$．

对于三维空间 $n=3$，雅可比函数退化为连带勒让德函数．

习　题

[1] 证明下列方程的解在 $z=0$ 有一个本性奇点：

$$w'+\frac{1}{z^2}w=0.$$

[2] 证明 $z=\infty$ 合流超几何方程的非正规奇点．

[3] 证明勒让德方程有三个正规奇点：$z=\pm1,\infty$．

[4] 证明贝塞尔方程有一个正规奇点 $z=0$ 和一个非正规奇点 $z=\infty$．

[5] 证明：

(a) $\arcsin z=zF\left(\frac{1}{2},\frac{1}{2},\frac{3}{2};z^2\right)$；　(b) $\ln(1+z)=zF(1,1,2;-z)$．

[6] 设 $0\leqslant k^2<1$,第一类和第二类完全椭圆函数为

$$K(k)=\int_0^{\pi/2}\frac{d\theta}{\sqrt{1-k^2\sin^2\theta}},\quad E(k)=\int_0^{\pi/2}\sqrt{1-k^2\sin^2\theta}\,d\theta.$$

证明:

$$K(k)=\frac{\pi}{2}F\left(\frac{1}{2},\frac{1}{2},1;\ k^2\right),\quad E(k)=\frac{\pi}{2}F\left(-\frac{1}{2},\frac{1}{2},1;\ k^2\right).$$

提示:将被积函数作幂级数展开,对 $\left[0,\frac{\pi}{2}\right]$ 区间积分,利用 B 函数积分公式

$$\int_0^{\pi/2}\cos^n\theta d\theta=\int_0^{\pi/2}\sin^n\theta d\theta=\frac{\sqrt{\pi}\,[(n-1)/2]\,!}{2(n/2)\,!}.$$

[7] 取二阶富克斯方程的三个正规奇点为 $z=0,1,\infty$,证明 $p(z)$ 和 $q(z)$ 的最一般形式为

$$p(z)=\frac{A_1}{z}+\frac{B_1}{z-1},\quad q(z)=\frac{A_2}{z^2}+\frac{B_2}{(z-1)^2}-\frac{A_3}{z(z-1)}.$$

[8] 设富克斯方程有三个正规奇点,其特征指标分别为 $(\lambda_1,\lambda_2),(\mu_1,\mu_2),(\nu_1,\nu_2)$,证明黎曼恒等式:

$$\lambda_1+\lambda_2+\mu_1+\mu_2+\nu_1+\nu_2\equiv 1.$$

15.5 合流超几何函数

本节再介绍一个特殊函数的典型应用,这就是合流超几何方程,

$$xy''+(\gamma-x)y'-\alpha y=0,$$

其中,$x=0$ 是方程的正规奇点;$x=\infty$ 是非正规奇点. 第 9 章曾得到方程的一个级数解为合流超几何函数或者库默尔函数:

$$F(\alpha,\gamma,x)=\sum_{k=0}^{\infty}\frac{\Gamma(k+\alpha)\Gamma(\gamma)}{k\,!\,\Gamma(\alpha)\Gamma(k+\gamma)}x^k\quad(|x|<\infty).$$

该级数的收敛半径 $R=\infty$,但在 $x=\infty$ 发散,对于量子力学中的束缚态来说,需要将其截断为多项式,下面通过求解氢原子的薛定谔方程来展示.

例 15.6 取自然单位 $\hbar=m=1$,求解三维类氢原子的定态薛定谔方程

$$-\frac{1}{2}\nabla^2\psi-\frac{Ze^2}{r}\psi=E\psi.$$

解 在球坐标系中分离变量 $\psi(r,\theta,\varphi)=R(r)Y_{lm}(\theta,\varphi)$,其中角向部分即球谐函数 $Y_{lm}(\theta,\varphi)$,对应的本征值为 $l(l+1)$,径向部分满足方程

$$-\frac{d}{dr}\left(r^2\frac{dR}{dr}\right)+[-2Ze^2r+l(l+1)]R=2Er^2R.$$

容易验证 $r=0$ 是方程的正规奇点,但 $r=\infty$ 是方程的非正规奇点. 由于暂时不能确定在无穷远点是否存在自然边界条件,方程的解不便于直接写成弗罗贝尼乌斯级数形式. 为此,先研究方程的极限行为,令 $u=rR(r)$ 以消除一阶导数项,有

$$\frac{d^2u}{dr^2}+\left[2E+\frac{2Ze^2}{r}-\frac{l(l+1)}{r^2}\right]u=0,$$

当 $r \to 0$ 时，方程可渐近地表示为

$$\frac{\mathrm{d}^2 u}{\mathrm{d}r^2} - \frac{l(l+1)}{r^2} u = 0,$$

考虑到物理解的有限性，取 $u \sim r^{l+1}$. 另外，当 $r \to \infty$ 时，方程可渐近地表示为

$$\frac{\mathrm{d}^2 u}{\mathrm{d}r^2} + 2Eu = 0,$$

由于只关注束缚态，即 $E<0$，所以取 $u \sim \mathrm{e}^{-\sqrt{-2E}r}$. 综合两个极限行为，定义新函数 $u = r^{l+1}\mathrm{e}^{-\beta r} y(r)$，其中 $\beta = \sqrt{-2E}$，它满足方程

$$ry'' + [2(l+1) - 2\beta r]y' - 2[(l+1)\beta - 1]y = 0,$$

这样函数 $y(r)$ 的行为可能比较正规化. 定义参数

$$\xi = 2\beta r, \quad \gamma = 2(l+1), \quad \alpha = (l+1) - \frac{1}{\beta},$$

将方程化简为

$$\xi y'' + (\gamma - \xi)y' - \alpha y = 0,$$

其标准的施图姆-刘维尔本征方程为

$$-\frac{\mathrm{d}}{\mathrm{d}\xi}\left(\xi^{\gamma}\mathrm{e}^{-\xi}\frac{\mathrm{d}}{\mathrm{d}\xi}y\right) = -\alpha\xi^{\gamma-1}\mathrm{e}^{-\xi}y,$$

其中，

$$p(\xi) = \xi^{\gamma}\mathrm{e}^{-\xi}, \quad q(\xi) = 0, \quad \rho(\xi) = \xi^{\gamma-1}\mathrm{e}^{-\xi},$$

诚如所愿，该方程在 $\xi = 0, \infty$ 均存在自然边界条件，因此构成完整的本征值问题. 方程的一个无穷级数解为库默尔函数

$$y(\xi) = \mathrm{F}(\alpha, \gamma, \xi) = \sum_{k=0}^{\infty} \frac{\Gamma(k+\alpha)\Gamma(\gamma)}{k!\,\Gamma(\alpha)\Gamma(k+\gamma)}\xi^k,$$

虽然该级数的收敛半径为无穷大，但在 $\xi = \infty$ 级数仍然发散，为此必须将无穷级数截断为多项式，即取参数 α 为零或负整数，

$$\alpha = -n_r \quad (n_r = 0, 1, 2, \cdots),$$

令 $n = n_r + l + 1$，则 $\beta = 1/n$，于是

$$E = -\frac{1}{2}\beta^2 = -\frac{1}{2n^2},$$

补上国际单位，即得到类氢原子的量子化能级公式

$$E_n = -\frac{mZ^2\mathrm{e}^4}{2\hbar^2}\frac{1}{n^2} = -\frac{Z^2\mathrm{e}^2}{2a}\frac{1}{n^2} \quad (n = 1, 2, 3, \cdots),$$

其中，$a = \dfrac{\hbar^2}{me^2}$ 称为玻尔半径. 归一化的径向波函数为

$$R_{nl}(r) = N_{nl}\xi^l \mathrm{e}^{-\xi/2} F(-n+l+1, 2l+2, \xi),$$

其中，归一化系数为

$$N_{nl} = \frac{2}{a^{3/2}n^2(2l+1)!}\sqrt{\frac{(n+l)!}{(n-l-1)!}},$$

再乘上与角度有关的球谐函数，类氢原子的完整本征波函数为

$$\psi_{nlm}(r, \theta, \varphi) = R_{nl}(r)\mathrm{Y}_l^m(\theta, \varphi)$$

$$(l=0,1,2,\cdots,n-1;\ m=-l,-l+1,\cdots,l).$$

以下列出几个低阶径向波函数 $R_{nl}(r)$：

$$R_{10}(r)=\left(\frac{Z}{a}\right)^{3/2}2\exp\left(-\frac{Z}{a}r\right),$$

$$R_{20}(r)=\left(\frac{Z}{2a}\right)^{3/2}\left(2-\frac{Z}{a}r\right)\exp\left(-\frac{Z}{2a}r\right),$$

$$R_{21}(r)=\left(\frac{Z}{2a}\right)^{3/2}\frac{Z}{\sqrt{3}\,a}r\exp\left(-\frac{Z}{2a}r\right),$$

$$R_{30}(r)=\left(\frac{Z}{3a}\right)^{3/2}\left[2-\frac{4Z}{3a}r+\frac{4}{27}\left(\frac{Z}{a}r\right)^2\right]\exp\left(-\frac{Z}{3a}r\right),$$

$$R_{31}(r)=\left(\frac{2Z}{a}\right)^{3/2}\left(\frac{2}{27\sqrt{3}}-\frac{Z}{81\sqrt{3}\,a}r\right)\frac{Z}{a}r\exp\left(-\frac{Z}{3a}r\right),$$

$$R_{32}(r)=\left(\frac{2Z}{a}\right)^{3/2}\frac{Z}{81\sqrt{15}}\left(\frac{Z}{a}r\right)^2\exp\left(-\frac{Z}{3a}r\right),$$

$$\cdots$$

对于每一组本征值(n,l,m)，电子在空间的概率密度为$|\psi_{nlm}(r,\theta,\varphi)|^2$. 图15.7展示了三维空间的电子分布形状，俗称电子云.

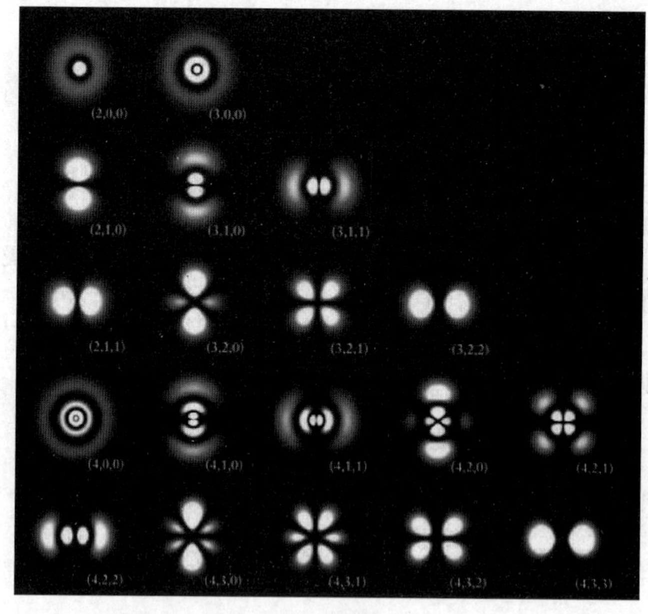

图 15.7

(图片来自 Wikipedia)

注记

如果 $r=\infty$ 是方程的非正规奇点，则通常没有自然边界条件. 在特定情况下，作函数变换 $u\mapsto y$ 可改变 $r=\infty$ 的奇异性，使得函数 y 满足施图姆-刘维尔本征方程及自然边界条件，发散级数可截断为多项式且由此决定本征值. 在量子力学中，习惯上认为 $r\to\infty$ 时波函数 $\psi(r)\to 0$ 是薛定谔方程之外附加的物理要求，其实这是方程本身隐含自然边界条件的必然结果，正所谓方程决定物理.

贝塞尔方程在 $x=\infty$ 为非正规奇点，其级数解的收敛半径为无穷大，完全不必作截断处理. 但由于在 $x=\infty$ 缺少自然边界条件，必须在有限半径的圆周上附加以齐次边界条件，与 $x=0$ 的自然边界相结合，才能构成完备的本征值问题.

在量子力学中，波函数的三个本征值 n、l、m 分别称作主量子数、角动量量子数和磁量子数，其中，$l=0,1,\cdots,n-1$；$m=-l,-l+1\cdots,l$. 由于电子的量子化能级 E_n 只与 n 有关，而与 l、m 无关，所以第 n 能级的简并度(状态数)为

$$w_n=\sum_{l=0}^{n-1}(2l+1)=n^2.$$

考虑到电子有两个自旋方向 $s_z=\pm\frac{1}{2}$，在泡利不相容原理限制下，每个能级只能占据 $2n^2$ 个电子. 这 $2n^2$ 个轨道的能量都相同，形成核外电子的壳层结构，从而成功地解释了原子结构和元素周期表.

大自然在向人类宣示其奥秘时显示出极大的慷慨，它让氢原子中电子的运动方程可以严格求解，使人们能够深刻洞悉微观世界中隐藏的玄机. 当年薛定谔在写出波动方程后，因获得氢原子系统的解析解而大受鼓舞，坚定了对其所发现量子力学方程的信心. 设想若氢原子方程不可解析求解，量子力学理论的建立将会是一个漫长而痛苦的过程. 人们将很难认识支配电子运动的各种量子数及跃迁法则，从而无法对光谱、原子结构和元素周期表等有今天这样清晰的认识，更不用说理解电子在不同轨道之间的自发跃迁等行为. 缺乏这些深刻的洞察，人们对包括核物理在内的众多微观现象就顶多只能知其然而不知其所以然了. 善哉!

习　题

[1] 证明韦伯-厄米方程可化为合流超几何方程：

$$y''+\left(\nu+\frac{1}{2}-\frac{1}{4}z^2\right)y=0.$$

提示：作变量替换 $y(z)=\mathrm{e}^{-z^2/4}u(z)$.

[2] 证明一维谐振子运动的量子力学定态方程构成施图姆-刘维尔本征问题：

$$-\frac{1}{2}\frac{\mathrm{d}^2}{\mathrm{d}x^2}\psi+\frac{1}{2}\omega^2x^2\psi=E\psi.$$

提示：$x=\pm\infty$是非正规奇点，需考虑极限行为以改变其奇异性，令 $\xi=\sqrt{\omega}x$，$E=\lambda\omega$，$\psi=\mathrm{e}^{-\xi^2/2}u$，可化为厄米方程：

$$\frac{\mathrm{d}^2}{\mathrm{d}\xi^2}u-2\xi\frac{\mathrm{d}}{\mathrm{d}\xi}u+(\lambda-1)u=0$$

$$\to-\frac{\mathrm{d}}{\mathrm{d}\xi}\left(\mathrm{e}^{-\xi^2}\frac{\mathrm{d}}{\mathrm{d}\xi}u\right)+\mathrm{e}^{-\xi^2}u=\lambda\mathrm{e}^{-\xi^2}u.$$

所以 $p(\xi)=\mathrm{e}^{-\xi^2}$，函数 $u(\xi)$在 $\xi=\pm\infty$存在自然边界条件，构成施图姆-刘维尔本征问题.

[3] 证明三维谐振子运动的径向定态方程构成施图姆-刘维尔本征问题：

$$-\frac{1}{2}\frac{1}{r^2}\frac{\mathrm{d}}{\mathrm{d}r}\left(r^2\frac{\mathrm{d}}{\mathrm{d}r}\psi\right)+\frac{l(l+1)}{2r^2}\psi+\frac{1}{2}\omega^2r^2\psi=E\psi.$$

第16章

格林函数

16.1 基本理论

前面已经学习了用分离变量法或积分变换法求解各类定解问题，本章介绍另一种积分方法——格林函数法. 格林函数又称点源影响函数，是一个点源在一定的边界条件或初始条件下所产生的场分布. 对于线性微分方程，知道了格林函数，就可以利用线性叠加原理，结合定解条件，以积分形式计算连续分布的源所产生的场分布，所以格林函数法常用于处理有外源的非齐次线性微分方程问题.

1. 形式表述

线性向量空间$\mathbb{V}$的算符 $\hat{L}$ 作用于向量$|a\rangle$，得到$|b\rangle=\hat{L}|a\rangle$，如果 $\hat{L}$ 是非奇异的，则存在逆算符 $\hat{L}^{-1}$，解得$|a\rangle=\hat{L}^{-1}|b\rangle$. 对于非齐次的 n 阶线性常微分方程 $\hat{L}u(x)=f(x)$，其中微分算符

$$\hat{L}=p_n(x)\frac{\mathrm{d}^n}{\mathrm{d}x^n}+p_{n-1}(x)\frac{\mathrm{d}^{n-1}}{\mathrm{d}x^{n-1}}+\cdots+p_1(x)\frac{\mathrm{d}}{\mathrm{d}x}+p_0(x), \tag{16.1.1}$$

形式上可以解出

$$u(x)=\hat{L}^{-1}f(x),$$

前提是希尔伯特空间$\mathcal{H}$的线性微分算符 $\hat{L}$ 存在逆算符 $\hat{G}\equiv\hat{L}^{-1}$. 由于 $\hat{L}$ 是微分算符，可以推测它的逆算符 $\hat{G}$ 是一个积分算符，称作格林算符. 方程的解可以抽象地表示成

$$|u\rangle=\hat{G}|f\rangle,$$

将上式左乘$\langle x|$，并在$\hat{G}$ 和 $|f\rangle$ 之间插入完备关系$\hat{I}=\int\rho(y)\mathrm{d}y|y\rangle\langle y|$，便得到积分形式的非齐次方程解

$$u(x)=\int_\Omega G(x,y)f(y)\rho(y)\mathrm{d}y, \tag{16.1.2}$$

其中的积分核 $G(x,y)=\langle x|\hat{G}|y\rangle$ 称作格林函数(Green's function).

将微分算符 $\hat{L}$ 作用于形式解,

$$\hat{L}u(x)=\int_{\Omega}\hat{L}G(x,y)f(y)\rho(y)\mathrm{d}y=f(x),$$

所以有

$$\hat{L}G(x,y)=\frac{\delta(x-y)}{\rho(y)},\tag{16.1.3}$$

式(16.1.3)称作微分算符 $\hat{L}$ 的格林函数方程. 当取权重函数 $\rho(x)=1$ 时,格林函数方程回到常见的形式

$$\hat{L}G(x,y)=\delta(x-y),\tag{16.1.4}$$

它表明格林函数与狄拉克 δ 函数有关,是点源在空间产生的场分布,因此可视作分布函数.

现在的问题是,算符 $\hat{L}$ 什么时候是可逆的呢? 我们知道,有限维线性向量空间算符可逆的条件是其矩阵行列式不为零. 无限维希尔伯特空间的算符没有行列式表示,如何判断其是否可逆呢? 可以证明,算符 $\hat{L}$ 可逆的条件是齐次方程 $\hat{L}|u\rangle=0$ 没有非平庸解,或者说如果方程有非零解 $|u\rangle\neq0$,则其对应的本征值 $\lambda=0$. 它表述为如下命题:

定理　希尔伯特空间中算符 $\hat{L}$ 可逆的充分必要条件是: $\lambda=0$ 不是 $\hat{L}$ 的本征值.

2. 格林积分公式

前述非齐次方程的积分形式解式(16.1.2)仅是示意性推导,并不是最终的结论,因为它没有考虑边界的影响. 事实上即使没有外源,只要存在有限的边界——无论是否为齐次边界条件,系统中都有非平庸的场分布. 严格的理论推导如下:

$$\hat{L}u(\boldsymbol{r})=f(\boldsymbol{r}).$$

根据格林函数方程取 $\rho(x)=1$,

$$\hat{L}G(\boldsymbol{r},\boldsymbol{r}')=\delta(\boldsymbol{r}-\boldsymbol{r}'),$$

有

$$G(\boldsymbol{r},\boldsymbol{r}')\hat{L}u(\boldsymbol{r})-u(\boldsymbol{r})\hat{L}G(\boldsymbol{r},\boldsymbol{r}')=G(\boldsymbol{r},\boldsymbol{r}')f(\boldsymbol{r})-u(\boldsymbol{r})\delta(\boldsymbol{r}-\boldsymbol{r}'),$$

两边对 $\boldsymbol{r}$ 积分得

$$u(\boldsymbol{r}')=\int_{\Omega}G(\boldsymbol{r},\boldsymbol{r}')f(\boldsymbol{r})\mathrm{d}\boldsymbol{r}-\int_{\Omega}[G(\boldsymbol{r},\boldsymbol{r}')\hat{L}u(\boldsymbol{r})-u(\boldsymbol{r})\hat{L}G(\boldsymbol{r},\boldsymbol{r}')]\mathrm{d}\boldsymbol{r},$$

或者

$$u(\boldsymbol{r})=\int_{\Omega'}G(\boldsymbol{r}',\boldsymbol{r})f(\boldsymbol{r}')\mathrm{d}\boldsymbol{r}'-\int_{\Omega'}[G(\boldsymbol{r}',\boldsymbol{r})\hat{L}u(\boldsymbol{r}')-u(\boldsymbol{r}')\hat{L}G(\boldsymbol{r}',\boldsymbol{r})]\mathrm{d}\boldsymbol{r}',\tag{16.1.5}$$

其中,$G(\boldsymbol{r}',\boldsymbol{r})$ 是 $G(\boldsymbol{r},\boldsymbol{r}')$ 的转置. 以后将看到,该式右边的第二项可化为面积分,即与边界(表面)上的场分布 $u(\boldsymbol{r}')|_{\Sigma}$ 有关.

格林函数的伴随方程为

$$\hat{L}^{\dagger}\widetilde{G}(\boldsymbol{r},\boldsymbol{r}'')=\delta(\boldsymbol{r}-\boldsymbol{r}''),$$

$\widetilde{G}(\boldsymbol{r},\boldsymbol{r}')$ 称作伴随格林函数,结合公式(16.1.4)有

$$\widetilde{G}^*(\boldsymbol{r},\boldsymbol{r}'')\hat{L}G(\boldsymbol{r},\boldsymbol{r}')-G(\boldsymbol{r},\boldsymbol{r}')\left[\hat{L}^\dagger\widetilde{G}(\boldsymbol{r},\boldsymbol{r}'')\right]^*$$
$$=\widetilde{G}^*(\boldsymbol{r},\boldsymbol{r}'')\delta(\boldsymbol{r}-\boldsymbol{r}')-G(\boldsymbol{r},\boldsymbol{r}')\delta(\boldsymbol{r}-\boldsymbol{r}''),$$

两边对 $\boldsymbol{r}$ 积分,根据伴随算符定义可知左边为零,所以

$$\widetilde{G}^*(\boldsymbol{r},\boldsymbol{r}')=G(\boldsymbol{r}',\boldsymbol{r}), \tag{16.1.6}$$

它给出了格林函数与伴随格林函数之间的关系.

如果算符 $\hat{L}$ 是自伴的,$\hat{L}^\dagger=\hat{L}$,它们的格林函数满足相同的边界条件,有

$$G(\boldsymbol{r},\boldsymbol{r}')=G^*(\boldsymbol{r}',\boldsymbol{r}),$$

特别地,当微分算符 $\hat{L}$ 的系数为实数时,格林函数也是实数,则有

$$G(\boldsymbol{r},\boldsymbol{r}')=G(\boldsymbol{r}',\boldsymbol{r}), \tag{16.1.7}$$

由此得到格林积分公式:

$$u(\boldsymbol{r})=\int_{\Omega'}G(\boldsymbol{r},\boldsymbol{r}')f(\boldsymbol{r}')\mathrm{d}\boldsymbol{r}'-\int_{\Omega'}\left[G(\boldsymbol{r},\boldsymbol{r}')\hat{L}u(\boldsymbol{r}')-u(\boldsymbol{r}')\hat{L}G(\boldsymbol{r},\boldsymbol{r}')\right]\mathrm{d}\boldsymbol{r}'. \tag{16.1.8}$$

当没有外源时,$f(\boldsymbol{r}')=0$,空间中的场分布将完全由边界上的值决定.在进一步讨论式(16.1.8)之前,先看一个非自伴算符的格林函数例子.

例 16.1 求算符 $\hat{L}$ 的格林函数及伴随格林函数:

$$\begin{cases}\hat{L}u=u''-2u'-3u\\ u(0)=0,\quad u'(1)=0\end{cases}.$$

解 根据伴随算符定义

$$v\hat{L}u-u\hat{L}^\dagger v=0,$$

按照14.3节的方法,分部积分可得伴随方程和伴随边界条件

$$\begin{cases}\hat{L}^\dagger v=v''+2v'-3v\\ v(0)=0,\quad v'(1)+2v(1)=0\end{cases},$$

所以 $\hat{L}$ 不是自伴算符.格林函数方程 $\hat{L}G=\delta(x-x')$ 在 $x<x'$ 和 $x>x'$ 的两个线性无关解为 e^{-x},e^{3x},根据边界条件要求,格林函数可表示为

$$\begin{cases}G(x,x')=A(\mathrm{e}^{-x}-\mathrm{e}^{3x}), & (x<x')\\ G(x,x')=B\left(\mathrm{e}^{-x}+\dfrac{1}{3}\mathrm{e}^{3x-4}\right), & (x>x')\end{cases}.$$

由 $x=x'$ 处格林函数性连续,以及导数的跳变条件(对格林函数方程积分一次),

$$\begin{cases}A(\mathrm{e}^{-x'}-\mathrm{e}^{3x'})=B\left(\mathrm{e}^{-x'}+\dfrac{1}{3}\mathrm{e}^{3x'-4}\right)\\ B(-\mathrm{e}^{-x'}+\mathrm{e}^{3x'-4})-A(-\mathrm{e}^{-x'}-3\mathrm{e}^{3x'})=1\end{cases},$$

解得格林函数为

$$G(x,x')=\begin{cases}\dfrac{1}{4(1+3\mathrm{e}^4)}(\mathrm{e}^{-x}-\mathrm{e}^{3x})(\mathrm{e}^{x'}+3\mathrm{e}^{4-3x'}), & (x<x')\\ \dfrac{1}{4(1+3\mathrm{e}^4)}(\mathrm{e}^{-3x'}-\mathrm{e}^{x'})(\mathrm{e}^{3x}+3\mathrm{e}^{4-x}), & (x>x')\end{cases}.$$

同理求解伴随格林函数方程 $\hat{L}^\dagger\widetilde{G}=\delta(x-x')$,得到伴随格林函数为

$$\widetilde{G}(x,x')=\begin{cases}\dfrac{1}{4(1+3e^4)}(e^{-3x}-e^{x})(e^{3x'}+3e^{4-x'}), & (x<x')\\[2ex] \dfrac{1}{4(1+3e^4)}(e^{-x'}-e^{3x'})(e^{x}+3e^{4-3x}), & (x>x')\end{cases}.$$

结果验证了格林函数与伴随格林函数满足：

$$\widetilde{G}(x,x')=G(x',x),$$

但是格林函数倒易关系不成立：

$$G(x',x)\neq G(x,x').$$

所以格林积分式(6.1.8)仅适用于自伴算符 $\hat{L}$. 对于非自伴算符，应当先将其转化为自伴算符，同时注意权重函数 $\rho(x)$ 的变化，并相应地修改边界条件的类型.

3. 施图姆-刘维尔方程

1）一维方程

对于自伴型施图姆-刘维尔算符的非齐次方程

$$\hat{L}u\equiv-\frac{\mathrm{d}}{\mathrm{d}x}\left[p(x)\frac{\mathrm{d}}{\mathrm{d}x}\right]u(x)+q(x)u(x)=f(x), \tag{16.1.9}$$

相应的格林函数方程为 $\hat{L}G(x,x')=\delta(x-x')$，根据格林积分公式(16.1.8)，有

$$u(x)=\int_a^b G(x,x')f(x')\,\mathrm{d}x'-\int_a^b[G(x,x')\hat{L}u(x')-u(x')\hat{L}G(x,x')]\mathrm{d}x',$$

将右边第二项分部积分，解得

$$u(x)=\int_a^b G(x,x')f(x')\,\mathrm{d}x'-$$
$$p(x')[G(x,x')u'(x')-u(x')G'(x,x')]\Big|_{x'=a}^{x'=b}. \tag{16.1.10}$$

可见 $u(x)$ 的分布与两端点的值有关.

2）三维方程

对于三维施图姆-刘维尔算符的非齐次方程

$$\hat{L}u\equiv-\nabla\cdot[p(\boldsymbol{r})\nabla]u(\boldsymbol{r})+q(\boldsymbol{r})u(\boldsymbol{r})=f(\boldsymbol{r}), \tag{16.1.11}$$

其格林函数方程为 $\hat{L}G(\boldsymbol{r},\boldsymbol{r}')=\delta(\boldsymbol{r}-\boldsymbol{r}')$，应用第二格林公式可得

$$u(\boldsymbol{r})=\iiint_{\Omega}G(\boldsymbol{r},\boldsymbol{r}')f(\boldsymbol{r}')\,\mathrm{d}V'-$$
$$\oiint_{\Sigma}p(\boldsymbol{r}')\left[G(\boldsymbol{r},\boldsymbol{r}')\frac{\partial u(\boldsymbol{r}')}{\partial n'}-u(\boldsymbol{r}')\frac{\partial G(\boldsymbol{r},\boldsymbol{r}')}{\partial n'}\right]\mathrm{d}S', \tag{16.1.12}$$

其中，第二项来源于边界效应，Σ 表示 Ω 的边界.

现在能否利用积分公式(16.1.10)和式(16.1.12)求方程的定解问题呢？注意到这些公式中的积分需要同时知道边界 Σ 上的物理量及其导数值，而三类边界条件不会同时给出边界 Σ 上的 u 和 $\dfrac{\partial u}{\partial n}$ 值，因此方程的第二项边界积分还需要作进一步处理. 由于格林函数方程的自伴性要求其满足齐次边界条件，所以，

(1) 对于第一类边值问题，$u|_{\Sigma}=\varphi(\boldsymbol{r})$，可取 $G|_{\Sigma}=0$，有

$$u(\boldsymbol{r})=\iiint_{\Omega}G(\boldsymbol{r},\boldsymbol{r}')f(\boldsymbol{r}')\mathrm{d}V'+\oiint_{\Sigma}\varphi(\boldsymbol{r}')p(\boldsymbol{r}')\frac{\partial G(\boldsymbol{r},\boldsymbol{r}')}{\partial n'}\mathrm{d}S'; \tag{16.1.13}$$

(2) 对于第三类边界问题，$\left[\alpha\dfrac{\partial u}{\partial n}+\beta u\right]_{\Sigma}=\varphi(\boldsymbol{r})$，可取 $\left[\alpha\dfrac{\partial G}{\partial n}+\beta G\right]_{\Sigma}=0$，有

$$u(\boldsymbol{r})=\iiint_{\Omega}G(\boldsymbol{r},\boldsymbol{r}')f(\boldsymbol{r}')\mathrm{d}V'-\frac{1}{\alpha}\oiint_{\Sigma}G(\boldsymbol{r},\boldsymbol{r}')p(\boldsymbol{r}')\varphi(\boldsymbol{r}')\mathrm{d}S'; \tag{16.1.14}$$

(3) 对于第二类边值问题，位势方程可能不存在格林函数！这是因为格林函数方程为

$$-\nabla\cdot[p(\boldsymbol{r})\nabla]G(\boldsymbol{r},\boldsymbol{r}')+q(\boldsymbol{r})G(\boldsymbol{r},\boldsymbol{r}')=\delta(\boldsymbol{r}-\boldsymbol{r}'),$$

对两边积分有

$$-\oiint_{\Sigma}p(\boldsymbol{r}')\frac{\partial G(\boldsymbol{r},\boldsymbol{r}')}{\partial n}\mathrm{d}S+\iiint_{\Omega}q(\boldsymbol{r})G(\boldsymbol{r},\boldsymbol{r}')\mathrm{d}V=1,$$

如果要求格林函数满足第二类齐次边界条件，即$\dfrac{\partial G}{\partial n}|_{\Sigma}=0$，则必有

$$\iiint_{\Omega}q(\boldsymbol{r})G(\boldsymbol{r},\boldsymbol{r}')\mathrm{d}V\equiv 1,$$

这不是总能得到满足的，例如对于泊松方程的 $q(\boldsymbol{r})=0$，显然存在矛盾. 从物理上看热传导方程，当系统中有一个点热源时，如果边界上附加绝热条件限制热量流出，系统就不可能达到稳恒状态，所以不存在满足第二类齐次边界条件的格林函数，但可以引入推广的格林函数，在此不作具体讨论.

至此，原则上可以用格林函数来求微分方程的定解问题了.

例 16.2 用格林函数法求解方程：

$$\begin{cases}(x^2u')'-\dfrac{3}{4}u=\sqrt{x}\\ u(0)=0,\quad u(1)=A\end{cases}.$$

解 格林函数方程及边界条件为

$$\begin{cases}[x^2G'(x,x')]'-\dfrac{3}{4}G(x,x')=-\delta(x-x')\\ G(0)=0,\quad G(1)=0\end{cases}.$$

当 $x\neq x'$ 时，该方程是自伴的欧拉型方程，利用齐次边界条件解得

$$G(x,x')=\begin{cases}Cx^{1/2} & (x<x')\\ D(x^{1/2}-x^{-3/2}) & (x>x')\end{cases},$$

由 $x=x'$ 的衔接条件可定出常数 C,D，即

$$G(x,x')=\begin{cases}\dfrac{1}{2}x^{1/2}(x'^{1/2}-x'^{-3/2}) & (x<x')\\ \dfrac{1}{2}x'^{1/2}(x^{1/2}-x^{-3/2}) & (x>x')\end{cases},$$

结果验证了 $G(x,x')=G(x',x)$. 由格林积分公式可得微分方程定解

$$
\begin{aligned}
u(x) &= \int_0^1 G(x,x')f(x')\mathrm{d}x' - p(x')\left[G(x,x')u'(x') - u(x')G'(x,x')\right]\Big|_{x'=0}^{x'=1} \\
&= \int_0^x \frac{1}{2}x'(x^{\frac{1}{2}} - x^{-\frac{3}{2}})\mathrm{d}x' + \int_x^1 \frac{1}{2}x^{\frac{1}{2}}\left(x' - \frac{1}{x'}\right)\mathrm{d}x' + \\
&\quad x'^2\left[\frac{A}{2}x^{1/2}\left(\frac{1}{2}x'^{-1/2} + \frac{3}{2}x'^{-5/2}\right)\right]\Big|_{x'=1} \\
&= \frac{1}{2}\sqrt{x}\ln x + A\sqrt{x}.
\end{aligned}
$$

说明　对于自然边界条件，不需要对格林函数施加齐次边界约束.

注记

乔治·格林是英国诺丁汉一家面包房老板的儿子，少年时几乎没有受过正规教育，靠在父亲工厂帮工之余自学数学和物理. 1828 年，时年 35 岁的格林自费发表著作《数学分析在电磁理论中的应用》，就面积分和体积分的关系给出著名的格林定理，并创立求解微分方程的格林函数方法，该论文被后人称作英格兰数学物理的开篇之作. 格林生前没有获得学术声誉，甚至没有留下一张照片. 二十世纪后，人们修葺了格林家的风车磨坊，用作诺丁汉数学博物馆供人们参观.

单位点电荷产生的电势 $v(\boldsymbol{r},\boldsymbol{r}')$ 由方程决定：$\Delta v(\boldsymbol{r},\boldsymbol{r}') = \delta(\boldsymbol{r}-\boldsymbol{r}')$，根据叠加原理，连续分布电荷在空间中产生的电势满足泊松方程：

$$
\begin{aligned}
&\Delta u(\boldsymbol{r}) = \rho(\boldsymbol{r}) \\
\rightarrow\ &\Delta u(\boldsymbol{r}) = \int_\Omega \rho(\boldsymbol{r}')\delta(\boldsymbol{r}-\boldsymbol{r}')\mathrm{d}\boldsymbol{r}' = \Delta\int_\Omega \rho(\boldsymbol{r}')v(\boldsymbol{r},\boldsymbol{r}')\mathrm{d}\boldsymbol{r}',
\end{aligned}
$$

形式上有

$$
u(\boldsymbol{r}) \sim \int_\Omega \rho(\boldsymbol{r}')v(\boldsymbol{r},\boldsymbol{r}')\mathrm{d}\boldsymbol{r}'.
$$

即连续分布电荷产生的电势可由点电荷产生的电势叠加而成. 严格地说，这种推导只适用于无限大系统，因为它没有考虑边界效应. 对于有限大系统，即便不存在电荷，空间中也可以有电场分布的，它取决于边界上的电势分布. 因此，正确的 $v(\boldsymbol{r},\boldsymbol{r}')$ 还需满足一定的边界条件，完整的表达式就是格林函数积分公式. 将满足齐次边界条件的点源产生的场分布 $v(\boldsymbol{r},\boldsymbol{r}')$ 称作格林函数，用符号 $G(\boldsymbol{r},\boldsymbol{r}')$ 表示.

对于点电荷的格林函数，由于高斯定理，穿过包围点电荷的闭合曲面的电通量必不为零，这就决定了在闭合曲面上不可能处处有 $\dfrac{\partial G(\boldsymbol{r},\boldsymbol{r}')}{\partial n} = 0$，即不可能施加第二类齐次边界条件. 具体而言，亥姆霍兹方程

$$
\Delta u + k^2 u = 0,
$$

在第二类齐次边界条件下，无论一维、二维还是三维情形都存在零本征值，因此算符 $\hat{L} = \Delta + k^2$ 是不可逆的，不存在格林函数.

法向导数与拉普拉斯算符通过散度定理联系，比如对于第二类边值问题：

$$
\begin{cases}
\Delta u = f(\boldsymbol{r}) & (\boldsymbol{r} \in \Omega) \\
\dfrac{\partial u}{\partial n} = g(\boldsymbol{r}) & (\boldsymbol{r} \in \Sigma)
\end{cases},
$$

将第一个方程对体积 Ω 积分,有

$$\int_{\Omega} f(\boldsymbol{r})\mathrm{d}\boldsymbol{r} = \int_{\Omega} \nabla\cdot(\nabla u)\mathrm{d}\boldsymbol{r} = \int_{\Sigma} n\cdot\nabla u\,\mathrm{d}S = \int_{\Sigma}\frac{\partial u}{\partial n}\mathrm{d}S$$

也就是说,边界条件与微分方程是绑定的,不能将 $\frac{\partial u}{\partial n}$ 的任意值施加在边界上,尤其是在格林函数的情形——它要求齐次边界值.为了满足这个条件,需要施加特别的可解条件,即在微分方程里减去一个非齐次项的平均值:

$$\Delta u = f(\boldsymbol{r}) - \bar{f},\quad \bar{f} = \frac{1}{V_{\Omega}}\int_{\Omega} f(\boldsymbol{r})\mathrm{d}\boldsymbol{r}$$

$$\rightarrow \int_{\Sigma}\frac{\partial u}{\partial n}\mathrm{d}\boldsymbol{S} = 0.$$

这样就可以保证格林函数的齐次边界值条件.这样第二类边值问题的格林函数方程需改为

$$\begin{cases}\Delta G(\boldsymbol{r},\boldsymbol{r}') = \delta(\boldsymbol{r}-\boldsymbol{r}') - \dfrac{1}{V_{\Omega}} & (\boldsymbol{r}\in\Omega)\\ \dfrac{\partial G(\boldsymbol{r},\boldsymbol{r}')}{\partial n} = 0 & (\boldsymbol{r}\in\Sigma)\end{cases},$$

相应于第二类边值问题的格林积分公式为

$$u(\boldsymbol{r}) = \iiint_{\Omega} G(\boldsymbol{r},\boldsymbol{r}')f(\boldsymbol{r}')\,\mathrm{d}V' - \oiint_{\Sigma} G(\boldsymbol{r},\boldsymbol{r}')\frac{\partial u}{\partial n}\mathrm{d}S' + \bar{u},$$

$$\bar{u} = \frac{1}{V_{\Omega}}\int_{\Omega} u(\boldsymbol{r})\mathrm{d}\boldsymbol{r},$$

对于类型其他的自伴微分算符也可作类似处理,不再细表.

习　题

[1] 求格林函数

(a) $\begin{cases}\dfrac{\mathrm{d}^2}{\mathrm{d}x^2}G(x,x') = -\delta(x-x')\\ G(x,x')|_{x=0} = G(x,x')|_{x=1} = 0\end{cases}$;

(b) $\begin{cases}\dfrac{\mathrm{d}^2}{\mathrm{d}x^2}G(x,x') + 4G(x,x') = -\delta(x-x')\\ G(x,x')|_{x=0} = \dfrac{\mathrm{d}}{\mathrm{d}x}G(x,x')|_{x=1} = 0\end{cases}$.

答案:

(a) $G(x,x') = \begin{cases} x(x'-1), & x < x'\\ x'(x-1), & x > x'\end{cases}$;

(b) $G(x,x') = \begin{cases} -\dfrac{1}{2\cos 2}\sin 2x\cos(2x'-2) & (x < x')\\ -\dfrac{1}{2\cos 2}\sin 2x'\cos(2x-2) & (x > x')\end{cases}$.

［2］将方程化为自伴型，求格林函数并写出积分解：

(a) $\begin{cases} u''-2u'+u=\mathrm{e}^x \\ u(0)=0, \quad u(1)=0 \end{cases}$；　　(b) $\begin{cases} x^2u''-xu'+u=f(x) \\ u(0)=0, \quad u(1)=0 \end{cases}$；

(c) $\begin{cases} xu''+2u'=f(x) \\ u'(0)=0, \quad u(1)=A \end{cases}$；　　(d) $\begin{cases} x^2u''+3xu'=x^2 \\ u(1)=1, \quad u(2)=2 \end{cases}$.

［3］通过代入验证 $u=\left(\dfrac{1-x}{1+x}\right)^{\pm h/2}$ 是自伴方程的解：

$$[(1-x^2)u']'-\frac{h^2}{1-x^2}u=0,$$

求 u 在边界 $x=\pm 1$ 为有限的格林函数.

［4］设 $q(x,y)$是二维平板上分布在有限范围的热源，κ 是热导率，求无限大平板的稳定温度分布：

$$\nabla u=-\frac{1}{\kappa}q(x,y).$$

答案：

$$u(x,y)=-\frac{1}{4\pi\kappa}\iint_{-\infty}^{\infty}q(\xi,\eta)\ln[(x-\xi)^2+(y-\eta)^2]\,\mathrm{d}\xi\mathrm{d}\eta.$$

16.2　位势方程

根据 16.1 节的推理，如果已知格林函数，就能求解非齐次方程的定解问题. 求解格林函数也就是求齐次边界条件的定解问题，比通常的非齐次边值问题来得简单. 本节介绍几种求位势方程格林函数的基本方法.

1. 无界区域

格林函数方程在无界区域的解 G_0 称作基本解，由于基本解是无界空间问题，则可以用傅里叶变换法求解.

例 16.3　求三维泊松方程的基本解.

解　三维无限空间的泊松方程为

$$\Delta G_0(\boldsymbol{r},\boldsymbol{r}')=-\delta(\boldsymbol{r}-\boldsymbol{r}'),$$

将方程作三维傅里叶变换，得

$$G_0(\boldsymbol{k})=\frac{1}{(2\pi)^3}\frac{\mathrm{e}^{-\mathrm{i}\boldsymbol{k}\cdot\boldsymbol{r}'}}{\boldsymbol{k}^2},$$

其中，$\boldsymbol{k}^2=k_x^2+k_y^2+k_z^2$，再作傅里叶逆变换，以 $\boldsymbol{r}-\boldsymbol{r}'$为球坐标系的极轴方向，对 $\boldsymbol{k}$ 进行积分，有

$$\begin{aligned} G_0(\boldsymbol{r},\boldsymbol{r}') &= \frac{1}{(2\pi)^3}\iiint\frac{\mathrm{e}^{\mathrm{i}\boldsymbol{k}\cdot(\boldsymbol{r}-\boldsymbol{r}')}}{k^2}\mathrm{d}\boldsymbol{k} \\ &= \frac{1}{(2\pi)^3}\int_0^{\infty}\mathrm{d}k\int_0^{\pi}\mathrm{d}\theta\int_0^{2\pi}\frac{\mathrm{e}^{-\mathrm{i}k|\boldsymbol{r}-\boldsymbol{r}'|\cos\theta}}{k^2}k^2\sin\theta\mathrm{d}\varphi \end{aligned}$$

$$= \frac{1}{(2\pi)^2}\int_0^{\infty} \frac{e^{ik|\boldsymbol{r}-\boldsymbol{r}'|} - e^{-ik|\boldsymbol{r}-\boldsymbol{r}'|}}{ik|\boldsymbol{r}-\boldsymbol{r}'|}dk$$

$$= \frac{1}{2\pi^2}\int_0^{\infty} \frac{\sin k|\boldsymbol{r}-\boldsymbol{r}'|}{k|\boldsymbol{r}-\boldsymbol{r}'|}dk = \frac{1}{4\pi|\boldsymbol{r}-\boldsymbol{r}'|}.$$

这就是物理学中三维无界空间单位点电荷的电势分布.表16.1列出了几种常见算符的格林函数基本解,附录Ⅲ给出了更多基本方程的格林函数.

表 16.1

	拉普拉斯算符 Δ	亥姆霍兹算符 $\Delta+k^2$	修正亥姆霍兹算符 $\Delta-k^2$
一维	$-\frac{1}{2}\lvert x_1-x_2\rvert$	$\frac{i}{2k}e^{ik\lvert x_1-x_2\rvert}$	$\frac{i}{2k}e^{-k\lvert x_1-x_2\rvert}$
二维	$-\frac{1}{2\pi}\lvert\rho_1-\rho_2\rvert$	$\frac{i}{4}H_0^{(1)}(k\lvert\rho_1-\rho_2\rvert)$	$\frac{1}{2\pi}K_0^{(1)}(k\lvert\rho_1-\rho_2\rvert)$
三维	$\frac{1}{4\pi}\frac{1}{\lvert\boldsymbol{r}_1-\boldsymbol{r}_2\rvert}$	$\frac{1}{4\pi}\frac{1}{\lvert\boldsymbol{r}_1-\boldsymbol{r}_2\rvert}e^{ik\lvert\boldsymbol{r}_1-\boldsymbol{r}_2\rvert}$	$\frac{1}{4\pi}\frac{1}{\lvert\boldsymbol{r}_1-\boldsymbol{r}_2\rvert}e^{-k\lvert\boldsymbol{r}_1-\boldsymbol{r}_2\rvert}$

2. 有界区域

将格林函数 G 分解成两部分,$G=G_0+G_1$,其中 G_0 是基本解.则 G_1 满足相应的齐次方程,比如对于第一类边界问题,有

$$\hat{L}G_1 = 0,$$

$$G_1|_{\Sigma} = (G-G_0)|_{\Sigma} = -G_0|_{\Sigma}.$$

例 16.4 求半径为 R 的空心导体球内的格林函数:

$$\begin{cases}\Delta G(\boldsymbol{r},\boldsymbol{r}') = -\delta(\boldsymbol{r}-\boldsymbol{r}') \\ G|_{r=R} = 0\end{cases}.$$

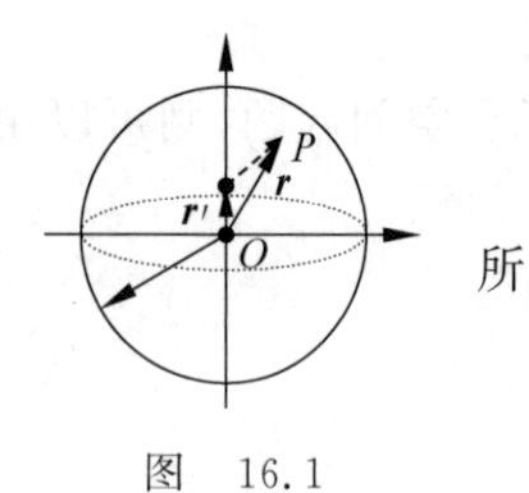

图 16.1

解 如图16.1所示,由例16.3知无限空间的基本解为

$$G_0(\boldsymbol{r},\boldsymbol{r}') = \frac{1}{4\pi|\boldsymbol{r}-\boldsymbol{r}'|},$$

所以

$$\Delta G_1(\boldsymbol{r},\boldsymbol{r}') = 0,$$

$$G_1|_{r=R} = -G_0|_{r=R} = -\frac{1}{4\pi\sqrt{r'^2-2r'R\cos\theta+R^2}}.$$

拉普拉斯方程在球内的解为

$$G_1(\boldsymbol{r},\boldsymbol{r}') = \sum_{l=0}^{\infty} A_l r^l P_l(\cos\theta).$$

在球的表面上,$r=R$,利用勒让德多项式的母函数可得

$$\sum_{l=0}^{\infty} A_l R^l P_l(\cos\theta) = -\frac{1}{4\pi}\frac{1}{\sqrt{R^2-2r'R\cos\theta+r'^2}} = -\frac{1}{4\pi}\sum_{l=0}^{\infty}\frac{1}{R^{l+1}}r'^l P_l(\cos\theta),$$

其中,系数

$$A_l = -\frac{1}{4\pi}\frac{r'^l}{R^{2l+1}},$$

所以

$$G_1(\boldsymbol{r},\boldsymbol{r}') = -\frac{1}{4\pi}\sum_{l=0}^{\infty}\frac{r'^l}{R^{2l+1}}r^l \mathrm{P}_l(\cos\theta) = -\frac{1}{4\pi}\frac{R}{r'}\sum_{l=0}^{\infty}\frac{1}{(R^2/r')^{l+1}}r^l \mathrm{P}_l(\cos\theta)$$

$$= -\frac{1}{4\pi}\frac{R/r'}{\sqrt{\tilde{r}^2 - 2\tilde{r}r + r^2}}.$$

它等效于极轴上位于 $\tilde{r}=R^2/r'$ 的点电荷 $\tilde{q}=-R/r'$ 在无界空间产生的电势，这个假想电荷称作镜像电荷. 本问题的格林函数就是点电荷和其镜像电荷产生的电势分布之和：

$$G(\boldsymbol{r},\boldsymbol{r}') = G_0(\boldsymbol{r},\boldsymbol{r}') + G_1(\boldsymbol{r},\boldsymbol{r}') = \frac{1}{4\pi|\boldsymbol{r}-\boldsymbol{r}'|} - \frac{1}{4\pi}\frac{R/r'}{\sqrt{\tilde{r}^2 - 2\tilde{r}r\cos\theta + r^2}}.$$

对于第一类边值问题的泊松方程，比如求静电场方程的格林函数，有时可以采用更简明的电像法.

例 16.5　有一半径为 R 的接地导体球，球内的 Q 点放一个点电荷 $-\varepsilon_0$，求球内的格林函数：$\Delta G = -\delta(\boldsymbol{r}-\boldsymbol{r}')$，$G|_{r=R}=0$.

解　如图 16.2 所示，假设 Q 的球共轭点为 Q'，其位置为 $r_1 = \frac{R^2}{r'}$，电量为 $Q' = -\frac{R}{r'}Q$，由几何学可知，这两个电荷能够保证球面上的电势为零，因此球内的格林函数即两个点电荷在球内产生的电势分布之和，结论与例 16.4 相同，但过程显得简洁一些.

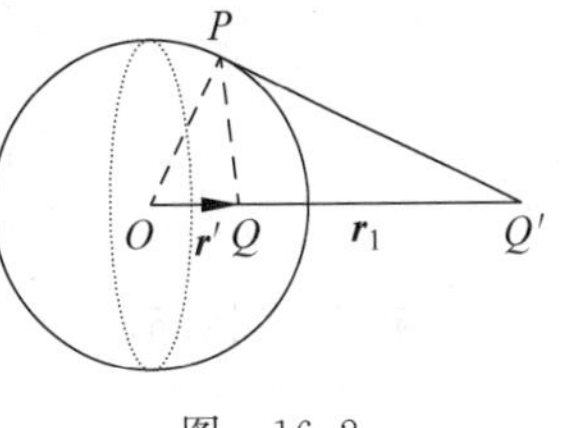

图　16.2

思考　对于亥姆霍兹方程的第一类边界问题，能否采用电像法求格林函数？

3. 本征函数展开法

对于有限大小系统，相应于分离变量法，可采用本征函数展开法求格林函数. 考虑施图姆-刘维尔算符的格林函数方程

$$\begin{cases}\hat{L}G - \lambda G = \delta(\boldsymbol{r}-\boldsymbol{r}') \\ G(\boldsymbol{r})|_{\Sigma} = 0\end{cases},$$

相应的本征值问题为

$$\begin{cases}\hat{L}\psi_n(\boldsymbol{r}) = \lambda_n\psi_n(\boldsymbol{r}) \\ \psi_n(\boldsymbol{r})|_{\Sigma} = 0\end{cases},$$

其中，λ_n 为本征值；ψ_n 为其本征函数. 将格林函数 G 按本征函数 ψ_n 展开，

$$G(\boldsymbol{r},\boldsymbol{r}') = \sum_n C_n(\boldsymbol{r}')\psi_n(\boldsymbol{r}),$$

代入方程，将两边乘以 $\psi_m^*(\boldsymbol{r})$ 并积分，利用本征函数的正交性得到展开系数

$$C_n(\boldsymbol{r}') = \frac{1}{\lambda_n - \lambda}\psi_n^*(\boldsymbol{r}'),$$

格林函数为

$$G(\boldsymbol{r},\boldsymbol{r}')=\sum_n \frac{1}{\lambda_n-\lambda}\psi_n^*(\boldsymbol{r}')\psi_n(\boldsymbol{r}),$$

显然 $G(\boldsymbol{r},\boldsymbol{r}')=G^*(\boldsymbol{r}',\boldsymbol{r})$. 取 $\lambda=0$,则有

$$G(\boldsymbol{r},\boldsymbol{r}')=\sum_n \frac{1}{\lambda_n}\psi_n^*(\boldsymbol{r}')\psi_n(\boldsymbol{r}).$$

例 16.6 求泊松方程在矩形区域内的格林函数:

$$\begin{cases}\Delta G(\boldsymbol{r},\boldsymbol{r}')=-\delta(\boldsymbol{r}-\boldsymbol{r}')\\ G(\boldsymbol{r},\boldsymbol{r}')\big|_{x=0}=G(\boldsymbol{r},\boldsymbol{r}')\big|_{x=a}=0.\\ G(\boldsymbol{r},\boldsymbol{r}')\big|_{y=0}=G(\boldsymbol{r},\boldsymbol{r}')\big|_{y=b}=0\end{cases}$$

解 本题是 $\lambda=0$ 时的特例,相应的本征值问题为

$$\begin{cases}-\Delta\psi(\boldsymbol{r})=\lambda\psi(\boldsymbol{r})\\ \psi(\boldsymbol{r})\big|_{x=0}=\psi(\boldsymbol{r})\big|_{x=a}=0,\\ \psi(\boldsymbol{r})\big|_{x=0}=\psi(\boldsymbol{r})\big|_{x=a}=0\end{cases}$$

解得本征函数和本征值

$$\begin{cases}\psi_{mn}(x,y)=\dfrac{2}{\sqrt{ab}}\sin\mu_m x\sin\nu_n y\\ \lambda_{mn}=\mu_m^2+\nu_n^2,\quad \mu_m=\dfrac{m\pi}{a},\quad \nu_n=\dfrac{n\pi}{b}\end{cases},$$

取 $\lambda=0$ 得到格林函数

$$G(\boldsymbol{r},\boldsymbol{r}')=\frac{4}{ab}\sum_{m,n}\frac{\sin\mu_m x'\sin\nu_n y'}{\mu_m^2+\nu_n^2}\sin\mu_m x\sin\nu_n y.$$

注记

对于非自伴算符的本征方程,设 u_n,v_n 分别为 $\hat{L},\hat{L}^\dagger$ 的本征函数,λ_n,μ_n 为对应的本征值,有

$$\hat{L}u_n=\lambda_n u_n,\quad \hat{L}^\dagger v_n=\mu_n v_n.$$

如果这些本征函数是完备的,总有某个 v_n 不与 u_n 正交,则有

$$\lambda_n\langle v_n\mid u_n\rangle=\langle v_n\mid\hat{L}\mid u_n\rangle=\langle u_n\mid\hat{L}^\dagger\mid v_n\rangle=\mu_n\langle u_n\mid v_n\rangle,$$

必有 $\mu_n=\lambda_n$,即 $\hat{L},\hat{L}^\dagger$ 两个算符具有共同的本征值谱:

$$\hat{L}u_n=\lambda_n u_n,\quad \hat{L}^\dagger v_m=\lambda_m v_m.$$

于是

$$\langle v_m\mid\hat{L}\mid u_n\rangle-\langle u_n\mid\hat{L}^\dagger\mid v_m\rangle=(\lambda_n-\lambda_m)\langle v_n\mid u_m\rangle=0,$$

表明对于不同本征值的本征函数是双正交的(biorthogonal):

$$\langle v_n\mid u_m\rangle=0\quad(m\neq n),$$

将同一本征值的本征函数归一化,$\langle v_n|u_n\rangle=1$.

对于非齐次方程 $\hat{L}u=f$,将其按本征函数展开为

$$u=\sum_n a_n u_n,\quad f=\sum_n b_n u_n,$$

利用 u_n, v_n 的双正交性，有 $b_n = \langle f | v_n \rangle$，所以

$$\hat{L}u = \hat{L}\sum_n a_n u_n = \sum_n a_n \lambda_n u_n = \sum_n b_n u_n$$

$$\to a_n = \frac{b_n}{\lambda_n} = \frac{1}{\lambda_n}\langle v_n \mid f \rangle.$$

方程的解为

$$u(x) = \sum_n \int_a^b \frac{u_n(x) v_n^*(\xi)}{\lambda_n} f(\xi)\,\mathrm{d}\xi.$$

对比可知格林函数为

$$G(\boldsymbol{r}, \boldsymbol{r}') = \sum_n \frac{1}{\lambda_n} u_n(\boldsymbol{r}) v_n^*(\boldsymbol{r}'),$$

利用对称关系 $\widetilde{G}^*(\boldsymbol{r}, \boldsymbol{r}') = G(\boldsymbol{r}', \boldsymbol{r})$，得到伴随格林函数为

$$\widetilde{G}(\boldsymbol{r}, \boldsymbol{r}') = \sum_n \frac{1}{\lambda_n} v_n(\boldsymbol{r}) u_n^*(\boldsymbol{r}').$$

如果 $\hat{L}$ 是自伴算符，有 $u_n = v_n$，满足格林函数倒易关系：

$$G^*(\boldsymbol{r}, \boldsymbol{r}') = G(\boldsymbol{r}', \boldsymbol{r}).$$

习　题

[1] 用傅里叶变换法求二维泊松方程的基本解：

$$\Delta G_0(\boldsymbol{r}, \boldsymbol{r}') = -\delta(\boldsymbol{r} - \boldsymbol{r}').$$

答案：

$$G_0(\boldsymbol{r}, \boldsymbol{r}') = -\frac{1}{2\pi}\ln\frac{1}{|\boldsymbol{r} - \boldsymbol{r}'|}.$$

[2] 用傅里叶变换法求三维亥姆霍兹方程的基本解：

$$\Delta G_0(\boldsymbol{r}, \boldsymbol{r}') + k^2 G_0(\boldsymbol{r}, \boldsymbol{r}') = -\delta(\boldsymbol{r} - \boldsymbol{r}').$$

答案：

$$G_0(\boldsymbol{r}, \boldsymbol{r}') = \frac{\mathrm{e}^{-\mathrm{i}k|\boldsymbol{r} - \boldsymbol{r}'|}}{4\pi|\boldsymbol{r} - \boldsymbol{r}'|}.$$

[3] 用电像法求圆域内泊松方程在第一类边值问题的格林函数.

[4] 用电像法求解上半球内泊松方程在第一类边值问题的格林函数，球半径为 a（图 16.3）.

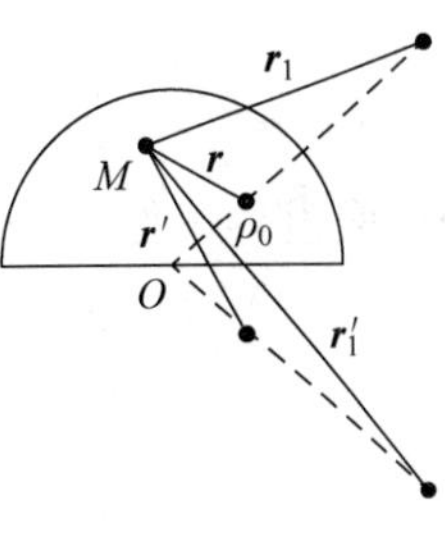

图　16.3

[5] 用本征函数展开法求格林函数：

$$\begin{cases} \dfrac{\mathrm{d}^2}{\mathrm{d}x^2} G(x, x') + 4G(x, x') = -\delta(x - x') \\ G(x, x')|_{x=0} = \dfrac{\mathrm{d}}{\mathrm{d}x} G(x, x')|_{x=1} = 0 \end{cases}.$$

答案：

$$G(x, x') = \sum_{n=0}^{\infty} \frac{1}{\lambda_n - 4} \sin\left(n + \frac{1}{2}\right)\pi x' \sin\left(n + \frac{1}{2}\right)\pi x,\quad \lambda_n = \left(n + \frac{1}{2}\right)^2 \pi^2.$$

[6] 已知二阶微分方程及齐次边界条件,

$$\begin{cases}\hat{L}u = u'' + u' \\ u(0) = 0, \quad u'(1) = 0\end{cases},$$

(a) 写出伴随方程和伴随边界条件;

(b) 求解本征方程并证明它们的本征函数双正交:

$$\hat{L}u = \lambda u, \quad \hat{L}^{\dagger} v = \lambda v.$$

16.3 应用举例

在得到格林函数后,便可以利用格林积分公式来求解边值问题的积分形式解.

例 16.7 利用上面求出的格林函数,求解球内拉普拉斯方程的第一边值问题:

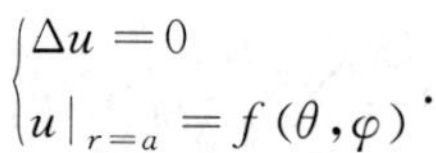

$$\begin{cases}\Delta u = 0 \\ u|_{r=a} = f(\theta, \varphi)\end{cases}.$$

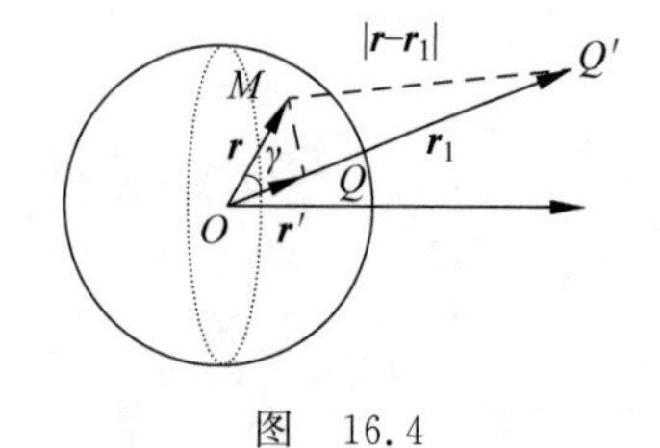

图 16.4

解 如图 16.4 所示,根据格林积分公式

$$u(r) = \iiint_{\Omega} G(\boldsymbol{r}, \boldsymbol{r}') \rho(\boldsymbol{r}') \mathrm{d}V' + \oiint_{\Sigma} f(\boldsymbol{r}') \frac{\partial G(\boldsymbol{r}, \boldsymbol{r}')}{\partial n'} \mathrm{d}S',$$

其中,外源 $\rho(\boldsymbol{r}') = 0$. 格林函数为

$$G(\boldsymbol{r}, \boldsymbol{r}') = -\frac{1}{4\pi} \frac{1}{|\boldsymbol{r} - \boldsymbol{r}'|} + \frac{a}{\boldsymbol{r}'} \frac{1}{4\pi} \frac{1}{|\boldsymbol{r} - \boldsymbol{r}_1|}.$$

利用关系式

$$\cos\gamma = \cos\theta\cos\theta' + \sin\theta\sin\theta'\cos(\varphi - \varphi'),$$

可得

$$\begin{aligned}\frac{\partial}{\partial n'} \frac{1}{|\boldsymbol{r} - \boldsymbol{r}'|} &= \frac{\partial}{\partial r'} \frac{1}{(r^2 - 2rr'\cos\gamma + r'^2)^{1/2}} \\ &= -\frac{r' - r\cos\gamma}{(r^2 - 2rr'\cos\gamma + r'^2)^{3/2}},\end{aligned}$$

消去分子的 $\cos\gamma$,得

$$\frac{\partial}{\partial n'} \frac{1}{|\boldsymbol{r} - \boldsymbol{r}'|}\bigg|_{\Sigma} = \frac{r^2 - |\boldsymbol{r} - \boldsymbol{r}'| - a^2}{2a|\boldsymbol{r} - \boldsymbol{r}'|^3}\bigg|_{\Sigma},$$

利用取边界条件 $r' \to a$,可得

$$\begin{aligned}\frac{\partial}{\partial n'}\left[\frac{a}{r'} \frac{1}{|\boldsymbol{r} - \boldsymbol{r}_1|}\right]\bigg|_{\Sigma} &= -\frac{a}{r'^2} \frac{1}{|\boldsymbol{r} - \boldsymbol{r}_1|} + \frac{a}{r'} \frac{\partial}{\partial r_1} \frac{1}{|\boldsymbol{r} - \boldsymbol{r}_1|} \frac{\partial r_1}{\partial r'}\bigg|_{r_1 \to r'} \\ &= \frac{a^2 - r^2 - |\boldsymbol{r} - \boldsymbol{r}'|}{2a|\boldsymbol{r} - \boldsymbol{r}'|^3}\bigg|_{\Sigma},\end{aligned}$$

于是有

$$\frac{\partial G}{\partial n'}\bigg|_{\Sigma} = \frac{1}{4\pi a} \frac{a^2 - r^2}{|\boldsymbol{r} - \boldsymbol{r}'|^3}\bigg|_{\Sigma},$$

代入积分公式得

$$u(r,\theta,\varphi)=\int_0^{\pi}\mathrm{d}\theta'\int_0^{2\pi}\frac{1}{4\pi a}\frac{a^2-r^2}{|\boldsymbol{r}-\boldsymbol{r}'|^3}f(\theta',\varphi')a^2\sin\theta'\mathrm{d}\varphi'$$

$$=\frac{a}{4\pi}\int_0^{\pi}\int_0^{2\pi}f(\theta',\varphi')\frac{a^2-r^2}{(a^2-2ar\cos\gamma+r^2)^{3/2}}\sin\theta'\mathrm{d}\theta'\mathrm{d}\varphi',$$

该式也称作球面泊松公式.

习　　题

[1] 求圆内拉普拉斯方程的第一边值问题：

$$\begin{cases}\Delta_2 u=0 & (\rho<a)\\ u|_{\rho=a}=f(\varphi)\end{cases}.$$

[2] 求二维半平面内拉普拉斯方程的第一边值问题：

$$\begin{cases}\Delta_2 u=0 & (y\geqslant 0)\\ u|_{y=0}=f(x)\end{cases}.$$

答案：

$$u(x,y)=\frac{1}{\pi}\int_{-\infty}^{\infty}\frac{yf(x')}{(x-x')^2+y^2}\mathrm{d}x'.$$

[3] 求三维半空间内拉普拉斯方程的第一边值问题：

$$\begin{cases}\Delta u=0 & (z>0)\\ u|_{z=0}=f(x,y)\end{cases}.$$

答案：

$$u(x,y,z)=\frac{z}{2\pi}\iint_{-\infty}^{\infty}\frac{f(x',y')}{[(x-x')^2+(y-y')^2+z^2]^{3/2}}\mathrm{d}x'\mathrm{d}y'.$$

[4] 用格林函数法求解方程：

$$\begin{cases}\dfrac{\mathrm{d}^2}{\mathrm{d}x^2}u(x)+k^2u(x)=f(x)\\ u|_{x=a}=0,\quad u|_{x=b}=A\end{cases}.$$

答案：

$$G(x,x')=\begin{cases}\dfrac{\sin k(x'-b)\sin k(x-a)}{k\sin k(b-a)} & (x<x')\\ \dfrac{\sin k(x'-a)\sin k(x-b)}{k\sin k(b-a)} & (x>x')\end{cases},$$

$$u(x)=\int_a^b G(x,x')f(x')\,\mathrm{d}x'+A\,\frac{\sin k(x-a)}{\sin k(b-a)}.$$

16.4　发展方程

1. 含时格林函数

前面讨论了位势方程的格林函数方法，对于波动或输运等含时的问题，同样可以运用格林函数进行求解. 可以证明，格林函数满足空间对称性和时间倒易性：

$$G(\boldsymbol{r},\boldsymbol{r}';\ t,t')=G(\boldsymbol{r}',\boldsymbol{r};\ -t',-t). \tag{16.4.1}$$

先介绍几种计算含时格林函数的方法.

1) 无界系统

对于无界问题的含时格林函数,可以采用傅里叶变换法进行求解.

例 16.8 求自由粒子薛定谔方程的格林函数:

$$\begin{cases} \mathrm{i}\dfrac{\partial}{\partial t}\psi(\boldsymbol{r},t)=-\dfrac{1}{2}\nabla^2\psi(\boldsymbol{r},t) \\ \psi(\boldsymbol{r},t)\big|_{t=0}=\psi(\boldsymbol{r},0) \end{cases}.$$

解 对空间坐标作傅里叶变换,$\boldsymbol{\Psi}(\boldsymbol{k},t)=\mathfrak{F}[\psi(\boldsymbol{r},t)]$,解得

$$\boldsymbol{\Psi}(\boldsymbol{k},t)=\boldsymbol{\Psi}(\boldsymbol{k},0)\,\mathrm{e}^{-\mathrm{i}k^2t/2},$$

作傅里叶逆变换,

$$\begin{aligned}\psi(\boldsymbol{r},t)&=\int_{-\infty}^{\infty}\boldsymbol{\Psi}(\boldsymbol{k},0)\,\mathrm{e}^{-\mathrm{i}k^2t/2}\mathrm{e}^{\mathrm{i}\boldsymbol{k}\cdot\boldsymbol{r}}\mathrm{d}k\\ &=\frac{1}{(2\pi)^3}\int_{-\infty}^{\infty}\int_{-\infty}^{\infty}\psi(\boldsymbol{r}',0)\mathrm{e}^{-\mathrm{i}\boldsymbol{k}\cdot\boldsymbol{r}'}\mathrm{d}\boldsymbol{r}'\mathrm{e}^{-\mathrm{i}k^2t/2}\mathrm{e}^{\mathrm{i}\boldsymbol{k}\cdot\boldsymbol{r}}\mathrm{d}\boldsymbol{k}\\ &=\int_{-\infty}^{\infty}\psi(\boldsymbol{r}',0)G(\boldsymbol{r},\boldsymbol{r}';\ t)\mathrm{d}\boldsymbol{r}',\end{aligned}$$

将初始波包 $\psi(\boldsymbol{r},0)$视作外源,则格林函数为

$$G(\boldsymbol{r},\boldsymbol{r}';\ t)=\frac{1}{(2\pi)^3}\int_{-\infty}^{\infty}\mathrm{e}^{\mathrm{i}\boldsymbol{k}\cdot(\boldsymbol{r}-\boldsymbol{r}')-\mathrm{i}k^2t/2}\mathrm{d}\boldsymbol{k}.$$

在量子力学中,该格林函数又称作自由粒子的传播子,表示在 $t=0$ 时刻一个粒子从 $\boldsymbol{r}'$点经过时间 t,传播到 $\boldsymbol{r}$ 点的概率幅. 对于一维系统有

$$G(x,x';\ t)=\sqrt{\frac{2\pi\mathrm{i}m}{\hbar t}}\,\mathrm{e}^{-\frac{\mathrm{i}m}{2\hbar t}(x-x')^2}.$$

2) 有界系统

对于有界问题的含时格林函数,可以采用本征函数展开法进行求解.

例 16.9 求有界区域波动方程的格林函数:

$$\partial_{tt}G-a^2\Delta G=\delta(\boldsymbol{r}-\boldsymbol{r}')\delta(t-t').$$

解 设 $u_n(\boldsymbol{r})$为亥姆霍兹方程 $\Delta u(\boldsymbol{r})+\lambda u(\boldsymbol{r})=0$ 在齐次边界条件下的本征函数,相应的本征值为 λ_n. 将格林函数按 $u_n(\boldsymbol{r})$展开,假设其展开系数为时间的函数

$$G(\boldsymbol{r},\boldsymbol{r}';\ t-t')=\sum_{n=1}^{\infty}C_n(\boldsymbol{r}';\ t)u_n(\boldsymbol{r}),$$

利用

$$\Delta u_n(\boldsymbol{r})+\lambda_n u_n(\boldsymbol{r})=0,\quad \delta(\boldsymbol{r}-\boldsymbol{r}')=\sum_{n=1}^{\infty}u_n^*(\boldsymbol{r}')u_n(\boldsymbol{r}),$$

代入波动方程得

$$\sum_{n=1}^{\infty}\left[\frac{\partial^2}{\partial t^2}C_n(\boldsymbol{r}';\ t)+a^2\lambda_n C_n(\boldsymbol{r}';\ t)\right]u_n(\boldsymbol{r})=\sum_{n=1}^{\infty}[u_n^*(\boldsymbol{r}')\delta(t-t')]\,u_n(\boldsymbol{r}),$$

比较两边“系数”,有

$$\frac{\partial^2}{\partial t^2}C_n(\boldsymbol{r}';t)+a^2\lambda_n C_n(\boldsymbol{r}';t)=u_n^*(\boldsymbol{r}')\delta(t-t'),$$

假设当 $t<t'$ 时

$$C_n(\boldsymbol{r}';t)=0,\quad \frac{\mathrm{d}}{\mathrm{d}t}C_n(\boldsymbol{r}';t)=0,$$

解得

$$C_n(\boldsymbol{r}';t)=u_n^*(\boldsymbol{r}')\frac{\sin\omega_n(t-t')}{\omega_n}H(t-t'),\quad \omega_n=a\sqrt{\lambda_n},$$

于是得到格林函数

$$G(\boldsymbol{r},\boldsymbol{r}';t-t')=\sum_{n=1}^{\infty}u_n^*(\boldsymbol{r}')u_n(\boldsymbol{r})\frac{\sin\omega_n(t-t')}{\omega_n}H(t-t').$$

同样的办法可以求得热传导方程的格林函数：

$$\partial_t G-a^2\Delta G=\delta(\boldsymbol{r}-\boldsymbol{r}')\delta(t-t'),$$

$$G(\boldsymbol{r},\boldsymbol{r}';t-t')=\sum_{n=1}^{\infty}u_n^*(\boldsymbol{r}')u_n(\boldsymbol{r})\mathrm{e}^{-\lambda_n(t-t')}H(t-t').$$

3）拉普拉斯变换法

对于含时的格林函数，还可以采用拉普拉斯变换将其转化为像空间中的位势方程，再按照 15.2 节的办法进行求解，最后反演求出原函数，在此从略.

2. 含时格林积分公式

我们也可以推导出发展方程的格林积分公式，此处仅列出结果，读者可参阅有关著作.

1）输运方程（抛物型方程）

$$\begin{cases}u_t-a^2\Delta u=f(\boldsymbol{r},t)\\ \left(\alpha\dfrac{\partial u}{\partial n}+\beta u\right)\Big|_{\Sigma}=\theta(M,t).\\ u|_{t=0}=\phi(\boldsymbol{r})\end{cases}\tag{16.4.2}$$

其积分形式解为

$$u(\boldsymbol{r},t)=\iiint_{\Omega}\int_0^t G(\boldsymbol{r},\boldsymbol{r}';t-t')f(\boldsymbol{r}',t')\,\mathrm{d}V'\mathrm{d}t'+$$

$$a^2\iint_{\Sigma}\int_0^t\left[G\frac{\partial u}{\partial n'}-u\frac{\partial G}{\partial n'}\right]\mathrm{d}S'\mathrm{d}t'+\iiint_{\Omega'}[uG]\,|_{t'=0}\mathrm{d}V'.\tag{16.4.3}$$

2）波动方程（双曲型方程）

$$\begin{cases}u_{tt}-a^2\Delta u=f(\boldsymbol{r},t)\\ \left(\alpha\dfrac{\partial u}{\partial n}+\beta u\right)\Big|_{\Sigma}=\theta(M,t)\\ u|_{t=0}=\phi(\boldsymbol{r}),\quad u_t|_{t=0}=\psi(\boldsymbol{r})\end{cases}.\tag{16.4.4}$$

格林函数所满足的定解问题为

$$
\begin{cases}
G_{tt}-a^2\Delta G=\delta(\boldsymbol{r}-\boldsymbol{r}')\,\delta(t-t') \\
\left(\alpha\dfrac{\partial G}{\partial n}+\beta G\right)\Big|_{\Sigma}=0 \\
G|_{t=0}=0,\quad G_t|_{t=0}=0
\end{cases}, \tag{16.4.5}
$$

其积分形式解为

$$
\begin{aligned}
u(\boldsymbol{r},t)=&\iiint_{\Omega'}\int_0^t G(\boldsymbol{r},\boldsymbol{r}';\,t-t')\,f(\boldsymbol{r}',t')\,\mathrm{d}V'\mathrm{d}t'+\\
&a^2\iint_{\Sigma}\int_0^t\left[G\frac{\partial u}{\partial n'}-u\frac{\partial G}{\partial n'}\right]\mathrm{d}S'\mathrm{d}t'+\\
&\iiint_{\Omega'}[Gu_{t'}-uG_{t'}]\,|_{t'=0}\mathrm{d}V'.
\end{aligned} \tag{16.4.6}
$$

注记

量子力学薛定谔方程通常被认为是无外源的,即始终是齐次方程,这样才能保证粒子数守恒,似乎不便引入有外源的格林函数.可以这样来考虑,令 $u(\boldsymbol{r},t)=\psi(\boldsymbol{r},t)-\psi(\boldsymbol{r},0)$,则 $u(\boldsymbol{r},t)$ 满足非齐次的方程,

$$
\begin{cases}
\mathrm{i}\dfrac{\partial}{\partial t}u(\boldsymbol{r},t)+\dfrac{1}{2}\nabla^2 u(\boldsymbol{r},t)=-\dfrac{1}{2}\nabla^2\psi(\boldsymbol{r},0) \\
u(\boldsymbol{r},t)\,|_{t=0}=0
\end{cases},
$$

将 $f(\boldsymbol{r})\equiv-\dfrac{1}{2}\nabla^2\psi(\boldsymbol{r},0)$ 视作场 $u(\boldsymbol{r},t)$ 的外源,$u(\boldsymbol{r},t)$ 自然不能再解释为波函数了,但可以定义其格林函数方程为

$$
\mathrm{i}\frac{\partial}{\partial t}G(\boldsymbol{r},\boldsymbol{r}';\,t-t')+\frac{1}{2}\nabla^2 G(\boldsymbol{r},\boldsymbol{r}';\,t-t')=\delta(\boldsymbol{r}-\boldsymbol{r}')\delta(t-t'),
$$

作傅里叶变换 $\bar{G}(\boldsymbol{k};\,t,t')=\mathfrak{F}[G(\boldsymbol{r},\boldsymbol{r}';\,t,t')]$,有

$$
\mathrm{i}\frac{\mathrm{d}}{\mathrm{d}t}\bar{G}(\boldsymbol{k};\,t-t')-\frac{1}{2}k^2\bar{G}(\boldsymbol{k};\,t,t')=\delta(t-t'),
$$

解得

$$
\bar{G}(\boldsymbol{k};\,t-t')=-\mathrm{i}\mathrm{e}^{-\frac{\mathrm{i}}{2}\boldsymbol{k}^2(t-t')},
$$

所以格林函数为

$$
G(\boldsymbol{r},\boldsymbol{r}';\,t-t')=\frac{1}{(2\pi)^3}\int_{-\infty}^{\infty}\mathrm{e}^{\mathrm{i}\boldsymbol{k}\cdot(\boldsymbol{r}-\boldsymbol{r}')-\mathrm{i}\frac{1}{2}\boldsymbol{k}^2(t-t')}\mathrm{d}\boldsymbol{k}.
$$

依此可以求得 $u(\boldsymbol{r},t)$ 的积分形式,从而解出波函数 $\psi(\boldsymbol{r},t)$.

习　题

[1] 格林函数法求初值问题:

$$
\begin{cases}
\dfrac{\mathrm{d}^2 y(t)}{\mathrm{d}t^2}+y(t)=f(t) \\
y(0)=y'(0)=0
\end{cases}.
$$

答案:

$$G(t,t')=\begin{cases}0 & (t<t')\\ \sin(t-t') & (t>t')\end{cases},$$

$$y(t)=\int_0^{\infty}G(t,t')f(t')\mathrm{d}t'=\int_0^{t}f(t')\sin(t-t')\mathrm{d}t'.$$

[2] 用格林函数法求解

$$\begin{cases}u_t-a^2u_{xx}=A\sin\omega t\\ u_x|_{x=0}=0,\quad u_x|_{x=l}=0.\\ u|_{t=0}=0\end{cases}$$

答案：$u=\dfrac{A}{\omega}(1-\cos\omega t)$.

[3] 用格林函数法求解

$$\begin{cases}u_{tt}-a^2u_{xx}=A\cos\dfrac{x}{l}\sin\omega t\\ u_x|_{x=0}=0,\quad u_x|_{x=l}=0\\ u|_{t=0}=0,\quad u_t|_{t=0}=0\end{cases}.$$

[4] 求三维无界空间波动方程的格林函数：

答案：

$$G(\boldsymbol{r},\boldsymbol{r}';t-t')=\frac{1}{4\pi a}\frac{1}{|\boldsymbol{r}-\boldsymbol{r}'|}\delta[|\boldsymbol{r}-\boldsymbol{r}'|-a(t-t')].$$

[5] 求 n 维无界空间扩散方程的格林函数.

提示：同时作傅里叶变换和拉普拉斯变换，对 n 维超球坐标系(10.5 节)进行积分，并利用贝塞尔函数积分公式

$$\int_0^{\infty}\mathrm{e}^{-a^2x^2}\mathrm{J}_\nu(bx)x^{\nu+1}\mathrm{d}x=\frac{b^\nu}{(2a^2)^{\nu+1}}\mathrm{e}^{-\frac{b^2}{4a^2}}.$$

答案：

$$G(\boldsymbol{r},\boldsymbol{r}';t-t')=\frac{\mathrm{e}^{-r^2/4t}}{[4\pi a(t-t')]^{n/2}}H(t-t').$$

16.5 微扰方法

从前面讨论中可以看出，用格林函数严格求解定解问题还是比较烦琐的. 格林函数在物理中的真正功用在于它提供了一种有效方法，将没有严格解的问题作近似处理而得到所需的结果，这就是微扰展开法. 它使得格林函数成为一种专门的计算技术，在量子场论和凝聚态物理中得到广泛的应用，本节简要介绍其基本思想.

1. 散射问题

在量子力学中，粒子在中心力场的弹性散射过程由薛定谔方程描述，

$$-\frac{\hbar^2}{2\mu}\Delta\psi+V(\boldsymbol{r})\psi=E\psi\quad(E>0).$$

取 $E=\hbar^2\boldsymbol{k}^2/2\mu$,方程化为

$$(\Delta+\boldsymbol{k}^2)\psi=\frac{2\mu}{\hbar^2}V(\boldsymbol{r})\psi. \tag{16.5.1}$$

假设入射波为平面波 $\mathrm{e}^{\mathrm{i}\boldsymbol{k}_0\cdot\boldsymbol{r}}$,则波函数在 $\boldsymbol{r}\to\infty$ 具有如下渐进形式:

$$\psi(\boldsymbol{r})\xrightarrow{r\to\infty}\mathrm{e}^{\mathrm{i}\boldsymbol{k}_0\cdot\boldsymbol{r}}+f(\theta,\varphi)\frac{\mathrm{e}^{\mathrm{i}kr}}{r},$$

第二项是波矢为 $\boldsymbol{k}$ 的散射球面波 $\psi_{\mathrm{sc}}(\boldsymbol{r})$,它对于 $V(\boldsymbol{r})$ 为短程势时有效,$f_k(\theta,\varphi)$ 表示散射波振幅. 将方程(16.5.1)右边视作非齐次项,则一般解用格林函数表示为

$$\psi(\boldsymbol{r})=\mathrm{e}^{\mathrm{i}\boldsymbol{k}_0\cdot\boldsymbol{r}}+\frac{2\mu}{\hbar^2}\int V(\boldsymbol{r}')\psi(\boldsymbol{r}')G_0(\boldsymbol{r},\boldsymbol{r}')\,\mathrm{d}\boldsymbol{r}', \tag{16.5.2}$$

其中,右边第二项是方程的基本解. 对于弹性散射有 $|\boldsymbol{k}_0|=|\boldsymbol{k}|$,第一项 $\mathrm{e}^{\mathrm{i}\boldsymbol{k}_0\cdot\boldsymbol{r}}$ 满足相应齐次方程,反映粒子在无穷远的行为.

已知三维亥姆霍兹算符 $\Delta+\boldsymbol{k}^2$ 的格林函数为

$$G_0(\boldsymbol{r},\boldsymbol{r}')=-\frac{\mathrm{e}^{\mathrm{i}k|\boldsymbol{r}-\boldsymbol{r}'|}}{4\pi|\boldsymbol{r}-\boldsymbol{r}'|}, \tag{16.5.3}$$

方程的解表示为

$$\psi(\boldsymbol{r})=\mathrm{e}^{\mathrm{i}\boldsymbol{k}_0\cdot\boldsymbol{r}}-\frac{\mu}{2\pi\hbar^2}\int V(\boldsymbol{r}')\psi(\boldsymbol{r}')\frac{\mathrm{e}^{\mathrm{i}k|\boldsymbol{r}-\boldsymbol{r}'|}}{|\boldsymbol{r}-\boldsymbol{r}'|}\mathrm{d}\boldsymbol{r}', \tag{16.5.4}$$

该方程称作李普曼-施温格方程(Lippmann-Schwinger equation). 对于弹性散射有 $|\boldsymbol{k}_0|=|\boldsymbol{k}|$,第一项 $\mathrm{e}^{\mathrm{i}\boldsymbol{k}_0\cdot\boldsymbol{r}}$ 满足相应齐次方程,反映散射粒子在无穷远的行为. 当散射势较弱或为短程势时,$\mathrm{e}^{\mathrm{i}\boldsymbol{k}_0\cdot\boldsymbol{r}}$ 是波函数的主要部分,可用 $\mathrm{e}^{\mathrm{i}\boldsymbol{k}_0\cdot\boldsymbol{r}'}$ 替代积分号里的波函数 $\psi(\boldsymbol{r}')$,得到解的玻恩近似公式(Born approximation formulism):

$$\psi(\boldsymbol{r})=\mathrm{e}^{\mathrm{i}\boldsymbol{k}_0\cdot\boldsymbol{r}}-\frac{\mu}{2\pi\hbar^2}\int V(\boldsymbol{r}')\,\mathrm{e}^{\mathrm{i}\boldsymbol{k}_0\cdot\boldsymbol{r}}\,\frac{\mathrm{e}^{\mathrm{i}k|\boldsymbol{r}-\boldsymbol{r}'|}}{|\boldsymbol{r}-\boldsymbol{r}'|}\mathrm{d}\boldsymbol{r}'. \tag{16.5.5}$$

李普曼-施温格方程具有波函数 $\psi(\boldsymbol{r})$ 的嵌套结构,将其作自迭代,

$$\psi(\boldsymbol{r})=\mathrm{e}^{\mathrm{i}\boldsymbol{k}_0\cdot\boldsymbol{r}}-\frac{\mu}{2\pi\hbar^2}\int\left[\mathrm{e}^{\mathrm{i}\boldsymbol{k}_0\cdot\boldsymbol{r}'}-\frac{\mu}{2\pi\hbar^2}\int V(\boldsymbol{r}'')\psi(\boldsymbol{r}'')\frac{\mathrm{e}^{\mathrm{i}k|\boldsymbol{r}-\boldsymbol{r}''|}}{|\boldsymbol{r}-\boldsymbol{r}''|}\mathrm{d}\boldsymbol{r}''\right]\cdot$$
$$\frac{\mathrm{e}^{\mathrm{i}k|\boldsymbol{r}-\boldsymbol{r}'|}}{|\boldsymbol{r}-\boldsymbol{r}'|}V(\boldsymbol{r}')\,\mathrm{d}\boldsymbol{r}',$$

玻恩公式可视作一阶近似. 将积分号内的 $\psi(\boldsymbol{r}'')$ 用 $\mathrm{e}^{\mathrm{i}\boldsymbol{k}_0\cdot\boldsymbol{r}''}$ 替代,得到二阶近似解:

$$\psi(\boldsymbol{r})=\mathrm{e}^{\mathrm{i}\boldsymbol{k}_0\cdot\boldsymbol{r}}-\frac{\mu}{2\pi\hbar^2}\int V(\boldsymbol{r}')\,\mathrm{e}^{\mathrm{i}\boldsymbol{k}_0\cdot\boldsymbol{r}}\,\frac{\mathrm{e}^{\mathrm{i}k|\boldsymbol{r}-\boldsymbol{r}'|}}{|\boldsymbol{r}-\boldsymbol{r}'|}\mathrm{d}\boldsymbol{r}'+$$
$$\left(\frac{\mu}{2\pi\hbar^2}\right)^2\int\int V(\boldsymbol{r}'')\,\mathrm{e}^{\mathrm{i}\boldsymbol{k}_0\cdot\boldsymbol{r}''}\,\frac{\mathrm{e}^{\mathrm{i}k|\boldsymbol{r}-\boldsymbol{r}''|}}{|\boldsymbol{r}-\boldsymbol{r}''|}\mathrm{d}\boldsymbol{r}''\,\frac{\mathrm{e}^{\mathrm{i}k|\boldsymbol{r}-\boldsymbol{r}'|}}{|\boldsymbol{r}-\boldsymbol{r}'|}\mathrm{d}\boldsymbol{r}'.$$

如此经过反复自迭代,可以得到更高阶近似解. 当然,其前提是高阶修正项逐级减小以保证级数收敛.

例 16.10 求解一维定态薛定谔方程的束缚态:

$$-\frac{\hbar^2}{2\mu}\frac{\mathrm{d}^2\psi}{\mathrm{d}x^2}+V(x)\psi=E\psi\quad(E<0).$$

解 令 $E=-\hbar^2\kappa^2/2\mu$

$$\hat{L}\psi\equiv\left(\frac{\mathrm{d}^2}{\mathrm{d}x^2}-\kappa^2\right)\psi=\frac{2\mu}{\hbar^2}V(x)\psi,$$

方程的形式解为

$$\psi(x)=\psi_0(x)+\int_{-\infty}^{\infty}\frac{2\mu}{\hbar^2}G_0(x,x')V(x')\psi(x')\,\mathrm{d}x'.$$

由于 $\hat{L}\psi_0=0$，根据束缚态条件，当 $x\to\pm\infty$ 时，有 $\psi_0=A\mathrm{e}^{\kappa x}+B\mathrm{e}^{-\kappa x}\to 0$. 又可证明算符 $\hat{L}$ 的格林函数为

$$G_0(x,x')=-\frac{\mathrm{e}^{-\kappa|x-x'|}}{2\kappa},$$

所以

$$\psi(x)=-\frac{\mu}{\hbar^2\kappa}\int_{-\infty}^{\infty}\mathrm{e}^{-\kappa|x-x'|}V(x')\psi(x')\,\mathrm{d}x'.$$

如果取外势 $V(x)=-V_0\delta(x-a)$，有

$$\psi(x)=-\frac{\mu}{\hbar^2\kappa}\int_{-\infty}^{\infty}\mathrm{e}^{-\kappa|x-x'|}V_0\delta(x'-a)\psi(x')\,\mathrm{d}x'=\frac{\mu V_0}{\hbar^2\kappa}\mathrm{e}^{-\kappa|x-a|}\psi(a),$$

当 $x=a$ 时方程成立，于是得

$$\frac{\mu V_0}{\hbar^2\kappa}=1\to E=-\frac{\mu V_0}{2\hbar^2},$$

表明方程只有唯一束缚态.

2. 微扰理论

在一定边界条件下 n 自变量 $\boldsymbol{x}=(x_1,x_2,\cdots,x_n)$ 的非齐次方程，

$$\hat{L}u(\boldsymbol{x})+\alpha\hat{V}(\boldsymbol{x})u(\boldsymbol{x})=f(\boldsymbol{x}),$$

其中，α 为常数，$V(\boldsymbol{x})$ 可视作外势场，将其移到右边并与 $f(\boldsymbol{x})$ 一起视作非齐次外源项，设 $G_0(\boldsymbol{x},\boldsymbol{x}')$ 为算符 $\hat{L}$ 在一定边界条件下的格林函数：

$$\hat{L}G_0(\boldsymbol{x},\boldsymbol{x}')=\delta(\boldsymbol{x}-\boldsymbol{x}'),$$

可以写出形式解

$$u(\boldsymbol{x})=h(\boldsymbol{x})+\int_D\mathrm{d}^n\boldsymbol{x}'G_0(\boldsymbol{x},\boldsymbol{x}')[f(\boldsymbol{x})-\alpha V(\boldsymbol{x}')u(\boldsymbol{x}')],$$

其中，$h(\boldsymbol{x})$ 是对应于算符 $\hat{L}$ 的齐次方程的一个解：$\hat{L}h(\boldsymbol{x})=0$，它满足相应的非齐次边界条件，$D$ 为算符 L 的积分域. 将积分号里的第一项与 $h(\boldsymbol{x})$ 合并表示为 $F(\boldsymbol{x})$，于是得到方程的形式解：

$$u(\boldsymbol{x})=F(\boldsymbol{x})-\alpha\int_D G_0(\boldsymbol{x},\boldsymbol{x}')V(\boldsymbol{x}')u(\boldsymbol{x}')\mathrm{d}^n\boldsymbol{x}',$$

这样的积分方程一般很难求得解析解. 但是如果 α 足够小，可以将积分号里的项用级数展开方法进行微扰计算.

将 u 反复代入被积函数，得到一个积分系列

$$u(\boldsymbol{x})=F(\boldsymbol{x})+\sum_{m=1}^{N-1}(-\alpha)^m\int_D \mathrm{d}^n\boldsymbol{x}'K^m(\boldsymbol{x},\boldsymbol{x}')F(\boldsymbol{x}')+(-\alpha)^N\int_D \mathrm{d}^n\boldsymbol{x}'K^N(\boldsymbol{x},\boldsymbol{x}')u(\boldsymbol{x}'),$$

其中,

$$K(\boldsymbol{x},\boldsymbol{x}')=V(\boldsymbol{x})G_0(\boldsymbol{x},\boldsymbol{x}'),$$

$$K^m(\boldsymbol{x},\boldsymbol{x}')=\int_D \mathrm{d}^n\boldsymbol{y}K^{m-1}(\boldsymbol{x},\boldsymbol{y})K(\boldsymbol{y},\boldsymbol{x})\quad(m\geqslant 2).$$

令 $N\to\infty$,得到诺伊曼级数(Neumann series)

$$u(\boldsymbol{x})=F(\boldsymbol{x})+\sum_{m=1}^{\infty}(-\alpha)^m\int_D \mathrm{d}^n\boldsymbol{x}'K^m(\boldsymbol{x},\boldsymbol{x}')F(\boldsymbol{x}'),$$

写成简洁的算符形式,即

$$|u\rangle=|F\rangle+\sum_{m=1}^{\infty}(-\alpha)^m\boldsymbol{K}^m|F\rangle,$$

该级数必须收敛才有意义,这就要求

$$|\alpha|\left[\int_D \mathrm{d}^n\boldsymbol{x}'\int_D \mathrm{d}^n\boldsymbol{x}\,|K^m(\boldsymbol{x},\boldsymbol{x}')|^2\right]^{1/2}<1,$$

当 α 足够小时,级数就可能收敛,这样就构成用微扰展开求方程近似解的方法.

注记

在物理学中,费曼将诺伊曼级数发展成所谓的费曼图技术.由于在大多数情况下二阶偏微分方程都是齐次的,所以 $f(\boldsymbol{x})=0$,这时 $\hat{L}$ 和 $\hat{V}(\boldsymbol{x})$ 分别被视作自由粒子算符和相互作用势,$\hat{L}u=0$ 的解称作自由粒子解,记作 $u_f(\boldsymbol{x})$,于是

$$u(\boldsymbol{x})=u_f(\boldsymbol{x})-\alpha\int_{R^n}\mathrm{d}^n\boldsymbol{x}'G_0(\boldsymbol{x},\boldsymbol{x}')V(\boldsymbol{x}')u(\boldsymbol{x}'),$$

将算符 $\hat{L}+\alpha\hat{V}$ 的格林函数记作 $G(\boldsymbol{x},\boldsymbol{x}')$,将积分域 D 改为 R^n 以表明没有边界约束加在 u 上,这使得我们能够使用格林函数的奇异部分.使用算符形式,假设 $\hat{G}=\hat{G}_0+\hat{A}$,其中 $\hat{L}\hat{G}_0=\hat{I}$,算符 A 待定.由于

$$\hat{L}\hat{G}=\hat{L}\hat{G}_0+\hat{L}A=\hat{I}+\hat{L}A,$$

另外,$(\hat{L}+\alpha\hat{V})\hat{G}=\hat{I}$,所以

$$\hat{L}A=-\alpha\hat{V}\hat{G}\to A=-\alpha\hat{L}^{-1}\hat{V}\hat{G}=-\alpha\hat{G}_0\hat{V}\hat{G}.$$

于是有

$$\hat{G}=\hat{G}_0-\alpha\hat{G}_0\hat{V}\hat{G},$$

将 $\hat{G}$ 反复作自迭代,有

$$\hat{G}=\hat{G}_0-\alpha\hat{G}_0\hat{V}\hat{G}_0+\alpha^2\hat{G}_0\hat{V}\hat{G}_0\hat{V}\hat{G}_0-\alpha^3\hat{G}_0\hat{V}\hat{G}_0\hat{V}\hat{G}_0\hat{V}\hat{G}_0+\cdots=\frac{\hat{G}_0}{\hat{I}-\alpha\hat{G}_0\hat{V}},$$

该式在量子场论中称作戴森方程(Dyson equation),写成积分形式即

$$G(\boldsymbol{x},\boldsymbol{y})=G_0(\boldsymbol{x},\boldsymbol{y})-\alpha\int_{R^n}\mathrm{d}^n\boldsymbol{x}'G_0(\boldsymbol{x},\boldsymbol{x}')V(\boldsymbol{x}')G(\boldsymbol{x}',\boldsymbol{y}),$$

将格林函数的微扰展开表示成无穷级数形式,即

$$G(\boldsymbol{x},\boldsymbol{y})=G_0(\boldsymbol{x},\boldsymbol{y})+\sum_{m=1}^{\infty}(-\alpha)^m\int_{R^n}\mathrm{d}^n\boldsymbol{x}'G_0(\boldsymbol{x},\boldsymbol{x}')K^m(\boldsymbol{x}',\boldsymbol{y}).$$

费曼的思想是将 $G(\boldsymbol{x},\boldsymbol{y})$ 视作相互作用粒子从 $\boldsymbol{x}$ 到 $\boldsymbol{y}$ 的传播子，$G_0(\boldsymbol{x},\boldsymbol{y})$ 则为自由粒子的传播子，用一条线段表示. $G(\boldsymbol{x},\boldsymbol{y})$ 可表示成自由粒子地从 $\boldsymbol{x}$ 传播到 $\boldsymbol{x}_1'$，在顶点处发生相互作用 $-\alpha V(\boldsymbol{x}_1')$，然后再从 $\boldsymbol{x}_1'$ 自由地传播到 $\boldsymbol{x}_2'$，又发生相互作用 $-\alpha V(\boldsymbol{x}_2')$，一直继续传播，直至 $\boldsymbol{y}$ 点，各种可能情形全部叠加起来，如图 16.5 所示.

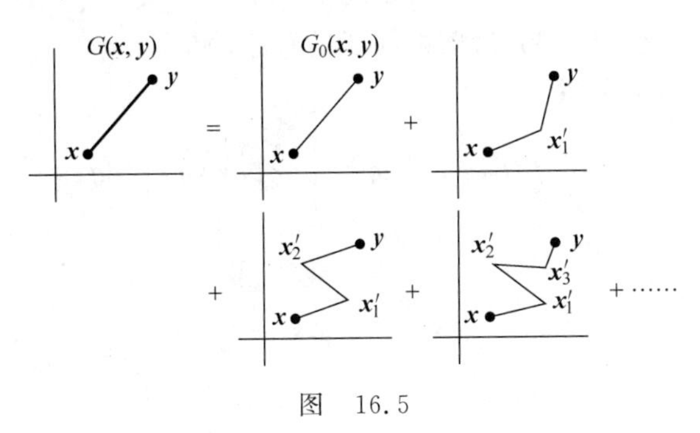

图　16.5

费曼图技术被广泛应用于相对论量子场论，那里 $n=4$ 表示四维时空. 在量子电动力学中，$\alpha=\mathrm{e}^2/\hbar c\approx 1/137$，称为精细结构常数，可见 $-\alpha V$ 是一个很好的微扰近似，这使得量子电动力学的计算结果达到令人惊叹的精确性. 费曼图也被引入到非相对论的凝聚态物理学，成为强关联系统微扰计算的重要工具.

习　　题

[1] 证明阻尼谐振子方程的积分解

$$\begin{cases}\ddot{x}+2\gamma\dot{x}+\omega^2x=0\\ x(0)=x_0,\quad \dot{x}(0)=0\end{cases}$$

可表示为以下两种形式：

(a) $x(t)=x_0-\dfrac{\omega^2}{2\gamma}\displaystyle\int_0^t[1-\mathrm{e}^{-2\gamma(t-t')}]x(t')\mathrm{d}t'$；

(b) $x(t)=x_0\cos\omega t+\dfrac{2\gamma x_0}{\omega}\sin\omega t-2\gamma\displaystyle\int_0^t\cos\omega(t-t')x(t')\mathrm{d}t'$.

提示：将 $2\gamma\dot{x}$ 或 ω^2x 作为非齐次项处理.

[2] 对于一维定态薛定谔方程的散射态($E>0$)，

(a) 证明积分解为

$$\psi(x)=\mathrm{e}^{\mathrm{i}kx}-\frac{\mathrm{i}\mu}{\hbar^2k}\int_{-\infty}^{\infty}\mathrm{e}^{\mathrm{i}k|x-x'|}V(x')\psi(x')\mathrm{d}x'.$$

(b) 将 $(-\infty,\infty)$ 分为三个区域 $R_1=(-\infty,-a)$，$R_2=(-a,+a)$，$R_3=(+a,\infty)$，设每个区域的波函数分别为 $\psi_i(x)(i=1,2,3)$，外势阱在 R_1 和 R_3 为零，证明：

$$\psi_1(x)=\mathrm{e}^{\mathrm{i}kx}-\frac{\mathrm{i}\mu}{\hbar^2k}\mathrm{e}^{-\mathrm{i}kx}\int_{-a}^{a}\mathrm{e}^{\mathrm{i}kx'}V(x')\psi_2(x')\mathrm{d}x';$$

$$\psi_2(x)=\mathrm{e}^{\mathrm{i}kx}-\frac{\mathrm{i}\mu}{\hbar^2k}\int_{-a}^{a}\mathrm{e}^{\mathrm{i}k|x-x'|}V(x')\psi_2(x')\mathrm{d}x';$$

$$\psi_3(x)=\mathrm{e}^{\mathrm{i}kx}-\frac{\mathrm{i}\mu}{\hbar^2 k}\mathrm{e}^{\mathrm{i}kx}\int_{-a}^{a}\mathrm{e}^{-\mathrm{i}kx'}V(x')\psi_2(x')\,\mathrm{d}x'.$$

[3] 对于短程散射势 $V(\boldsymbol{r}')$,当 $r\to\infty$ 时,$|\boldsymbol{r}-\boldsymbol{r}'|\approx r(1-\boldsymbol{r}\cdot\boldsymbol{r}'/r^2)$,证明:

(a) 在玻恩近似下,散射波函数

$$\psi_{\mathrm{sc}}(\boldsymbol{r})\approx-\frac{\mu}{2\pi\hbar^2 r}\mathrm{e}^{\mathrm{i}kr}\int V(\boldsymbol{r}')\,\mathrm{e}^{-\mathrm{i}\boldsymbol{q}\cdot\boldsymbol{r}'}\,\mathrm{d}\boldsymbol{r}'\equiv-\frac{4\pi^2\mu}{\hbar^2 r}\mathrm{e}^{\mathrm{i}kr}\widetilde{V}(\boldsymbol{q}),$$

其中,$\widetilde{V}(\boldsymbol{q})=\mathfrak{F}[V(\boldsymbol{r})]$,$\boldsymbol{q}=\boldsymbol{k}-\boldsymbol{k}_0$ 为散射粒子的转移动量.

(b) 证明:散射微分截面为

$$\mathrm{d}\sigma=|f(\theta,\varphi)|^2\mathrm{d}\boldsymbol{q}=\left|\frac{4\pi^2\mu}{\hbar^2}\widetilde{V}(\boldsymbol{q})\right|^2\mathrm{d}\boldsymbol{q}.$$

第17章

变 分 法

17.1 泛函与极值

1. 最速降问题

约翰·伯努利曾提出这样一个问题：在重力作用下，静止质点从 A 到 B 无摩擦地滑下，如图 17.1 所示，问沿什么样的路径所需时间最短？

取 A 为原点，y 轴方向向下，假设质点滑下时的路径用连续光滑的函数 $y(x)$ 描述，根据机械能守恒定理，质点速度为

$$v=\frac{\mathrm{d}s}{\mathrm{d}t}=\sqrt{2gy},$$

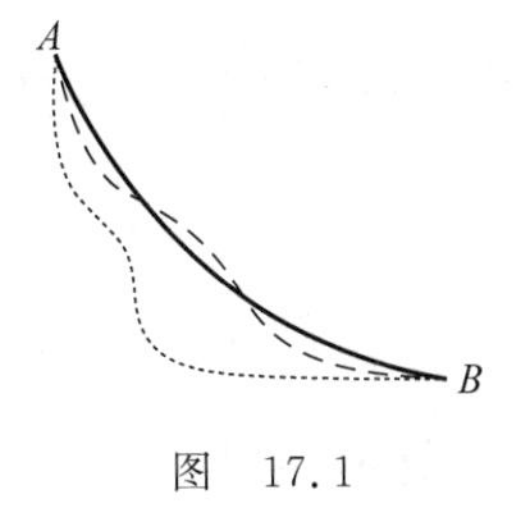

图 17.1

其中，$\mathrm{d}s$ 为曲线线元. 从 A 到 B 滑下所需时间为

$$T=\int_A^B \frac{\mathrm{d}s}{v}=\int_A^B \frac{\sqrt{1+y'^2}}{\sqrt{2gy}}\mathrm{d}x \equiv J[y(x)],$$

称 J 为 $y(x)$的泛函. $y(x)$为可取的函数类，称为泛函 $J[y(x)]$的变量函数.

泛函与普通函数的区别：普通函数的值取决于自变量 x，泛函的值不仅取决于 A 到 B 之间的自变量 x，还取决于一个或多个因变量函数 $y(x)$，而且一般与其导数 $y'(x)$也有关系. 事实上，泛函的定义域不是坐标空间的一个区域，而是由可取函数组成的一个集合. 泛函通常以积分形式出现，典型的泛函可一般地表示为

$$J[y(x)]\equiv\int_a^b F(x,y,y')\mathrm{d}x, \tag{17.1.1}$$

在物理学中通常将函数 $F(x,y,y')$称作拉格朗日量.

伯努利的问题重新表述为：选取什么样的函数曲线 $y(x)$，使得 T 达到极小？

2. 泛函变分

泛函变分是求泛函极值的方法，通常是将问题转化为求解微分方程. 设有连续光滑的函数曲线 $y(x)$，将它略微变形，即

$$y(x) \mapsto \tilde{y}(x) = y(x) + \varepsilon\eta(x),$$

其中,ε 为很小的常数;$\eta(x)$为连续可导的任意函数,则有

$$\delta y(x) = \tilde{y}(x) - y(x) = \varepsilon\eta(x),$$

称 δy 为函数 $y(x)$的变分.

那么函数导数 $y'(x)$的变分 $\delta y'$是什么呢?由于

$$y' = \lim_{\Delta x \to 0} \frac{y(x+\Delta x) - y(x)}{\Delta x},$$

根据定义

$$\tilde{y}' = \lim_{\Delta x \to 0} \frac{\tilde{y}(x+\Delta x) - \tilde{y}(x)}{\Delta x} = \lim_{\Delta x \to 0} \frac{[y(x+\Delta x) + \varepsilon\eta(x+\Delta x)] - [y(x) + \varepsilon\eta(x)]}{\Delta x},$$

于是

$$\delta y' = \tilde{y}'(x) - y'(x) = \lim_{\Delta x \to 0} \frac{\varepsilon\eta(x+\Delta x) - \varepsilon\eta(x)}{\Delta x} = \varepsilon\eta'(x) \equiv (\delta y)'.$$

可见函数导数的变分就等于函数变分的导数,表明取函数变分和对函数求导可以互相交换次序.

如果拉格朗日量 $F(x,y,y')$对于 x,y,y'都是二阶可导,且 $y(x)$有连续的二阶导数,则当 $y(x)$取变分 $\delta y = \varepsilon\eta(x)$时,泛函 $J[y(x)]$相应的变化为

$$\begin{aligned} \delta J &= J[y(x) + \delta y] - J[y(x)] = \int_a^b [F(x,\tilde{y},\tilde{y}') - F(x,y,y')]\mathrm{d}x \\ &= \int_a^b \left[\frac{\partial F}{\partial y}\varepsilon\eta + \frac{\partial F}{\partial y'}\varepsilon\eta' + O(\varepsilon^2)\right]\mathrm{d}x, \end{aligned}$$

其中,$O(\varepsilon^2)$表示 ε 的高阶无穷小. 由此得到泛函的一阶变分:

$$\delta J = \int_a^b \left[\frac{\partial F}{\partial y}\delta y + \frac{\partial F}{\partial y'}\delta y'\right]\mathrm{d}x. \tag{17.1.2}$$

式(17.1.2)表明,函数 y 与其导数 y'应被视作独立的变分量.

3. 泛函极值

下面讨论满足何种条件的函数 $y(x)$可以使泛函 $J[y(x)]$取极值. 假设某个函数 $y(x)$使泛函 $J[y(x)]$取极值,当 $y(x)$发生一个小的变形 $\delta y = \varepsilon\eta(x)$,泛函 $J[y(x) + \varepsilon\eta(x)]$可视作参数 ε 的普通函数,即 $\Phi(\varepsilon) \equiv J[y(x) + \varepsilon\eta(x)]$. 泛函的极值问题便转化成普通函数的极值问题:

$$\frac{\mathrm{d}\Phi(\varepsilon)}{\mathrm{d}\varepsilon}\Big|_{\varepsilon=0} = 0,$$

亦即

$$\frac{\mathrm{d}}{\mathrm{d}\varepsilon}\int_a^b F(x, y+\varepsilon\eta, y'+\varepsilon\eta')\mathrm{d}x \Big|_{\varepsilon=0} = \int_a^b \left(\frac{\partial F}{\partial y}\eta + \frac{\partial F}{\partial y'}\eta'\right)\mathrm{d}x = 0,$$

与式(17.1.2)比较,意味着泛函的变分 $\delta J = 0$. 将上式第二项作分部积分,

$$\int_a^b \frac{\partial F}{\partial y'}\delta y'\mathrm{d}x = \int_a^b \frac{\partial F}{\partial y'}\frac{\mathrm{d}}{\mathrm{d}x}(\delta y)\mathrm{d}x = \frac{\partial F}{\partial y'}\delta y\Big|_a^b - \int_a^b \frac{\mathrm{d}}{\mathrm{d}x}\left(\frac{\partial F}{\partial y'}\right)\delta y\,\mathrm{d}x,$$

得到泛函取极值的必要条件为

$$\delta J = \left[\frac{\partial F}{\partial y'}\delta y\right]\Big|_a^b - \int_a^b \left[\frac{\partial F}{\partial y} - \frac{\mathrm{d}}{\mathrm{d}x}\left(\frac{\partial F}{\partial y'}\right)\right]\delta y \mathrm{d}x = 0. \tag{17.1.3}$$

注记

将一条均匀而柔软的绳子两端固定悬挂，其在重力作用下所呈现的形状称作悬垂线. 胡克(R. Hooke)曾观察到用小卵石砌成的拱门也呈现同样的形状，悬垂线看起来和抛物线很像，伽利略当初就是这样认为的. 时年 17 岁的惠更斯对此进行了反驳，尽管他还不能给出正确的悬垂线方程，不过他认为抛物线是在水平方向均匀受力时绳子的形状.

悬垂线问题最终由雅各布・伯努利、惠更斯和莱布尼兹分别解决. 如图 17.2 所示，P 点的切向力是 F_1，水平方向的力是 F_0，它与 P 的位置无关时，悬垂线处于平衡状态，OP 段绳子的重力正比于 OP 弧长 s，雅各布・伯努利证明该曲线满足方程：

$$\frac{\mathrm{d}y}{\mathrm{d}x} = \frac{W}{F_0} = \frac{s}{a},$$

其中，a 为常数. 在作一些变换后，上述方程可化为

$$\frac{\mathrm{d}y}{\mathrm{d}x} = \frac{\sqrt{y^2 - a^2}}{a},$$

它的解就是

$$y = a\cosh\left(\frac{x}{a}\right) - a,$$

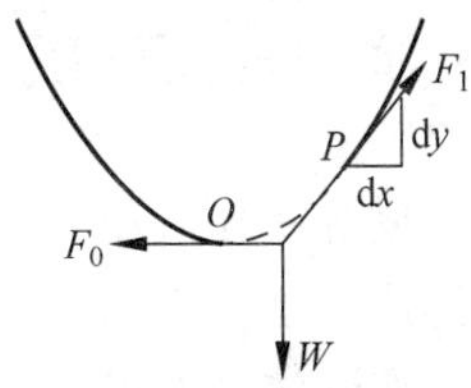

所以悬垂线是一条双曲函数而非抛物线.

图　17.2

弹性线是指一段弹性薄片，一端被压紧后将其弯曲所呈现的形状. 雅各布・伯努利证明该曲线满足微分方程

$$\mathrm{d}s = \frac{\mathrm{d}x}{\sqrt{1 - x^4}}.$$

为了从几何上阐释这个积分，他引入双纽线并证明其弧长恰好就是由这个公式表述，这成为研究双纽线的起点. 在第 2 章叙述过，关于双纽线的研究最终导致了椭圆函数理论的发展.

音乐界有一个著名的巴赫家族，它的成员一如既往地拥有音乐天赋，以至在德国一些地方人们将巴赫这个词理解为音乐家. 在数学界也有一个伯努利家族，它在三代之内产生了八个数学家，并在许多领域培育出众多的杰出后代. 关于最速降线问题，约翰・伯努利曾傲慢地向全世界数学家提出挑战. 莱布尼兹和牛顿都曾独立地解决，这条曲线就是旋轮线(cycloid)，是沿一条直线滚动的圆周上固定点描绘的轨迹. 牛顿把他的解答以匿名的方式寄给伯努利，后者很快就认出了“隐藏在利爪后面的狮子”. 在所有的解决方案中，雅各布・伯努利的解法意义最为深远，他对各种可能的路径施加特定的条件，提出了“可变曲线”的概念，这是变分理论发展中最重要的一步.

在通常的极值理论中，解的存在性由魏尔斯特拉斯基本定理予以保证，但变分法的某些情形并不能事先预设极值一定存在. 变分法特有的困难是，问题可以有意义地提出，却可能没有答案，因为一般来说无法将可取函数的区域界定为紧致集，使该集合内聚点原理成立. 比如下述问题：在 x 轴上的两点间寻求一条具有连续曲率的最短线，要求它在端点处与 x 轴垂直. 该问题无解！因为一条曲线总是比连接两点的直线更长，而该曲线又可以无限地接近直线，所以曲线长度有下限但没有极值.

这个事实帮助我们理解泛函取极值只能有必要条件而没有充分条件.

习 题

[1] 求泛函的二阶变分表达式.

[2] 由方程$\dfrac{\mathrm{d}y}{\mathrm{d}x}=\dfrac{s}{a}$,$s$ 为曲线的弧长,证明:

$$\frac{\mathrm{d}y}{\mathrm{d}x}=\frac{\sqrt{y^2-a^2}}{a}.$$

提示:利用$\dfrac{\mathrm{d}^2y}{\mathrm{d}x^2}=\dfrac{1}{2}\dfrac{\mathrm{d}}{\mathrm{d}y}\left(\dfrac{\mathrm{d}y}{\mathrm{d}x}\right)^2$.

17.2 欧拉-拉格朗日方程

变分法使人们获得了一种新的视角,重新审视物理学的基本原理,这种方法不仅适用于描述质点动力学系统,也适用于描述连续场的运动.下面先给出变分法基本引理:

变分法基本引理 设 $y(x)$是 x 的连续函数,若关系式

$$\int_a^b y(x)\eta(x)\mathrm{d}x=0$$

对任何边界固定且具有二阶导数的连续函数 $\eta(x)$都成立,则必有 $y(x)=0$.

1. 固定端点

如果 a,b 两端点固定,则其变分始终为零,

$$\delta y|_{x=a}=\delta y|_{x=b}=0,$$

由泛函取极值的必要条件式(17.1.3),有

$$\delta J=\int_a^b\left[\frac{\partial F}{\partial y}-\frac{\mathrm{d}}{\mathrm{d}x}\left(\frac{\partial F}{\partial y'}\right)\right]\delta y\mathrm{d}x=0,$$

根据变分法基本引理,得到泛函取极值时 $F(x,y,y')$满足的条件:

$$\frac{\partial F}{\partial y}-\frac{\mathrm{d}}{\mathrm{d}x}\left(\frac{\partial F}{\partial y'}\right)=0 \tag{17.2.1}$$

称作欧拉-拉格朗日方程.

例 17.1 求解最速降落问题:

$$T=\int_A^B\frac{\sqrt{1+y'^2}}{\sqrt{2gy}}\mathrm{d}x.$$

解 最速降问题即降落时间取极小值,亦即泛函 T 取极值问题,拉格朗日量为

$$F(x,y,y')=\frac{\sqrt{1+y'^2}}{\sqrt{2gy}},$$

由于 F 中不显含自变量 x,欧拉-拉格朗日方程可化为

$$\frac{\partial F}{\partial y}-\frac{\mathrm{d}}{\mathrm{d}x}\left(\frac{\partial F}{\partial y'}\right)=0\rightarrow y'\frac{\partial F}{\partial y'}-F=c,$$

将函数 F 代入该方程,有

$$y'\frac{\partial}{\partial y'}\sqrt{\frac{1+y'^2}{y}}-\sqrt{\frac{1+y'^2}{y}}=c\rightarrow\frac{y'^2}{\sqrt{y(1+y'^2)}}-\sqrt{\frac{1+y'^2}{y}}=c,$$

化简后得

$$\frac{1}{y(1+y'^2)}=c^2\xrightarrow{c^2=1/c_1}\frac{\sqrt{y}\,\mathrm{d}y}{\sqrt{c_1-y}}=\mathrm{d}x.$$

为了求解方程,引进参数表示,令

$$y=c_1\sin^2\left(\frac{\theta}{2}\right)\rightarrow\mathrm{d}y=\frac{c_1}{2}\sin\theta\mathrm{d}\theta,$$

有

$$\mathrm{d}x=c_1\sin^2\left(\frac{\theta}{2}\right)\mathrm{d}\theta=\frac{c_1}{2}(1-\cos\theta)\mathrm{d}\theta,$$

积分后得

$$\begin{cases}x=\dfrac{c_1}{2}(\theta-\sin\theta)+c_2\\ y=\dfrac{c_1}{2}(1-\cos\theta)\end{cases},$$

常数 c_1,c_2 可由端点位置确定.

结果表明是一条旋轮线的参数方程,如图 17.3(a)所示,它是当圆周向前滚动时,圆周上一固定点所描绘出的轨迹. 旋轮线有时又称等时线或摆线,因为从其上任何一点开始下降,到达底点所用的时间都相同(图 17.3(b));换言之,小球在旋轮线上来回摆动的周期与振幅无关,这是相当奇妙的.

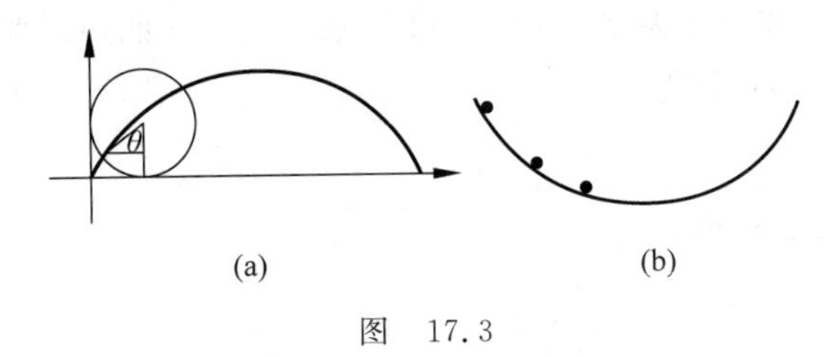

图 17.3

练习 证明:如果 F 不显含 x,欧拉-拉格朗日方程退化为

$$y'\frac{\partial F}{\partial y'}-F=c.$$

思考 如何证明旋轮线是等时线?

例 17.2 求泛函的极值曲线:

$$\begin{cases}J[y(x)]=\displaystyle\int_0^{\pi/2}[y'^2-y^2]\mathrm{d}x\\ y(0)=0,\quad y(\pi/2)=1\end{cases}.$$

解 欧拉-拉格朗日方程为

$$\frac{\partial F}{\partial y}-\frac{\mathrm{d}}{\mathrm{d}x}\left(\frac{\partial F}{\partial y'}\right)=0\rightarrow y''+y=0,$$

解得

$$y = A\cos x + B\sin x,$$

代入两端点的值,得

$$y = \sin x.$$

2. 可变端点

对于单个因变量 $y(x)$ 的泛函 $\int_a^b F(x,y,y')\mathrm{d}x$,如果其端点是可移动的,根据泛函取极值的必要条件,除了需要满足欧拉-拉格朗日方程,还需要附加额外的约束条件:

(1) 如果两端在竖直方向是自由的,即 $\delta y|_a$, $\delta y|_b$ 可取任意值,所以必定有

$$\left.\frac{\partial F}{\partial y'}\right|_{x=a} = \left.\frac{\partial F}{\partial y'}\right|_{x=b} = 0. \tag{17.2.2}$$

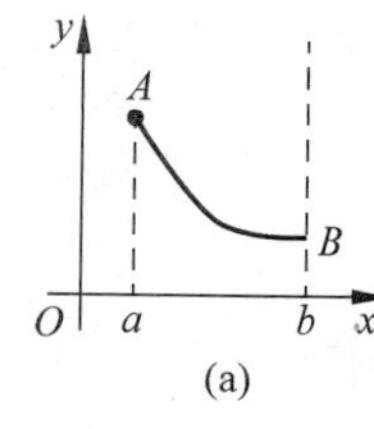

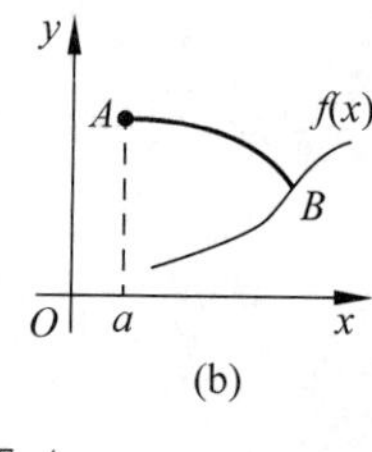

图 17.4

(2) 如果只有 A 端固定,B 端在竖直方向是自由的,如图 17.4(a)所示,则除了 A 端有 $\delta y|_{x=a} = 0$,在 B 端需附加约束条件

$$\left.\frac{\partial F}{\partial y'}\right|_{x=b} = 0. \tag{17.2.3}$$

(3) 如果 A 端固定,B 端约束在某一函数曲线 $y = f(x)$ 上,如图 17.4(b)所示,则需满足横交条件:

$$\left.\left\{F + [f'(x) - y'(x)]\frac{\partial F}{\partial y'}\right\}\right|_{x=b} = 0. \tag{17.2.4}$$

例 17.3 求在 x-y 平面上从点 $A(0,1)$ 到直线 $y = 2 - x$ 的最短曲线方程.

解 这是一个可变端点问题

$$\mathrm{d}s = \sqrt{\mathrm{d}x^2 + \mathrm{d}y^2} = \sqrt{1 + y'^2}\,\mathrm{d}x,$$

所以问题为求下述泛函的极值:

$$\begin{cases} J[y] = \int_0^b \sqrt{1 + y'^2}\,\mathrm{d}x \\ y(x)|_{x=0} = 1, \quad y(x)|_{x=b} = 2 - b \end{cases},$$

其中,b 待定. 由于 $F = \sqrt{1 + y'^2}$ 不显含 y,故欧拉-拉格朗日方程为

$$\frac{\mathrm{d}}{\mathrm{d}x}F_{y'} = \frac{\mathrm{d}}{\mathrm{d}x}\frac{y'}{\sqrt{1 + y'^2}} = 0,$$

解得

$$y = cx + d,$$

代入端点 $A(0,1)$ 得 $d = 1$. 再由横交条件有

$$\left.\left\{F + [f'(x) - y'(x)]\frac{\partial F}{\partial y'}\right\}\right|_{x=b} = 0 \to y'(x)|_{x=b} = 1,$$

定出 $c = 1$, $b = 1/2$,于是曲线方程为

$$y = x + 1.$$

它就是从 A 点到给定直线的垂线方程，这也是把边界约束在固定曲线上称作横交条件的原因.

3. 多元函数

对于二元函数的泛函

$$J[y(x_1,x_2)]=\iint_{\Omega}F(x_1,x_2,y,y_{x_1},y_{x_2})\mathrm{d}x_1\mathrm{d}x_2, \tag{17.2.5}$$

其中，y 是(x_1,x_2)的函数. 按照同样的思路可以导出函数 F 满足的欧拉-拉格朗日方程为

$$\frac{\partial F}{\partial y}-\frac{\partial}{\partial y}\left(\frac{\partial F}{\partial y_{x_1}}\right)-\frac{\partial}{\partial y}\left(\frac{\partial F}{\partial y_{x_2}}\right)=0. \tag{17.2.6}$$

一般 n 元函数 $y(x_1,x_2,\cdots,x_n)$的泛函

$$J[y(x_1,x_2)]=\iiint F(x_1,x_2,\cdots,x_n;\ y,y_{x_1},y_{x_2},\cdots,y_{x_n})\mathrm{d}x_1\mathrm{d}x_2\cdots\mathrm{d}x_n \tag{17.2.7}$$

在固定边界(表面)时，欧拉-拉格朗日方程为

$$\frac{\partial F}{\partial y}-\sum_{j=1}^{n}\frac{\partial}{\partial x_j}\left(\frac{\partial F}{\partial y_{x_j}}\right)=0. \tag{17.2.8}$$

另外，对于一元多因变量函数的泛函

$$\begin{aligned}&J\left[y_1(x),y_2(x),\cdots,y_n(x)\right]\\&=\int_A^B J\left[x,y_1(x),\cdots,y_n(x),y'_1(x),\cdots,y'_n(x)\right]\mathrm{d}x,\end{aligned} \tag{17.2.9}$$

可以证明欧拉-拉格朗日方程为

$$\frac{\partial F}{\partial y_i}-\frac{\mathrm{d}}{\mathrm{d}x}\left(\frac{\partial F}{\partial y'_i}\right)=0\quad(i=1,2,3,\cdots,n), \tag{17.2.10}$$

这是一组由 n 个微分方程构成的方程组.

注记

拉格朗日引进广义坐标 $q_i(i=1,2,3,\cdots,n)$，在新的坐标系下欧拉-拉格朗日方程为

$$\frac{\partial F}{\partial q_i}-\frac{\mathrm{d}}{\mathrm{d}t}\left(\frac{\partial F}{\partial q'_i}\right)=0\quad(i=1,2,3,\cdots,n),$$

这些广义坐标可以视作构型空间的坐标，不一定要有几何或物理意义. $q_i(t)$就是构型空间的一条轨迹，相对于任何坐标变换，构型空间的运动方程始终不变. 虽然欧拉-拉格朗日方程相当于牛顿第二定律，但它展现出几个明显的优势：

(1) 任何坐标可都纳入拉格朗日体系；

(2) 便于处理有约束的体系；

(3) 可以描述空间中场的运动；

(4) 由此发现一个更基本的原理——最小作用量原理.

可以这样理解 A 端固定，B 端约束在函数曲线 $y=f(x)$上的横交条件：假设 B 端在水平方向有一个微小的变化 Δx，泛函变分为

$$\delta J=\frac{\partial F}{\partial y'}\delta y\ \Big|_a^b-\int_a^b\left[\frac{\partial F}{\partial y}-\frac{\mathrm{d}}{\mathrm{d}x}\left(\frac{\partial F}{\partial y'}\right)\right]\delta y\,\mathrm{d}x+F(b)\Delta x,$$

所以泛函取极值除了要满足欧拉-拉格朗日方程，在 B 端还需满足约束条件

$$\left[\frac{\partial F}{\partial y'}\delta y + F(b)\Delta x\right]\Big|_{x=b} = 0.$$

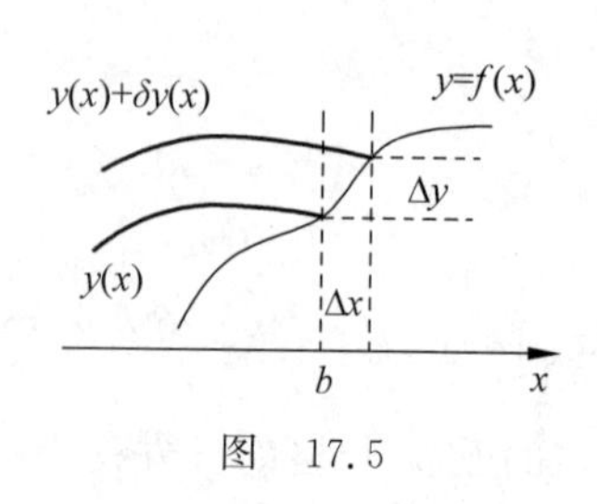

图 17.5

根据图 17.5 的分析可知

$$\Delta y = y(x+\Delta x) + \delta y(x+\Delta x) - y(x) \approx y'\Delta x + \delta y,$$

由于当 $\Delta x \to 0$ 时，$\Delta y = f'(x)\Delta x$，有 $\delta y = [f'(x) - y']\Delta x$，将其代入约束条件即得到 B 端需满足的条件为

$$\left\{F + [f'(x) - y'(x)]\frac{\partial F}{\partial y'}\right\}\Big|_{x=b} = 0.$$

思考一下，如果 A 端也约束在另一条函数曲线 $y = g(x)$ 上，其横交条件如何？

习　题

[1] 求解泛函取极值的欧拉-拉格朗日方程：

(a) $\int_{x_1}^{x_2} x\sqrt{1-y'^2}\,\mathrm{d}x$； (b) $\int_{x_1}^{x_2} \frac{\sqrt{1+y'^2}}{\sqrt{y}}\mathrm{d}x$.

提示：(b)中 $\mathrm{d}s = \sqrt{\mathrm{d}x^2 + \mathrm{d}y^2}$，将 y 取作自变量.

[2] 证明欧拉-拉格朗日方程可等价地写成

$$\frac{\partial F}{\partial x} - \frac{\mathrm{d}}{\mathrm{d}x}\left(F - y'\frac{\partial F}{\partial y'}\right) = 0.$$

并由此证明：如果 F 不显含 x，欧拉-拉格朗日方程退化为

$$y'\frac{\partial F}{\partial y'} - F = c.$$

[3] 在两个半径分别为 r_1, r_2 的同轴圆环之间拉出一张柱状肥皂膜，求薄膜的曲线方程.

提示：膜的表面张力导致自由能取极小值，即膜的表面积极小.

答案：

$$y = c_1\cosh\left(\frac{x-c_2}{c_1}\right).$$

[4] 证明 n 元函数的欧拉-拉格朗日方程为

$$\frac{\partial F}{\partial y} - \sum_{j=1}^{n}\frac{\partial}{\partial x_j}\left(\frac{\partial F}{\partial y_{x_j}}\right) = 0.$$

[5] 如果泛函含有 $y(x)$ 的高阶导数

$$J[x, y(x), y'(x), y''(x), \cdots, y^{(n)}(x)],$$

其中，在两个端点有 $y(x) = y'(x) = \cdots = y^{(n-1)}(x) = 0$，证明其欧拉-拉格朗日方程为

$$\frac{\partial F}{\partial y} - \frac{\mathrm{d}}{\mathrm{d}x}\left(\frac{\partial F}{\partial y'}\right) + \frac{\mathrm{d}^2}{\mathrm{d}x^2}\left(\frac{\partial F}{\partial y''}\right) - \cdots + (-1)^n\frac{\mathrm{d}^n}{\mathrm{d}x^n}\left(\frac{\partial F}{\partial y^{(n)}}\right) = 0.$$

[6] 假设泛函依赖于多个因变量

$$J[x, y_1(x), y_2(x), \cdots, y_n(x), y_1'(x), y_2'(x), \cdots, y_n'(x)],$$

证明其欧拉-拉格朗日方程为

$$\frac{\partial F}{\partial y_i}-\frac{\mathrm{d}}{\mathrm{d}x}\left(\frac{\partial F}{\partial y'_i}\right)=0 \quad (i=1,2,3,\cdots,n).$$

[7] 设 π 介子场的拉格朗日量为

$$L(\boldsymbol{r},t)=\frac{1}{2}[\dot{\phi}^2-|\nabla\phi|^2-\mu^2\phi^2],$$

其中,μ 为 π 介子的质量；ϕ 为其波函数,写出 ϕ 满足的运动方程.

答案：$\nabla^2\phi-\partial_{tt}\phi=\mu^2\varphi$.

[8] 在 x-y 平面上求从点 $A(2,4)$到抛物线 $y=2-x^2$ 的最短线方程.

[9] 求泛函的极值曲线：

$$J[y]=\int_0^{x_1}\frac{\sqrt{1+y'^2}}{y-1}\mathrm{d}x,$$

其中,一端 $y(0)=1$,另一端 $y(x_1)$可在圆周$(x-9)^2+y^2=9$ 上自由移动.

答案：$(x-4)^2+(y-1)^2=16$.

17.3　约束系统

1. 等周问题

在一些泛函的极值问题中,因变量函数 $y(x)$可能受到一些附加的约束,比如路径的长度固定,或者质点被限制在某个曲面上运动等,这类问题称作泛函的条件极值问题. 如果这些约束以积分形式出现,比如

$$\int_a^b G(x,y,y')\mathrm{d}x=l,$$

则将其统称为等周问题(isoperimetric problem),它源于求给定长度线段围成最大面积的曲线方程.

仿照普通函数的条件极值问题,可采用拉格朗日乘子法进行处理,即

$$\delta\int_a^b[F(x,y,y')+\lambda G(x,y,y')]\mathrm{d}x=0, \tag{17.3.1}$$

相应的欧拉-拉格朗日方程为

$$\frac{\partial F}{\partial y}+\lambda\frac{\partial G}{\partial y}-\frac{\mathrm{d}}{\mathrm{d}x}\left(\frac{\partial F}{\partial y'}\right)-\lambda\frac{\mathrm{d}}{\mathrm{d}x}\left(\frac{\partial G}{\partial y'}\right)=0.$$

例 17.4　求 $J[y(x)]=\int_0^1[y'(x)]^2\mathrm{d}x$ 的极值,其中 y 是归一化的：

$$\begin{cases}\int_0^1 y^2(x)\mathrm{d}x=1\\ y(0)=0,\quad y(1)=0\end{cases}.$$

解　约束条件下的欧拉-拉格朗日运动方程为

$$y''-\lambda y=0\rightarrow y=c_1\mathrm{e}^{\sqrt{\lambda}x}+c_2\mathrm{e}^{-\sqrt{\lambda}x}.$$

由齐次边界条件,λ 只能取一些不连续值,有

$$y_n=c_n\sin(n\pi x),\quad \lambda_n=-n^2\pi^2,$$

再由归一化条件定出 $c_n=\pm\sqrt{2}$. 于是得到泛函 $J[y(x)]$的极值为

$$\int_0^1 2n^2\pi^2\cos^2(n\pi x)\,\mathrm{d}x=n^2\pi^2.$$

当 $n=1$ 时,函数 $y_1=\pm\sqrt{2}\sin(\pi x)$使泛函取最小极值 $J_{\min}=\pi^2$.

例 17.5 悬垂线问题:一长为 l 的柔软线段,两端固定在 $A(x_1,y_1)$和 $B(x_2,y_2)$两点,求在重力作用下悬线的方程.

解 假设均匀线段的密度为 1,悬线的稳定状态要求其整体重心最低,即泛函

$$J[y]=\int_{x_1}^{x_2} y(x)\sqrt{1+[y'(x)]^2}\,\mathrm{d}x$$

取极小值. 由于线段长度是给定的,因此有约束条件

$$\int_{x_1}^{x_2}\sqrt{1+y'^2}\,\mathrm{d}x=l,$$

令 $\widetilde{F}=y\sqrt{1+y'^2}+\lambda\sqrt{1+y'^2}$,由于 $\widetilde{F}$ 不显含 x,所以欧拉-拉格朗日方程退化为

$$y'\frac{\partial\widetilde{F}}{\partial y'}-\widetilde{F}=c$$

$$\rightarrow y+\lambda=c\sqrt{1+y'^2}\rightarrow y'^2=\left(\frac{y+\lambda}{c}\right)^2-1,$$

最后求得

$$y+\lambda=\frac{1}{c_1}\cosh(c_1x+c_2).$$

这是一条双曲函数线的方程,参数 c_1,c_2 和拉格朗日乘子 λ 可由 A 和 B 的坐标以及线段长度 l 给出.

2. 有限约束

对于给定边界条件下的泛函

$$J=\int_a^b F[x,y,z,y'(x),z'(x)]\,\mathrm{d}x, \tag{17.3.2}$$

如果函数 $y(x),z(x)$之间还满足附加约束 $G(x,y,z)=0$,即因变量不是独立的,如何确定泛函取极值所满足的条件呢?

由于 $G(x,y,z)=0$ 表示三维空间的曲面,从几何上说,该问题等价于求给定曲面上的空间函数曲线 $y(x),z(x)$,它使泛函 J 取极值. 一个自然的途径是从方程 $G(x,y,z)=0$ 中解出一个函数,由此化为只有一个独立函数的泛函问题. 事实上,只要在极值曲线上$\frac{\partial}{\partial z}G\neq 0$,就能够解出 $z=g(x,y)$,同时将 z'视作 x,y,y'的函数,并利用关系式

$$G_x+y'G_y+z'G_z=0,\quad z'=\frac{\partial}{\partial x}g+y'\frac{\partial}{\partial y}g,$$

将 z'消去即可得到

$$F(x,y,z,y',z')=F\left[x,y,g(x,y),y',\frac{\partial}{\partial x}g+y'\frac{\partial}{\partial y}g\right],$$

再根据 F 满足的欧拉-拉格朗日方程

$$\frac{\mathrm{d}}{\mathrm{d}x}\left(F_{y'}+F_{z'}\frac{\partial g}{\partial y}\right)-\left[F_y+F_z\frac{\partial g}{\partial y}+F_{z'}\left(\frac{\partial^2 g}{\partial x\partial y}+y'\frac{\partial^2 g}{\partial^2 y}\right)\right]=0,$$

化简得

$$\left(\frac{\mathrm{d}}{\mathrm{d}x}F_{y'}-F_y\right)+\left(\frac{\mathrm{d}}{\mathrm{d}x}F_{z'}-F_z\right)\frac{\partial g}{\partial y}=0.$$

又因为

$$G_y+G_z\frac{\partial g}{\partial y}=0,$$

所以必有

$$\left(\frac{\mathrm{d}}{\mathrm{d}x}F_{y'}-F_y\right):\left(\frac{\mathrm{d}}{\mathrm{d}x}F_{z'}-F_z\right)=G_y:G_z, \tag{17.3.3}$$

于是存在一个任意的公共函数因子 $\lambda(x)$，使得

$$\begin{cases}\dfrac{\mathrm{d}}{\mathrm{d}x}F_{y'}-F_y-\lambda(x)G_y=0\\[2mm]\dfrac{\mathrm{d}}{\mathrm{d}x}F_{z'}-F_z-\lambda(x)G_z=0\end{cases}. \tag{17.3.4}$$

由于在很多情形中并不需要知道 $\lambda(x)$ 的具体形式，有时将它称作拉格朗日不定乘子(undetermined multiplier).

例 17.6　质量为 m 的物体沿半径为 R 的光滑球面顶点从静止开始下滑，求物体滑离球面的位置.

解　如图 17.6 所示，物体运动满足约束条件：$G(r,\theta)=r-R=0$，当物体从最高点滑下到临界点 θ_c 时，将会滑离球面自由下坠. 本问题的拉格朗日量为

$$L=T-V=\frac{1}{2}m(\dot r^2+r^2\dot\theta^2)-mgr\cos\theta.$$

由于 θ 是时间 t 的单值函数，选择拉格朗日不定乘子 λ 为 θ 的函数，欧拉-拉格朗日运动方程为

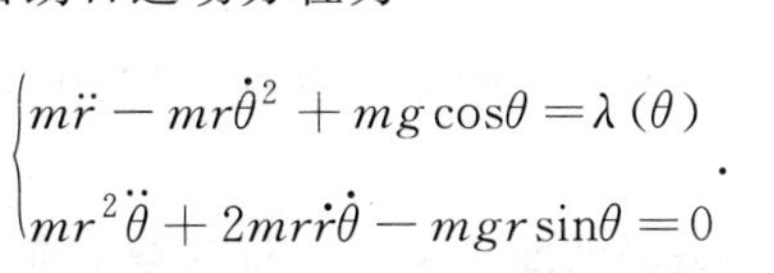

$$\begin{cases}m\ddot r-mr\dot\theta^2+mg\cos\theta=\lambda(\theta)\\ mr^2\ddot\theta+2mr\dot r\dot\theta-mgr\sin\theta=0\end{cases}.$$

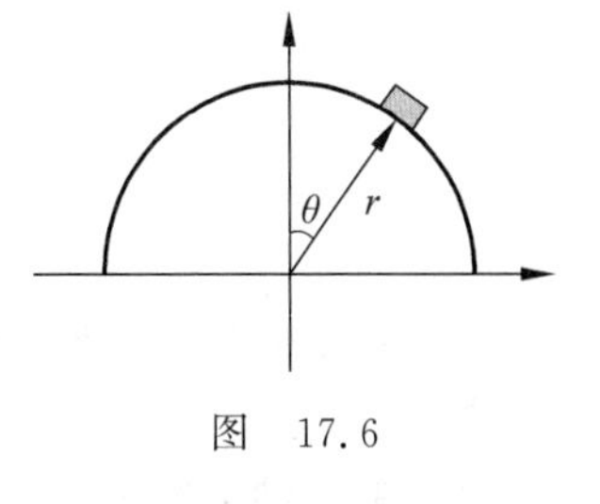

图　17.6

注意到，$\lambda(\theta)$ 的物理意义是物体作用于球面的正压力. 由于物体在球面滑动过程中 $\dot r=\ddot r=0$，所以

$$\begin{cases}-mR\dot\theta^2+mg\cos\theta=\lambda(\theta)\\ mR^2\ddot\theta-mgR\sin\theta=0\end{cases},$$

将第一式对时间求导，并将第二式的 $\ddot\theta$ 代入得

$$\frac{\mathrm{d}\lambda(\theta)}{\mathrm{d}\theta}=-3mg\sin\theta\rightarrow\lambda(\theta)=mg(3\cos\theta-2).$$

当 $\lambda(\theta)\geqslant 0$ 时物体维持在球面上，脱离球面的临界值为

$$\theta_c=\arccos(2/3).$$

注记

拉格朗日乘子法用于求含有一个或多个约束的多变量函数的极值.以二元函数为例,假设要求函数 $f(x,y)$ 在受到约束 $g(x,y)=0$ 时的极值,从图 17.6 可见,当 $f(x,y)$ 的等值线与曲线 $g(x,y)=0$ 相切或只有一个交点时,函数 $f(x,y)$ 取极值.在切点 P,等值线与 $g(x,y)=0$ 的法向相同,$\nabla f(x,y)=-\lambda\nabla g(x,y)$,其中 λ 为常数,或者令 $F=f+\lambda g$,有 $\nabla F(x,y)=0$,即

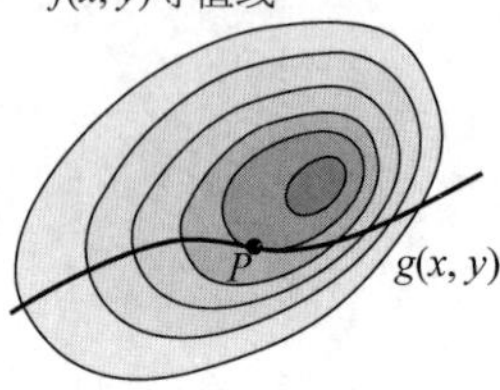

$$\frac{\partial}{\partial x}F(x,y)=\frac{\partial}{\partial y}F(x,y)=0.$$

f(x, y)等值线

P

g(x, y)=0

图 17.7

如果 n 自变量系统有 M 个约束,则令

$$F=f+\sum_{i=1}^{M}\lambda_i g_i,$$

其中,$\lambda_i(i=1,2,\cdots,M)$ 为 M 个拉格朗日乘子,满足

$$\frac{\partial F}{\partial x_k}=0\quad(k=1,2,\cdots,n).$$

习 题

[1] 在约束条件 $y'=u-y$ 下,求泛函取极值的函数:

$$J=\frac{1}{2}\int_0^{x_1}[y^2(x)+u^2(x)]\mathrm{d}x,$$

其中,$y(0)=0$,$y(x_1)$ 任意.

答案:

$$\begin{cases}y(x)=c_1\mathrm{e}^{\sqrt{2}x}+c_2\mathrm{e}^{-\sqrt{2}x}\\ u=c_1(1+\sqrt{2})\,\mathrm{e}^{\sqrt{2}x}+c_2(1-\sqrt{2})\,\mathrm{e}^{-\sqrt{2}x}\end{cases},$$

$$c_1=\frac{y_0}{1+(1+\sqrt{2})^2\mathrm{e}^{2\sqrt{2}x_1}},\quad c_2=\frac{y_0(1+\sqrt{2})^2\mathrm{e}^{2\sqrt{2}x_1}}{1+(1+\sqrt{2})^2\mathrm{e}^{2\sqrt{2}x_1}}.$$

[2] 给定长度为 l 的线段,两端固定在 A、B,将其绕 x 轴旋转一周,求表面积最小的曲线方程.

[3] 在 x 轴上给定两点 x_1、x_2 之间作一条光滑曲线 $y(x)$,将其绕 x 轴旋转一周,问给定表面积的条件下柱体体积最大的曲线?

答案:圆.

[4] 求经典等周问题:长度为 l 的线段所能围成的最大面积.

提示:该问题也可理解为求给定面积下周长取极小值的函数曲线方程;或者取线元为自变量,面积公式为

$$A=2\int_0^{L/2}y(s)\sqrt{1-y'(s)^2}\,\mathrm{d}s,\quad y(0)=0,\quad y(L/2)=0.$$

[5] 求圆锥面 $x^2+y^2=z^2$ 上的短程线方程.

提示:采用圆柱坐标系.

答案:$r\cos\dfrac{\theta+c}{\sqrt{2}}=K,z=r$.

[6] 证明半径为 R 的球面上两点之间的短程线为过两点的大圆圆弧.

提示：取 A 端为球面的北极,写出球面弧线表达式.

17.4　物理学之数学原理

1. 费马原理

光线在 A,B 两点之间传播的实际路径,与其他可能的邻近路径相比,其光程最小,即下述变分取极值:

图　17.8

(图片来自网络)

$$\delta\int_A^B n(x,y,y')\mathrm{d}s=0, \tag{17.4.1}$$

其中,$n(x,y,y')$为介质的折射率分布,光线传播的这一规则称作费马原理(Fermat principle).图 17.8 展示了光线在肥皂膜上传播时出现的分支现象,所有分支都是沿最小光程行进.

例 17.7　求折射率为 n_0 的均匀介质中光的传播路径.

解　光程的泛函变分为

$$\delta J=\delta\int_A^B n(x,y)\mathrm{d}s=\delta\int_A^B n_0\sqrt{1+y'^2}\,\mathrm{d}x=0.$$

由欧拉-拉格朗日方程得

$$\frac{\mathrm{d}}{\mathrm{d}x}\left(\frac{y'}{\sqrt{1+y'^2}}\right)=0\rightarrow y=cx+d,$$

即光在均匀介质中沿直线传播.

例 17.8　利用费马原理推导出斯涅耳折射定律(Snell's law of refraction).

解　设折射率分布为

$$n(x)=\begin{cases}n_1 & (y\geqslant 0)\\ n_2 & (y<0)\end{cases}.$$

如图 17.9 所示,光线从 A 传播至 B 点的光程为

$$J=\int_A^B n(y)\sqrt{1+y'^2}\,\mathrm{d}x.$$

由于拉格朗日量不显含自变量 x,所以

$$y'\frac{\partial F}{\partial y'}-F=c\rightarrow n(y)=c\sqrt{1+y'^2}.$$

由于 y'就是曲线的斜率,所以 $y'=\tan\phi$,解得 $n\cos\phi\equiv c$,即在均匀介质中倾角 ϕ 为常数,光沿直线传播.而在界面处有

$$n_1\cos\phi_1=n_2\cos\phi_2$$

得到斯涅耳折射定律:

$$n_1\sin\theta_1=n_2\sin\theta_2.$$

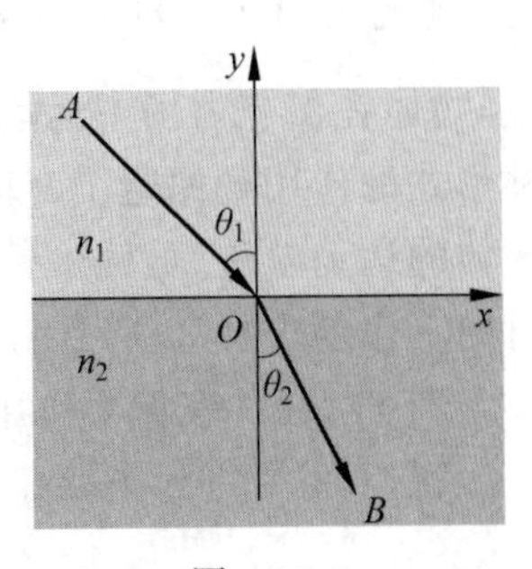

图　17.9

2. 最小作用量原理

在牛顿力学中,保守力学系统的作用量定义为

$$S \overset{\text{def}}{=} \int_{t_A}^{t_B} L(q_j, \dot{q}_j, t)\mathrm{d}t, \tag{17.4.2}$$

其中,质点的拉格朗日量为 $L \overset{\text{def}}{=} T(q_j, \dot{q}_j, t) - V(q_j, \dot{q}_j, t)$,这里 T 和 V 分别为质点的动能和势能;$q_j(j=1,2,\cdots,n)$为广义坐标.所谓最小作用量原理(the least action principle),是指在给定两点之间的所有可能位形中,质点的实际运动路径使作用量 S 取极小值,即变分

$$\delta S = 0. \tag{17.4.3}$$

最小作用量原理也称作哈密顿原理.

依据前面的论证,由最小作用量原理可以直接导出质点的欧拉-拉格朗日运动方程:

$$\frac{\partial L}{\partial q_j} - \frac{\mathrm{d}}{\mathrm{d}t}\frac{\partial L}{\partial \dot{q}_j} = 0 \quad (j=1,2,\cdots,n). \tag{17.4.4}$$

再由这个方程推导出牛顿第二定律:$m\ddot{q}_j = -\partial_j V$,从而建立一套与牛顿力学理论完全等价的保守力学体系——分析力学.

例 17.9 设有一根长为 l,密度为 ρ 的均匀弦,被张力 τ 拉紧,试根据哈密顿原理推导其运动方程.

解 弦振动的动能为

$$T = \frac{1}{2}\int_0^l \rho(u_t)^2 \mathrm{d}x.$$

弹性势能与弦的相对伸长量平方成正比,即

$$V = \frac{1}{2}\int_0^l \tau(u_x)^2 \mathrm{d}x.$$

拉格朗日量为 $L=T-V$,哈密顿原理要求下列作用量取极值:

$$S = \int_{t_0}^{t} L\,\mathrm{d}t = \frac{1}{2}\int_{t_0}^{t}\int_0^l [\rho(u_t)^2 - \tau(u_x)^2]\mathrm{d}x\,\mathrm{d}t.$$

由二元函数的欧拉-拉格朗日方程,并注意到拉格朗日量不显含 u,可得到熟悉的弦运动方程:

$$u_{tt} - a^2 u_{xx} = 0, \quad a^2 = \frac{\tau}{\rho}.$$

作用量还可以表示成另一种形式,这是欧拉以及莫佩尔蒂(M. de Maupertuis)等的功劳,他们给出作用量的定义为 $S = \int_A^B p\,\mathrm{d}q$,其中 q 是物体运动的路径,p 是沿路径的广义动量.物体在保守力场中运动的实际路径是使这个作用量取极值,有时称作莫佩尔蒂原理.这种形式的作用量回避了时间,也就是不关心每个时刻的运动量变化,相当于在相空间里描述物体的运动轨迹.莫佩尔蒂原理要求给定端点位置,且沿每条轨迹的能量守恒,但对端点的时间不作要求.

例 17.10 求重力作用下物体从 A 点运动到 B 点的轨迹.

解 取 A 点为坐标原点,y 轴方向向下为正,根据机械能守恒定理

$$\frac{1}{2}mv^2 = \frac{1}{2}mv_A^2 + mgy,$$

所以作用量为

$$S=\int_A^B p\,\mathrm{d}q=m\int_A^B v\,\mathrm{d}s=m\int_A^B\sqrt{v_A^2+2gy}\cdot\sqrt{1+\left(\frac{\mathrm{d}x}{\mathrm{d}y}\right)^2}\,\mathrm{d}y,$$

其拉格朗日量为

$$F=\sqrt{v_A^2+2gy}\cdot\sqrt{1+\left(\frac{\mathrm{d}x}{\mathrm{d}y}\right)^2},$$

由于它不显含 $x(y)$，根据最小作用量原理得到欧拉-拉格朗日方程：

$$\frac{\mathrm{d}}{\mathrm{d}y}\left[\frac{\partial F}{\partial\left(\frac{\partial x}{\partial y}\right)}\right]=0\rightarrow\frac{\sqrt{v_A^2+2gy}}{\sqrt{1+\left(\frac{\mathrm{d}x}{\mathrm{d}y}\right)^2}}\frac{\mathrm{d}x}{\mathrm{d}y}=c_1$$

$$\rightarrow\frac{\mathrm{d}x}{\mathrm{d}y}=\frac{c_1}{\sqrt{v_A^2+2gy-c_1^2}},$$

其中，c_1 是积分常数，积分得

$$x=\frac{c_1}{g}\sqrt{v_A^2+2gy-c_1^2}+c_2$$

$$\rightarrow 2gy=\left(\frac{g}{c_1}\right)^2(x-c_2)^2+c_1^2-v_A^2,$$

c_2 也是积分常数. 正如所料，这是一条抛物线方程. 假设物体作平抛运动，初始位置为 $(0,0)$，初始速度为 $(v_0,0)$，则有 $y=\frac{g}{2v_0^2}x^2$.

思考

(1) 欧拉-莫佩尔蒂定义的作用量与由拉格朗日量 $L=T-V$ 定义的作用量，是否为同一个物理量？

(2) 作用量具有角动量量纲，它与角动量有关系吗？

(3) 行星在中心力场中作周期运动，沿闭合轨道的作用量 $S=\oint p\cdot\mathrm{d}q$ 是什么？

3. 对称性与守恒定理

在保守势 V 的力学系统中，质点的动能 $T=\sum_j\frac{1}{2}m\dot{q}_j^2$，拉格朗日量为 $L=T-V$. 在从一种位形转换到另一种位形的一切可能变化中，如果系统保持某种对称性，那么必然存在一个相应的物理守恒量，这称作诺特定理(Noether theorem)的普遍法则，揭示了对称性与物理守恒定理之间的深刻联系. 对于质点系统，诺特定理表述如下.

(1) 如果系统具有时间平移不变性，即拉格朗日量 L 不显含时间 t，$\frac{\partial L}{\partial t}=0$，则

$$\frac{\mathrm{d}L}{\mathrm{d}t}=\frac{\partial L}{\partial t}+\sum_j\left(\dot{q}_j\frac{\partial L}{\partial q_j}+\ddot{q}_j\frac{\partial L}{\partial\dot{q}_j}\right)$$

$$\rightarrow\frac{\mathrm{d}L}{\mathrm{d}t}=\sum_j\left(\dot{q}_j\frac{\mathrm{d}}{\mathrm{d}t}\frac{\partial L}{\partial\dot{q}_j}+\ddot{q}_j\frac{\partial L}{\partial\dot{q}_j}\right)=\frac{\mathrm{d}}{\mathrm{d}t}\left(\sum_j\dot{q}_j\frac{\partial L}{\partial\dot{q}_j}\right)$$

$$\to \sum_j \dot{q}_j \frac{\partial L}{\partial \dot{q}_j} - L = C,$$

将拉格朗日量代入,有

$$H \stackrel{\text{def}}{=} \sum_j \dot{q}_j \frac{\partial L}{\partial \dot{q}_j} - L = T + V = C. \tag{17.4.5}$$

这就是机械能守恒定理,守恒量 H 称作哈密顿量.

(2) 在保守力场 $V_{\text{ext}}(\boldsymbol{r})$ 中,由于粒子之间的相互作用势能只依赖于相对坐标,$V_{\text{int}}(\boldsymbol{r}_i - \boldsymbol{r}_j)$,拉格朗日量为

$$L = \sum_j \frac{1}{2} m \dot{\boldsymbol{r}}_j^{\,2} - \sum_j V_{\text{ext}}(\boldsymbol{r}_i) - \sum_{i<j} V_{\text{int}}(\boldsymbol{r}_i - \boldsymbol{r}_j).$$

假设粒子系统沿 x 方向具有空间平移不变性,$\dfrac{\partial V_{\text{ext}}(\boldsymbol{r}_j)}{\partial x_j} = 0$,由于

$$\frac{\partial V_{\text{int}}(\boldsymbol{r}_i - \boldsymbol{r}_j)}{\partial x_i} = -\frac{\partial V_{\text{int}}(\boldsymbol{r}_i - \boldsymbol{r}_j)}{\partial x_j} \to \sum_{i<j} \frac{\partial V_{\text{int}}(\boldsymbol{r}_i - \boldsymbol{r}_j)}{\partial x_j} = 0,$$

由欧拉-拉格朗日方程知

$$\frac{\mathrm{d}}{\mathrm{d}t} \sum_j \frac{\partial L}{\partial \dot{\boldsymbol{x}}_j} = 0 \to P_x \equiv \sum_j p_{jx} = \sum_j \frac{\partial L}{\partial \dot{x}_j} = C. \tag{17.4.6}$$

这就是动量守恒定理.

(3) 在拉格朗日量中经常采用广义坐标,比如对于刚体的转动,选用角度 θ_j,则刚体的动能为 $T = \sum_j \dfrac{1}{2} I \dot{\theta}_j^2$,其中 I 为转动惯量,如果系统具有转动对称性,比如拉格朗日量 L 不显含 θ_j,则

$$\frac{\partial L}{\partial \dot{\theta}_j} = I \dot{\theta}_j = C. \tag{17.4.7}$$

这就是角动量守恒定理. 对于具有转动对称性的质点系,同样可以推导出角动量守恒定律,略.

4. 哈密顿力学

至此可以简述一下分析力学(也称代数力学,牛顿力学可称作几何力学)的基本框架. 对应于广义坐标 q_j,可以引入与之对应的广义动量:

$$p_j = \frac{\partial L}{\partial \dot{q}_j}. \tag{17.4.8}$$

如果 L 与时间无关,哈密顿量表示为

$$H = \sum_j p_j \dot{q}_j - L. \tag{17.4.9}$$

初看起来,哈密顿量依赖于三个量 $p_j, q_j, \dot{q}_j$,但由于

$$\begin{aligned} \mathrm{d}H &= \sum_j \dot{q}_j \mathrm{d}p_j + \sum_j p_j \mathrm{d}\dot{q}_j - \sum_j \left(\frac{\partial L}{\partial q_j} \mathrm{d}q_j + \frac{\partial L}{\partial \dot{q}_j} \mathrm{d}\dot{q}_j \right) \\ &= \sum_j \dot{q}_j \mathrm{d}p_j - \sum_j \frac{\partial L}{\partial q_j} \mathrm{d}q_j, \end{aligned}$$

所以只有两个独立变量(q_j, p_j)，根据

$$\mathrm{d}H = \sum_j \left(\frac{\partial H}{\partial q_j} \mathrm{d}q_j + \frac{\partial H}{\partial p_j} \mathrm{d}p_j \right),$$

比较可见哈密顿量只包含独立变量 p_j, q_j，且

$$\frac{\partial H}{\partial q_j} = -\frac{\partial L}{\partial q_j}, \quad \frac{\partial H}{\partial p_j} = \dot{q}_j.$$

再利用欧拉-拉格朗日方程，得到哈密顿正则方程

$$\dot{q}_j = \frac{\partial H}{\partial p_j}, \quad \dot{p}_j = -\frac{\partial H}{\partial q_j}. \tag{17.4.10}$$

进一步定义泊松括号

$$\{g, h\} \stackrel{\text{def}}{=} \sum_j \left(\frac{\partial g}{\partial q_j} \frac{\partial h}{\partial p_j} - \frac{\partial g}{\partial p_j} \frac{\partial h}{\partial q_j} \right), \tag{17.4.11}$$

根据

$$\frac{\mathrm{d}}{\mathrm{d}t} g(p, q) = \sum_j \left(\frac{\partial g}{\partial q_j} \dot{q}_j + \frac{\partial g}{\partial p_j} \dot{p}_j \right) = \sum_j \left(\frac{\partial g}{\partial q_j} \frac{\partial H}{\partial p_j} - \frac{\partial g}{\partial p_j} \frac{\partial H}{\partial q_j} \right),$$

得到力学量 $g(p, q)$满足的哈密顿运动方程

$$\frac{\mathrm{d}}{\mathrm{d}t} g(p, q) = \{g(p, q), H(p, q)\}. \tag{17.4.12}$$

哈密顿正则方程可表示成对称的泊松括号形式

$$\dot{q}_j = \{q_j, H\}, \quad \dot{p}_j = \{p_j, H\}. \tag{17.4.13}$$

如果取 $g = q_j, h = p_j$，则有

$$\{q_j, p_j\} = 1. \tag{17.4.14}$$

通常将泊松括号等于 1 的一对物理量称作正则共轭量(canonically conjugate variables).

注记

牛顿第二定律是微分形式的运动方程，它描述每一时空点物体受力与加速度之间的瞬时关系，据此可以推导出行星绕日运动的路径. 牛顿第二定律也可以用于非保守力. 在牛顿之后 150 年，人们开始换一种方式提出问题：在给定初始和终点位置的条件下，物体在保守力作用下能够有什么样的路径呢？我们关注的不再是物体在时空中每一点的运动状态，而是考虑在一定约束下物体轨迹能有什么样的选择. 如果物体的运动路径是唯一的，正像行星所表现的那样，那么选择这条路径的凭据是什么呢？经典最小作用量原理指出，物体必定沿着作用量取极限值的路径行进. 所以，当人们以不同方式来看待同一问题时，终于发掘出作用量这一埋藏在大自然深处的璀璨瑰宝！

拉格朗日成功地用最小作用量原理对动力学进行描述，启示着该原理可以应用到物理学的其他分支领域. 哈密顿也从最小作用量原理出发，试图在光学中推导出和力学类似的数学框架，但他对这种原理的观点与莫佩尔蒂、欧拉和拉格朗日有实质的区别，他引进作用量积分

$$S = \int_{q_1, t_1}^{q_2, t_2} (T - V) \mathrm{d}t.$$

虽然 $L = T - V$ 称作拉格朗日量，却是泊松最早引进的. 哈密顿推广欧拉和拉格朗日的原理，允许物体不受能量限制地比较所有路径，只要这些路径的初始与终点的时间和位置相同

即可.这样在不同的路径中能量可以不守恒,而在欧拉-拉格朗日的原理中,能量守恒定律是预先假定的,因而比较路径所需的时间不同于真实路径所需的时间.

哈密顿原理断言,真实运动是使作用量稳定的运动,值得注意的是,对于非保守力也成立.势能 V 可以是时间的函数,甚至可以是速度的函数.将作用量积分写作

$$S=\int_{t_1}^{t_2} L(q_i,\dot{q}_i,t)\mathrm{d}t,$$

其中,假定所有路径 q_i 在初始和终结时刻的值相同,由最小作用量原理导出方程组

$$\frac{\partial L}{\partial q_i}-\frac{\mathrm{d}}{\mathrm{d}t}\frac{\partial L}{\partial \dot{q}_i}=0\quad (i=1,2,\cdots,n).$$

它们仍然称作欧拉-拉格朗日运动方程.

细心的读者可能会注意到,描述运动状态的时间、速度和加速度等的概念已经悄悄退出视线,这是一个好的迹象.也许有人会问,物体是如何"嗅出"作用量最小的路径呢?有没有可能不止唯一的运动路径?这看似童稚的想法可不是空穴来风,它只是不会出现在决定论的经典力学中.在微观世界中却是真实的存在,这个问题最终引导人们进入一个奇幻的境域,这就是:微观粒子总是在同时尝试所有可能的运动路径.

量子力学的最初缘起与作用量有着深刻的联系.当玻尔(N. Bohr)在考虑氢原子电子结构时,采用的是角动量量子化.索末菲(A. Sommerfeld)对此做推广时改为作用量量子化的形式:$S=\oint p\,\mathrm{d}q=n\,\hbar(n\in\mathbb{N})$,这件事在量子力学的发展过程中似乎是一个插曲,但意义非凡,它表明经典作用量取极值与原子结构量子化之间存在必然的逻辑.后来费曼的路径积分理论采用的也是作用量这种形式,即微观粒子沿某条路径的作用量贡献一个相因子,从 A 到 B 的概率幅就是所有路径的相因子叠加:

$$K(B,A)=\sum_{\text{all paths}}\mathcal{A}\mathrm{e}^{\mathrm{i}S[q(t)]/\hbar}\rightarrow\int \mathrm{e}^{\mathrm{i}S[q(t)]/\hbar}\mathcal{D}[q(t)].$$

诺特定理不仅应用于质点动力学,更一般地应用于电磁学,以及经典和量子场论,其中有无穷多自由度.连续物理系统的作用量就是拉格朗日密度对时间和空间的积分,最小作用量原理同样决定系统运动的全部行为.拉格朗日密度的连续对称性由李群描述,相应的守恒量即李群的生成元;比如拉格朗日密度在连续转动下保持不变,则系统的角动量守恒.

除了时空平移/转动不变性,还有关于内部自由度的对称性.对于电磁系统,其拉格朗日密度在连续的整体相位变换下保持不变,诺特定理表明它对应于电荷守恒定律.这种相位变换被一般地称作规范变换,当人们进一步将整体规范变换局域化,以及将内部自由度与时空自由度进行联合操作,诱导出杨-米尔斯的非阿贝尔规范场论,自然界基本相互作用的奥秘之门就此被打开了.电磁相互作用以及强、弱相互作用的规律都体现为局域规范变换的不变性,它们构成了粒子物理的统一标准理论.当初作为推演保守力系牛顿理论的最小作用量原理,终于化蛹成蝶,成为描述全部自然现象的决定性基石.

对称性原理注定为物理学的圭臬.

习　题

[1] 利用费马原理确定光在非均匀介质中传播的路径:

(a) $n_0(x+1)$;　(b) $\dfrac{n_0}{y}$;　(c) $n_0\sqrt{y}$;　(d) $\dfrac{n_0}{r}$.

答案：

(a) $a(x+1)=\cosh(ay+b)$；　(b) $(x-a)^2+y^2=c^2$；

(c) $(x-a)^2=4K^2(y-c^2)$；　(d) $b\mathrm{e}^{\alpha\theta}$.

[2] 在外势 $V(\boldsymbol{r})$中运动的质点的拉格朗日量为 $L=\frac{1}{2}m\dot{\boldsymbol{r}}^2-V(\boldsymbol{r})$，求作用量 $S[L(\boldsymbol{r})]$取极值的欧拉-拉格朗日运动方程.

[3] 对于一维谐振子，拉格朗日量为 $L=\frac{1}{2}m(\dot{x}^2-\omega^2x^2)$，令 $T=t_b-t_a$，证明其作用量为

$$S_{\mathrm{cl}}=\frac{m\omega}{2\sin\omega T}(x_b^2+x_a^2)\cos\omega T-2x_bx_a.$$

[4] 推导图 17.10 所示的双摆运动方程.

提示：写出拉格朗日量

$$L=mr^2\left[\dot{\theta}^2+\frac{1}{2}(\dot{\theta}+\dot{\alpha})^2+\dot{\theta}(\dot{\theta}+\dot{\alpha})\cos\alpha\right]-mgr\left[2\cos\theta+\cos(\theta+\alpha)\right].$$

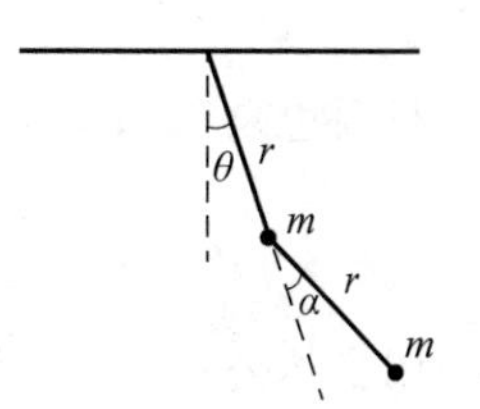

图　17.10

[5] 在球坐标系中写出粒子约束在等势面上的拉格朗日运动方程，并从中鉴别出：(a) 离心力；(b) 科里奥利力.

[6] 推导单位质点在中心力场 $V(r)$中的平面运动方程，并问当中心力场具有何种形式时，质点轨迹方程为 $r=a\sin\theta$.

答案：$r^2\dot{\theta}=K$，$\ddot{r}-r\dot{\theta}^2+\frac{\mathrm{d}V}{\mathrm{d}r}=0$；　$V(r)=-K^2a^2/2r^4$.

[7] 已知无电荷空间静电场的能量密度为

$$\varepsilon=\frac{1}{2}\varepsilon_0\boldsymbol{E}^2=\frac{1}{2}\varepsilon_0(\nabla\varphi)^2,$$

在给定边界上对电势 φ 施加固定的边界条件，假设总能量取极小值，试推导 φ 满足的方程.

答案：$\Delta\varphi=0$.

[8] 质量为 m 的电荷 q 在静电场 $\boldsymbol{E}$ 和静磁场 $\boldsymbol{B}$ 中的拉格朗日量为

$$L=\frac{1}{2}m\boldsymbol{v}^2-q\varphi+q\boldsymbol{A}\cdot\boldsymbol{v},$$

写出电荷的运动方程.

答案：$m\ddot{\boldsymbol{r}}=q\boldsymbol{E}+q\boldsymbol{v}\times\boldsymbol{B}$.

[9] 电磁场的拉格朗日密度为

$$L=\frac{1}{2}\left(\varepsilon_0\boldsymbol{E}^2-\frac{1}{\mu_0}\boldsymbol{B}^2\right)-\rho\varphi+\boldsymbol{J}\cdot\boldsymbol{A},$$

其中，ρ 为自由电荷密度和 $\boldsymbol{J}$ 为电流密度，试推导麦克斯韦方程组.

提示：将 x,y,z,t 作为自变量，$S=\int L\,\mathrm{d}\boldsymbol{r}\,\mathrm{d}t$，将 φ，$\boldsymbol{A}$ 作为独立函数，根据定义有

$$\boldsymbol{E}=-\nabla\varphi-\frac{\partial}{\partial t}\boldsymbol{A},\quad \boldsymbol{B}=\nabla\times\boldsymbol{A}.$$

17.5 微分方程定解问题

基本思想：将微分方程的定解问题与某一泛函的极值问题联系起来，函数满足的欧拉-拉格朗日方程即待解的微分方程，于是求解微分方程定解问题等价于寻找满足泛函极值条件的函数.

1. 本征值问题

1）本征方程

$$\begin{cases}\Delta u+\lambda u=0\\ u|_{\Sigma}=0\end{cases}.$$

方程两边乘以 δu，然后积分得

$$\iiint_{\Omega}(\Delta u\delta u+\lambda u\delta u)\,\mathrm{d}\tau=0.$$

利用格林公式，可将泛函中的二阶导数项化为一阶导数，

$$\iint_{\Sigma}\frac{\partial u}{\partial n}\delta u\,\mathrm{d}\sigma-\frac{1}{2}\iiint_{\Omega}[\delta(\nabla u)^{2}-\lambda\delta u^{2}]\mathrm{d}\tau=0.$$

由于边界固定，$\delta u=0$，所以 $\iint_{\Sigma}\delta u\frac{\partial u}{\partial n}\mathrm{d}\sigma=0$，于是泛函取为

$$J[u]=\iiint_{\Omega}[(\nabla u)^{2}-\lambda u^{2}]\mathrm{d}\tau,$$

其欧拉-拉格朗日方程就是

$$\Delta u+\lambda u=0.$$

所以原来的本征值问题，就转化为求泛函 $J[u]$的极值问题. 考虑到归一化条件 $\iiint_{\Omega}u^{2}\mathrm{d}\tau=1$，泛函 $J[u]$的极值问题，其实就是泛函

$$J_{1}[u]=\iiint_{\Omega}(\nabla u)^{2}\mathrm{d}\tau$$

在归一化条件约束下的极值问题，拉格朗日乘子 λ 就是最小本征值.

类似地，微分方程的第二或第三类齐次边界定解问题，也对应泛函极值问题.

2）施图姆-刘维尔本征方程

$$\begin{cases}-\dfrac{\mathrm{d}}{\mathrm{d}x}\left[p(x)\dfrac{\mathrm{d}y}{\mathrm{d}x}\right]+q(x)y(x)=\lambda\rho(x)y(x)\\ y(a)=0,\quad y(b)=0\end{cases}.$$

同样可以证明，它等价于在归一化约束条件 $\int_{a}^{b}\rho(x)y^{2}(x)\mathrm{d}x=1$ 下，求泛函的极值

$$J[y]=\int_{a}^{b}[p(x)y'^{2}+q(x)y^{2}]\mathrm{d}x,$$

这样一来，就将施图姆-刘维尔型方程的本征值问题与泛函的极值问题等价起来.

2. 非齐次方程

1）泊松方程

$$\begin{cases}\Delta u=-\rho(\boldsymbol{r})\\ u(\boldsymbol{r})\,|_{\Sigma}=f(\Sigma)\end{cases}.$$

于是泊松方程等价于泛函 $J[u]$在边界条件下的极值问题：

$$\delta J[u]=\iiint_{\Omega}[\Delta u+\rho(\boldsymbol{r})]\delta u\,\mathrm{d}V.$$

利用格林公式及边界上的变分 $\delta u\,|_{\Sigma}=0$，可得泛函

$$J[u]=\iiint_{\Omega}\left[-\frac{1}{2}(\nabla u)^2+\rho(\boldsymbol{r})u\right]\mathrm{d}V,$$

其欧拉-拉格朗日方程（多自变量）即上述泊松方程.

2）施图姆-刘维尔方程

$$\begin{cases}-\dfrac{\mathrm{d}}{\mathrm{d}x}\left[p(x)\dfrac{\mathrm{d}y}{\mathrm{d}x}\right]+q(x)y(x)=f(x)\\ y(x_0)=y_0,\quad y(x_1)=y_1\end{cases}.$$

该方程意味着下述泛函 $J[y]$取极值：

$$\delta J[y(x)]=\int_{x_0}^{x_1}\left\{-\frac{\mathrm{d}}{\mathrm{d}x}\left[p(x)\frac{\mathrm{d}y}{\mathrm{d}x}\right]+q(x)y(x)-f(x)\right\}\delta y(x)\mathrm{d}x.$$

由于

$$\int_{x_0}^{x_1}q(x)y(x)\delta y(x)\mathrm{d}x=\frac{1}{2}\delta\int_{x_0}^{x_1}q(x)y^2(x)\mathrm{d}x,$$

$$\int_{x_0}^{x_1}f(x)\delta y(x)\mathrm{d}x=\delta\int_{x_0}^{x_1}f(x)y(x)\mathrm{d}x,$$

以及

$$\int_{x_0}^{x_1}-\frac{\mathrm{d}}{\mathrm{d}x}\left[p(x)\frac{\mathrm{d}y}{\mathrm{d}x}\right]\delta y(x)\mathrm{d}x=\delta\int_{x_0}^{x_1}\frac{1}{2}p(x)\left(\frac{\mathrm{d}y}{\mathrm{d}x}\right)^2\mathrm{d}x,$$

所以微分方程是泛函 $J[y]$取极值的必要条件：

$$J[y(x)]=\int_{x_0}^{x_1}\left\{\frac{1}{2}\left[p(x)\left(\frac{\mathrm{d}y}{\mathrm{d}x}\right)^2-q(x)y^2(x)\right]+f(x)y(x)\right\}\mathrm{d}x,$$

其中，$\delta y(x)\,|_{x_0}=\delta y(x)\,|_{x_1}=0$.

例 17.11　由保守力场的牛顿第二定律，推导泛函极值问题及拉格朗日量.

解　设保守力场的势函数为 $V(q_j)$，牛顿第二定律表明

$$m\frac{\mathrm{d}^2}{\mathrm{d}t^2}q_j(t)=-\frac{\partial}{\partial q_j}V(q_j)\quad(j=1,2,3),$$

它意味着下述泛函取极值：

$$\delta S[q_j(t)]=-\int_{t_0}^{t_1}\sum_j\left[m\frac{\mathrm{d}^2}{\mathrm{d}t^2}q_j(t)+\frac{\partial}{\partial q_j}V(q_j)\right]\delta q_j\,\mathrm{d}t,$$

将其分部积分一次，利用 $\delta q_j\,|_{t_0}=\delta q_j\,|_{t_1}=0$，有

$$\delta S[q_j(t)] = -\sum_j m\dot{q}_j\delta q_j\Big|_{t_0}^{t_1} + \int_{t_0}^{t_1}\Big[\sum_j m\dot{q}_j\delta\dot{q}_j - \delta V(q_j)\Big]\mathrm{d}t$$

$$= \delta\int_{t_0}^{t_1}\Big[\sum_j \frac{1}{2}m\dot{q}_j^2 - V(q_j)\Big]\mathrm{d}t,$$

其中应用了变分公式

$$\delta V(q_j) = \sum_j \frac{\partial}{\partial q_j}V(q_j)\delta q_j,$$

所以系统的拉格朗日量为

$$L = \sum_j \frac{1}{2}m\dot{q}_j^2 - V(q_j) = T - V.$$

泛函 $S[q_j(t)]$ 即经典力学的作用量.

习　　题

[1] 将本征值问题表述为泛函极值问题($\beta\neq0$):

$$\begin{cases}\Delta u + \lambda u = 0\\ \left(\alpha u + \beta\dfrac{\partial u}{\partial n}\right)_{\Sigma} = 0\end{cases}.$$

答案:

$$J[u] = \iiint_{\Omega}(\nabla u)^2\mathrm{d}\tau + \beta\iint_{\Sigma}u^2\mathrm{d}\sigma.$$

[2] 证明下述泛函取极值的欧拉-拉格朗日方程即泊松方程:

$$J[u] = \iiint_{\Omega}\Big[-\frac{1}{2}(\nabla u)^2 + \rho(\boldsymbol{r})u\Big]\mathrm{d}V.$$

17.6 瑞利-里茨近似

通过将微分方程的定解问题转化为泛函的条件极值问题,变分法提供了一种求微分方程近似解的新途径,其中之一称作瑞利-里茨(Rayleigh-Ritz)近似方法.对于具有三类齐次边界条件的施图姆-刘维尔型方程,本征函数具有振荡性,基态则没有节点.我们可利用这一特点寻找近似解,下面举例说明.

例 17.12 求微分方程定解问题:

$$\begin{cases}-\dfrac{\mathrm{d}^2y}{\mathrm{d}x^2} + ky = 1 \quad (k>0)\\ y(0) = y(1) = 0\end{cases}.$$

解 求该方程定解问题等价于求泛函 $J[y]$ 在相应边界条件下的极值问题,

$$J[y] = \frac{1}{2}\int_0^1\Big[\Big(\frac{\mathrm{d}y}{\mathrm{d}x}\Big)^2 + ky^2 - 2y\Big]\mathrm{d}x.$$

由于齐次边界条件,方程的解应具有对称性: $y(x-1/2) = y(x+1/2)$,所以近似解可以选取级数形式为

$$y = \alpha_1x(1-x) + \alpha_2x^2(1-x)^2 + \alpha_3x^3(1-x)^3 + \cdots.$$

如果取二阶近似解

$$y=\alpha_1 x(1-x)+\alpha_2 x^2(1-x)^2,$$

则有

$$\begin{aligned}J[y]&=\frac{1}{2}\int_0^1\left[\left(\frac{\mathrm{d}y}{\mathrm{d}x}\right)^2+ky^2-2y\right]\mathrm{d}x\\&=\left(\frac{1}{6}+\frac{k}{60}\right)\alpha_1^2+\left(\frac{1}{15}+\frac{k}{140}\right)\alpha_1\alpha_2+\left(\frac{1}{105}+\frac{k}{1260}\right)\alpha_2^2-\left(\frac{\alpha_1}{6}+\frac{\alpha_2}{30}\right),\end{aligned}$$

其取极值的条件为

$$\frac{\partial J[y]}{\partial\alpha_1}=\frac{\partial J[y]}{\partial\alpha_2}=0,$$

解得

$$\alpha_1=\frac{14(k+36)}{k^2+112k+1008},\quad \alpha_2=-\frac{42k}{k^2+112k+1008}.$$

本题的精确解为

$$y(x)=\frac{1}{k}\left[1-\frac{\cosh\sqrt{k}(x-1/2)}{\cosh(\sqrt{k}/2)}\right].$$

图 17.11 中实线表示精确解，圆圈为瑞利-里茨近似结果（取 $k=2$），可见符合得还是比较好的.

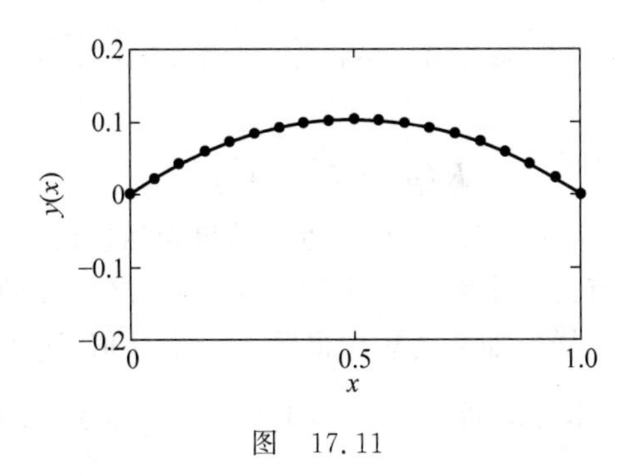

图　17.11

例 17.13　求方程的最小本征值：

$$\begin{cases}\dfrac{1}{x}\dfrac{\mathrm{d}}{\mathrm{d}x}\left(x\dfrac{\mathrm{d}y}{\mathrm{d}x}\right)+\lambda y=0\\ y(0)\text{有界},\quad y(1)=0\end{cases}.$$

解　根据 17.5 节的论述，该本征值问题等价于求泛函

$$J[y]=\int_0^1 xy'^2\mathrm{d}x$$

在相应边界条件，以及约束条件

$$J_1[y]=\int_0^1 xy^2\mathrm{d}x=1$$

下的极值问题. 由于方程的解应具备关于 $x=0$ 的偶对称性，假设它为如下级数形式：

$$y=\alpha_1(1-x^2)+\alpha_2(1-x^2)^2+\alpha_3(1-x^2)^3+\cdots.$$

取二阶近似：

$$J[y]=\int_0^1 x(y')^2\mathrm{d}x=\alpha_1^2+\frac{4}{3}\alpha_1\alpha_2+\frac{2}{3}\alpha_2^2,$$

约束条件为

$$J_1[y]=\int_0^1 xy^2\mathrm{d}x=\frac{1}{6}\alpha_1^2+\frac{1}{4}\alpha_1\alpha_2+\frac{1}{10}\alpha_2^2=1.$$

取泛函的条件极值：

$$\frac{\partial(J[y]-\lambda J_1[y])}{\partial\alpha_1}=2\alpha_1+\frac{4}{3}\alpha_2-\lambda\left(\frac{1}{3}\alpha_1+\frac{1}{4}\alpha_2\right)=0,$$

$$\frac{\partial(J[y]-\lambda J_1[y])}{\partial\alpha_2}=\frac{4}{3}\alpha_1+\frac{4}{3}\alpha_2-\lambda\left(\frac{1}{4}\alpha_1+\frac{1}{5}\alpha_2\right)=0,$$

其有非零解的充分必要条件为

$$\begin{vmatrix}2-\dfrac{\lambda}{3} & \dfrac{4}{3}-\dfrac{\lambda}{4}\\ \dfrac{4}{3}-\dfrac{\lambda}{4} & \dfrac{4}{3}-\dfrac{\lambda}{5}\end{vmatrix}=0\rightarrow 3\lambda^2-128\lambda+640=0.$$

于是得

$$\lambda_1=\frac{64}{3}-\frac{8}{3}\sqrt{34}\approx 5.7841\cdots,$$

解得

$$\alpha_1\approx 1.650\cdots,\quad \alpha_2\approx 1.053\cdots,$$

该方程的解析解为

$$R(\rho)=J_0(\sqrt{\lambda_n}\rho).$$

最小本征值为$\lambda_1=(2.4048/1)^2=5.7831$，与近似结果相当接近.

注意到行列式方程还有另一个解λ_2，但它并不是第二个本征值，因为第二本征函数的对称性与基态本征函数不一样！如果还想求得第二个本征值，则需重新选择变分函数的形式$y_1(x)$，并假设其与最低本征函数(带权重)正交，$\int_a^b y_1(x)y(x)\rho(x)\mathrm{d}x=0$，具体步骤请参考有关文献，此处不再详细叙述.

例 17.14 估算谐振子薛定谔方程的基态能量.

解 薛定谔方程为

$$-\frac{\hbar^2}{2m}\frac{\mathrm{d}^2}{\mathrm{d}x^2}\psi+\frac{1}{2}kx^2\psi=Ey.$$

考虑到$x\rightarrow\pm\infty$时，$\psi\rightarrow 0$，所以选取如下试验波函数：

$$\psi=\mathrm{e}^{-\alpha x^2},\quad \int_{-\infty}^{\infty}|\psi|^2\mathrm{d}x=1,$$

相应的能量为

$$E\equiv\lambda=\frac{\int_{-\infty}^{\infty}\psi^*\left(-\frac{\hbar^2}{2m}\frac{\mathrm{d}^2}{\mathrm{d}x^2}+\frac{1}{2}kx^2\right)\psi\mathrm{d}x}{\int_{-\infty}^{\infty}|\psi|^2\mathrm{d}x}=\frac{\hbar^2\alpha}{2m}+\frac{k}{8\alpha},$$

将λ对α取极值：

$$\frac{\mathrm{d}\lambda}{\mathrm{d}\alpha}=0 \rightarrow \alpha=\frac{\sqrt{km}}{2\hbar},$$

最后得到能量的极小值

$$E_{\min}=\lambda=\frac{\hbar}{2}\sqrt{\frac{k}{m}}=\frac{1}{2}\hbar\omega.$$

变分计算的结果恰好就是精确解.

注记

瑞利-里茨方法与量子力学的变分原理密切相关：如果 H 为系统的哈密顿量，E_0 是其基态能量，那么对于任意函数 $\psi(\boldsymbol{r})$，有

$$\frac{\int \psi^*(\boldsymbol{r}) H \psi(\boldsymbol{r}) \mathrm{d}\boldsymbol{r}}{\int \psi^*(\boldsymbol{r}) \psi(\boldsymbol{r}) \mathrm{d}\boldsymbol{r}} \geqslant E_0.$$

证明很简单：假设 $\{\phi_n(\boldsymbol{r})\}_{n=1}^{\infty}$ 是 H 的本征函数完备集，展开函数 $\psi(\boldsymbol{r})$，

$$\psi(\boldsymbol{r})=\sum_n a_n \phi_n(\boldsymbol{r}),$$

则有

$$\frac{\int \psi^*(\boldsymbol{r}) H \psi(\boldsymbol{r}) \mathrm{d}\boldsymbol{r}}{\int \psi^*(\boldsymbol{r}) \psi(\boldsymbol{r}) \mathrm{d}\boldsymbol{r}}=\frac{\sum_n |a_n|^2 E_n}{\sum_n |a_n|^2} \geqslant E_0.$$

因此，瑞利-里茨近似方法需要尽量选择好的变分函数作为近似基态波函数. 试验变分函数的选取主要基于以下考虑：

(a) 必须满足边界条件；

(b) 应尽量与精确解接近；

(c) 本征值的计算应该尽量简便.

习　题

[1] 用瑞利-里茨方法求近似解：

$$\begin{cases}-y''+ky=1 \\ y(0)=y'(1)=0\end{cases}.$$

提示：分别取试探解为

(a) $y=c_1 x(2-x)+c_2 x^2(2-x)^2$；

(b) $y=c_1 \sin\frac{\pi}{2}x+c_2 \sin\frac{3\pi}{2}x$.

[2] 用瑞利-里茨近似方法求最小本征值：

$$\begin{cases}y''+\lambda y=0 \\ y(-1)=y(1)=0\end{cases}.$$

提示：取试探函数为

(a) $y=c_1(1-x^2)+c_2 x(1-x^2)$；

(b) $y=c_1(1-x^2)+c_2 x^2(1-x^2)$.

[3] 微观粒子的哈密顿量为 $H=-\frac{\hbar^2}{2m}\frac{\mathrm{d}^2}{\mathrm{d}x^2}+V(x)$，外势阱

$$V(x)=-\mu\frac{\hbar^2\alpha^2}{m}\mathrm{sech}^2\alpha x,$$

其中，$\mu,\alpha>0$，采用试探波函数 $y=A\,\mathrm{sech}\beta x$，证明：

(a)当 $\mu=1$ 时存在一个精确解，其平均能量 $\langle E\rangle$ 为势阱最大深度的一半；

(b)当 $\mu=6$ 时基态的束缚能 $\langle E\rangle\geqslant 10\,\hbar^2\alpha^2/3m$.

提示：对于 $u,v\geqslant 0$，$\mathrm{sech}u\,\mathrm{sech}v\geqslant\mathrm{sech}(u+v)$.

[4] 求极值条件满足如下本征值方程的泛函 $J[y]$：

$$\begin{cases}(1+x)\dfrac{\mathrm{d}^2y}{\mathrm{d}x^2}+(2+x)\dfrac{\mathrm{d}y}{\mathrm{d}x}+\lambda y=0\\ y(0)=0,\quad y'(2)=0\end{cases}.$$

(a) 采用试探函数 $y(x)=x\mathrm{e}^{-x/2}$，推导近似最小本征值 λ_0；

(b) 当 γ 取何值时，采用试探 $y(x)=x\mathrm{e}^{-x/2}+\beta\sin\gamma x$ 可以得到更好的 λ_0 估值？

提示：该微分方程不是自伴的，需将它化为自伴方程.

答案：

(a) $J[y]=\int_0^2(1+x)\mathrm{e}^x y'^2\mathrm{d}x\Big/\int_0^2\mathrm{e}^x y'^2\mathrm{d}x$，$\lambda_0=3/8$；　(b) $\gamma=\frac{\pi}{2}\left(n+\frac{1}{2}\right)$.

附 录

1. 傅里叶变换函数表

	原 函 数	像 函 数
1	$e^{-a^2x^2}$	$\frac{1}{2a\sqrt{\pi}}e^{-k^2/4a^2}$
2	$e^{-a\|x\|}$	$\frac{1}{\pi a}\frac{a^2}{a^2+k^2}$
3	$e^{-ax}H(x)$	$\frac{1}{2\pi}\frac{a-\mathrm{i}k}{a^2+k^2}$
4	$e^{-a\|x\|}\mathrm{sgn}x$	$-\frac{\mathrm{i}}{\pi}\frac{k}{a^2+k^2}$
5	$\begin{cases}1 & (\|x\|<L)\\ 0 & (\|x\|>L)\end{cases}$	$\frac{1}{\pi}\frac{\sin kL}{k}$
6	$\begin{cases}1-\frac{\|x\|}{L} & (\|x\|<L)\\ 0 & (\|x\|>L)\end{cases}$	$\frac{L}{2\pi}\left[\frac{\sin(kL/2)}{kL/2}\right]^2$
7	$\begin{cases}\frac{x}{L} & (\|x\|<L)\\ 0 & (\|x\|>L)\end{cases}$	$\frac{\mathrm{i}}{\pi k}\left[\cos kL-\frac{\sin kL}{kL}\right]$
8	$\begin{cases}\frac{\|x\|}{L} & (\|x\|<L)\\ 0 & (\|x\|>L)\end{cases}$	$\frac{L}{\pi}\left[\frac{\sin kL}{kL}-2\left(\frac{\sin(kL/2)}{kL}\right)^2\right]$
9	$e^{\pm \mathrm{i}a^2x^2}$	$\frac{1\pm\mathrm{i}}{2a\sqrt{2\pi}}e^{\mp \mathrm{i}k^2/4a^2}$
10	$\frac{\sin k_0x}{x}\quad(k_0>0)$	$\begin{cases}\frac{1}{2} & (\|k\|<k_0)\\ 0 & (\|k\|>k_0)\end{cases}$
11	$\frac{1}{\|x\|}\quad(x\neq 0)$	$\frac{1}{\|k\|}\quad(k\neq 0)$
12	$\frac{1}{\|x\|^a}\quad(0<\mathrm{Re}a<1)$	$\frac{\sin(a\pi/2)}{\pi}\frac{\Gamma(1-a)}{\|k\|^{1-a}}$
13	$\frac{\mathrm{sech}ax}{\mathrm{sech}\pi x}\quad(-\pi<a<\pi)$	$\frac{1}{2\pi}\frac{\sin a}{\cosh k+\cos a}$
14	$\frac{\cosh ax}{\cosh\pi x}\quad(-\pi<a<\pi)$	$\frac{1}{\pi}\frac{\cos(a/2)\cos(k/2)}{\cosh k+\cos a}$
15	$H(x)$	$\frac{1}{2\pi}\left[\pi\delta(k)-\frac{\mathrm{i}}{k}\right]$
16	$e^{\mathrm{i}k_0x}$	$\delta(k-k_0)$

续表

	原 函 数	像 函 数
17	$\sum_{n=-\infty}^{\infty}\delta(x-nx_0)$	$\sum_{n=-\infty}^{\infty}\frac{1}{x_0}\delta\left(k-n\frac{2\pi}{x_0}\right)$
18	$\cos(a\sin k_0x+bx)$	$\frac{1}{2}\sum_{n=-\infty}^{\infty}J_n(a)[\delta(k-b-nk_0)+\delta(k+b+nk_0)]$
19	$\cos(a\cos k_0x+bx)$	$\frac{1}{2}\sum_{n=-\infty}^{\infty}J_n(a)[i^n\delta(k-b-nk_0)+(-i)^n\delta(k+b+nk_0)]$
20	$\sin(a\sin k_0x+bx)$	$\frac{i}{2}\sum_{n=-\infty}^{\infty}J_n(a)[-\delta(k-b-nk_0)+\delta(k+b+nk_0)]$
21	$\sin(a\cos k_0x+bx)$	$\frac{i}{2}\sum_{n=-\infty}^{\infty}J_n(a)[-i^n\delta(k-b-nk_0)+(-i)^n\delta(k+b+nk_0)]$
22	$e^{-a\cos k_0x}$	$\sum_{n=-\infty}^{\infty}(-1)^nJ_n(a)\delta(k-nk_0)$
23	$e^{-a\sin k_0x}$	$\sum_{n=-\infty}^{\infty}i^nJ_n(a)\delta(k-nk_0)$

2. 拉普拉斯变换函数表

	原 函 数	像 函 数
1	$t^a\ (a>-1)$	$\frac{\Gamma(a+1)}{p^{a+1}}$
2	$e^{-\lambda t}$	$\frac{1}{p+\lambda}$
3	$\sin(\omega t+\alpha)$	$\frac{\omega\cos\alpha+p\sin\alpha}{p^2+\omega^2}$
4	$\cos(\omega t+\alpha)$	$\frac{p\cos\alpha-\omega\sin\alpha}{p^2+\omega^2}$
5	$t^n\sin\omega t$	$n!\,\frac{\mathrm{Im}(p+i\omega)^{n+1}}{(p^2+\omega^2)^{n+1}}$
6	$t^n\cos\omega t$	$n!\,\frac{\mathrm{Re}(p+i\omega)^{n+1}}{(p^2+\omega^2)^{n+1}}$
7	$\sinh\omega t$	$\frac{\omega}{p^2-\omega^2}$
8	$\cosh\omega t$	$\frac{p}{p^2-\omega^2}$
9	$\frac{e^{bt}-e^{at}}{t}$	$\ln\frac{p-a}{p-b}$
10	$\frac{1}{\sqrt{\pi t}}$	$\frac{1}{\sqrt{p}}$
11	$\frac{1}{\sqrt{\pi t}}e^{-a^2/4t}$	$\frac{e^{-a\sqrt{p}}}{\sqrt{p}}$

续表

	原 函 数	像 函 数
12	$\dfrac{1}{\sqrt{\pi t}}e^{-2a\sqrt{t}}$	$\dfrac{1}{\sqrt{p}}e^{-a^2/p}\operatorname{erfc}\left(\dfrac{a}{\sqrt{p}}\right)$
13	$e^{-a^2t^2}$	$\dfrac{\sqrt{\pi}}{2}e^{p^2/4a^2}\operatorname{erfc}\left(\dfrac{p}{2a}\right)$
14	$\dfrac{1}{\sqrt{\pi a}}\sin(2\sqrt{at})$	$\dfrac{1}{p\sqrt{p}}e^{-a/p}$
15	$\dfrac{1}{\sqrt{\pi a}}\cos(2\sqrt{at})$	$\dfrac{1}{\sqrt{p}}e^{-a/p}$
16	$\operatorname{erf}(\sqrt{at})$	$\dfrac{\sqrt{a}}{p\sqrt{p+a}}$
17	$\operatorname{erfc}\left(\dfrac{a}{2\sqrt{t}}\right)$	$\dfrac{1}{p}e^{-a\sqrt{p}}$
18	$\dfrac{1}{1\pm t}$	$\mp e^{\pm p}\operatorname{Ei}(\mp p)$
19	$\dfrac{1}{1+t^2}$	$\operatorname{Ci}(p)\sin p-\operatorname{Si}(p)\cos p$
20	$\dfrac{1}{\sqrt{1+t}}$	$\sqrt{\dfrac{\pi}{p}}e^{p}\operatorname{erfc}(\sqrt{p})$
21	$J_\nu(at)$	$\dfrac{(\sqrt{p^2+a^2}+p)^{-\nu}}{a^\nu\sqrt{p^2+a^2}}$
22	$\dfrac{J_\nu(at)}{t}$	$\dfrac{1}{\nu a^\nu}(\sqrt{p^2+a^2}+p)^{-\nu}$
23	$I_\nu(at)$	$\dfrac{(\sqrt{p^2-a^2}+p)^{-\nu}}{a^\nu\sqrt{p^2-a^2}}$
24	$\lambda^\nu e^{-\lambda t}I_\nu(\lambda t)$	$\dfrac{[\sqrt{p^2+2\lambda p}-(p+\lambda)]^\nu}{\sqrt{p^2+2\lambda p}}$
25	$t^\nu J_\nu(t)\quad(\nu>-1/2)$	$\dfrac{2^\nu\Gamma\left(\nu+\dfrac{1}{2}\right)}{\sqrt{\pi}(p^2+1)^{\nu+1/2}}$
26	$t^{\nu/2}J_\nu(2\sqrt{t})$	$\dfrac{1}{p^{\nu+1}}e^{-1/p}$
27	$J_0(a\sqrt{t^2-\tau^2})H(t-\tau)$	$\dfrac{1}{\sqrt{p^2+a^2}}e^{-\tau\sqrt{p^2+a^2}}$
28	$\dfrac{J_1(a\sqrt{t^2-\tau^2})}{\sqrt{t^2-\tau^2}}H(t-\tau)$	$\dfrac{e^{-\tau p}-e^{-\tau\sqrt{p^2+a^2}}}{a\tau}$

续表

	原 函 数	像 函 数
29	$\frac{1}{\sqrt{\pi t}}\sin\left(\frac{1}{2t}\right)$	$\frac{1}{\sqrt{p}}\mathrm{e}^{-\sqrt{p}}\sin\sqrt{p}$
30	$\frac{1}{\sqrt{\pi t}}\cos\left(\frac{1}{2t}\right)$	$\frac{1}{\sqrt{p}}\mathrm{e}^{-\sqrt{p}}\cos\sqrt{p}$

(1) 误差函数定义为

$$\operatorname{erf}(x)=\frac{2}{\sqrt{\pi}}\int_0^x \mathrm{e}^{-t^2}\mathrm{d}t,\quad \operatorname{erfc}(x)=1-\operatorname{erf}(x).$$

(2) $\operatorname{Si}(x)$ 和 $\operatorname{Ci}(x)$ 分别称作正弦和余弦积分函数,定义如下:

$$\operatorname{Si}(x)=\int_0^x\frac{\sin t}{t}\mathrm{d}t,\quad \operatorname{Ci}(x)=-\int_x^{\infty}\frac{\cos t}{t}\mathrm{d}t.$$

(3) $\operatorname{Ei}(x)$ 称作指数积分函数,其中 $x\neq 0$,其定义为

$$\operatorname{Ei}(x)=-\int_{-x}^{\infty}\frac{\mathrm{e}^{-t}}{t}\mathrm{d}t=\int_{-\infty}^{x}\frac{\mathrm{e}^{t}}{t}\mathrm{d}t.$$

3. *z* 变换函数表

序 号	原 函 数	像 函 数
1	$\delta(k)$	1
2	$\delta(k-m)\quad(m\geqslant 0)$	z^{-m}
3	$H(k-m)$	$\frac{z}{z-1}\cdot z^{-m}$
4	k	$\frac{z}{(z-1)^2}$
5	k^2	$\frac{z(z+1)}{(z-1)^3}$
6	k^3	$\frac{z(z^2+4z+1)}{(z-1)^4}$
7	a^k	$\frac{z}{z-a}$
8	ka^k	$\frac{az}{(z-a)^2}$
9	k^2a^k	$\frac{az(z+a)}{(z-a)^3}$
10	k^3a^k	$\frac{az(z^2+4az+a^2)}{(z-a)^4}$
11	$\frac{k(k-1)\cdots(k-m+1)}{m!}$	$\frac{z}{(z-a)^{m+1}}$
12	$\sin\beta k$	$\frac{z\sin\beta}{z^2-2z\cos\beta+1}$

续表

序 号	原 函 数	像 函 数
13	$\cos\beta k$	$\dfrac{z(z-\cos\beta)}{z^2-2z\cos\beta+1}$
14	$a^k\sin\beta k$	$\dfrac{az\sin\beta}{z^2-2az\cos\beta+a^2}$
15	$a^k\cos\beta k$	$\dfrac{z(z-a\cos\beta)}{z^2-2az\cos\beta+a^2}$
16	$\dfrac{1}{k}a^k \quad (k>0)$	$\ln\dfrac{z}{z-a}$
17	$\dfrac{1}{k!}a^k$	$e^{a/z}$
18	$\dfrac{1}{k+1}$	$z\ln\dfrac{z}{z+1}$
19	$\dfrac{1}{2k+1}$	$\sqrt{z}\arctan\sqrt{\dfrac{1}{z}}$
20	$\dfrac{1}{(2k)!}$	$\cosh\sqrt{\dfrac{1}{z}}$

4. 格林函数表

微分算符 L	格林函数
∂_t^{n+1}	$\dfrac{t^n}{n!}H(t)$
$\partial_t+\gamma$	$e^{-\gamma t}H(t)$
$(\partial_t+\gamma)^2$	$te^{-\gamma t}H(t)$
$\partial_t^2+2\gamma\partial_t+\omega_0^2$	$\dfrac{\sin\omega t}{\omega}e^{-\gamma t}H(t)$，$\omega=\sqrt{\omega_0^2-\gamma^2}$
$\Delta_{2D}=\partial_x^2+\partial_y^2$	$\dfrac{1}{2\pi}\ln\rho$
$\Delta_{3D}=\partial_x^2+\partial_y^2+\partial_z^2$	$-\dfrac{1}{2\pi r}$
$\Delta_{3D}+k^2$	$-\dfrac{e^{-ikr}}{2\pi r}$
$\Delta_{nD}-k^2$	$-(2\pi)^{-n/2}\left(\dfrac{k}{r}\right)^{n/2-1}K_{n/2-1}(kr)$
$\partial_t-k\partial_x^2$	$\left(\dfrac{1}{4\pi kt}\right)^{1/2}e^{-x^2/4kt}H(t)$
$\partial_t-k\Delta_{2D}$	$\dfrac{1}{4\pi kt}e^{-\rho^2/4kt}H(t)$

续表

微分算符 L	格林函数
$\partial_t - k\Delta_{3D}$	$\left(\dfrac{1}{4\pi kt}\right)^{3/2} \mathrm{e}^{-r^2/4kt}\mathrm{H}(t)$
$\partial_t^2 - c^2\partial_x^2$	$\dfrac{1}{2c}\mathrm{H}(t-\lvert x/c\rvert)$
$\partial_t^2 - c^2\Delta_{2D}$	$\dfrac{1}{2\pi c\sqrt{c^2t^2-\rho^2}}\mathrm{H}(t-\rho/c)$
$\dfrac{1}{c^2}\partial_t^2 - \Delta_{3D}$	$\dfrac{\delta(t-r/c)}{4\pi r}$
$\dfrac{1}{c^2}\partial_t^2 - \partial_x^2 + \mu^2$	$\dfrac{1}{2}[(1-\sin\mu ct)(\delta(ct-x)+\delta(ct+x))+\mu\mathrm{H}(ct-\lvert x\rvert)\mathrm{J}_0(\mu\sqrt{c^2t^2-x^2})]$
$\dfrac{1}{c^2}\partial_t^2 - \Delta_{2D} + \mu^2$	$\dfrac{1}{4\pi}\left[(1+\cos\mu ct)\dfrac{\delta(ct-\rho)}{\rho}+\mu^2\mathrm{H}(ct-\rho)\operatorname{sinc}(\mu\sqrt{c^2t^2-\rho^2})\right]$
$\dfrac{1}{c^2}\partial_t^2 - \Delta_{3D} + \mu^2$	$\dfrac{1}{4\pi}\left[\dfrac{\delta\left(t-\dfrac{r}{c}\right)}{r}+\mu c\mathrm{H}(ct-r)\dfrac{\mathrm{J}_1(\mu u)}{u}\right]$
$\partial_t^2 + 2\gamma\partial_t - c^2\partial_x^2$	$\dfrac{1}{2}\mathrm{e}^{-\gamma t}\left[\delta(ct-x)+\delta(ct+x)+\mathrm{H}(ct-\lvert x\rvert)\left(\dfrac{\gamma}{c}\mathrm{I}_0\left(\dfrac{\gamma u}{c}\right)+\dfrac{\gamma t}{u}\mathrm{I}_1\left(\dfrac{\gamma u}{c}\right)\right)\right]$
$\partial_t^2 + 2\gamma\partial_t - c^2\Delta_{2D}$	$\dfrac{\mathrm{e}^{-\gamma t}}{4\pi}\left[(1+\mathrm{e}^{-\gamma t}+3\gamma t)\dfrac{\delta(ct-\rho)}{\rho}+\mathrm{H}(ct-\rho)\left(\dfrac{\gamma\sinh\dfrac{\gamma u}{c}}{cu}+\dfrac{3\gamma t\cosh\dfrac{\gamma u}{c}}{u^2}-\dfrac{3ct\sinh\dfrac{\gamma u}{c}}{u^3}\right)\right]$
$\partial_t^2 + 2\gamma\partial_t - c^2\Delta_{3D}$	$\dfrac{\mathrm{e}^{-\gamma t}}{20\pi}\left[(8-3\mathrm{e}^{-\gamma t}+2\gamma t+4\gamma^2t^2)\dfrac{\delta(ct-r)}{r^2}+\dfrac{\gamma^2}{c}\mathrm{H}(ct-r)\left(\dfrac{\gamma}{cu}\mathrm{I}_1\left(\dfrac{\gamma u}{c}\right)+\dfrac{4t}{u^2}\mathrm{I}_2\left(\dfrac{\gamma u}{c}\right)\right)\right]$

其中,

$$u=\begin{cases}\sqrt{c^2t^2-x^2}, & 1D\\ \sqrt{c^2t^2-\rho^2}, & 2D\\ \sqrt{c^2t^2-r^2}, & 3D\end{cases}$$

参 考 书 目

[1] 梁昆淼. 数学物理方法[M]. 4 版. 北京：高等教育出版社，2010.

[2] 吴崇试. 数学物理方法(修订版)[M]. 北京：高等教育出版社，2015.

[3] B. 沙巴特. 复分析导论(第一卷)[M]. 胥鸣伟，李振宇，译. 北京：高等教育出版社，2018.

[4] M. 拉夫连季耶夫，B. 沙巴特，复变函数论方法[M]. 施祥林，译. 北京：高等教育出版社，2006.

[5] GOMELIN T W，Complex analysis[M]. 北京：世界图书出版公司北京公司，2008.

[6] STEIN E M，SHAKARCHI R. 复分析[M]. 刘真真，译. 北京：机械工业出版社，2017.

[7] HASSANI S. Mathematical physics：A modern introduction to its foundations[M]. 2nd edition. 北京：世界图书出版公司北京公司，2017.

[8] RILEY K，HOBSON M，BENCE S. Mathematical methods for physics and engineering[M]. 2nd edition. Cambridge：Cambridge Universing Press，2002.

[9] ARFKEN B G，WEBER H J，HARRIS F E. Mathematical methods for physicists：A comprehensive guide[M]. 7th edition. Elsevier：Elsevier Inc. ，2013.

[10] 柯朗 R，希尔伯特 D. 数学物理方法 I [M]. 钱敏，郭敦仁，译. 北京：科学出版社，2018.

[11] 王竹溪，郭敦仁. 特殊函数概论[M]. 北京：北京大学出版社，2018.

[12] GRADSBTEYN I S，RYZBIK L M. Tables of integrals series，and products[M]. 北京：世界图书出版公司北京公司，2004.

[13] 史迪威 J. 数学及其历史[M]. 袁向东，冯绪宁，译. 北京：高等教育出版社，2011.